AF845295

Control numérico y programación

Tercera edición

Francisco Cruz Teruel

1945-2020
Marcombo 75 años

Control numérico y programación

Tercera edición, 2020

www.marcombo.com

Diseño de la cubierta: ENEDENÚ DISEÑO GRÁFICO

ISBN: 978-84-267-2836-4
D.L.: B-10318-2020

Impreso en Printek
Printed in Spain

Dedicado a todos los profesores y enseñantes técnicos, una profesión que me ha dado todo y a la que he dedicado toda una vida.

En todo este tiempo no he perdido nunca la ilusión, más bien todo lo contrario, la he ido incrementando día a día.

Desde este pequeño púlpito os animo a todos a mantener esa ilusión hasta el último día de vuestras carreras. Al final la veréis recompensada con creces observando el éxito de vuestros alumnos en el devenir diario de su profesión.

Página

Capítulo 1 – Introducción y análisis de sistemas CNC

Introducción

Hoy en día el control numérico es una realidad y está totalmente implantado en la gran mayoría de empresas metalúrgicas, tanto de tamaño grande, de tamaño mediano y también pequeñas, esto último genera una gran necesidad de trabajadores formados técnicamente en este campo.

Este libro está enfocado a ayudar a las personas que quieran formarse en esta técnica; tanto a las que no tienen ningún tipo de conocimiento inicial, como a las que tienen unos conocimientos de base y quieren profundizar en ellos.

A lo largo de este tratado, veremos los diferentes tipos de especialidad que se desarrollan a partir de esa necesidad.

Analizaremos las ventajas e inconvenientes de la implantación del sistema CNC en las industrias actuales, las últimas técnicas, tendencias y las necesidades reales de las mismas en los diferentes tipos de empresas.

Análisis de la implantación y utilización del CNC

Factores que favorecen la implantación del CNC

Las exigencias productivas, la precisión en los mecanizados y los altos niveles de competitividad de la industria actual, crean la necesidad de utilizar sistemas CNC. Entre los motivos más importantes para su utilización podemos citar los siguientes:

- Mayor exigencia en la precisión de los mecanizados.
- Diseños cada vez más complejos y evolucionados.
- Necesidad de producciones más flexibles y dinámicas.
- Reducción de errores en la producción para no encarecer el producto.
- Plazos de entrega cada vez más exigentes.
- Sistemas CNC cada vez más asequibles.
- Adaptación a la industria 4.0.
- Entre otros.

Ventajas de la utilización de sistemas CNC

Los sistemas CNC poseen entre otras, las siguientes ventajas:

- Mejora en la precisión, aumento en la calidad final de los productos.
- Mejor uniformidad en la producción.
- Posibilidad de utilización de varias máquinas simultáneamente por un solo operario.
- Mecanizado de productos con geometrías complicadas.
- Fácil intercambio de la producción en intervalos cortos.
- Posibilidad de servir pedidos urgentes.
- Reducción de la fatiga del operario.
- Aumento de los niveles de seguridad en el puesto de trabajo.
- Disminución de tiempos por máquina parada.
- Posibilidad de simulación de los procesos de corte antes de la mecanización definitiva, lo que ahorra en piezas defectuosas.
- Facilidad en la incorporación e integración de la empresa a los nuevos estándares de las industria 4.0.

CNC ► Control numérico computarizado

Desventajas de la utilización de sistemas CNC

Como en todo sistema, además de las ventajas, que en este caso son muy superiores a las desventajas, existen algunas entre las que se pueden citar las siguientes:

- Elevado coste de accesorios y maquinaria.
- Necesidad de cálculos, programación y preparación de forma correcta para un eficiente funcionamiento.
- Costes de mantenimiento más elevados, ya que el sistema de control y mantenimiento de los mismos es más complicado, lo que genera la necesidad de personal de servicio y mantenimiento con altos niveles de preparación.
- Necesidad de mantener grandes volúmenes de pedidos para una mejor amortización del sistema.

Conocimientos y habilidades necesarios para operar los sistemas CNC

Para poder trabajar en sistemas CNC es necesario disponer de una formación específica muy amplia, dominando todas las técnicas necesarias para su manejo. No obstante, la principal de todas es sin duda que el operario tenga una buena formación en la mecanización convencional, ya que las instrucciones que tendrá que indicar al sistema CNC son prácticamente las mismas que haría en un mecanizado convencional, siendo muy importantes la determinación del proceso lógico de mecanizado, la buena elección de la herramienta adecuada, la elección de las velocidades de trabajo en adaptación al tipo de material a utilizar y saber escoger las pasadas a aplicar en cada proceso.

En mi opinión, sino hay un buen mecánico, no habrá una buena realización en el mecanizado en CNC, pero igualmente también es cierto que el aprendizaje del aspecto mecánico no necesita actualmente de una gran experiencia tal y como pasaba en anteriores épocas, donde era imprescindible disponer de la misma.

Atendiendo a lo anteriormente expuesto y partiendo del buen conocimiento mecánico, los conocimientos y habilidades necesarios son los siguientes:

- Conocimientos en geometría, álgebra y trigonometría.
- Conocimientos de elección y aplicación de las diferentes herramienta de corte.
- Conocimientos de los diferentes sistemas de sujeción de las herramientas de corte.
- Amplio conocimiento de metrología, escogiendo y usando correctamente los diferentes aparatos e instrumentos de medida actuales.
- Amplio conocimiento en la interpretación de planos, conociendo extensamente las diferentes normas.
- Conocimientos de la estructura de la máquina CNC para facilitar su buen uso y poder realizar de forma correcta los mantenimientos predictivos y correctivos.
- Amplio conocimiento de las estrategias y procesos de mecanizado de la máquina a utilizar.
- Imprescindible conocimiento de la programación CNC.
- Conocimientos de la operación de la máquina a utilizar CNC.
- Conocimientos generales de la utilización de ordenadores.
- Conocimientos de parámetros y condiciones de corte.
- Entre otros.

Comparación de utilización entre máquinas convencionales y sistemas CNC

En la siguiente tabla se hace una comparación entre los dos sistemas de mecanizado.

Máquina herramienta Convencional	Máquina herramienta CNC
Un operario sólo puede manejar una sola máquina.	Una operario puede operar varias máquinas
Es necesario consultar constantemente el plano.	No es necesario consultar apenas el plano.
Se necesita una amplia experiencia.	No es necesario una amplia experiencia.
El operador tiene el control de profundidad, avance, etc.	El programa tiene todo el control de los parámetros de corte.
Mecanizados imposibles de realizar.	Posibilidad de realizar prácticamente cualquier mecanizado.

Capítulo 2 – Componentes y estructura de las MHCN

Introducción

En este capítulo se verán los mecanismos y dispositivos que forman parte de la estructura de las MHCN y cuál es la función de los más importantes en el trabajo de las mismas. Se mostrará cuáles son los encargados de realizar los diferentes movimientos y acciones que realizan las máquinas CNC para llevar a cabo el conjunto de instrucciones asociadas a un programa CNC que realizará la pieza propuesta, las herramientas usadas en estas máquinas, las funciones programables con CNC y los componentes del sistema.

Un operario experto en MHCN debe conocer las prestaciones y los límites en los que opera la máquina. No es suficiente con estacar la pieza y manipular el panel de control.

Para conseguir un buen uso y mantenimiento de la misma, es necesario conocer qué actuación tiene cada elemento en su conjunto, conocer qué elementos están sujetos a mantenimiento preventivo, que elementos son manipulables y cuáles no.

De igual manera, un buen conocimiento de las prestaciones, ayuda a poder sacar mejores rendimientos y niveles productivos más altos y de esa manera, obtener los mejores resultados en la utilización del CN. Igualmente, es aconsejable estudiar y planificar todo el proceso con antelación al mecanizado.

Los principales dispositivos y sistemas de las MHCN, son:

- Ejes de movimiento.
- Sistemas de transmisión y desplazamiento.
- Sistemas de control de posición y desplazamientos.
- Unidad de control computarizado.
- Cabezales.
- Sistemas de sujeción de las diferentes piezas y herramientas.
- Almacenes y cambiadores automáticos de herramientas.
- Ejes complementarios.

El principal estudio de los diferentes dispositivos y componentes se realizará sobre la base del torno y de la fresadora, dado que son estas dos máquinas las de mayor utilización en las empresas de mecanizado.

Fig. 2.01 – Torno CNC

HAAS es marca registrada de:
© Haas Automation, Inc
CNC Machine Tool

Fig. 2.02 – Fresadora – Centro de mecanizado CNC

C.B. Ferrari es marca registrada de:
C.B.Ferrari s.r.l.

Ejes principales

En las MHCN se aplica el concepto de "eje", a las direcciones de los diferentes desplazamientos de las partes móviles de la máquina, como la mesa porta piezas, carro transversal, carro longitudinal, etc.

En la actualidad, pueden existir un gran número de ejes en casi todos los tipos de máquina, pues los controles numéricos actuales tienen la capacidad de procesar esa gran cantidad de ejes, no obstante, en este tratado nos centraremos en los más habituales, que son los que se pueden programar de forma manual, dado que cuando se supera ese número de ejes básico, suele ser necesario recurrir a programas de tipo CAM para su correcta utilización.
Recordemos que en este tratado, en la programación, veremos exclusivamente torno y fresa.

MHCN ►Máquina herramienta de control numérico

Torno

Eje X: El eje "X" es el que realiza el movimiento transversal perpendicular al eje de giro del plato.

En este caso la situación del signo positivo en el eje "X" se debe a que la situación de la herramienta está en la posición del operario, en caso contrario los signos + y - invertirían su posición.

Esto último está basado en el principio de que cuanto más alejada este la herramienta del eje principal de la máquina, la misma estará situada en un diámetro mayor.

Eje Z: Es el eje que realiza el movimiento longitudinal en sentido al eje principal de la máquina.

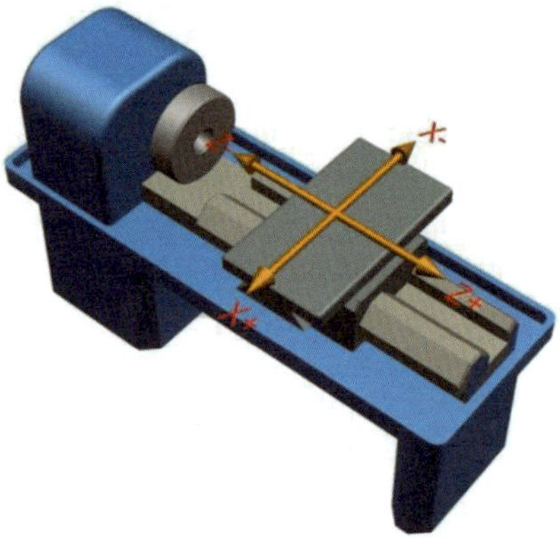

Fig. 2.03 Ejes básicos del torno

Nota: Estos ejes hacen referencia a un torno con la herramienta posicionada en la parte anterior, en la posición de X+

Fresadora

Eje X: El eje "X" es el que realiza el movimiento longitudinal de izquierda a derecha de la mesa de trabajo.

Eje Y: Se encarga de originar el movimiento transversal de la mesa de trabajo.

Eje Z: Realiza el movimiento ascendente, descendente del cabezal donde está ubicada la herramienta del trabajo.

Tanto en el torno como en la fresadora, los signos "+" y "-" que acompañan a los ejes, no tienen un sentido matemático sino que su sentido es el de indicar direccionalidad en los diferentes ejes.

En el caso de la fresadora nos podemos encontrar con diferentes estructuras cinemáticas de las mismas, donde en unos casos será la mesa la que suba hacia arriba y en otros casos será el cabezal el que se desplace hacia abajo y eso puede pasar con todos los ejes y para evitar confusión en la forma de aplicar el sentido "+" y "-", se debe pensar que es siempre la herramienta la que se mueve aunque esto no sea cierto.

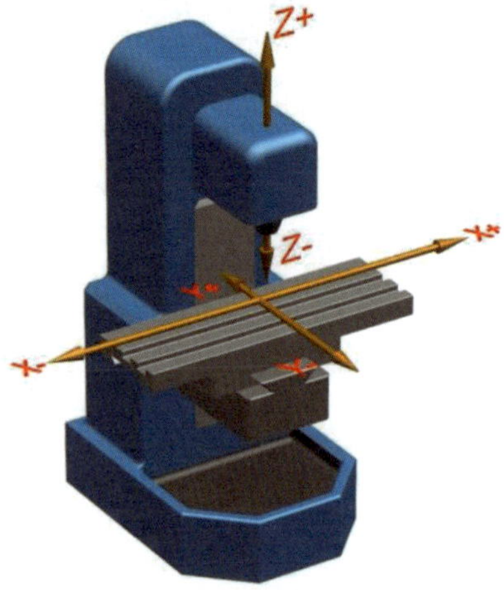

Fig. 2.04 Ejes básicos de la fresadora

Múltiples ejes

Tal como se ha comentado anteriormente el concepto de "eje", se aplica a las diferentes direcciones de desplazamientos de las partes móviles de la máquina; estos ejes pueden ser lineales o circulares

Para realizar una correcta programación, los diferentes ejes se reconocerán por las letras que los identifica, siendo los ejes básicos siempre iguales, pues están sometidos a la normalización y la asignación del resto de ejes suele quedar a la elección del fabricante de la máquina. Si bien es cierto que existen unas orientaciones, tambien es cierto que no están sujetas a normalización.

Los ejes pueden trabajar de forma individual o de forma simultanea con otros, pudiendo realizar de esa manera ademas líneas ortogonales, líneas inclinadas y curvas

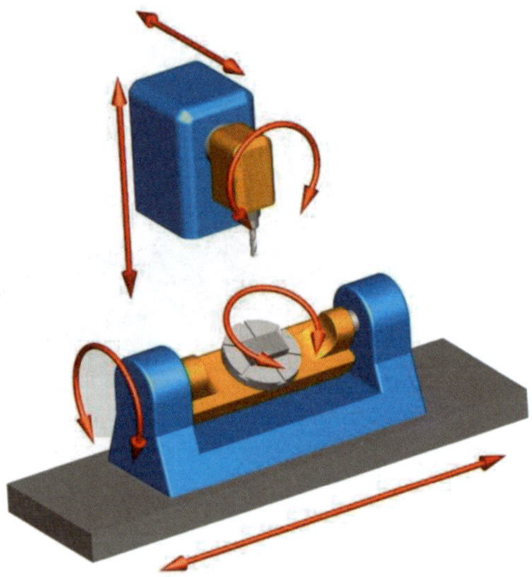
Fig. 2.05 Diferentes ejes en una fresadora
(Solo es una combinación de las múltiples que se pueden hacer)

En los tornos de CNC convencionales, los ejes **X** y **Z** se asocian respectivamente al desplazamiento del carro transversal y carro longitudinal, que se deslizan ortogonalmente entre ellos, no siendo necesario el carro orientable, pues mediante la combinación de movimientos simultáneos de ambos, se pueden describir trayectorias oblicuas o curvas (interpolaciones).

En la actualidad existe una nueva generación de tornos que incorporan ejes complementarios que en combinación con herramientas motorizadas, permiten fresar y taladrar en diferentes partes de la pieza e incluso pueden disponer de dos platos enfrentados y dos tambores de herramientas. A estos tornos se les llama tornos fresadores.

Las fresadoras disponen de un mínimo de tres ejes: **X**, **Y** y **Z**. Dos de ellos, **X** e **Y** se asocian al movimiento en el plano horizontal (longitudinal y transversal) de la mesa de trabajo, mientras que el tercero es el desplazamiento vertical del cabezal de la máquina.

En trabajos de mecanizado de formas complejas se requieren MHCN dotadas de más ejes de desplazamiento. Las máquinas con estas características se suelen llamar de 5 ejes (aunque a veces disponen de más de 5). No obstante, hay que tener en cuenta que estas máquinas en su trabajo continuo con los diferentes ejes, se tienen que programar utilizando programas especializados de CAM, quedando el resto simplemente para poder cambiar de estacada en las diferentes caras.

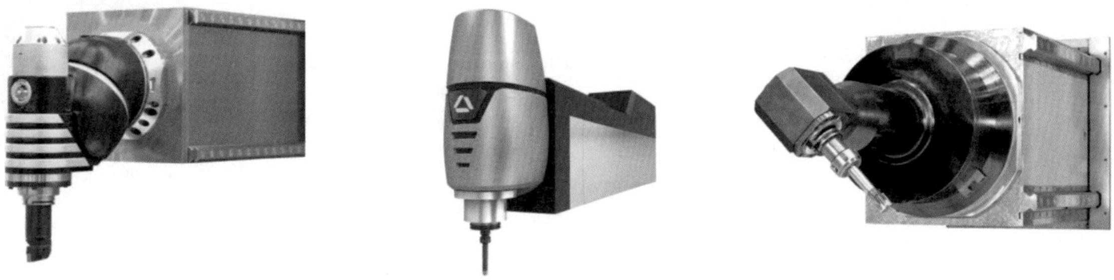

Fig. 2.06 Diferentes estructuras de cabezales en fresadora
Cabezales Soraluce

Disposición y estructura de los ejes en las MHCN

La disposición de los carros móviles en las MHCN puede ser muy sofisticada, dando origen a una gran variedad de diseños y modelos tanto en fresadoras como tornos.

Los fabricantes de MHCN construyen diferentes composiciones para poder cubrir las necesidades de cada caso, siendo estas determinadas por el tipo de mecanizado a realizar. Esta disposición viene condicionada por:

- El perfil y orografía de las piezas a construir.
- El tamaño de las piezas a mecanizar.
- La precisión necesaria en el mecanizado.
- Los diferentes tipos de materiales a mecanizar.
- Las exigencias de apriete o sellado.
- Etc.

En las estructuras básicas, la denominación de la MHCN según su la capacidad de interpolación del control, se denominan según lo indicado en la siguiente tabla.

Ejes reales	Ejes interpolados	Denominación Del control
2	2	2 ejes
3	2	2 ejes y ½
3	3	3 ejes
4	3	3 ejes y ½
4	4	4 ejes
5	4	4 ejes y ½
5	5	5 ejes

Esta tabla hace referencia a la cantidad de ejes que tiene la máquina y la capacidad de controlar esos ejes en CNC.

Interpolación ► Movimiento simultaneo de dos o más ejes en forma controlada

Si nos centramos en la segunda fila de la tabla anterior, nos podemos fijar en que la máquina dispone físicamente de 3 ejes, pero el control numérico solo es capaz de interpolar 2 simultáneamente en cualquier combinación entre ellos, estando el tercer eje a la espera. Por eso se puede decir que es un control 2 ½.

Casos especiales de ejes.

Existen casos especiales en que los ejes pueden tener una doble función, como en los tornos fresadores, donde el eje del plato actúa como giro normal con control por RPM, para operaciones de cilindrado, refrentado, etc. y cambiando su función mecánica, puede actuar como un plato divisor en una fresadora, teniendo el control de giro en grados y pudiendo usarse para operaciones de fresado con herramienta motorizada. En estos casos, en el modo de control en grados, el eje se suele denominar “C”.

Movimiento de ejes – Sistemas de transmisión

Los recorridos de la herramienta se originan por la acción única o combinada de los desplazamientos de cada uno de sus ejes.

En la figura 2.07 se observa cómo la herramienta realiza un movimiento en el que tiene que mover simultáneamente 3 ejes (flecha azul).

Los sistemas de transmisión son los encargados de realizar los movimientos en los ejes a partir del giro básico generado por el grupo del motor-reductor a través de los diferentes mecanismos de transmisión empleados en los mismos. De todos estos elementos el más importante es, sin duda, el husillo de bolas.

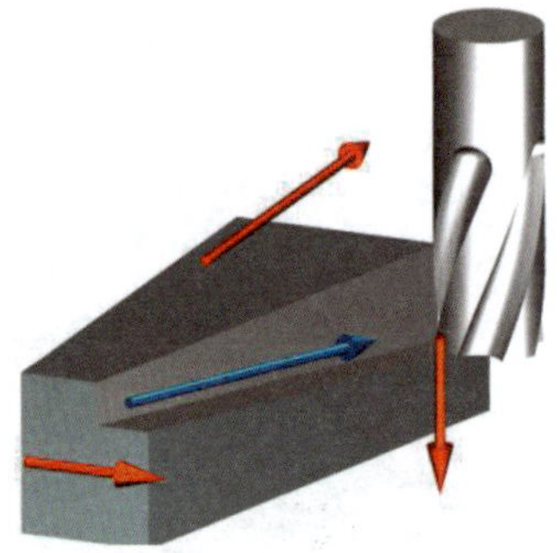

Fig. 2.07 Generación de trayectoria

Husillos de bolas

La principal virtud de este sistema consiste en la eliminación total del juego, actuando igual que un cojinete de bolas, pero en este caso utilizando husillo y tuercas con recirculación de bolas.

Como ya se ha comentado, el movimiento a los ejes a partir de los motores lo realizan husillos de bolas, cuyo principio de funcionamiento se basa en la recirculación de bolas. Consiste en un bisinfín acanalado con perfil de media bola y un acoplamiento a los que se fija el conjunto mecánico a desplazar. Cuando el grupo motor gira, su rotación se transmite al bisinfín y el cuerpo del acoplamiento se traslada longitudinalmente a través de este, arrastrando consigo a la mesa de trabajo en el sentido oportuno, tal como se puede ver en la figura 2.07

Fig. 2.08 funcionamiento de husillo de bolas y vista de husillo
Husillos de la casa SKF

El accionamiento contiene un conjunto de bolas en recirculación que garantizan la transmisión de esfuerzos del bisinfín a la mesa con unas pérdidas por fricción mínimas. Las dos partes de su cuerpo están ajustadas con una precarga para reducir al mínimo el juego transversal entre ellas, con lo que se mejora la exactitud y repetitividad de los desplazamientos. Es decir, un movimiento sin apenas resistencia y una exactitud del desplazamiento total (sin el juego que necesariamente tienen que tener los sistemas tradicionales).

Para disminuir los daños del mecanismo de transmisión frente a colisiones transversales o sobrecargas, el grupo motriz incorpora un embrague en su conexión con el bisinfín. Este dispositivo desacopla la transmisión cuando el conjunto de la mesa choca contra algún obstáculo.

Guías

Otro de los elementos importante en la constitución de las máquinas CNC son las guías. Tradicionalmente las guías se solían mecanizar desde la misma bancada de las máquinas, con mejores o peores resultados dependiendo de los sistemas de rectificado utilizados, pero en la actualidad además de ese sistema, se recurre a las guías lineales de bolas.

Guías lineales de bolas

Una guía lineal permite el movimiento lineal con la ayuda de elementos rodantes. Mediante el uso de bolas o rodillos entre el rail y el patín, una guía lineal puede alcanzar un movimiento lineal extremadamente preciso.

Comparado con una guía deslizante estándar, el coeficiente de fricción, aquí es de solo una quincuagésima parte, lo que comporta un menor esfuerzo de las transmisiones.

Un patín montado con una guía lineal solo tiene que superar la resistencia a la rodadura. La diferencia entre la resistencia a la rodadura estática y dinámica es muy pequeña, por lo que el esfuerzo de arranque es solo ligeramente mayor que la fuerza del movimiento. No se producen efectos de vibración (stick-slip).

Fig. 2.09 Guías lineales
Guías de la casa Tecnopower

Motores de transmisión

Una máquina CNC realiza los movimientos de forma automática, obedeciendo las órdenes emanadas por la CPU del control. Para que este movimiento pueda ser automático hay que recurrir a motores que realicen dicho movimiento.

Para realizar los movimientos de los diferentes ejes, se utilizan habitualmente motores eléctricos de corriente continua controlados mediante señales electrónicas de salida y entrada. Estos actuadores pueden girar y acelerarse controladamente en ambos sentidos. Otros motores utilizados pueden ser, en algunos casos, de corriente alterna para conseguir los giros en RPM de la pieza o la herramienta, según el tipo de máquina.

Los movimientos de estos mecanismos tienen que ser de gran rigidez y resistir los esfuerzos generados por las fuerzas de corte o por los desplazamientos a alta velocidad que generan los diferentes mecanismos en su movimiento en vacío (grandes inercias).

Las transmisiones deben producir movimientos regulares y estables y ser capaces de reaccionar rápidamente en las aceleraciones y deceleraciones.

Los factores que más afectan al control de estos movimientos son:

- Uso de herramienta inadecuada.
- Restricciones anómalas en el movimiento.
- Velocidades de avance inapropiadas en la operación de trabajo.
- Fuerzas de inercia excesivas durante el frenado o aceleración.

Uno de los factores a determinar en la aplicación de motores, es el par motor que puede dar en toda la gama de velocidades.

Para conseguir los movimientos de los ejes, actualmente se suelen utilizar los siguientes tipos de motores:

- Motores paso a paso.
- Servomotores.
- Motores lineales

Motores paso a paso

Son motores con gran precisión pero con pares de potencia relativamente bajos, por lo que se suelen utilizar en máquinas de poca capacidad de trabajo.

Fig. 2.10 Motor paso a paso

El nombre "paso a paso" viene de los pasos dados por el motor con cada pulso de la señal.

La característica principal de estos motores es el hecho de poder moverlos un paso por cada pulso que el microprocesador le aplique. Este paso puede variar desde 90° hasta pequeños movimientos de tan solo 1/8°. Es decir, que se necesitarán 4 pasos en el primer caso (90°) y 200 para el segundo (1,8°), para completar un giro completo de 360°.

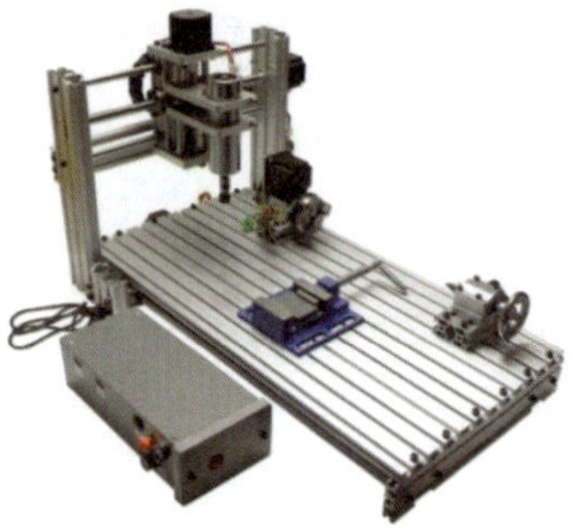

Fig. 2.11 CNC casero con motores paso a paso

Estos motores poseen la habilidad de poder quedar enclavados en una posición o bien totalmente libres. Si una o más de sus bobinas están energizadas, el motor estará enclavado en la posición correspondiente y por el contrario quedará completamente libre si no circula corriente por ninguna de sus bobinas.

Los motores paso a paso suelen tener una menor eficiencia que los servomotores. También son propensos a resonancia. Las cargas no aceleran rápidamente debido al bajo par a par de inercia. Son propensos al sobrecalentamiento en alto rendimiento. En general tienen una salida de potencia baja por su peso y tamaño.

En la actualidad, donde más se suelen utilizar es en las máquinas CNC caseras, donde la precisión y la potencia de trabajo no son factores importantes.

Servomotores o motores encoder

Son componentes están formados básicamente por dos partes, un motor y un encoder. Un encoder se compone básicamente de un disco conectado a un eje giratorio. El disco está construido de vidrio o plástico y dispone de unas imágenes codificadas con unas partes transparentes y otras opacas que bloquean el paso de la luz emitida por la fuente de luz (típicamente emisores infrarrojos). En la mayoría de los casos, estas áreas opacas están distribuidas en forma radial.

Fig. 2.12 Servomotor o motor con encoder

A medida que el eje gira, el emisor infrarrojo emite una luz que es recepcionada por el sensor óptico receptor (o foto-transistor), controlando los pulsos digitales generados, a medida que la luz cruza a través del disco o es bloqueada en diferentes secciones de este. Esta información es enviada a la CPU del control, que la usa para controlar el giro del motor, la dirección de giro e incluso la velocidad.

Son los más utilizados por su alta potencia y alto par conseguido a bajas vueltas, lo que permite trabajar a pocas revoluciones con grandes cargas de trabajo. El funcionamiento del motor es prácticamente el mismo que el de un motor convencional, pero con un encoder conectado al mismo.

Fig. 2.13 Encoder

El mismo encoder es el encargado de frenar en el punto exacto que ordena el control al motor.

Los controles numéricos, en su comunicación con los motores, tienen calibrada su parada por medio de lo que técnicamente se llama rampa de desaceleración para evitar los desplazamientos no deseados motivados por las inercias de los diferentes carros.

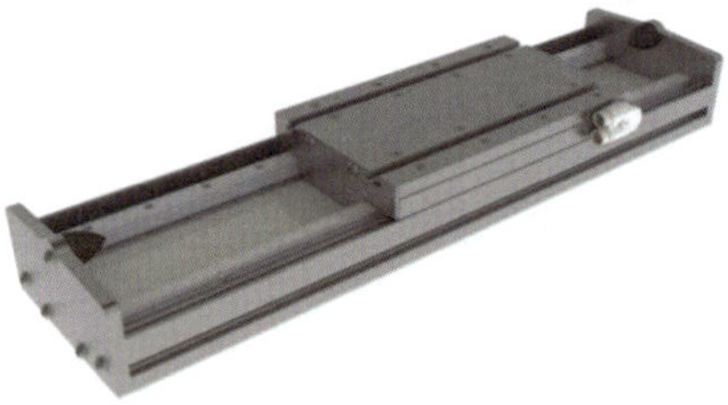

Fig. 2.14 Motor lineal
Catálogo Sinadrives

Motores lineales

Un motor lineal es un motor eléctrico cuyo estator y rotor están distribuidos en forma lineal en lugar del modo normal, que es de rotación. Son una clase especial de servo motor síncrono que funciona sin el uso de escobillas. Produce una fuerza lineal en el sentido de su longitud.

Hablando de un modo más preciso, un motor lineal consiste en un elemento primario, donde se encuentran los devanados y un elemento secundario que se extiende a lo largo de la distancia que se va a recorrer, aportando como ventaja la posibilidad de poder disponer de varios primarios sobre un mismo secundario. Al igual que en el caso de los motores rotatorios, pueden existir modelos síncronos y asíncronos.

Junto con las guías lineales, el sistema de medida lineal y el regulador electrónico forman el conjunto activo de accionamiento lineal.

Son motores que tienen la capacidad de generar grandes aceleraciones, lo que reduce de forma considerable los tiempos de mecanizado en los desplazamientos de trabajo en vacío.

Control de sistemas y de desplazamientos de ejes

Tal como se ha visto anteriormente, los movimientos de los diferentes ejes y sistemas se realizan por medio de las órdenes que envía el control numérico a los diferentes motores. Pero eso no garantiza que la posición real que tienen los carros sea exactamente la deseada, debido a posibles percances que pueden producirse durante su movimiento: falta de engrase, obstáculos durante el recorrido, juegos producidos por el desgaste de los elementos móviles, inercias no controladas, etc.

Para corregir esos posibles problemas, se tienen que utilizar sistemas que tengan la capacidad de controlar las diferentes posiciones.

Los controles de posición son elementos que sirven para indicar con gran exactitud la posición de los ejes y elementos de una máquina. Normalmente son electro-ópticos y funcionan por medio de una o más reglas, habitualmente de cristal, con una cabeza lectora que mide el desplazamiento de cada uno de los ejes. También existen sistemas electromagnéticos basados en la inducción de una corriente sobre una regla magnética.

Control de posiciones

Según su principio de funcionamiento, el control de las posiciones de los elementos móviles de las MHCN, se realiza básicamente por dos sistemas:

- Directo
- Indirecto

El sistema directo (también llamado lazo cerrado) utiliza una regla de medida o encoder lineal, situada en cada una de las guías la máquina. Es el más seguro de los dos pero también el más caro. Efectivamente, los posibles errores producidos en el giro del eje o en su acoplamiento no afectan a este método de medida, dado que los sistemas de medición de las reglas devuelven la información de su posición a la CPU para confirmar que ha alcanzado la posición y en caso contrario marcar error.

Estos sistemas tienen un grado de precisión de centésimas o incluso superiores. El principio de funcionamiento está basado en un resolver óptico que controla constantemente la posición por conteo directo en la regla graduada, transforma esta información a señales eléctricas y las envía para ser procesadas por el control numérico.

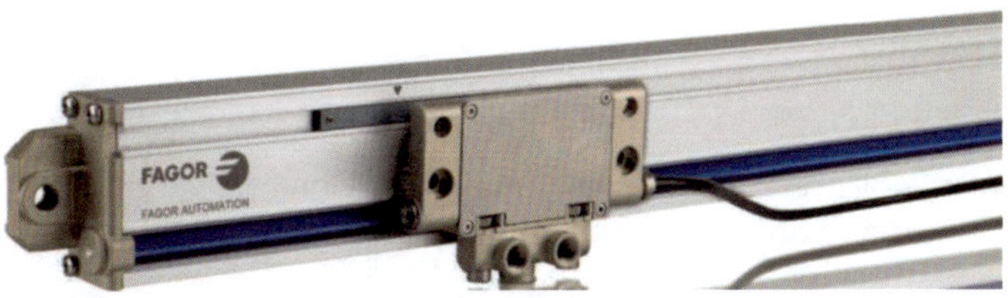

Fig. 2.15 Encoder lineal autoguiado

En el sistema indirecto (también llamado lazo abierto) la posición de la mesa se calcula por la rotación en el sinfín. Un resolver registra el movimiento de un disco graduado solidario con el sinfín. El control numérico calcula la posición mediante el número de pasos o pulsos generados durante el desplazamiento.

Este sistema no es capaz de detectar anomalías en la llegada de los ejes a la posición enviada, por lo que no es aconsejable en mecanizados de series. En el resto el operario deberá tener mucho control de los sucedido en los movimientos de los ejes.

Para conocer la posición exacta de cualquier elemento móvil de una MHCN a lo largo de un eje de desplazamiento, se emplean un conjunto de dispositivos electrónicos y unos métodos de cálculo. Estos elementos constan básicamente, de una escala graduada (similar a un escalímetro) y el resolver capaz de "leer" dicha escala. Atendiendo al método de lectura y forma de la escala, se distingue entre:

- Medición de posiciones absolutas.
- Medida de posiciones por incrementos

La utilización del adjetivo "absoluto" para la medición de los desplazamientos supone que las posiciones estimadas son independientes del estado puntual de la máquina o de su control, al estar referidas a un punto invariable conocido como "origen absoluto" o "cero máquina" (se verá esto último en un capítulo posterior).

La utilización del adjetivo "absoluto" para la medición de los desplazamientos supone que las posiciones estimadas son independientes del estado puntual de la máquina o de su control al estar referidas a un punto invariante conocido como "origen absoluto" o "cero máquina" (esto último se verá en un capítulo posterior).

Husillo principal

En las MHCN, el husillo principal realiza las siguientes funciones:

- En los tornos - el movimiento rotativo de la pieza.
- En las fresadoras - la rotación de la herramienta.

Motores de accionamiento de husillos principales

Los motores tienen que cumplir unas condiciones fundamentales para que puedan ser controlados por la CPU del control. Las más importantes son:

- Proporcionar una variedad de velocidades de giro, para permitir al programador establecer la velocidad de giro para cumplir las condiciones tecnológicas del mecanizado.
- Incorporar reductores en la transmisión, para la obtención de los pares más favorables en las diferentes operaciones de mecanizado.
- En el caso de los tornos fresadores, permitir el doble funcionamiento: plato de control RPM – plato divisor.

Tipos y estructura de los controles

Cuando se hace referencia a las MHCNC, se debe diferenciar entre lo que es la máquina y lo que es el control, dado que son dos partes perfectamente diferenciadas. De hecho, al comprar la máquina el fabricante suele permitir la elección entre diferentes controles, tanto en el ámbito de modelo, dentro de lo que es la misma marca comercial, o incluso diferentes marcas.

Tipos de control según su función

Según su forma de trabajo existen tres tipos de control. Los tres tipos son:

- Control punto a punto.
- Control paraxial.
- Control interpolar o continuo.

Control punto a punto

Con este tipo de control solo se pueden mecanizar los puntos de destino, pero no se tiene ningún tipo de control durante la trayectoria.

Las figura 2.16 muestra el tipo de pieza a mecanizar; solo el punto central de cada taladro será controlado. Durante el recorrido entre agujeros no existe ningún tipo de control.

El control punto a punto es el más sencillo de todos los tipos de controles existentes, lo que lo convierte en el más barato. No obstante, tiene una función clara dentro del mercado de MHCNC, utilizándose en máquinas tipo taladradora, semipunteadora, etc.

Fig. 2.16 Mecanizado punto a punto

Control paraxial

Realiza mecanizados siguiendo de forma paralela en recorrido de los ejes, este recorrido lo realiza de forma controlada en velocidad de avance, pero solo paralela u ortogonalmente a los ejes.

En la Fig. 2.17 se puede ver el tipo de desplazamiento que puede realizar.

Esto es así porque no tiene capacidad de interpolación, es decir, el control sólo puede mover y controlar un motor a la vez. Es ideal para máquinas que tengan como única función escuadrar caras, entre otros.

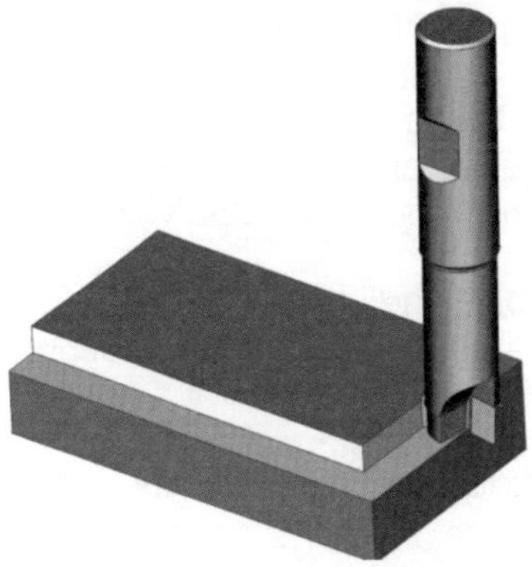

Fig. 2.17 Mecanizado paraxial

Control interpolar o continuo

Tiene la capacidad de controlar varios ejes simultáneamente, pudiendo realizar cualquier recorrido en formato 3D, realizando líneas curvas como rectas.

Esta capacidad de mover dos o más motores simultáneamente, se llama interpolación. Es decir cuando dos motores se mueven simultáneamente, de manera controlada por el control, se dice que se están interpolando.

El control interpolar es el más completo de todos, ya que puede realizar todas las funciones de los anteriormente citados, además de la suya propia. Por ello es, con mucho, el más utilizado, aunque el precio sea bastante superior.

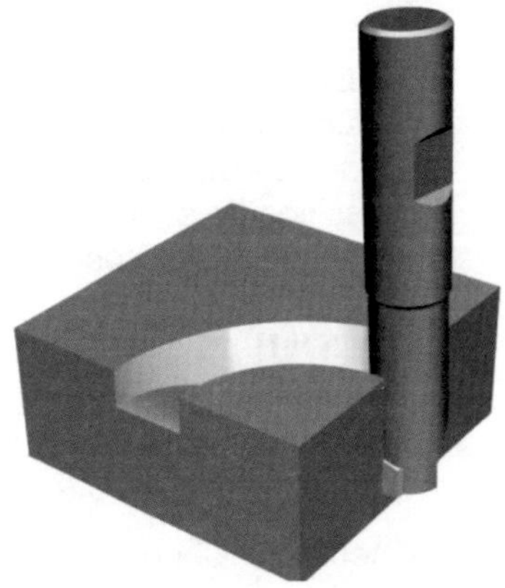

Fig. 2.18 Mecanizado interpolar

En la imagen 2.17, se puede observar cómo la herramienta realiza un mecanizado generando una trayectoria circular, además profundizando en el piso según avanza.

Arquitectura de sistemas automatizados CNC

No es el objetivo de este tratado conocer con detenimiento el sistema electro-informático de las máquinas dotadas de sistema **CNC**, pues este tema en sí mismo merecería un tratado específico y único. No obstante cualquier operador de este tipo de máquinas debe conocer las estructuras básicas de funcionamiento del mismo y es, desde esta vertiente desde la que se analizará el tema.

Un **CN** tiene una estructura muy parecida a la de los sistemas informáticos clásicos, pudiendo comunicarse entre ellos. Actualmente, pueden llegar a formar parte de una red informática, como si de un ordenador convencional se tratará.

Todo lo estudiado a continuación se basará en una estructura de lazo cerrado o directo.

Componentes de un sistema CN

El sistema de control numérico básicamente dispone de las siguientes partes o estructuras en los sistemas informáticos:

- UCP (Unidad Central de Procesamiento o Unidad de Procesamiento Central).
- Dispositivos de entrada.
- Unidades de almacenamiento de datos.
- Dispositivos de salida.
- PLC. Enlace entre control y máquina.

UCP (CPU)

Es el corazón del sistema; está compuesto por una estructura informática donde el microprocesador es el elemento principal. La capacidad y potencia de cálculo del microprocesador determina la capacidad real de la máquina CNC (capacidad de interpolación).

Un sistema de CN es un sistema informático y como cualquier sistema informático, puede tener más de una CPU; esto se llama multiprocesamiento. Todas las CPU modernas son microprocesadores, lo que significa que contienen un solo circuito integrado (chip).

Dos componentes típicos de una CPU son la unidad aritmético lógica (ALU), que realiza operaciones aritméticas y lógicas, y la unidad de control (CU), que extrae instrucciones de la memoria, las decodifica y las ejecuta, llamando a la ALU cuando sea necesario.

Fig. 2.19 UCP

Entre otras de las funciones que tiene que realizar están las significativas de cara al CN:

- Calcula la posición de los ejes y los desplazamientos de la máquina.
- Controla los diferentes modos de funcionamiento de la máquina.
- Dirige todas las señales que van o vienen de los diferentes dispositivos o periféricos.
- Controla el tráfico entre la UCP y el PLC.

Hoy en día, los trabajos realizados obligan a trabajar con potentes microprocesadores para por ejemplo, realizar mecanizados a alta velocidad o trabajar con 5 ejes interpolados. De hecho existen UCP's con varios micros colocados en paralelo para multiplicar la potencia y velocidad de cálculo necesaria.

Dentro de las UCP's modernas se instalan tarjetas electrónicas para poder comunicar con los ordenadores o conectarlos al sistema de red de la empresa o conectándolos a Internet, actuando como un ordenador más del sistema. De hecho el mantenimiento del software se suele hacer a remoto a través de la red.

Algunos controles actuales, disponen de disco duro para almacenar los datos igual que en un ordenador PC; incluso disponen de sistema operativo, como por ejemplo Windows.

Dispositivos de entrada

Son todos los elementos que suministran información a la UCP para su posterior procesamiento. Ente los más importantes existen los siguientes:

- Teclado y panel de mandos.
- Conexión con sistema informático.
- Reglas ópticas o posicionadores.
- Ratón o joystick (en CN modernos se opera ya con estos elementos).
- USB.

Teclado y panel de mandos

Los teclados incorporados en los controles. Son diferentes incluso dentro de los mismos fabricantes pues, no existe una unificación tal y como si sucede en los PC's. Además, existen controles con la programación diferente a la ISO, o incluso que pueden trabajar con dos sistemas diferentes, por lo que pueden tener dos teclados intercambiables para el mismo control.

No obstante, todos están diseñados por áreas para realizar la programación y el control de máquina de forma sencilla y poder realizar el mecanizado manual.

Su construcción suele ser a prueba de ambientes agresivos, que es lo que normalmente encontrarán en los talleres.

Fig. 2.20 Teclado y panel de mando del control FAGOR y de Heindenhain

Conexión con sistema informático

Habitualmente, los controles no suelen tener una capacidad de almacenamiento muy grande, por lo que es totalmente necesario poder comunicarse con algún ordenador, red o elemento informático que disponga de suficiente capacidad. También existen programas, que generalmente han sido generados por sistemas de CAM, que no caben en la memoria del control, por lo que se tiene que establecer un sistema de conexión constante con un ordenador, este sistema de conexión se llama DNC. El sistema DNC pagina el programa y lo envía al control en paquetes de líneas que pueda asimilar, una vez realizadas grandes partes de esas líneas, envía una señal al DNC para que envíe el siguiente paquete y así hasta finalizarlo.

Reglas ópticas o posicionadores

Tal como se vio en este mismo capítulo, las reglas ópticas se encargan de indicar la posición de los ejes en cada momento. Esta información la envía a la UCP para procesarla y contrastar los datos de posición real con los de posición teórica (ver Fig 2.14).

Ratón o joystick

El ratón o joystick actúan igual que en un sistema informático de tipo PC. Este tipo de periférico solo existe en controles modernos, muy potentes y que dispongan de la capacidad de realizar dibujos técnicos o incluso tener incorporado un sistema de CAM a pie de máquina.

USB
A traves del dispositivo USB se pueden introducir datos al control, fundamentalmente serán programas de CNC pero también se pueden introducir datos de configuración del control, variables del sistema, datos del PLC, etc.

Dispositivos de salida
Son todos aquellos elementos que sirven para recibir la información que suministre la UCP. Entre los más importantes destacaremos los siguientes:

- Monitor.
- Conexión con sistema informático.
- Control de movimiento de los ejes y demás elementos móviles de la máquina.
- USB.

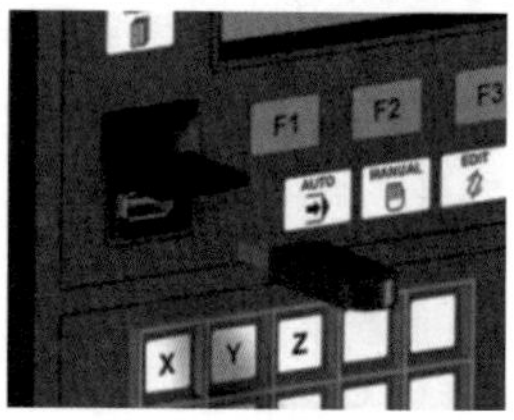

Fig. 2.21 USB

Monitor
A través del mismo recibiremos la información de todos los sucesos que se produzcan en el control, tanto de datos de entrada como de datos de salida.

Entre los más importantes destacan los siguientes:

- Ver la información que se le suministre desde el teclado.
- Controlar las comunicaciones entre otros sistemas informáticos.
- Informarnos de todos los sistemas que la máquina tenga activados.
- Informarnos de las diferentes condiciones tecnológicas que se estén usando, RPM, Vc. Va.
- Realizar la simulación de mecanizado por pantalla.
- Indicar los posibles errores que se detecten en el sistema.
- Etc.

Conexión con sistema informático
Vale todo lo expuesto en el punto superior de conexión con sistema informático, pues es tanto de entrada como de salida.

Control de movimiento de los ejes y demás elementos móviles de la máquina
Una vez se han procesado los datos, la UPC (Controlador Lógico Programable) trasmite información a los diferentes órganos de la máquina, para que procedan a su ejecución. Estos datos están con voltaje de pilotaje, por lo que no se envían directamente a la máquina (motores, giro del cabezal, puesta en marcha de taladrina, etc.), sino que hace falta algún elemento que controle dicha información y la divida en voltaje de pilotaje y voltaje de potencia o trabajo. Este elemento es un PLC o autómata programable.

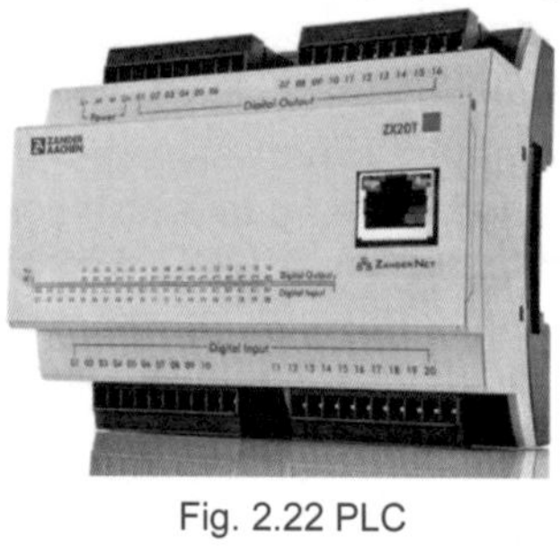
Fig. 2.22 PLC

Un PLC es un módulo programable en sistemas de automatismos, que no veremos en este tratado, pero es muy interesante conocer su existencia. Funciona a través de un lenguaje de programación propio de este tipo de elementos. Tiene almacenado un programa, que si, por alguna circunstancia, se borra o se altera, bloqueará la máquina o hará que esta funcione incorrectamente, por lo que, si no se conoce este lenguaje ni el modo de funcionamiento, es mejor no tocarlo y avisar a algún técnico para su corrección.

Mandos para el control máquina
Permiten el gobierno manual o directo de la MHCN en actividades similares a las ejecutadas con una máquina convencional mediante manivelas, interruptores, etc.

Dependiendo del control, alguno de estos mandos pueden estar integrados en el propio teclado o insertados por el fabricante, en alguna zona de la máquina, de forma que estén accesibles. Estos mandos suelen estar priorizados a los mandos del propio control, para un mejor control de la máquina.

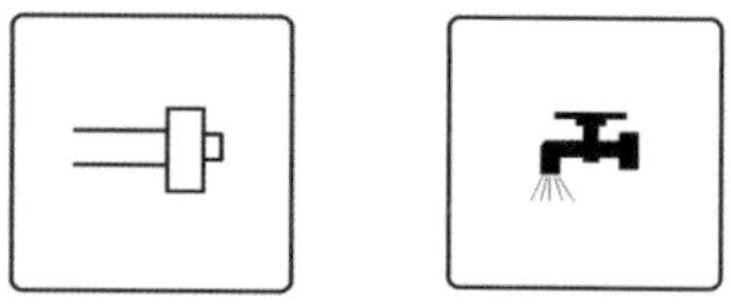
Fig. 2.23 Marcha cabezal y taladrina.

Estos controles pueden ser empleados de forma alternativa durante las operaciones programadas para modificar puntualmente el proceso, por ejemplo aumentar o disminuir la "Va". Es habitual que estas funciones aparezcan representadas mediante un icono inscrito en el botón correspondiente.

Desplazamiento manual de ejes

Existen dos sistemas para el desplazamiento de ejes:

- Botonera, controlada de las siguientes maneras:
  - Movimiento controlado continuo.
  - Movimiento controlado por impulsos.
  - Volante electrónico.

Botonera

Los paneles los controles numéricos llevan integrados los botones de movimiento de ejes en su propia botonera. Suelen intercalar un botón de avance rápido para simultanear con el eje y dirección apropiada. Estos mandos pueden actuar con movimiento continuo o movimiento por impulsos controlados. En el caso de movimiento continuo, se suele controlar la velocidad de avance de los ejes por medio de un potenciómetro o por medio del valor introducido por programación.
En el caso de movimiento por impulsos, se desplaza a la máxima velocidad, pero en una distancia exacta elegida por medio del potenciómetro adecuado. En la escala de dicho potenciómetro suele venir indicado el desplazamiento que realizará por cada impulso que se le aplique al correspondiente botón.

control de movimiento de los ejes

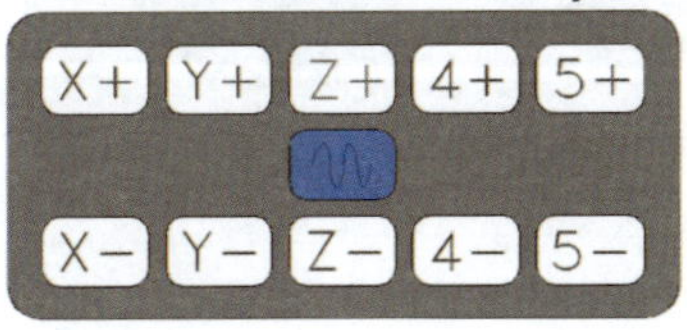

Conmutador de Avance, precisión y V. Electrónico

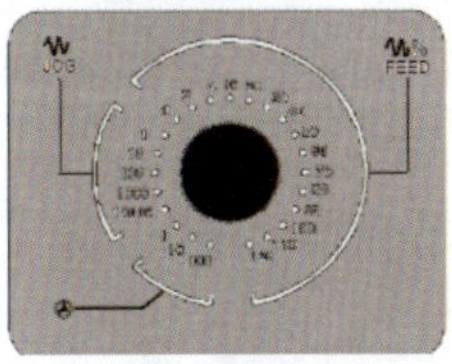

Fig. 2.24 Botones de movimiento de ejes y potenciómetro de control de impulsos.

Volante electrónico

Tiene como objetivo imitar los movimientos de giro de los volantes tradicionales pero con la posibilidad de poder escoger la precisión en el movimiento. El volante dispone de la posibilidad de ajustar diferentes escalas, lo que permite que con el mismo giro, podamos conseguir diferentes desplazamientos. Por ejemplo, si se escoge la escala de 1 mm, el giro completo del volante hará que el eje recorra 1 mm, lo que quiere decir que las divisiones del tambor serán proporcionales a 0.01 mm.

Existe la posibilidad de colocar un volante por eje o un único volante que conmute con los diferentes ejes de la máquina. En este último caso, el volante puede ser móvil y se puede acercar a la posición que el operario ocupe, lo que facilita su operativa.

Fig. 2.25 Volante electrónico fijo y móvil

Sujeción de piezas

Los sistemas de sujeción permiten amarrar la pieza a la mesa de trabajo (fresado) o al eje principal (torneado).

Sistemas de sujeción en torno

En los tornos de CN se suelen emplear sistemas rápidos de agarre de pieza que tengan sistemas de autocentraje de buen nivel de precisión.

No obstante, realizaremos una selección de la mayoría de los mecanismos más utilizados para amarrar la pieza en los tornos CN:

- Platos universales de dos, tres o cuatro garras autocentrables y garras independientes.
- Platos frontales para la colocación de sargentos para agarre de formas irregulares.
- Pinzas para la sujeción de piezas cilíndricas pequeñas.

- Puntos y contrapuntos con arrastre para piezas esbeltas.
- Lunetas escamoteables para apoyo intermedio.
- Sistemas de conos.

En los platos hidráulicos, se pueden controlar, mediante instrucciones programadas de CN, la apertura y el cierre de las garras, así como la presión de apriete.

La elección de la fuerza de apriete depende generalmente de la velocidad de giro del cabezal; velocidades elevadas demandan las presiones mayores al aumentar la acción de la fuerza centrífuga.

Como es habitual que las MHCN trabajen a velocidades de giro elevadas y esto podría suponer presiones que dañasen la pieza, estas incorporan mecanismos de compensación de las fuerzas centrifugas. El diseño de las mismas se basa en mantener una presión estable del accionamiento de cierre hidráulico a velocidades de giro elevadas.

Fig. 2.26 Diversos tipos de plato de torno

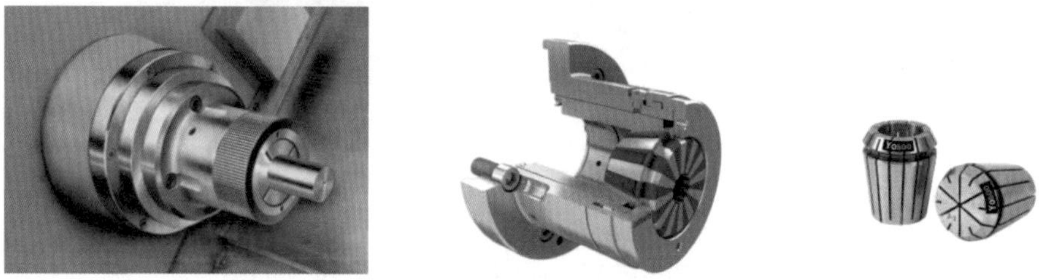

Fig. 2.27 Sistema de sujeción de pinzas para diámetros pequeños

El mecanizado de piezas largas con torno, puede necesitar el uso de un elemento de apoyo en el extremo libre de la pieza conocido como contrapunto.

Este elemento incorpora dos funciones adicionales en la programación CN:

- Posicionar contrapunto.
- Aproximar o retirar contrapunto.

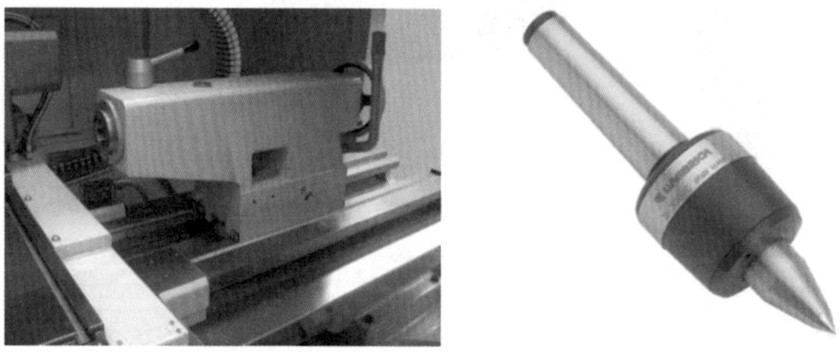

Fig. 2.28 Contrapunto y punto

En aquellos casos en que, por excesiva longitud de la pieza, no sea suficiente con el contrapunto, la estacada de la pieza necesitará la instalación de una o más lunetas de apoyo lateral. Las lunetas de CN utilizan las siguientes funciones de programación:

- Abrir luneta.
- Cerrar luneta.
- Posicionado transversal.
- Aproximación / retirada.

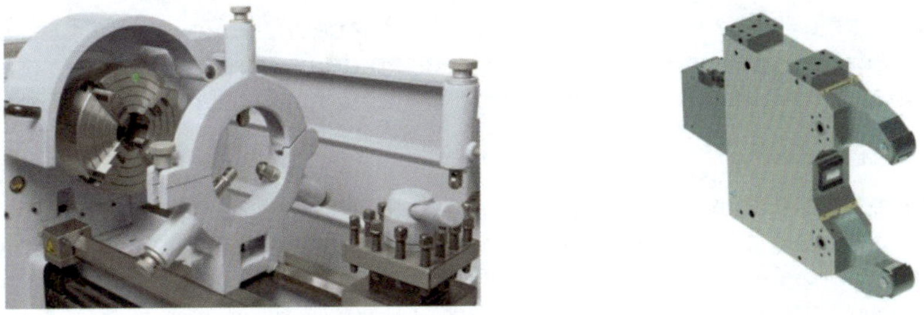

Fig. 2.29 Luneta fija manual y luneta controlada por CNC

Según lo visto anteriormente, las formas más habituales de sujeción en tornos con el plato son las siguientes:

Fig. 2.30 Montaje al aire – Montaje entre plato y punto – Montaje entre plato y punto con luneta

Sistemas de sujeción en fresadora o centro de mecanizado

En las fresadoras o centros de mecanizado, se suelen emplear los mismos sistemas que en las convencionales, pero con tendencia a poder realizar estacadas rápidas y precisas.

El número de funciones controlables que están relacionadas con estos sistemas depende de la forma de alimentación de piezas (manual o automática) y de la complejidad del sistema de amarre.

En el fresado de CN se emplean habitualmente los siguientes sistemas de sujeción:

- Mordazas.
- Mordazas autocentrables, mecánicas e hidráulicas.
- Sistemas de bridas.
- Placas angulares de apoyo.
- Platos o mesas magnéticas.
- Mesas y dispositivos modulares de uso universal.
- Utillajes diseño específico o especial.

Fig. 2.31 Mordaza básica

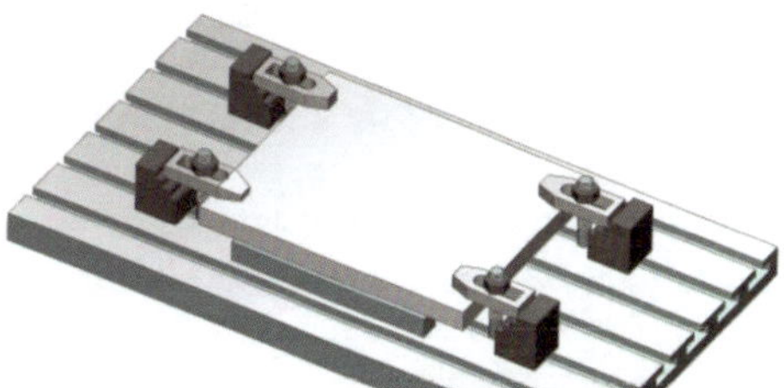

Fig. 2.32 Anclaje con bridas

En las mordazas hidráulicas, se pueden controlar la apertura, el cierre y la presión de apriete, mediante instrucciones programadas de CN.

En fresado las presiones de apriete no resultan tan críticas. El aspecto más crítico en la sujeción en estas máquinas es la rapidez de montaje / desmontaje y la precisión en el posicionado de la pieza en la mesa de trabajo.

El sistema de amarre debe permitir una fácil carga / descarga de la pieza de trabajo y garantizar la repetitividad en la colocación estable y precisa.

Los sistemas de bridas normalizados y modulares se utilizan frecuentemente. Estos dispositivos deben permitir, a ser posible, el mecanizado completo sin operaciones de montaje / desmontaje.

Herramientas y cambiadores automáticos

La mecanización moderna exige mecanizados en la misma estacada, tanto por la precisión de la pieza como por los tiempos de mecanizado. Las herramientas precisan de cambios rápidos y precisos, lo que nos lleva a tener que recurrir a sistemas rápidos de anclaje de herramientas y sistemas automáticos de cambio de las mismas.

El cambio de herramientas puede ejecutarse manualmente por el operario o de forma automática por medio de programación. No obstante, esto solo se realiza en la práctica con fresadoras y taladradoras dotadas de cabezales con adaptadores portaherramientas de acceso rápido y sencillo; todos los tornos suelen estar equipados con sistemas automáticos.

Los tornos CN y centros de mecanizado de gran producción utilizan cambiadores automáticos de herramientas que pueden albergar un número variable de útiles, dependiendo de su diseño.

Los cambiadores de herramientas reciben de forma habitual los nombres de:

- Tambor de herramientas en tornos.
- Carrusel de herramientas en fresadoras o centros de mecanizado.

Torno

Cambio manual

El cambio manual en torno, prácticamente no se utiliza, pero en los pocos sistemas en que se utiliza, se recurre a los mismos sistemas que en los tornos convencionales, por lo que no profundizaremos más en este capítulo.

Cambio automático

El cambio de herramienta se controla por programación, caracterizándose por un giro de tambor hasta que coloca en la posición de trabajo aquella herramienta que se le solicita. La posición de trabajo coincide con la posición seleccionada del tambor. Las capacidades de los tambores de herramienta normalmente oscilan entre las 6 herramientas de los más pequeños y las 30 de los más grandes.

Sistemas de anclaje en torno

Al iniciar los programas para mecanizado, se debe disponer de un juego de herramientas perfectamente galgado y colocado en la posición adecuada dentro del tambor. Dado que en la mayoría de los casos, los tambores normalmente no disponen de todas las posiciones necesarias, nos vemos obligados a tener que intercambiar las herramientas constantemente. Esta exigencia nos obliga a tener que realizar de forma rápida y con la máxima precisión posible el cambio de las diferentes herramientas.

En la mayoría de los casos, se suele trabajar con herramientas dotadas de plaquitas intercambiables.

Cuando estas plaquitas se desgastan por el uso, o se rompen por el filo, se deben sustituir de forma precisa y rápida, si es posible evitando la operación de galgado.

Para afrontar este problema, existen en el mercado diferentes sistemas. En este capítulo, solo expondremos los más usuales.

Tipos de tambores

Entre los más habituales se distinguen los siguientes:

- Tambores de agarre clásico.
- Tambores sistema VDI.
- Sistemas propios de fabricantes.

Los cambiadores de herramientas en modo programación se llamarán almacén de herramientas

Tambores de agarre clásico

Fig. 2.33 Tambor de agarre clásico

Son tambores en los que el sistema de anclaje de la herramienta no difiere de los sistemas en tornos clásicos; recurriéndose al apriete de las herramientas por el sistema de tornillos, y sin garantizar una posición exacta de la herramienta, lo que obliga a tener que galgar la herramienta después del cambio, estando la máquina parada durante el proceso, esto representa una mayor cantidad de tiempo con la máquina parada y una mayor imprecisión en las medidas de las piezas a obtener.

El tambor dispone de posiciones fijas y numeradas, para que el sistema CNC controle su situación en cada momento. Estas posiciones suelen estar perfectamente indicadas por el fabricante del mismo, normalmente en el costado o el frontal del tambor. Están divididos en posiciones para herramientas de mango cuadrado y herramientas de mango cilíndrico de sistemas clásicos.

Este tipo de tambor apenas se usa en las industrias actuales, reservando su uso a trabajos esporádicos o a la enseñanza, dado su bajo coste comparándolo con los otros sistemas.

Tambores sistema VDI

Es el más extendido de los sistemas de anclaje de herramientas. El sistema se basa en colocar las herramientas siempre en la misma posición y con la máxima precisión posible. Para ello el tambor dispone de unos mecanismos accionados por sistema de llave allen en cada una de las posiciones. Dichos mecanismos disponen de un pequeño engranaje que encajará con la cremallera de que dispone el porta colocándolo en la posición correcta y de esa manera conseguir el apriete del mismo con máxima precisión.

Fig. 2.34 Tambor sistema VDI

La otra parte del sistema, son los portaherramientas o soportes, que se dividen en dos partes, el mango cilíndrico y el cuerpo, destinado a la sujeción de la herramienta.

El mango cilíndrico dispone de un rebaje plano a lo largo de su perfil, con una cremallera que servirá para el centraje y apriete del mismo. Todos los mangos, de todos los portaherramientas tienen que ser exactamente iguales.

El cuerpo es el que puede ser diferente, adaptándose a los diferentes sistemas de herramientas que existen en el mercado.

Fig. 2.35 Tambor VDI con herramientas
De la casa DTC Tecnología

Este sistema, así como otros parecidos, son bastante caros, pero la inversión suele ser rentable dado que los soportes VDI son para siempre, siendo la herramienta la que asume todo el esfuerzo de trabajo.

Los tambores VDI suelen tener incorporado el sistema de taladrina, para direccionarlo a la herramienta que está en la posición de trabajo, tanto externamente a la herramienta, como internamente para aquellas herramientas que disponen del sistema adecuado. Igualmente, pueden incorporar el sistema de giro para las herramientas motorizadas.

Fig. 2.36 Diferentes tipos de portaherramientas del tipo VDI. La de la derecha es motorizada

Sistemas propios de fabricantes

Algunos fabricantes de herramientas desarrollan sus propios sistemas de anclaje. En la mayoría de los casos los sistemas funcionan perfectamente e incluso superan al sistema VDI. Pero tiene el inconveniente añadido de tener que recurrir, al realizar una ampliación del sistema o una modificación del mismo, siempre al mismo fabricante.

Fig. 2.37 Sistema Sandvik Coromant Capto

Portaherramientas y plaquitas para torno

Tras lo visto anteriormente, se ve con claridad la necesidad de trabajar, siempre que sea posible, con herramientas modulares y de buena precisión. Para ello, los fabricantes de herramientas nos facilitan una gran variedad de las mismas, basándose en sistemas normalizados o en algunos casos en sistemas propios.

De esa gran variedad, las más usuales, según su función son las siguientes (herramientas del catálogo de Walter Tools):

Cilindrado exterior

Cilindrado interior (Mandrinado)

Copiado exterior

Copiado interior

Ranurado exterior

Ranurado interior

Roscado exterior

Roscado interior

Taladrado

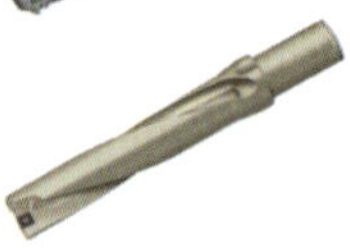

Sistemas de sujeción de plaquitas para torno

Los sistemas empleados en la sujeción de la plaquita son diversos, dependiendo del tipo de trabajo a realizar y del fabricante de la herramienta. Es importante dedicar el tiempo necesario, para determinar cuál de ellos es el adecuado para cada una de las operaciones a realizar. No suele ser buena política determinar el portaplaquitas o mango por el precio del mismo, dado que en muchos casos se pueden alargar los tiempos de mecanizado o incluso producir rotura de las mismas por la mala aplicación.

El montaje de las plaquitas es muy importante para mantener la precisión y la buena calidad de los acabados. Cada fabricante desarrolla sus propios sistemas y normalmente todos consiguen los resultados esperados. En la siguiente figura se pueden contemplar algunos tipos de la casa Seco Tools.

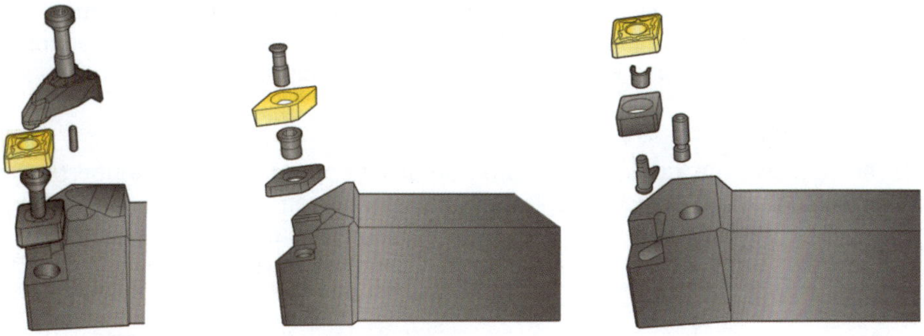

Fig. 2.38 Diferentes sistemas de agarre de la plaquita

Elección del mango

La elección del mango se tiene que determinar siguiendo unos códigos que cada fabricante nos proporciona. Estos códigos están perfectamente determinados en los catálogos y se suelen indicar en el formato ISO y en el del propio fabricante. Debe ser la primera elección a realizar, antes que la plaquita. Los mangos se procuran realizar de forma que acepten el mayor número de plaquitas, para abaratar los costos. En la figura siguiente se muestra un ejemplo de grafico de elección del mango:

C4	-	P	W	L	N	R	-	27	050	-	06	-	
1		2	3	4	5	6		7	8		9		10

Fig. 2.39 Código de elección del sistema Capto de Seco

En este ejemplo, el primer recuadro “1” hace referencia al tamaño del cuerpo, el segundo recuadro “2” al sistema de sujección de la plaquita, el siguiente recuadro “3” al tipo de plaquita, a continuación “4” al tipo de portaherramientas, el siguiente “5” al ángulo de incidencia de la plaquita, el numero “6” a la disposición de la herramienta (izquierda, derecha o neutra), el “7” a la distancia de la punta de la herramienta al centro del cuerpo del porta, el “8” a la distancia de la punta al cuerpo útil del porta, el “9” a la longitud de corte y el “9” esta reservado a la designación interna.

Tipos de plaquitas

La elección de la plaquita es, sin duda, la elección más importante que se tiene que hacer, pues influirá de manera decisiva en los resultados finales del mecanizado. Existen en el mercado un gran número de plaquitas, que contemplan prácticamente todas las posibilidades de mecanizado que haya que realizar, tanto desde la vertiente de geometría como la dureza del material a mecanizar, o el acabado a obtener.

Con la gran cantidad de posibilidades existentes puede resultar complicada la elección de la plaquita necesaria para cada trabajo, pero los fabricantes suelen suministrar bastante información técnica y en casos necesarios, desplazan un técnico al lugar de trabajo para analizar con detenimiento la problemática y aconsejar la herramienta adecuada.

Es de destacar la importancia que tiene la elección de la plaquita adecuada, porque puede afectar de forma significativa, tanto al acabado de la pieza como a la durabilidad de la máquina y sobre todo, a los tiempos de mecanizado, que afectan directamente al coste real. En algunos casos, se han conseguido reducciones del tiempo importantes en el mecanizado tras realizar estudios completos.

Fig. 2.40 Diferentes tipos de plaquita
Plaquitas de la casa Sandvik

Elección de la plaquita

La elección también se realiza a través de un sistema de códigos parecido al visto anteriormente para los portas, donde cada fabricante tiene su propia codificación.

Fresadora

Cambio manual

Actualmente suelen ser poco habituales en fresadoras de CNC. El cambio manual, recurre a sistemas clásicos de amarre con tirante roscado o a sistemas de apriete neumáticos o mecánicos; estos últimos son los más utilizados por la rapidez en que se realiza la operación.

Cambio automático

El cambio de herramienta se controla por programación, caracterizándose por un giro de tambor o correa, hasta que coloca en la posición de trabajo aquella herramienta que se le solicita. La posición de trabajo coincide con la posición seleccionada del tambor o correa. Las capacidades de los cambiadores de herramienta oscilan entre las 6 herramientas de los más pequeños a las más de 60 de los más grandes.

Sistemas automáticos de cambio de herramienta en fresadora

Existen básicamente los siguientes sistemas de cambio de herramienta:

- Carruseles.
- Tambores giratorios.
- Sistema de cadena.
- Lineales.

Carruseles

Los carruseles (almacenes) de herramientas tienen la forma de disco, lo que origina que su movimiento se realice siempre girando sobre su eje. Emplean un manipulador o garra adicional que intercambia las herramientas, preparando previamente el cambio. La UCP de la máquina interrumpe el mecanizado para que el manipulador extraiga del carrusel, que ha girado hasta colocar el útil deseado en la posición de cambio, la nueva herramienta. Simultáneamente, la garra opuesta del manipulador extrae la herramienta que está en uso en el cabezal. Un volteo del manipulador coloca la nueva en el cabezal y a la usada en el hueco (estación), dejando la primera en el almacén. Existen en el mercado diferentes tipos, tendiendo en la actualidad a realizar los cambios de la forma más rápida posible. La capacidad de almacenaje de herramientas se mueve desde las 6 herramientas, los de menos capacidad y alrededor de las 20 los de mayor capacidad.

Fig. 2.41 Carrusel de herramientas
De la casa Tormach ATC

Tambores giratorios

Los tambores giratorios suelen estar colocados en el propio cabezal. El desplazamiento lo realiza con todas las herramientas simultáneamente y coloca la herramienta adecuada en la posición de trabajo sin necesitar sustituir la herramienta anterior por medio del brazo de cambio.

Tienen el inconveniente de no poder colocarle suficientes herramientas, dado que el tambor está en el cabezal, tampoco dejará cambiar las herramientas sin parar la máquina.

Fig. 2.42 Tambor giratorio

Sistemas de cadena

Si la cantidad de herramientas a utilizar es mucha, se tiene que recurrir a este sistema. Es el que permite mayor cantidad de herramientas. El cambio lo realiza igual que el carrusel, es decir, recurriendo al brazo de cambio. La velocidad de cambio es bastante más lenta que en los otros sistemas, pero compensa por no tener que preparar ni galgar herramientas.

La estructura cambia bastante de una a otra máquina; buscando los recorridos más largos posibles en la disposición de la cadena que transporta los portaherramientas.

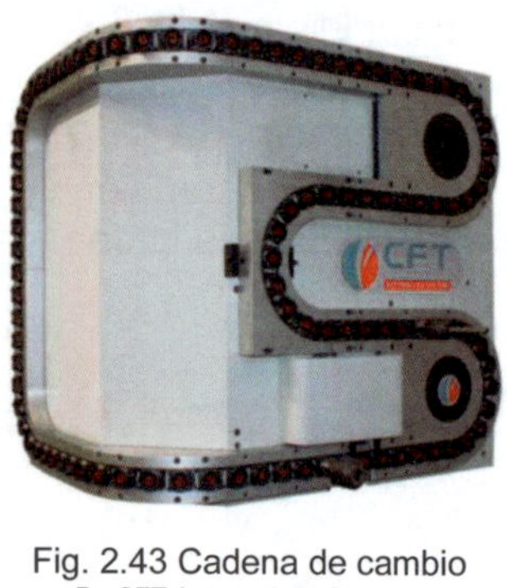

Fig. 2.43 Cadena de cambio
De CFT Automations Systems

Cambiador lineal

El cambiador lineal cumple el mismo cometido que el resto de cambiadores, pero tiene un coste más asequible que el resto. Normalmente, el cambio lo realiza sin brazo intermedio; dejando primero la herramienta que tiene activa y a continuación ir a buscar y coger la siguiente programada.

Suele tener pocas posiciones pues, normalmente, solo puede ocupar el ancho útil de la mesa, aunque en algunos casos se puede poner más de una fila.

Fig. 2.44 Cambiador lineal
Format-4

Anclaje de herramientas en fresadora

Debido a la gran variedad que existe de herramientas de mecanizado para MHCN, los acoplamientos para herramientas, siguen ciertos estándares de diseño.

Las dimensiones del acoplamiento deben coincidir de forma exacta con las del hueco (en el extremo del cabezal o en la torreta) garantizando rigidez, precisión de posicionado y fácil extracción.

En herramientas para fresadoras, y en general para todas las rotativas, se utilizan acoplamientos cónicos estándar. Este método garantiza la rapidez en el cambio y el autocentrado entre el eje del husillo principal y la herramienta.

Sistemas de herramientas y plaquitas para fresadora

En fresadora, dado el alto coste de las herramientas, es muy importante, trabajar con herramientas modulares intercambiables. Para ello, los fabricantes de herramientas han creado una gran variedad de las mismas, siguiendo los estándares normalizados o recurriendo a sistemas propios.

La estructura de una herramienta para una fresadora CNC, presenta generalmente, las siguientes partes:

- Acoplamiento (sistema de sujeción a la máquina).
- Soportes o adaptadores.
- Cuerpo portaherramientas (portaplaquitas).
- Punta de herramienta (plaquita).

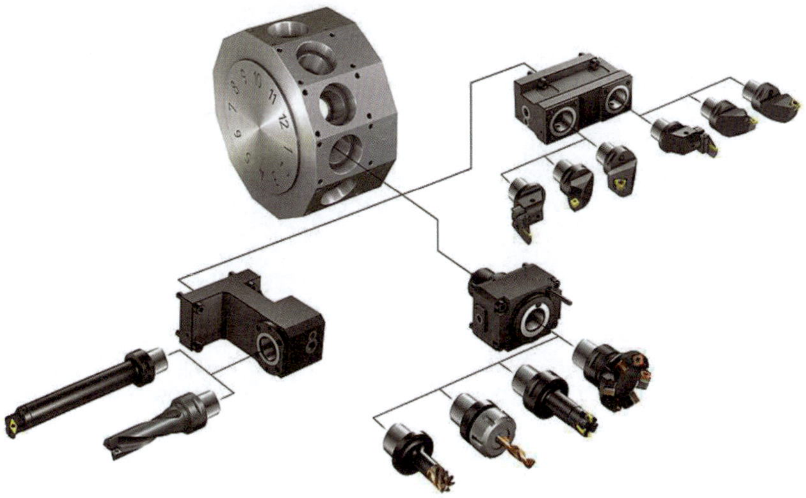

Fig. 2.45 Ejemplo de sistema: Sandvik Coromant Capto

Tipos de acoplamiento para herramientas de fresadoras

El acoplamiento es el elemento que inserta la herramienta en el seno del cabezal de la fresadora.

Existen diversos sistemas en el mercado, dependiendo siempre del modo de agarre de que disponga la máquina. Aquí se estudiarán los más importantes por su utilización y estructura.

La morfología de los mangos y de las plaquitas es la responsable de las posibilidades de mecanizado y de los acabados a obtener en las piezas.

En el cuadro siguiente se pueden observar los mangos más usuales en la industria actual.

Tipo - 0: Cilíndrico 	Tipo 3S - Seco/Weldon - Según ISO 5414 / DIN 1835 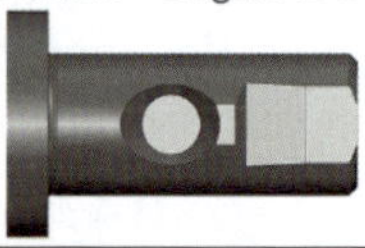
Tipo VDI 2814 Tipo Seco Tipo ISO-297 / DIN 2080 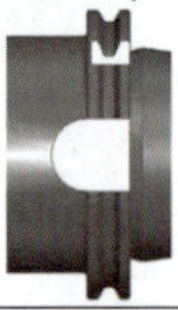	Tipo MAS BT 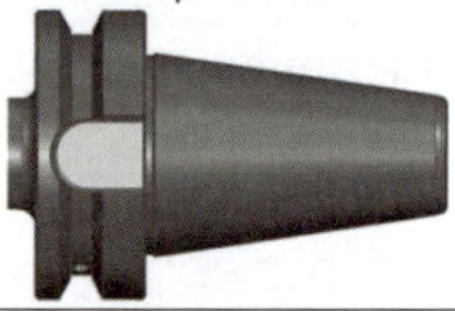
Tipo HSK 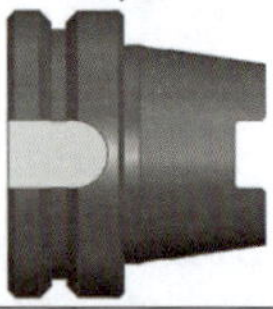	Tipo 3 – Weldon - Según ISO 5414 / DIN 1835 
Tipo CV - Según ISO 5414 / DIN 1835 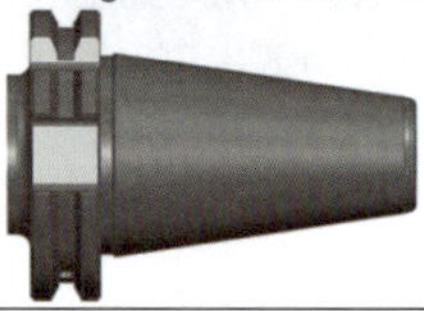	Tipo Seco-Capto™ 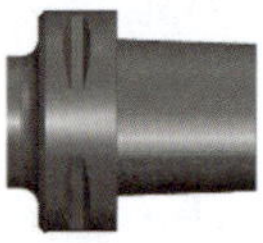

Los mangos de fresa igual que los de torno, tienen sistemas de codificación, según cada fabricante. A continuación en la figura siguiente se muestra un ejemplo de codificación del mango, en este caso de la casa Seco:

MP12 - 16 107 - 036 . 00 - E

En este ejemplo, los diferentes cuadros representan lo siguiente: Primer cuadro: tamaño del mango, segundo cuadro: diámetro del mango, tercer cuadro: longitud del mango, cuarto cuadro: longitud de acceso, quinto cuadro: ángulo parte frontal, sexto cuadro: tipo de material.

Soportes o adaptadores

En algunos casos se tiene que recurrir a la utilización de estos elementos (ver Fig. 2.45), bien para alargar la punta de una fresa pequeña, o bien para separar el corte de la herramienta del acoplamiento o poder colocar cuerpos reductores para utilizar herramientas más pequeñas.

Existen diferentes sistemas dependiendo de cada fabricante y modelo de herramienta. No obstante, no se suelen utilizar mucho estos sistemas, salvo en casos excepcionales.

Cuerpos portaherramientas

Es la parte más importante del conjunto herramienta, pues es la que define la manera de mecanizar dependiendo de su estructura forma y rigidez, no obstante acostumbra a ser la más fácil de definir. En la figura inferior se muestran diferentes tipos de mecanizado y diferentes formas de cuerpos de herramienta.

Fig. 2.46 Diversos ejemplos de cuerpos porta y ejemplos de aplicación
Imágenes del catálogo de Sandvik Coromant

Fig.2.47 Diferentes tipos de cuerpos o portaherramientas ISCAR

Tipos de portaherramientas para fresadora

Tal como se ve en la figura anterior, existen una gran variedad de cuerpos, dependiendo de cada fabricante y de la utilidad a aplicar. No obstante, veremos una clasificación orientativa sobre los tipos empleados más importantes.

Los tipos de cuerpos o portaherramientas más importantes son los siguientes:

- Fresa de planear (platos de cuchillas).
- Fresa de escuadrar.
- Fresa de disco.
- Fresa de copiar.
- Fresas helicoidales de ranurado y contorneado.
- Fresa de achaflanar y de avellanar.
- Fresa de ranurar en "T".
- Broca de plaquita intercambiable.
- Fresa integral.

Fresa de planear

Se suelen llamar platos de cuchillas por su forma. Son fresas normalmente de gran diámetro y que están diseñadas para la realización de caras planas y perpendiculares al eje de la herramienta.

Existe una gran variedad: trabajos de desbaste, trabajos de acabado, gran capacidad de arranque.

En la figura inferior se pueden ver algunos tipos:

Fig. 2.48 Platos de cuchillas o fresas de planear
Del catálogo de Seco Tools

Al disponer de varias facetas o plaquitas para trabajar, es muy importante que para el montaje de las mismas, se tenga el máximo cuidado, procurando no desequilibrar la herramienta ni variar la medida de la misma.

En muchos casos se recurre a soportes especiales para galgar la herramienta, o se recurre a un reloj comparador para verificar la misma.

Fresa de escuadrar

Son fresas parecidas a las anteriores, pero tienen la capacidad de trabajar paredes perpendiculares formando escuadra con la base. Son fresas de gran capacidad de trabajo.

En la figura Siguiente se pueden ver algunos tipos:

Fig. 2.48. Platos de cuchillas o fresas de escuadrar
Del catálogo de Seco Tools.

Fresa de disco

Son fresas empleadas en la realización de ranuras estrechas y profundas. La mayoría de ellas disponen de tres cortes simultáneos.

Este tipo de fresas son difíciles de trabajar porque producen muchas vibraciones, sobre todo cuando son estrechas, por lo que la pasada que se le asigne a la misma, tiene que ser proporcional a su anchura y diámetro.

En la figura inferior se pueden ver algunos tipos:

Fig. 2.49 Fresas de disco
Del catálogo de Iscar

Fresa de copiar

Son fresas con el perfil de plaquita redondo para poder realizar operaciones de mecanizado en orografías y perfiles de cara cambiantes. Es el mejor tipo de perfil para el mecanizado en 3D y por lo tanto en aquellos centros de mecanizado con grandes capacidades de interpolación y apoyo de programas CAM acostumbran a ser las más usadas.

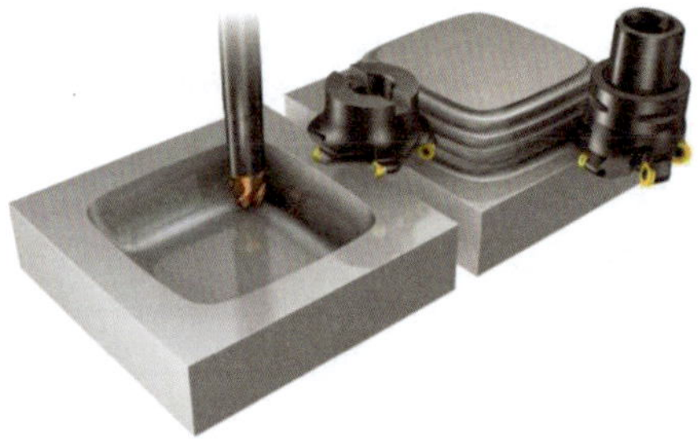

Fig. 2.50 Ejemplos de trabajos de copiado
Del catálogo de Sandvik

Existen básicamente dos tipos: las de perfil de media bola (similares a fresolines de cabeza redonda) y las de canto redondo o tóricas (similares a las fresas de planear). Normalmente, las segundas se utilizan fundamentalmente para los grandes desbastes y las primeras para acabar el perfil o poder penetrar en pequeños rincones.

En la figura inferior se pueden ver algunos tipos:

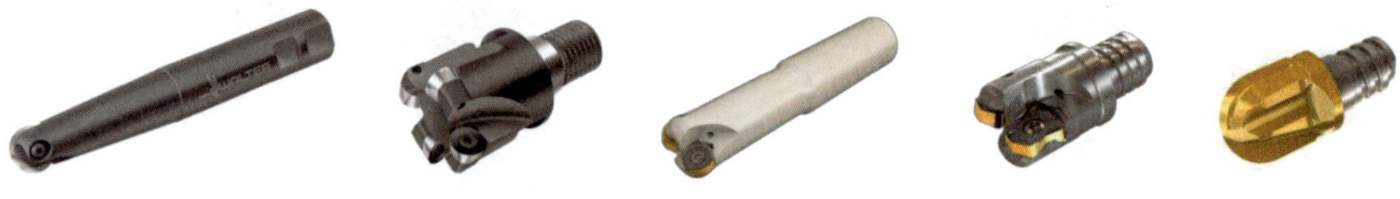

Fig. 2.51 Fresas de copiar - De la casa Walter Tools y Iscar

Fresas helicoidales de ranurado y contorneado (También llamadas de gran desbaste)

Son fresas diseñadas para grandes cargas de trabajo, por lo que tienen una estructura de corte en forma de hélice, con plaquitas escalonadas estratégicamente, para entrar una después de la otra y conseguir así una carga más suave en el filo de corte.

Su aplicación fundamental es la de mecanizar ranuras, (incluso profundas), trabajos en caras perpendiculares y perfilados o contorneados. También se las llama fresas de gran desbaste por su capacidad para arrancar material.

En la figura siguiente se pueden ver algunos tipos:

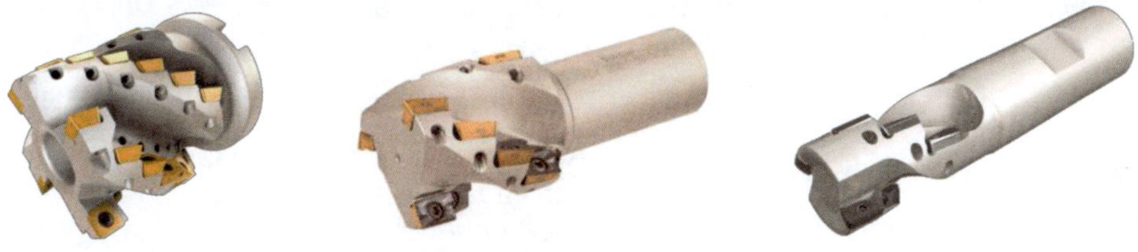

Fig. 2.52. Fresas helicoidales de gran desbaste - Del catálogo de Iscar.

Fresa de achaflanar y avellanar

Estas fresas prácticamente solo se utilizan para su propósito que es avellanar, tanto en agujeros como en chaflanes en aristas rectas. Tienen la gran ventaja, de no producir vibraciones gracias a su estructura y rigidez, consiguiendo así unos acabados prácticamente perfectos.

Fig. 2.53. Fresas de achaflanar.
Del catálogo de Sandvik

Fresa de ranurar en "T"

Son fresas pensadas para la realización de regatas tipo "T", como las usadas en las mesas de las máquinas. Normalmente se tiene que mecanizar previamente una regata para dejar pasar el mango de la herramienta. Son trabajos delicados, pues no se ve trabajar la herramienta, por lo que es muy importante comprobar que la viruta salga con facilidad y que exista una buena lubricación.

Fig. 2.54 Fresa de ranurar en "T"
Walter

Broca de plaquita intercambiable

La estructura de estas herramientas está estudiada de forma que con la situación y estructura de las plaquitas, taladre sin necesidad de realizar un taladro previo. Además algunas de ellas tienen las plaquitas diseñadas de tal manera que la propia plaquita labra un surco que le sirve de autocentraje. Estas herramientas sustituyen a las brocas integrales con gran éxito, pues son muchas las ventajas que aportan:

- Mayor velocidad de corte, con unas diferencias espectaculares.
- Realización de agujeros de gran diámetro sin necesidad de pretaladrar con brocas pequeñas.
- Mayor rigidez en el taladrado (no se descentra con respecto al centro del taladro).
- Posibilidad de refrigeración interna, lo que facilita la expulsión de la viruta.
- Posibilidad de hacerla trabajar como herramienta de mandrinado.
- Taladra en superficies irregulares, inclinadas, con cavidades interiores o varias placas simultáneamente.

No obstante, tiene el inconveniente de no poder taladrar agujeros de pequeño diámetro.

Fig. 2.55. Brocas de plaquita - De la casa Walter.

Fresa integral

Son las fresas típicas usadas en las máquinas convencionales llamadas fresolines, normalmente construidas con aceros rápidos o especiales. Se suelen utilizar en CNC las de pequeños diámetros.

Fig. 2.56. Diferentes tipos de fresas integrales – Catalogo de Iscar.

Su uso en máquina requiere la sujeción por sistemas de portapinzas y pinzas; no siendo recomendable usar otros sistemas como portabrocas o similares.

Fig. 2.57 Portapinzas y pinza

Actualmente, existen fresas integrales recubiertas por capas de materiales de altas prestaciones. La capa puede aplicarse en la totalidad de la herramienta o bien solo en la parte de los filos de corte.

Es importante tener en cuenta el número de labios de la fresa y la estructura de la punta, pues normalmente se utilizarán las de dos labios cuando se tenga que penetrar de punta, como una broca y las de mayor número de dientes se utilizarán habitualmente cuando se haya hecho un agujero previo o se trabajen caras laterales sin necesidad de penetrar.

Posiblemente las más utilizadas actualmente sean las de punta de bola y las tóricas por su adaptabilidad a los mecanizados en 3D.

Actualmente, se está utilizando cada vez más el mecanizado de alta velocidad. Una de las necesidades de este tipo de mecanizado es el giro de la herramienta a muy alta velocidad, por lo que un pequeño desequilibrado en la herramienta o el portapinzas tendría unas consecuencias muy negativas. Para este tipo de mecanizado se recurre siempre a herramientas integrales con recubrimientos especiales, porque las herramientas de plaquitas no pueden dar las mismas prestaciones de equilibrado. Por el mismo motivo, los portapinzas tradicionales no sirven y se han desarrollado unos sistemas térmicos que por la aplicación de calor se dilatan para poder introducir la herramienta y tras dejarse enfriar se contrae sujetando así la fresa.

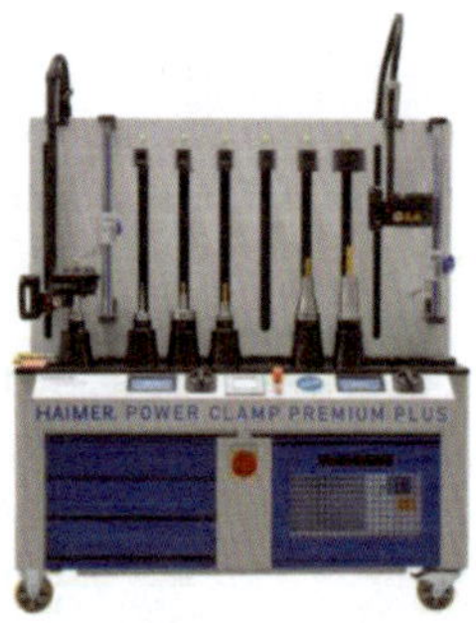

Fig. 2.58 Sistema Haimer de amarre térmico.

Capítulo 3 - Condiciones tecnológicas en el mecanizado CNC

Introducción

En este apartado se estudiarán y analizarán los factores y condiciones tecnológicas que pueden afectar al mecanizado en las MHCN. Al realizar un programa CNC, es fundamental introducir las condiciones tecnológicas de forma correcta, pues en el proceso de mecanizado automático, solo se pueden modificar algunos valores y dentro de ciertos límites.

Los factores a tener en cuenta son los siguientes:

- Capacidades de la máquina.
- Prestaciones de las herramientas.
- Uso de refrigerantes.
- Características del material a mecanizar.
- Acabado superficial.
- Precisión.

Los parámetros tecnológicos necesarios son:

- Velocidad de giro del cabezal (RPM).
- Velocidad de corte (Vc).
- Velocidad de avance (Va).
- Profundidad de corte.
- Sistema de sujeción de la pieza (amarres).
- Sistema de cambio de herramientas.

Capacidades de la máquina

Antes de iniciar la elaboración del programa CNC, el programador debe conocer las características de la máquina en la que se va a mecanizar, el sistema y las características de la estacada de la pieza y otros condicionantes que hay que tener en cuenta a la hora de elaborar los programas CN.

Las condiciones a tener en cuenta de estructura de la máquina, además de las dimensiones y potencia de la misma, son:

- Rigidez mecánica.
- Estabilidad dinámica.
- Estabilidad térmica.

Rigidez mecánica

La rigidez mecánica es la capacidad de la máquina para soportar los esfuerzos o solicitudes extremas.

Esta consideración está presente de forma esencial en el diseño de la cimentación, bancada y estructura de la máquina.

Estabilidad dinámica

La estabilidad dinámica se relaciona con la capacidad para mantener la precisión de trabajo cuando aparecen esfuerzos en el seno de la máquina. Este factor depende de las propiedades de los materiales empleados en la construcción de las guías, apoyos y transmisiones de la MHCN, así como de los ajustes y dimensiones relativas entre dichos elementos. Por ejemplo, trabajar con grandes voladizos de herramienta sin que la máquina tenga la suficiente rigidez, puede repercutir en vibraciones no deseadas que perjudicarán a la herramienta y al acabado superficial de la pieza.

Rigidez térmica

La rigidez térmica se asocia a la forma en que varía la precisión de trabajo de la MHCN cuando se producen variaciones de temperatura, ya sean debidas al calor generado durante el mecanizado, al calentamiento local de motores o a cambios de la temperatura ambiente (en condiciones muy exigentes de precisión puede requerir la ubicación de la máquina en una sala climatizada).

Datos de corte en el torneado

Los parámetros de corte esenciales a tener en cuenta por el programador en el proceso de torneado son:

- Velocidad de avance (Va).
- La profundidad de corte o pasada (Pp).
- Velocidad de corte (Vc).
- Velocidad de giro del plato de agarre (RPM).

Velocidad de avance en el torneado

La "Va" en torneado corresponde al desplazamiento de la herramienta en la dirección de mecanizado.

En CN se puede expresar de dos maneras:

- Milímetros por minuto (mm/min).
- Milímetros por revolución (mm/rev).

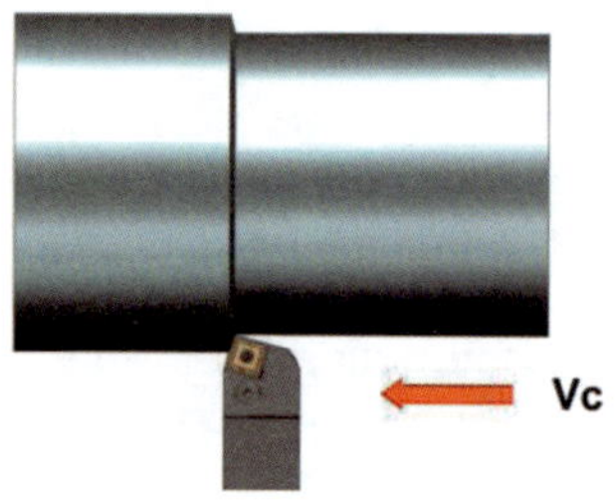

Fig. 3.01 Velocidad de avance.

Velocidad de avance en mm/min

Este modo permite variar el avance programado durante el mecanizado, lo que hace posible variar la pasada por vuelta. Este método solo puede ser bueno si los cálculos que hemos aplicado no son los correctos, ya sea por un error en el cálculo, por un error en la información de herramienta o por un desconocimiento de las características del material.

El avance suele venir aconsejado por el fabricante de las herramientas y se calcula condicionada a la profundidad de pasada de la herramienta, dependiendo esta del material a cortar y del acabado de la pieza.

En el caso poco probable de que la información de trabajo de la herramienta solo venga en mm/rev, para calcular el valor correspondiente en mm/min se utiliza la siguiente formula:

$$Va\ mm/\min = Va\ mm/rev\ x\ RPM$$

Ejemplo: Calcular la velocidad de avance en mm/min de un mecanizado donde las RPM a aplicar son de 860 y el avance por vuelta de la herramienta es de 0,1 mm.

$$Va = 0{,}1\ x\ 860 = 86\ mm/\min$$

CALIDADES Y CONDICIONES DE CORTE RECOMENDADAS

Material	Calidad	Velocidad de corte	Avance mm/rev
Aceros en general	AC25	100 – 200	0,05 – 0,2
	AC225	80 – 200	0,05 – 0,2
Acero medio	T130A	100 – 210	0,05 – 0,2
Acero inoxidable	AC225	70 – 190	0,07 – 0,2
Fundición de hierro	G10E	60 – 140	0,04 – 0,3

Figura 3.02 Gráfica de fabricante de herramientas

Velocidad de avance en mm/rev

Es el formato en el que normalmente viene la información del fabricante de la herramienta (Fig. 3.02). Tiene el inconveniente de que, durante la realización del mecanizado, no se puede variar el avance programado.

En programación se usa este formato cuando se han realizado los cálculos tecnológicos de manera correcta. Lo que sí está permitido es variar las RPM, pero el avance variará manteniendo siempre la misma relación de avance por vuelta. Este formato se usa en mecanizados en los que se conocen bien las características del material y de la herramienta y los cálculos se han realizado de manera correcta y en series largas, donde la experimentación en el mecanizado está suficientemente contrastada.

Con este modo de trabajo se alarga la vida de la herramienta, se aseguran acabados regulares y si está bien calculada, la durabilidad de la máquina aumenta.

No obstante, a veces la información puede venir en mm/min y, si, hay que realizar la programación en mm/rev, se recurre a la fórmula inversa a la anterior:

$$Va\ mm/rev = \frac{Va\ mm/\min}{RPM}$$

Ejemplo: Calcular la velocidad de avance en mm/rev de un mecanizado donde las RPM a aplicar son de 860 y el avance de la herramienta es de 120 mm/min.

$$Va = \frac{120\ mm/\min}{860} = 0{,}13\ mm/rev$$

Profundidad de corte

Es la distancia que hay desde la punta de la herramienta hasta el límite superior de la zona de la pieza donde se esté mecanizando, formando siempre una perpendicular al eje de trabajo.

Si se realiza la pasada longitudinalmente (horizontal), este parámetro equivale a la diferencia entre la coordenada vertical del punto cero herramienta y el tamaño de la pieza después del corte.

Fig. 3.03 Profundidad de corte

Los fabricantes de herramientas, recomiendan usar las profundidades de pasada máxima y la aconsejable que se deben utilizar en cada tipo de herramienta y plaquita (Fig. 3.04), por lo que no es aconsejable superar nunca esta cota más bien al revés, conviene ser conservador.

También se puede dar el caso contrario, donde el fabricante recomienda un mínimo de pasada.

Es aconsejable, en mecanizados de desbaste, repartir de forma equitativa las diferentes pasadas a realizar.

Si el material que se tiene que mecanizar presenta dificultades, por su constitución o por ser un material con poco índice de maquinabilidad, la profundidad de corte no debe ser excesiva, a fin de no generar fuerzas de corte elevadas que generen altas temperaturas o superen las posibilidades del motor.

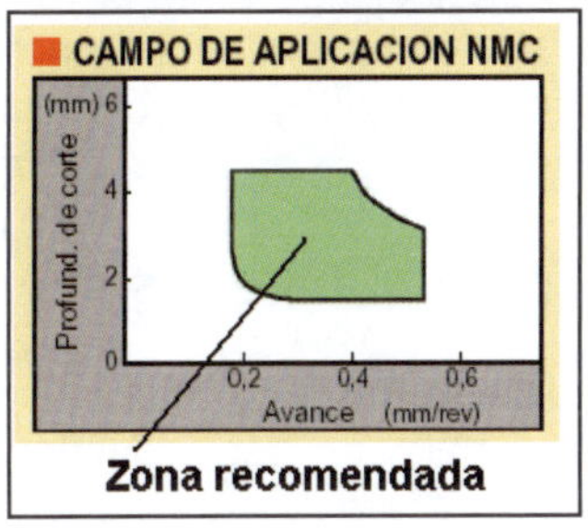

Fig. 3.04 Ejemplo de recomendación de fabricante de herramientas

El avance y la profundidad de pasada determinan el tamaño de la sección transversal de viruta. Suele ser un paralelogramo afectado por el ángulo de montaje de la herramienta. Se calcula como:

$$a_v = F \times p_c$$

Siendo:
a_v = Sección transversal de viruta, mm^2
p_c = Profundidad de corte, mm
F = Avance por vuelta, mm

El volumen de viruta removido se define como:

$$V_v = a_v \times S$$

Siendo:
V_v = Volumen de viruta removido, mm^3/ min
a_v = Sección viruta, mm^2
S = Velocidad de corte, mm/min

Velocidades de corte en torneado

La velocidad de corte o velocidad tangencial es la velocidad que existe en el punto de contacto entre la herramienta y la pieza de trabajo.

La velocidad de corte influye directamente en la vida útil de la herramienta y en los acabados de la pieza.

Es el factor más importante a tener en cuenta a la hora de realizar los cálculos tecnológicos necesarios. Los fabricantes de herramientas, definen muy bien dicho factor de corte (Fig. 3.02).

El valor de la Vc define el número de revoluciones a aplicar a la pieza.

Existen dos formas de programar las Vc en CN:

- El programador determina la velocidad de giro (RPM) más favorable para cada diámetro.
- El programador establece una velocidad de corte constante en m/min. El control ajusta la de giro para mantenerla estable en los diferentes diámetros de trabajo.

En programación se puede expresar la velocidad de giro del cabezal de las siguientes maneras:

- Directamente, indicando el valor en revoluciones por minuto (RPM).
- Indicando el valor de Vc en el programa el control calculará en cada momento las RPM.

Las relaciones entre la velocidad de giro del cabezal y la de corte se establecen mediante las siguientes ecuaciones:

$$Vc = \frac{\Pi \times D \times N}{1000}$$

Cálculo de la velocidad de corte

$$N = \frac{1000 \times Vc}{\Pi \times D}$$

Cálculo del número de revoluciones

Siendo:

- Vc = velocidad de corte, m/min.
- N = velocidad de giro del cabezal, RPM.
- D = diámetro de torneado, mm.

Datos de corte en el fresado

Fresado en concordancia y en contraposición

Es un factor importante a tener en cuenta, pues afecta al acabado de la pieza, a la vida de la herramienta y a la fiabilidad de la máquina. Es una variable a la que afectan valores tales como el material, el tipo de herramienta, la profundidad de pasada, la sujeción de la herramienta, la potencia y estado de la máquina.

Fresado en oposición

El fresado en oposición es equivalente al movimiento que se haría con una pala, es decir, desde abajo hacia arriba. El espesor de viruta y la presión de corte aumentan, según va avanzando la herramienta, gradualmente y alcanza su máximo justo al final del corte del diente sobre el material.

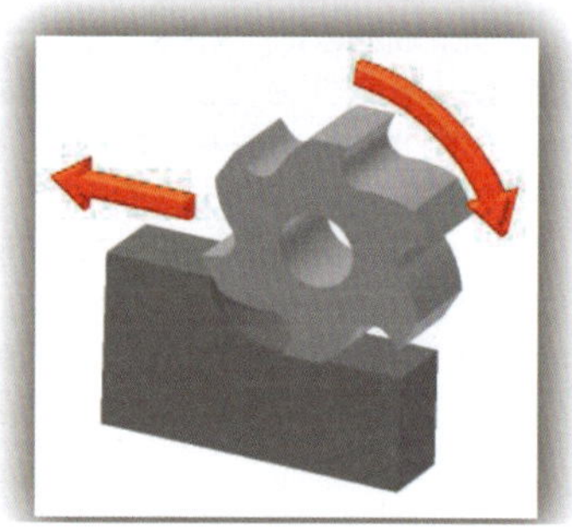

Fig. 3.05 Fresado en oposición

Cuando la fresa se aparta del material, la presión de corte se elimina de golpe, de forma que la fresa salta hacia delante y el siguiente diente penetra el material, lo que provoca vibración de la herramienta y marcas en la superficie de la pieza.

Este tipo de mecanizado es más favorable al trabajo de la máquina, por lo que en máquinas con poca potencia a veces es aconsejable recurrir a él.

Fresado en concordancia

El fresado en concordancia es equivalente al movimiento que se haría con un pico, es decir, desde arriba hacia abajo. Cuando el diente penetra, el espesor de viruta y la presión de corte adoptan su valor máximo. Cuando la fresa se retira de la pieza, la viruta producida es menor y la presión de corte adquiere su valor mínimo.

Fig. 3.06 Fresado en concordancia

Por lo tanto, se producen pocas muescas y el acabado de superficie es el mejor posible. Si se compara con el fresado convencional, este fresado requiere más potencia y una máquina más rígida.

Parámetros fundamentales en el trabajo de fresado

Los parámetros de corte esenciales a tener en cuenta por el programador en el proceso de fresado son:

- Velocidad de avance (Va) por diente y total.
- La profundidad de corte o pasada (Pp).
- Anchura de corte.
- Velocidad de corte (Vc).

- Velocidad de giro de la herramienta (RPM).
- Esfuerzos de corte.

La elección de los datos de corte de metal debe de coordinarse con:

- El modo de fresado (convencional, en oposición y en concordancia).
- La forma de la fresa.
- El tipo de perfiles de corte empleados (forma del filo de corte, material de corte).
- La capacidad de carga de la máquina.

Velocidad de avance en el fresado

El avance es el movimiento de la cuchilla en la dirección de trabajo.

Igual que en el caso del torno, se puede expresar de dos maneras diferentes: en mm/rev o mm/min. Pero en el caso de la fresadora se tiene que tener en cuenta que el avance por revolución se refiere solo a un diente, por lo que se tendrá que multiplicar dicho avance por el número de dientes.

Velocidad de avance en mm/min

Una vez conocido el valor de mm/rev (Fig. 3.02) de la herramienta y conocidas las RPM a que girará la herramienta, el cálculo se obtendrá con la siguiente formula:

$$Va\ mm/\min = Va\ mm/rev\ x\ Nd\ x\ RPM$$

Siendo: Nd = Número de dientes de la fresa

Ejemplo: Calcular la velocidad de avance en mm/min de un mecanizado con fresadora donde las RPM a aplicar son de 500, el avance por vuelta de la herramienta es de 0.1 mm y el número de dientes de la fresa es de 6.

$$Va = 0{,}1\ x\ 6\ x\ 500 = 300\ mm/\min$$

La "Va" a aplicar en el programa para esta herramienta será de 300 mm/min.

Velocidad de avance en mm/rev

Este formato, igual que en el caso del torno, se usa fundamentalmente en series largas donde la experimentación en el mecanizado está suficientemente contrastada.

La fórmula inversa a la anterior es:

$$Va\ mm/rev = \frac{Va\ mm/\min}{Nd\ x\ RPM}$$

Ejemplo: Calcular la velocidad de avance en mm/rev de un mecanizado donde las RPM a aplicar son de 500, el avance de la herramienta es de 400 mm/min y el número de dientes es de 6.

$$Va\ mm/rev = \frac{400\ mm/\min}{6\ x\ 500} = 0{,}13$$

La "Va" a aplicar en el programa para esta herramienta será de 0,13 mm/rev.

Profundidad o anchura de corte

Describe la distancia que penetra la fresa en la pieza en la dirección del avance. La profundidad de corte es un fresado con giro vertical. Anchura de corte es fresado con giro horizontal.

Los esfuerzos de corte de la fresa dependen de la anchura de corte, de la fijación de la herramienta y del ángulo de ataque.

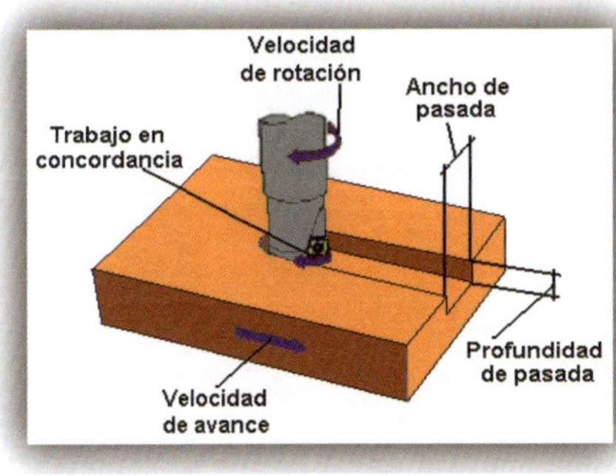

Figura 3.09 Características del corte en fresado vertical

Tanto la profundidad o anchura de corte como la fijación de la fresa provienen de:

- El desplazamiento programado de la fresa.
- Tamaño y forma de la fresa.

Cuando se programa el recorrido de la fresa en la pieza, es necesario coordinar profundidad y anchura de corte, así como la fijación de la fresa, con:

- La velocidad de mecanizado posible.
- La fresa a utilizar.
- El material a trabajar.
- El acabado de superficie requerido.

Velocidad de corte en el fresado

La velocidad de corte es igual a la del torno, con la única diferencia de que en este caso es el diámetro de la herramienta el que hay que tener en cuenta (a mayor velocidad de giro y mayor diámetro de fresa, mayor velocidad de corte).

Consideraciones generales en el mecanizado en CNC

La precisión en la introducción de datos en el programa no debe confundirse con la precisión de mecanizado. Aun cuando un sistema de control trabaje con una alta resolución, el uso de la herramienta, los efectos de aumento de temperatura, la falta de rigidez en la máquina, etc., pueden reducir la precisión de mecanizado.

La monitorización de la vida de la herramienta, utilizando el tiempo almacenado en el control en términos de procesos de mecanizado, es relativamente inadecuada, ya que no tiene en cuenta las cargas alternas y las presiones que actúan en el punto de la herramienta durante el mecanizado.

Capítulo 4 – Ejes y sistemas de coordenadas

Introducción

Los sistemas de coordenadas se usan en infinidad de actividades, tales como la navegación marina, aérea, sistemas cartográficos, etc. Su finalidad es la de situar un punto de manera concreta y precisa a lo largo de un escenario concreto y perfectamente definido.

En **CN** encontramos el mismo problema: tenemos que indicarle a la herramienta unas posiciones a alcanzar dentro de unos planos perfectamente definidos. Las herramientas, según el tipo de máquina, ya sea torno o fresa, se moverán en **2D** o **3D**, es decir, en dos dimensiones en un plano o en 3 dimensiones en el espacio.

En todos los sistemas de coordenadas es imprescindible marcar un origen como punto de partida para tener unas referencias claras. Por ello, unos de los datos imprescindibles, será definir ese punto.

Sistemas de ejes de coordenadas

En **CN** se utilizan dos tipos fundamentales de coordenadas:

- Coordenadas cartesianas o rectangulares.
- Coordenadas polares.

Coordenadas cartesianas, o rectangulares.

Dentro de los sistemas de coordenadas rectangulares de **CN** distinguiremos 2 tipos:

- Coordenadas 2D (en un plano).
- Coordenadas 3D (en el espacio).

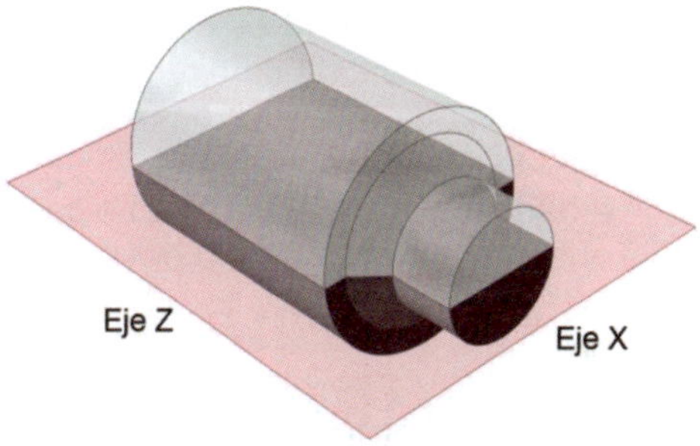

Fig. 4.01 Plano de trabajo en el torno

Las coordenadas 2D se utilizan fundamentalmente en el torno, pues solo dispone de un plano de trabajo en el que se pueda mover la herramienta (Fig. 4.01) o en fresadora cuando el desplazamiento se realice exclusivamente a lo largo de cualquier plano de los tres de que dispone.

Las coordenadas 3D quedan reservadas para máquinas con más de dos ejes de trabajo simultáneos, como es el caso de la fresadora y siempre que el movimiento se realice en los tres ejes (Fig. 4.02), o también en tornos con herramientas motorizadas o fresadoras.

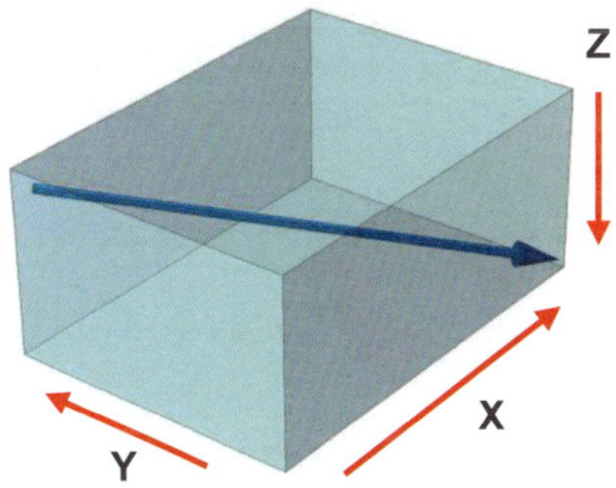

Fig. 4.02 Ejes 3D en fresa.

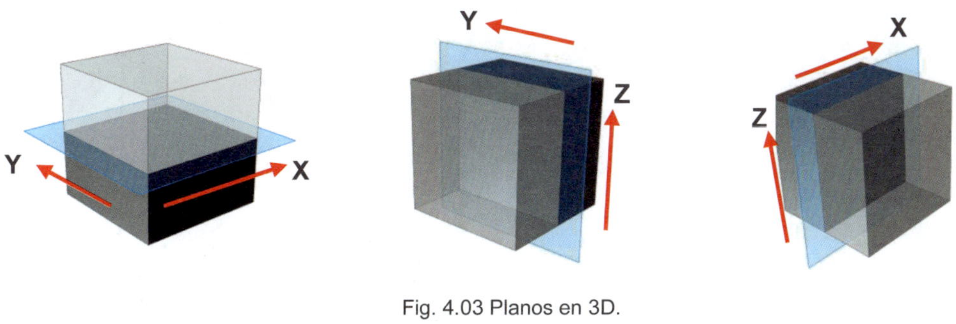

Fig. 4.03 Planos en 3D.

Coordenada 2D

Las coordenadas de dos ejes, son las representadas en la Fig. 4.04 y tal como se puede observar en el dibujo, tienen un punto de referencia o punto de partida que se llama Origen; en él se cruzan los dos ejes indicando con el signo la dirección. Es importante destacar que los signos matemáticos + y – no tienen un sentido positivo o negativo sino un sentido de dirección. Los ejes están graduados para poder determinar un punto concreto, algo parecido al famoso juego de barcos. Un punto, necesariamente, tiene que venir indicado por la dimensión de los dos ejes, precedidos del signo correspondiente, ejemplo: X-7 Y+5. No obstante, se acepta que de ser + no sea necesario indicarlo. Ejemplo: X-7 Y5, indicaría la coordenada X-7 Y+5.

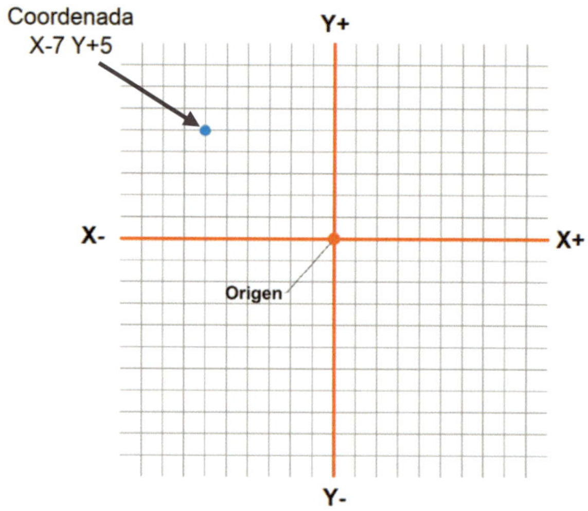

Fig. 4.04 Coordenadas cartesianas 2D

En el caso del torno, se da la característica que dependiendo de la estructura de la máquina, el eje **X** cambia su sentido de dirección. Esto sucede porque el eje **X** es el que define los diámetros o radios de la pieza. Si la herramienta está estructuralmente situada al lado del operario (Fig. 4.05), el signo **+** se sitúa en este mismo lado; si la herramienta está situada en el lado contrario (Fig.05) el signo **+** también se sitúa en ese mismo lado. Si se analiza esto último, se observará que el criterio del signo **+** del eje **X**, va en el sentido del crecimiento del diámetro.

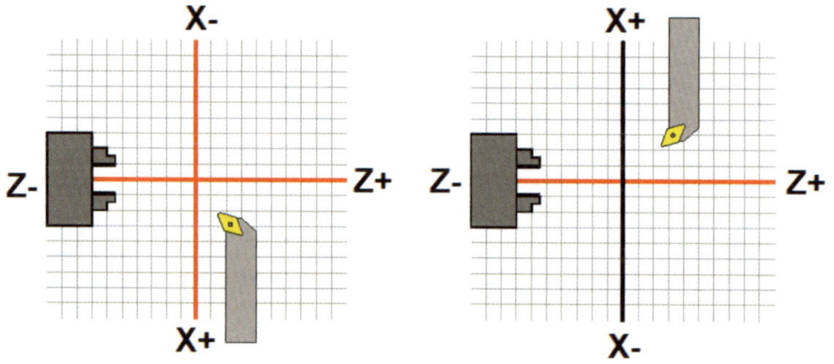

Fig. 4.05 Posición de herramienta en lado operario – Posición de herramienta en lado opuesto al operario

Coordenada 3D

Las coordenadas de tres ejes, son las representadas en la Fig. 4.06. Disponen también de un punto de Origen, desde el que se cruzan los tres ejes, indicando igualmente con el signo la dirección. De igual manera, se trabaja con ejes graduados para poder determinar el punto a concretar. Un punto puede venir indicado por la dimensión de los dos ejes, tal y como en 2D, con lo que indicaremos un punto en un plano o indicado por tres ejes, con lo que se determina un punto en el espacio y no solo en un plano. Por ejemplo: X8 Y-5 Z4. Un punto en el espacio se proyecta sobre los tres planos, indicando en cada uno las dos coordenadas de los ejes que lo forman. En la figura 4.06 se pueden observar las tres proyecciones.

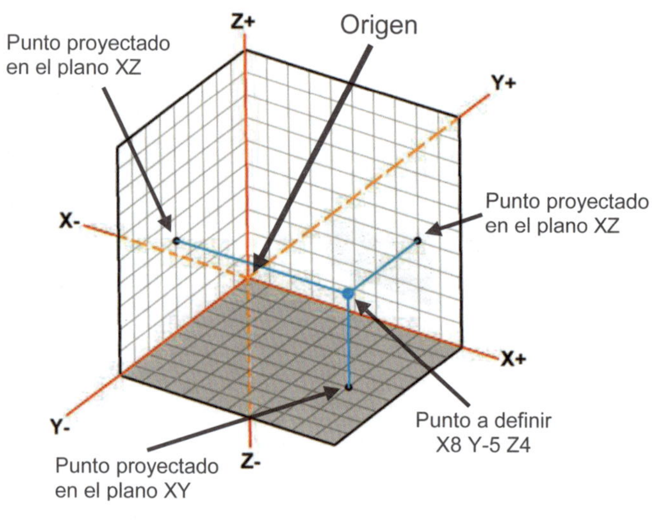

Fig. 4.06 Sistema de coordenadas cartesianas 3D

Si no se tiene suficiente práctica en observar coordenadas en 3D (en el espacio), observe la figura como si fuera la esquina de una habitación, donde el origen fuera dicha esquina y que coincide con qué es el punto donde se juntan las dos paredes y el suelo, Para ayudar más a la observación, el suelo se ha sombreado de gris.

En la Fig. 4.07 se puede ver un ejemplo de coordenadas que corresponden a una pieza que está colocada sobre los ejes X, Y. Pueden observarse los cinco puntos numerados que tiene dicha pieza, que corresponden a su definición en sistema de coordenadas cartesianas. Son los siguientes:

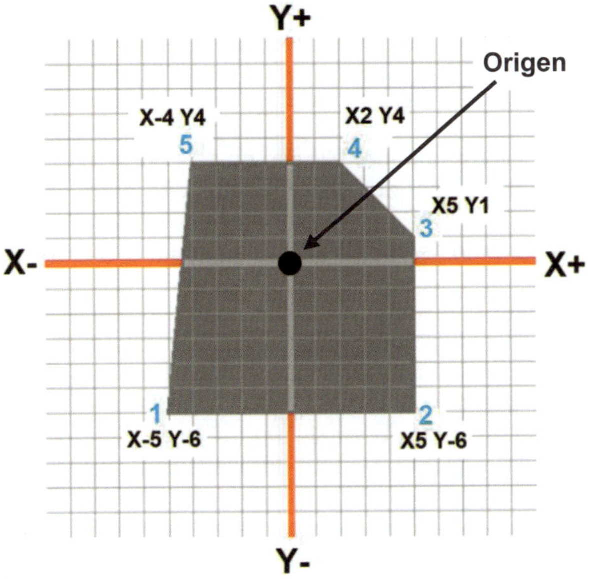

Punto	X	Y
1	-5	-6
2	5	-6
3	5	1
4	2	4
5	-4	4

Esta tabla define perfectamente a esta pieza y sí el proceso fuera inverso, es decir, si no se viera la pieza, siguiendo estas coordenadas se dibujaría perfectamente.

Fig. 4.07 Pieza con coordenadas indicadas.

Sistema incremental y absoluto, rectangular

Hasta ahora se ha visto cómo se indican las coordenadas desde un mismo punto, el origen. Este sistema de indicación de coordenadas se llama sistema ABSOLUTO, porque siempre hace referencia a las coordenadas desde el mismo punto, pero existe otro sistema, que es el sistema INCREMENTAL.

El sistema incremental se basa en indicar las coordenadas desde el último punto alcanzado hasta el siguiente, es decir, es como si cada vez trasladáramos el origen al último punto alcanzado Fig. 4.08.

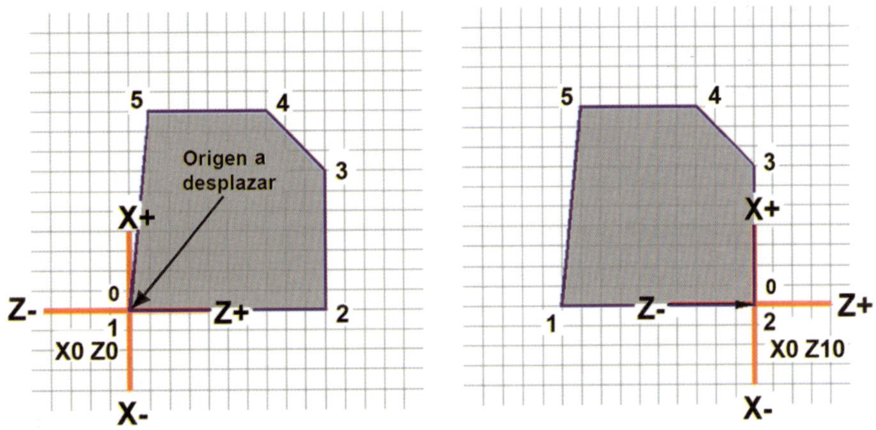

Fig. 4.08 Coordenadas incrementales.

En las siguientes tablas se pueden comparar las coordenadas indicadas en sistema incremental y en sistema absoluto. En el sistema absoluto el origen permanece fijo, como en la figura de la izquierda en el incremental el origen siempre ocupa la última posición indicada en la coordenada anterior:

Incremental		
Punto	X	Z
1	0	0
2	0	10
3	7	0
4	3	-3
5	0	-6
1	-10	-1

Absoluto		
Punto	X	Z
1	0	0
2	0	10
3	7	10
4	10	7
5	10	-1
1	0	0

Coordenadas polares

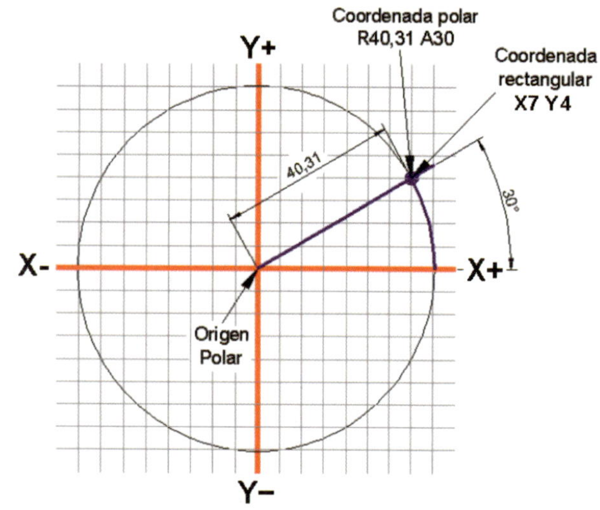

Fig. 4.09 Coordenadas polares

Las coordenadas polares definen el punto utilizando la apertura de un ángulo con centro en el origen (llamado origen polar o polo) y la longitud de un radio que parte del mismo punto. Es decir, el cruce entre la línea de ángulo (arco) y la línea del radio, determina el punto.

La forma de identificarlo es utilizando la letra **"R"** para indicar el radio y la letra **"A"** para indicar el ángulo. En la Fig. 4.09 se puede observar cómo el punto del dibujo se define como: R40,31 A30.

Las coordenadas polares no definen puntos diferentes a los que se definirían en rectangulares, sino que lo que hacen, es definir el mismo punto utilizando otros datos o sistema. En el ejemplo de la figura se puede observar cómo el punto está indicado en coordenadas rectangulares y en coordenadas polares, es decir: R40,31 A30 = X7 Y4.

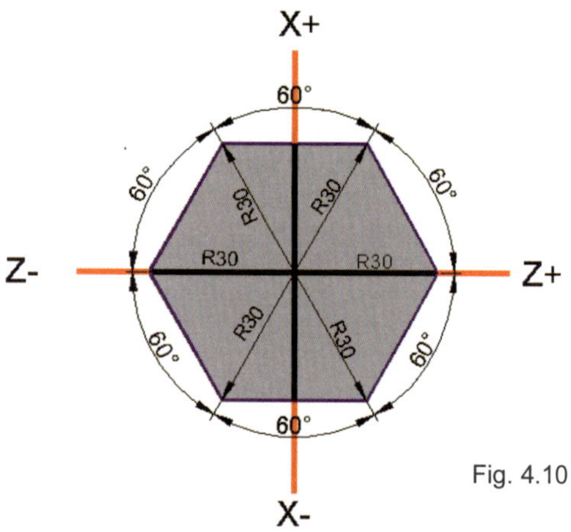

Las coordenadas rectangulares y las polares se usan para facilitar la programación y no para complicarla, es decir, el programador escogerá la que más le facilite la tarea de programación. En piezas como la que se han visto en la Fig. 4.07 es más sencillo y lógico programar con rectangulares, pero la pieza de la Fig. 4.10 es preferible hacerlo utilizando las polares, pues de otro modo se tienen que calcular los diferentes puntos de los finales de las líneas rectas (en color azul) para conocer las coordenadas X, Y.

Fig. 4.10 Pieza en polares con ángulo incremental.

Sistema polar incremental y absoluto

Tal y como se explicó en el sistema rectangular, en el polar también se puede programar en valor absoluto, pero fundamentalmente se aplicará al ángulo el incremento.

Para poder utilizar la programación en valor absoluto, se parte de un origen o punto de partida para los ángulos. Este punto coincide con la posición de las tres en un reloj, o cero trigonométrico y utiliza el signo positivo, si incrementa en sentido trigonométrico o al contrario que las agujas de un reloj y el signo negativo sí va en sentido contrario. Por tanto, se puede decir que la posición del ángulo A+270 y A-90 es coincidente con la misma indicación de punto.

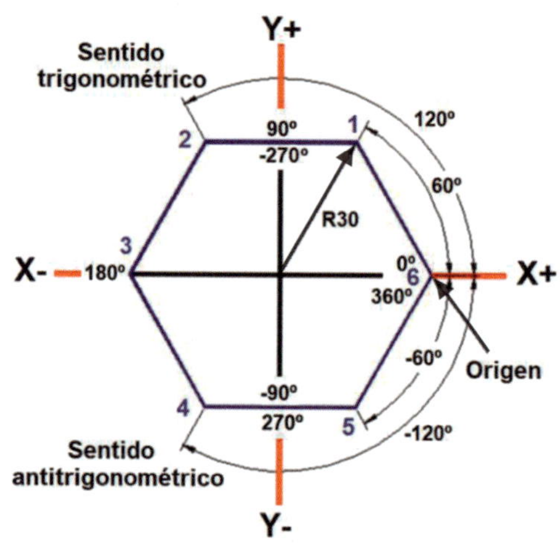

Fig. 4.11 Sistema polar absoluto

En las siguientes tablas están indicados los mismos puntos en diferente sistema

Sentido trigonométrico

Incremental		
Punto	**Radio**	**Angulo**
1	30	60
2	30	60
3	30	60
4	30	60
5	30	60
6	30	60

Absoluto		
Punto	**Radio**	**Angulo**
1	30	60
2	30	120
3	30	180
4	30	240
5	30	300
6	30	360

Sentido anti trigonométrico

Incremental		
Punto	**Radio**	**Angulo**
1	30	-60
2	30	-60
3	30	-60
4	30	-60
5	30	-60
6	30	-60

Absoluto		
Punto	**Radio**	**Angulo**
1	30	-300
2	30	-240
3	30	-180
4	30	-120
5	30	-60
6	30	0

Puntos de origen: origen pieza y origen máquina

Hasta ahora se han visto los sistemas de coordenadas y los orígenes o puntos de referencia de cada sistema sobre el papel, pero cuando se tenga que trasladar al trabajo en máquina, será necesario conocer e indicar dónde estará ubicada la pieza con respecto a la máquina y a las herramientas.

Origen máquina o cero máquina

Para poder mecanizar, es necesario partir de un punto fijo conocido en algún lugar de la máquina desde donde poder referenciar los datos. Este punto se llama "**origen máquina o cero máquina**" y lo fija el fabricante de la misma. El símbolo normalizado de indicación de cero máquina es el de la figura 4.12. El punto a fijar depende del fabricante y es él, el que, decide su mejor ubicación dependiendo del tipo y tamaño de la máquina. En las instrucciones que facilita el fabricante debe venir indicada su ubicación. No obstante no es imprescindible que el operario conozca este punto, pues el CN lo controla de forma automática, tan solo es necesario saber cuál es el procedimiento a seguir para referenciarlo, que varía de un control a otro (se verá más adelante en este tratado).

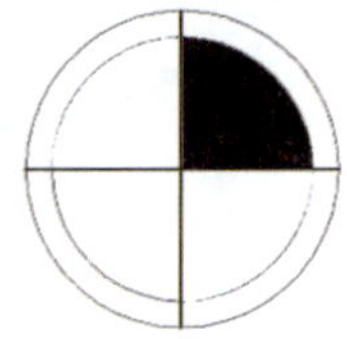

Fig. 4.12 Símbolo de origen máquina.

El origen máquina se identifica con la letra **"M"** y es el origen del sistema de coordenadas de la máquina y el punto de referencia para todo el resto de sistemas de coordenadas.

En los tornos suele colocarse en la base interior del plato, tal como puede observarse en la Fig. 4.13 (posición cero del eje Z) y el eje X se sitúa siempre en la posición del eje principal de la máquina.

En fresadoras suele ser habitual la posición de la Fig. 4.13, aunque hay que recordar que eso siempre queda a criterio del fabricante, por lo que es muy aconsejable consultar el manual de la máquina, donde normalmente viene indicado.

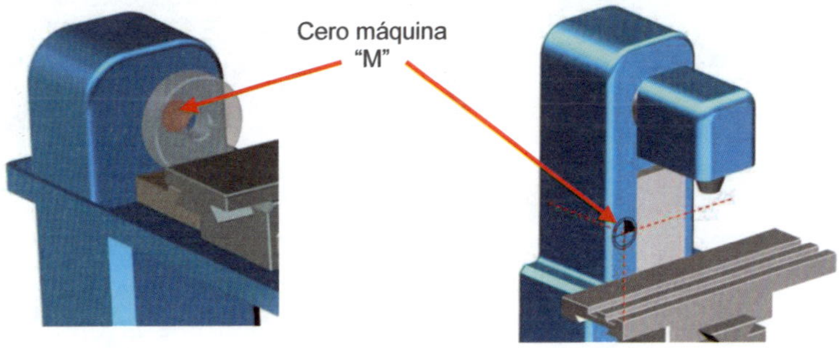

Fig. 4.13 Situación más habitual del cero máquina en torno y fresadora.

Origen pieza o cero pieza

Al realizar la programación de una pieza en CN, es fundamental que el programador conozca desde donde referenciar todas las medidas de coordenadas de dicha pieza. Ese punto de referencia se llama "**cero pieza**" y es el programador quien decide cuál será su ubicación. Por lo tanto lo primero que se debe hacer al iniciar un proceso de programación y mecanización, es determinar el punto "cero pieza".

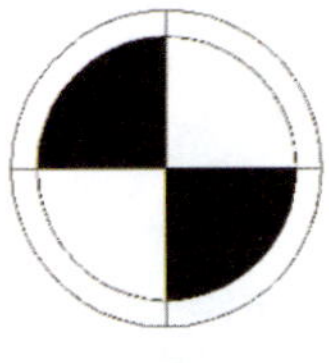

Los planos que acompañen a la pieza en su proceso de mecanización deben tener perfectamente indicado dónde está el origen pieza o "**cero pieza**". Este punto se suele indicar con el símbolo de la Fig. 4.14 y se denomina con la letra **"W"**.

Fig. 4.14 Símbolo de indicación de puntos de referencia cero pieza "W".

En piezas de torno o 2D, solo es necesario indicarlo en la vista de planta, pero en piezas 3D es necesario indicarlo en dos vistas, si el plano viene en proyección diédrica, o en la vista en perspectiva.

En la figura siguiente se puede observar la misma pieza con diferentes posiciones de ceros.

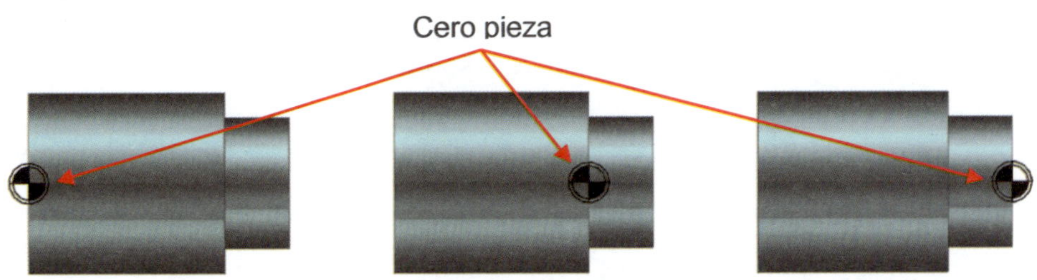

Fig. 4.15 Ejemplo de una misma pieza de torno (2D) con ubicación del punto cero en diferentes posiciones.

Para la elección de la posición del cero pieza en torno, no existe ninguna norma específica siendo el programador quien elige dicha situación. Esta elección estará basada en la lógica. Por ejemplo, si se selecciona la posición derecha de la figura anterior, se tendrá una indicación clara de que siempre que una cota en el eje "Z" sea negativa y se esté programando en valor absoluto, indicará que la herramienta estará dentro de la pieza en esa posición.

Fig. 4.16 Ejemplo de una misma pieza de fresa (3D) con ubicación del punto cero en diferentes posiciones.

El criterio de situación del cero se debe basar en la lógica, dependiendo del tipo de pieza y de la distribución de cotas que tenga el plano de trabajo (las oficinas técnicas deben adaptarse al sistema de acotación que más convenga al sistema de programación CNC). En la Fig. 4.17 se pueden ver dos casos claros de elección del punto cero.

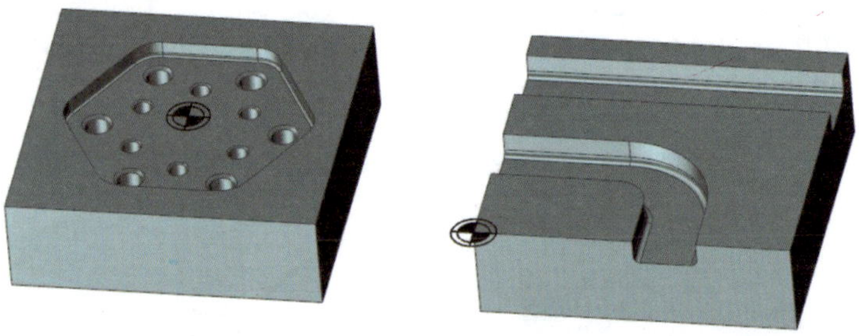

Fig. 4.17 Elección del cero pieza según su estructura

La pieza de la izquierda, por su estructura, recomienda claramente la situación del cero en el centro de la pieza. En cambio, en la pieza de la derecha, es claramente más favorable la situación en la esquina inferior izquierda.

No obstante, el criterio queda a elección del programador. Algunos prefieren, en piezas de torno, colocar el cero en la nariz de la pieza, con lo que consigue, que todas las cotas en eje Z con signo negativo estén dentro del material. En cambio, hay quien prefiere colocar el cero en la testa de la pieza, con lo que se consigue que todas las medidas en Z correspondan a las del plano de trabajo.

Referencia entre cero máquina y cero pieza

Naturalmente, cuando se coloca una pieza en la máquina, el sistema no conoce la posición relativa entre ambos puntos, por lo que se tiene que realizar un proceso adecuado para indicar dónde está situada la pieza con respecto al cero máquina.

La distancia entre ambos puntos se llama decalaje (Fig. 4.18). Por lo tanto, lo primero que hay que realizar, antes que ningún proceso de mecanización, es determinar dicho decalaje.

El proceso básicamente consiste en contactar la herramienta contra la pieza e indicarle al control los datos que se hayan obtenido. Se puede realizar mediante varios procedimientos (A continuación se nombran algunos de los que hay):

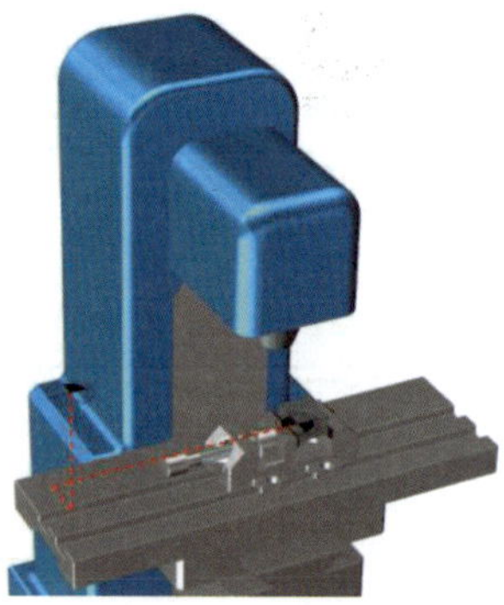

Fig. 4.18 Referencia entre máquina y pieza

- Palpación con herramienta.
- Palpación con bailarina.
- Palpación con sensor electro / electrónico.
- Palpación automática por medio del CN.
- Etc.

Palpación con herramienta

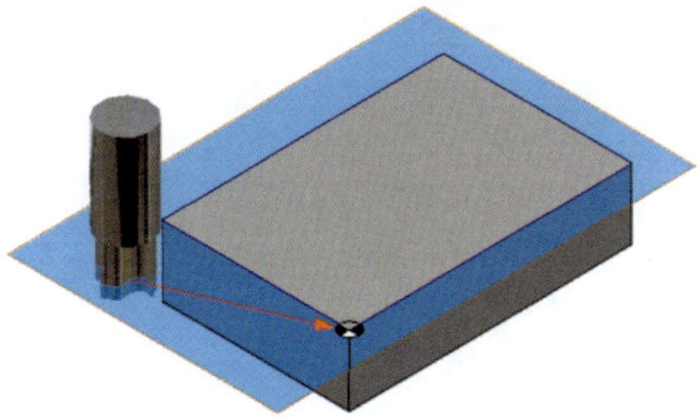

Fig. 4.19 Posición de partida antes de iniciar proceso de referencia en fresadora

Es el procedimiento que se ha usado habitualmente en la mecanización tradicional aproximar la herramienta a la pieza y cuando se produce el contacto, se ponen el nonius de la MH en un valor conocido por el operario, para así poder llevar el conteo exacto de la medida a mecanizar. En MHCN el proceso es el mismo, con la diferencia de que en lugar de poner el nonius en referencia, es al contro0l al que se le introducen los datos conocidos. Como se tienen que contactar la herramienta y la pieza, hay que poner en marcha la herramienta si es la fresadora o la pieza si es el torno, para no estropear el filo de la herramienta, pues como es sabido, al contactar en parado se descantillan.

En la Fig. 4.19 se puede observar dónde está la herramienta de inicio y dónde debería quedar para indicarle al control cuál es la posición exacta que ha de tener.

Los pasos a cubrir son los siguientes:

Para torno:

1º Colocar la herramienta que vaya a ser la referencia en la posición de trabajo, a continuación, colocar en el plato una pieza que se pueda cilindrar y posteriormente cilindrar una parte de la misma lo suficientemente grande como para poder medir con el instrumento deseado, tomar la medida del diámetro obtenido e indicarle al control dicho diámetro en el eje X (la herramienta no se debe mover del diámetro hasta haberle indicado el valor al control) Fig. 4.20.

2º Colocar la pieza a mecanizar, rozar con la parte frontal e indicarle el valor adecuado en el eje Z (la herramienta no se debe mover de su posición en Z, hasta haberle indicado el valor al control): 0 si se coloca el cero pieza al principio de la misma o la longitud de la pieza si se coloca al final. Fig. 4.21, en este caso el valor de Z será 0.

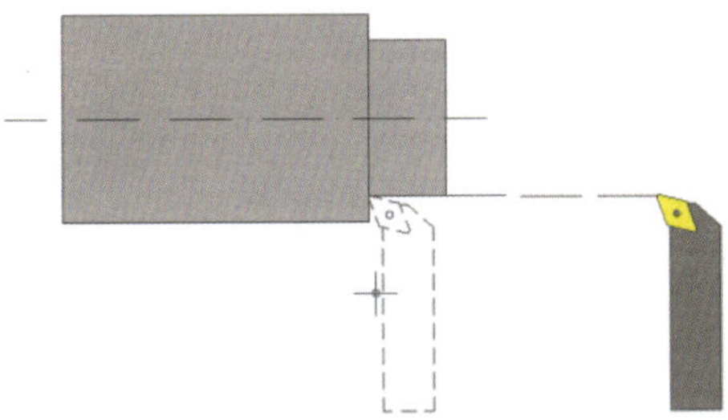

Fig. 4.20 Cilindrado para referenciar herramienta.

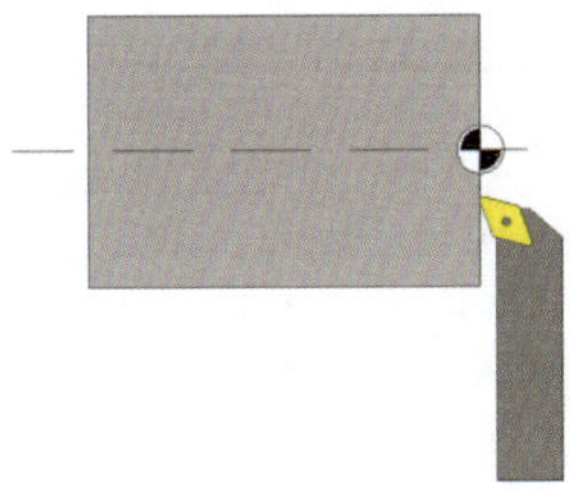

Fig. 4.21 Refrentado para referenciar herramienta.

El sistema del control sabe en todo momento la situación de los diferentes ejes por lo que, cuando se le indican los datos al control, este anota la distancia que existe entre el cero máquina y la posición actual de los ejes.

Para fresadora (supuesto basado en el plano de trabajo X Y):

1º Colocar la herramienta a referenciar en la posición de trabajo a continuación, aproximar la herramienta hacia el costado izquierdo (o derecho dependiendo del costado a usar para referencia) de la pieza y contactar con ella en el eje X Fig. 4.22. Una vez el contacto se haya realizado, se le indicará al control que la herramienta está a "-R" (menos el radio de la herramienta), puesto que no se puede introducir la herramienta en la pieza para dejarlo a 0, pues se mecanizaría.

2º Aproximar la herramienta hacia el costado frontal (o trasero dependiendo del costado a utilizar para la referencia) de la pieza, contactar con ella en el eje Y, Fig. 23 e indicarle al control que está a, "-R" (menos el radio de la herramienta). Nótese que dependiendo del lado en el que se contacta, el radio de la herramienta se suma o se resta siguiendo el criterio de los signos que indican las coordenadas.

3º Aproximar la herramienta desde la parte superior eje Z y cuando se produzca el contacto, indicar al control la longitud de la herramienta (conocido previamente) si se usa más de una herramienta, o valor cero si se trabaja con una sola. Esto último se explicará más adelante, pues es un tema largo a tratar.

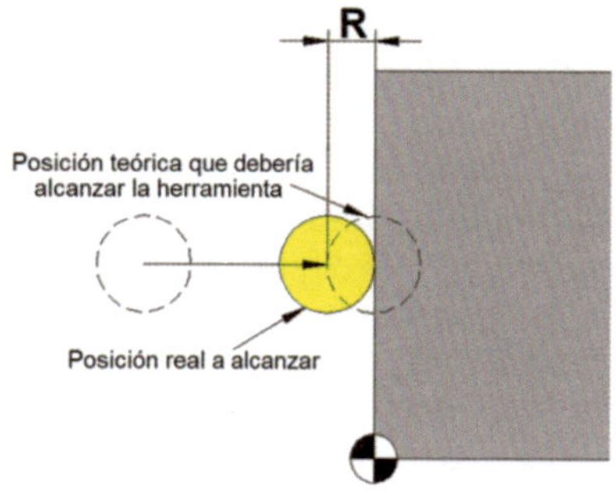

Fig. 4.22 Contacto con el eje.

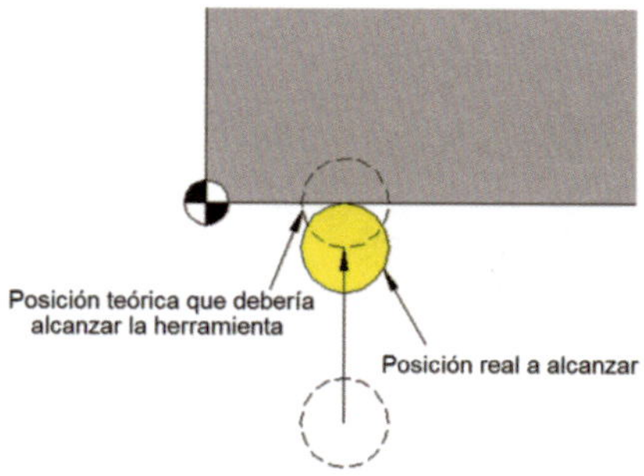

Fig. 4.23 Contacto con el eje.

Palpación con bailarina

Este proceso solo se aplica en fresadora, y se realiza exactamente igual que el proceso anterior, pero en lugar de colocar la herramienta en el mandrino de la máquina, se coloca la herramienta llamada bailarina (Fig. 4.27), esta herramienta consta de dos partes, una que está sujeta al eje de la máquina y que gira concéntricamente con el mismo y una segunda parte de diámetro conocido, que está unida a la anterior por medio de un muelle, que al girar produce un movimiento excéntrico. Al contactar con la pieza, deja de oscilar, pasando a la posición de concentricidad, (posición que se observa perfectamente con la vista) siendo ese el punto de contacto de la misma y a partir de esa posición se introduce en el control el dato, teniendo en cuenta la suma o resta del radio de la bailarina.

Fig. 4.24 Bailarina.

Este sistema no se puede utilizar con el eje Z, por lo que hay que sustituir la bailarina por la herramienta a trabajar para contactar en la superficie superior.

La ventaja de este proceso con respecto al anterior es que no deja marcas en las superficies laterales y que la precisión suele ser mayor.

Palpación con sensor electro / electrónico

Solo se aplica en fresadora. El principio sigue siendo el mismo que el anterior, es decir, contactar con la pieza conociendo el diámetro de contacto, pero en este caso, cuando se produce el mínimo contacto con la pieza se enciende una luz que lleva el palpador, o suena un zumbido, o ambas cosas a la vez. En la Fig. 4.25 se pueden observar un palpador.

Fig. 4.25 Palpador electro / electrónico.

El sistema de utilización es exactamente el mismo que el sistema de bailarina.

Palpación automática por medio del CN

Solo se aplica en fresadora. El proceso es muy sencillo, pues se trata de tocar dos puntos sobre cualquier superficie plana o circular y el control asume la situación real de la pieza y aunque esta esté inclinada, introducirá las correcciones necesarias durante el mecanizado, para realizarlo como si estuviera perfectamente estacada la pieza. El tiempo de preparación es muy rápido, tanto en la estacada de pieza como en la búsqueda de referencias.
Este sistema es con mucho el mejor, el más rápido y el más preciso de todos, no obstante no todos los controles disponen de los ciclos adecuados para su utilización.

Fig. 4.26 Palpador automático - de Blum-Novotest.

Fig. 4.27 Palpadores automáticos
De Renishaw y de Heidenhain.

Capítulo 5 – Cálculos

Cálculos trigonométricos

A pesar de las prestaciones tan avanzadas que tienen los últimos controles, en programación manual todavía se tiene la necesidad de realizar cálculos para averiguar puntos no conocidos, bien porque en la fase de diseño no se tuvieron en cuenta las necesidades de programación, bien porque la complejidad de la pieza así lo requiere.

Las principales herramientas matemáticas que se acostumbran a utilizar son:

- Teorema de Pitágoras.
- Teorema del cociente
- Funciones trigonométricas.

Teorema de Pitágoras

Se basa en cálculos sobre triángulos rectángulos. Los triángulos rectángulos constan de dos catetos: cateto mayor, cateto menor y la hipotenusa que es el lado más grande del triángulo, que coincide con el que está opuesto al ángulo de 90º. En la Fig. 5.01 se observan estos datos.

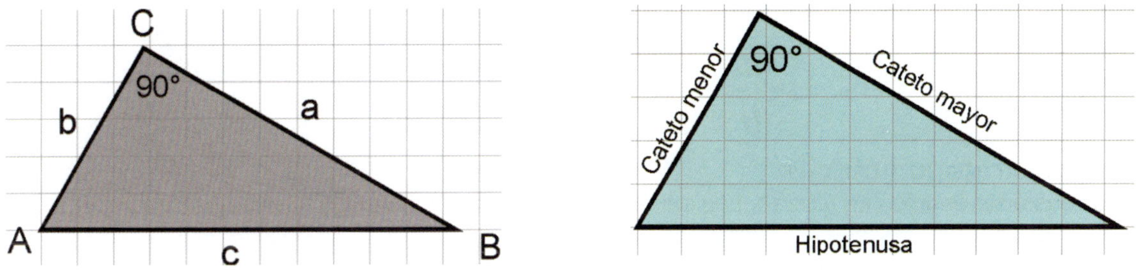

Fig. 5.01: Nombre de los vértices y de los lados de un triángulo rectángulo.

Los vértices se denominan con las letras mayúsculas A, B y C, los lados opuestos a estos vértices con las letras minúsculas equivalentes a, b, c.

El teorema de Pitágoras dice que la suma de los dos catetos elevados al cuadrado, es igual a la hipotenusa elevada al cuadrado:

$$H^2 = C^2 + C'^2$$

Por lo tanto, este teorema solo se podrá aplicar cuando se conozcan dos lados del triángulo, en cualquier combinación.

Si los lados de un triángulo rectángulo se llaman a, b y c como se muestra en la Fig. 5.01 se puede aplicar la fórmula siguiente:

$$c^2 = a^2 + b^2$$

Despejando, se tiene lo siguiente:

$$c = \sqrt{a^{2+}b^2}$$

Teorema del cociente

El teorema del cociente puede aplicarse al cálculo de las dimensiones desconocidas en los dibujos de piezas.

La figura fundamental para el teorema del cociente es la que se muestra en la Fig. 5.02.

Los dos lados que delimitan el ángulo cuyo vértice es el punto O son intersectados por dos paralelas.

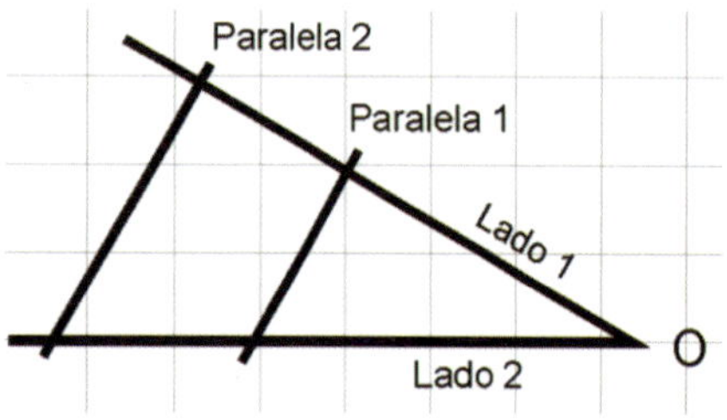

Fig. 5.02: Figura básica del teorema del cociente.

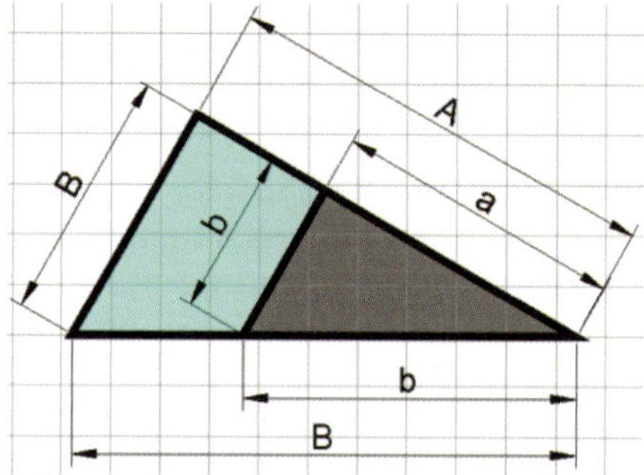

Fig. 5.03: Definición de los lados para el teorema del cociente.

Las siguientes leyes se aplican a las distancias indicadas en la Fig. 5.03: el cociente de la distancia "a" respecto a "A", es igual al de "b" respecto a "B" y lo mismo de "c" a "C".

Si los cocientes aplicables a dichas distancias se expresan como fracciones, obtenemos las siguientes ecuaciones:

$$\frac{a}{A}=\frac{b}{B} \quad \frac{a}{A}=\frac{c}{C} \quad \frac{b}{B}=\frac{c}{C}$$

Que una vez reordenadas, tienen la forma que se muestra:

$$\frac{a}{b}=\frac{A}{B} \quad \frac{b}{c}=\frac{B}{C} \quad \frac{a}{c}=\frac{A}{C}$$

Funciones trigonométricas

Para dimensionar ángulos se utilizan, básicamente, dos métodos:

- Estableciendo el ángulo en grados, minutos y segundos.
- Utilizando los grados en sistema decimal.

Para convertir de un método al otro, se aplican las siguientes fórmulas:

1' = 0,0167° y 1" = 0,00028°.
0,1° = 6'; 0,01° = 36"; 0,001° = 4.

Las funciones trigonométricas seno, coseno y tangente, son suficientes para calcular los lados y ángulos desconocidos de triángulos rectángulos.

Las funciones se pueden aplicar cuando se conocen: dos lados, un lado y un ángulo, además del angulo recto.

Las funciones trigonométricas que se utilizan son las siguientes:

$$Seno\ de\ un\ ángulo = \frac{Cateto\ opuesto}{Hipotenusa}$$

$$Coseno\ de\ un\ ángulo = \frac{Cateto\ adyacente}{Hipotenusa}$$

$$Tangente\ de\ un\ ángulo = \frac{Cateto\ opuesto}{Cateto\ adyacente}$$

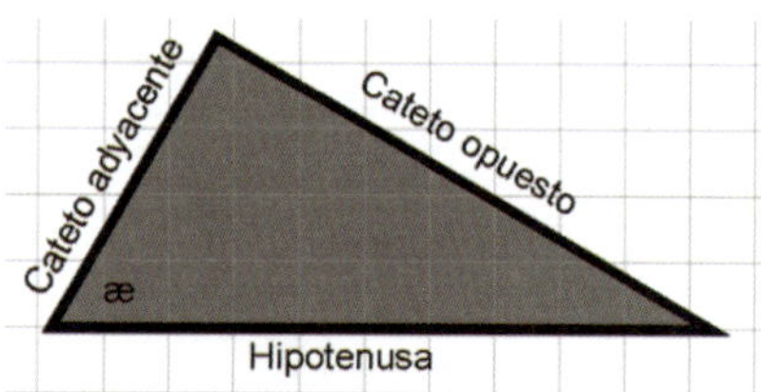

Por lo tanto las fórmulas que quedarían, simplificando, son las siguientes:

$$Sen\,\alpha = \frac{a}{c} \quad Cos\,\alpha = \frac{b}{c} \quad Tg\,\alpha = \frac{a}{b}$$

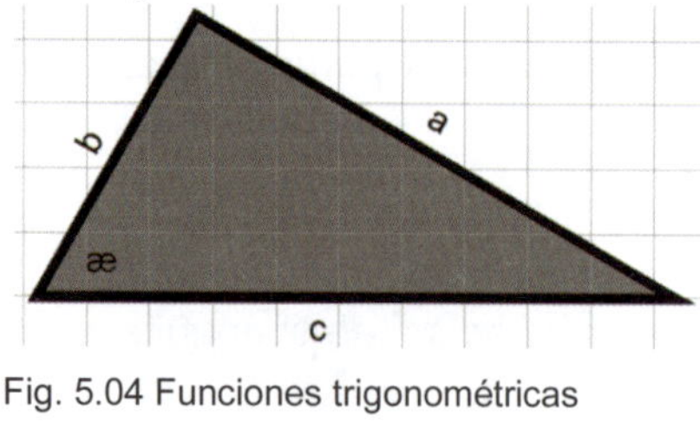

Fig. 5.04 Funciones trigonométricas

Capítulo 6 – Programación

Programación CNC

Introducción

La programación es la base del Control Numérico. Conocer dicha programación es absolutamente imprescindible para cualquier operario que intervenga en el proceso constructivo, desde la oficina técnica, hasta la mecanización última.

Es cierto que hoy existen programas de CAM (Mecanizado Asistido por Ordenador) muy versátiles, potentes y rápidos en su ejecución. Pero a pesar de ello, realizar una pequeña modificación a pie de máquina es mucho más rápido que tener que retocar el proceso desde el ordenador. Naturalmente, cualquier operario que no conozca el lenguaje de programación de su máquina no podrá realizar dicha tarea. Analizado desde el prisma del técnico de un sistema CAM, también se hace imprescindible dicho conocimiento, pues muchos ajustes del programa CAM y del sistema de postprocesado, se tienen que basar en el conocimiento del lenguaje de programación CN.

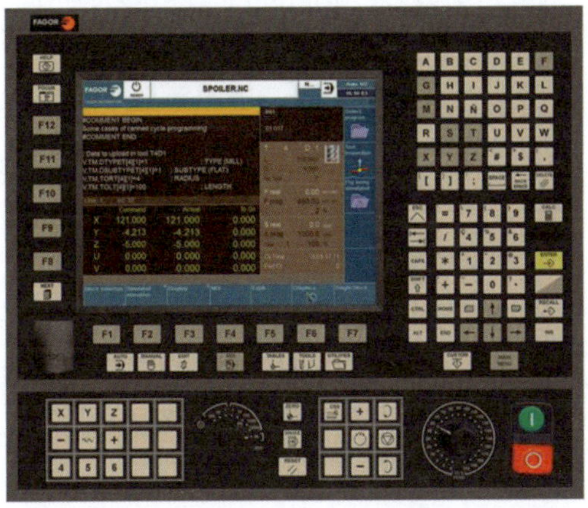

Fig. 6.01 Moderno sistema de programación CNC

No es menos cierto que todavía son muchos los talleres que programan a pie de máquina, bien porque no disponen de oficinas técnicas adecuadas, bien porque desde la oficina técnica solo se elaboran aquellos programas que requieren ineludiblemente el proceso CAM como programas de 5 ejes por su complejidad o por el tamaño de programa CN requerido. Por lo tanto, los operarios que utilicen estas máquinas están obligados a conocer la programación.

En este tratado se hablará de varios sistemas y controles, pero fundamentalmente, se centrará en los controles FAGOR, desde el modelo 8055 en adelante.

Estructura de la programación

Desde un sentido literal, un programa, no es nada más que una sucesión de órdenes y procesos correlativos, que tienen que realizarse en el orden lógico establecido y no en otro. Cuando alguien decide ir de vacaciones, si es previsor y ordenado, realizará un programa de las diferentes localidades que recorrerá en el orden adecuado y de las actividades que realizará en cada una de ellas en un orden lógico. Naturalmente también existe la posibilidad de viajar sin ninguna previsión, sin determinar ni orden ni objetivos. Así como en los viajes una persona puede escoger un sistema u otro, en sistemas de programación informáticos, es absolutamente imprescindible, escribir todo en el orden adecuado e introduciendo todos los caracteres sin omitir ni intercambiar ninguno, pues las consecuencias pueden ser imprevistas.

Bien, centrándose ya en el aspecto técnico, se analizarán los diferentes sistemas y estructuras de programación.

En cualquier programa CNC, se distinguen siempre dos grandes grupos de información, los dos grupos de datos son:

Datos geométricos

- Datos dimensionales del contorno final.
- Descripción de los movimientos de la herramienta.
- Posicionamiento en el área de trabajo del cero y puntos de referencia necesarios.

Datos tecnológicos

- Datos de la herramienta.
- Condiciones de corte (velocidad, avance, etc.).
- Funciones auxiliares de máquina (refrigeración, giros, etc.).

Programación según el tipo de estructura

La programación, según el tipo de estructura, puede dividirse en:

- Programación en lenguaje CNC.
- Programación conversacional.
- Programación mixta.

Programación en lenguaje CNC

Es el tipo de programación que se utiliza escribiendo directamente en lenguaje CNC. El operario tiene que tener un conocimiento muy amplio del lenguaje en que este programando.

Unos ejemplos de programa en lenguaje CNC se pueden ver en los siguientes cuadros, basados en el lenguaje Heidenhain el de la izquierda y en FAGOR el de la derecha.

Heindehain

```
0 BEGIN PGM DESBASTE_ESPIRAL MM
1 TOOL DEF 1 L+0 R+32
2 TOOL CALL 1 Y S
3 L X+0 Z+0 R0 F9999 M03
4 CALL LBL 1 REP
5 L X+300 Z+0 R F M
6 CALL LBL 1 REP
7 STOP M30
8 LBL 1
9 CC IX+0 IZ+0
10 L Y+0 R F M
11 LP PR+100 PA+0 RL F999 M
12 LBL 2
13 CP IPA+360 IY-5 DR+ RL F M
14 CALL LBL 2 REP 20/20
15 CP IPA+360 DR+ RL F M
16 LP PR+0 PA+0 R0 F M
17 L Y+200 R0 F9999 M
18 LBL 0 19 END PGM DESBASTE_ESPIRAL MM
```

FAGOR

```
P100 = 100
P101 = 100
P102 = 75
P103 = 50
P106 = 2 G0 Z100
T4 D1 M6
S1000 M3
Y0 N1:
X0 Z0 G1 XP100 F1000
G1 G91 XP102 Z-P103
G90 YP106
G1 Z10 N2: P106 = P106+2
$IF P106 <P101 $GOTO N1
#RPT[N1,N2]
G0 Z100
M30
```

Fig. 6.02 Programas en lenguaje CNC.

Programación conversacional

Tal como su nombre indica, se trata de programar manteniendo una conversación con el control. El control, según la orden que se le haya indicado, va a ir preguntando por los diferentes datos que se necesitan. Para ello, el control se apoya en pantallas gráficas con toda la información necesaria para la realización.

Aparentemente en principio este sistema es el más indicado para programar a pie de máquina, o para operarios no iniciados en programación, pero una vez se adquiere la experiencia, está demostrado que se recurre al sistema de lenguaje CNC para agilizar y ganar tiempo.

No es necesario el conocimiento de la programación CNC para crear directamente programas básicos.

Es ideal para:

- Operaciones de programación sencillas.
- Personal que no posea conocimientos de programación CNC.

Produce programaciones de código G que pueden editarse, copiarse o combinarse fácilmente para crear un programa de pieza completo, pero para esto último ya es necesario disponer de conocimientos de lenguaje CNC.

Programación mixta

Es una mezcla de ambas. Actualmente, existen controles que permiten actuar de una manera o de otra según la interface que decida el operario de máquina. La tendencia suele ir en esta línea, teniendo en cuenta que de esta manera se puede programar según la necesidad y capacidad de cada operario.

Según el sistema de escritura del programa.

- Manual, a pie de máquina.
- Manual, desde ordenador.
- Realización con sistema CAM.

Programación según el método de creación

Según el método de creación, los programas se pueden dividir en:

- Creación manual a pie de máquina.
- Creación manual desde ordenador.
- Creación con la utilización de sistema CAM.

Creación manual, a pie de máquina

Este sistema ha sido el más empleado hasta ahora. El operario, a partir del plano, ha escrito el programa directamente en el control. Esto teóricamente no afecta al tiempo de mecanización, pues los controles permiten escribir un nuevo programa mientras se está ejecutando el actual, pero en la práctica, no siempre el operario puede estar pendiente de las dos tareas al mismo tiempo, lo que origina paros de máquina, que siempre son costosos e indeseados.

Actualmente, es aconsejable realizar la programación a pie de máquina solamente de aquellos programas que no ofrezcan ningún tipo de dificultad y que al operario le resulte fácil resolver y que sean de dimensiones reducidas. También es aconsejable la realización de pequeños retoques del programa, tales como modificación de alguna cota o inserción de pequeños mecanizados como la realización de un nuevo taladro, por ejemplo.

La mayoría de controles modernos permiten la realización de simulaciones gráficas, lo que facilita sí así se decide la programación a pie de máquina.

Creación manual, desde ordenador

La elaboración manual de programas desde ordenador, permite la creación de los mismos de forma totalmente aislada del operario de máquina. Los programas se escriben a mano, tal y como se haría a pie de máquina, pero en este caso desde el ordenador (Fig. 6.03). Esto permite que un solo técnico pueda atender a la programación de varias máquinas simultáneamente, dejando al operario de máquina mucha más movilidad para controlar el proceso de mecanizado, tanto en el ámbito de preparación y gestión de herramientas, preparación de materiales para el siguiente proceso así como al control directo del mismo.

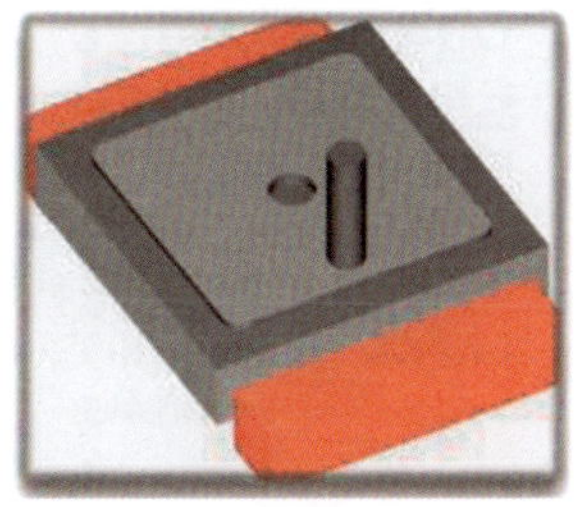

Fig. 6.03 Simulación en ordenador

Es muy importante que se genere una disciplina de intercambio de información de forma precisa y detallada, siguiendo las normas establecidas de manera activa, pues cada vez que la oficina técnica libre la información a producción, deberá constar de todos los datos técnicos necesarios, tales como, situación del origen pieza, número y orden de herramientas, tipos de material, condiciones de corte, etc.

Actualmente las empresas suelen disponer de oficinas técnicas desde donde se centraliza toda la elaboración de aspectos técnicos de los procesos de mecanizado, tales como diseño de piezas, procesos de mecanizado, etc. Es más que aconsejable que desde la oficina técnica se cree la sección de CNC/CAM, desde donde se realizará y controlará todos los procesos productivos CNC. En esta sección los técnicos que intervengan han de tener amplios conocimientos de mecanizado y a ser posible provenientes del taller de mecanización.

Creación con la utilización de sistema CAM

Es el más potente de los procesos de elaboración de programas CNC y posiblemente es hacia donde se inclinarán todas las tendencias técnicas (de hecho, existen controles que ya llevan incorporados procesos de CAM).

La programación CAM es un tema específico, por lo que ahora no se profundizará en ello, pero sí se analizará el aspecto de su capacidad de creación de programas.

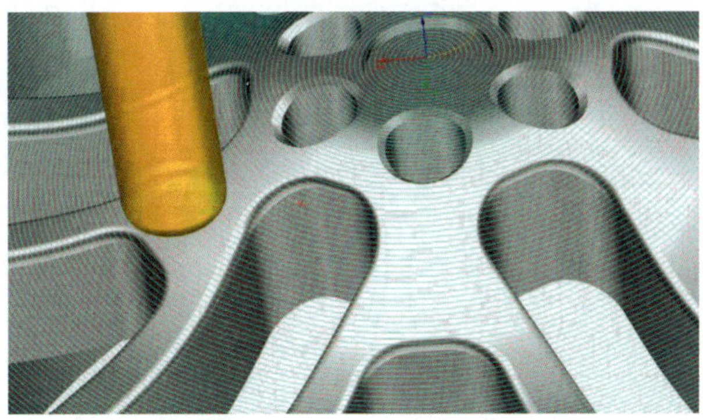

Fig. 6.04 Mecanizado CAM

Desde un punto de vista teórico, todo programa se tendría que realizar desde el CAM, pero en la práctica no se demuestra así, pues, existe gran variedad de programas que, por su simplicidad, generarían pérdida de tiempo creándolos desde un sistema de CAM. Donde no existe ninguna duda, es en la creación de programas de grandes dimensiones o de geometrías complejas (Fig. 6.04).

En el mecanizado 5 ejes y alta velocidad se hace absolutamente imprescindible su utilización.

Programación en sistema ISO

Como es sabido, los sistemas de normalización tienen como objetivo la unificación de normas y criterios en la aplicación técnica en los diferentes ámbitos de la industria. En CNC también está normalizada, la forma y criterios de programación en diferentes sistemas.

El sistema ISO es el estándar más utilizado. Por lo tanto, es el que se verá en este tratado. No obstante, cuando se creó la norma, la evolución técnica no estaba al nivel actual y los aspectos que se acotaron en dicha norma no son suficientes actualmente. Como la técnica ha ido más deprisa que la normalización, en el mercado se encuentran sistemas CNC que, salvo en los aspectos fundamentales como los sistemas de coordenadas y algunas funciones básicas no son compatibles entre sí. A pesar de ello, las estructuras de programación son muy similares por lo que, una vez aprendido un sistema, resulta fácil adaptarse al resto.

Programación incremental y programación absoluta

Tal como se ha visto en los sistemas de coordenadas, existen dos formatos para la descripción de un contorno geométrico: incremental y absoluto. En los sistemas de programación también se utilizan estos mismos formatos, pero con la posibilidad de realizar parte de un programa en un sistema y parte en el otro. Incluso existen controles que, dentro de una misma línea de programación, permiten que se escriba una coordenada en un sistema y las otras en el otro.

Datos modales

Existen datos modales que actúan como un interruptor, es decir, una vez se activan no es necesario repetir la orden hasta que sea necesario cambiarla por otra. Los datos modales afectan a gran parte de las palabras, pero no a todas ellas. Por eso solo se escribirán aquellos datos que tengan que cambiar el sistema modal de algún dato, aunque, si se repiten no afecta al control, pues se le está indicando que realice aquello mismo que tiene ya almacenado en la memoria.

Ejemplo: **N0050 G01 X14 Z27 F120 M3**
N0060 G01 X14 Z30 F120 M3

Esta estructura está bien, pero no es necesario escribir los datos repetidos que son modales (en color rojo).

En el ejemplo siguiente, se ve el mismo programa pero sin escribir los datos modales:

Ejemplo: **N0050 G01 X14 Z27 F120 M3**
N0060 Z30

Estructuras de frases de programación

Cada fabricante tiene diferentes estructuras de programación; incluso dentro de un mismo fabricante, dependiendo de modelos, tienen estructuras diferentes. En este tratado, tal como se indicó más arriba, se verán los controles FAGOR de torno y fresa Modelos 8055 y 8065 que, coincide con lo expuesto anteriormente y tienen estructuras diferentes, por lo que servirá para conocer más de un tipo de estructura.

En todos los sistemas de CN, a las líneas que habitualmente se usan, se las conoce como “FRASES” o “BLOQUES”, independientemente de sí ocupan una o más líneas ortográficas.

Estructura de las frases de programación para torno, FAGOR 8065 – 8055

Existen diferentes tipos de frase de programación; la estándar es la primera que se verá.
En este apartado se analizará la programación para los controles 8065 y 8055. En los casos que la programación o la forma de la misma cambie, se indicará con los correspondientes carteles indicadores.

La programación de FAGOR 8060 y 8065 es equivalente entre sí, igualmente la de 8050 y 8055 son también equivalentes

Estructura de frase del control FAGOR 8065 de torno.

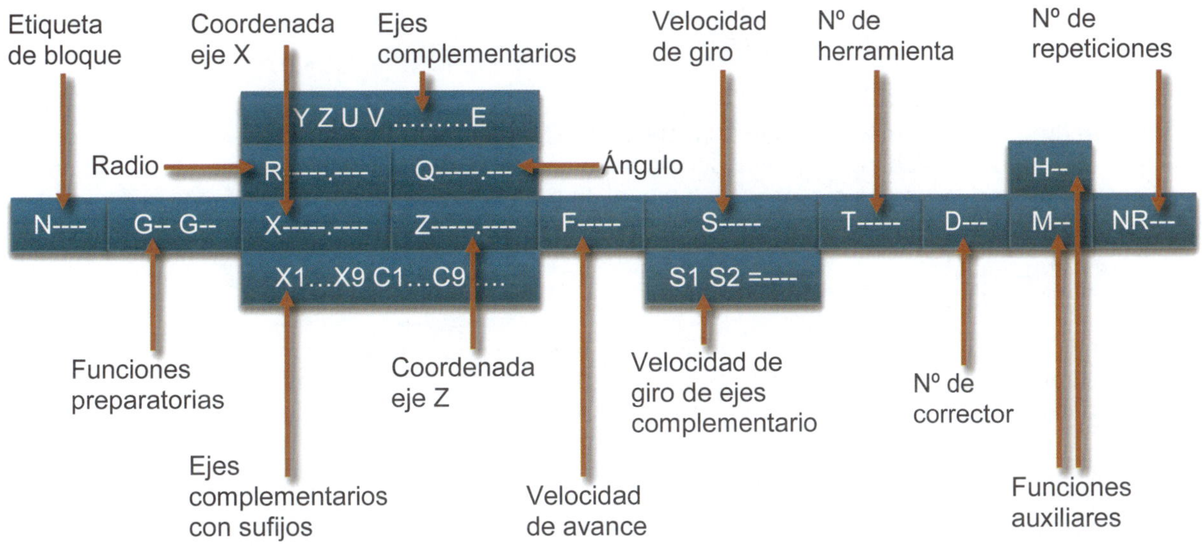

Descripción de cada apartado

"N" Etiqueta de bloque

Las etiquetas permiten identificar los bloques. La programación de etiquetas facilita el seguimiento del programa.

No es obligatorio indicarlo en todos los bloques, pues es el control quien controla el orden del programa en forma de cascada tal como está escrito. Pero sí es necesario indicarlo en aquellas líneas que necesiten estar identificadas para realizar una llamada sobre ellas (se verá en mayor profundidad más adelante al estudiar llamadas a bloque o a repeticiones). En este caso es aconsejable escribirlas solas en una línea. No obstante, se puede indicar en todas las líneas si así se desea, pero esto obliga a llevar un orden escrupuloso de la numeración de las mismas.

El CNC dispone de dos tipos de etiquetas: de tipo número y de tipo nombre. Ambas etiquetas pueden estar programadas en un mismo bloque.

Etiquetas de tipo número

Las etiquetas de tipo número están definidas por la letra "N" seguida del número de bloque; no siendo necesario seguir ningún orden y permitiéndose números salteados. Cuando la etiqueta se utilice como destino en un salto de bloque, hay que añadir el carácter ":" a continuación del número.

Si la etiqueta no se utiliza en saltos o repeticiones de bloques (se programa sin ":"), puede ir en cualquier posición del bloque, no necesariamente al comienzo. Si la etiqueta se utiliza en saltos o repeticiones de bloques, deberá estar definida al principio del bloque.

Etiquetas de tipo nombre

Las etiquetas de tipo nombre se programan entre corchetes. El nombre de la etiqueta admite 14 caracteres y puede estar formado por letras mayúsculas, minúsculas y por números (no admite espacios en blanco). Este tipo de etiqueta deberá estar definida al principio del bloque.

Nombres validos:

[CICLO] [Ciclo] [TALAD_DIA_12]

A continuación de estas etiquetas puede ir la programación normal, pero para un mayor control es aconsejable que estén solas.

Se verá en el estudio de la programación con todo detalle.

"G" Funciones preparatorias

Son, junto con los sistemas de coordenadas, los datos más importantes que se introducen en un bloque. Indican al control todos los datos que utilizará el mismo, para realizar los movimientos de los carros, de todos los sistemas geométricos ordenados.

El formato es de dos caracteres, que se corresponden con el número de función escogida. Su rango de programación normal va desde 00 a 99, aunque dispone de unas funciones especiales que están por encima de los dos dígitos. Si la función tiene colocado un cero como carácter izquierdo, se puede escribir utilizando los dos dígitos u obviando el cero de la izquierda en ambos casos el control actuará de la misma manera.

Ejemplo: **G00 = G0 G01 = G1**

Le indicará a la máquina si el movimiento lo hará en línea recta o curva, o si lo realizará a una velocidad controlada o a la máxima que permita la máquina, o si los datos que siguen en el programa están indicados en valor absoluto o incremental, etc.

En una frase de programación se puede escribir más de una función preparatoria, pero estas estarán siempre escritas una tras otra en la frase y no deberán ser contradictorias entre sí. Por ejemplo si se escribe una función de velocidad controlada y a continuación se escribe la de velocidad máxima, el control solo hará caso de la última que lea.

La mayoría de las funciones preparatorias son modales. Por tanto, no es obligado escribir en todas las frases las funciones preparatorias, sino solo en aquellas que tengan que actuar. Más adelante, se puede consultar la tabla con las diferentes funciones y su capacidad de modalidad.

(X Z) (R Q) (X Y Z U V W A B C E) (X1... X9, C1... C9, E1... E9)
(X Z)

"X" Coordenada que define la posición de diámetros o radios del mecanizado. Se puede escoger por programación de parámetros internos del control, si los datos se introducirán en radios o en diámetros.

El formato a utilizar es de cinco dígitos para la parte entera y cuatro dígitos para la parte decimal.

El valor de **X** es modal, por lo tanto no es necesario escribirlo si no cambia de valor.

"Z" Coordenada que define la posición de longitudes del mecanizado.

El formato a utilizar es de cinco dígitos para la parte entera y cuatro dígitos para la parte decimal.

El valor de **Z** es modal, por lo tanto no es necesario escribirlo si no cambia de valor.

"R" Coordenada polar que indica la longitud del radio.

"Q" Coordenada polar que indica el valor del ángulo.

(X Y Z U V W A B C E) - (X1... X9, C1... C9, E1... E9)

Estos formatos son los adecuados para utilizar en máquinas multiejes. El nombre del eje estará definido por 1 o 2 caracteres.

En el caso de estar definido por un solo carácter, el carácter debe ser una de las letras X - Y - Z - U - V - W - A - B - C - E.

En el segundo caso, si se tiene que recurrir a dos caracteres, el segundo carácter será opcional y será un sufijo numérico entre 1 y 9. De esta forma el nombre de los ejes podrá ser cualquiera del rango X1...X9,...C, C1...C9, E, E1...E9.

Los desplazamientos se representan mediante la letra del eje seguida de la cota a la que se desea desplazar el eje. Para los ejes del tipo X1, Y2, etc., hay que programar obligatoriamente el signo "=" entre el nombre del eje y la cota.

X122 ► No es necesario el signo "="
Z28.12 ► No es necesario el signo "="
X3=34.5 ► Sí es necesario el signo "="
A6=115.16 ► Sí es necesario el signo "="

"F" Velocidad de avance

Se utiliza para indicarle al control a qué velocidad de avance deben desplazarse los carros cuando estén mecanizando a velocidad controlada.

Tal como se vio anteriormente, existen dos formatos de velocidad de avance: en mm/min o mm/rev y dependiendo del sistema que se esté usando, el valor que se introduzca en **F** tendrá un formato u otro.

Los formatos son los siguientes:

Velocidad en mm/min = El valor que se introduce en **F** es en mm/min. Ej.: F120.
Es decir, avanzará a 120 mm/min.

Velocidad en mm/rev = El valor que se introduce en es en **F** mm/rev. Ej.: F0,15.
Es decir avanzará a 0,15 mm por vuelta.

Es muy importante no confundir estos valores ya que si la máquina es muy rápida y está en formato mm/rev y por error se introduce, por ejemplo el valor 10 pensando en mm/min, intentará avanzar 10 mm por cada vuelta, lo que ocasionaría posiblemente una rotura importante de máquina o herramienta.

Al comenzar el mecanizado, si no se ha introducido ningún valor a **F** el control entenderá que tiene que ir a la máxima velocidad; por lo tanto, es muy importante controlar este dato.

El valor de **F** es modal, y no es necesario reescribirlo, si no cambia de valor.

S - Velocidad de giro del plato

Indica a cuántas RPM girará el plato cuando reciba la orden de empezar a girar. El valor introducido en **S** puede tener dos formatos directamente las RPM a que debe girar cuando reciba la orden, o la Vc que se desea que trabaje la máquina, en tal caso, el control cambiará directamente las revoluciones para adaptarlas a la Vc, dependiendo del diámetro en que se encuentre la herramienta.

Los formatos son los siguientes:

RPM directas = El valor a introducir son RPM. Ej.: S1240.
La máquina girará siempre a 1240 RPM.

Vc constante = El valor a introducir es directamente Vc. Ej.: S140.
La máquina adaptará las RPM para mantener siempre una Vc de 140 m/min.

Si al comenzar el mecanizado no se introduce ningún valor a **S**, el control entenderá que tiene que girar a 0 RPM, por lo que aunque se le dé la orden de girar no lo hará por estar en valor 0.

El valor de **S** es modal por lo tanto, no es necesario escribirlo, si no cambia de valor.

"T" Número de herramienta y "D" Número de corrector

Es la indicación de los datos de herramienta, tanto a nivel del número de la misma, como al tipo de corrección que se debe aplicar. Desde estos datos se le puede ordenar a la máquina, que cambie la herramienta en el tambor y que aplique el corrector indicado (se verá más adelante la importancia y modo de aplicación del corrector). El valor que se introduce es el siguiente:

T01 D01

Herramienta a cambiar **Corrector a utilizar**

Este dato se aplica a máquinas que tengan cambiadores automáticos de herramientas. En caso de no disponer del mismo, el formato puede cambiar el sentido de actuación de la siguiente manera:

T D01 ► Sin ningún valor en la "T", el control entiende que solo usará el corrector indicado a la en la "D".

T00 D01 ► Con valor 0 en la letra "T", el control entiende que tiene que parar máquina y usar en la reanudación el corrector indicado en la letra "D".

T01 D01 ► Con un valor diferente a 0 en la letra "T" y en la letra "D", el control realizará el cambio físico de la herramienta y aplicará el corrector indicado en la letra "D".

Si al comenzar el mecanizado, no se introduce ningún valor a "T" y a "D", el control trabajará sin corrección de herramienta y sin cambiar el tambor, esto puede servir si se trabaja solo con una herramienta y se tiene el control del radio de la misma.

El valor del cambio de la herramienta es modal por lo tanto, no es necesario reescribirlo si no cambia de valor. Cualquiera de las dos partes que integran la palabra **T** también son modales.

"M" - "H" Funciones auxiliares

"M"

Son las encargadas de controlar todos los aspectos auxiliares al mecanizado, tales como la puesta en marcha del cabezal, elección del sentido de giro, puesta en marcha de los sistemas de refrigeración, etc. Son, junto a las funciones preparatorias, las más importantes de la programación.

Es importante tener en cuenta que, todas las máquinas de que disponga el parque de una empresa no tendrán el mismo número de funciones auxiliares porque eso dependerá del tipo de control, de la antigüedad de la misma, entre otros factores.

El formato es de dos caracteres, que se corresponden con el número de función escogida. Su rango va desde 00 a 99. Si la función tiene colocado un cero como carácter izquierdo se puede escribir utilizando los dos dígitos u obviando el cero de la izquierda en ambos casos el control actuará de la misma manera.

Ejemplo: **M03 = M3, M05 = M5**

En una frase de programación se puede escribir más de una función auxiliar, pero estarán siempre escritas una tras otra y no deberán ser contradictorias entre sí Por ejemplo, si se escribe una función de arranque de plato y a continuación se escribe paro de plato, el control sólo hará caso de la última que lea.

Las funciones auxiliares son modales. Por tanto, no es obligatorio escribir en todas las frases las funciones preparatorias, sino solo en aquellas que tengan que actuar. Más adelante, se puede consultar la tabla con las diferentes funciones y su capacidad de modalidad.

Existen funciones auxiliares de principio de línea y de final de línea. Esto quiere decir que aunque las funciones auxiliares se escribirán siempre al final de la frase, dependiendo de su capacidad realizará su función como si realmente estuviera escrita al principio de la misma o al final.

Ejemplo: M03 es una función auxiliar de principio de línea que indica puesta en marcha del plato, por lo tanto, es como si realmente estuviera escrita después de la palabra N

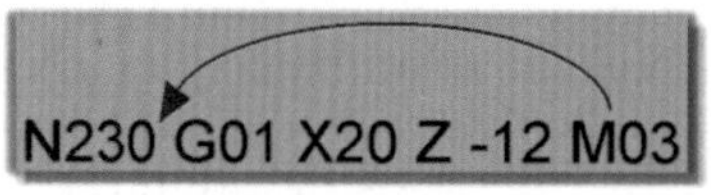

M05 es una función de final de línea que indica paro de giro del plato. Por lo tanto, actuará tal y como está escrita, es decir al final de la frase y después de haber realizado el resto de órdenes de la misma

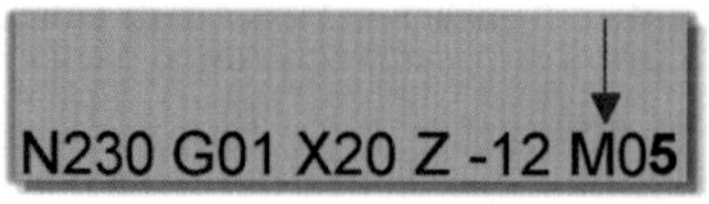

A lo largo de este tratado, se verán las diferentes funciones auxiliares que son de principio de línea y las de final.

"H"

Las funciones auxiliares "H" se utilizan para enviar información al PLC. A diferencia de las funciones "M", las funciones auxiliares "H" no esperan confirmación de función ejecutada para continuar con la ejecución del programa.

Se permite programar hasta un total de 7 funciones auxiliares "H" en el mismo bloque. El formato de programación va desde "H<0" hasta "65535>", permitiéndose la programación mediante parámetros o expresiones aritméticas.

En casos de usar expresiones aritméticas, el valor que calcule el control, será redondeado por defecto a un número entero. Si da como resultado un valor negativo, el CNC mostrará error.

Las funciones auxiliares "H" se ejecutarán al comienzo del bloque en el que estén programadas.

En este tratado solo se verán las funciones "M", que son las más habituales en la programación, dejando las "H" para programadores de máquina.

"NR" Número de repeticiones de bloque
El comando NR indica el número de veces que se ejecuta un bloque y solo se puede añadir a bloques donde haya programado un desplazamiento, un ciclo fijo modal o una subrutina modal.

Ejemplo: G91 X37.18 F120 NR4 (El control repetirá el bloque 4 veces)

Si como valor se le da 0, el control realizará el bloque una vez.

Comentario de bloques
Se pueden incluir comentarios no ejecutables en los diferentes bloques.

El Control 8065 ofrece diferentes métodos para poder incluir comentarios en un programa. Son los siguientes:

Programación de comentarios utilizando los paréntesis
El comentario se debe definir entre paréntesis "(" y ")".
Este sistema permite colocar os comentarios en cualquier parte de la frase y no tienen que ir necesariamente al final de la frase; pueden ir en medio y además puede haber más de un comentario en el mismo bloque.

Programación de comentarios mediante el símbolo ";"
En este caso el comentario se tiene que poner al final de la frase o solo en un frase.

Programación de comentarios mediante la sentencia #COMMENT
Se utilizan dos sentencias para poner cualquier comentario entre ambas, aunque esto ocupe más de una línea. Las sentencias son:

#COMMENT BEGIN – Indica el comienzo del comentario.
#COMMENT END – Indica el final del comentario.

Ejemplos de usos:

N15 G91 X52.15 F140 (Primer comentario) S200 M3 (Segundo comentario)
En esta frase se han colocado dos comentarios, uno en medio de la frase y el otro al final.

N10 G90 X23.45 T1; Comentario
Con este método, en esta frase se ha colocado un único comentario y está necesariamente escrito al final de la frase.

```
#COMMENT BEGIN
   P1: Anchura del mecanizado.
   P2: Longitud del mecanizado.
   P3: Profundidad del mecanizado.
#COMMENT END
```

Esta es la estructura de programación de comentarios mediante sentencias. Se puede observar que hay que hacer para que quede el comentario entre ambas.

Condiciones

A pesar de que el sistema FAGOR es del tipo de programación abierta, es aconsejable que se respeten unas normas mínimas de orden en la escritura, que son las siguientes:

No es necesaria la programación de todas las palabras. Los datos no tienen un orden establecido, se pueden programar en cualquier parte del bloque. Las únicas excepciones serán la condición de salto de bloque y la identificación del bloque, que siempre se deben programar al principio.

Es aconsejable que entre cada palabra exista un espacio de separación.

Las letras integrantes de las frases de programación se escribirán en mayúsculas.
Los números decimales se escribirán usando el punto y no la coma.

Existen datos **modales** que actúan como un interruptor, es decir, una vez se activan no es necesario repetir la orden hasta que sea necesario cambiarla por otra. Los datos modales afectan a gran parte de las palabras, pero no a todas ellas, por eso, solo se escribirán aquellos datos que tengan que cambiar el sistema modal de algún dato, aunque, si se repiten, no afecta al control, pues se le está indicando que realice aquello mismo que tiene ya almacenado en la memoria.

Estructura de frase del control FAGOR 8055 de torno

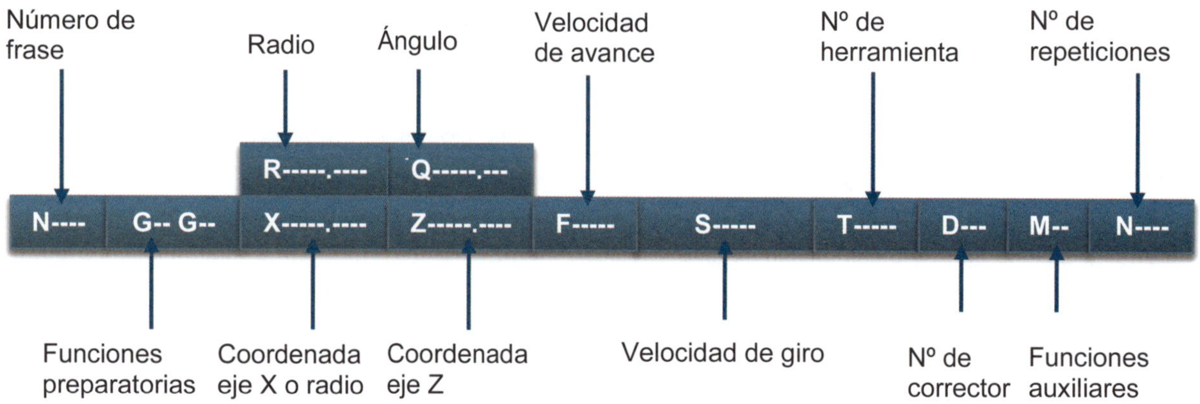

Descripción de cada apartado

"N" - Número de frase o bloque
No es obligatorio indicarlo en todos los bloques, pues es el control quien controla el orden del programa en forma de cascada tal como está escrito, pero sí es necesario indicarlo en aquellas líneas que necesitan estar identificadas para realizar una llamada sobre ellas (se verá en mayor profundidad más adelante al estudiar llamadas a bloque o a repeticiones). No obstante, se puede indicar en todas las líneas si así se desea, pero esto obliga a llevar un orden escrupuloso de la numeración de las mismas. Esto último permite que sean compatibles con los programas realizados con el control 8025.

"G" Funciones preparatorias
Es idéntico en todo con el control 8065, por lo que vale todo lo anteriormente expuesto.

"X" y "Z" Coordenadas
Son idénticos en todo con el control 8065 en su función básica de ejes, por lo que vale todo lo anteriormente expuesto.

"R" y "Q" Coordenadas polares
Son idénticos en todo con el control 8065 en su función básica de ejes, por lo que vale todo lo anteriormente expuesto.

"F" y "S" Indicación de la velocidad de avance y velocidad de giro
Son idénticos en todo con el control 8065, por lo que vale todo lo anteriormente expuesto.

"T" y "D" Selección de herramienta y corrector
Son idénticos en todo con el control 8065, por lo que vale todo lo anteriormente expuesto.

"M" Funciones auxiliares.
Es igual en todo al control 8065, excepto, que no dispone de la posibilidad de aplicar las funciones con "H", por lo tanto vale lo anteriormente expuesto.

Comentario de bloques.
El control 8055 solo admite un método para incluir comentarios y es con el uso del ";". El comentario se programará al final del bloque y debe comenzar por el carácter ";" (punto y coma). Si un bloque comienza por ";", todo él se considerará comentario.

Ejemplo: **N10 X25 Z-18; Esto es un comentario**

Capítulo 7 – Programación en FAGOR 8065 y 8055 - Torno

Funciones preparatorias y funciones auxiliares

Tal como se vio en el capítulo anterior, las funciones preparatorias son las encargadas de la realización de la geometría de la pieza y de las condiciones asociadas a ella.

Las funciones preparatorias y auxiliares que se indican a continuación, hacen referencia a los controles FAGOR 8065 y 8055 de torno, por lo que no todas estas funciones actuarán igual en otro control, aunque sea de la misma marca.

En la columna "Modal S/N" se hace referencia a las funciones que son modales, S = Sí, N = No.

Cuando se pone en marcha el control, este asume unas funciones y valores por defecto que aunque no se programen estarán activas. Algunas de estas funciones se pueden variar por parámetros internos del control, por eso no se puede afirmar categóricamente. En la columna "Activa S/N" se indican aquellas que acostumbran a estar activas en la puesta en marcha.

En las columnas 8065, 8055 se hace referencia a las funciones preparatorias que actúan en cada uno de los dos controles. En algunos casos aparecen funciones que realizan funciones diferentes en los dos controles; en algún otro caso, alguna función añadida sobre la misma y en otras simplemente están asignadas a un solo control no actuando en el otro.

Lista de funciones preparatorias - 8065T / 8055T

Función G				
8065	8055	Denominación	Modal	Activa
00	00	Interpolación lineal a máxima velocidad	S	S
01	01	Interpolación lineal a velocidad controlada	S	N
02	02	Interpolación circular y helicoidal a derechas	S	N
03	03	Interpolación circular y helicoidal a izquierdas	S	N
04		Temporización	N	N
	04	Temporización / Detención de la preparación de bloques	N	N
05		Trabajo en arista matada controlada	S	S
	05	Trabajo en arista matada	S	
06	06	Centro del arco en coordenadas absolutas	N	N
07	07	Trabajo en arista viva	S	N
08	08	Trayectoria tangente a la trayectoria anterior	N	N
09	09	Trayectoria circular definida per tres puntos	N	N
10	10	Anulación de la imagen de espejo	S	S
11	11	Imagen espejo en eje X	S	N
12	12	Imagen espejo en eje Y	S	N
13	13	Imagen espejo en eje Z	S	N
14	14	Imagen espejo en las direcciones programadas	S	N
	15	Eje C	S	N
	16	Selección del plano principal por dos direcciones	S	N
17	17	Selección del plano XY y longitud Z	S	S
18	18	Selección del plano ZX y longitud Y	S	N
19	19	Selección del plano YZ y longitud X	S	N
20		Plano principal por dos direcciones y eje longitudinal	S	N
	20	Definición límites inferiores zonas de trabajo	N	N
	21	Definición límites superiores zonas de trabajo	N	N
	22	Habilitación / deshabilitación zonas de trabajo	N	N
	29	Selecciona el cabezal principal o conmutación de ejes	S	S
30		Preselección de origen polar	N	N

Función G

8065	8055	Denominación	Modal	Activa
	30	Sincronización de cabezales (desfase)	S	N
31		Traslado temporal del origen polar al centro del arco	N	N
	32	Avance F como función inversa del tiempo	S	N
33	33	Roscado electrónico de paso constante	S	N
34	34	Roscado electrónico de paso variable	S	N
36	36	Redondeo de esquinas	N	N
37	37	Entrada tangencial	N	N
38	38	Salida tangencial	N	N
39	39	Achaflanado	N	N
40	40	Anulación de la compensación de radio	S	S
41	41	Compensación de radio a izquierdas	S	N
	41 N	Detección de colisiones	S	N
42	42	Compensación de radio a derechas	S	N
	42 N	Detección de colisiones	S	N
45	45	Activar y anular el control tangencial	N	N
50	50	Arista matada	S	N
	51	Look - Ahead	N	N
	52	Movimiento contra tope	N	N
53		Cancelación del decalaje de origen	S	N
	53	Programación respecto al cero máquina	N	N
54	54	Traslado de origen 1	N	N
55	55	Traslado de origen 2	N	N
56	56	Traslado de origen 3	N	N
57	57	Traslado de origen 4	N	N
58		Traslado de origen 5	N	N
	58	Traslado de origen aditivo 1	S	N
59		Traslado de origen 6	N	N
	59	Traslado de origen aditivo 2	S	N
60		Arista viva	N	N
	60	Ciclo fijo de taladrado / roscado en la cara de refrentado	N	N
61		Arista matada controlada	N	N
	61	Ciclo fijo de taladrado / roscado en la cara de cilindrado	N	N
	62	Ciclo fijo de chavetero en la cara de cilindrado	N	N
63		Roscado rígido	S	N
	63	Ciclo fijo de chavetero en la cara de refrentado	N	N
66	66	Ciclo fijo de seguimiento de perfil	N	N
68	68	Ciclo fijo de desbastado en el eje X	N	N
69	69	Ciclo fijo de desbastado en el eje Z	N	N
70	70	Programación en pulgadas	S	N
71	71	Programación en mm	S	S
72	72	Factor de escala	S	N
73		Giro del sistema de coordenadas	S	N
74	74	Búsqueda automática del cero máquina	N	N
	75	Movimiento con palpador hasta tocar	N	N
	76	Movimiento con palpador hasta dejar de tocar	N	N
	77	Acoplo electrónico de ejes	S	N
	77 S	Sincronización de cabezales	S	N
	78	Anulación del acoplo electrónico	S	N

Función G				
8065	8055	Denominación	Modal	Activa
	78 S	Anulación de la sincronización de cabezales	S	N
81	81	Ciclo fijo de cilindrado recto	N	N
82	82	Ciclo fijo de refrentado recto	N	N
83	83	Ciclo fijo de taladrado / Roscado con macho	N	N
84	84	Ciclo fijo de cilindrado de tramos curvos	N	N
85	85	Ciclo fijo de refrentado de tramos curvos	N	N
86	86	Ciclo fijo de roscado en el eje Z	N	N
87	87	Ciclo fijo de roscado en el eje X	N	N
88	88	Ciclo fijo de ranurado en el eje X	N	N
89	89	Ciclo fijo de ranurado en el eje Z	N	N
90	90	Programación de cotas absolutas	S	S
91	91	Programación de cotas incrementales	S	N
92		Preselección de cotas	N	N
	92	Preselección de cotas / Limitación velocidad del cabezal	N	N
93		Especificación del tiempo de mecanizado en segundos	S	N
	93	Preselección del origen polar	N	N
94	94	Velocidad de avance en mm/min.	S	S
95	95	Velocidad de avance en mm/rev.	S	N
96	96	Velocidad de corte constante	S	N
97	97	Velocidad de giro del cabezal en RPM	S	S
151	151	Programación de las cotas del eje X en diámetros.	S	N
152	152	Programación de las cotas del eje X en radios.	S	N
	159	Traslados de origen absolutos	S	N
192		Limitación de velocidad de giro	S	N

En el control 8065 y 8055 existen unas funciones preparatorias que van numeradas desde 100 hasta 139 que sobrepasan este tratado, pues están enfocadas a los sistemas de palpación, entre otros.

Tan solo se han declarado la 151, 152 y 192 del control 8065 y las tres del control 8055 que sí son importantes para la programación normal.

Lista de funciones auxiliares - 8065T / 8055T

Las funciones auxiliares que se describen más abajo corresponden a un estándar más o menos unificado. Pero de las funciones M, hay un grupo importante que el fabricante del control deja a intervención y programación del fabricante de la máquina, por lo que se pueden encontrar diferencias más o menos importantes con el listado inferior. Las funciones que están indicadas con un * son las que se mantienen en todos los controles, el resto de las que aparecen pueden variar. Consultar siempre con el manual del fabricante de la máquina.

En la columna “Principio / Fin línea”, están indicadas aquellas que son de principio o de final de línea, (consultar capítulo anterior). La columna “Modal S/N” recoge las que son de tipo modal. La columna “Activa S/N” recoge las que están activas cuando se inicia el control.

Función M	Denominación	Principio / Fin línea	Modal S/N	Activa S/N
00*	Parada programa	Fin	N	N
01*	Parada condicionada de programa	Fin	N	N
02*	Fin de programa	Fin	N	N
03*	Giro cabezal a derechas	Principio	S	N
04*	Giro cabezal a izquierdas	Principio	S	N
05*	Parada del cabezal	Fin	S	S
06*	Cambio de herramienta	Fin	N	N

Función M	Denominación	Principio / Fin línea	Modal S/N	Activa S/N
08*	Puesta en marcha refrigerante	**Principio**	S	N
09*	Desactivar refrigerante	**Fin**	S	S
10	Abrir puerta	**Fin**	-	-
11	Cerrar puerta	**Principio**	-	-
17	Abrir plato de garras	**Fin**	-	-
18	Cerrar plato de garras	**Principio**	-	-
19	Posicionamiento del cabezal	**Fin**	-	-
30*	Fin del programa y vuelta al inicio	**Fin**	-	-
41	Gama de velocidad alta	**Principio**	S	S
42	Gama de velocidad baja	**Principio**	S	N
45	Cabezal auxiliar / Herramienta motorizada	**Principio**	S	N

Estudio previo a la programación

Las funciones preparatorias, son las que marcarán la pauta de estudio de este tratado. El orden que se seguirá de las mismas, **no será un orden numérico, sino un orden didáctico**. No obstante, al finalizar este capítulo se habrán visto todas, además del resto de componentes de la programación.

Cabecera de programación

Físicamente no existe dicha cabecera, sino que es una recomendación que se hace basada en la experiencia del autor.

Tal como se ha visto anteriormente, el control, al iniciarse, tiene unas funciones preparatorias y auxiliares activas por defecto. Por lo tanto, desde este enfoque, se puede suponer que siempre que se inicie un programa, estarán activas dichas funciones, pues al leer como final de programa la función auxiliar “M30” el control asume dicho estado. Pero en la realidad se puede encontrar que un programa se pare a mitad del mismo, con la tecla “STOP”, lo que dejará algunas funciones en el estado último activado. Si se inicia un programa de nuevo, al leer las primeras líneas, no se indica el estado en que se desea iniciar dichas funciones, se puede encontrar con resultados inesperados.

Por ejemplo: si se desea empezar a mecanizar en cotas absolutas (G90), teóricamente no hace falta indicarlo, pues por defecto el control la inicia, pero basándonos en lo expuesto anteriormente, si al parar el programa a mitad se queda activada la función de cotas incrementales (G91), al volverlo a reiniciar no estará activa la programación absoluta sino la incremental, por lo que, las cotas que interpretará el control, las procesará erróneamente, lo cual puede producir roturas de herramienta, máquina o pieza.

Es por eso que es aconsejable añadir siempre al principio del programa un par o tres de líneas, donde se indiquen las preferencias de inicio del programador. A ese par o tres de líneas, es a lo que en este tratado, se llamará **Cabecera de Programación**.

Nota: No es necesario escribir siempre esas líneas, pues la programación permite la inserción de un programa dentro de otro, por lo que, si se tiene elaborado un programa con esas líneas, lo único que se tiene que hacer al inicio de un programa nuevo, es insertarlas.

Ejemplo de programa con cabecera: Cabecera

```
; Programa de la pieza ref. 2345678
G90 G05 G96 G94 G40 S1200 T01 D01 M41
M06
G00 X36 Z10
G93 I36 J10
R9.24 Q-148
G01 Z-12 M03
X36 M05
G00 Z10
M30
```

Lo importante de este programa no es su contenido sino el concepto de lo que debe ser una cabecera. Hay que recordar que una cabecera puede ser todo lo grande que se desee, pero en este ejemplo se ha elegido una sencilla para poder entender el concepto. A lo largo de este tratado se estudiarán las funciones más importantes que es conveniente colocar en la misma.

Estudio de las funciones y datos previos a la programación

Si bien el estudio de la programación se basa en aquellas funciones que definen las geometrías y demás datos geométricos, existen unas funciones tanto preparatorias como auxiliares y datos que es imprescindible conocer antes, por el efecto que tienen de cara al resto de las que se estudiarán a continuación.

Las funciones y datos previos que se verán son:

- **M02** Fin programa – **M30** Fin programa y vuelta al inicio
- **M03** Giro a derecha – **M04** Giro a izquierda – **M05** Parada del cabezal
- **M08** Puesta en marcha del refrigerante – **M09** Paro del refrigerante.
- **G70** Programación en pulgadas – **G71** Programación en mm.
- **G94** Velocidad de avance **"F"** en mm/min – **G95** Velocidad de avance "F" en mm/rev.
- **G93** Control 8065: Avance en segundos. Control 8055: Origen polar.
- **G96** Velocidad de corte constante **"S"** – **G97** Revoluciones **"S"** en RPM
- **G05** Trabajo en arista matada – **G07** Trabajo en arista viva
- **G90** Programación en cotas absolutas. – **G91** Programación en cotas incrementales.
- **G151 G152** Programación en diámetros o en radios.

M02 Fin programa – M30 Fin programa y vuelta al inicio

Para indicar el final del cuerpo del programa se tienen que declarar las funciones M02 o M30, siendo las dos funciones totalmente equivalentes.

La programación de estas funciones no es obligatoria (pero sí aconsejable); si se alcanza el final del programa sin haber ejecutado alguna de ellas, el CNC termina la ejecución y muestra un warning avisando de esta circunstancia.

Dependiendo de si se ha programado o no alguna de las dos funciones al llegar al final del programa, el comportamiento del control será diferente, tal como se puede observar en la siguiente tabla.

	Con M02 o M30	Sin M02 o M30
El CNC selecciona el primer bloque del programa.	Sí	Sí
El CNC detiene el giro del cabezal.	Sí	No
El CNC asume las condiciones iniciales.	Sí	No
El CNC inicializa las condiciones de corte.	Sí	No

Este comportamiento hace que sea muy recomendable trabajar con la cabecera, tal como se ha visto anteriormente.

No obstante, y viendo que el control actuará tanto si se han programado o no, viendo la tabla anterior se ve que es más que aconsejable su utilización.

A pesar de ser la función que indica final de programa, no necesariamente, será la última función en estar escrita en el programa. Más adelante se verá esto último.

La función **M02/M30** se puede colocar como última palabra de una frase o en frase aparte como único componente de la misma. El efecto de cara a programación es el mismo, pero visualmente es aconsejable colocarla en frase aparte, pues es más fácil reconocer el final del programa.

En el control 8055 es todo igual, salvo que M02 no vuelve al principio del programa.

Ejemplos de programación:

```
G0 G40 X35 Z10 M30
```

```
G0 G40 X35 Z10
M30
```

```
G0 G40 X35 Z10
M30
G91 X18
G1 Z-30 M03
----------
----------
```

En los dos casos de la izquierda el resultado de programación es el mismo, pero visualmente cambia su efecto.

En el ejemplo de la derecha se puede observar cómo, después de haber escrito M30, se han seguido escribiendo líneas de programa (se verá más adelante para qué sirve este hecho).
A partir de ahora todos los programas que se realicen en este tratado, llevarán incorporada la función **M30** como final del programa. Salvo en aquellos casos que como ejemplo, se muestre solo una parte de programa.

M03 Giro a derecha – M04 Giro a izquierda – M05 Parada del cabezal

Este grupo de funciones auxiliares, es el encargado de la puesta en marcha y paro del cabezal. Como es lógico, se debe controlar de manera que antes de que la herramienta entre en el material en forma de trabajo, estén activos o **M03** o **M04** de lo contrario, la rotura de herramienta estaría garantizada.

M03 y **M04** son funciones auxiliares de principio de línea y **M05** de final de línea. Todas ellas son modales entre sí, por lo que siempre estará activa una de ellas.

Notas: Si no se ha introducido ningún valor en la palabra **"S"**, la máquina no girará, pues entiende que debe girar a 0 RPM. Por el contrario, si se ha activado **M03** o **M04**, al introducir un valor en **S**, la máquina se pondrá inmediatamente en marcha.

Los tornos de CN acostumbran a tener, al margen del control, un interruptor o conmutador, para controlar el giro del cabezal de forma manual, si este botón no está en la posición correcta, el cabezal no se pondrá en marcha aunque esté activo **M03** o **M04**.

Al leer el control **"M30"**, se desactivará automáticamente **M03** o **M04**, y quedará activo **M05**.

M08 Puesta en marcha del refrigerante – M09 Paro del refrigerante

Son unas funciones auxiliares muy simples. Actúan como un interruptor: al activar **M08** se pone en marcha la salida del refrigerante y al activar **M09** se para. Estas dos funciones son modales entre sí. **M08** es de principio de línea y **M09** de final. En algunos controles se puede encontrar, una función que active la puesta en marcha del cabezal y del refrigerante simultáneamente. Suele ser la función **M13**, aunque puede estar activa con alguna otra función libre, que el fabricante de la máquina decida activar. En cualquier caso, en el libro de instrucciones de la máquina debe venir reflejado. Esta última función se desactiva con **M09**.

G70 Programación en pulgadas – G71 Programación en mm

Estas dos funciones preparatorias actúan tal y como indica su descripción. Son modales entre sí, lo que quiere decir que una de las dos siempre estará activa.

El sistema más habitual con diferencia es el **G71**, que es el que el control activa por defecto.

A partir de que se active uno de ellos, el formato cambiará de mm a pulgadas, tanto en la actuación de los carros como en la visión de cotas a través del monitor.

G94 Velocidad de avance "F" en mm/min – G95 Velocidad de avance "F" en mm/rev

La elección de una de estas dos funciones preparatorias es fundamental para la realización del programa en máquina (no así en simuladores por ordenador) pues, tal y como se vio en capítulos anteriores, el dato que se introduzca en la palabra **"F"** actuará de forma diferente en la velocidad de avance de los carros, produciendo en algunos casos reacciones inesperadas de la máquina.

Estas funciones son solo modales entre sí, lo que quiere decir que siempre estará activa una de las dos.

Es aconsejable que al empezar a programar y a conocer la máquina se empiece utilizando **"G94"**, pues es la opción que permite controlar el **"FREED RATE"** del control (botón que controla el % de avance).

Control 8065

G93 Especificación del tiempo de mecanizado en segundos (solo control 8065)

Una vez se aplique la función G93, el control entenderá que los desplazamientos los ha de efectuar en el tiempo que se haya indicado en la palabra "F", siendo esta indicación en segundos.

Esta función no afecta a los desplazamientos en G00, que siempre se realizarán en milímetros/minuto.

G96 Velocidad de corte constante "S" – G97 Revoluciones "S" en RPM

Si se elige el formato **G96**, en **S** se introduce directamente el valor de la Vc, con lo que la máquina adaptará las revoluciones necesarias en cada momento dependiendo del diámetro en que se encuentre la herramienta. En un refrentado desde el exterior hasta el centro de la pieza, las revoluciones varían constantemente de forma incremental, hasta llegar al máximo que permita la máquina en el diámetro 0, lo que puede ser un riesgo en piezas de gran diámetro, pues al girar al máximo la fuerza centrífuga genera la tendencia de que la pieza salga despedida, pudiendo ocasionar graves accidentes. Para evitar esto último y cuando se programe **G96**, se escribirá a continuación y en línea aparte y según el control:

Control 8065

G192 Limitación de la velocidad de giro

Esta función G192 limita la velocidad máxima de giro del cabezal en los dos modos de trabajo G96 y G97.

Es especialmente necesaria cuando se trabaja a velocidad de corte constante con piezas de grandes dimensiones, o cuando se quiere tener especial cuidado con el cabezal para que no sobrepase límites de velocidad.

En caso de no programar la función G192, la velocidad de giro estará limitada por el parámetro de máquina GOOFEED indicando la gama máxima.

La limitación de la velocidad de giro se define programando la función G192 y a continuación la velocidad máxima. Si se tiene más de un cabeza se pueden controlar independientemente. Esta función se puede programar con el cabezal en marcha; en este caso, el CNC limitará la velocidad al nuevo valor programado.

Formato de programación

El nombre del cabezal podrá ser cualquiera del rango S, S1...S9. Cuando solo se disponga de un solo cabezal "S" se puede omitir la programación del signo "=".

G192 S800	► Limita a 800 el cabezal principal (es el que hay que utilizar cuando solo se tiene un cabezal).
G192 S1=900	► Limita a 900 el cabezal 1.
G192 S2=1000	► Limita a1000 el cabezal 2.

El valor a introducir como velocidad máxima se indicará siempre en RPM. Se permite la programación mediante parámetros, variables o expresiones aritméticas.

Propiedades de la función e influencia de la aplicación de un reset o de la aplicación de la función auxiliar M30.

La función G192 es modal.

En el momento de la puesta en marcha del control anulará la función G192.

Después de ejecutarse M02 o M30, o después de una emergencia o un reset, el CNC mantendrá la función G192.

Control 8055

Cuando se programe **G96** se tendrá que programar en la siguiente línea:

G92 S.... donde en **S** se colocará la velocidad máxima a la que se desea gire el cabezal.

Ejemplo:

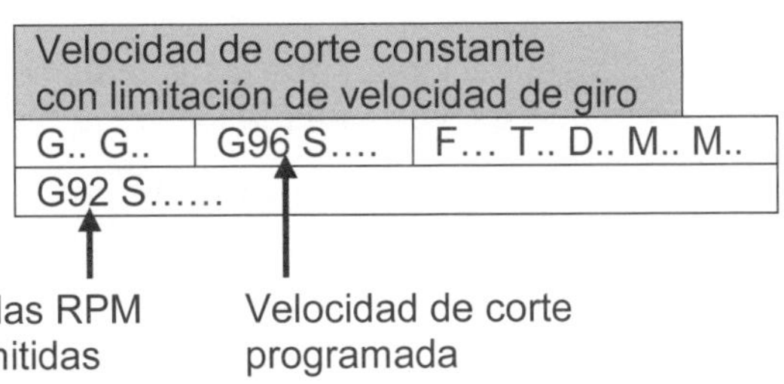

G92 S.... donde en **S** se colocará la velocidad máxima a la que se desea que gire el cabezal.

Nota : En este control, la función **G92** tiene doble utilización limitación del número de revoluciones relacionado con **G96** con el formato indicado aquí, es decir, **G92 S....** y traslado de origen de coordenadas con otro formato que se verá más adelante.

G05/G50/G61 Trabajo en arista matada – G07 Trabajo en arista viva

Estas funciones afectan a la geometría de las aristas de la pieza, pero de forma no controlada. Su forma de actuar se basa en jugar con las inercias de los motores. Con **G07** el control no iniciará la siguiente línea hasta que el captador de posición haya indicado que ya se ha alcanzado dicha posición, con lo que se consigue arista viva. En cambio con **G05** el control empieza la siguiente línea aprovechando la rampa de deceleración, con lo que antes de alcanzar la posición real empieza el otro eje a trabajar, lo que produce un pequeño redondeo en la arista, que raramente supera 0,1mm de radio, por lo que dependiendo de la velocidad de avance que tengan los carros en aquel momento, así será el tamaño del chaflán realizado.

Si se tiene que recurrir a mecanizar de forma controlada las aristas que indica el plano de la pieza, se programará con **G07** y una función adaptada a esta tarea. (se verá más adelante).

Las funciones de arista matada en el control 8065 actúan de la siguiente manera:

G05 Arista matada controlada modal.
G61 Arista matada controlada no modal.

La función G05 permanecerá activa a lo largo del programa mientras que la función G61 sólo actuará en el bloque en el que ha sido programada, por lo que solo se podrá añadir a un bloque en el que se ha definido un desplazamiento.

La operación se puede aplicar indistintamente entre líneas rectas o entre rectas y curvas.

El mecanizado de la arista se realiza mediante una trayectoria curva, no mediante arcos de circunferencia. La forma de la curva depende del tipo de matado de arista que tenga asignado el PLC de la máquina, así como de las condiciones dinámicas (avance y aceleración) de los ejes implicados.

G50 Arista semimatada

Cuando se trabaja en arista semimatada, el CNC comienza la ejecución del siguiente desplazamiento una vez finalizada la interpolación teórica del desplazamiento actual, sin esperar a que los ejes se encuentren en posición. La distancia desde la posición programada hasta la posición en la que comienza la ejecución del siguiente desplazamiento depende del avance de los ejes.

G90 Programación en cotas absolutas. – G91 Programación en cotas incrementales

En el capítulo de estudio de coordenadas, se vio en profundidad, lo que es programar en valor absoluto y qué en valor incremental. Por lo tanto, es importante que cuando se empiece un programa, se sepa el sistema, que se va a utilizar, por lo que es aconsejable colocar en la cabecera el valor deseado.

En un programa se puede cambiar tantas veces como se quiera entre ambos sistemas, el control mantendrá siempre en la memoria la posición del valor absoluto, pero los valores incrementales los tiene que controlar siempre el programador.

Si se desea empezar un programa en incremental, la primera línea que se utilice se debe hacer en valor absoluto, para que los valores incrementales se empiecen desde una coordenada conocida.

En la industria se suele programar siempre en valor absoluto, por las muchas ventajas que comporta este sistema de programación. No obstante, el principiante suele entender de manera más fácil la programación incremental, por lo que al principio es correcto su uso, pero es más que aconsejable que se cambie al sistema absoluto en cuanto se domine el tema.

Desde el análisis del párrafo anterior, da la sensación de que los valores incrementales sobrarían en el uso de la programación, pero no es así, dado que existen unas fases de la programación que solo se pueden realizar en valor incremental.

Control 8065

"I" movimiento incremental de un eje

El control 8065 permite programar coordenadas en incremental de forma aislada, esta actuación no varía el estado de programación de G90 y G91 y solo afectará a la coordenada indicada en la línea programada.

La forma de programar con esta función es indicando al final del valor numérico programado en la coordenada una "I" para indicarle que ese valor será incremental.

Ejemplo: G1 X24 Z-23.18I

En este ejemplo la Z estará programada en incremental, al haberle incluido al final la palabra "I".

G151 Programación en diámetros/G152 Programación en radios

Dado que en el sistema de coordenadas en torno, el eje **X** siempre tendrá el mismo origen, pues es coincidente con el eje principal de la máquina, los controles de torno, se programarán en el eje **X** en diámetros o en radios (para facilitar la programación), según las necesidades de los usuarios.

En controles anteriores, como 8025, la posibilidad de cambiar entre estas dos opciones no se podía realizar por programación, sino que se tenía que acceder al sistema de parámetros internos de la máquina para activar o desactivar la opción deseada. Estos parámetros acostumbran a estar protegidos bajo un password, por lo que no suelen estar accesibles a los operadores de máquina poco expertos, pues un error en la manipulación de dichos parámetros puede ocasionar una actuación de la máquina inesperada e incontrolada.

Fundamentalmente, en la industria se suele trabajar siempre en diámetros, pues suele ser más fácil su interpretación y además los planos suelen venir casi siempre en este formato. En este tratado se trabajará fundamentalmente en diámetros, aunque en algún ejercicio, se realizará de ambas maneras para poder comprender y comparar ambos sistemas.

En los controles que nos ocupan la programación en radios o diámetros se puede realizar a través de funciones preparatorias dentro del programa y se puede intercambiar entre cualquiera de ellas en cualquier momento, teniendo la consideración de ser modales. Las dos funciones son las siguientes:

G151 Programación en diámetros.
G152 Programación en radios.

Son modales entre sí y se pueden activar en cualquier posición del programa pudiendo escribirse en cualquier tipo de línea estándar.

A partir de este punto y para facilitar el estudio de los diferentes ejemplos que se verán en este tratado, se usarán unos iconos para encabezar cada uno de los apartados de desarrollo de cada función de las que se analizarán.

Los iconos son los siguientes:

Descripción:
En este apartado se desarrollará una descripción de cada una de las funciones preparatorias.

Formato:
Apartado dedicado al estudio del formato que se puede utilizar con las diferentes funciones preparatorias.

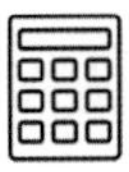

Parámetros:
Caso de que tengan parámetros asociados, se explicará la función de cada uno de ellos.

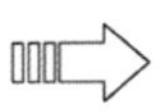

Condiciones:
Apartado dedicado a la explicación de cada una de las condiciones que hay que cumplir en cada función.

Operativa:
Sección donde se hará una descripción de la forma de actuar y comportarse de cada función preparatoria.

Ejemplo:
En cada función que lo permita, se expondrá un ejemplo lo más detallado posible para ver de forma práctica cómo se utilizan.

Comentario:
Cada vez que se aplique algún ejemplo, en esta sección se realizará una explicación muy detallada de lo que realizan las diferentes líneas del programa expuesto.

Estudio y aplicación de la programación en torno

G00 Interpolación lineal a velocidad rápida

Descripción

Con la función **G00** se programan todos los movimientos rápidos que se tengan que realizar en el programa, es decir, todos aquellos movimientos donde no exista contacto entre la pieza y la herramienta. Es conveniente utilizar esta función siempre que sea posible, para emplear el menor tiempo en la mecanización de la pieza. No obstante, es importante asegurarse de que realmente no existirá dicho contacto; en caso de duda, es mejor utilizar un movimiento a velocidad controlada.

La velocidad que desarrollará **G00** dependerá directamente de la velocidad máxima que permita la máquina, por lo que en las diferentes máquinas que no tengan las mismas prestaciones dicha velocidad variará.

Formato: G00, G0, G

Control 8065 y **Control 8055**

Rectangulares	Polares
G00 (G0) (G) X-----.--- Z-----.---	G00 (G0) (G) R-----.--- Q-----.---

Las funciones entre paréntesis representan las diferentes formas de poder escribir una misma función. A partir de ahora todas las funciones que tengan esta propiedad se representarán en este formato.
El control asume 4 posiciones para la parte decimal, pero en este tratado se trabajará bajo el supuesto de 3.

La función **G00** se puede escribir como **G00**, **G0** y **G**; se puede programar sola o con más funciones preparatorias que no sean contradictorias.

Realizará siempre una línea recta.

En este ejemplo de formato se utilizan los dos ejes o los dos datos de polares, pero si son modales no es necesario escribirlos quedando la frase más abreviada. En los diferentes ejemplos de programación se tendrá en cuenta este hecho y en los ejemplos se colocarán todos los datos posibles.

Si en el bloque de interpolación lineal hay programados ejes auxiliares o rotativos, el CNC calculará el avance de estos ejes de manera que el comienzo y el final de su movimiento coincida con el de los ejes principales.

Control 8065
En este control la función G00 podrá ser modal o no-modal, dependiendo de cómo se haya configurado el parámetro G0MODAL. Es importante revisar la documentación que suministra el fabricante de la máquina con esta información.

- Si la función G00 es modal, una vez programada permanece activa hasta que se programe una función que sea modal con ella como son: G01, G02, G03, G33 o G63.
- Si la función G00 no es modal, hay que programarla en cada bloque de avance rápido; si no se programa, el control aplicará por defecto G01 con el avance programado en ese momento.

Condiciones

La función **G00** es modal y se anula con las funciones **G01**, **G02**, **G03**, **G33** o **G63**.

Se puede colocar sola en una línea o junto a otras funciones preparatorias en la misma línea.

Al emplear la función **G00** no se anula la **"F"** que esté programada, manteniéndose en memoria hasta que se active o cambie por otro valor **"F"**.

Ejemplo

Control 8065 y Control 8055

```
1 - G90 G94 G05 G40 G97 F100 S1200 T01 D01
2 - G00 X40 Z-5
3 - G01 X30 Z-1 M3
4 - ..........
5 - ........
```

Esta columna no forma parte del programa, es únicamente indicativa para poder hacer referencia a las líneas.

En adelante se incluirá, pero únicamente con ese fin.

Apunte

Hay que recordar que no es necesario colocar la etiqueta "N" salvo que se tenga que utilizar para direccionar o llamar a dicha línea. No obstante, en este tratado se colocarán unos números de línea a la izquierda, que no formarán parte del programa y que servirán para poder hacer referencia a esa línea en el comentario al ejemplo.

Un dato a tener en cuenta es que el control 8065 permite alterar el orden de las palabras dentro de la frase. Pero en este tratado los ejemplos se realizarán en el orden normal estudiado anteriormente en estructura de la frase.

Otro dato que hay que recordar es que el control 8065 permite indicar una sola coordenada en incremental indicándole la palabra "I" al final del valor numérico. En este tratado este hecho no se tendrá en cuenta en los diferentes ejemplos.

Comentario al ejemplo

En línea 1 se coloca la cabecera reducida solo a modo de ejemplo.
En línea 2 se activa el movimiento en rápido **G00** y se desplaza la herramienta hasta la cota **X40 Z-5.**
En línea 3 se desactiva **G00** y se activa **G01**, con lo que a partir de ese punto, los movimientos los realizará en velocidad controlada a 100 mm/min, tal como se activa en la línea 1 con el valor **"F100"** y se pone en marcha el cabezal del torno con la instrucción **M3** que se activará al comienzo de la línea.
Las líneas 4 y 5 representan la continuación del programa.

G01 Interpolación lineal controlada

Descripción

Con la función **G01** se programan todos los movimientos en línea recta que se tengan que realizar en el programa a velocidad controlada por medio de la palabra **"F".** Es importante calcular el valor de **"F"**, pues la función **G01** se utilizará para movimientos de mecanizado.

Si en el bloque de interpolación lineal hay programados ejes auxiliares o rotativos, el CNC calculará el avance de estos ejes de manera que el comienzo y el final de su movimiento coincida con el de los ejes principales.

Formato: G01, G1

Control 8065 y **Control 8055**

Rectangulares	Polares
G01 (G1) X-----.--- Z-----.---	G01 (G1) R-----.--- Q-----.---

La función **G01** se puede escribir como **G01** o **G1;** se puede programar sola o con más funciones preparatorias que no sean contradictorias.

Condiciones

La función **G01** es modal y se anula con las funciones **G00, G02, G03, G33** o **G63**.

Al emplear la función **G01**, la velocidad de avance que se usará, será la programada con anterioridad en **"F"** hasta que se programe un nuevo valor.

Cuando en el desplazamiento intervienen dos o más ejes, el CNC calcula el avance correspondiente a cada eje para que la trayectoria resultante se ejecute al avance "F" programado.

Operativa

La forma de utilizar **G00** y **G01** es simple, se pueden utilizar en todo momento, con la única precaución de no confundirse entre ambas funciones pues el intercambio por error puede acarrear consecuencias imprevisibles.

Los ejemplos que se verán recogen las dos funciones estudiadas hasta el momento, G0 y G1.

Ejemplo 1

Con los datos conocidos hasta ahora, ya se puede iniciar un mecanizado, por lo que el ejemplo que se verá a continuación, será la pieza de la Fig. 7.01.

Se parte de un bruto de material de diámetro 30, para mecanizar el escalón de 26 Ø x 12 de una sola pasada.

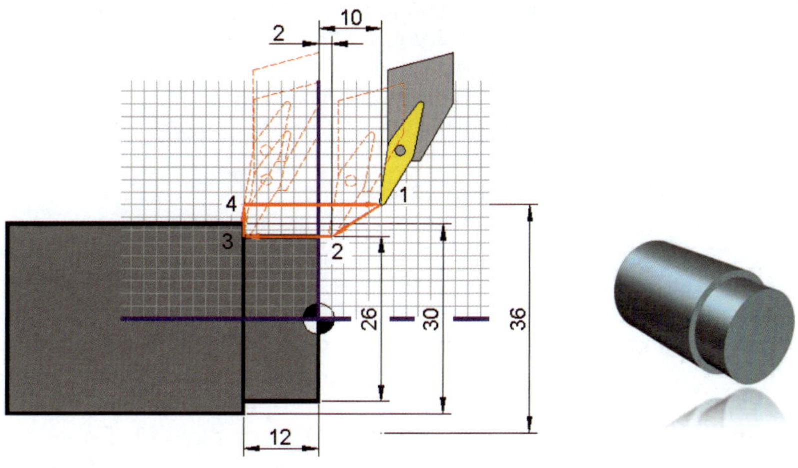

Fig. 7.01 Mecanizado de pieza con G01.

Control 8065 y Control 8055

Programación rectangular
Absolutas

1 - G90 G94 F100 S1200 T01 D01
2 - **G00** X36 Z10
3 - X26 Z2
4 - **G01** Z-12 M03
5 - X36 M05
6 - **G00** Z10
7 - M30

Programación incremental
Incremental

1 - G90 G 94 F100 S1200 T01 D01
2 - **G00** X36 Z10
3 - G91 X-10 Z-8
4 - **G01** Z-14 M03
5 - X10 M05
6 - **G00** Z22
7 - M30

Comentario al ejemplo 1

Programación en absolutas

Línea 1 Se coloca la cabecera (está simplificada, para no confundir al empezar a programar).

Línea 2 Es un punto lógico totalmente aleatorio. Se coloca la herramienta en el punto **"1" X36 Z10**, cercano a la pieza y con facilidad de aproximación, sin peligro de colisionar con la herramienta.

Línea 3 Se alcanza el punto **"2" X26 Z2**, todavía en **G00**, pues todavía no se produce contacto con la pieza. Este punto es un punto de aproximación de seguridad. Se deja la pasada introducida en **X** y a una distancia de 2 mm de **Z**. Estos 2 mm son la llamada distancia de seguridad y también es aleatoria, es decir se escoge un valor donde se tenga la seguridad de que desplazándose a **G00** no se contactará con la pieza a pesar de las inercias y flexiones que puedan tener los carros de la máquina.

Línea 4 En esta línea es donde se empieza a mecanizar por eso es muy importante activar **G01**. A partir de ahora el carro se desplazará a un avance controlado de 100 mm/min (en la cabecera está programada la función G94 para asegurar este hecho), que es el que se programó en la línea 1 **"F100"**. Al final de la línea se activa el giro de cabezal a derechas **M03** pero como esta función es de principio de línea, es lo primero que hará la máquina, pues de otra manera, se entraría en el material sin giro de cabezal, lo que provocaría una rotura segura**.** A continuación, se realiza el cilindrado a Ø 26 x 12, hasta el punto **"3"**.

Línea 5 Para salir de la pieza es conveniente realizar un refrentado de la superficie que queda, por lo que se refrenta de forma controlada hasta el Ø 36 punto **"4"**, parando a continuación el giro del cabezal con la función auxiliar **M05**.

Línea 6 Con esta línea lo que se pretende es enviar la herramienta al punto de partida **"1".** Como no está dentro del material, se activa **G00** para desplazarse lo más rápido posible hasta ese punto.

Línea 7 Se activa el **M30**, para indicar que este es el final de programa y volver al inicio del programa.

Programación en incrementales

Línea 1 Igual que en el programa en absolutas.

Línea 2 Igual que en el programa en absolutas. Hay que recordar que aunque se programe en

Dependiendo de la configuración interior, el control admite el programa sin espacios, pero en los ejemplos se verán siempre.

incrementales, la primera posición a alcanzar, debe programarse en valor absoluto.

Línea 3 Se introduce la programación en incrementales **G91** para alcanzar el punto **"2" X-10 Z-8**; el valor introducido en **X** en este caso es de -10. Dado que se programa en incremental, se desciende (-) 10 mm, es decir, se parte de un diámetro de 36 y al restarle 10 bajará hasta 26 y en **Z** (se parte de una distancia inicial de 10) se desplaza 8 mm hacia la izquierda (-) para quedarse a 2 mm de la pieza (distancia de seguridad). Como todavía no se produce contacto con la pieza, el movimiento se realiza en **G00**.

Línea 4 En esta línea se empieza a mecanizar; por eso se activa **G01**. Como la programación está en incremental, se desplaza el eje **Z** hacia la izquierda (-) 14 mm e irá a un avance controlado de 100 mm/min, que es el que se programó en la línea 1 **"F100"**. Al final de la línea se activa el giro de cabezal a derechas **M03** pero como esta función es de principio de línea, es lo primero que hará la máquina. De otra manera, se entraría en el material sin giro de cabezal, lo que provocaría una rotura segura. A continuación se realiza el cilindrado a Ø 26 x 12, punto **"3"**.

Línea 5 Para salir de la pieza es conveniente realizar un refrentado de la superficie que queda, por lo que se refrenta de forma controlada hasta el Ø 36 punto **"4"**. En este caso se desea subir hasta el diámetro 36 desde el de 26, por lo que la diferencia de diámetros es de 10 creciente (+) **X10**, parando a continuación el giro del cabezal con la función auxiliar **M05**.

Línea 6 En esta línea lo que se pretende es enviar la herramienta al punto de partida **"1"**. Desde el punto **"3"** hasta el **"4"** la distancia en mm es de catorce en sentido creciente (+) **Z22.** Como no está dentro del material, se activa **G00** para desplazarse lo más rápido posible hasta ese punto.

Línea 7 Se activa el **M30**, para indicar que este es el final de programa y volver al inicio. Al actuar M30, se vuelve a activar automáticamente la función **G90**.

Ejemplo 2

Basándose en el ejercicio anterior (Fig. 7.01), se va a realizar el mismo mecanizado, pero utilizando en este caso coordenadas polares.

Se parte del mismo bruto de material de diámetro 30, para mecanizar el escalón de 26 Ø x 12 de una sola pasada.

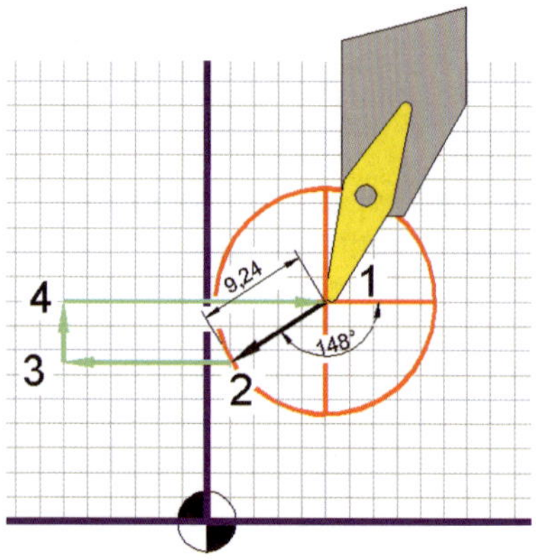

Fig. 7.02 Mecanizado de pieza con G01 con polares

Control 8065 y Control 8055

Programación en polares
Absolutas

1 - G90 F100 S1200 T01 D01
2 - **G00** X36 Z10
3 - **G93 I36 J10**; En 8065 se usa G30
4 - **R9.24 Q-148**
5 - **G01** Z-12 M03
6 - X36 M05
7 - **G00** Z10
8 - M30

Comentario al ejemplo 2

Programación en absolutas y polares

En este ejemplo, se programa todo igual que en el anterior en la línea 1 y 2, y se introduce la línea 3 para intercalar el origen polar.

Línea 3 Antes de trabajar en polares se tiene que situar el origen polar en la posición **I36 J10**, que es un equivalente a **X36 Z10**, y que corresponde con el punto **1** de la Fig. 7.02. Esta función y sus coordenadas **I J** se verán más adelante, por lo que al realizar la prueba simplemente escríbala.

Línea 4 Se coloca la herramienta en el punto **"2"** en coordenadas polares, **R9.24 Q-148**, tal como se aprecia en la Fig. 7.02.

Línea 5 El resto de las líneas se mantienen igual que en el programa anterior.

No es muy habitual utilizar las coordenadas polares en torno CN, pero sí en fresadora CN, por lo que no se verán con detenimiento hasta el estudio de la programación con fresadora.

Origen de coordenadas polares – Control 8065: G30 / 8055: G93

Descripción

Declara el nuevo origen de coordenadas polares, es decir, sitúa el origen de la circunferencia en el punto indicado en G30.

Esta función es imprescindible si se tiene que programar en polares. Al iniciar un programa, el origen de coordenadas se sitúa en el origen o 0 pieza.

La función G30 no produce ningún movimiento real en máquina, sino que prepara la máquina para que a partir de los datos introducidos las demás funciones realicen los movimientos requeridos.

Formato: G30

Control 8065

En línea única con sus datos	Sola en una línea
G30 I-----.--- J-----.---	G30

En línea única con sus datos:
I, J definen la abscisa y ordenada del nuevo origen polar. Se definen en cotas absolutas y están siempre referidas al cero pieza.

Si se programan, deben programarse ambos parámetros.

Se asume como nuevo origen polar el punto con abscisa "I" y ordenada "J" respecto al cero pieza.

En este formato se utilizan las palabras **"I"**, **"J"** para el control 8065 y para el 8055 (en el 8055 con G93) en sustitución de las coordenadas **"X"** y **"Z"**, con la siguiente asociación entre ejes:

I	J
↑	↑
X	Z

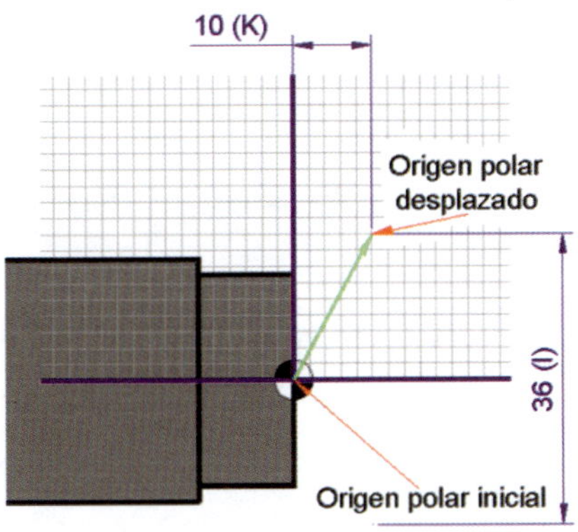

Fig. 7.03 Desplazamiento del origen polar.

I sustituye a **X** y **J** sustituye a **Z** en la línea donde se programa el **G30**.

El valor indicado en **I** será la distancia desde el origen polar actual al nuevo origen a situar con respecto al eje **X**.

El valor indicado en **J** será la distancia desde el origen polar actual al nuevo origen a situar con respecto al eje **Z**. En la Fig. 7.03 se puede observar el resultado de desplazar el origen: **G30 I36 J10**.

Esto último es válido para el G93 en el control 8055 que se verá a continuación.

Sola en una línea:
Si no se programa I, J, se tomará como origen polar el punto en el que en ese momento se encuentra la herramienta.

Formato: G93

Control 8055

En línea única con sus datos	Sola en una línea
G93 I-----.--- J-----.---	G93

En línea única con sus datos:
I, J definen la abscisa y ordenada del nuevo origen polar. Se definen en cotas absolutas y están siempre referidas al cero pieza.

Si se programan, deben programarse ambos parámetros.

Se asume como nuevo origen polar el punto con abscisa "I" y ordenada "J", respecto al cero pieza.

Sola en una línea:
Si no se programa I, J, se tomará como origen polar el punto en el que en ese momento se encuentra la herramienta.

Condiciones

Las funciones **G30** y **G93** son modales.

En ambos casos, el origen polar se mantiene activo hasta que se preseleccione otro valor o se cambie el plano de trabajo. Cuando se cambia el plano de trabajo, se asume como nuevo origen polar el cero pieza de dicho plano.

Se cambia de origen polar, con las funciones **G02** y **G03**, que resitúan el origen en el centro de la circunferencia donde está inscrito el arco construido.

En el momento del encendido, después de ejecutarse M02 ó M30, y después de una EMERGENCIA o un RESET, el CNC asume como nuevo origen polar el cero pieza que se encuentra seleccionado.

Al iniciar el programa, el origen polar se sitúa por defecto en el origen pieza.

Si se utiliza el formato propio **G30 I-----.--- J-----.---** (8065) o **G93 I-----.--- J-----.---** (8055), no se puede colocar ningún otro dato en la línea.

Operativa

Siempre que sea necesario trabajar con coordenadas polares, es imprescindible la utilización de **G30** o **G93** (dependiendo del control a utilizar). Solo se debe utilizar cuando sea necesario cambiar el origen polar a otra posición diferente a la actual. Si por error se cambia y no se utilizan con posterioridad las coordenadas polares, no tendrá consecuencia alguna.

Se tiene que tener presente que al iniciar el programa el origen de coordenadas polares está situado en el mismo punto que el origen pieza.

Por la geometría de las piezas de torno no suele ser una función muy utilizada, por lo que se analizará con más profundidad en el apartado de fresa, donde sí que tiene realmente una gran importancia.

G02 Interpolación circular a derechas
G03 Interpolación circular a izquierdas

Descripción

Con la función **G02** y **G03** se programan movimientos circulares a velocidad controlada, por medio de la palabra **"F"**. Es importante calcular el valor de **"F"**, pues la función **G02** y **G03**, se utilizará básicamente para movimientos de mecanizado.

El sentido derecha G02 o izquierda G03, cambia dependiendo de que la colocación de la herramienta, esté en un lado u otro de la máquina (Fig. 7.04). Es decir, se programa como si el operario, también cambiará de posición y observara a la herramienta siempre delante de él.

La mayoría de ejercicios y ejemplos que se traten, se realizarán como si la herramienta estuviera en el lado opuesto al operario, es decir de la Fig. 7.04 la herramienta de la parte de superior.

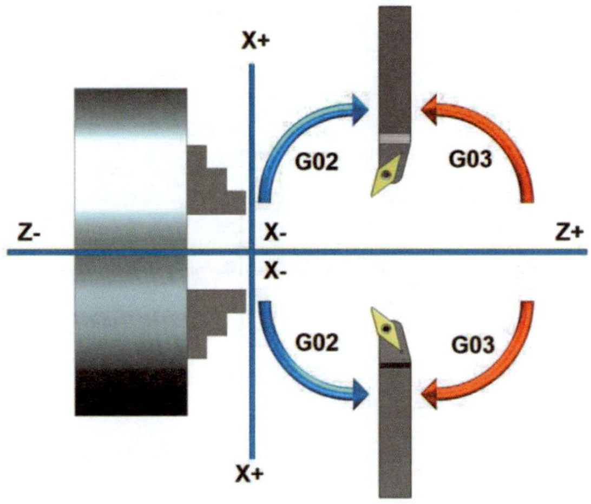

Fig. 7.04 Sentido de las funciones G02 y G03 en torno básico de CN

Formato: G02, G2 / G03, G3

Las funciones circulares G02 y G03 se pueden programar, además de en coordenadas cartesianas y polares, en programación con coordenadas cartesianas y el radio.

Los desplazamientos que se programen como G02 y G03 se ejecutarán siempre realizando una trayectoria circular y con el avance que haya programado en "F", e irán desde la posición actual al punto que se especifique en los datos de programación. La interpolación circular solo se puede ejecutar en un único plano, que será el de trabajo activo.

Control 8065 y Control 8055

Rectangulares

G-- **G02 (G2)** G-- X-----.--- Z-----.--- I------.--- K-----.---
G-- **G03 (G3)** G-- X-----.--- Z-----.--- I------.--- K-----.---

Polares

G-- **G02 (G2)** G-- Q-----.--- I-----.--- K------.---
G-- **G03 (G3)** G-- Q-----.--- I-----.--- K------.---

Radio

G-- **G02 (G2)** G-- X-----.--- Z-----.--- R------.---
G-- **G03 (G3)** G-- X-----.--- Z-----.--- R------.---

Las funciones **G02** y **G03** se pueden escribir como **G02** y **G2**, **G03** y **G3**; se pueden programar solas o con más funciones preparatorias, que no sean contradictorias.

En los sistemas rectangular y polar aparecen dos palabras nuevas, **"I"** y **"J"**, que se asocian con las normales **X**, **Z** de las rectangulares o con **Q**, que indica el ángulo en las polares. Estas dos coordenadas sirven para indicar la posición del centro del arco que se va a construir.

En la Fig. 7.05 se aprecia que **"I"** se asocia al eje **"X"** y **"J"** al eje **"Z"**, y la forma de aplicarlo es contando desde el punto de partida hasta el centro de la circunferencia en la que está inscrito el arco, contando siempre este último dato en incrementales.

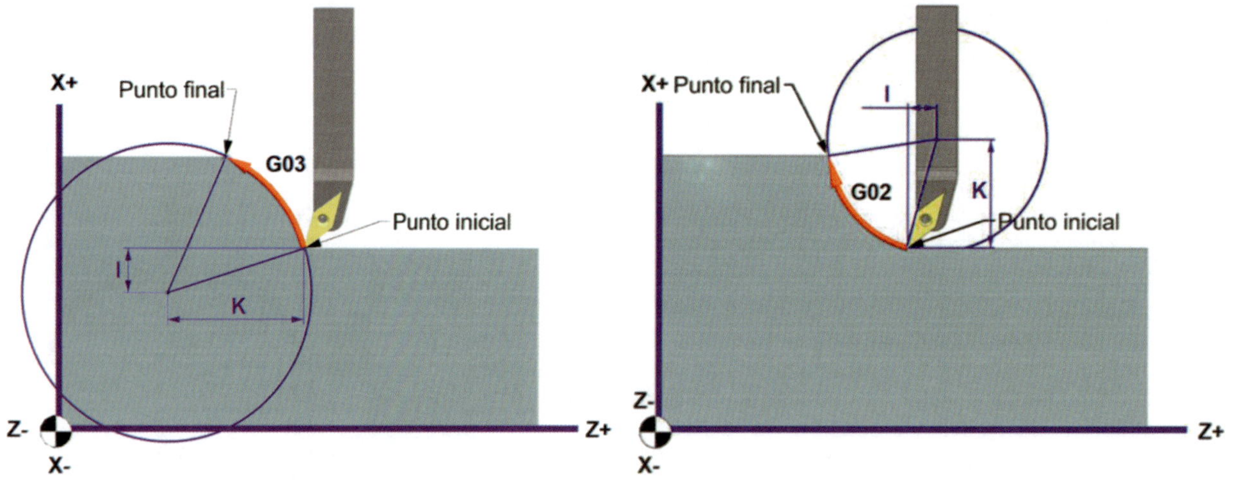

Fig. 7.05 Programación de G02 y G03.

Asociación entre coordenadas, ángulos y radios en la programación con **G02** y **G03**.

Rectangulares		
G02	X... Z...	I... K...

- X... Z...: Coordenada del punto final, en el formato en que se esté programando, absoluto o incremental.
- I... K...: Distancia desde el punto de partida, al centro de la circunferencia donde está inscrito el arco, siempre en valor incremental.

Polares		
G02	Q...	I... K...

- Q...: Ángulo del arco, siempre en valor absoluto o incremental, desde el punto de partida.
- I... K...: Distancia desde el punto de partida, al centro de la circunferencia donde está inscrito el arco, siempre en valor incremental.

Rectangulares y radio		
G02	X... Z...	R...

- X... Z...: Coordenada del punto final, en el formato en que se esté programando, absoluto o incremental.
- R...: Radio de la circunferencia en que está inscrito el

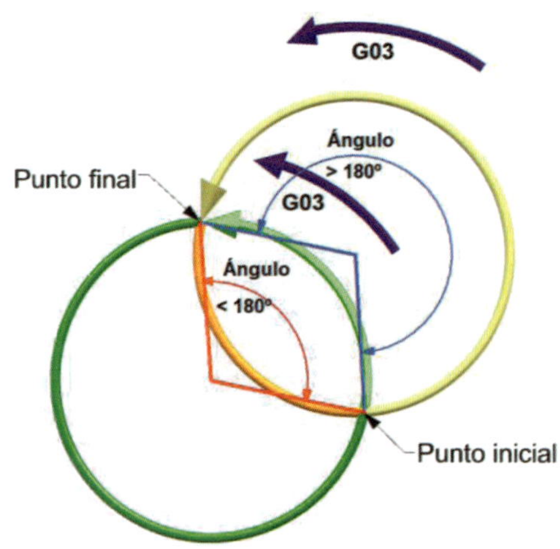

Fig. 7.06 Programación de G2 - G3 con radio.

Al programar la función **G02** o **G03** con programación del radio, se da la circunstancia de que existen dos posibles soluciones al no indicar el centro de la circunferencia un arco que estará comprendido en un ángulo menor de 180º y otro que estará comprendido en un ángulo mayor de 180º (ver Fig. 7.06). Para que el control entienda cuál de los dos caminos debe escoger, se recurre a los signos + y – al introducir el valor del radio con dichos signos:

- Ángulo > 180º Signo **"–"**
- Ángulo < 180º Signo **"+"**

Condiciones

Las funciones **G02** - **G03** son modales y se anulan entre sí, o con las funciones **G00, G01, G33, G63** y **G**.

Al emplear las funciones **G02** - **G03**, la velocidad de avance que se usará será la programada con anterioridad en **"F",** hasta que se programe un nuevo valor.

Las funciones **G02** y **G03** cambian el origen polar actual al centro de la circunferencia donde está inscrito el arco construido. En el control 8055 esto dependerá del parámetro máquina estudiado anteriormente.

Operativa

El CNC realizará el cálculo, según el arco de la trayectoria programada, teniendo en cuenta los radios del punto inicial y del punto final.

Por lo demás, la utilización no tiene ninguna operativa diferente a la que tienen las funciones **G00** y **G01**. Se utilizarán en aquellas operaciones donde se tenga que realizar algún mecanizado circular, ya sea a derechas o a izquierdas. No obstante, más adelante se verán otras funciones que sirven para realizar mecanizados circulares de manera más simple, pero exigiendo algunas condiciones para su utilización, la elección por parte del programador de unas u otras funciones, deben regirse por la simplicidad de la programación utilizando unas u otras.

Ejemplo 1 – Coordenadas rectangulares

El ejemplo que se verá a continuación, será el de la pieza de la Fig. 7.07.

Se parte de una pieza de fundición, donde solo es necesario realizar un perfilado, con una única pasada.

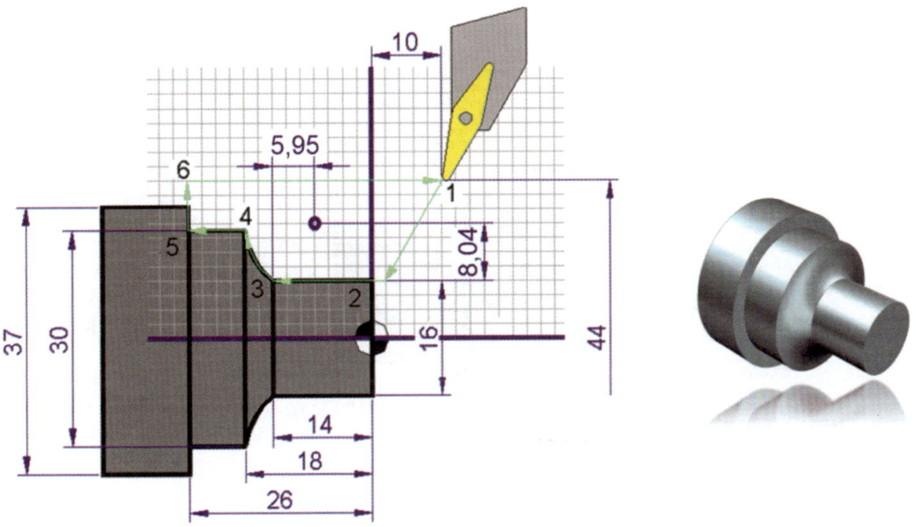

Fig. 7.07 Mecanizado con G02 en rectangulares.

Control 8065 y Control 8055

Rectangulares

1 - G90 G5 G94 G97 F100 S800 T1 D1
2 - G0 X44 Z10
3 - X16 Z2
4 - G01 Z-14 M3
5 - **<u>G02</u> X30 Z-18 I8.04 K5.946**
6 - G01 Z-26
7 - X44 M5
8 - G00 Z10
9 - M30

Comentario al ejemplo 1

Línea 1 Se coloca la cabecera (reducida para facilitar el ejemplo).
Línea 2 Colocación de la herramienta en el punto aleatorio **"1" X44 Z10**, cercano a la pieza y con facilidad de aproximación, sin peligro de colisionar.
Línea 3 Se alcanza el punto **"2" X16 Z2** todavía en **G00**, pues todavía no se produce contacto con la pieza. Este punto es el de distancia de seguridad (también es aleatorio).
Línea 4 Comienzo de la mecanización. Se activa **G01**, irá a un avance controlado de 100 mm/min, que es el que hay programado en la línea 1 **"F100"**. Al final de esta línea se activa el giro de cabezal a derechas **M03**. Es de principio de línea por lo tanto, es lo primero que realizará la máquina. A continuación, se realiza el cilindrado a Ø 16 x 14, llegando al punto **"3"**.
Línea 5 Realización de la interpolación **G02**. Las cotas de punto final del arco son **X30 Z-18** y la distancia desde el punto de inicio al centro de la circunferencia donde está inscrito el arco es de **I8 K6**. Se alcanza el punto **"4"**.
Línea 6 Realización del cilindrado hasta el punto **"5"**. En esta línea se activa otra vez **G01** pues como **G02** es modal, de no hacerlo así, el control entendería que se le está pidiendo la realización de un arco. Este fallo es muy típico de los principiantes, por lo que es conveniente fijarse en este detalle.
Línea 7 Refrentado de la última cara hasta el punto **"6"**. Se alcanza la cota de **X44** para poder volver al punto de partida en rápido. Se activa **M05** para parar el giro del plato.
Línea 8 Vuelta al punto de partida en **G00**.
Línea 9 Final del programa **M30**.

Ejemplo 2 – Coordenadas polares

El ejemplo que se verá a continuación, será el de la pieza de la Fig. 7.08.

Se parte de una pieza de fundición, donde solo es necesario realizar un perfilado, con una única pasada.

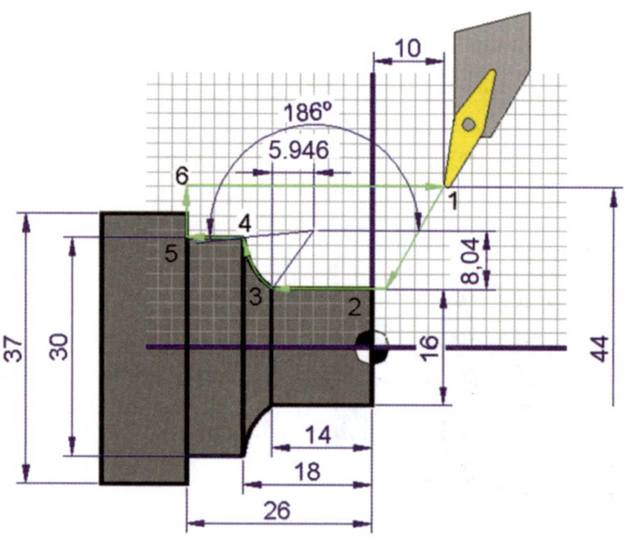

Fig. 7.08 Mecanizado con G02 en polares.

Control 8065 y Control 8055

Polares

1 - G90 G5 G94 G97 F100 S800 T1 D1
2 - G0 X44 Z10
3 - X16 Z2
4 - G01 Z-14 M3
5 - **<u>G02</u> Q186 I8.04 K5.946**
6 - G01 Z-26
7 - X44 M5
8 - G00 Z10
9 - M30

Comentario al ejemplo 2

Programación en coordenadas polares

Este ejemplo es idéntico al anterior, salvo en la línea 5.

Línea 5 En lugar de programar el punto final del arco con **X** y **Z**, en este caso se recurre a indicar el ángulo **Q186** nótese que, como el valor del ángulo está programado en absolutas, está contado desde el 0 trigonométrico o las 3 horas en un reloj. También se hubiera realizado el mecanizado con el valor **Q-174**.

Ejemplo 3 – Rectangulares y radio

El ejemplo que se verá a continuación, será el de la pieza de la Fig. 7.09.

Se parte de la misma pieza que en el ejemplo anterior.

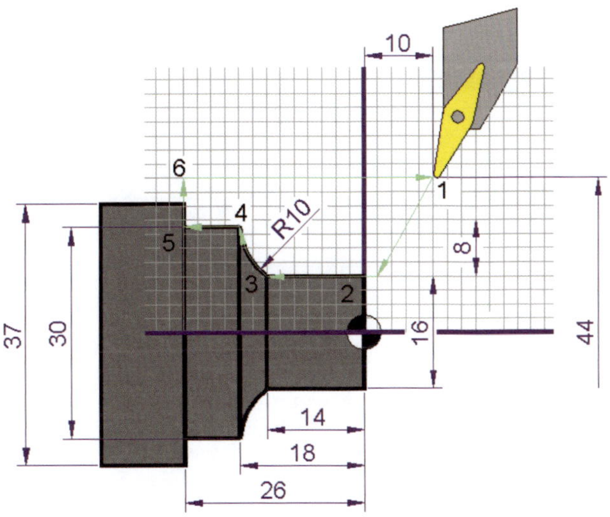

Fig. 7.09 Mecanizado con G02 con rectangulares y radio.

Control 8065 y Control 8055

Rectangular y radio

1 - G90 G5 G94 G97 F100 S800 T1 D1
2 - G0 X44 Z10
3 - 16 Z2
4 - G01 Z-14 M3
5 - **G02 X30 Z-18 R10**
6 - G01 Z-26
7 - X44 M5
8 - G00 Z10
9 - M30

Comentario al ejemplo 3

Programación en coordenadas rectangulares y radio

Este ejemplo es idéntico al anterior, salvo en la línea 5.

Línea 5 Se programa el final de arco con **X** y **Z** como en el primer ejemplo y a continuación, se indica el radio **"R10"**. Como el ángulo que comprende el arco es menor de 180°, el signo que acompaña al radio es el **"+"**, que por defecto no se indica.

G06 Interpolación circular con programación del centro en absolutas

Descripción

Con la función **G06** acompañando a G02 o G03 se cambia el sentido de origen del centro de la circunferencia **I, J**. En lugar de hacerse en modo incremental desde el punto de partida del arco hasta el centro de la circunferencia donde está inscrito el mismo, se realiza en modo absoluto desde el punto de partida del arco hasta el origen pieza.

La función G06 indica que el centro del arco está definido en cotas absolutas respecto al origen del sistema de referencia activo (cero pieza, origen polar, etc.).

Formato: G06, G6

La función **G06** se puede escribir como **G06 y G6** debe ir siempre asociada a G2/G3. No se debe programar sola, pues no tendrá ningún efecto caso de programarse más funciones preparatorias en la misma frase estas deben preceder a la función **G06**.

Control 8065 y Control 8055

Rectangulares
G-- G-- **G06 (G6)** G02 (G03) X-----.--- Z-----.--- I------.--- K-----.---

Polares
G-- G-- **G06 (G6)** G02 (G03) Q-----.--- I------.--- K-----.---

Condiciones

La función **G06** no es modal, por lo que se debe escribir en cada línea en que se precise.

Operativa

La función **G06** no tiene ninguna utilización especial y se debe usar cuando la información del plano de trabajo no tenga la información suficiente para realizar el mecanizado y con la función **G06** se pueda resolver de manera más fácil. De otra manera no resulta útil su utilización dado que, se tendrá que incluir en cada línea al no ser modal.

Ejemplo – Coordenadas rectangulares

Este ejemplo es idéntico a los anteriores, salvo en el hecho de referenciar el centro del arco, que se realiza desde el origen de pieza tal como se indica en la Fig. 7.10.

Se parte de una pieza de fundición, donde solo es necesario realizar un perfilado con una única pasada.

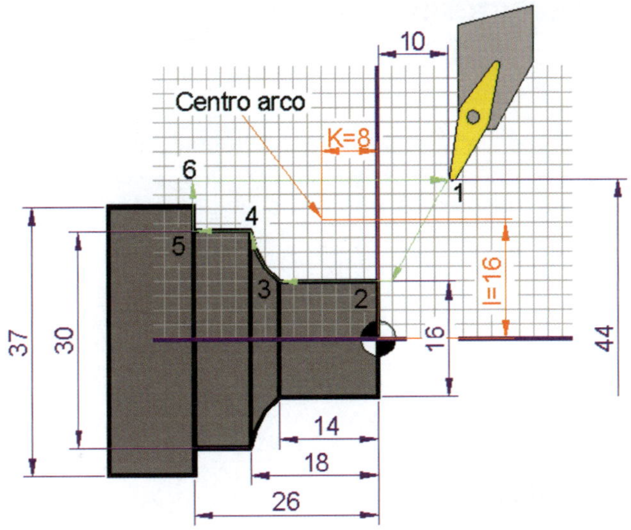

Fig. 7.10 Mecanizado de pieza con G06

Control 8065 y Control 8055

Rectangulares

1 - G90 G5 G94 G97 F100 S800 T1 D1
2 - G0 X44 Z10
3 - X16 Z2
4 - G01 Z-14 M3
5 - **G06** G02 X30 Z-18 I16 K-8
6 - G01 Z-26
7 - X44 M5
8 - G00 Z10
9 - M30

Comentario al ejemplo

Programación en absolutas

Este ejemplo es idéntico al anterior, salvo en la línea 5.

Línea 5 Se programa el final de arco con **X** y **Z**, a continuación los valores **I, K** que en este caso están referenciados de manera que el centro de la circunferencia donde está inscrito el arco sea la referencia. No se acota desde el punto de inicio, sino desde el origen pieza (Fig. 7.10).

G08 Trayectoria circular tangente a la trayectoria anterior

Descripción

Con esta función se pueden programar trayectorias circulares sin necesidad de programar centro de arco ni radio la única condición es que sea tangente a una trayectoria anterior, ya sea esta lineal o circular. No es necesario programar las funciones G02 o G03, pues solo existe una solución geométrica que el control calculará de forma automática.

Formato: G08, G8

La función **G08** se puede escribir como **G08** y **G8**. Se puede programar sola o con más funciones preparatorias siempre que no sean contradictorias.

Control 8065 y Control 8055

Rectangulares

Trayectoria anterior lineal
G01 X-----.--- Z-----.---
G-- G-- **G08 (G8)** X-----.--- Z-----.---

Trayectoria anterior circular
G02 (G03) X-----.--- Z-----.---
G-- G-- **G08 (G8)** X-----.--- Z-----.---

Polares

Trayectoria anterior lineal
G01 X-----.--- Z-----.---
G-- G-- **G08 (G8)** R-----.--- Q-----.---

Trayectoria anterior circular
G02 (G03) X-----.--- Z-----.---
G-- G-- **G08 (G8)** R-----.--- Q-----.---

Estructura de las líneas en la creación de una trayectoria circular tangente a la trayectoria anterior:

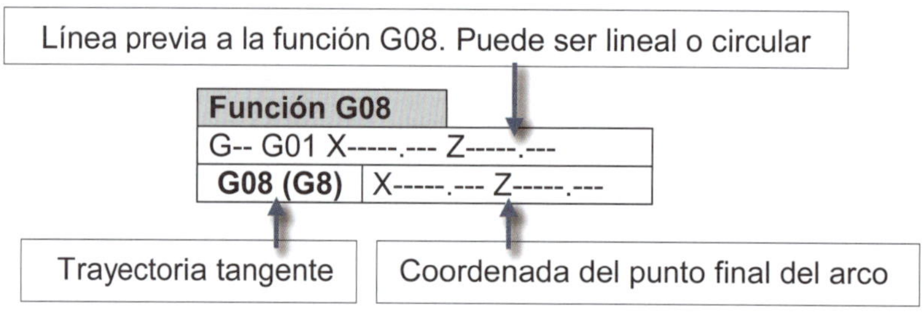

Esta disposición es idéntica para la programación en polares.

Las coordenadas **X**, **Z** en rectangulares o **R**, **Q** en polares se refieren al punto final del arco a construir.

Condiciones

La función G08 no es modal y solo actuará en la línea programada. Después de usarla, el control recuperará las funciones G00, G01, G02 o G03 que estuviera activas antes de la llamada a G08.

Es imprescindible que anteriormente exista una trayectoria programada, ya sea lineal o circular, pues de otra manera el control no tendrá referencias para programar la tangencia.

Con la función G08 no se puede programar un círculo completo, pues existen infinitas soluciones que el control no puede determinar.

Al emplear la función **G08**, la velocidad de avance que se usará, será la programada con anterioridad en **"F"**, hasta que se programe un nuevo valor.

Operativa

Para realizar mecanizados circulares es aconsejable, siempre que sea posible, utilizar **G08**, teniendo en cuenta la limitación de que tiene al ser necesariamente tangente a la línea anterior. Por lo demás, su uso es más fácil que el de las funciones **G02** y **G03**, pues en este caso no se le ha de indicar la dirección ni el centro de la circunferencia donde está inscrito el arco, ya que de ello se encarga el control a través de los cálculos que realiza de todas esas funciones.

Tiene el inconveniente de no ser modal por lo demás, todo son ventajas.

Ejemplo – Coordenadas rectangulares

El ejemplo que se verá a continuación, será la pieza de la Fig. 7.11.

Se parte de una pieza de fundición donde solo es necesario realizar un perfilado en una sola pasada.

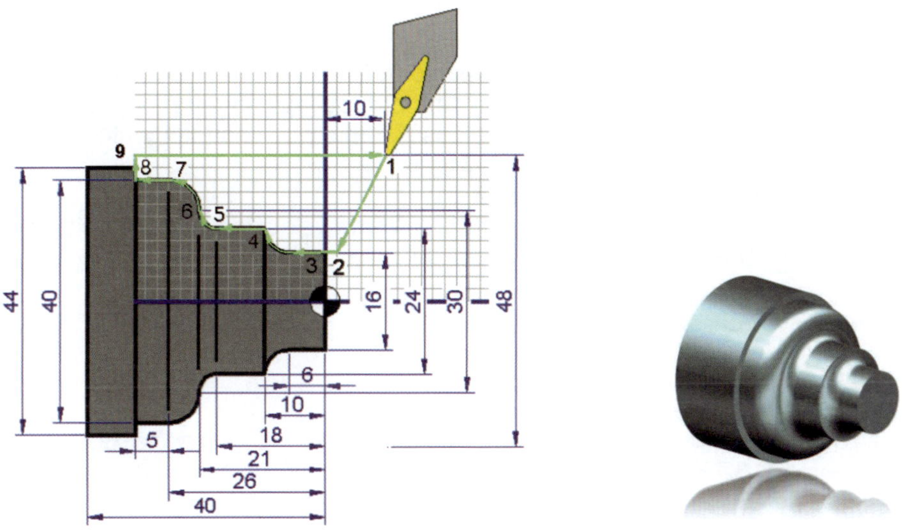

Fig. 7.11 Mecanizado de pieza con G08.

Control 8065 y Control 8055

Rectangulares - Absolutas

1 - G90 G5 G94 G97 F100 S800 T1 D1
2 - G0 X48 Z10
3 - X16 Z2
4 - G01 Z-6 M3
5 - **G08** X24 Z-10
6 - Z-18
7 - **G08** X30 Z-21
8 - **G08** X40 Z-26
9 - G01 Z-31
10 - X48
11 - G0 Z10
12 - M30

Rectangulares - Incrementales

1 - G90 G5 G94 G97 F100 S800 T1 D1
2 - G0 X48 Z10
3 - G91 X-32 Z-8
4 - G01 Z-8 M3
5 - **G08** X8 Z-4
6 - Z-8
7 - **G08** X6 Z-3
8 - **G08** X10 Z-5
9 - G01 Z-5
10 - X8
11 - G00 Z41
12 - M30

Comentario al ejemplo

Hay que tener en cuenta que la función **G08** no funcionará sin una línea previa, ya sea curva o recta y que esta línea ha de ser necesariamente tangente a la línea que se va a programar. Es decir, si la primera línea a mecanizar es el arco que se pretende mecanizar, no se podrá utilizar dicha función por no disponer el control de suficientes datos.

Programación en absolutas

Línea 1 Cabecera reducida.
Línea 2 En esta línea se coloca la herramienta en el punto (aleatorio) **"1" X48 Z10**. Este punto ha de ser cercano a la pieza y ha de disponer de la facilidad de aproximación a la pieza sin peligro de colisionar.
Línea 3 Se alcanza el punto **"2" X16 Z2,** todavía en **G00**, pues todavía no se produce contacto con la pieza. Este punto es el de distancia de seguridad (la distancia de seguridad es también aleatoria, quedando a la elección del programador).
Línea 4 En esta línea se empieza la mecanización por lo tanto es fundamental activar **G01**. La herramienta se desplazará a un avance controlado de 100 mm/min, que es el que se ha programado en la línea 1 **"F100"**. Al final de esta línea está escrita la función **"M03"**, que activa el giro de cabezal a derechas. Pero hay que recordar que esta función auxiliar es de principio de línea y por tanto lo primero que realizará la máquina es poner el giro del plato en marcha a la velocidad programada que es de S800. A continuación, realizará el cilindrado a Ø 16 x 6, hasta el punto **"3"**.
Línea 5 Inicio de la interpolación circular al punto indicado, en el final de dicha línea, **"4" X24 Z-10**.
Línea 6 Cilindrado hasta el punto **"5"**.
Línea 7 Inicio de la interpolación circular al punto indicado, en el final de dicha línea, **"6" X30 Z-21**.
Línea 8 Inicio de la interpolación circular al punto indicado, en el final de dicha línea, **"7" X40 Z-31.** Segundo mecanizado con G08, tangente al mecanizado anterior (se puede observar que se pueden colocar dos o más G08 seguidos siempre que sean tangentes entre sí).
Línea 9 Cilindrado hasta el punto **"8" X40 Z-31**.
Línea 10 Refrentado hasta el punto **"9" X48 Z-31**.
Línea 11 Activación de la función **G00** para ir a la máxima velocidad al punto de partida **"1" X48 Z10**.
Línea 12 Final del programa **M30**.

Programación en incrementales

Línea 1 Idéntica a la programación en absolutas.
Línea 2 Idéntica a la programación en absolutas.
Línea 3 Inicio de la programación en incremental **"G91"**. A diferencia de la línea 3 anterior, se programa **X-32 Z-8**. El valor de Z es fácil de identificar, pues se mueve 8 mm desde donde está hasta el punto **"2"** con signo **"-"** dado que se desplaza hacia la izquierda. El valor de **X** también es **"-"** pues se desplaza desde arriba hacia abajo, el valor de **-32** sale de restar al diámetro al que se quiere llegar, el valor del diámetro actual, es decir:

16-48=-32.

El resto de las líneas siguen el mismo criterio.

G09 Trayectoria circular definida por tres puntos

Descripción

Esta función está diseñada para ser aplicada en aquellos casos en los que en el plano venga la indicación de la medida de un arco con tres puntos conocidos. Por tanto con esta función **G09** se programa una trayectoria circular de la que se conozcan tres puntos de la misma: el punto de inicio, un punto intermedio cualquiera y el punto final de dicha trayectoria circular.

No es necesario programar el centro del arco ni las funciones G02 o G03, pues los puntos definidos indican al control cuál es la dirección de mecanizado del arco y la posición del centro del arco.

Formato: G09, G9

La función **G09** se puede escribir como **G09** y **G9**, se puede programar sola o con más funciones preparatorias que no sean contradictorias.

Control 8065 y Control 8055

Rectangulares	Polares
Trayectoria anterior lineal G01 X-----.--- Z-----.--- G-- **G09 (G9)** X-----.--- Z-----.--- I-----.--- K-----.---	Trayectoria anterior lineal G01 X-----.--- Z-----.--- G-- **G08 (G8)** R-----.--- Q-----.--- I-----.--- K-----.---
Trayectoria anterior circular G02 (G03) X-----.--- Z-----.--- G-- **G09 (G9)** X-----.--- Z-----.--- I-----.--- K-----.---	Trayectoria anterior circular G02 (G03) X-----.--- Z-----.--- G-- **G09 (G9)** R-----.--- Q-----.--- I-----.--- K-----.---

El punto intermedio siempre se define en coordenadas cartesianas, mediante las letras "I y K".

Dependiendo del plano activo (el tema de planos se verá en más profundidad en la parte de fresa), en la definición del punto intermedio se usará la combinación de 2 letras: I, J, o K.

La relación de los ejes con la asignación de las letras es:

I	J	K
↑	↑	↑
X	Y	Z

En este tratado se referenciará I, K, que corresponden a un torno horizontal con solo dos ejes de trabajo X y Z.

Si la máquina lo admite y en caso de usar cambio de plano, los planos se definirán con las funciones G17, G18 y G19. Las letras "I", "J" y "K" están asociadas al primer, segundo y tercer eje del canal respectivamente.

En caso de usar G20, serán las letras "I" y "J" las que estarán asociadas al eje de abscisas y ordenadas del plano definido.

Estructura de las líneas en la creación de una trayectoria circular por tres puntos en tornos de 2 ejes:

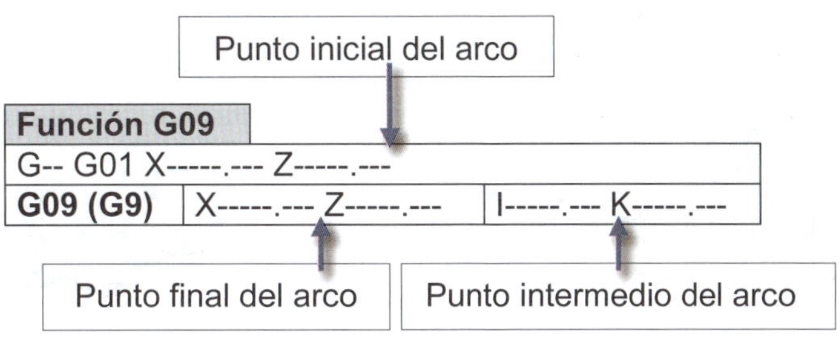

Esta disposición es idéntica para la programación en polares.

Nótese cómo el primer punto del arco no se especifica en la línea donde se sitúa la función G09 (Fig. 7.12), sino en la línea anterior, pues dicha posición es la que alcanza la herramienta antes de realizar el arco y el control tiene perfectamente referenciada dicha posición.

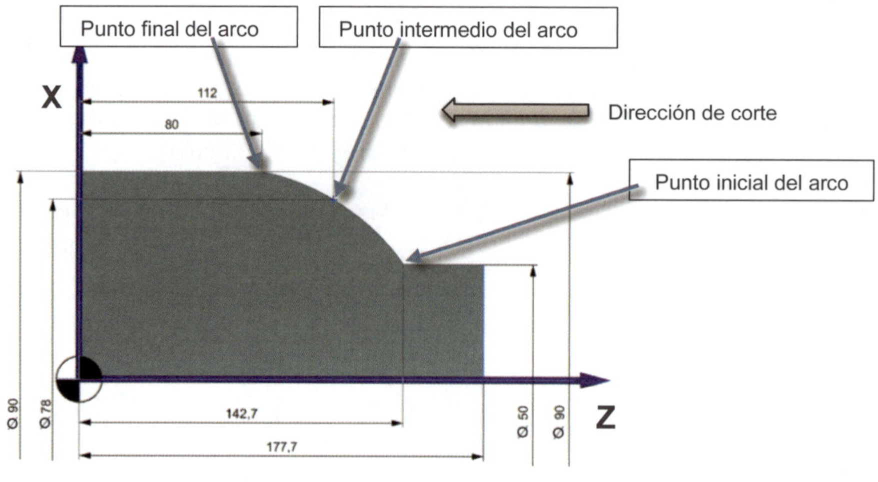

Fig. 7.12 Puntos en mecanizado de pieza con G09

Condiciones

La función **G09** no es modal y no anula a las funciones **G02** y **G03** salvo en la línea donde está escrita dicha función.

Con la función **G09** no se puede programar un círculo completo, ya que para definir un arco con dicha función es necesario que sean programados tres puntos distintos. El control visualizará código de error.

Al emplear la función **G09**, la velocidad de avance que se usará, será la programada con anterioridad en **"F"** hasta que se programe un nuevo valor.

Operativa

La función **G09** no tiene ninguna utilización especial y se debe usar cuando la información del plano de trabajo no tenga la información suficiente para realizar el mecanizado y con la función **G09** se pueda resolver de manera más fácil. De otra manera no resulta útil su utilización dado que, se tendrá que incluir en cada línea al no ser modal.

Al programar G09 no es necesario programar el sentido de desplazamiento (G02 o G03) porque el control lo detecta automáticamente.

Tras finalizar G09, el control seguirá en el modo activo anterior de las funciones G01, G02 o G03.

Ejemplo 1 – Coordenadas rectangulares

El ejemplo que se verá a continuación, será la pieza de la Fig. 7.13.

Se parte de una pieza de fundición donde solo es necesario realizar un perfilado en una sola pasada.

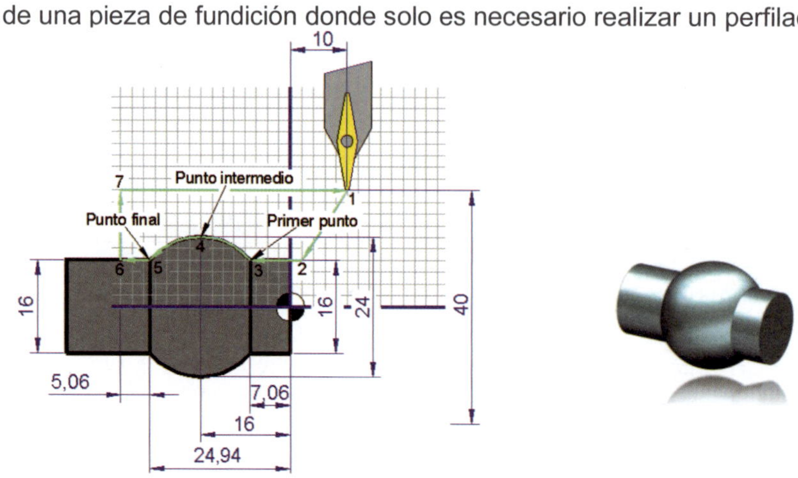

Fig. 7.13 Mecanizado de pieza con G09 en coordenadas rectangulares.

Programas:

Control 8065 y Control 8055

Rectangulares - Absolutas	Rectangulares - Incrementales
1 - G90 G5 G94 G97 F100 S800 T2 D2	1 - G90 G5 G94 G97 F100 S800 T2 D2
2 - G0 X40 Z10	2 - G0 X40 Z10
3 - X16 Z2	3 - G91 X-24 Z-8
4 - G1 Z-7.06 M3	4 - G1 Z-9.06 M3
5 - G9 X16 Z-24.94 I24 K-16	5 - G9 X0 Z-17.88 I8 K-8
6 - Z-30	6 - Z-5.06
7 - X40 M5	7 - G90 X40 M5
8 - G0 Z10	8 - G0 Z10
9 - M30	9 - M30

Comentario al ejemplo 1

Programación en absolutas

La función G09 se tiene que programar en línea única, sin estar acompañada de ninguna otra función ni dato auxiliar.

La herramienta que se utiliza en este caso es una herramienta de copiado, para poder atacar al radio en ambos lados sin que llegue a talonar. En la cabecera se coloca una herramienta diferente, T2 D2 en lugar de T1 D1, que se entiende que es la herramienta de copiado. Más adelante, se estudiará el uso y cambio de herramientas de forma extensa, por lo que ahora se aceptará este dato sin más aclaración.

Programación en absolutas

Línea 1 Programación de la cabecera.
Línea 2 Colocación de la herramienta en el punto **"1" X40 Z10**, cercano a la pieza y con facilidad de aproximación, sin peligro de colisionar.
Línea 3 Se alcanza el punto **"2" X16 Z2** todavía en **G00**, pues todavía no se produce contacto con la pieza. Este punto es, el de distancia de seguridad.
Línea 4 Comienzo de la mecanización, se activa **G01**, irá a un avance controlado de 100 mm/min, que es el que hay programado en la línea 1 **"F100"**. Al final de esta línea se activa el giro de cabezal a derechas **M03**. Es de principio de línea, por tanto es lo primero que realizará la máquina. A continuación, se realiza el cilindrado a **Ø 16 x 7.06**, punto **"3"**.
Línea 5 Inicio de la interpolación circular con la función **G09**. El punto inicial del arco se ha alcanzado en la línea anterior (punto **"3"**), el punto final **"5"** se indica en esta línea con las coordenadas **X16 Z-24.94**, que es el punto donde acabará la herramienta al finalizar esta línea, y las coordenadas del punto **"4" I24 K-16** indican solo un punto de referencia para el cálculo del control.
Línea 6 Cilindrado hasta el punto **"6"**.
Línea 7 Refrentado hasta el **Ø 40 punto "7"**, diámetro de partida de la herramienta y paro de cabezal "**M05**" al alcanzar dicho diámetro.
Línea 8 Activación de la función **G00** para ir a la máxima velocidad al punto de partida **"1" X40 Z10**.
Línea 9 Final del programa **M30**.

Programación en incrementales

Línea 1 Idéntica al programa anterior.
Línea 2 Idéntica al programa anterior.
Línea 3 Activación de la programación incremental **G91**. Se alcanza el punto **"2" X-24 Z-8** todavía en **G00**, pues todavía no se produce contacto con la pieza. Este punto es el de distancia de seguridad.
Línea 4 Comienzo de la mecanización, se activa **G01** que irá a un avance controlado de 100 mm/min, que es el que hay programado en la línea 10 **"F100"**. Al final de esta línea se activa el giro de cabezal a derechas **M03**. Es de principio de línea por tanto, es lo primero que realizará la máquina. A continuación, se realiza el cilindrado a **Ø 16 x 7.06**, punto **"3"**.

Línea 5 Inicio de la interpolación circular con la función **G09**. El punto inicial del arco se ha alcanzado en la línea anterior (punto **"3"**), el punto final **"5"** se indica en esta línea con las coordenadas **X0 Z-17.88** (nótese cómo X tiene valor 0, por estar en incrementales) que es el punto donde acabará la herramienta al finalizar esta línea, y las coordenadas del punto **"4" I8 K-8** indican solo un punto de referencia en sistema incremental para el cálculo del control.

Línea 6 Activación de **G01** y cilindrado hasta el punto **"6"**.

Línea 7 Activación de la programación en valor absoluto.

El resto es idéntico al programa anterior.

Apunte

Hasta ahora se han ido viendo los diferentes ejemplos en valor absoluto y en valor incremental, pero a partir de este último ejemplo solo se verán en valor absoluto (salvo algún caso puntual), pues se supone ya conocida la programación incremental.

Ejemplo 2 – Coordenadas polares

El ejemplo que se verá a continuación, será el de la pieza de la Fig. 7.14.

Se parte de la misma pieza que en el ejemplo anterior.

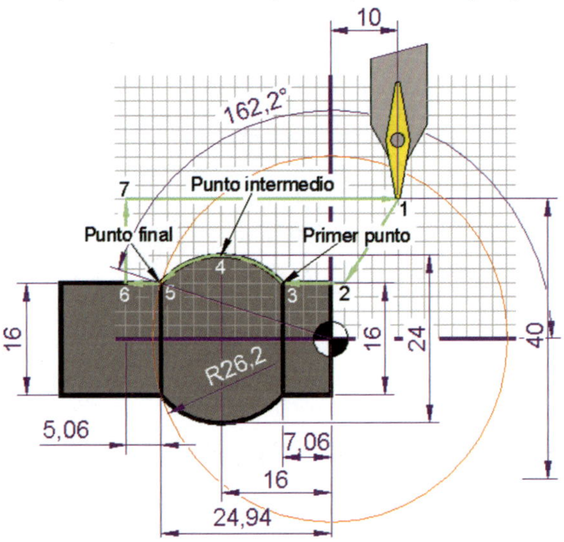

Control 8065 y Control 8055

Polares - Absolutas

1 - G90 G5 G94 G97 F100 S800 T1 D1
2 - G0 X40 Z10
3 - X16 Z2
4 - G1 Z-7.06 M3
5 - **G9** R26.2 Q162.2 I24 K-16
6 - G1 Z-30
7 - X40 M5
8 - G0 Z10
9 - M30

Fig. 7.14 Mecanizado de pieza con G09 en coordenadas polares

Comentario al ejemplo 2

Programación en polares

Este ejemplo es idéntico al anterior salvo en la línea 5.

Línea 5 En lugar de programar el punto final del arco con **X** y **Z**, en este caso se recurre a indicar el ángulo **R26.2 Q162.2**. Nótese que, como el valor está programado en absolutas y por tanto, está contado desde el origen.

G36 Redondeo controlado de aristas

Descripción

Con esta función se pueden redondear aristas con un radio determinado, sin necesidad de calcular el centro ni los puntos inicial y final del arco, pues el control determina automáticamente dicha información.

Esta función, aunque es parecida a **G08**, se diferencia en no tener que calcular ningún punto de tangencia.

La función debe programarse obligatoriamente en el mismo bloque cuyo desplazamiento final se desee redondear.

Formato: G36 I (Radio) / R

Control 8065	Control 8055
Trayectoria anterior lineal G-- G-- G01 G36 I-----.--- X-----.--- Z-----.--- X-----.--- Z-----.--- Trayectoria anterior circular G-- G-- G02 (G03) G36 I-----.--- X-----.--- Z-----.--- X-----.--- Z-----.---	Trayectoria anterior lineal G-- G-- G01 G36 R-----.--- X-----.--- Z-----.--- X-----.--- Z-----.--- Trayectoria anterior circular G-- G-- G02 (G03) G36 R-----.--- X----.--- Z-----.--- X-----.--- Z-----.---

La distribución de los diferentes datos a introducir, son las siguientes (basado en 8065):

Función G36 + radio a obtener — Coordenada primera línea

Lineal previa		
G-- G-- G01	**G36 I-----.---**	X-----.--- Z-----.---
X-----.--- Z-----.---		

Coordenada segunda línea

Función G36 + radio a obtener — Coordenada primera línea

Circular previa		
G-- G-- G02/03	**G36 I-----.---**	X-----.--- Z-----.---
X-----.--- Z-----.---		

Coordenada segunda línea

Esta función necesita la programación de dos líneas pues, de no escribir la segunda, el control no tendrá datos suficientes para calcular el arco.

En la primera línea del empalme se programa la función **G36** con **I** (radio) en el control **8065** y con **R** en el control **8055** con el radio a obtener y en la segunda la coordenada de la línea que sigue en la geometría (ver Fig. 7.15). En la figura de la izquierda se procede de una línea recta y en la de la derecha de una línea curva.

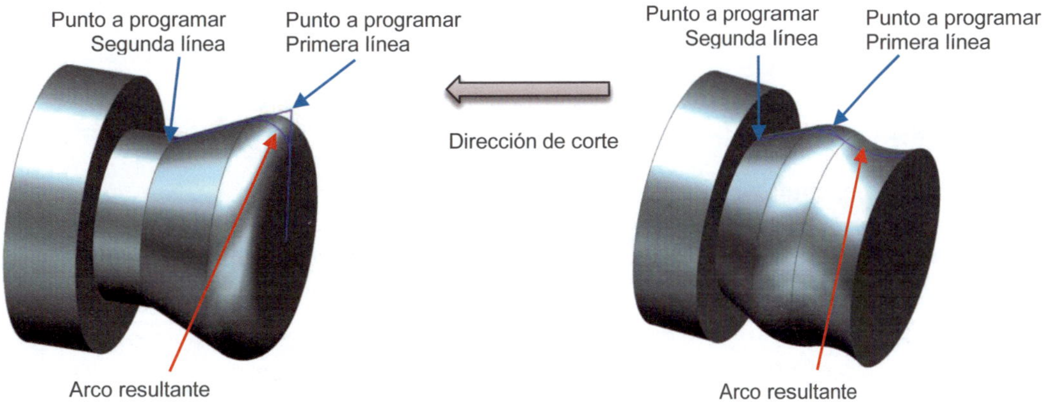

Fig. 7.15 Esquema de la función G36 con entrada en línea recta y en línea curva

Tal como se observa en la Fig. 7.15, al control tan solo se le ha de indicar el punto a programar en la 1ª línea, el punto a programar en la 2ª línea y el radio del arco a obtener. Los puntos de tangencia los calcula el control de forma automática, lo que ahorra el cálculo de dichos puntos.

Condiciones

La función **G36** no es modal y no anula a las funciones **G01**, **G02** y **G03**, salvo en la línea donde está escrita dicha función.

En la línea donde se programe **G36**, se pueden colocar tantas funciones preparatorias como se desee, siempre que no sean contradictorias entre sí y que la **G36** sea la última de esas funciones, justo antes de la palabra **"I"** o "**R**" dependiendo del control. Detrás de las coordenadas se pueden colocar tantas funciones auxiliares como se desee.

El radio de redondeo se indicará siempre en positivo; de lo contrario, el control marcará error.

Al emplear la función **G36**, la velocidad de avance que se usará, será la programada con anterioridad en **"F"**, hasta que se programe un nuevo valor.

Control 8065

El valor "I" del radio de redondeo permanecerá activo hasta que se programe un nuevo valor, por lo tanto no será necesario programarlo en sucesivos redondeos siempre que tengan el mismo radio.

El valor "I" del radio del redondeo también es utilizado por las funciones:

G37 (Entrada tangencial) como radio de entrada.
G38 (Salida tangencial) como radio de salida.
G39 (Achaflanado de aristas) como tamaño del chaflán.

Esto significa que el radio de redondeo definido en G36 será el nuevo valor del radio de entrada, radio de salida o tamaño del chaflán cuando se programe una de estas funciones, y viceversa.

Operativa

Siempre que sea posible, es aconsejable utilizar **G36** para realizar mecanizados circulares, con la limitación de que tiene que ser tangente a la línea anterior y posterior de la geometría de mecanizado, no pudiendo utilizarse si el último punto del mecanizado es el final del arco. Por lo demás, su uso es más fácil que el de las funciones **G02** y **G03**, pues en este caso no se le ha de indicar la dirección ni el centro de la circunferencia donde está inscrito el arco, ni los puntos de tangencia anterior y posterior.

Es muy útil, cuando las líneas rectas en que está comprendido el arco formen un ángulo diferente a 90º.

Tiene el inconveniente de no ser modal, por lo demás todo son ventajas.

Ejemplo

El ejemplo que se verá a continuación, será la pieza de la Fig. 7.16. En esta ocasión el cero pieza se coloca en la parte trasera de la pieza, para poder ver diferentes estilos de programación.

El radio de arista a construir es de 7,5 mm.

Se parte de una pieza de fundición donde solo es necesario realizar un perfilado en una sola pasada.

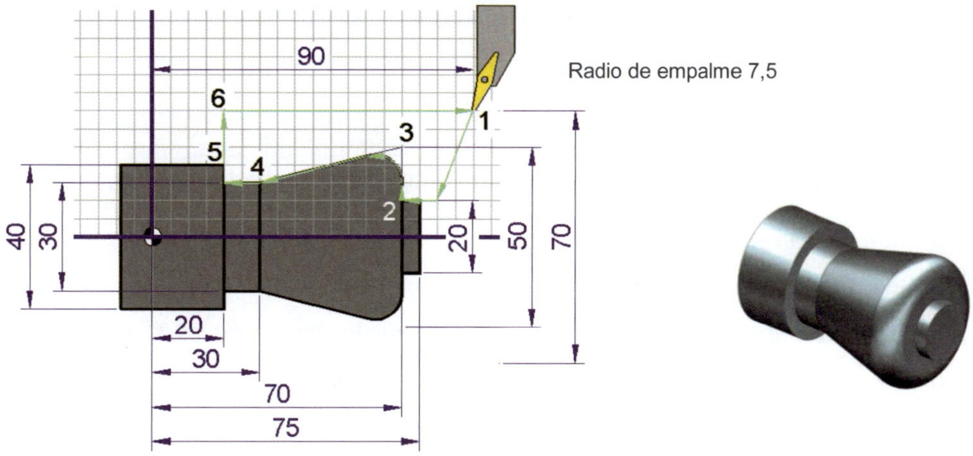

Fig. 7.16 Mecanizado de pieza con G36.

Programa:

Control 8065	Control 8055
Rectangulares - Absolutas	**Rectangulares - Absolutas**
1 - G90 G94 F100 S1200 T01 D01	1 - G90 G94 F100 S1200 T01 D01
2 - G0 X70 Z90	2 - G0 X70 Z90
3 - X20 Z77	3 - X20 Z77
4 - G1 Z70 M3	4 - G1 Z70 M3
5 - **<u>G36 I7.5</u>** X50	5 - **<u>G36 R7.5</u>** X50
6 - X30 Z30	6 - X30 Z30
7 - Z20	7 - Z20
8 - X70 M5	8 - X70 M5
9 - G0 Z90	9 - G0 Z90
10 - M30	10 - M30

Comentario al ejemplo

Línea 1 Se coloca la cabecera.

Línea 2 Colocación de la herramienta en el punto **"1" X70 Z90**, cercano a la pieza y con facilidad de aproximación, sin peligro de colisionar.

Línea 3 Avance hasta el punto de distancia de seguridad, punto **"2" X20 Z77**.

Línea 4 Se activa **G01** para trabajar de forma controlada a **"F100"**, se pone en marcha el cabezal con **M03** y se realiza el primer cilindrado al punto**"2" X20 Z70**. Como la **X** es modal y está indicado el diámetro 20 en la línea 3, no es necesario indicarlo.

Línea 5 Esta línea es el comienzo de la programación del redondeo controlado. En esta línea se indica la función **G36** y el radio **"I"** para **8065** o "**R**" para **8055** que en este caso es de **7,5** y se programa el final de la línea del dibujo en el punto **"3" X50 Z70** (**"Z"** en este caso no se indica por ser modal) como si en realidad no tuviera que hacer el radio.

Línea 6 Es la segunda línea que forma el redondeo de arista. Sin esta línea no funcionaría el redondeo. Se programa el punto **"4" X30 Z30**.

Línea 7 Se procede a cilindrar hasta el punto **"5" Z20**.

Línea 8 Se refrenta hasta el punto **"6" X70** y se para el cabezal con **M5**.

Línea 9 Se pasa a velocidad de avance rápida con **G00** y se vuelve al punto **"1" Z90**.

Línea 10 Final del programa **M30**.

G39 Achaflanado controlado de aristas

Descripción

Esta función sirve para achaflanar aristas con una medida determinada, sin necesidad de calcular los puntos inicial y final del chaflán el control determina automáticamente dicha información.

La definición del chaflán se debe programar entre las dos trayectorias que definen la arista que se desea achaflanar.

El chaflán a realizar tiene que ser simétrico; debe medir lo mismo en cada una de las aristas que lo componen.

La función debe programarse obligatoriamente en el mismo bloque cuyo desplazamiento final se desee redondear.

Control 8065

Las trayectorias pueden ser lineales y/o circulares.

Control 8055

Las trayectorias solo pueden ser lineales.

Formato: G39 I (Radio) / R

Control 8065	Control 8055
Trayectoria anterior lineal G-- G-- G01 G39 I-----.--- X-----.--- Z-----.--- X-----.--- Z-----.---	Trayectoria anterior lineal G-- G-- G01 G39 R-----.--- X-----.--- Z-----.--- X-----.--- Z-----.---

La distribución de los diferentes datos a introducir, son las siguientes (basado en 8065):

Función G39 + tamaño a obtener → G39 I-----.---

Coordenada primera línea → X-----.--- Z-----.---

Lineal previa		
G-- G-- G01	**G39 I-----.---**	X-----.--- Z-----.---
X-----.--- Z-----.---		

Coordenada segunda línea → X-----.--- Z-----.--- (segunda fila)

Esta función necesita la programación de dos líneas, pues de no escribir la segunda, el control no tiene datos suficientes para calcular el arco.

En la primera línea del empalme se programa la función **G39** con **I** (radio) en el control **8065** y con **R** en el control **8055** con el tamaño a obtener y en la segunda, la coordenada de la línea que sigue en la geometría (ver Fig. 7.17).

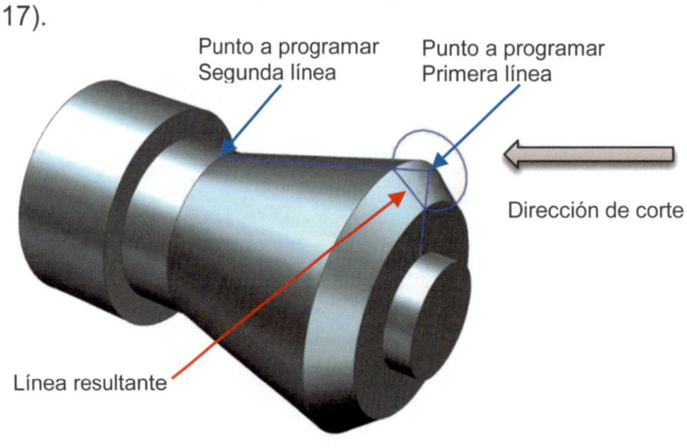

Fig. 7.17 Esquema de la función

Tal como se observa en la Fig. 7.17 tan solo se le ha de indicar al control el punto a programar en la 1ª línea, el punto a programar en la 2ª línea y el tamaño de la circunferencia en la que está inscrito el chaflán. Los puntos de intersección los calcula el control de forma automática, lo que ahorra el cálculo de dichos puntos.

Condiciones

La función **G39** no es modal.

En la línea donde se programe **G39**, se pueden colocar tantas funciones preparatorias como se desee, siempre que no sean contradictorias entre sí y que la **G39** sea la última de esas funciones, justo antes de la palabra **"I"** (Control 8065) o "**R**" (Control 8055). Detrás de las coordenadas se pueden colocar tantas funciones auxiliares como se desee.

El radio de chaflanado, se indicará siempre en positivo de lo contrario, el control marcará error.

Al emplear la función **G39**, la velocidad de avance que se usará, será la programada con anterioridad en **"F"**, hasta que se programe un nuevo valor.

Control 8065

El valor **"I"** del radio de redondeo permanecerá activo hasta que se programe un nuevo valor, por lo tanto, no será necesario programarlo en sucesivos redondeos del mismo, siempre que tengan el mismo radio.

El valor **"I"** del radio del redondeo también es utilizado por las funciones:

G36 (Redondeo de aristas) como radio del redondeo.
G37 (Entrada tangencial) como radio de entrada.
G38 (Salida tangencial) como radio de salida.

Esto significa que el radio de redondeo definido en G39 será el nuevo valor del radio de entrada, radio de salida o tamaño del redondeo cuando se programe una de estas funciones, y viceversa.

Operativa

Idéntico a la función **G36**, con la única diferencia de que en lugar de generar un arco, generará un chaflán, por lo demás vale todo lo expuesto en la función **G36**.

Ejemplo

El ejemplo que se verá a continuación, será la pieza de la Fig. 7.18. El cero pieza se coloca en la parte trasera de la pieza.

El radio de chaflán a construir es de 4 mm.

Se parte de una pieza de fundición donde solo es necesario realizar un perfilado en una sola pasada.

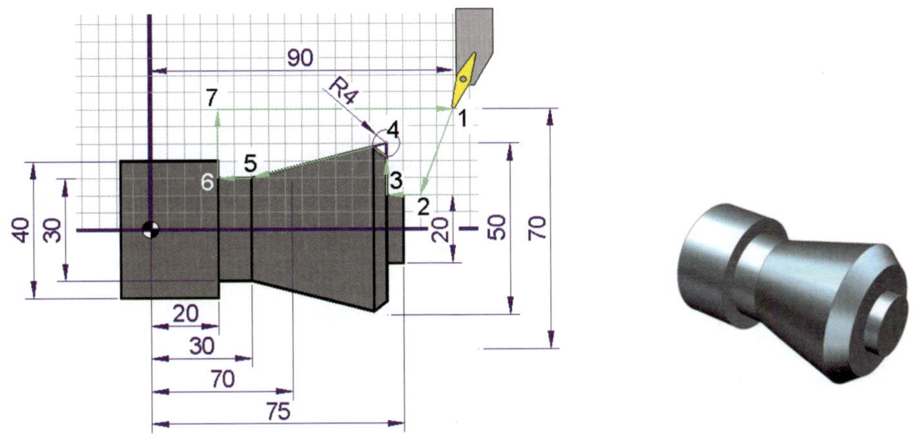

Fig. 7.18 Mecanizado de pieza con G39.

Programa:

Control 8065	Control 8055
Rectangulares - Absolutas	**Rectangulares - Absolutas**
1 - G90 G94 F100 S1200 T01 D01	1 - G90 G94 F100 S1200 T01 D01
2 - G0 X70 Z90	2 - G0 X70 Z90
3 - X20 Z77	3 - X20 Z77
4 - G1 Z70 M3	4 - G1 Z70 M3
5 - **G39 I4** X50	5 - **G39 R4** X50
6 - X30 Z30	6 - X30 Z30
7 - Z20	7 - Z20
8 - X70 M5	8 - X70 M5
9 - G0 Z90	9 - G0 Z90
10 - M30	10 - M30

Comentario al ejemplo

Este programa es idéntico al de la función G36, con una única diferencia que se produce en la línea 5: cambia **G39** por **G36** en ambos programas.

G37 Entrada tangencial

Descripción

Permite realizar la entrada a la pieza, enlazando dos trayectorias tangenciales sin necesidad de programar los puntos de tangencia.

Esta opción es válida para realizar entradas en la pieza sin dejar marca de aproximación de herramienta.

En torno, tan solo es aconsejable su utilización en la entrada a pieza o en casos especiales, pues el recorrido que realizará la herramienta no es conocido por el programador y puede ocasionar resultados inesperados.

La función debe programarse obligatoriamente en el mismo bloque donde se pretende realizar la entrada con tangencia.

Formato: G40

Control 8065	Control 8055
Trayectoria anterior lineal G-- G-- G01 G37 I-----.--- X-----.--- Z-----.--- G-- X-----.--- Z-----.--- Trayectoria anterior circular G-- G-- G02 (G03) G37 I-----.--- X-----.--- Z-----.--- G-- X-----.--- Z-----.---	Trayectoria anterior lineal G-- G-- G01 G37 R-----.--- X-----.--- Z-----.--- G-- X-----.--- Z-----.--- Trayectoria anterior circular G-- G-- G02 (G03) G37 R-----.--- X-----.--- Z-----.--- G-- X-----.--- Z-----.---

La distribución de los diferentes datos a introducir, son las siguientes (basado en 8065):

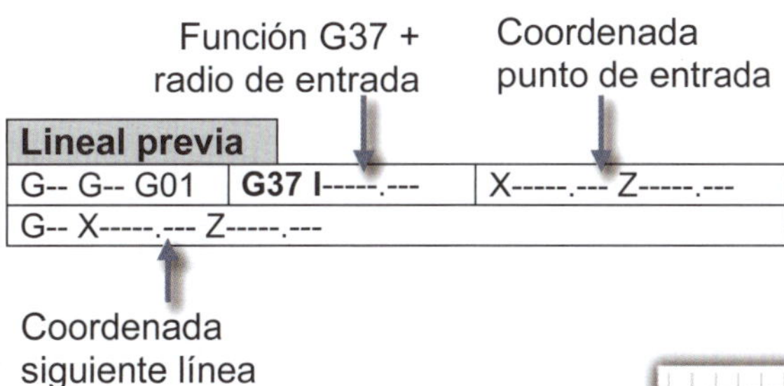

Esta función necesita la programación de dos líneas. De no escribirse la segunda, el control no tendrá datos suficientes para calcular la entrada tangencial.

En la primera línea se programa la función **G37** con el **"I"** (radio) (Control 8065) o **"R"** (Control 8055) que se desea utilizar en la entrada tangencial. En la segunda línea la coordenada que sigue en la geometría (ver Fig. 7.19).

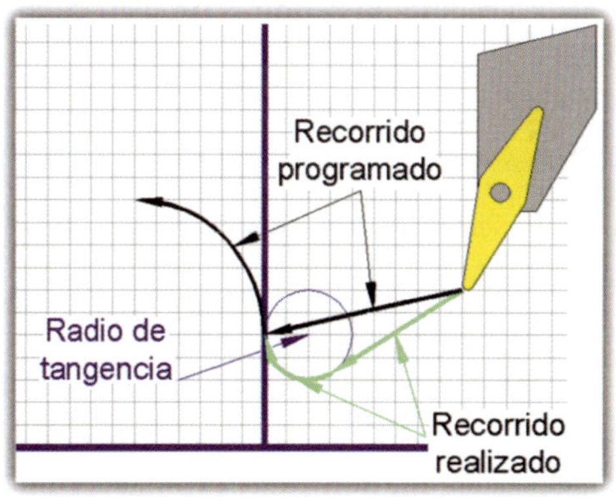

Fig. 7.19 Esquema de la función G37

Tal como se observa en la Fig. 7.19, se tiene que programar el punto a mecanizar en la 1ª línea como si no se tuviera que realizar la tangencia. En esa misma línea se le introduce el valor del radio de tangencia, a continuación, se programa la siguiente línea de forma normal. El control calculará automáticamente los recorridos reales a realizar.

Condiciones

La función **G37** no es modal.

En la línea donde se programe **G37**, se pueden colocar tantas funciones preparatorias como se desee, siempre que no sean contradictorias entre sí y que la **G37** sea la última de esas funciones, justo antes de la palabra **"I"** o "**R"** dependiendo del control. Detrás de las coordenadas se pueden colocar tantas funciones auxiliares como se desee.

La trayectoria lineal anterior a la entrada tangencial deberá tener una longitud igual o mayor a dos veces el radio de entrada. Asimismo, el radio deberá ser positivo, y en caso de trabajar con compensación de radio deberá ser mayor que el radio de la herramienta.

Al emplear la función **G37**, la velocidad de avance que se usará, será la programada con anterioridad en **"F"**, hasta que se programe un nuevo valor.

Control 8065

El valor "I" del radio de redondeo permanecerá activo hasta que se programe un nuevo valor. Por lo tanto, no será necesario programarlo en sucesivos redondeos del mismo siempre que tengan el mismo radio.

El valor "I" del radio del redondeo también es utilizado por las funciones:

G36 (Redondeo controlado de aristas) como radio de entrada.
G38 (Salida tangencial) como radio de salida.
G39 (Achaflanado de aristas) como tamaño del chaflán.

Esto significa que el radio de redondeo definido en G37 será el nuevo valor del radio de entrada, radio de salida o tamaño del chaflán cuando se programe una de estas funciones, y viceversa.

Operativa

Realmente la entrada tangencial no está pensada tanto para su utilización en torno, como para fresa, donde realmente resuelve mucho los problemas de entrada en pieza con la herramienta, sin dejar marca en el mecanizado. No obstante, en torno se ha aplicado también dicha función por la posibilidad (aunque escasa) de realizar entradas directamente sobre superficie con la herramienta.

La operativa queda clara y su utilización se debe limitar a las entradas de herramienta sobre pieza.

Ejemplo

El ejemplo que se verá a continuación, será la pieza de la Fig. 7.20.

El radio de entrada tangencial es de 4 mm.

Se parte de una pieza de fundición donde solo es necesario realizar un perfilado en una sola pasada.

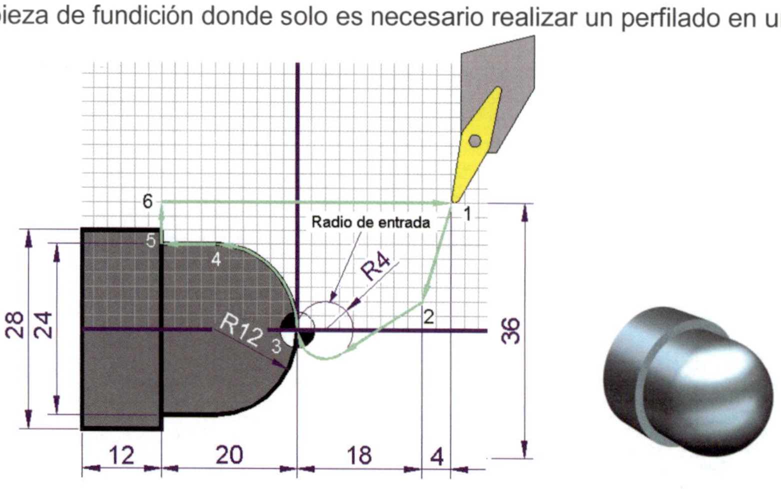

Fig. 7.20 Mecanizado de pieza con G37.

Programa:

Control 8065	Control 8055
Rectangulares - Absolutas	**Rectangulares - Absolutas**
1 - G90 G94 F100 S1200 T01 D01	1 - G90 G94 F100 S1200 T01 D01
2 - G0 X36 Z22	2 - G0 X36 Z22
3 - X8 Z18	3 - X8 Z18
4 - G01 **G37 I4** X0 Z0 M3	4 - G01 **G37 R4** X0 Z0 M3
5 - G3 X24 Z-12 I0 K-12	5 - G3 X24 Z-12 I0 K-12
6 - G1 Z-20	6 - G1 Z-20
7 - X36 M5	7 - X36 M5
8 - G0 Z22	8 - G0 Z22
9 - M30	9 - M30

Comentario al ejemplo 8065

Línea 1 Se coloca la cabecera.

Línea 2 Colocación de la herramienta en el punto **"1" X36 Z22**, cercano a la pieza y con facilidad de aproximación, sin peligro de colisionar.

Línea 3 Avance hasta el punto **"2" X18 Z18**, distancia adecuada para realizar la entrada tangencial, pues es superior a 2 veces el radio de tangencia.

Línea 4 Se activa **G01** para trabajar de forma controlada a **"F100"**, se pone en marcha el cabezal con **M3**, se programa el punto de entrada en pieza **"3" X0 Z0** y se programa la entrada tangencial con **G37** y **I4**. Es importante tener en cuenta que en la entrada, la herramienta avanzará a la velocidad programada. Por tanto, si se tiene que contactar con la pieza no es aconsejable entrar en **G00**.

Línea 5 Es la línea siguiente en la programación, se activa **G03** y se avanza hasta el punto **"4" X24 Z-12**.

Línea 6 Activación de **G01**. Como **G03** es modal, de no colocar en esta línea la función **G01,** el control entenderá que tiene que realizar las órdenes en **G03,** con lo que dará error de cálculo. Se continua el cilindrado hasta el punto **"5" X24 Z-20**, como **X** es modal no es necesario indicarla. Es la siguiente línea a la entrada tangencial sin esta línea no funcionaría la tangencia.

Línea 7 Se procede a refrentar hasta el punto **"6" X36**.

Línea 8 Se pasa a velocidad de avance rápida con **G00,** se vuelve al punto **"1" Z90** y se para el cabezal con **M5**.

Línea 9 Final del programa **M30**.

Comentario al ejemplo 8055

El programa es idéntico en todo salvo la línea 4 donde en lugar de la utilización de la **"I"** para indicar el radio se usa **"R"**.

G38 Salida tangencial

Descripción

Permite realizar la salida de la pieza, enlazando dos trayectorias tangenciales sin necesidad de programar los puntos de tangencia.

Esta opción es válida para realizar salidas de la pieza sin dejar marca de retirada de herramienta.

Esta función prácticamente no se utiliza en torno. Tan sólo es aconsejable en la salida de la pieza pues el recorrido que realizará la herramienta no es conocido por el programador y puede ocasionar resultados inesperados.

La función debe programarse obligatoriamente en el mismo bloque donde se pretende realizar la salida con tangencia.

Formato: G38 I (Radio) / R

Control 8065	Control 8055
Trayectoria anterior lineal G-- G-- G01 G38 I-----.--- X-----.--- Z-----.--- G-- X-----.--- Z-----.--- Trayectoria anterior circular G-- G-- G02 (G03) G38 I-----.--- X-----.--- Z-----.--- G-- X-----.--- Z-----.---	Trayectoria anterior lineal G-- G-- G01 G38 R-----.--- X-----.--- Z-----.--- G-- X-----.--- Z-----.--- Trayectoria anterior circular G-- G-- G02 (G03) G38 R-----.--- X-----.--- Z-----.--- G-- X-----.--- Z-----.---

La distribución de los diferentes datos a introducir, son las siguientes (basado en 8065):

Función G38 + radio de salida — Coordenada punto de salida

Lineal previa		
G-- G-- G01	**G38 I-----.---**	X-----.--- Z-----.---
G-- X-----.--- Z-----.---		

Coordenada siguiente línea

Esta función necesita la programación de dos líneas. De no escribir la línea posterior, el control no tendrá datos suficientes para calcular la salida tangencial.

En la primera línea se programa la función **G38** con el valor de **"I"** (Control 8065) o en **"R"** (Control 8055) del radio a utilizar en la salida tangencial. En la segunda la coordenada de la línea que precede en la geometría (ver Fig. 7.21).

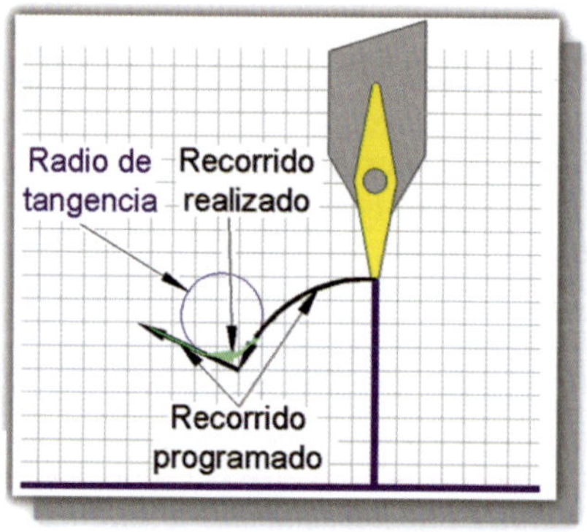

Fig. 7.21 Esquema de la función G38.

Tal como se observa en la Fig. 7.21, se tiene que programar el punto a mecanizar, **G38** y **I** o **R** (radio). El control calculará automáticamente los recorridos reales a realizar, en la 2ª línea, a continuación, se programa la siguiente línea de forma normal.

Condiciones

La función **G38** no es modal.

En la línea donde se programe **G38** se pueden colocar tantas funciones preparatorias como se desee, siempre que no sean contradictorias entre sí y que la **G38** sea la última de esas funciones, justo antes de la palabra **"I"** o **"R"** dependiendo del control. Detrás de las coordenadas se pueden colocar tantas funciones auxiliares como se desee.

El radio de tangencia se indicará siempre en positivo; de lo contrario, el control marcará error.

La línea de salida a la tangencia debe ser siempre lineal en caso contrario, el control dará error.

La longitud de la línea de salida debe ser = o > al diámetro de la circunferencia de tangencia.

El radio de la herramienta a utilizar debe ser = o < que el radio de tangencia.

Al emplear la función **G38**, la velocidad de avance que se usará, será la programada con anterioridad en **"F"**, hasta que se programe un nuevo valor.

Control 8065

El valor "I" del radio de redondeo permanecerá activo hasta que se programe un nuevo valor. Por lo tanto, no será necesario programarlo en redondeos sucesivos siempre que tengan el mismo radio.

El valor "I" del radio del redondeo también es utilizado por las funciones:

G36 (Redondeo controlado de aristas) como radio de entrada.
G37 (Entrada tangencial) como radio de entrada.
G39 (Achaflanado de aristas) como tamaño del chaflán.

Esto significa que el radio de redondeo definido en G38 será el nuevo valor del radio de entrada, radio de salida o tamaño del chaflán cuando se programe una de estas funciones, y viceversa.

Operativa

Vale todo lo expuesto en el punto anterior, salvo el hecho de que en lugar de realizar una entrada en pieza en este caso es una salida.

Ejemplo

El ejemplo que se verá a continuación, será la pieza de la Fig. 7.22.

El radio de salida tangencial es de 4 mm.

Se parte de una pieza de fundición donde solo es necesario realizar un perfilado en una sola pasada. El cilindrado de diámetro 24 ya está realizado.

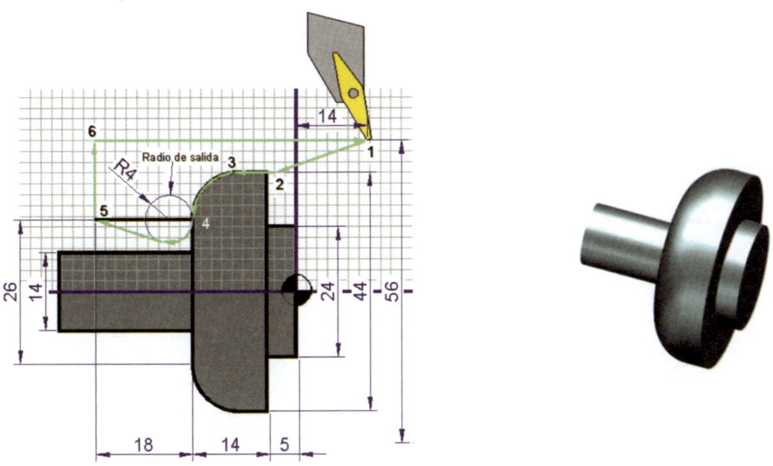

Fig. 7.22 Mecanizado de pieza con G38.

Programa:

Control 8065	Control 8055
Rectangulares - Absolutas	**Rectangulares - Absolutas**
1 - G90 G94 F100 S1200 T01 D01	1 - G90 G94 F100 S1200 T01 D01
2 - G0 X56 Z14	2 - G0 X56 Z14
3 - X44 Z-4	3 - X44 Z-4
4 - G01 Z-11 M3	4 - G01 Z-11 M3
5 - G03 **G38 I4** X26 Z-19 I-8 K0	5 - G03 **G38 R4** X26 Z-19 I-8 K0
6 - G01 Z-38	6 - G01 Z-38
7 - G00 X56 M5	7 - G00 X56 M5
8 - Z14	8 - Z14
9 - M30	9 - M30

Comentario al ejemplo 8065

Línea 1 Se coloca la cabecera.

Línea 2 Colocación de la herramienta en el punto **"1" X56 Z14**, cercano a la pieza y con facilidad de aproximación, sin peligro de colisionar.

Línea 3 Avance hasta el punto **"2" X44 Z-24**, distancia adecuada para realizar la entrada.

Línea 4 Se activa **G01** para trabajar de forma controlada a **"F100"**, se pone en marcha el cabezal con **M3**, se programa el punto de cilindrado **"3" X44 Z-11**.

Línea 5 Activada función G03 y programación de la salida tangencial G38 R5 con programación del punto **"4" X28 Z-19**.

Línea 6 Activación de **G01**. Como **G03** es modal, de no colocar en esta línea la función **G01** el control entenderá que tiene que realizar las órdenes en **G03**, con lo que dará error de cálculo. Continuación del punto de salida **"5" X28 Z-38**, como **X** es modal no es necesario indicarla. Es la siguiente línea a la salida tangencial. Sin esta línea no funcionaría la tangencia.

Línea 7 Se procede a subir en **X** hasta el punto **"6" X36**. Como no existe material, se activa **G00** y se para el cabezal con **M5**.

Línea 8 Se vuelve al punto **"1" Z14**.

Línea 9 Final del programa **M30**.

Comentario al ejemplo 8055

El programa es idéntico en todo salvo en la línea 4, donde en lugar de la utilización de la **"I"** para indicar el radio se usa **"R"**.

Compensación del radio de punta de herramienta

Como es sabido, para conseguir mejores acabados y para alargar la vida útil de las herramientas, entre otros factores, las herramientas modernas tienen que trabajar siempre con radio de punta. Este radio será más o menos grande dependiendo del tipo, tamaño, material a mecanizar, etc. Si se analiza esto último en detalle, se puede observar que al mecanizar superficies cónicas o circulares se varía la medida real de la pieza a obtener, en mayor o menor grado, dependiendo del radio de punta de la herramienta. Observar Fig. 7.23.

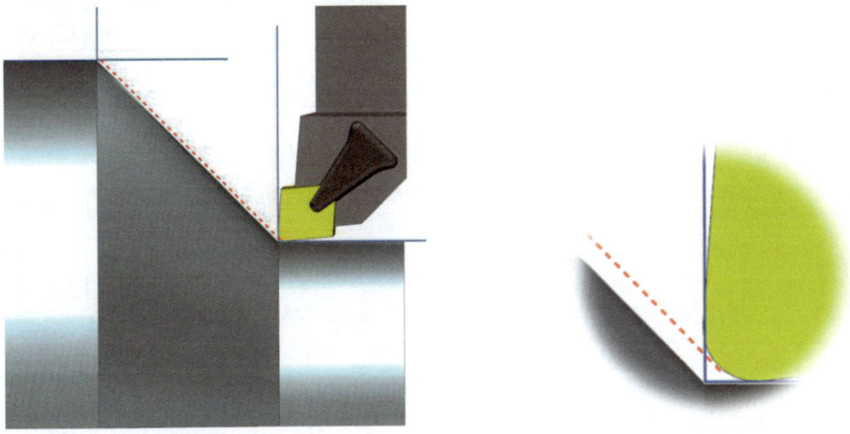

Fig. 7.23 Desviación producida por el radio de punta de la herramienta.

Como puede observarse en la figura, la herramienta, al tener un radio en la punta, produce una desviación de medida dependiendo del radio de la misma. En la parte derecha de la figura anterior se ha hecho una ampliación de la zona donde está colocada la herramienta y se puede observar cómo generará una variación en la medida que será mayor cuanto mayor sea dicho radio.

Los cilindrados y refrentados no ocasionarán ninguna desviación, al ser ortogonales.

La desviación no suele ser muy grande, pues los radios de punta de herramienta son de pequeñas dimensiones, por lo que el operario o programador deberán decidir la necesidad de corregir dicho factor.

En caso de necesitar dicha compensación, los controles tienen sistemas para corregir esa desviación, sin necesidad de realizar cálculos, que serían largos y en algunos casos complejos.

Antes de ver las funciones preparatorias para mecanizar con compensación automática del radio, es necesario analizar previamente cómo el control dispone de la información necesaria para realizar dicha compensación. La información se le suministra desde la llamada tabla de herramientas, que en este control se utiliza fuera del programa. Existen controles que necesitan disponer de esa información desde el principio del programa, por lo que el programador tendrá que incluir dicha información al principio del mismo.

Tabla de correctores de herramientas

La tabla de correctores es fundamental para trabajar en el torno con compensación de radio o con varias herramientas en un programa.

La tabla de herramientas se utiliza al margen del programa, está directamente relacionada con él por la palabra **"T-- D--"** que es la información que se introduce en el programa para esa relación.

En este apartado se analizará exclusivamente la parte de la compensación de radio el resto se verá con toda profundidad cuando se analice el cambio de herramientas.

La estructura de la llamada a la herramienta es la siguiente:

Control 8065 y Control 8055

Herramienta a cambiar ⟵ **T01 D01** ⟶ **Corrector a utilizar**

Según esa estructura, la palabra **"T"** contiene la información del número de posición física de la herramienta en el tambor y por tanto es la herramienta que colocará en la posición de trabajo. La palabra

"D", que está situada a la derecha, es la que recopilará la información necesaria de la tabla de herramientas y la cargará en memoria.

Estructura de la tabla de herramientas

Control 8065

Este control cuenta con una gran cantidad de posibilidades para poder controlar las herramientas a través de las diferentes tablas de las que dispone. Dado que es muy extenso, no se tratará en profundidad en este tratado, pues realmente no es necesario para la estructura de la programación, en todo caso, si existe interés en profundizar en esto se recomienda la lectura del manual de operación de FAGOR 8065.

Nos centraremos en la tabla de modo simple, que cumple sobradamente con nuestras necesidades.

Columna	Denominación	Descripción
T	Número de herramienta	Número de herramienta. El código "T" identifica la herramienta que se quiere seleccionar. Las herramientas pueden estar en un almacén gestionado por el CNC o en un almacén manual (lo que se denomina herramientas de tierra).
D	Número de corrector	En el corrector de herramienta se encuentran definidas las dimensiones de la herramienta. Cada herramienta puede tener asociados varios correctores. Para activar un corrector, este debe haber sido definido previamente. Para ello, el CNC dispone en la tabla de herramientas de una sección en la que se pueden definir varios correctores.
Mz	Almacén al que pertenece	El CNC permite colocar la torreta en una posición concreta, independientemente de que en la posición indicada exista o no una herramienta. Si la posición seleccionada contiene una herramienta, el CNC la asume como herramienta programada; en caso contrario, el CNC asume T0.
Icono	Factor de forma	Se define mediante un icono, que solo se muestra cuando se está definiendo una herramienta para tornear.
Nombre	Nombre de la herramienta	Nombre identificativo de la herramienta, definido por el usuario en la ventana de datos. Se puede editar directamente en la lista
LW	Desgaste de la longitud	En este apartado se puede indicar un factor corrector del desgaste de la herramienta.
Rp	Radio de punta	Radio de la punta de la herramienta. Para la herramienta de ranurar y tronzar, este dato asume el valor 0.
RpW	Desgaste del radio de la punta	Corrector del desgaste del radio de la punta de la herramienta. El CNC añade el valor del desgaste al radio nominal de la punta para calcular así el radio real de la punta (Rp+RpW).

En la misma se hace una explicación en cada fila de cada uno de los apartados de la tabla.

Tabla de offsets

En este control (a diferencia del 8055) no basta con el uso de una única tabla, pues para indicar las diferencias que hay entre las diferentes puntas de las herramientas, además de la tabla vista anteriormente, es necesaria otra tabla que es la de Offsets donde se introducirán los datos de diferencia de medida de las diferentes herramientas. La tabla es la siguiente:

T	D	Mz	Nombre	Off. X	OW. X	Off. Z	OW. Z
D001	01	01	Nombre	0.0000	0.0000	0.0000	0.0000
D002	02	02	Nombre	0.0000	0.0000	0.0000	0.0000
D003	03	03	Nombre	0.0000	0.0000	0.0000	0.0000
D004	04	04	Nombre	0.0000	0.0000	0.0000	0.0000
D005	05	05	Nombre	0.0000	0.0000	0.0000	0.0000

La indicación de cada columna es la siguiente:

T.- Número de herramienta en la tabla. Cada herramienta se identifica mediante su número, que es único para todo el sistema; no podrá estar repetido ni en almacenes distintos ni en herramientas de tierra.
D.- Número de corrector.
Mz.- Almacén al que pertenece.
Nombre.- Nombre identificativo de la herramienta. El nombre de la herramienta podrá tener una longitud de 32 caracteres.
Off. X.- Longitud en el eje X.
OW. X.- Valor a corregir en el eje X.
Off. Z.- Longitud en el eje Z.
OW. Z.- Valor a corregir en el eje Z.

La introducción de los datos de longitud se realiza de forma automatizada (ver el manual de operación de la máquina y control).

Herramientas de tierra

Se denomina herramienta de tierra a aquella que no se guarda en ningún almacén y que se carga manualmente cuando es solicitada. Las herramientas de tierra también se definen en la tabla de herramientas, pero no están asociadas a ninguna posición de almacén.

El número de herramienta podrá ser cualquier valor entero entre 1 y 999999999; por defecto se le asigna el primer valor disponible en la lista.

Factor de forma (8065), Código de forma de la herramienta (8055)

Según el tipo de mecanizado que se realice, se utilizará una herramienta u otra. No es lo mismo mecanizar con una herramienta de derechas, o de izquierdas, o de mandrinar, etc. La forma de la punta de la herramienta ocupa diferentes posiciones en el cuadrante, según el tipo de la misma. Como el control no tiene la capacidad de distinguir el tipo de herramienta que se está utilizando, el programador u operario tendrán que indicarle el código de forma de la misma, si quieren que la compensación sea correcta. Los criterios a seguir se pueden ver en la Fig. 7.24.

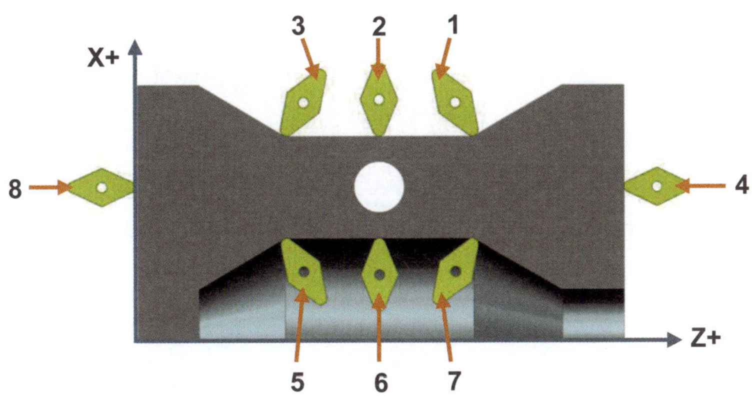

Fig. 7.24 Códigos de forma de herramientas de torno

Estos códigos son válidos para el control 8065 y 8055 y están basados en un torno que tiene la herramienta en el lado contrario al operario; en caso contrario, se invertirán los códigos 3 – 2 – 1 con los 5 – 6 – 7.

Por lo tanto, es necesario colocar en la posición adecuada de la tabla, el código indicado a dicho tipo de herramienta. En el dibujo se ven las diferentes posiciones que pueden disponer las diferentes herramientas tan solo hay que indicar el número de código correspondiente en la tabla.

Tabla de herramientas

Control 8055

La tabla de herramientas de este control dispone de 999 posiciones para almacenar correctores. Cada posición de la tabla se denomina con la letra **"D"**, ejemplo **"D012"**. En la línea de información de cada corrector, se controlan los siguientes valores:

CORRE.	LONGITUD X	LONGITUD Z	RADIO	TIPO	CORREC. X	CORREC. Z
D001	L 12.2600	L 42.1200	R 0.30	F01	I 0.0200	K 0.0100
D002	L -17.5200	L 11.7400	R 4.00	F03	I 0.0000	K 0.0000
D003	L 18.0400	L -31.3200	R 0.50	F04	I 0.0100	K 0.0200
D004	L 6.2700	L 5.4600	R 3.00	F02	I 0.0000	K 0.0000
D005	L 0.0000	L 0.0000	R 0.000	F00	I 0.0000	K 0.0000

CORRE. Posición del corrector en la tabla.
LONGITUD X Compensación de la herramienta en sentido eje **X**.
LONGITUD Z Compensación de la herramienta en sentido eje **Z**.
RADIO Radio de punta de herramienta. Este valor únicamente es necesario indicarlo cuando la trayectoria programada debe hacerse compensando el radio de la punta de herramienta.
TIPO Código de forma de la herramienta.
CORREC. X Valor de corrección del desgaste de la herramienta según el eje **X**. Valor introducido siempre en diámetros.
CORREC. Z Valor de corrección del desgaste de la herramienta según el eje **Z**.

Inicialmente se analizarán tan solo las columnas "TIPO" y "RADIO" que son las que hace falta conocer para aplicar la compensación de radio. El resto se analizarán cuando se vea el cambio de herramienta.

RADIO - Radio de punta de herramienta

Es la casilla destinada a colocar el radio de punta de la herramienta. Este valor es el que utilizará el control para realizar los cálculos adecuados para la compensación solicitada.

Utilización de la tabla para compensación de radio

Hasta que no se solicite la información de la tabla mediante la palabra **"T" y "D"**, el control tendrá por defecto en su memoria los valores de radio de herramienta y código de forma como valor 0. Por lo tanto, aunque se le solicite que realice corrección, lo hará sobre el valor 0 del radio lo que es equivalente a no utilizar la corrección.

Para proceder a almacenar el radio de herramienta para calcular la compensación, tan solo es necesario solicitarla con la palabra **"T01 D01** o **D01"**, dependiendo de que la máquina tenga o no tenga cambiador automático (ver **Capítulo 6**). El valor se puede introducir en cualquier punto del programa siempre que sea anterior a la solicitud de corrección. Lo aconsejable es solicitarlo en la cabecera al iniciar el programa, con posterioridad, en cada momento que se necesite realizar cambio de herramienta.

Existe la posibilidad de darle a una herramienta más de una posición en tabla para poder realizar mecanizados de manera más simplificada (se verá más adelante en sistemas de mecanizado). Por ejemplo, se pueden realizar llamadas a la misma herramienta pero con diferente corrector, con lo que no cambiará la herramienta físicamente, pero sí el corrector de radio. Ejemplo:

Llamada al cambio de herramienta con el corrector 01

```
G90 G94 G00 F100 S1200 T01 D01 M03
-----------------
-----------------
-----------------
-----------------
-----------------
G - - G - - T01 D12
------
```

Llamada manteniendo la misma herramienta, pero con el corrector 12

Existen 3 funciones relacionadas con la compensación del radio de punta: **G40** anulación de la compensación, **G41** corrección a izquierdas y **G42** corrección a derechas. A continuación, se verán de forma individualiza cada una de ellas.

G40 Anulación de la compensación de radio

Descripción

Las funciones de compensación de radio son modales entre sí, por lo que es necesario tener una que anule cualquier tipo de compensación cuando interese; esta función es la **G40**.

Después de aplicar **G40**, en el siguiente movimiento lineal que realice el control se rectificará la trayectoria hasta anular la compensación. Si no está activada **G41** o **G42**, el control no realizará ninguna compensación.

Formato: G40

Control 8065 y Control 8055

Anulación de compensación
G-- G01 G40 X-----.--- Z-----.---

Condiciones

La función **G40** es modal con **G41** y **G42**.

La cancelación de la compensación de radio, solo puede aplicarse en una línea donde esté programado un movimiento lineal ya sea **G00** o **G01**.

Esta función se anula al emplear **M02 M30** o reset del programa.

Control 8065

El modo en que se anula la compensación de radio en el control 8065 depende del tipo de estrategia de cancelación G138/G139, y del tipo de transición G136/G137 seleccionadas:

- G139/G136 La herramienta se desplaza al punto final, bordeando la arista mediante una trayectoria circular.
- G139/G137 La herramienta se desplaza al punto final, bordeando la arista mediante trayectorias lineales.
- G138 La herramienta se desplaza directamente al punto final. No influye el tipo de transición (G136/G137) programado.

Operativa

Se debe utilizar siempre que se haya realizado previamente una entrada de corrección, ya sea a izquierdas o a derechas, siempre en una línea donde no se esté mecanizando, pues en dicha línea el control irá compensando la corrección previamente introducida, lo que causaría daños en la pieza e incluso en la herramienta.

Es aconsejable introducir esta función en la cabecera del programa, pues si por un azar, se hubiera interrumpido el programa a mitad, al reiniciarlo, podría pasar que se hubiera quedado activada la corrección y compensada la herramienta.

G41 Compensación de radio a izquierdas, G42 a derechas

Descripción

Con G41 se realiza la compensación de radio de herramienta por la parte izquierda del material, según su sentido de marcha y con G42 se realiza por la parte derecha del material, también según su sentido de marcha (Fig. 7.25).

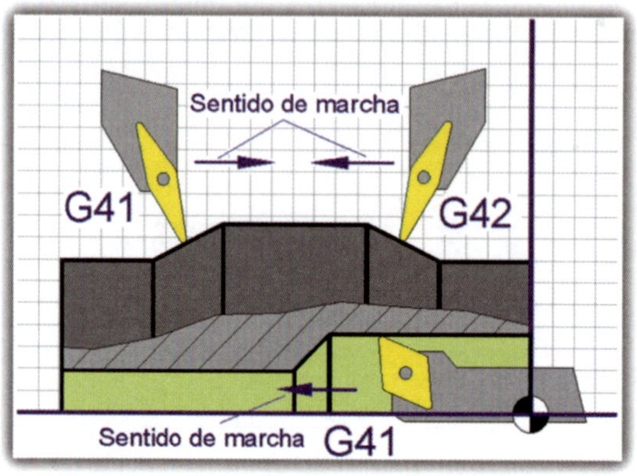

Fig. 7.25 Compensación de radio con herramienta.

Para saber por qué lado de la pieza está avanzando la herramienta, se debe realizar la siguiente pregunta:

"¿Hacia qué lado de la pieza está situada la herramienta, según su sentido de marcha?"

En la Fig. 7.25, puede observarse cómo en la parte exterior **G41** es el que va desde la izquierda hacia la derecha, **G42** el que va desde la derecha hacia la izquierda, en la parte interior de la pieza (mandrinado) es **G41** el que va de derecha a izquierda, por lo tanto, **G42** irá en sentido contrario.

Formato: G41 / G42

Control 8065 y **Control 8055**

Entrada de la compensación

G-- G01 G41 / G42 X-----.--- Z-----.---

Condiciones

Las funciones **G41** y **G42** son modales entre sí y con **G40**.

La entrada de la compensación de radio solo puede aplicarse en una línea donde esté programado un movimiento lineal, ya sea **G00** o **G01**.

Estas funciones se anulan al emplear **M02 M30** o reset del programa.

Operativa

Se deben utilizar siempre que se tenga que mecanizar partes curvas o cónicas para evitar la desviación que se puede producir al mecanizarlas.

Se debe incluir en una línea donde no haya material, pues al realizar ese recorrido la herramienta compensará la trayectoria hasta compensar la medida, con lo que podría mecanizar la pieza de forma indeseada.

Es importante, una vez finalizado el programa, que se haya aplicado la anulación de compensación con la función **G40**. De otro modo, la herramienta puede quedar con la trayectoria compensada y no con la real.

Ejemplo 1

El ejemplo que se verá a continuación, será la pieza de la Fig. 7.26.

Se parte de una pieza de fundición donde solo es necesario realizar un perfilado en una sola pasada.

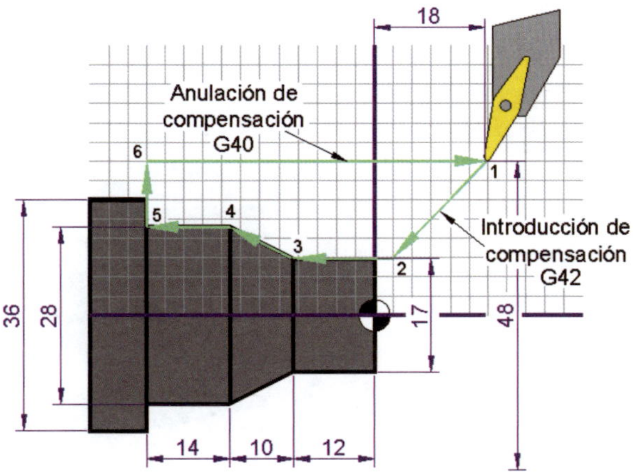

Fig. 7.26 Cilindrado con compensación de radio.

Programa:

Control 8065 y Control 8055

Absolutas

1 - G90 G94 G05 F100 S1200 T01 D01
2 - G0 X48 Z18
3 - **G42** X17 Z2
4 - G01 Z-12 M03
5 - X28 Z-22
6 - Z-36
7 - X48 M05
8 - **G40** G0 Z18
9 - M30

Comentario al ejemplo 1

Línea 1	Se coloca la cabecera.
Línea 2	Colocación de la herramienta en el punto **"1" X48 Z18**, cercano a la pieza y con facilidad de aproximación, sin peligro de colisionar.
Línea 3	En esta línea se introduce la corrección a derechas **"G42"** y se avanza hasta el punto **"2" X17 Z2**, distancia adecuada para realizar la entrada. En este recorrido el control realizará la corrección de la herramienta activa.
Línea 4	Se activa **G01** para trabajar de forma controlada a **"F100"**, se pone en marcha el cabezal con **M3**, se programa el punto de cilindrado **"3" X17 Z-12**.
Línea 5	Realización de la parte cónica de la pieza con compensación de radio con programación del punto **"4" X28 Z-22**.
Línea 6	Continuación al punto **"5" X28 Z-36**.
Línea 7	Se procede a subir en **X** hasta el punto **"6" X48**. Como no existe material, se activa **G00** y se para el cabezal con **M5**.
Línea 8	Se desactiva la corrección a derechas con **"G40"** y se vuelve al punto de partida **"1" X48 Z18** en **G00**. Es importante que al desactivar la compensación exista suficiente recorrido para que la herramienta acabe en la posición correcta.
Línea 9	Final del programa **M30**.

Ejemplo 2

El ejemplo que se verá a continuación, será la pieza de la Fig. 7.27.

Se parte de una pieza de fundición donde solo es necesario realizar un mandrinado en una sola pasada.

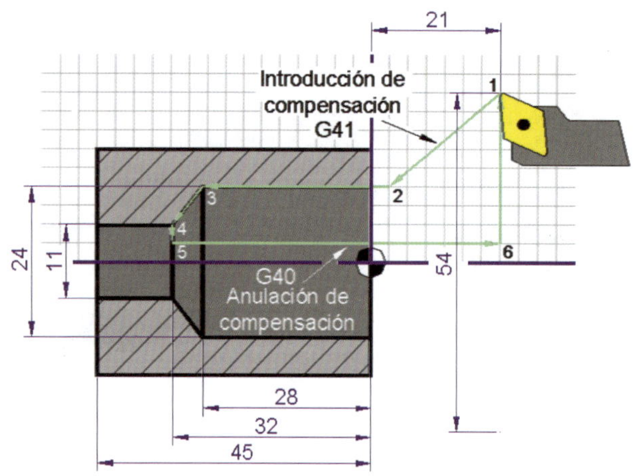

Fig. 7.27 Mandrinado con compensación de radio.

Programa:

Control 8065 y **Control 8055**

Absolutas

1 - G90 G94 G05 F100 S1200 T05 D05
2 - G0 X54 Z21
3 - **G41** X24 Z2
4 - G01 Z-28 M03
5 - X11 Z-32
6 - X7 M05
7 - G0 Z21
8 - **G40** X54
9 - M30

Comentario al ejemplo 2

Línea 1 Se coloca la cabecera.

Línea 2 Colocación de la herramienta en el punto **"1" X54 Z21**, cercano a la pieza y con facilidad de aproximación, sin peligro de colisionar.

Línea 3 En esta línea se introduce la corrección a derechas **"G41"** y se avanza hasta el punto**"2" X24 Z2**, distancia adecuada para realizar la entrada. En este recorrido el control realizará la corrección de la herramienta activa.

Línea 4 Se activa **G01** para trabajar de forma controlada a **"F100"**, se pone en marcha el cabezal con **M3**, se programa el punto de cilindrado **"3" X24 Z-28**.

Línea 5 Realización de la parte cónica de la pieza con compensación de radio con programación del punto **"4" X11 Z-32.**

Línea 6 Continuación al punto "**5" X7 Z-32**.

Línea 7 Se procede a mover en **Z** hasta el punto **"6" Z21**. Como no existe material, se activa **G00** y se para el cabezal con **M5**.

Línea 8 Se desactiva la corrección a izquierdas con **"G40"** y se vuelve al punto de partida **"1" X54 Z21** en **G00**. Es importante que al desactivar la compensación exista suficiente recorrido para que la herramienta acabe en la posición correcta.

Línea 9 Final del programa **M30**.

G33 Roscado

Descripción

Con G33 se pueden realizar roscas longitudinales, frontales y cónicas. La máquina tiene que disponer de captador rotativo del cabezal (encoder) en caso contrario, no se podrá aplicar esta función. (Fig. 7.28).

A pesar de disponer de esta función, no es ni con mucho la más utilizada para roscar, pues existe un ciclo automático de roscado que facilita tremendamente la labor.

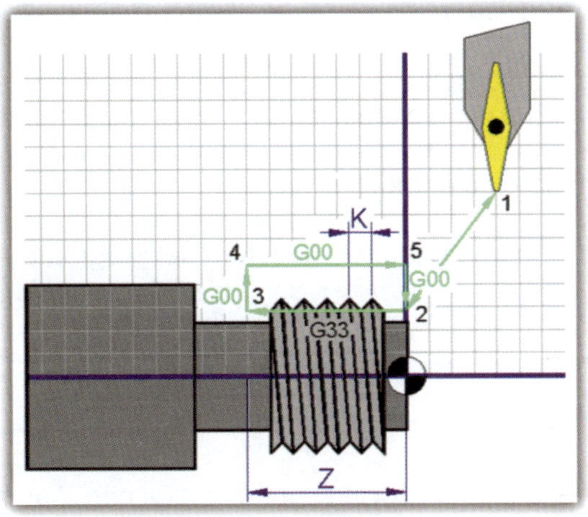

Fig. 7.28 Roscado electrónico

La forma de utilizar esta función está descrita en la Fig. 7.28 donde se describen los pasos a realizar y las funciones que se tienen que aplicar a cada recorrido.

Sentido de rosca

La dirección de roscado se obtiene cambiando el sentido de giro del cabezal. Tal como está ahora la herramienta en la figura 7.28, avanzando en la dirección que indican las flechas y girando en sentido **M03** a derechas, se obtiene una rosca a derechas.

Con las mismas condiciones y girando el cabezal a izquierdas **M04** se obtiene una rosca a izquierdas.

Caso de que la herramienta avanzara desde la izquierda hacia la derecha los sentidos se cambiarían.

Existen dos posibilidades de realizar roscas de más de una entrada:

- Utilizando el eje **"C",** si la máquina dispone de dicho elemento.
- Cambiando la posición de la herramienta al inicio del roscado.

Utilizando el eje "C"

El eje **"C"** es un eje especificado en grados, pues su sentido de movimiento es circular. Por lo tanto, para realizar roscas de varias entradas, tan solo se tiene que dividir la vuelta completa, por el número de entradas y hacer girar al eje dicha cantidad de grados, manteniendo la posición de inicio de roscado de la herramienta en la misma posición en cada una de las roscas.

Ejemplo de rosca de dos entradas:

Como es sabido, en las roscas de más de una entrada el paso es la distancia de filete a filete y el paso real de rosca será el paso de la hélice. En este caso, el paso a introducir será el de la hélice de la rosca y no el paso real de filete a filete.

Giro del cabezal **360/2=180**, es decir, el eje **"C"** se tendrá que programar después de la primera rosca como **"C180".**

En el esquema inferior se ve cómo quedaría la estructura del programa.

```
G--- ........ ┐
..........    │ ← Construcción primera rosca
..........    │
..........   ─┘
C180 ←  Giro del cabezal 180º
G--- ........ ┐
.........     │ ← Construcción segunda rosca
.........     │
.........    ─┘
```

Cambiando la posición de la herramienta al inicio del roscado

En este caso, lo que se tiene que desplazar al inicio de la rosca, es la herramienta en **Z**, entre la construcción de una rosca y otra. El valor a desplazar en **Z** es el resultado de:

Paso = Paso de la hélice / número de entradas

En el esquema inferior se ve cómo quedaría la estructura del programa.

```
G--- ........ ┐
..........    │ ← Construcción primera rosca con Z en posición 1
..........    │
..........   ─┘
G--- ........ ┐
.........     │ ← Construcción segunda rosca con Z en posición 2
.........     │
.........    ─┘
```

Formato: G33

Control 8065

Roscado electrónico

G33 Z-----.--- K-----.--- Q1=---.--- Roscado longitudinal
G33 X-----.--- K-----.--- Q1=---.--- Roscado frontal
G33 X-----.--- Z-----.--- K-----.--- Q1=---.--- Roscado cónico

Control 8055

Roscado electrónico

G33 Z-----.--- L-----.--- Q---.--- Roscado longitudinal
G33 X-----.--- L-----.--- Q---.--- Roscado frontal
G33 X-----.--- Z-----.--- L-----.--- Q---.--- Roscado cónico

Según el roscado que se pretenda realizar se utiliza un formato u otro, sin ningún otro dato en la línea que entorpezca los datos entre sí.

Control 8065

Estructura de la línea de roscado longitudinal:

Roscado			
G33	Z-----.---	K-----.---	Q1=---.---

- **G33**: Función **G33**
- Z-----.---: Coordenada final de la rosca en **Z**
- K-----.---: Paso en eje Z
- Q1=---.---: Posición angular del cabezal (Opcional)

Estructura de la línea de roscado frontal:

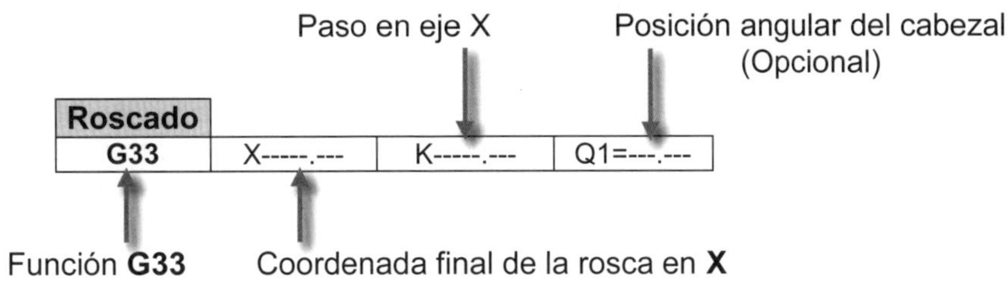

Estructura de la línea de roscado cónico:

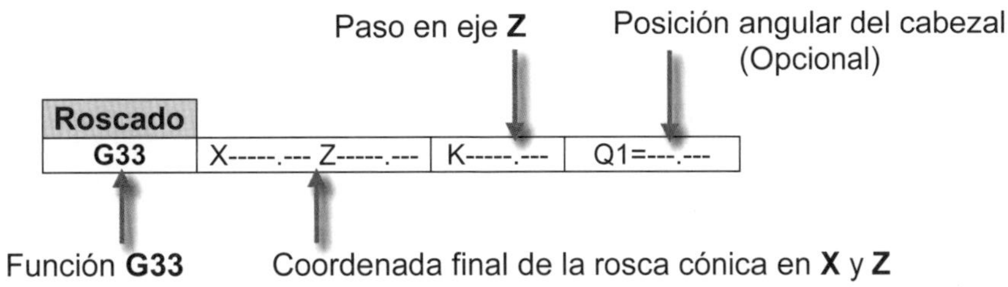

En todos los casos, la **"K"** sirve para indicar el paso de la rosca, por tanto, es obligatorio su uso. En cambio la **"Q"** es opcional y sirve para indicar la posición angular del cabezal para, por ejemplo, mecanizar roscas de 2 o más entradas. En caso de no usarla el control actuará indicando siempre posición angular de 0º.

En caso de usar la Q, debe llevar asociado el número de cabezal en el que actuará y el valor deberá ir precedido del signo **"="**.

Control 8055

Existen estas dos diferencias:

- En el paso, en lugar de utilizar la palabra "**K"** se utiliza la palabra **"L".**
- La palabra **"Q"** no se asocia a diferente cabezal y la asignación se realiza sin usar el signo **"="**.

Condiciones

Antes de realizar el roscado electrónico, el control efectúa una búsqueda de referencia máquina del cabezal y sitúa el cabezal en la posición angular indicada por el parámetro **"Q"**.

Para que el parámetro "Q" esté disponible es necesario que previamente se haya definido el parámetro máquina de cabezal "M19TYPE" a valor 1.

Si el programa que se está realizando trabaja con arista matada (G05), se pueden empalmar diferentes roscas de forma continua en una misma pieza.

Mientras se trabaja con la función G33, el avance F programado no se puede variar con el FredRate ni tampoco la velocidad de cabezal S, adaptándose al 100% del valor programado.

La función G33 es modal e incompatible con G00, G01, G02, G03, G34 y G75.

Operativa

Tal como se ha indicado anteriormente, esta función no se suele utilizar salvo para casos concretos porque, tal como se expuso, existe un ciclo de roscado que lo supera en todos los sentidos.

La utilización de **G33** conlleva el hecho de que se tienen que tener perfectamente predeterminadas las diferentes pasadas a realizar según dimensiones y tipo de rosca. Tal como se ve en la Fig. 7.28, se tienen que realizar cuatro líneas de programación por cada pasada de profundidad que se le dé a la rosca. Primero con **G00** se lleva a la profundidad de rosca deseada, punto **"2"**, a continuación, se aplica la función **G33** hasta alcanzar el punto **"3"**, que es la línea que realizará el roscado la siguiente línea es una retirada en **G00** hasta alcanzar el punto **"4"**, y con la misma función retroceder hasta el punto **"5"**, donde se iniciaría de nuevo otro ciclo.

En un torno convencional, al desconectar el automático de roscado se pierde el hilo de rosca, teniendo que resituar la herramienta con el charriot para reanudar de nuevo el roscado. En CNC el hecho de pasar de **G33** a **G00** no comporta la pérdida de posición del hilo de rosca para la siguiente pasada, pues el control tiene perfectamente controlado dicho dato a través del encoder.

Para construir roscas de varias entradas es necesario disponer de un eje **"C"** en el cabezal. De no ser así no se podrán construir ese tipo de roscas.

Ejemplo 1

El ejemplo que se verá a continuación, será la pieza de la Fig. 7.29.

Se parte de una pieza donde está todo el perfil mecanizado y falta solo el roscado.

El roscado se realiza únicamente a dos pasadas, lo cual es suficiente para comprobar su funcionamiento.

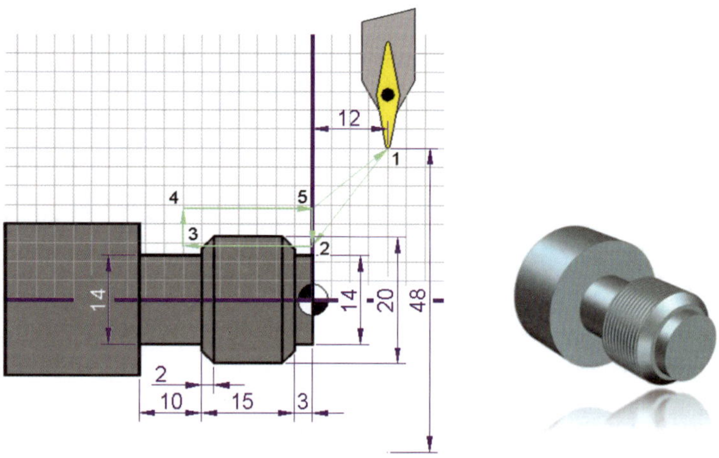

Fig. 7.29 Roscado

Programa:

Control 8065

Absolutas

```
1 - G90 G94 G05 G40 F100 S300 T02 D02
2 - G0 X48 Z12
3 - X19.8 Z0 M03
4 - G33 Z-20 K1
5 - G00 X25
6 - Z0
7 - X19.4
8 - G33 Z-20 K1
9 - G00 X25 M05
10 - Z0
11 - X48 Z12
12 - M30
```

Comentario al ejemplo

Línea 1 Se coloca la cabecera.

Línea 2 Colocación de la herramienta en el punto **"1" X48 Z12**, cercano a la pieza y con facilidad de aproximación, sin peligro de colisionar.

Línea 3 Avance hasta el punto de inicio del roscado **"2" X19.8 Z0** con la primera pasada ya introducida en **X**. Se activa el cabezal con **M03**.

Línea 4 Inicio del roscado hasta el punto **"3" X19.8 Z-20** con el paso de rosca introducido a 1 mm. Como la **X** es modal y está indicado el diámetro 19.8 en la línea 30, no es necesario indicarlo.

Línea 5 Activación de la función **G00** para realizar movimientos en rápido. Retirada hasta una posición de seguridad en **X** en el punto **"4" X25 Z-20,** para después poder volver hacia atrás hasta la posición **Z** de inicio de rosca.

Línea 6 Vuelta hasta el punto de inicio de rosca en **Z,** al punto **"5" X25 Z0**.

Línea 7 Segunda posición de profundidad de pasada de rosca, el punto **"2" X19.4 Z0**.

Línea 8 Segunda pasada de roscado hasta el punto **"3" X19.4 Z0**.

Línea 9 Activación de la función **G00** para realizar movimientos en rápido. Retirada hasta la posición del punto **"4" X25 Z-20**. Se para el cabezal con **M05**.

Línea 10 Retirada hasta posición de inicio de roscado en **Z**, punto **"5" X25 Z0**.

Línea 11 Vuelta en velocidad rápida al punto de partida **"1" X48 Z12**.

Línea 12 Final del programa **M30**.

Control 8055

Es todo idéntico excepto la palabra **"K"** que cambia por **"L"**.

G34 Roscado variable

Descripción

Con G34 se pueden realizar roscas longitudinales, frontales y cónicas con paso variable, es decir, empezando con un paso inicial y acabando con otro final. El control distribuirá progresivamente el paso desde el inicio hasta el fin. La máquina tiene que disponer de captador rotativo del cabezal (encoder). En caso contrario, no se podrá aplicar esta función.

Formato: G34

Control 8065

Roscado electrónico

G34 Z-----.--- K-----.--- K1=-----.--- Q1=-----.--- Roscado longitudinal
G34 X-----.--- K-----.--- K1=-----.---Q1-----.--- Roscado frontal
G34 X-----.--- Z-----.--- K-----.--- K1=-----.--- Q1-----.--- Roscado cónico

Control 8055

Roscado electrónico

G34 Z-----.--- L-----.--- Q-----.--- K-----.--- Roscado longitudinal
G34 X-----.--- L-----.--- Q-----.--- K-----.---Roscado frontal
G34 X-----.--- Z-----.--- L-----.--- Q-----.--- K-----.--- Roscado cónico

Control 8065

Estructura de la línea de roscado longitudinal:

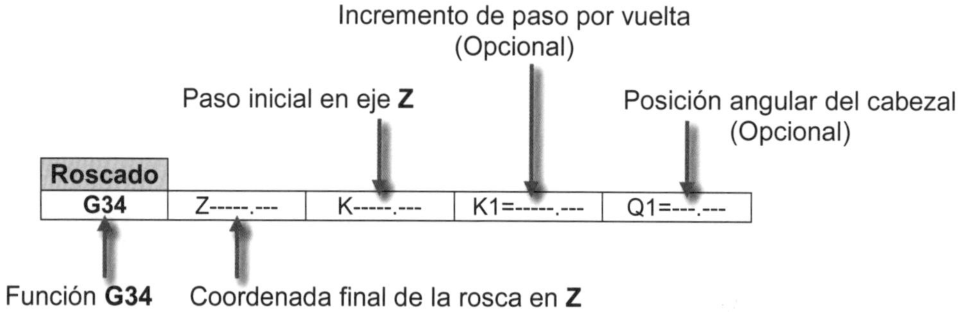

Estructura de la línea de roscado frontal:

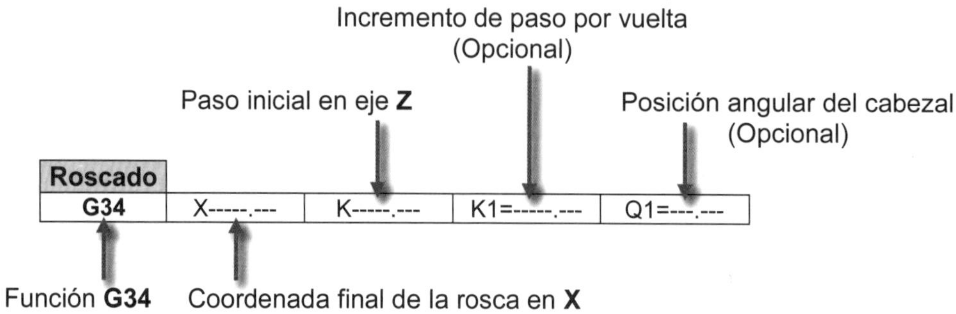

Estructura de la línea de roscado cónico:

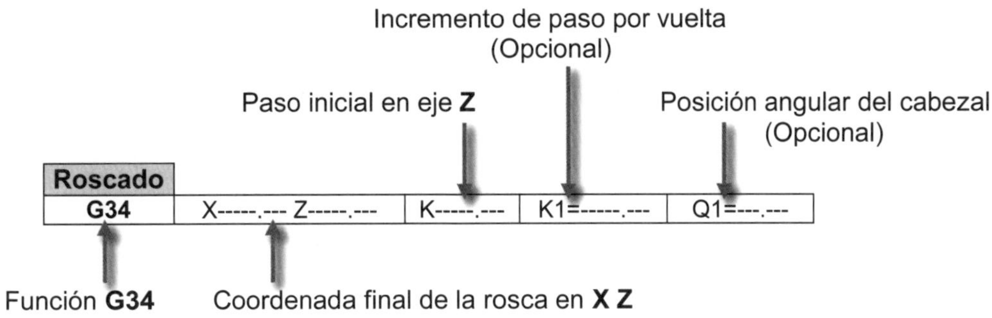

Control 8055

Estructura de la línea de roscado longitudinal:

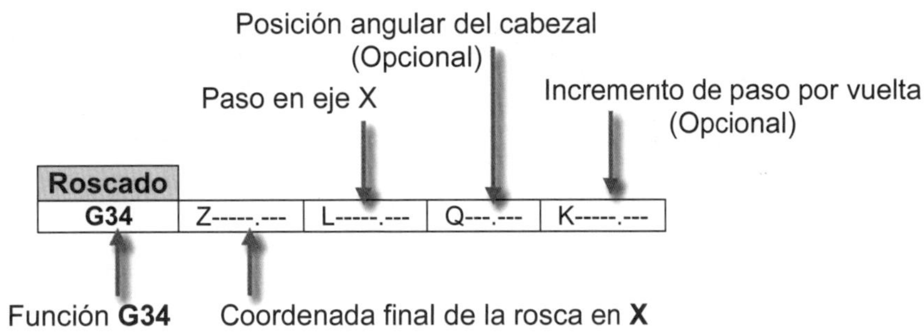

Estructura de la línea de roscado frontal:

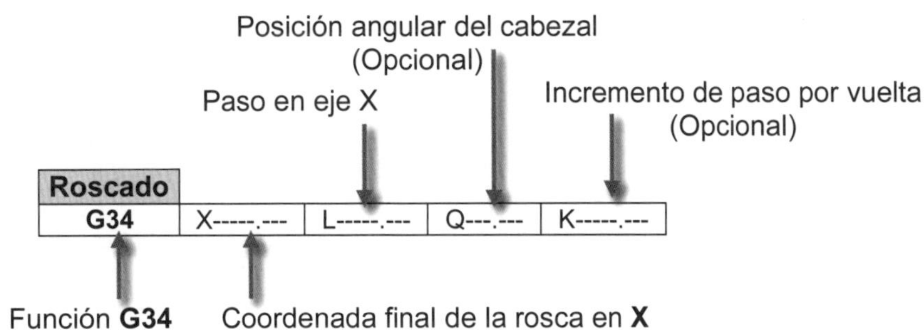

Estructura de la línea de roscado cónico:

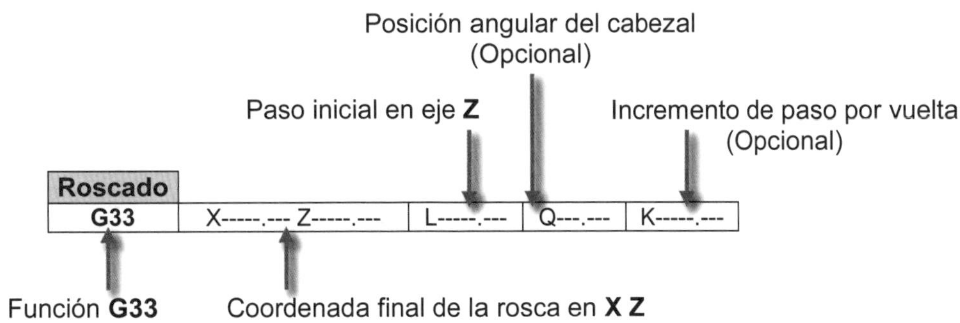

Condiciones

Las mismas que con G33.

Operativa

La operativa es la misma que con G33, con la diferencia de que el control a medida que vaya construyendo la rosca irá incrementando o decrementando en cada vuelta el valor introducido en la palabra **"K"**, obteniendo así una rosca de paso variable.

G72 / #SCALE. Factor de escala

Descripción

Con **G72** se pueden ampliar o reducir piezas programadas. Esto permite tener familias de piezas que sean semejantes de forma, pero de diferentes tamaños. Se puede conseguir con un solo programa simplemente cambiando el factor de escala.

A partir de la función **G72,** todos los movimientos se multiplican por el factor que acompaña a dicha función. Si el factor es **>1** se ampliará la escala, si es **<1** se reducirá la escala.

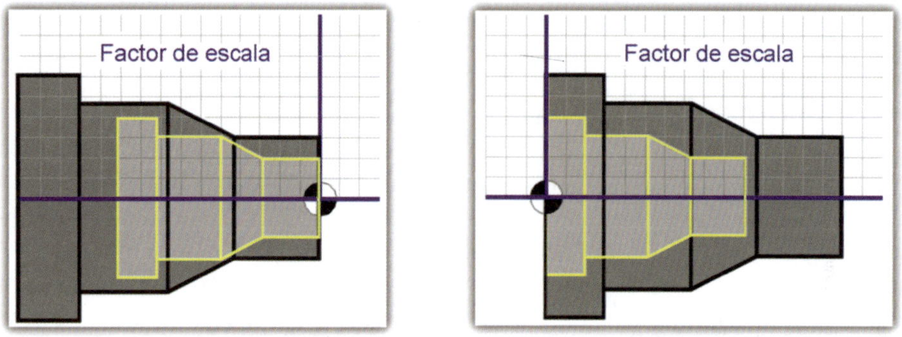

Fig. 7.30 Factor de escala

Como puede observarse en la figura anterior, se ve como en este caso hay reducción del tamaño y que el tamaño se decrementa teniendo en cuenta la posición del punto cero pieza.

Formato: G72 / #SCALE (Solo 8065)

Control 8065

Con G72
G72 S-----.----

Con #SCALE
#SCALE [-----.---]

Control 8055

G72 Todos los ejes
G72 S-----.----

G72 Elección de ejes
G72 X-----.--- / Z-----.---

Control 8065

En el control 8065 se puede programar indistintamente con las funciones G72 o #SCALE obteniéndose los mismos resultados.

Si se programa con la orden #SCALE, el factor de escala se tiene que declarar necesariamente entre corchetes.

Control 8055

En el control 8055 se pueden programar todos los ejes simultáneamente o eligiendo en qué eje se aplicará la escala.

Si se realiza con la palabra **"S"** se entenderá que son todos los ejes los que aplicarán dicha escala, pero si se introduce el nombre de un eje (X o Z) en lugar de la palabra **"S"** la aplicación de la escala se realizará únicamente a dicho eje.

Si se utiliza la opción de ejes no se podrá aplicar la palabra **"S"**.

Condiciones

La función **G72 / #SCALE** debe programarse sola en una línea.

La función estará activa hasta la anulación de la escala activada.

El parámetro **"S"** que define el factor de escala se debe programar a continuación de la función **G72 / #SCALE**. Si se programa antes se interpreta como velocidad del cabezal.

Operativa

Esta función aplica el factor de escala a partir de la línea donde se ha programado,

Se pueden programar diferentes factores de escala dentro de un mismo programa, simplemente al introducir un nuevo valor, a partir de ese punto y en adelante cambia la escala al nuevo valor.

Anulación de escala

Control 8065

Si se utiliza la opción G72, la anulación se realiza indicando como valor de escala 0 o 1 en la palabra "S". Ejemplo:

G72 S0 o G72 S1

Si se utiliza la opción #SCALE, la anulación se realiza indicando como valor de escala 0 o 1 entre corchetes. Ejemplo:

#SCALE [0] o #SCALE [1]

Control 8055

Si se utiliza la opción G72 S, la anulación se realiza indicando 1 como valor de escala en la palabra "S". Ejemplo:

G72 S1

Si se utiliza la opción G72 X/Z, la anulación se realiza indicando como valor de escala 1 en el nombre del eje utilizado. Ejemplo:

G72 X1 – Anula la escala aplicada al eje **"X"** / G72 Z1 – Anula la escala aplicada al eje **"Z"**.

Sentencias de control de flujo y salto
8065: $GOTO y #RPT – 8055: GOTO y RPT

Descripción

$GOTO / GOTO

Sirve para poder realizar saltos entre bloques dentro del mismo programa.
Para esta finalidad se utilizan sentencias de alto nivel en lugar de funciones preparatorias.

#RPT / RPT

Con esta función se pueden repetir partes del programa, tantas veces como se desee sin necesidad de escribir de nuevo el código de programación.

La sentencia #RPT / RPT permite repetir la ejecución de una parte del programa definida entre dos bloques, los cuales estarán identificados mediante etiquetas.

El número de veces a repetir los bloques es configurable; si no se programa, el CNC repite el grupo de bloques una sola vez.

Esta sentencia es muy útil para utilizar partes repetitivas de un programa y agilizar bastante la programación. No obstante, donde tiene más aplicación es en fresa, donde se le pueden sacar bastantes ventajas. En torno, por la estructura de las piezas, no es tan utilizada, aunque también se analizarán las ventajas del mismo.

Formato: $GOTO / GOTO

Control 8065

Con número de etiqueta
$GOTO N-----

```
$GOTO N60 (o N60:)
G01 X27 Z-32
-----------
-----------
N60: G00 X42 Z30
```

Puntos necesarios para poder ser llamada

Con nombre de etiqueta
$GOTO [Nombre_etiquet]

```
$GOTO [SALTO]
G01 X27 Z-32
-----------
-----------
[SALTO] G00 X42 Z30
```

Corchetes necesarios para poder ser llamada

Control 8055

Con número de etiqueta
(GOTO N-----)

```
(GOTO N60)
G01 X23 Z-40
-----------
-----------
N60 G00 X48 Z25
```

La etiqueta de salto puede ser direccionada mediante un número o mediante cualquier expresión que tenga como resultado un número.

No es necesario seguir ningún orden y se permiten números salteados. Si en un mismo programa existen dos o más bloques con el mismo número de etiqueta, el CNC tomará siempre la primera de ellas.

Control 8065

En el control 8065 la palabra GOTO debe ir precedida del carácter $ sin espacio entre ellos y como se observa en el cuadro anterior puede llamar a bloques por el número o por nombre.

El bloque al que llame por número debe tener al final el carácter ":" para poder ser llamado. Como se observa en el cuadro superior puede llamar al bloque con o sin los dos puntos al final.

El otro formato que se puede utilizar es el de nombre de etiqueta. En tal caso, la etiqueta debe ir precedida de su nombre entre corchetes e igualmente la llamada debe ser realizada entre corchetes.

La longitud máxima del nombre es de 14 caracteres y no pueden existir espacios entre ellos.

Control 8065

En el control 8055 la palabra GOTO con el número de etiqueta debe escribirse dentro de paréntesis, con un espacio entre ellos.

El bloque al que llame debe tener la etiqueta "N" con el número al que llamar.

El otro formato que se puede utilizar es el de nombre de etiqueta. En tal caso, la etiqueta debe ir precedida del nombre de la misma entre corchetes e igualmente, la llamada debe ser realizada entre corchetes.

La longitud máxima del nombre es de 14 caracteres y no pueden existir espacios entre ellos.

Abajo se puede observar cómo afectarían los saltos de línea.

Con el formato de la izquierda saltará infinitamente hasta la línea indicada, tal como se ve en el esquema inferior, repitiendo el ciclo hasta que se pulse reset o se programe algún condicional.

```
G.. G.. X... Z... F... S... T... M...
N10: ----------
-----------------
-----------------
$GOTO N10
-----------------
```

```
G.. G.. X... Z... F... S... T... M...
$GOTO N10
-----------------
-----------------
N10:-----------
-----------------
```

En cambio, en el esquema de la derecha el salto es hacia abajo, dejando de realizar las líneas intermedias y siguiendo el programa hacia abajo.

Formato: #RPT / RPT

Control 8065

Con número de etiqueta
#RPT [N-----, N-----, ----]

Llamada con número de etiquetas

```
#RPT [N60, N70, 2]
-----------
-----------
N60: G01 X27 Z-32
-----------
-----------
N70: G00 X42 Z30
```

Con nombre de etiqueta
#RPT [[Nombre], [NOM2], ----]

Llamada con nombre de etiqueta

```
#RPT [[INICIO], [FIN], 2]
-----------
-----------
[INICIO] G01 X27 Z-32
-----------
-----------
[FIN] G00 X42 Z30
```

Control 8055

Con número de etiqueta
(RPT N-----, N-----) N-----

```
(RPT N60, N70) N2
-----------
-----------
N60 G01 X23 Z-40
-----------
-----------
N70 G00 X48 Z25
```

Control 8065

Estructura de utilización de #RPT con llamada numérica.

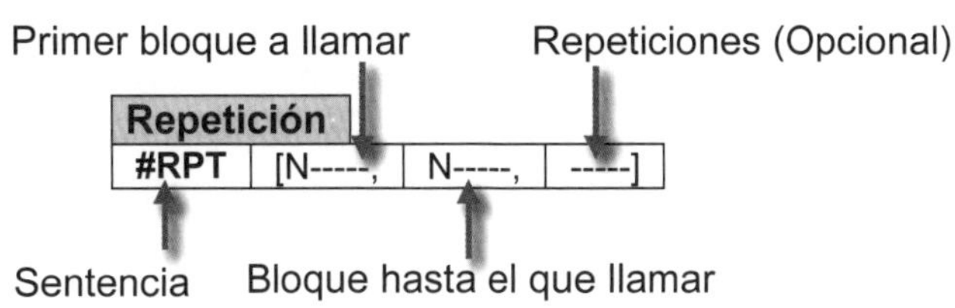

Estructura de utilización de #RPT de llamada con nombre de etiqueta:

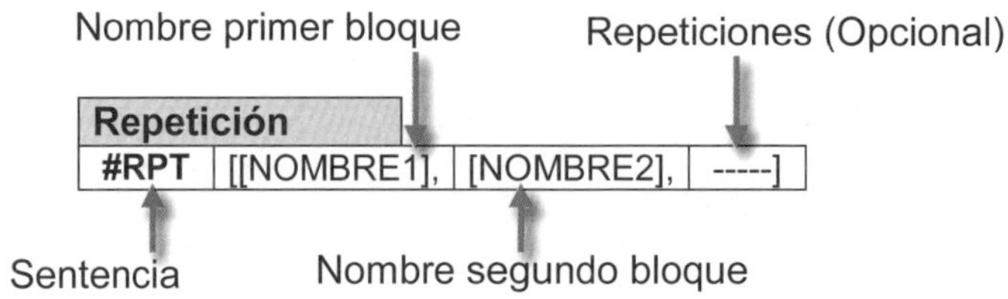

Control 8055

Estructura de utilización de RPT con llamada numérica:

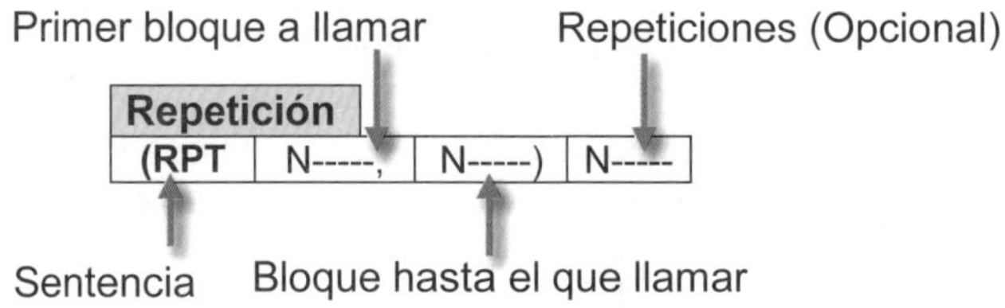

Comportamiento del programa con #RPT con el control 8065 (El control 8055 se comporta exactamente igual). Diversos ejemplos.

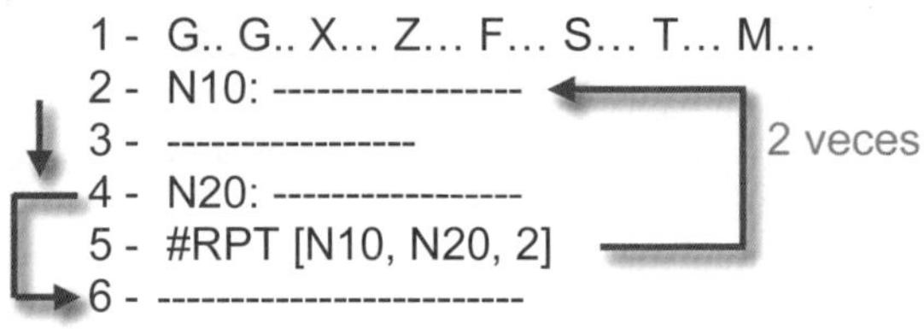

Como se puede observar en el cuadro anterior, el programa realizará la cabecera en la línea 1, seguirá con la línea 2 y realizará las líneas siguientes líneas hasta encontrar la línea 5 con el RPT que lo direcciona has N10. A partir de esa línea, volverá a bajar hasta la línea 4 y esto lo realizará 2 veces. Cuando lo haya realizado seguirá con la línea 6 hasta acabar el programa.

Por lo observado anteriormente, las líneas 2, 3 y 4 las realizarán un total de 3 veces, 1 en cascada de programa normal y las otras 2 cumpliendo con #RPT.

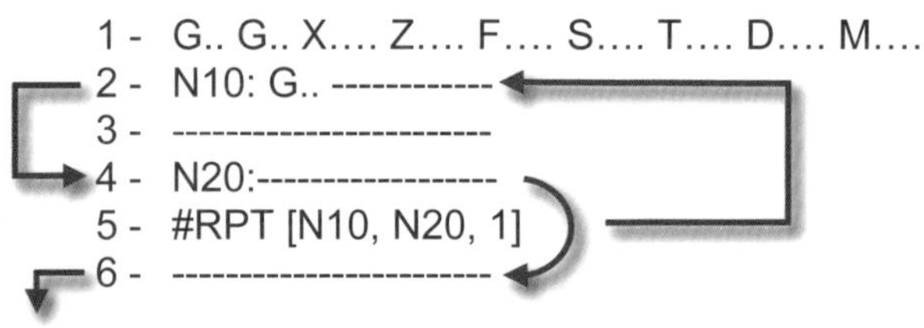

Esta estructura realiza dos veces las líneas de 2 a 4, una de forma normal al realizarse el programa en cascada y otra al ser llamada por la línea 5. Una vez finalizado, devuelve el control a la línea 6 y sigue el programa hasta encontrar el final.

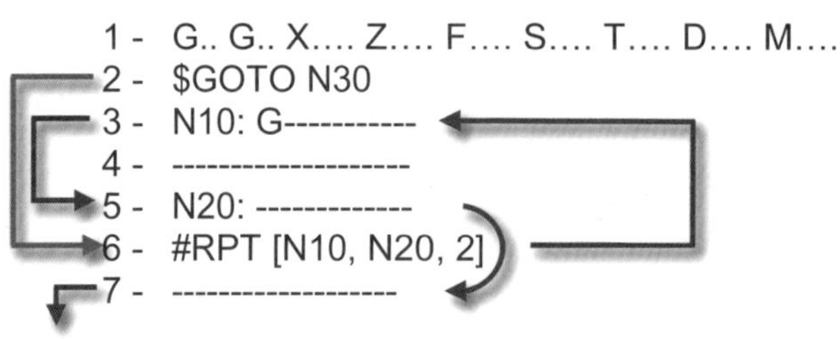

Esta estructura realiza dos veces las líneas de 3 a 5 pero llamadas desde la línea 6.

La línea 2 (flecha verde) tiene como finalidad impedir que las líneas de 3 a 5 se realicen en forma de cascada; de esta manera, solo se ejecutarán cuando se las llame desde RPT.

Condiciones

Las sentencias $GOTO / GOTO y #RPR / RPT deben programarse solas en una línea.

No son modales.

En #RPT / RPT caso de no introducir número de repeticiones, por defecto será de 1.

En #RPT / RPT el grupo de bloques a repetir debe estar definido en el mismo programa o subrutina que ejecuta esta sentencia. También podrán estar a continuación del programa (después de la función M30).

En #RPT / RPT como en el grupo de bloques a repetir puede haber definida una segunda repetición de bloques, dentro de esta una tercera y así sucesivamente, el CNC limita este tipo de llamadas a un máximo de 20 niveles de anidamiento.

Operativa

La instrucción $GOTO / GOTO continúa la ejecución del programa en el bloque llamado, que puede estar en un punto anterior o posterior del programa.

Las formas de aplicarla dependerán en todo momento de la decisión del programador; procurando, no complicar el código por el hecho de querer ahorrar alguna línea.

En #RPT / RPT, una vez finalizada la repetición, la ejecución continúa en el bloque siguiente al de la sentencia #RPT.

Ejemplo

El ejemplo que se verá a continuación, será el de la pieza de la Fig. 7.29.

Se parte de una pieza donde está todo el perfil mecanizado y falta sólo el roscado.

El roscado se realiza únicamente a dos pasadas.

El ejemplo se verá, en este caso, sobre programación con el control 8065.

Programa:

Control 8065

Absolutas

```
 1 - G90 G94 G05 G40 F100 S300 T02 D02
 2 - G0 X48 Z12
 3 - X19.8 Z0 M03
 4 - N10: G33 Z-20 K1
 5 - G00 X25
 6 - N20: Z0
 7 - X19.4
 8 - #RPT [N10, N20, 1]
 9 - G00 X25 M05
10 - Z0
11 - X48 Z12
12 - M30
```

Comentario al ejemplo

Línea 1	Se coloca la cabecera.
Línea 2	Colocación de la herramienta en el punto **"1" X48 Z12**, cercano a la pieza y con facilidad de aproximación, sin peligro de colisionar.
Línea 3	Avance hasta la primera profundidad del roscado **"2" X19.8 Z0**. Se activa el cabezal con **M03**.
Línea 4	Inicio del roscado hasta el punto **"3" X19.8 Z-20** con el paso de rosca introducido a 1mm. Como la **X** es modal y está indicado el diámetro 19.8 en la línea 3, no es necesario indicarlo.
Línea 5	Activación de la función **G00** para realizar movimientos en rápido. Retirada hasta una posición de seguridad en **X** en el punto **"4" X25 Z-20** para, después, poder volver hacia atrás hasta la posición **Z** de inicio de rosca.
Línea 6	Vuelta hasta el punto de inicio de rosca en **Z** al punto **"5" X25 Z0**.
Línea 7	Avance hasta la segunda profundidad del roscado, al punto **"2" X19.4 Z0**.
Línea 8	Llamada a las líneas **4**, **5** y **6**, que sustituye a las tres líneas que en el anterior programa estaban escritas por debajo de la línea **8**, con lo que se produce un ahorro en tiempo de programación, haciendo más fácil la lectura del programa.
Línea 9	Activación de la función **G00** para realizar movimientos en rápido. Retirada hasta la posición del punto **"4" X25 Z-20**. Se para el cabezal con **M05**
Línea 10	Retirada hasta posición de inicio de roscado en **Z**, punto **"5" X25 Z0**.
Línea 11	Vuelta en velocidad rápida al punto de partida **"1" X48 Z12**.
Línea 12	Final del programa **M30**.

G92 Traslado del cero pieza (Origen de coordenadas)

Descripción

Cambia la posición del cero pieza a un nuevo origen. A continuación de la aplicación de **G92**, todas las cotas absolutas del programa se referenciarán a la nueva posición marcada por **G92** Fig. 7.31.

Al aplicar **G92** no se realiza ningún movimiento real, pues lo único que el control cambia es la posición del nuevo origen, en su memoria.

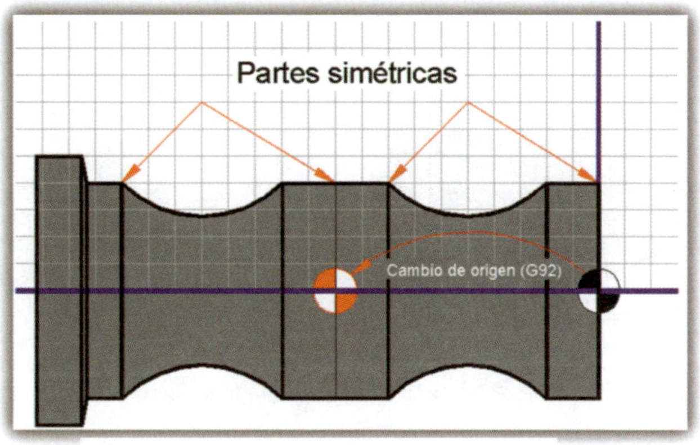

Fig. 7.31 Traslado de cero pieza.

Formato: G41 / G42

Control 8065 y **Control 8055**

Traslado de origen G92 X-----.--- Z-----.---

Traslado de origen	
G92	**X.... .... Z.... ....**
↑ Función traslado	↑ Coordenadas del nuevo origen

Condiciones

La función **G92** debe programarse sola en una línea.

La función **G92** es modal y se anula con ella misma.

Los datos a introducir en las coordenadas responden a la siguiente pregunta:

¿Dónde está ahora la herramienta con respecto a la posición del nuevo origen?

Operativa

Esta función es muy práctica para no tener que repetir código. La forma de utilización es muy simple, a nivel de escritura de la línea; en cambio, lo más complejo es decidir cuándo, dónde y cómo aplicarla.

La mejor forma de utilizarla en torno es a partir de piezas que tienen partes idénticas y repetitivas y cuando sea necesario programar código en valor absoluto.

Ejemplo

El ejemplo que se verá a continuación, será el de la pieza de la Fig. 7.32.

Se parte de una pieza de fundición donde sólo es necesario realizar un mecanizado con una sola pasada.

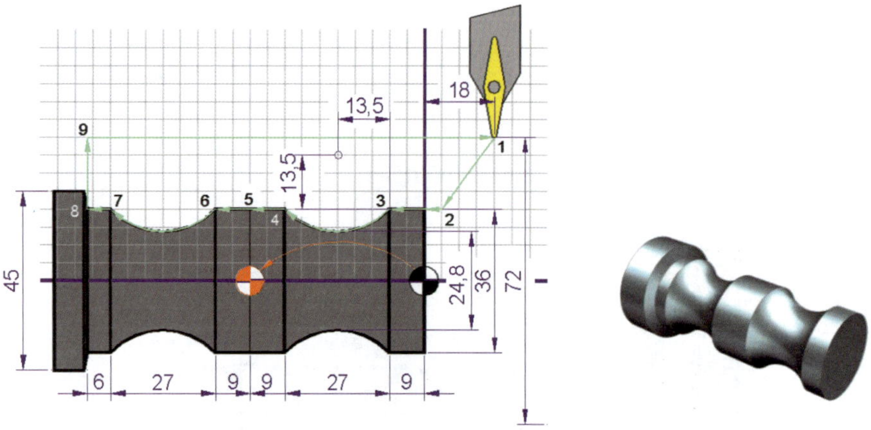

Fig. 7.32 Mecanizado con traslado de cero pieza.

Programa:

Control 8065 y Control 8055

Absolutas

```
1 -  G90 G94 G05 G40 F100 S300 T02 D02
2 -  G0 X72 Z18
3 -  X36 Z2 M3
4 -  N10: G1 Z0
5 -  Z-9
6 -  G2 Z-36 I13.5 K-13.5
7 -  N20: G01 Z-42
8 -  Z-45
9 -  G92 Z0
10 - #RPT [N10, N20, 1]
11 - G92 Z-90
12 - G0 X72M5
13 - Z18
14 - M30
```

Descomposición de línea recta en dos tramos (líneas 7 y 8)
Cambio de origen (línea 9)
Repetición mecanizado (línea 10)
Reposición de origen (línea 11)

Comentario al ejemplo

Línea 1 Se coloca la cabecera.

Línea 2 Colocación de la herramienta en el punto **"1" X72 Z18**, cercano a la pieza y con facilidad de aproximación, sin peligro de colisionar.

Línea 3 Avance hasta el punto **"2" X36 Z2**. Se activa el cabezal con **M03**.

Línea 4 Aproximación en **G01** hasta la cota 0 de **Z**, pues la herramienta rozará con la pieza y si la aproximación se realiza en **G00** se puede producir la rotura de la misma.
Esta línea y la anterior, descomponen el recorrido lineal en dos (flechas verdes), para poder repetir con posterioridad el proceso de mecanizado, pues en la siguiente mecanización se tendrá que repetir desde la cota **0** de **Z**. Esta descomposición de la línea en el programa, no afecta al mecanizado en máquina, que será continuo sin que se produzca interrupción entre las líneas.

Línea 5 Cilindrado hasta el punto **"3" X36 Z-8**.

Línea 6 Realización del primer **G02**, punto **"4" X36 Z-36**.

Línea 7 Siguiente cilindrado descompuesto entre esta línea y la posterior hasta alcanzar con las dos el punto **"5" X36 Z-45**. Esto se realiza por el mismo motivo que lo expuesto en la línea 4.

Línea 8 Complementaria con la anterior.

Línea 9 Cambio del origen pieza a su nueva posición, respondiendo a la pregunta "¿Dónde está ahora la herramienta con respecto al nuevo origen?". Cómo se desea situar el origen en **Z** justo donde ahora está la herramienta, el valor a introducir en **Z** será **0** y en **X** no se desplazará, pues sigue teniendo la misma posición.

Línea 10 Repetición del mecanizado en el nuevo origen.

Línea 11 Se restaura la posición de origen anterior, repitiendo la misma pregunta que antes. Como la herramienta se encuentra a 90 mm hacia la izquierda de donde se pretende colocar de nuevo el cero, el valor a introducir, será de **–90**.

Línea 12 Desplazamiento en **G0** a la posición de **X72**. Como la herramienta tiene la cara de ataque inclinada, aunque se desplace en rápido no rozará con el material. Se desconecta el cabezal con **M5**.

Línea 13 Vuelta en velocidad rápida al punto de partida **"1" X72 Z18**.

Línea 14 Final del programa **M30**.

Capítulo 8 – Ciclos fijos control FAGOR 8065 y 8055 - Torno

Estudio y aplicación de los ciclos fijos

Ciclos fijos

La parte de programación donde más potencia de programación y trabajo se encuentra es en los ciclos fijos, al permitir realizar la programación de manera sencilla y con un gran resultado de trabajo, permiten arrancar material en un gran número de pasadas con muy poco código de programación y respetando el perfil programado en todo momento.

En el mercado actual de controles numéricos, donde más diferencias se suelen encontrar entre los ellos es en los ciclos fijos. Cada fabricante los ha desarrollado de manera distinta y con operativas diferentes. No obstante, gracias a la competencia del mercado, los fabricantes se esfuerzan en simplificar el uso de los mismos ganando además en potencia de trabajo, lo que los hace relativamente fáciles de aprender.

En los controles FAGOR, que son los que nos ocupan en este tratado, existen diferencias de un modelo a otro, aunque relativamente pocas. Donde se producen grandes diferencias tanto en el sistema de uso como en la admisión de datos es entre los controles de torno y de fresa. En este capítulo analizaremos los ciclos de torno; los de fresadora se verán en capítulos posteriores.

Ciclos fijos de torno

Los ciclos fijos con los que cuentan los dos controles son los siguientes:

Control 8065 y Control 8055

Ciclo	Descripción
G66	Seguimiento de perfil
G68	Desbastado en eje X
G69	Desbastado en eje Z
G81	Torneado de tramos rectos en X (Cilindrado)
G82	Torneado de tramos rectos en Z (Refrentado)
G83	Taladrado / Roscado con macho
G84	Cilindrado de tramos curvos
G85	Refrentado de tramos curvos
G86	Roscado longitudinal (en Z)
G87	Roscado frontal (en X)
G88	Ranurado en X
G89	Ranurado en Z

No se contemplan los ciclos de palpador ni los que se utilizan con herramienta motorizada.

Condiciones en los ciclos

Todos los ciclos cuentan con unas condiciones mínimas, que se tienen que respetar de manera escrupulosa para evitar errores o mecanizados no previstos.

En la mayoría de ciclos la posición inicial de la herramienta forma parte del mismo ciclo, por lo que hay que tener presente este dato, pues si por ejemplo nos quedamos muy retirados en Z el ciclo realizará ese recorrido en G01.

G81 Torneado de tramos rectos en X (Cilindrado)

Descripción

G81 es un ciclo de desbaste y acabado de perfiles con tramos rectos similares al de la Fig. 8.01. Acepta hasta un total de tres tramos rectos, unidos entre sí, realizando las pasadas en sentido del eje **X** y dando una última pasada de acabado en todo el perfil.

No permite el cambio de herramienta entre las pasadas de desbaste y la de acabado, por lo que si se desea realizar dicho acabado con una herramienta diferente, se tendrá que programar para que no realice pasada de acabado y acabar el perfil con otro tipo de programación.

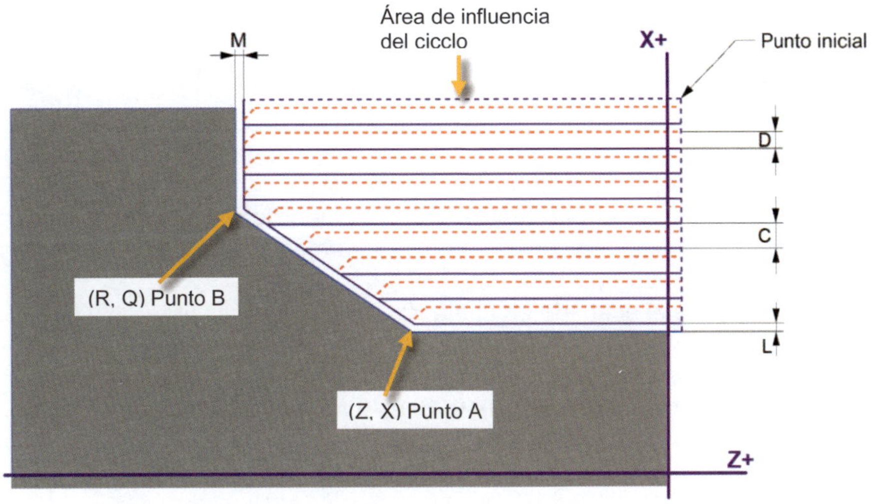

Fig. 8.01 Ciclo de torneado de tramos rectos en X

Las líneas continuas indican movimiento en G01, y las discontinuas en G00. En lo sucesivo será igual en todos los dibujos de los ciclos de torno.

Formato: G81 X Z Q R C D L M F H

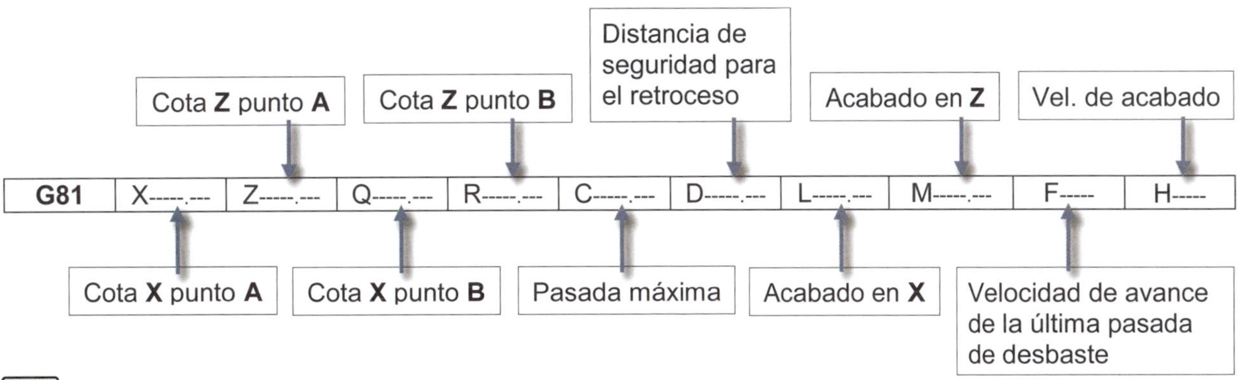

Parámetros

X - Coordenada **X** del punto **A**. Programada en valor absoluto.

Z - Coordenada **Z** del punto **A**. Programada en valor absoluto.

Q - Coordenada **X** del punto **B**. Programada en valor absoluto.

R - Coordenada **Z** del punto **B**. Programada en valor absoluto.

C - Pasada máxima:

- La pasada debe ser mayor que **0**.
- Se expresará siempre en radios.
- El control ajustará la pasada a la medida que le resulte de dividir dicha pasada por el material a eliminar.

D - Distancia de seguridad para el retroceso de la herramienta en cada pasada.

- Al programar "D" con un valor distinto de 0, la cuchilla se retirara a 45° hasta alcanzar la distancia de seguridad (figura izquierda).

Valor diferente a 0 | Valor igual a 0

- Si se programa "D" con el valor 0, la trayectoria de salida coincide con la trayectoria de entrada.
- Cuando no se programa el parámetro "D", la retirada de la herramienta se efectúa siguiendo el perfil hasta la pasada anterior, (figura de la derecha).
- Cuando no se programa el parámetro "D", el tiempo de ejecución del ciclo es mayor, pero a cambio mejora la pasada de acabado pues tendrá menor cantidad de material a comer.

L - Demasía de material para el acabado en el eje **X**:

- Se indicará siempre en radios.
- La pasada debe ser mayor o igual que **0**. Si es **0** no realizará pasada de acabado en este eje.

M - Demasía de material para el acabado en el eje **Z**:

- La pasada debe ser mayor o igual que **0**. Si es **0** no realizará pasada de acabado en este eje.

F - Indica la velocidad de avance de la pasada final de desbaste. Si no se indica o se le asigna como valor 0, el control no realizará pasada final de desbaste.

H - Velocidad de avance, en la pasada de acabado:

- Si se indica valor 0, **"no realizará pasada de acabado"**. Dejará el exceso de material indicado en los parámetros **L** y **M.**
- Si los dos parámetros **L** y **M** están a **0** el parámetro **H** no actuará aunque contenga algún valor.
- Si es negativo dará error.

Condiciones

- Al iniciar el ciclo la herramienta tiene que estar posicionada en el **punto de inicio**, formando este parte del propio ciclo, teniendo que cumplir las siguientes condiciones:

    - La distancia entre el **punto de inicio** y el punto **B** con respecto al eje **X** deberá ser igual o mayor que el parámetro **"L"** (pasada de acabado en el eje **X**). Al usar corrección de radio es recomendable dar a esta distancia el valor de **"L"** más un número cualquiera de veces el valor de **"C"** (pasada máxima). Por ejemplo si **L0.1** y **C2**, se puede usar el valor **2.1 (L+C5)**, **4.1 (L+2.C)**... etc, en caso contrario puede dar error.

- La distancia entre el **punto de inicio** y el punto **A** con respecto al eje **Z** deberá ser mayor que el parámetro **"M"**.

- Todas las condiciones tecnológicas de mecanizado han de ser programadas con anterioridad a la llamada del ciclo.

- El ciclo empezará a mecanizar a partir de la posición de partida de la herramienta **(Punto de inicio)**.

- El ciclo finalizará en el punto de partida **(Punto de inicio)**.

- Si se programa con compensación de radio, el movimiento para alcanzar el **punto de inicio** debe hacerse en **G00**; en caso contrario dará error.

- Al acabar el ciclo quedarán activas las funciones **G00** y **G90**.

Operativa

El ciclo se programará en la línea donde se desea empezar a mecanizarlo, en la forma que indica el **FORMATO**. El ciclo siempre acabará en el punto de inicio.

El colocar el **punto de inicio** en una posición de **X** muy alta o de **Z** muy separada hacia la derecha comportará que el ciclo emplee demasiado tiempo, pues desde el primer momento trabajará con **G01** y podría llegar a dar más de una pasada en vacío, trabando en **G01** a la velocidad programada en **F**.

Si se pretende realizar un escalonado cilíndrico, sin partes cónicas, se deben situar el punto **A** y el punto **B** en la misma coordenada Fig. 8.02.

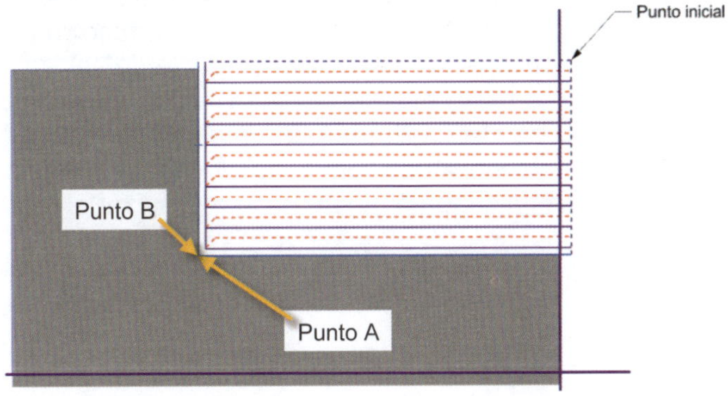

Fig. 8.02 Ciclo de torneado de tramos rectos cilíndricos.

Ejemplo

El ejercicio que se va a realizar, es el de la Fig. 8.03.

Se parte de una pieza que tiene en bruto **60 x Ø34**, con pasadas máximas de **2 mm** de radio y se tiene que realizar una última pasada de **0,3** en **X** y **0,1** en **Z**, a una velocidad de avance de **80 mm/min**.

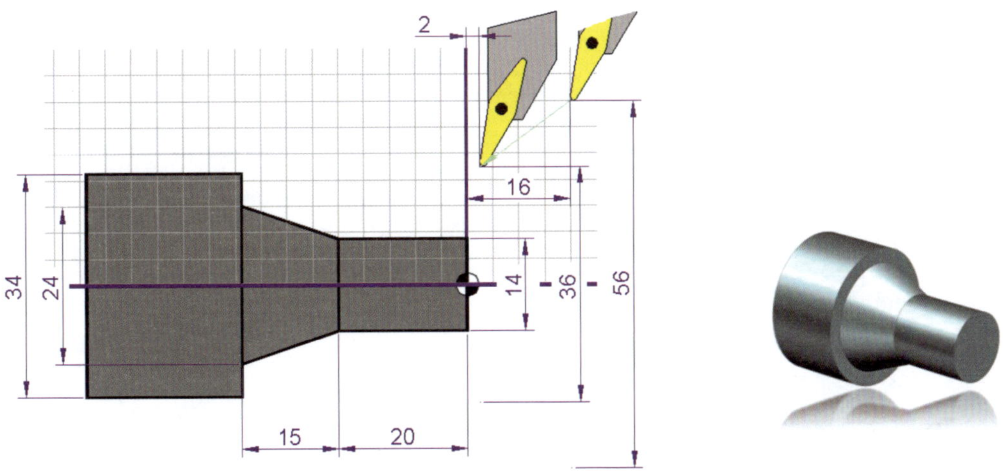

Fig. 8.03 Mecanizado con ciclo de torneado de tramos rectos.

Programa:

Control 8065 y Control 8055

Absolutas

1 - G90 G94 G05 G40 F100 S300 T02 D02
2 - G0 X56 Z16
3 - G42 X36 Z2 M3
4 - **G81** X14 Z-20 Q24 R-35 C2 D1 L0.3 M0.1 F120 H80
5 - G40 X56 Z16 M5
6 - M30

Comentario al ejemplo

Línea 1 - Se coloca la cabecera.

Línea 2 - Colocación de la herramienta en el punto **"1" X56 Z16**, cercano a la pieza y con facilidad de aproximación, sin peligro de colisionar.

Línea 3 - Posiciona en **G00** a la herramienta en una cota que sobrepase un diámetro más alto y una longitud superior a la que tiene que mecanizar el ciclo. Esta línea ya forma parte del ciclo. Si esta línea no se programa de forma correcta el ciclo no funcionará. Para evitar alteración en la medida del cono, se activa la compensación de punta de herramienta a derecha.

Línea 4 - Define el ciclo indicando en los parámetros **"X"** y **"Z"** la posición del punto a mecanizar **A** y con los parámetros **"Q"** y **"R"** el punto **B**. A partir de estos datos, el control realizará automáticamente todo el mecanizado. Se le indica con el parámetro **"H"** que realice pasada de acabado. La herramienta acabará después de mecanizar el ciclo, en la **posición de inicio X36 Z2**.

Línea 5 - Vuelta al punto de partida **X56 Z16** y anulación de la compensación. Parada del cabezal con **M05**.

Línea 6 - Final de programa.

G82 Refrentado de tramos rectos en Z

Descripción

G82 es un ciclo de refrentado de perfiles con tramos rectos similares al de la Fig. 8.04. Acepta hasta un total de tres tramos rectos unidos entre sí, realizando las pasadas en sentido del eje **Z** y dando una última pasada de acabado en todo el perfil si así se indica en **H**.

No permite el cambio de herramienta entre las pasadas de desbaste y la de acabado, por lo que si se desea realizar dicho acabado con una herramienta diferente, se tendrá que programar para que no realice pasada de acabado y acabar el perfil con otro tipo de programación.

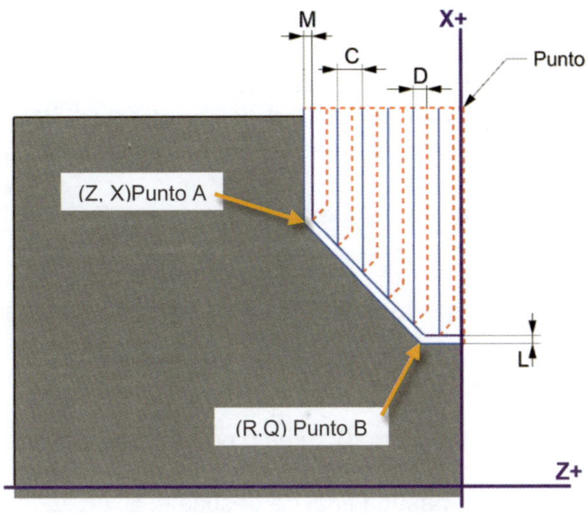

Fig. 8.04 Ciclo de refrentado de tramos rectos.

Formato: G82 X Z Q R C D L M F H

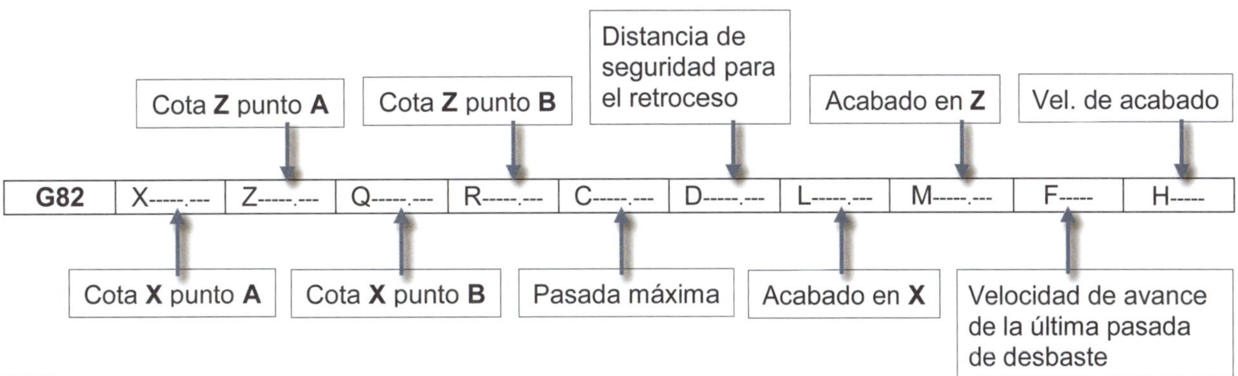

Parámetros

X - Coordenada **X** del punto **A**. Programada en valor absoluto.

Z - Coordenada **Z** del punto **A**. Programada en valor absoluto.

Q - Coordenada **X** del punto **B**. Programada en valor absoluto.

R - Coordenada **Z** del punto **B**. Programada en valor ansoluto.

C - Pasada máxima:

- La pasada debe ser mayor que **0**.
- El control ajustará la pasada a la medida que le resulte de dividir dicha pasada por el material a eliminar.

D - Distancia de seguridad para el retroceso de la herramienta en cada pasada.

- Al programar "D" con un valor distinto de 0, la cuchilla se retirará a 45° hasta alcanzar la distancia de seguridad (figura izquierda).

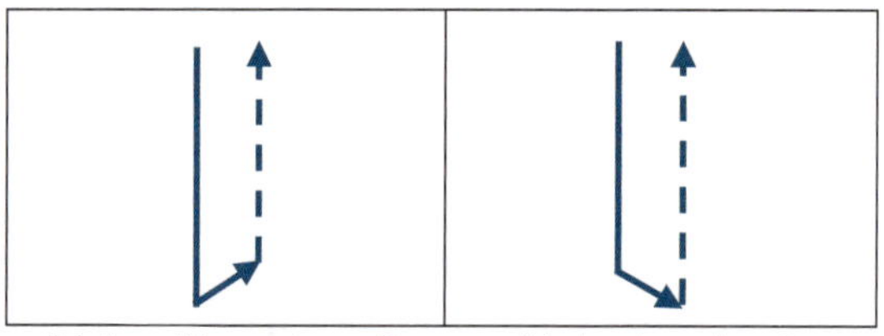

Valor diferente a 0 Valor igual a 0

- Si se programa "D" con el valor 0, la trayectoria de salida coincide con la trayectoria de entrada.
- Cuando no se programa el parámetro "D", la retirada de la herramienta se efectúa siguiendo el perfil hasta la pasada anterior, (figura de la derecha).
- Cuando no se programa el parámetro "D", el tiempo de ejecución del ciclo es mayor, pero a cambio mejora la pasada de acabado, pues tendrá menor cantidad de material a comer.

L - Demasía de material para el acabado en el eje **X**:

- Se indicará siempre en radios.
- La pasada debe ser mayor o igual que **0**. Si es **0** no realizará pasada de acabado en este eje.

M - Demasía de material para el acabado en el eje **Z**:

- La pasada debe ser mayor o igual que **0**. Si es **0** no realizará pasada de acabado en este eje.

F - Indica la velocidad de avance de la pasada final de desbaste. Si no se indica o se le asigna como valor 0, el control no realizará pasada final de desbaste.

H - Velocidad de avance, en la pasada de acabado:

- Si se indica valor 0**, "no realizará pasada de acabado"**. Dejará el exceso de material indicado en los parámetros **L** y **M.**
- Si los dos parámetros **L** y **M** están a **0**, el parámetro **H** no actuará aunque contenga algún valor
- Si es negativo dará error.

Condiciones

- Al iniciar el ciclo la herramienta tiene que estar posicionada en el **punto de inicio;** formando este parte del propio ciclo, teniendo que cumplir las siguientes condiciones:
  - La distancia entre el **punto de inicio** y el punto **B** con respecto al eje **Z** deberá ser igual o mayor que **"M"** (pasada de acabado en el eje **Z**). Al usar corrección de radio es recomendable dar a esta distancia el valor de **"M"** más un número cualquiera de veces el valor de **"C"** (pasada máxima). Por ejemplo, si **M=0.5** y **C5=2** se puede usar el valor **2.5 (M+C)**, **4.5 (M+2.C)** ... etc. en caso contrario puede dar error 31.
- La distancia entre el **punto de inicio** y el punto **A** con respecto al eje **X** deberá ser mayor que el parámetro **"L"**.
- Todas las condiciones tecnológicas de mecanizado han de ser programadas con anterioridad a la llamada del ciclo.
- El ciclo empezará a mecanizar a partir de la posición de partida de la herramienta **(Punto de inicio)**.
- El ciclo finalizará en el punto de partida (**Punto de inicio**).
- Los parámetros pueden estar programados parcial o totalmente con anterioridad a la llamada del ciclo.

- Si se programa con compensación de radio, el movimiento para alcanzar el **punto de inicio** debe hacerse en **G00;** en caso contrario dará error.

- Al acabar el ciclo quedarán activas las funciones **G00** y **G90**.

Operativa

El ciclo se programará en la línea donde se desea empezar a mecanizarlo, en la forma que indica el **FORMATO**. Cuando finalice el ciclo la herramienta volverá al punto de inicio.

El colocar el **punto de inicio** en una posición de **X** muy alta o de **Z** muy separada hacia la derecha, comportará que el ciclo emplee demasiado tiempo, pues desde el primer momento trabajará con **G01**, podría llegar a dar más de una pasada en vacío, trabajando en **G01** a la velocidad programada en **F**.

Si se pretende realizar un refrentado recto, sin partes cónicas, se deben situar el punto **A** y el punto **B** en la misma coordenada Fig. 8.02.

Ejemplo

El ejercicio que se va a realizar, es el de la Fig. 8.05.

Se parte de una pieza que tiene en bruto **60 x Ø 34**, con pasadas máximas de **2 mm** de radio y realizando una última pasada de **0,3** en **X** y **0,1** en **Z**, a una velocidad de avance de 80 mm/min.

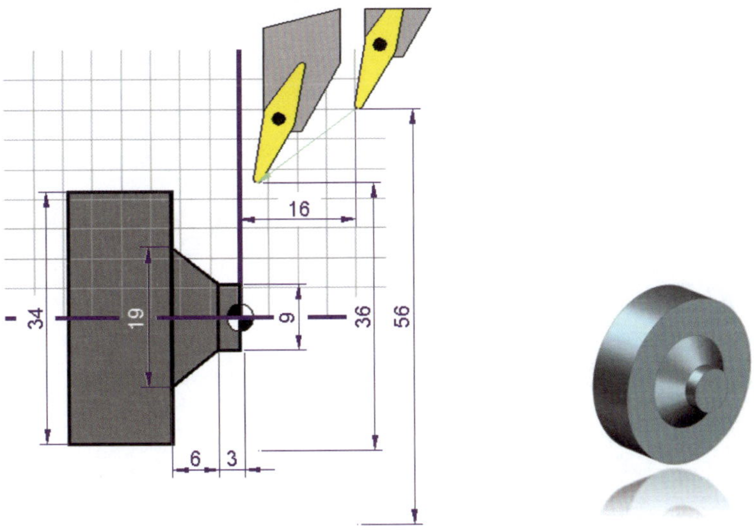

Fig. 8.05 Mecanizado con ciclo de refrentado de tramos rectos.

Programa:

Control 8065 y Control 8055

Absolutas

1 - G90 G94 G05 G40 F100 S300 T02 D02
2 - G0 X56 Z16
3 - G41 X36 Z2 M3
4 - **G82** X19 Z-9 Q9 R-3 C2 D1 L0.2 M0.1 F120 H80
5 - G40 G0 X56 Z16 M5
6 - M30

Comentario al ejemplo

Línea 1 - Se coloca la cabecera.

Línea 2 - Colocación de la herramienta en el punto **“1” X56 Z16**, cercano a la pieza y con facilidad de aproximación, sin peligro de colisionar.

Línea 3 - Posiciona en **G00** a la herramienta en una cota que sobrepase un diámetro más alto y una longitud superior a la que tiene que mecanizar el ciclo. Esta línea ya forma parte del ciclo. Si esta línea no se programa de forma correcta el ciclo no funcionará. Para evitar alteración en la medida del cono, se activa la compensación de punta de herramienta a izquierdas.

Línea 4 - Define el ciclo indicando en los parámetros **“X” (P0)** y **“Z” (P1)** la posición del punto a mecanizar **A** y con los parámetros **“Q” (P2)** y **“R” (P3)** el punto **B**. A partir de estos datos, el control realizará automáticamente todo el mecanizado. Como se le indica con el parámetro **“H” (P9)** que realice pasada de acabado, la herramienta acabará después de mecanizar el ciclo, en la **posición de inicio X36 Z2**.

Línea 5 - Vuelta al punto de partida **X56 Z16** y anulación de la compensación. Parada del cabezal con **M05**.

Línea 6 - Final de programa.

G84 Cilindrado de tramos curvos

Descripción

G84 es un ciclo de cilindrado de perfiles con tramos curvos y tramos rectos similares al de la Fig. 8.06. Realiza las pasadas en sentido del eje **Z** y dando una última pasada de acabado en todo el perfil si así se indica en **H**.

No permite el cambio de herramienta entre las pasadas de desbaste y la de acabado, por lo que si se desea realizar dicho acabado con una herramienta diferente, se tendrá que programar para que no realice pasada de acabado y acabar el perfil con otro tipo de programación.

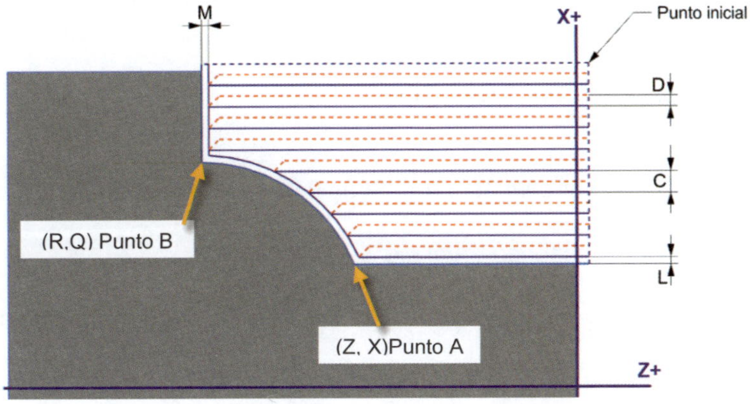

Fig. 8.06 Ciclo de cilindrado de tramos curvos

Formato: G84 X Z Q R C D L M F H I K

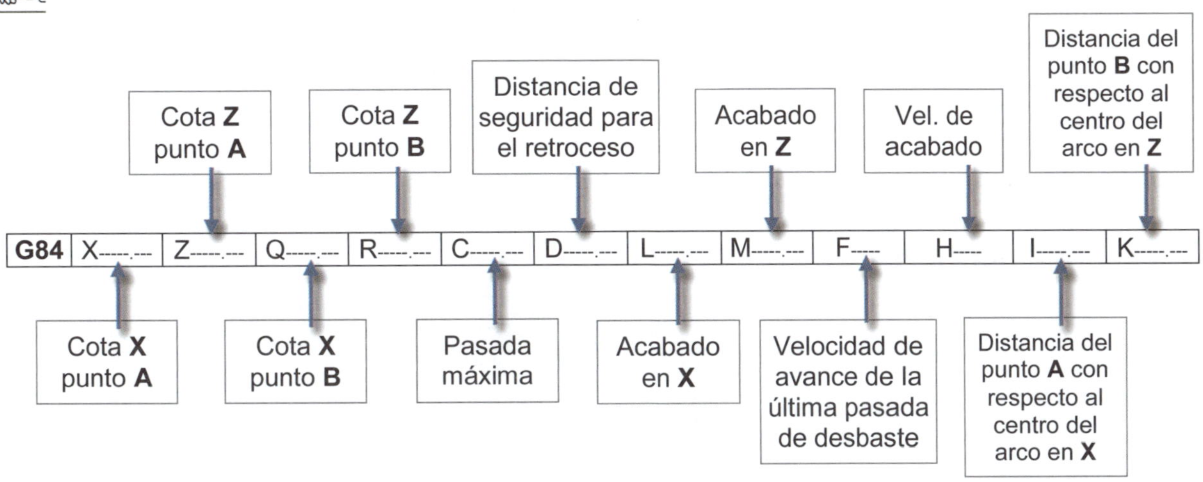

Parámetros

X - Coordenada **X** del punto **A**. Programada en valor absoluto

Z - Coordenada **Z** del punto **A**. Programada en valor absoluto.

Q - Coordenada **X** del punto **B**. Programada en valor absoluto

R - Coordenada **Z** del punto **B**. Programada en valor absoluto

C - Pasada máxima:

- La pasada debe ser mayor que **0**.
- El control ajustará la pasada a la medida que le resulte de dividir dicha pasada por el material a eliminar.

D - Distancia de seguridad para el retroceso de la herramienta en cada pasada.

- Al programar D con un valor distinto de 0, la cuchilla se retirara a 45° hasta alcanzar la distancia de seguridad (figura izquierda).

Valor diferente a 0 Valor igual a 0

- Si se programa D con el valor 0, la trayectoria de salida coincide con la trayectoria de entrada.
- Cuando no se programa el parámetro D, la retirada de la herramienta se efectúa siguiendo el perfil hasta la pasada anterior (figura de la derecha).
- Cuando no se programa el parámetro D, el tiempo de ejecución del ciclo es mayor, pero a cambio mejora la pasada de acabado pues tendrá menor cantidad de material a comer.

L - Cantidad de material para el acabado en el eje **X**:

- Se indicará siempre en radios.
- La pasada debe ser mayor o igual que **0**. Si es **0** no realizará pasada de acabado en este eje.

M - Cantidad de material para el acabado en el eje **Z**:

- La pasada debe ser mayor o igual que **0**. Si es **0** no realizará pasada de acabado en este eje.

F - Indica la velocidad de avance de la pasada final de desbaste. Si no se programa o se programa con valor 0, se entiende que no se desea pasada final de desbaste.

H - Velocidad de avance, en la pasada de acabado:

- Si se indica valor 0, **"no realizará pasada de acabado"**. Dejará el exceso de material indicado en los parámetros **"L"** y **"M".**
- Si los dos parámetros **"L"** y **"M"** están a **0**, el parámetro **"H"** no actuará aunque contenga algún valor.
- Si es negativo dará error.

I - Distancia del punto **A** al centro de la circunferencia en sentido **X** donde está inscrito el arco. El criterio es idéntico al utilizado con las coordenadas complementarias **I** y **K** utilizadas con las funciones **G02** y **G03**:

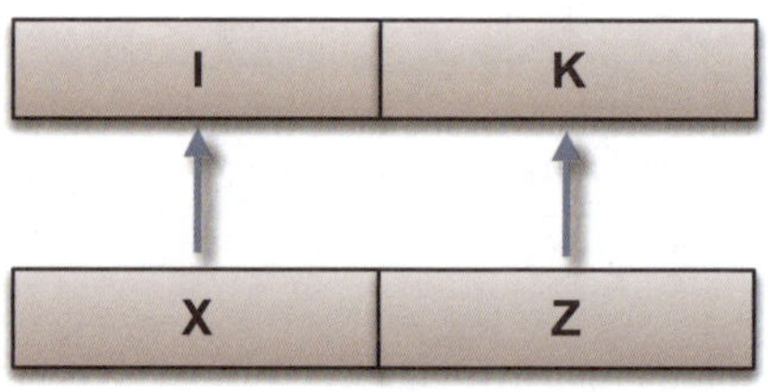

K - Distancia del punto **A** al centro de la circunferencia en sentido **Z** donde está inscrito el arco. El criterio es idéntico al utilizado con las coordenadas complementarias **I** y **K**, utilizadas con las funciones **G02** y **G03**.

Condiciones

- Al iniciar el ciclo la herramienta tiene que estar posicionada en el **punto de inicio**, formando este parte del propio ciclo, teniendo que cumplir las siguientes condiciones:

  - La distancia entre el **punto de inicio** y el punto **B** con respecto al eje **X** deberá ser igual o mayor que **"L"** (pasada de acabado en el eje **X**). Al usar corrección de radio es recomendable dar a esta distancia el valor de **"L"** más un número cualquiera de veces el valor de **"C"** (pasada máxima). Por ejemplo, si **L=0.5** y **C=2** se puede usar el valor **2.5 (L+C)**, **4.5 (L+2.C)** ... etc. en caso contrario puede dar error .

- La distancia entre el **punto inicial** y el punto **A** con respecto al eje **Z** debe ser mayor que **"M"**.

- Todas las condiciones tecnológicas de mecanizado han de ser programadas con anterioridad a la llamada del ciclo.
- El ciclo empezará a mecanizar a partir de la posición de partida de la herramienta **(Punto de inicio)**.
- El ciclo finalizará en el punto de partida **(Punto de inicio)**.
- Los parámetros pueden estar programados parcial o totalmente con anterioridad a la llamada del ciclo.
- Si se programa con compensación de radio, el movimiento para alcanzar el **punto de inicio**, debe hacerse en **G00** en caso contrario dará error.
- Al acabar el ciclo quedarán activas las funciones **G00** y **G90**.

Operativa

El ciclo se programará en la línea donde se desea empezar a mecanizar el perfil, en la forma que indica el **FORMATO**.

El colocar el **punto de inicio** en una posición de **X** muy alta o de **Z** muy separada hacia la derecha, comportará que el ciclo emplee demasiado tiempo, pues desde el primer momento trabajará con **G01** y podría llegar a dar más de una pasada en vacío, trabando en **G01** a la velocidad programada en **F**.

Ejemplo

El ejercicio que se va a realizar, es el de la Fig. 8.07.

Se parte de una pieza que tiene en bruto **60 x Ø34**, con pasadas máximas de **2 mm** de radio y realizando una última pasada de **0,3** en **X** y **0,1** en **Z**, a una velocidad de avance de **80 mm/min**.

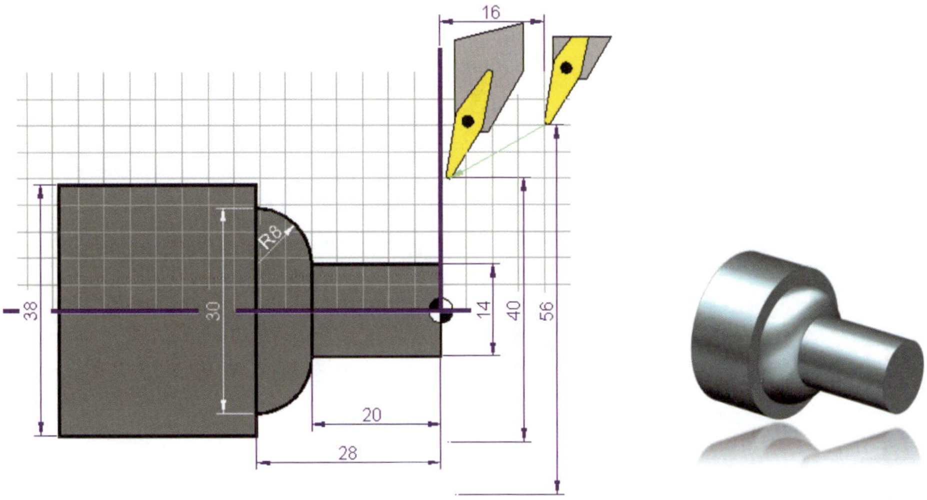

Fig. 8.07 Mecanizado con ciclo de cilindrado de tramos curvos.

Programa:

Control 8065 y Control 8055

Absolutas

1 - G90 G94 G05 G40 F100 S300 T02 D02
2 - G0 X56 Z16
3 - G42 X40 Z2 M3
4 - **G84** X14 Z-20 Q30 R-28 C2 L0.2 M0.1 F60 H80 I0 K-8
5 - G40 G0 X56 Z16 M5
6 - M30

Comentario al ejemplo

Línea 1 - Se coloca la cabecera.

Línea 2 - Colocación de la herramienta en el punto **"1" X56 Z16**, cercano a la pieza y con facilidad de aproximación, sin peligro de colisionar.

Línea 3 - Posiciona en **G00** a la herramienta en una cota que sobrepase un diámetro más alto y una longitud superior a la que tiene que mecanizar el ciclo. Esta línea ya forma parte del ciclo. Si esta línea no se programa de forma correcta el ciclo no funcionará. Se introduce la compensación de radio a derechas.

Línea 4 - Define el ciclo indicando en los parámetros **"X" (P0)** y **"Z" (P1)** la posición del punto a mecanizar **A** y con los parámetros **"Q" (P2)** y **"R" (P3)** el punto **B**. A partir de estos datos, el control realizará automáticamente todo el mecanizado. Como se le indica con el parámetro **H (P9)** que realice pasada de acabado, la herramienta acabará, después de mecanizar el ciclo, en la **posición de inicio X36 Z2**. Al ser circular la trayectoria, se le tiene que indicar con los parámetros **"I"** y **"K"** la situación del centro del arco.

Línea 5 - Vuelta al punto de partida **X56 Z16**. Se desactiva la compensación de radio. Parada del cabezal con **M05**.

Línea 6 - Final de programa.

G85 Refrentado de tramos curvos

Descripción

G85 es un ciclo de refrentado de perfiles con tramos curvos y tramos rectos similares al de la Fig.8.08, realizando las pasadas en sentido del eje **X** y dando una última pasada de acabado en todo el perfil, si así se indica en el parámetro **H**.

No permite el cambio de herramienta entre las pasadas de desbaste y la de acabado, por lo que si se desea realizar dicho acabado con una herramienta diferente, se tendrá que programar para que no realice pasada de acabado y acabar el perfil con otro tipo de programación.

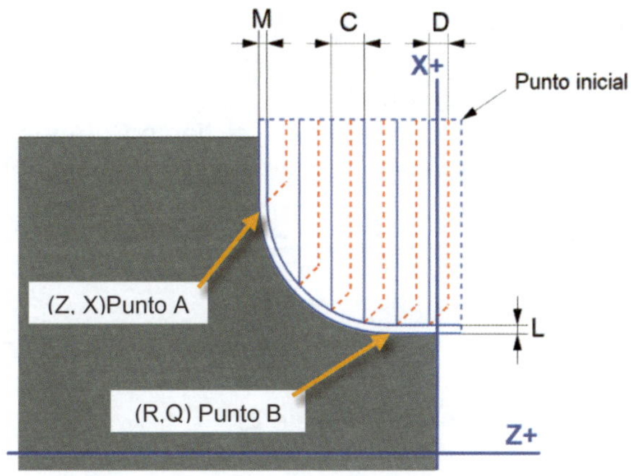

Fig. 8.08 Ciclo de refrentado de tramos

Formato: G85 X Z Q R C D L M F H I K

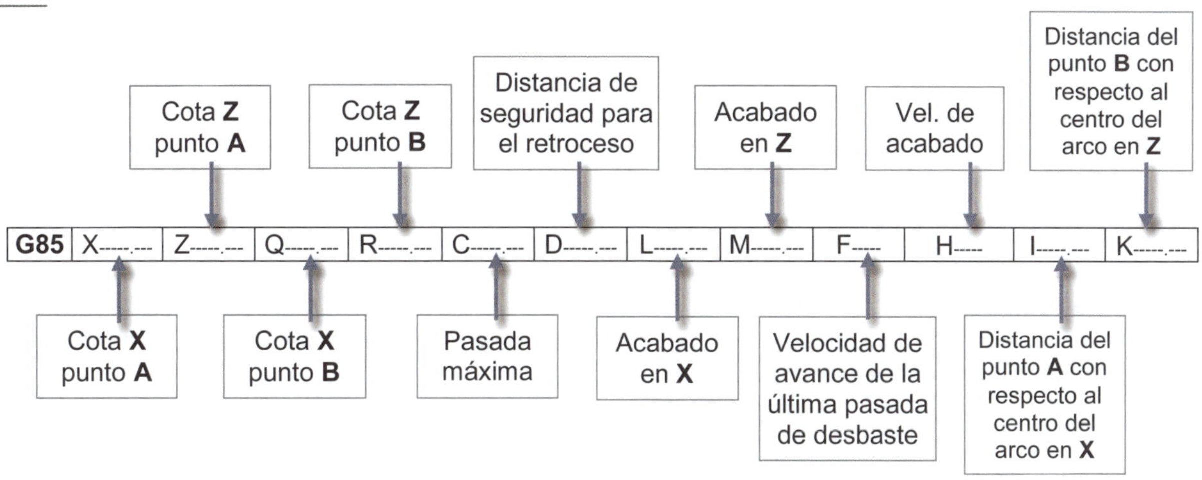

Parámetros

X - Coordenada **X** del punto **A**. Programada en valor absoluto

Z - Coordenada **Z** del punto **A**. Programada en valor absoluto.

Q - Coordenada **X** del punto **B**. Programada en valor absoluto

R - Coordenada **Z** del punto **B**. Programada en valor absoluto

C - Pasada máxima:

- La pasada debe ser mayor que **0**.
- El control ajustará la pasada a la medida que le resulte de dividir dicha pasada por el material a eliminar.

D - Distancia de seguridad para el retroceso de la herramienta en cada pasada.

- Al programar D con un valor distinto de 0, la cuchilla se retirará a 45° hasta alcanzar la distancia de seguridad (figura izquierda).

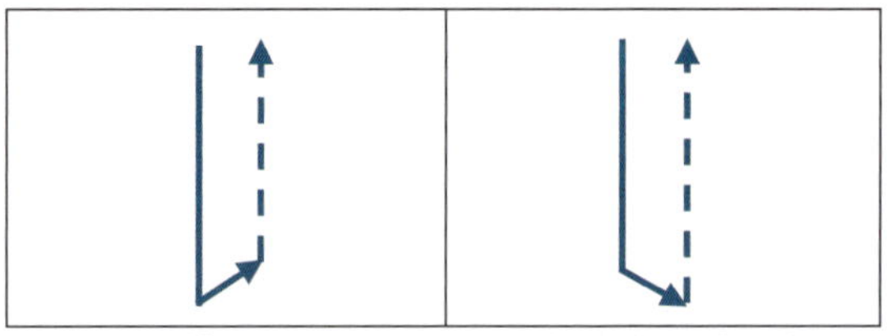

Valor diferente a 0 Valor igual a 0

- Si se programa D con el valor 0, la trayectoria de salida coincide con la trayectoria de entrada.
- Cuando no se programa el parámetro D, la retirada de la herramienta se efectúa siguiendo el perfil hasta la pasada anterior, (figura de la derecha).
- Cuando no se programa el parámetro D, el tiempo de ejecución del ciclo es mayor, pero a cambio mejora la pasada de acabado, pues tendrá menor cantidad de material a comer.

L - Cantidad de material para el acabado en el eje **X**:

- Se indicará siempre en radios.
- La pasada debe ser mayor o igual que **0**. Si es **0** no realizará pasada de acabado en este eje.

M - Cantidad de material para el acabado en el eje **Z**:

- La pasada debe ser mayor o igual que **0**. Si es **0** no realizará pasada de acabado en este eje.

F - Indica la velocidad de avance de la pasada final de desbaste. Si no se programa o se programa con valor 0, se entiende que no se desea pasada final de desbaste.

H - Velocidad de avance, en la pasada de acabado:

- Si se indica valor 0**, "no realizará pasada de acabado"**. Dejará el exceso de material indicado en los parámetros **"L"** y **"M"**.
- Si los dos parámetros **"L"** y **"M"** están a **0**, el parámetro **"H"** no actuará aunque contenga algún valor.
- Si es negativo dará error.

I - Distancia del punto **A** al centro de la circunferencia en sentido **X** donde está inscrito el arco. El criterio es idéntico al utilizado con las coordenadas complementarias **I** y **K** utilizadas con las funciones **G02** y **G03**:

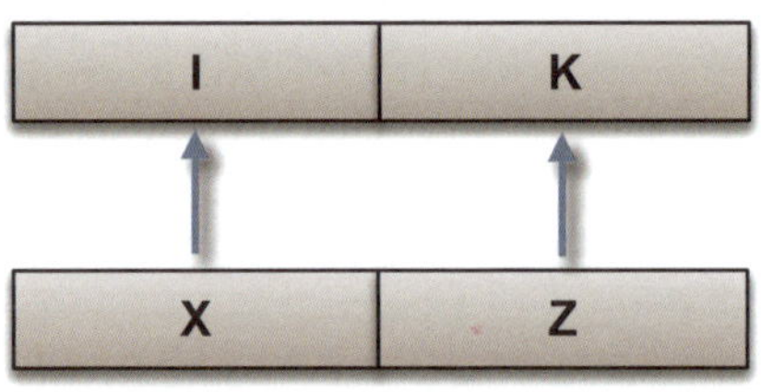

K - Distancia del punto **A** al centro de la circunferencia en sentido **Z** donde está inscrito el arco. El criterio es idéntico al utilizado con las coordenadas complementarias **I** y **K**, utilizadas con las funciones **G02** y **G03**.

Condiciones

- Al iniciar el ciclo la herramienta tiene que estar posicionada en el **punto de inicio**, formando este parte del propio ciclo, teniendo que cumplir las siguientes condiciones:
  - La distancia entre el **punto de inicio** y el punto **B** con respecto al eje **Z** deberá ser igual o mayor que **"M"** (pasada de acabado en el eje Z).

- La distancia entre el **punto inicial** y el punto **A** con respecto al eje **Z** debe ser mayor que **"L"**.
- Todas las condiciones tecnológicas de mecanizado han de ser programadas con anterioridad a la llamada del ciclo.
- El ciclo empezará a mecanizar a partir de la posición de partida de la herramienta **(Punto de inicio)**.
- El ciclo finalizará en el punto de partida **(Punto de inicio)**.
- Los parámetros pueden estar programados parcial o totalmente con anterioridad a la llamada del ciclo.
- Si se programa con compensación de radio, el movimiento para alcanzar el **punto de inicio**, debe hacerse en **G00** en caso contrario dará error.
- Al acabar el ciclo quedarán activas las funciones **G00** y **G90**.

Operativa

El ciclo se programará en la línea donde se desea empezar a mecanizar el perfil, en la forma que indica el **FORMATO**.

El colocar el **punto de inicio** en una posición de **X** muy alta o de **Z** muy separada hacia la derecha, comportará que el ciclo emplee demasiado tiempo, pues desde el primer momento trabajará con **G01** y podría llegar a dar más de una pasada en vacío, trabajando en **G01** a la velocidad programada en **F**.

Ejemplo

El ejercicio que se va a realizar, es el de la Fig. 8.09.

Se parte de una pieza que tiene en bruto **60 x Ø34**, con pasadas máximas de **2 mm** de radio y realizando una última pasada de **0,3** en **X** y **0,1** en **Z**, a una velocidad de avance de **80 mm/min**.

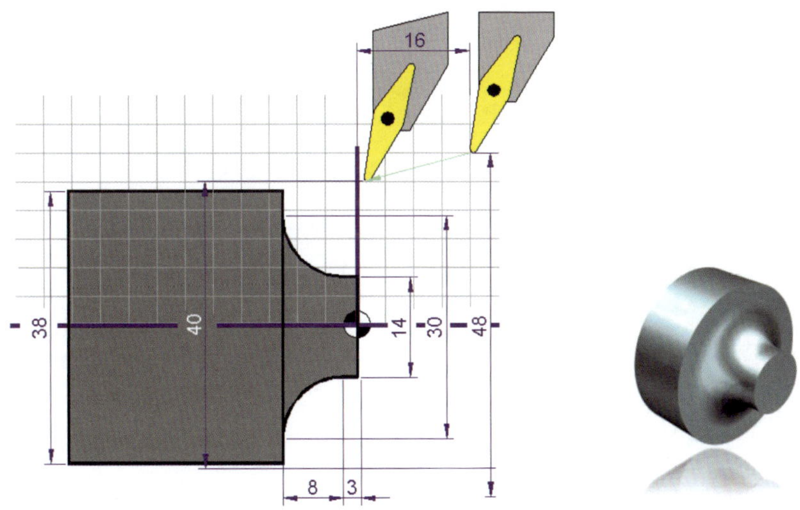

Fig. 8.09 Mecanizado con ciclo de refrentado de tramos

Programa:

Control 8065 y Control 8055

Absolutas

1 - G90 G94 G05 G40 F100 S300 T02 D02
2 - G0 X48 Z16
3 - G41 X40 Z2 M3
4 - **G85** X30 Z-11 Q14 R-3 C2 L0.2 M0.1 F60 H80 I0 K8
5 - G40 G0 X48 Z16 M5
6 - M30

Comentario al ejemplo

Línea 1 - Se coloca la cabecera.

Línea 2 - Colocación de la herramienta en el punto **"1" X48 Z16**, cercano a la pieza y con facilidad de aproximación, sin peligro de colisionar.

Línea 3 - Posiciona en **G00** a la herramienta en una cota que sobrepase un diámetro más alto y una longitud superior a la que tiene que mecanizar el ciclo. Esta línea ya forma parte del ciclo. Se coloca la corrección de radio. Si esta línea no se programa de forma correcta el ciclo no funcionará.

Línea 4 - Define el ciclo indicando en los parámetros **"X" (P0)** y **"Z" (P1)** la posición del punto a mecanizar **A** y con los parámetros **"Q" (P2)** y **"R" (P3)** el punto **B**. A partir de estos datos, el control realizará automáticamente todo el mecanizado. Como se le indica con el parámetro **"H" (P9)** que realice pasada de acabado, la herramienta acabará después de mecanizar el ciclo en la **posición de inicio X36 Z2.** Al ser circular la trayectoria, se le tiene que indicar con los parámetros **"I" (P18)** y **"K" (P19)** la situación del centro del arco.

Línea 5 - Vuelta al punto de partida **X48 Z16**. Se anula la compensación de radio. Parada del cabezal con **M05**.

Línea 6 - Final de programa.

G68 Desbastado en eje X

Descripción

G68 es un ciclo de desbaste y acabado de perfiles similares al de la Fig. 8.10, en el que se pueden combinar diferentes tramos rectos y curvos en el mismo perfil, realizando las pasadas en sentido del eje **X** y dando una última pasada de acabado en todo el perfil, si así se lo indicamos en el parámetro **H**. Con este control, el ciclo puede realizar perfiles en los que, el eje **X** descienda en dirección al centro de la pieza o en ranuras.

Permite herramientas triangulares, redondas y cuadradas.

No permite el cambio de herramienta entre las pasadas de desbaste y la de acabado, por lo que si deseamos realizar dicho acabado con una herramienta diferente tendremos que indicar que no haga pasada de acabado y continuar el resto con otro tipo de programación.

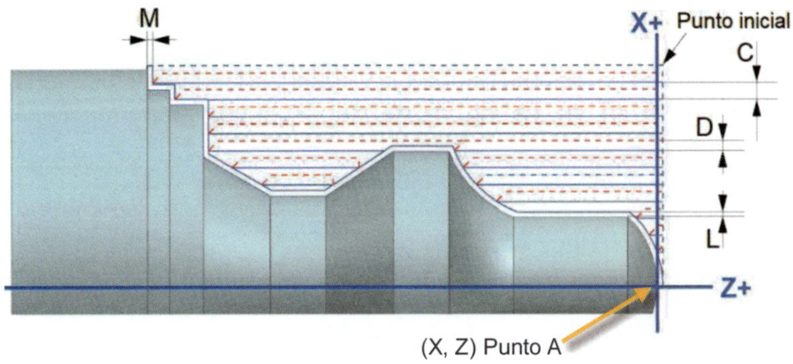

Fig. 8.10 Ciclo de desbastado en eje X.

Formato: **Control 8065** G68 X Z C D L M J K F H S E P

Control 8055 G68 X Z C D L M K F H S E Q

Control 8065

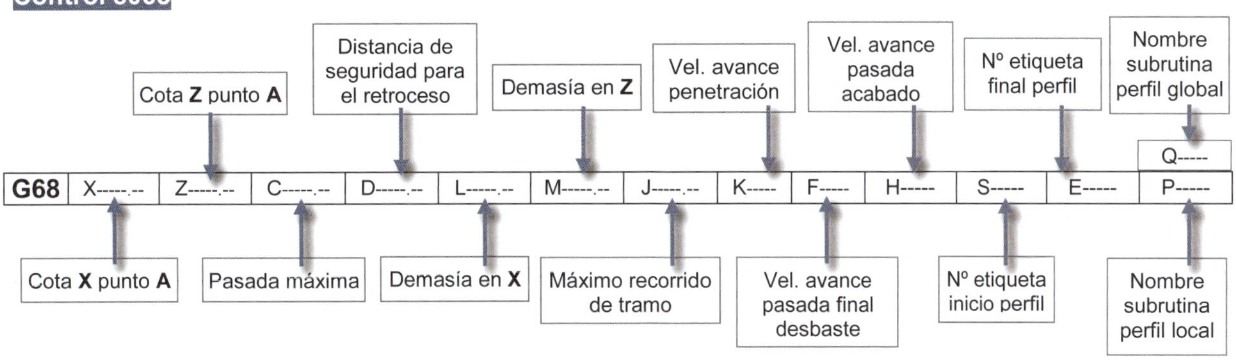

Control 8055

En el control 8055 el ciclo es similar y tan solo cambia los siguientes parámetros:

- Parámetro J: No existe en este control.
- Parámetro P: En este control se reemplaza por el parámetro Q.

Parámetros

X - Coordenada **X** del punto **A**. Programada en valor absoluto.

Z - Coordenada **Z** del punto **A**. Programada en valor absoluto.

C - Pasada máxima:

- La pasada debe ser mayor que **0**.
- Todas las pasadas de mecanizado las realizará usando este paso y el material que reste lo eliminará en la última pasada.

D - Distancia de seguridad para el retroceso de la herramienta en cada pasada.

- Al programar D con un valor distinto de 0, la cuchilla se retirará a 45° hasta alcanzar la distancia de seguridad (figura izquierda).

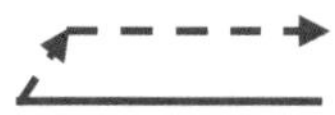	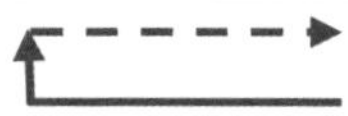
Valor diferente a 0	Valor igual a 0

- Si se programa D con el valor 0, la trayectoria de salida coincide con la trayectoria de entrada.
- Cuando no se programa el parámetro D, la retirada de la herramienta se efectúa siguiendo el perfil hasta la pasada anterior, (figura de la derecha).
- Cuando no se programa el parámetro D, el tiempo de ejecución del ciclo es mayor, pero a cambio mejora la pasada de acabado pues tendrá menor cantidad de material a comer.

L - Cantidad de material para el acabado en el eje **X**:

- Se indicará siempre en radios.
- La pasada debe ser mayor o igual que **0**. Si es **0** no realizará pasada de acabado en este eje.

M - Cantidad de material para el acabado en el eje **Z**:

- La pasada debe ser mayor o igual que **0**. Si es **0** no realizará pasada de acabado en este eje.
- Si "L" o "M" se programan con valor negativo, la pasada de acabado se realiza en arista matada (G05).
- Cuando ambos parámetros se programan con valor positivo, la pasada de acabado se realizará en arista viva (G07).
- Si no se programa el parámetro "M", la demasía tendrá el valor indicado en el parámetro "L" y será constante en todo el perfil.

J - Opcional (no disponible en 8055). Máximo recorrido de cada tramo en el eje de mecanizado. Si no se programa, se tomará el valor 0 (mecanizado en un único tramo). Parámetro válido cuando se ha definido A0, y para perfiles interiores y exteriores.

Este parámetro permite mecanizar el ciclo por tramos, indicando el máximo recorrido de cada tramo en el eje de mecanizado. Este tipo de desbaste es útil en perfiles profundos; permite utilizar herramientas más robustas (evita el cimbreado) y favorece el desalojo de viruta.

K - Define la velocidad de avance de penetración de la herramienta en los valles.

- Si no se programa o se programa con valor 0, asume la velocidad de avance del mecanizado (el que estaba programado antes de la llamada al ciclo).

F - Indica la velocidad de avance de la pasada final de desbaste. Si no se programa o se programa con valor 0, se entiende que no se desea pasada final de desbaste.

H - Velocidad de avance, en la pasada de acabado:

- Si se indica valor 0**, "no realizará pasada de acabado"**. Dejará el exceso de material indicado en los parámetros **"L"** y **"M".**
- Si los dos parámetros **"L"** y **"M"** están a **0** el parámetro **"H"** no actuará aunque contenga algún valor.
- Si es negativo dará error.

S - Número de bloque donde empieza la definición del perfil.

E - Número de bloque donde finaliza la definición del perfil.

El perfil podrá estar definido en el programa actual o en cualquier otro programa (parámetro "Q").

P - En control 8055 se sustituye por el parámetro Q. Nombre de la subrutina local que contiene el perfil. La subrutina local podrá estar en el programa actual o en otro programa (parámetro "Q"). El ciclo considera que toda la subrutina constituye el perfil; si se programa el parámetro "P", el ciclo ignora los parámetros "E" y "S".

Q - Nombre de la subrutina global, del programa donde está definido el perfil (parámetros "E" y "S") o del programa donde está definida la subrutina local que contiene el perfil (parámetro "P").

- Este parámetro es opcional y si no se define el CNC entiende que el perfil se encuentra definido en el mismo programa que contiene la llamada al ciclo.

En resumen y según el uso de los últimos parámetros, el perfil podrá estar definido de una de las siguientes maneras:

Parámetros	Definición del perfil según uso de parámetros
E+S	El perfil está definido entre los bloques "E" y "S" del programa actual.
P	El perfil está definido en la subrutina local "P" del programa actual.
Q	El perfil está definido en la subrutina global "Q".
Q+E+S	El perfil está definido entre los bloques "E" y "S" del programa "Q".
Q+P	El perfil está definido en la subrutina local "P" del programa "Q".

Condiciones

- Al iniciar el ciclo la herramienta tiene que estar posicionada en el punto de inicio, formando este parte del propio ciclo, teniendo que cumplir las siguientes condiciones:
    - La distancia entre el punto de partida y el punto final del perfil, con respecto al eje **X**, deberá ser igual o mayor que el **L** (pasada de acabado en el eje X). Al usar corrección de radio es recomendable dar a esta distancia el valor de **L** más un número cualquiera de veces el valor de **C** (pasada máxima). Por ejemplo, si **L7=0.5** y **C=2** se puede usar el valor **2.5 (L+C), 4.5 (L+2C**) etc; en caso contrario puede dar error 31.
    - La distancia entre el punto de partida y el punto inicial **A** con respecto al eje Z deberá ser mayor que **M**.

- Al definir el perfil en las líneas de programación, no hay que programar el punto **A**, que ya está indicado con **X** y **Z**; en caso contrario dará error.

- Todas las condiciones tecnológicas de mecanizado deben ser programadas con anterioridad a la llamada del ciclo.

- Una vez finalizado el ciclo fijo, el avance activo será el último avance programado, el correspondiente a la operación de desbaste (F) o acabado (H). Asimismo, el CNC asumirá las funciones G00, G40 y G90.

- Los parámetros pueden estar programados parcial o totalmente con anterioridad a la llamada del ciclo.

- Si se programa con compensación de radio, el último movimiento antes de la llamada al ciclo debe ser **G00;** en caso contrario dará error.

- En el control 8065, si al ejecutar una de las pasadas de desbaste se detecta la existencia de un canal (valle), el CNC continuará la ejecución del resto del perfil, sin tener en cuenta dicho canal y dará un aviso al inicio de la ejecución del ciclo. El operario podrá detener la ejecución y seleccionar la herramienta apropiada. La herramienta tiene que estar definida con todo el perfil.

  Si no lo hace, calculará un nuevo perfil en las zonas que no son accesibles para la herramienta seleccionada y mecanizará todas las zonas a las que pueda acceder.

- Si al ejecutar una de las pasadas de desbaste se detecta la existencia de un canal, el CNC continuará la ejecución del resto del perfil, sin tener en cuenta dicho canal.

- El número de canales de que puede disponer un perfil es ilimitado.

- Una vez finalizado el perfil sobrante, comenzará la ejecución de los canales detectados. Para conseguir esto, regresará en G00 hasta el punto en que interrumpió el mecanizado del perfil Fig. 8.11. Desde ese punto se seguirá en G01 el contorno programado, manteniendo la demasía de acabado, hasta alcanzar la profundidad de pasada "C" seleccionada. Tramo "a-b".

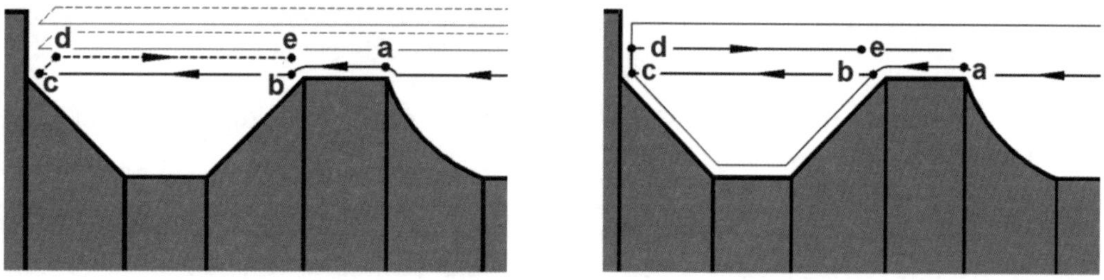

Fig. 8.11 Inicio de mecanizado de canales en cilindrado.

La pasada siguiente en el desbaste se realiza así:

- El desplazamiento "c-d" se realiza en G01 al avance programado (F).
- Cuando esté programado el parámetro "D", el desplazamiento "c-d" se realiza en avance rápido (G00) en caso contrario se desplazará "c-d" siguiendo el contorno que esté programado en G01 al avance programado (F).
- El desplazamiento de retroceso "d-e" lo realiza en avance rápido (G00).

- Si mecanizando un canal se detecta que existen canales internos al mismo, se seguirá el mismo procedimiento anterior.

- Si se ha optado por realizar pasada final de desbaste, se realizará una pasada paralela al perfil, manteniendo la demasía "L", con el avance "F" indicado. Esta pasada final de desbaste elimina las crestas que han quedado tras el desbaste, Fig. 8.12.

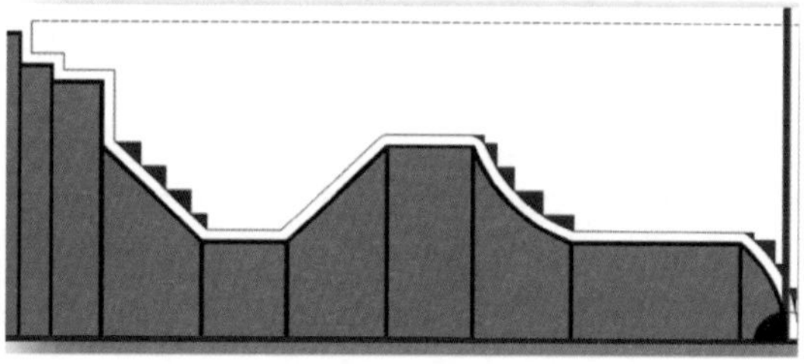

Fig. 8.12 Crestas de desbaste

- El ciclo finalizará en el punto de inicio.

- Si se le ha indicado pasada de acabado, se realizará una pasada global del perfil con compensación de radio y aplicando el avance que se haya indicado en "H".

  - Este perfil podrá ser exacto al perfil que se haya programado o simplemente, aproximarse a él. Esto depende de si existen zonas en la pieza donde no pueda entrar la herramienta seleccionada, en cuyo caso saltará dicha sección para no estropear la pieza.

Optimización del mecanizado

Si se define únicamente el perfil deseado, el CNC supone que la pieza en bruto es cilíndrica y efectúa el mecanizado como se indica en la parte izquierda. Cuando se conoce el perfil de la pieza en bruto se aconseja definir ambos perfiles: el perfil de la pieza en bruto y el perfil final deseado. El mecanizado será más rápido ya que únicamente se eliminará el material delimitado por ambos perfiles.

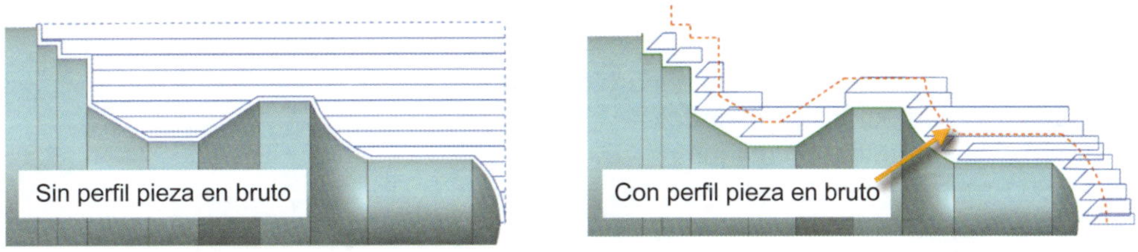

Fig. 8.13 Tipos de estructura de desbaste de mecanizado.

Sintaxis de programación de perfiles

En caso de definir dos perfiles, primero es necesario definir el perfil final de la pieza, a continuación el perfil de la pieza en bruto.

Número de bloque

Será necesario indicar el número de bloque o etiqueta de la siguiente manera:

- Definición de perfil final sin definición de pieza en bruto:
  - En la primera línea de definición del perfil final y en la última del mismo perfil.
- Definición de perfil final + definición de pieza en bruto:
  - En la primera línea de definición del perfil final y en la última de definición de pieza en bruto.

Estos números de etiqueta serán los que indiquen al ciclo fijo el comienzo y final de la descripción geométrica del perfil.

Sintaxis de programación

La sintaxis de programación del perfil debe cumplir las siguientes normas:

- Puede programarse mediante cotas absolutas e incrementales y estar formado por elementos geométricos simples como rectas, arcos, redondeos y chaflanes, siguiendo para su programación las normas de sintaxis definidas para las mismas.
- La función **G00 indica que ha finalizado la definición del perfil final y que en dicho bloque comienza la definición del perfil de la pieza en bruto**.

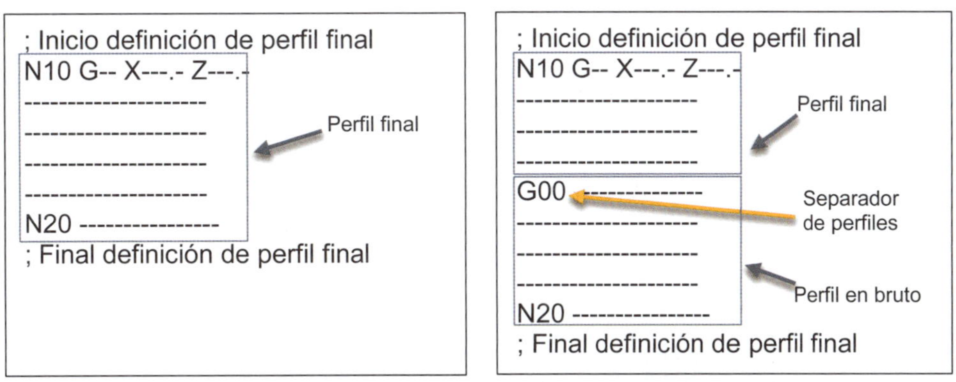

Fig. 8.14 Definición de perfiles

Es necesario programar G01, G02 o G03 en el bloque siguiente, ya que G00 es modal, evitando de este modo que el CNC muestre el mensaje de error correspondiente.

- En la descripción del perfil **no se permite programar** imágenes espejo, cambios de escala, giro del sistema de coordenadas o traslados de origen.
- Tampoco se permite programar bloques en lenguaje de alto nivel, como saltos, llamadas a subrutinas o programación paramétrica.
- No pueden programarse otros ciclos fijos. Para la definición del perfil se puede hacer uso de las siguientes funciones:

- G01 Interpolación lineal
- G02 Interpolación circular derechas
- G03 Interpolación circular izquierdas
- G06 Centro circunferencia en coordenadas absolutas
- G08 Circunferencia tangente a trayectoria anterior
- G09 Circunferencia por tres puntos
- G36 Redondeo de aristas
- G39 Achaflanado
- G53 Programación respecto al cero máquina
- G70 Programación en pulgadas
- G71 Programación en milímetros
- G90 Programación absoluta
- G91 Programación incremental
- G30 Preselección del origen polar
- G05 Arista matada
- G07 Arista viva
- G50 Arista matada controlada Funciones
- F, S, T, D o M

Se permite programar las siguientes funciones, aunque serán ignoradas por el ciclo.

- G05 Arista matada
- G07 Arista viva
- G50 Arista matada controlada

Operativa

El ciclo se programa en la línea donde se empiece a mecanizar, en la forma que indica el FORMATO, (aunque los parámetros se pueden haber definido antes todos o alguno de ellos) y el perfil se programará en cualquier posición de línea que se elija, siempre que se esté por debajo del **M30** o en programa externo.

Se debe tener en cuenta, tal como se indica en las CONDICIONES, que el primer punto del perfil **(A)** no se debe programar en las líneas de definición, pues ya está indicado en **X** y **Z**.

El colocar el **punto de inicio** en una posición de **X** muy alta o de **Z** muy separada hacia la derecha, comportará que el ciclo emplee demasiado tiempo, pues desde el primer momento trabajará con **G01** y podría llegar a dar más de una pasada en vacío, trabajando en **G01** a la velocidad programada en **F**.

Ejemplo

El ejercicio que se va a realizar es el de la Fig. 8.15.

Se parte de una pieza que tiene en bruto **60 x Ø38**, con pasadas máximas de **2 mm** de radio y realizando una última pasada de **0,3** en **X** y **0,1** en **Z**, a una velocidad de avance de **80 mm/min**.

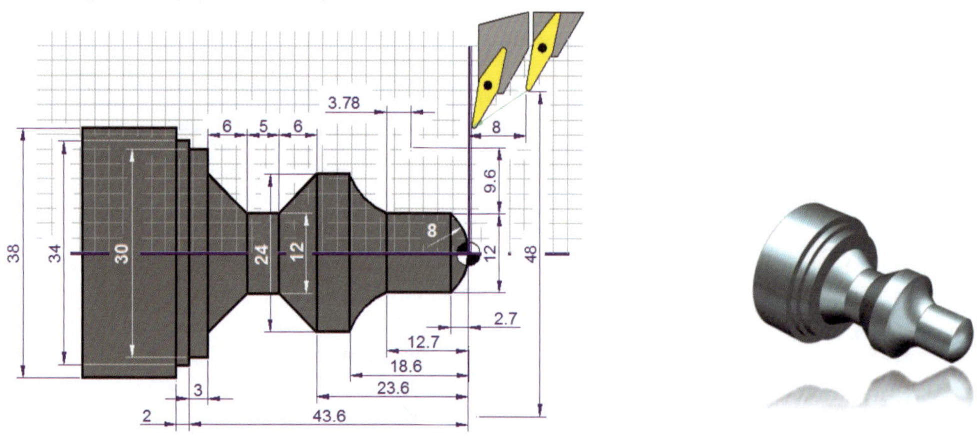

Fig. 8.15 Mecanizado con desbastado en eje X.

Programa:

Control 8065 y Control 8055

Absolutas

```
1 -  G90 G94 G05 G40 F100 S300 T02 D02
2 -  G0 X48 Z8
3 -  G42X 40.6 Z1 M3
4 -  G68 X0 Z0 C2 D3 L0.3 M0.1 K60 F120 H80 S10 E20
5 -  G0 G40 X48 Z8 M5
6 -  M30
7 -  N10 G3 X12 Z-2.7 I0 K-8
8 -  G1 X12 Z-12.7
9 -  G2 X24 Z-18.6 I9.61 K3.78
10 - G1 X24 Z-23.6
11 - X12 Z-29.6
12 - X12 Z-34.6
13 - X24 Z-40.6
14 - X34 Z-40.6
15 - X34 Z-43.6
16 - N20 X34 Z-45.6
```

Comentario al ejemplo

Línea 1 - Se coloca la cabecera.

Línea 2 - Colocación de la herramienta en el punto **"1" X48 Z8**, cercano a la pieza y con facilidad de aproximación, sin peligro de colisionar.

Línea 3 - Posiciona en **G00** a la herramienta en una cota que sobrepase un diámetro más alto y una longitud superior a la que tiene que mecanizar el ciclo. Se introduce compensación de radio. Esta línea ya forma parte del ciclo. Si esta línea no se programa de forma correcta el ciclo no funcionará.

Línea 4 - Define el ciclo indicando en los parámetros **"X"** y **"Z"** la posición del punto a mecanizar **A** y con los parámetros **"S"** y **"E"** se define la primera y la última línea de la definición del perfil de la pieza. A partir de estos datos, el control realizará automáticamente todo el mecanizado. Como se le indica con el parámetro **"H"** que realice pasada de acabado, la herramienta acabará, después de mecanizar el ciclo en la **posición de inicio X40.6 Z1**.

Línea 5 - Vuelta al punto de partida **X48 Z8**. Anulación de compensación y parada del cabezal con **M05**.

Línea 6 - Final de programa.

Línea 7- Primer bloque de definición de perfil final. Se indica el primer tramo a mecanizar utilizando coordenadas **I**, **K** para programar un tramo curvo. Nótese cómo la aproximación al inicio de este tramo (Punto A) no se programa en estas líneas porque ya ha sido definido por el **"X"** y el **"Z"** en la llamada al ciclo.

Línea 8 - Se indica la parte cilíndrica de diámetro **12**.

Línea 11 - Se inicia la definición del valle.

Línea 13 - Se finaliza la definición del valle.

Línea 14 - El resto de líneas siguen el mismo criterio que las anteriores.

G69 Desbastado en eje Z

Descripción

G69 es un ciclo de desbaste y acabado de perfiles en sentido de refrentado, similares al de la Fig.8.15, en el que se pueden combinar diferentes tramos rectos y curvos, realizando las pasadas en sentido del eje **Z** y dando una última pasada de acabado en todo el perfil, si así se lo indicamos en el **"H"**.

No permite el cambio de herramienta entre las pasadas de desbaste y la de acabado, por lo que si deseamos realizar dicho acabado con una herramienta diferente, tendremos que indicar que no haga pasada de acabado y continuar el resto con otro tipo de programación.

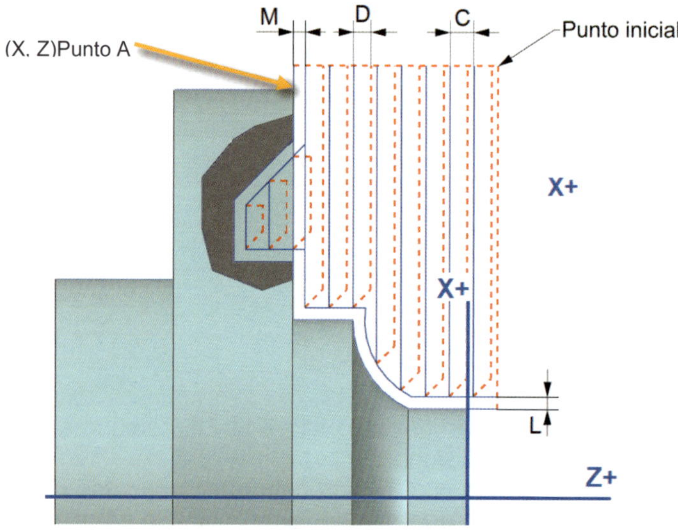

Fig. 8.16 Ciclo de desbastado en eje Z

Formato: **Control 8065** G69 X Z C D L M K F H S E P

Control 8055 G69 X Z C D L M K F H S E Q

Control 8065

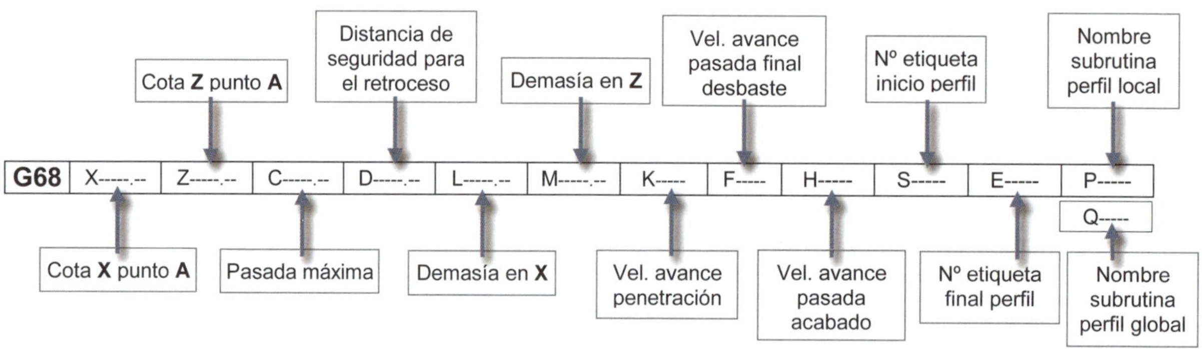

Control 8055

En el control 8055 el ciclo es similar y tan solo cambia el siguiente parámetro:

- Parámetro P: En este control se reemplaza por el parámetro Q.

Parámetros

X - Coordenada **X** del punto **A**. Programada en valor absoluto.

Z - Coordenada **Z** del punto **A**. Programada en valor absoluto.

C - Pasada máxima:

- La pasada debe ser mayor que **0**.
- Todas las pasadas de mecanizado las realizará usando este paso y el material que reste lo eliminará en la última pasada.

D - Distancia de seguridad para el retroceso de la herramienta en cada pasada.

- Al programar D con un valor distinto de 0, la cuchilla se retirará a 45° hasta alcanzar la distancia de seguridad (figura izquierda).

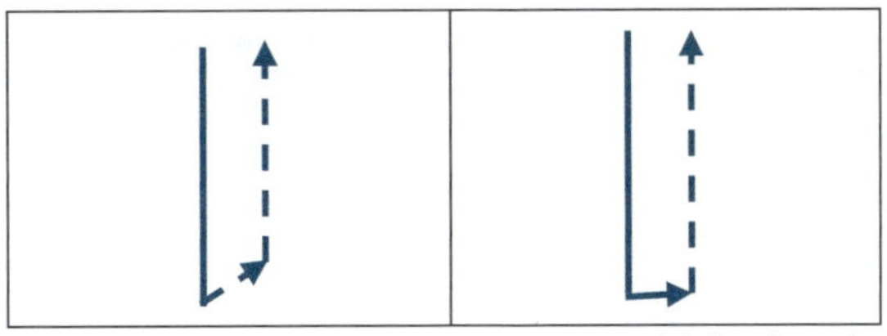

Valor diferent e a 0 | Valor igual a 0

- Si se programa D con el valor 0, la trayectoria de salida coincide con la trayectoria de entrada.
- Cuando no se programa el parámetro D la retirada de la herramienta se efectúa siguiendo el perfil hasta la pasada anterior, (figura de la derecha).
- Cuando no se programa el parámetro D, el tiempo de ejecución del ciclo es mayor, pero a cambio mejora la pasada de acabado pues tendrá menor cantidad de material a comer.

L - Cantidad de material para el acabado en el eje **X**:

- Se indicará siempre en radios.
- La pasada debe ser mayor o igual que **0**. Si es **0** no realizará pasada de acabado en este eje.

M - Cantidad de material para el acabado en el eje **Z**:

- La pasada debe ser mayor o igual que **0**. Si es **0** no realizará pasada de acabado en este eje.
- Si "L" o "M" se programan con valor negativo, la pasada de acabado se realizará en arista matada (G05).
- Cuando ambos parámetros se programan con valor positivo, la pasada de acabado se realizará en arista viva (G07).
- Si no se programa el parámetro "M", la demasía tendrá el valor indicado en el parámetro "L" y será constante en todo el perfil.

K - Define la velocidad de avance de penetración de la herramienta en los valles.

- Si no se programa o se programa con valor 0, asume la velocidad de avance del mecanizado (el que estaba programado antes de la llamada al ciclo).

F - Indica la velocidad de avance de la pasada final de desbaste. Si no se programa o se programa con valor 0, se entiende que no se desea pasada final de desbaste.

H - Velocidad de avance, en la pasada de acabado:

- Si se indica valor 0**, "no realizará pasada de acabado"**. Dejará el exceso de material indicado en los parámetros **"L"** y **"M".**
- Si los dos parámetros **"L"** y **"M"** están a **0**, el parámetro **"H"** no actuará aunque contenga algún valor.

- Si es negativo dará error.

S - Número de bloque donde empieza la definición del perfil.

E - Número de bloque donde finaliza la definición del perfil.

P - Nombre de la subrutina local que contiene el perfil. La subrutina local podrá estar en el programa actual o en otro programa (parámetro "Q").

El ciclo considera que toda la subrutina constituye el perfil.

Si se programa el parámetro "P", el ciclo ignora los parámetros "E" y "S".

Q - Nombre de la subrutina global, del programa donde está definido el perfil (parámetros "E" y "S") o del programa donde está definida la subrutina local que contiene el perfil (parámetro "P").

En resumen y según el uso de los últimos parámetros, el perfil podrá estar definido de una de las siguientes maneras:

Parámetros	Definición del perfil según uso de parámetros
E+S	El perfil está definido entre los bloques "E" y "S" del programa actual.
P	El perfil está definido en la subrutina local "P" del programa actual.
Q	El perfil está definido en la subrutina global "Q".
Q+E+S	El perfil está definido entre los bloques "E" y "S" del programa "Q".
Q+P	El perfil está definido en la subrutina local "P" del programa "Q".

Condiciones

- Al iniciar el ciclo la herramienta tiene que estar posicionada en el punto de inicio, formando este parte del propio ciclo, teniendo que cumplir las siguientes condiciones:
  - La distancia entre el punto de partida y el punto final del perfil, con respecto al eje **X**, deberá ser igual o mayor que el **L** (pasada de acabado en el eje X). Al usar corrección de radio es recomendable dar a esta distancia el valor de **L** más un numero cualquiera de veces el valor de **C** (pasada máxima). Por ejemplo, si **L7=0.5** y **C=2** se puede usar el valor **2.5 (L+C), 4.5 (L+2C)** etc, en caso contrario puede dar error 31.
  - La distancia entre el punto de partida y el punto inicial **A** con respecto al eje Z deberá ser mayor que el **M**.

- Al definir el perfil en las líneas de programación, no hay que programar el punto **A**, que ya está indicado con **X** y **Z**, en caso contrario dará error.

- Todas las condiciones tecnológicas de mecanizado deben ser programadas con anterioridad a la llamada del ciclo.

- Una vez finalizado el ciclo fijo, el avance activo será el último avance programado, el correspondiente a la operación de desbaste (F) o acabado (H). Asimismo, el CNC asumirá las funciones G00, G40 y G90.

- Los parámetros pueden estar programados parcial o totalmente con anterioridad a la llamada del ciclo.

- Si se programa con compensación de radio, el último movimiento antes de la llamada al ciclo, debe ser **G00**; en caso contrario dará error.

- En el control 8065, si al ejecutar una de las pasadas de desbaste se detecta la existencia de un canal (valle), el CNC continuará la ejecución del resto del perfil, sin tener en cuenta dicho canal y dará un aviso al inicio de la ejecución del ciclo. El operario podrá detener la ejecución y seleccionar la herramienta apropiada. Tiene que estar definida la herramienta con todo el perfil de la misma.

Si no lo hace, calculará un nuevo perfil en las zonas que no son accesibles para la herramienta seleccionada y mecanizará todas las zonas a las que pueda acceder.

- Si al ejecutar una de las pasadas de desbaste se detecta la existencia de un canal, el CNC continuará la ejecución del resto del perfil, sin tener en cuenta dicho canal.

- El número de canales de que puede disponer un perfil es ilimitado.

- Una vez finalizado el perfil sobrante, comenzará la ejecución de los canales detectados.

Para conseguir esto, regresará en G00 hasta el punto en que interrumpió el mecanizado del perfil (Fig. 8.17). Desde este punto se seguirá en G01 el contorno programado, manteniendo la demasía de acabado, hasta alcanzar la profundidad de pasada “C” seleccionada. Tramo “a-b”.

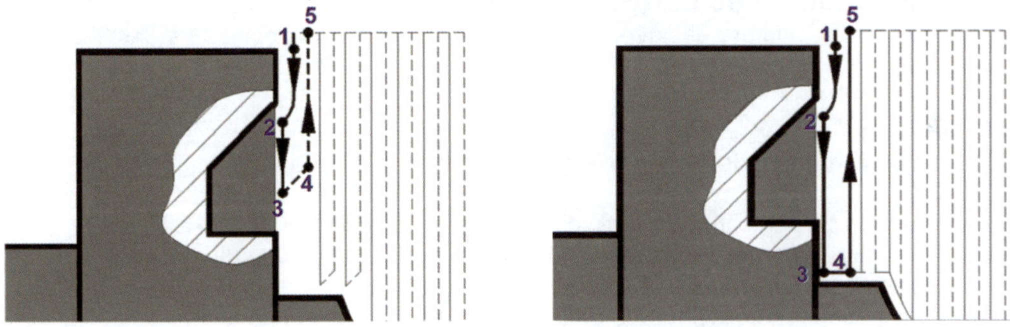

Fig. 8.17 Inicio de mecanizado de canales en refrentado

La pasada siguiente en el desbaste se realiza así:

- El desplazamiento "c-d" se realiza en G01 al avance programado (F).
- Cuando esté programado el parámetro "D", el desplazamiento "c-d" se realiza en avance rápido (G00) en caso contrario, se desplazará "c-d" siguiendo el contorno que esté programado en G01 al avance programado (F).
- El desplazamiento de retroceso “d-e” lo realiza en avance rápido (G00).

- Si mecanizando un canal se detecta que existen canales internos al mismo, se seguirá el mismo procedimiento anterior.

- Si se ha optado por realizar pasada final de desbaste, se realizará una pasada paralela al perfil, manteniendo la demasía "L", con el avance "F" indicado. Esta pasada final de desbaste elimina las crestas que han quedado tras el desbaste, Fig. 8.17.

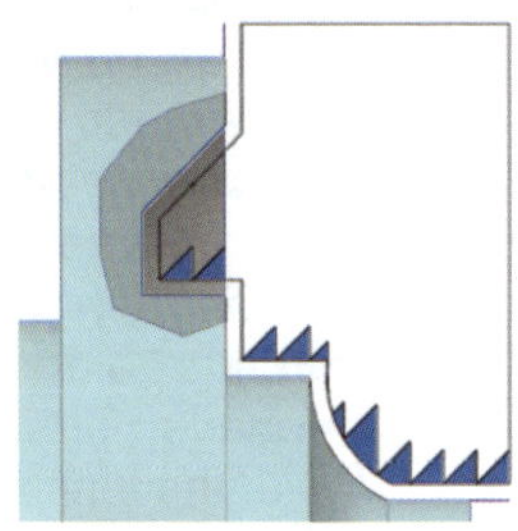

Fig. 8.18 Crestas de desbaste

- El ciclo finalizará en el punto de inicio.

- Si se le ha indicado pasada de acabado, se realizará una pasada global del perfil con compensación de radio y se aplicará el avance que se le haya indicado en “H”.

  - Este perfil podrá ser exacto al perfil que se haya programado o simplemente aproximarse a él. Esto depende de si existen zonas en la pieza donde no puede entrar la herramienta seleccionada en ese caso saltará dicha sección para no estropear la pieza.

Optimización del mecanizado

Si se define únicamente el perfil deseado, el CNC supone que la pieza en bruto es cilíndrica y efectúa el mecanizado como se indica en la parte izquierda.

Cuando se conoce el perfil de la pieza en bruto se aconseja definir ambos perfiles: el perfil de la pieza en bruto y el perfil final deseado. El mecanizado es más rápido ya que únicamente se elimina el material delimitado por ambos perfiles.

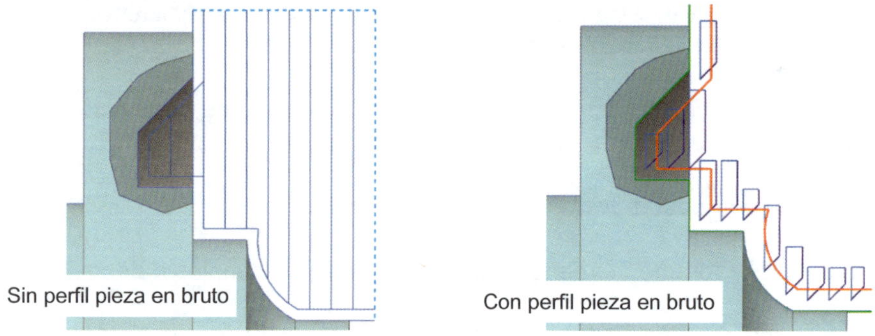

Fig. 8.19 Tipos de estructura de desbaste de mecanizado

Sintaxis de programación de perfiles

Caso de definir dos perfiles, primero es necesario definir el perfil final de la pieza y a continuación el perfil de la pieza en bruto.

Número de bloque

Será necesario indicar el número de bloque o etiqueta de la siguiente manera:

- Definición de perfil final sin definición de pieza en bruto:
  - En la primera línea de definición del perfil final y en la última del mismo perfil.
- Definición de perfil final + definición de pieza en bruto:
  - En la primera línea de definición del perfil final y en la última de definición de pieza en bruto.

Estos números de etiqueta serán los que indiquen al ciclo fijo el comienzo y final de la descripción geométrica del perfil.

Sintaxis de programación

La sintaxis de programación del perfil debe cumplir las siguientes normas:

- Puede programarse mediante cotas absolutas e incrementales y estar formada por elementos geométricos simples como rectas, arcos, redondeos y chaflanes, siguiendo para su programación las normas de sintaxis definidas para las mismas.
- La función **G00 indica que ha finalizado la definición del perfil final y que en dicho bloque comienza la definición del perfil de la pieza en bruto** (ver figura 8.14).
  Es necesario programar G01, G02 o G03 en el bloque siguiente, ya que G00 es modal, evitando de este modo que el CNC muestre el mensaje de error correspondiente.
- En la descripción del perfil **no se permite programar** imágenes espejo, cambios de escala, giro del sistema de coordenadas o traslados de origen.
- Tampoco se permite programar bloques en lenguaje de alto nivel, como saltos, llamadas a subrutinas o programación paramétrica.
- No pueden programarse otros ciclos fijos. Para la definición del perfil se puede hacer uso de las siguientes funciones:

  - G01 Interpolación lineal
  - G02 Interpolación circular derechas
  - G03 Interpolación circular izquierdas
  - G06 Centro circunferencia en coordenadas absolutas
  - G08 Circunferencia tangente a trayectoria anterior
  - G09 Circunferencia por tres puntos
  - G36 Redondeo de aristas
  - G39 Achaflanado
  - G53 Programación respecto al cero máquina
  - G70 Programación en pulgadas
  - G71 Programación en milímetros
  - G90 Programación absoluta
  - G91 Programación incremental
  - G30 Preselección del origen polar
  - G05 Arista matada
  - G07 Arista viva
  - G50 Arista matada controlada Funciones.
  - F, S, T, D o M

Se permite programar las siguientes funciones, aunque serán ignoradas por el ciclo:

- G05 Arista matada.
- G07 Arista viva.
- G50 Arista matada controlada.

Operativa

El ciclo se programa en la línea donde se empiece a mecanizar, en la forma que indica el FORMATO, (aunque los parámetros se pueden haber definido antes, todos o alguno de ellos) y el perfil se programará en cualquier posición de línea que se elija, siempre que se esté por debajo del **M30** o en programa externo.

Se debe tener en cuenta, tal como se indica en las CONDICIONES, que el primer punto del perfil **(A)** no se debe programar en las líneas de definición, pues ya está indicado en **X** y **Z**.

El colocar el **punto de inicio** en una posición de **X** muy alta o de **Z** muy separada hacia la derecha, comportará que el ciclo emplee demasiado tiempo, pues desde el primer momento trabajará con **G01** y podría llegar a dar más de una pasada en vacío, trabando en **G01** a la velocidad programada en **F.**

Ejemplo

El ejercicio que se va a realizar, es el de la Fig. 8.20.

Se parte de una pieza que tiene en bruto **60 x Ø38**, con pasadas máximas de **2 mm** de radio y realizando una última pasada de **0,3** en **X** y **0,1** en **Z**, a una velocidad de avance de **80 mm/min**.

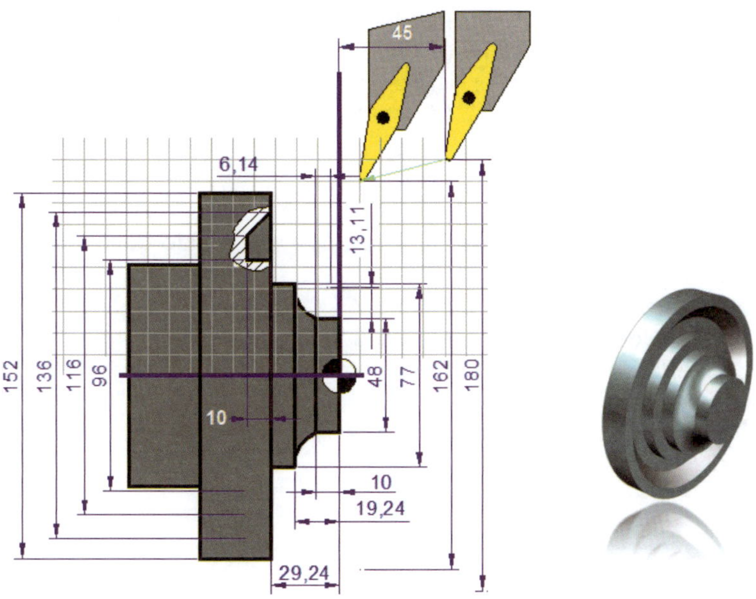

Fig. 8.20 Mecanizado con desbastado en eje Z.

Programa:

Control 8065 y Control 8055

Absolutas

```
1 - G90 G94 G05 G40 F100 S300 T02 D02
2 - G0 X180 Z45
3 - G41 X162 Z2 M3
4 - G69 X152 Z-29.24 C2 D1 L0.3 M0.1 K60 F100 H100 S10 E20
5 - G40 G0 X180 Z45 M5
6 - M30
7 - N10 G1 X136 Z-29.24
8 - X116 Z-39.24
9 - X116 Z-29.24
10 - X77 Z-29.24
11 - X77 Z-19.24
12 - G3 X48 Z-10 I0 K16.14
13 - N20 G1 X48 Z0
```

Comentario al ejemplo

Línea 1 - Se coloca la cabecera.

Línea 2 - Colocación de la herramienta en el punto **"1" X180 Z45**, cercano a la pieza y con facilidad de aproximación, sin peligro de colisionar.

Línea 3 - Posiciona en **G00** a la herramienta en una cota que sobrepase un diámetro más alto y una longitud superior a la que tiene que mecanizar el ciclo. Esta línea ya forma parte del ciclo. Se introduce la corrección de radio. Si esta línea no se programa de forma correcta el ciclo no funcionará.

Línea 4 - Define el ciclo indicando en los parámetros **"X"** y **"Z"** la posición del punto a mecanizar **"A"** y con los parámetros **"S"** y **"E"** se define la primera y la última fila de la definición del perfil de la pieza. A partir de estos datos, el control realizará automáticamente todo el mecanizado.
Como se le indica con el parámetro **"H"** que realice pasada de acabado, la herramienta acabará, después de mecanizar el ciclo en la **posición de inicio X162 Z2.**

Línea 5 - Vuelta al punto de partida **X180 Z45**. Anulación de la compensación de radio. Parada del cabezal con **M05**.

Línea 6 - Final de programa.

Línea 7 - Indicamos el primer tramo a mecanizar. Nótese cómo la aproximación al inicio de este tramo (Punto **A**) no se programa en estas líneas porque ya ha sido definido por los parámetros **"X"** y **"Z"** en la llamada al ciclo.

Línea 8 - Se mecaniza la parte cilíndrica de diámetro 77.
La cota **X77** en la definición del perfil se tiene que indicar aunque sea modal, pues en la definición del perfil del ciclo, es condición obligada programar las dos cotas aunque estas sean modales.

Línea 9 - El resto de líneas siguen el mismo criterio que la anterior.

G66 Seguimiento de perfil

Descripción

G66 es un ciclo para mecanizar cualquier tipo de perfiles, realizando pasadas idénticas al perfil que se programe desde el diámetro más alto hasta el diámetro inferior, o desde la posición en Z más alejada a la más próxima al plato de las programadas, según se indique en la forma de actuación, (Fig. 8.21). Permite herramientas triangulares, redondas y cuadradas.

De lo expresado anteriormente, se desprende que es un ciclo especializado en mecanizados para repaso de perfiles, como por ejemplo piezas de fundición en las que haya que mecanizar varias pasadas hasta su acabado final.

No es recomendable su uso en elaboración de series de tirada media o alta de piezas de perfil cilíndrico completo, dado que realizaría parte de algunas pasadas en vacío a velocidad de trabajo controlado.

Solo es interesante su uso en aquellos casos en los que compense dedicar menos tiempo a la programación y más al mecanizado (por ser pocas las piezas a mecanizar) o en piezas de fundición.

En el primer caso es mejor aplicar los ciclos G68 o G69.

No permite el cambio de herramienta entre las pasadas de desbaste y la de acabado, por lo que si se desea realizar dicho acabado con una herramienta diferente se deberá indicar en el ciclo el hecho de no realizar pasada de acabado y realizar el acabado con otro tipo de programación.

Permite trabajar con diferentes velocidades de trabajo para el desbaste y para el acabado.

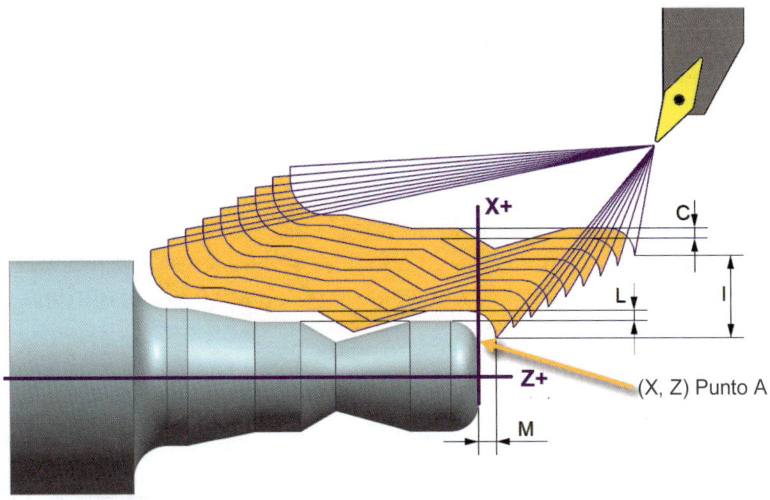

Fig. 8.21 Ciclo de seguimiento de

Formato: **Control 8065** G66 X Z I C A L M J H S E P

Control 8055 G69 X Z I C A L M H S E Q J

Control 8065

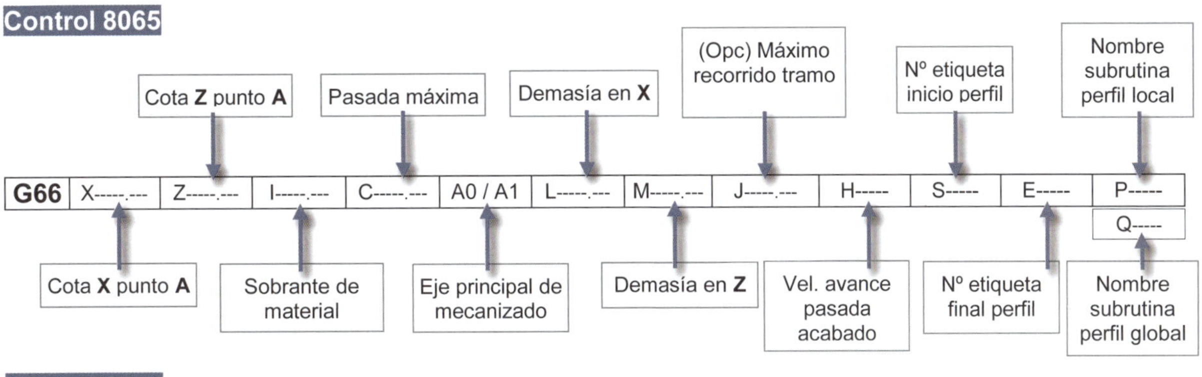

Control 8055

En el control 8055 el ciclo es similar y tan solo cambian los siguientes parámetros:

- Parámetro J: Se coloca el último de los parámetros.
- Parámetro P: En este control se reemplaza con el parámetro Q.

Parámetros

X - Coordenada **X** del punto **A**. Programada en valor absoluto.

Z - Coordenada **Z** del punto **A**. Programada en valor absoluto.

I - Cantidad sobrante de material a eliminar de la pieza:

Si la pieza a mecanizar es de fundición, será la parte de exceso de material a eliminar. Si, por el contrario, la pieza parte de un bruto de material cilíndrico, será la diferencia entre el diámetro más pequeño del perfil y el diámetro más alto del mismo.

- Debe ser igual o mayor que cero.
- Debe ser igual o mayor que la demasía para el acabado.
- Si su valor no es mayor que la demasía para el acabado **L** o **M**, únicamente se efectúa la pasada de acabado, si **H** es distinto de cero.

C - Pasada máxima:

- La pasada debe ser mayor que cero.
- Dependiendo del valor asignado al parámetro **"A"**, realizará la profundidad de pasada en **X** o en **Z**.
- Realizará todas las pasadas iguales y el sobrante en la última pasada.

A - Definición del eje principal de mecanizado:

- Si se programa **A0** (Fig. 8.22), se asignará **Z** como eje principal y el valor de "**I**" se entenderá como material sobrante en sentido de **X** y el valor de "**C**" como pasada máxima en **X**.
- Si se programa **A1** (Fig. 8.23), el eje principal pasará a ser **X**. Entonces el valor de "**I**" se tomará como sobrante en sentido de **Z** y el valor de "**C**" como pasada máxima en **Z**.

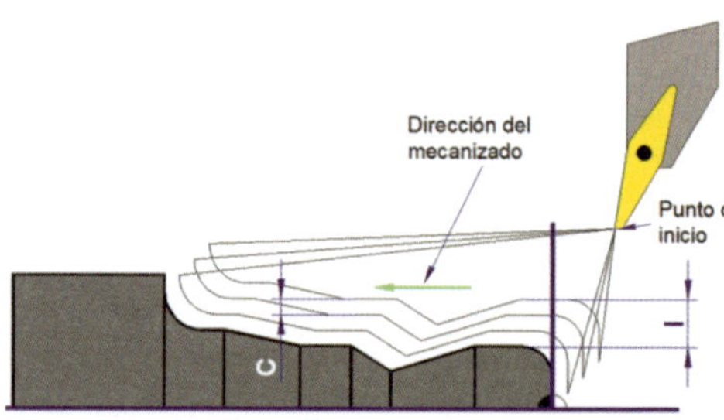

Fig. 8.22 Formato A0.

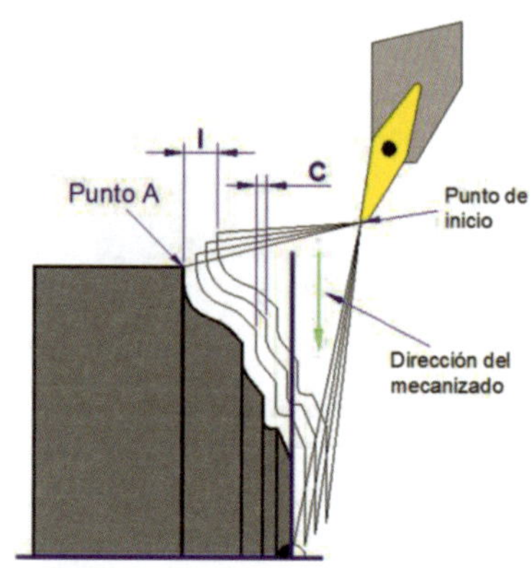

Fig. 8.23 Formato A1.

- Si no se programa el parámetro **A**, el valor que tengan "**I**" y "**C**" dependerán de las dimensiones de la herramienta a utilizar.
- Si la longitud en **X** de la herramienta es mayor que la longitud en **Z**, el valor de "**I**" se toma como sobrante de material en **X** y el valor de "**C**" como paso en **X**.
- Si la longitud en **X** de la herramienta es menor que la longitud en **Z**, el valor de "**I**" se toma como sobrante de material en **Z** y el valor de "**C**" como paso en **Z**.

L - Cantidad de material para el acabado en el eje **X**:

- La pasada debe ser mayor que cero.
- Se indica en radios y en caso de no programarse actuará con valor 0.

M - Cantidad de material para el acabado en el eje Z:

- La pasada debe ser mayor que cero.
- Se indica en radios y en caso de no programarse, actuará con valor 0.
- Si el parámetro "**L**" o el "**M**" se programan con valor negativo, el mecanizado de la pasada de acabado lo realizará en arista matada (G05) en caso contrario, realizará la pasada de acabado en arista viva (G07).
- Si no se programa el parámetro "**M**", las demasías indicadas en **X** y **Z** serán la indicadas en el parámetro "**L**" y las pasadas de desbaste serán equidistantes, manteniendo equidistante la distancia de pasada entre 2 consecutivas.

J - Opcional. Recorrido por tramos. Permite determinar el máximo recorrido de cada tramo en el eje de mecanizado. Si no se programa, se tomará el valor 0 (mecanizado en un único tramo). Parámetro válido cuando se ha definido A0, y para perfiles interiores y exteriores.

Este parámetro permite mecanizar el ciclo por tramos, indicando el máximo recorrido de cada tramo en el eje de mecanizado. Este tipo de desbaste es útil en perfiles profundos; permite utilizar herramientas más robustas (evita el cimbreado) y favorece el desalojo de viruta.

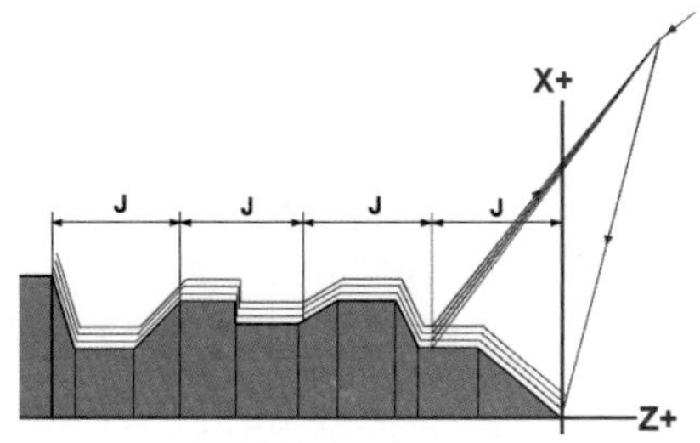

Fig. 8.24 Recorrido por tramos.

H - Velocidad de avance para la pasada de acabado:

- Si se asigna el valor cero, no realizará la pasada de acabado.

S - Número del primer bloque donde empezará la definición del perfil a mecanizar.

E - Número del último bloque donde finalizará la definición del perfil a mecanizar.

El perfil podrá estar definido en el programa actual o en cualquier otro programa (parámetro "Q").

P - Nombre de la subrutina local que contiene el perfil. La subrutina local podrá estar en el programa actual o en otro programa (parámetro "Q").

El ciclo considera que toda la subrutina constituye el perfil; si se programa el parámetro "P", el ciclo ignora los parámetros "E" y "S".

Q - Nombre de la subrutina global, del programa donde está definido el perfil (parámetros "E" y "S") o del programa donde está definida la subrutina local que contiene el perfil (parámetro "P").

En resumen y según el uso de los últimos parámetros, el perfil podrá estar definido de una de las siguientes maneras:

Parámetros	Definición del perfil según uso de parámetros
E+S	El perfil está definido entre los bloques "E" y "S" del programa actual.
P	El perfil está definido en la subrutina local "P" del programa actual.
Q	El perfil está definido en la subrutina global "Q".
Q+E+S	El perfil está definido entre los bloques "E" y "S" del programa "Q".
Q+P	El perfil está definido en la subrutina local "P" del programa "Q".

Condiciones

- El punto de llamada al ciclo estará situado fuera de la pieza a mecanizar y a una distancia superior a la definida como sobrante de material (I) del perfil más exterior de la pieza.

  Si la posición de la herramienta no es correcta para ejecutar el ciclo, el CNC visualizará el error correspondiente.

- Al realizar la programación del perfil no se ha de indicar en la misma el punto inicial **A**, que ya está definido por los parámetros **"X"** y **"Z"**.

- Todas las condiciones tecnológicas de mecanizado han de ser programadas con anterioridad a la llamada del ciclo.

- Los parámetros pueden estar programados parcial o totalmente con anterioridad a la llamada del ciclo.

- La definición del perfil puede estar formada por rectas, arcos, redondeo de aristas, entradas tangenciales, salidas tangenciales y chaflanes así como con compensación de radio de las herramientas (G41 y G42).

- La programación puede realizarse indistintamente en absoluto o incremental.

- En aquellos casos en los que no se pueda mecanizar el perfil programado (valles) con la herramienta seleccionada, se mostrará un aviso al principio de la ejecución del ciclo.

  El operario podrá detener la ejecución y seleccionar la herramienta apropiada.

  Si no lo hace, se calcula un nuevo perfil en las zonas que no son accesibles para la herramienta seleccionada y se mecaniza todo lo que sea posible.

- Dentro del ciclo no puede haber ninguna llamada a cambio de herramientas.

- Al acabar el ciclo quedarán activas las funciones G00 y G90.

- Una vez finalizado el ciclo fijo el avance activo será el último avance programado, el correspondiente a la operación de desbaste (F) o acabado (H).

- El ciclo finalizará en el punto donde empezó.

- Los movimientos de aproximación los realizará en G00.

- Una vez calculado el perfil que se debe ejecutar, se calcularán todas las pasadas necesarias para eliminar el sobrante de material (I) programado.

- El mecanizado se ejecutará manteniendo el trabajo en arista viva (G07) o arista matada (G05) que se encuentra seleccionado al llamar al ciclo.

- Cuando no se programa el parámetro "M" se efectúan pasadas equidistantes, manteniendo la distancia "C" entre 2 pasadas consecutivas. Además, si el último tramo del perfil es un tramo curvo o cónico, el CNC calculará las diferentes pasadas sin superar la cota máxima programada.

- Cada una de las pasadas se realiza de la forma siguiente:

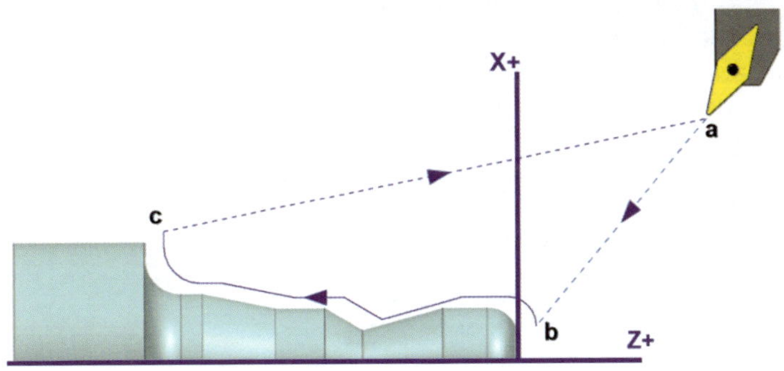

Fig. 8.25 Estructura del mecanizado.

El desplazamiento de aproximación "a - b" se realiza en avance rápido (G00). El desplazamiento "b - c" se realiza en avance programado (F). El desplazamiento de retroceso "c - a" se realiza en avance rápido (G00).

Optimización del mecanizado

Si se define únicamente el perfil deseado, el CNC supone que la pieza en bruto es cilíndrica y efectúa el mecanizado como se indica en la parte izquierda.

Cuando se conoce el perfil de la pieza en bruto se aconseja definir ambos perfiles: el perfil de la pieza en bruto y el perfil final deseado. El mecanizado es más rápido ya que únicamente se elimina el material delimitado por ambos perfiles.

Sintaxis de programación de perfiles

En caso de definir dos perfiles, primero es necesario definir el perfil final de la pieza, a continuación el perfil de la pieza en bruto.

Número de bloque

Será necesario indicar el número de bloque o etiqueta de la siguiente manera:

- Definición de perfil final sin definición de pieza en bruto:
  - En la primera línea de definición del perfil final y en la última del mismo perfil.
- Definición de perfil final + definición de pieza en bruto:
  - En la primera línea de definición del perfil final y en la última de definición de pieza en bruto.

Estos números de etiqueta serán los que indiquen al ciclo fijo el comienzo y final de la descripción geométrica del perfil.

Sintaxis de programación

La sintaxis de programación del perfil debe cumplir las siguientes normas:

- Puede programarse mediante cotas absolutas e incrementales y estar formado por elementos geométricos simples como rectas, arcos, redondeos y chaflanes, siguiendo para su programación las normas de sintaxis definidas para las mismas.
- La función **G00 indica que ha finalizado la definición del perfil final y que en dicho bloque comienza la definición del perfil de la pieza en bruto** (ver figura 8.14).
  Es necesario programar G01, G02 o G03 en el bloque siguiente, ya que G00 es modal, evitando de este modo que el CNC muestre el mensaje de error correspondiente.
- En la descripción del perfil **no se permite programar** imágenes espejo, cambios de escala, giro del sistema de coordenadas o traslados de origen.
- Tampoco se permite programar bloques en lenguaje de alto nivel, como saltos, llamadas a subrutinas o programación paramétrica.
- No pueden programarse otros ciclos fijos. Para la definición del perfil se puede hacer uso de las siguientes funciones:

  - G01 Interpolación lineal
  - G02 Interpolación circular derechas
  - G03 Interpolación circular izquierdas
  - G06 Centro circunferencia en coordenadas absolutas
  - G08 Circunferencia tangente a trayectoria anterior

- G09 Circunferencia por tres puntos
- G36 Redondeo de aristas
- G39 Achaflanado
- G53 Programación respecto al cero máquina
- G70 Programación en pulgadas
- G71 Programación en milímetros
- G90 Programación absoluta
- G91 Programación incremental
- G30 Preselección del origen polar
- G05 Arista matada
- G07 Arista viva
- G50 Arista matada controlada Funciones.
- G05 Arista matada.
- G07 Arista viva.
- G50 Arista matada controlada.
- F, S, T, D o M

Operativa

El ciclo se programa en la línea donde se desea empezar a mecanizarlo en la forma que indica el FORMATO, aunque los parámetros se pueden haber definido antes, (todos o alguno de ellos) y el perfil se programa en cualquier número de línea elegida, siempre que esté por debajo del **M30**. Se ha de tener en cuenta, tal como se indica en las CONDICIONES, que el primer punto del perfil **(A)** no se debe programar, pues ya está indicado en los **X (P0)** y **Z (P1)**.

El hecho de colocar el **punto de inicio** en una posición de **X** muy alta o de **Z** muy separada hacia la derecha comportará que el ciclo emplee demasiado tiempo, pues desde el primer momento trabajará con **G01** y podría llegar a dar más de una pasada en vacío, trabando en **G01** a la velocidad programada en **F**.

Es importante escoger el parámetro **"A"**, el tipo de mecanizado a realizar en el desplazamiento de trabajo **X** o **Z.**

Ejemplo

El ejercicio que se va a realizar, es el de la Fig. 8.26.

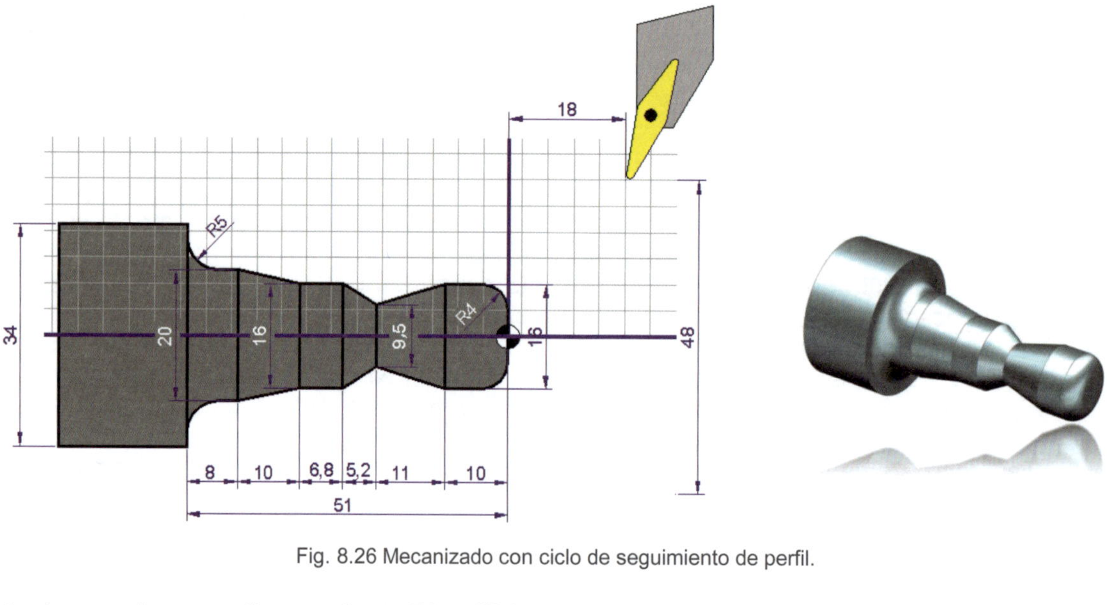

Fig. 8.26 Mecanizado con ciclo de seguimiento de perfil.

Se parte de una pieza que tiene en bruto **70 x Ø34**, con pasadas máximas de **2 mm** de radio, realizando una última pasada de **0,3** en **X** y **0,1** en **Z**, a una velocidad de avance de **80 mm/min**.

Programa:

Control 8065 y **Control 8055**

Absolutas

```
 1 - G90 G94 G97 F100 S800 T3 D3
 2 - G00 X68 Z18
 3 - G42 X50 Z14 M3
 4 - G66 X0 Z0 I12.25 C2 A0 L0.2 M0.1 H80 S10 E20
 5 - G40 G00 X68 Z18 M5
 6 - M30
 7 - N10 G01 G36 R4 X16 Z0
 8 - Z-10
 9 - X9.5 Z-21
10 - X16 Z-26.2
11 - Z-33
12 - X20 Z-43
13 - Z-46
14 - G36 R5 Z-51
15 - N20 X38
```

Comentario al ejemplo

Línea 1 - Colocación de la cabecera.

Línea 2 - Colocación de la herramienta en el punto **X68 Z18**, cercano a la pieza y con facilidad de aproximación, sin peligro de colisionar.

Línea 3 - Posiciona en **G00** a la herramienta en una cota que sobrepase un diámetro más alto y una longitud superior a la que tiene que mecanizar el ciclo. Esta línea ya forma parte del ciclo. Se introduce la compensación de radio. Si esta línea no se programa de forma correcta el ciclo no funcionará.

Línea 4 - Define el ciclo indicando en los parámetros **"X"** y **"Z"** la posición del punto a mecanizar **A**. En el parámetro **"A"** se le asigna el valor "0" para que el control entienda que el mecanizado se realiza avanzando en sentido **Z**. En los parámetros **"S"** y **"E"** se le suministra la información de la línea en la que empieza la definición del perfil y en la línea en la que acaba. Es importante tener en cuenta que el punto del perfil A no es necesario indicarlo en la definición del perfil, pues ya está definido con los parámetros **"X"** y **"Z"**. A partir de estos datos, el control realizará automáticamente todo el mecanizado. Como se le indica con el parámetro **"H"** que realice pasada de acabado, la herramienta acabará después de mecanizar el ciclo en la **posición de inicio X50 Z14.**

Línea 5 - Vuelta en G00 a la posición de partida **X68 Z18**, tras haber mecanizado el ciclo. Se anula la compensación de radio y se para el giro del eje principal.

Línea 6 - Fin del programa. Como se tiene que definir el perfil de **G66**, se hará a partir de esta línea.

Línea 7 - A partir de esta línea y hasta la **N0150** se define el perfil a mecanizar.

G88 Ranurado en eje X

Descripción

G88 es un ciclo que sirve para mecanizar ranuras siguiendo el sentido del eje **X**, es decir profundizando a favor de **X**, tal como se ve en la Fig. 8.27, distribuyendo las pasadas a lo largo del eje **Z**, según el valor que se haya indicado en el parámetro que define el ancho de cuchilla **"C"**.

No realiza pasada de acabado, por lo que si interesa realizarla, se tiene que prever con anterioridad y dejar un excedente de material.

El ciclo permite dejar un tiempo de espera en el fondo, para evitar que dicha superficie quede mal acabada.

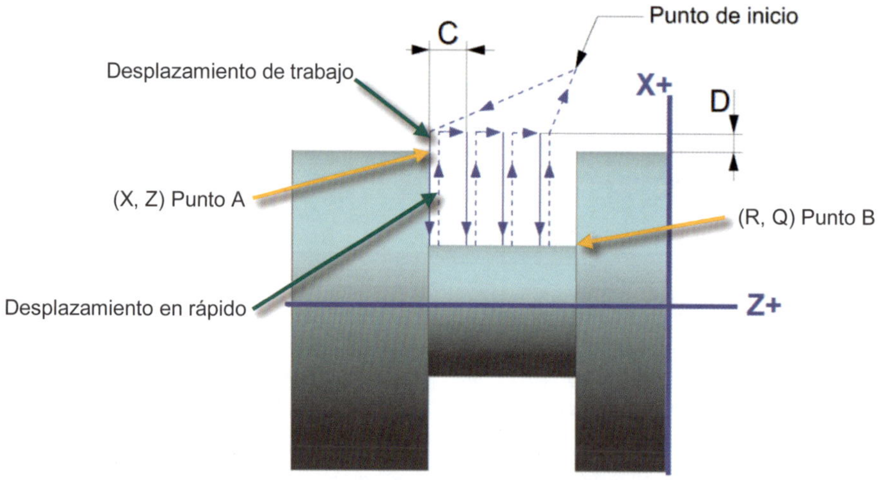

Fig. 8.27 Mecanizado con ciclo de ranurado en eje X.

Formato: G88 X Z Q R C D K

Control 8065 y **Control 8055**

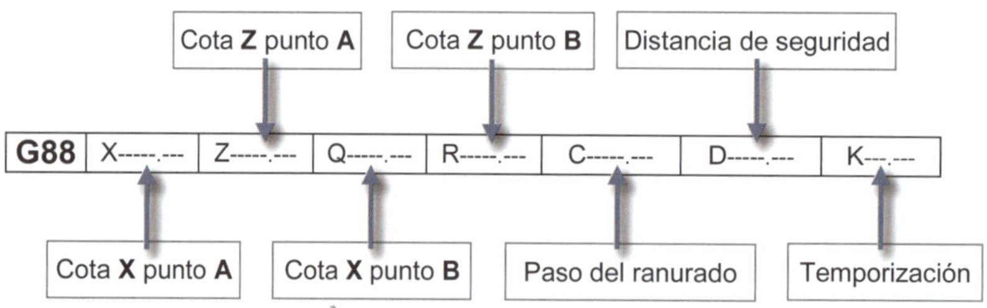

Parámetros

X - Coordenada **X** del punto **A**. Programada en valor absoluto.

Z - Coordenada **Z** del punto **A**. Programada en valor absoluto.

Q - Coordenada **X** del punto **B**. Programada en valor absoluto.

R - Coordenada **Z** del punto **B**. Programada en valor absoluto.

C - Ancho de la cuchilla.

- Si no se programa, se tomará el valor de la anchura de la cuchilla (NOSEW) de la herramienta activa.
- Si se programa con valor 0, el CNC mostrará error.

D - Distancia de seguridad, programada en radios.

K - Tiempo de espera en el fondo. Define el tiempo de espera tras cada profundización, en centésimas de segundo, Una vez transcurrido el tiempo, comienza el movimiento de retroceso.

Si no se programa, se tomará el valor 0.

Condiciones

- Las condiciones de mecanizado (velocidad de avance, velocidad de giro de cabezal, etc.) se deben programar antes de la llamada al ciclo.

  Una vez finalizado el ciclo fijo, el programa continuará con el mismo avance F y las mismas funciones G de que disponía al llamar al ciclo.

  Únicamente se anulará la compensación de radio de herramienta si se encontraba activa, continuando la ejecución del programa con la función G40.

- Todo el ranurado se realiza con el mismo paso, que es igual o inferior a "C".

- Al iniciar el ciclo, la herramienta tiene que estar posicionada en una coordenada **X** mayor que la suma del parámetro **"D"** y la diferencia del punto **A** al punto **B**. En caso contrario marcará error.

- Todas las condiciones tecnológicas de mecanizado han de ser programadas con anterioridad a la llamada del ciclo.

- Si se invierten los puntos **A** y **B** se invierte el mecanizado.

- El ciclo finalizará en el punto donde empezó.

- Los movimientos de aproximación desde la distancia de seguridad hasta el fondo de la ranura los realiza en **G01** y el resto en **G00**.

Operativa

Al iniciar el ciclo, la posición de la herramienta ha de estar situada en el punto de inicio que, a su vez, debe estar por encima de la distancia de seguridad.

Es importante medir el ancho de la cuchilla antes de mecanizar y comprobar que coincida con el valor indicado en el parámetro **"C"**, pues de no ser así la medida del ranurado variará en anchura.

El tiempo de espera en el fondo ha de ser suficiente para acabar bien el mismo, pero sin ser demasiado pues, si se excede, puede producir vibraciones en el acabado del fondo.

Es conveniente calcular bien la velocidad de corte de la herramienta y ajustar el parámetro de la misma de forma escrupulosa, pues el mecanizado de ranurados acostumbra a ser uno de los más problemáticos de los que se realizan en torno. Antes de llamar al ciclo, se tienen que haber ajustado dichos parámetros.

Cada paso de ranurado se realiza de la siguiente forma:

- El desplazamiento de profundización se realiza en el avance programado (F). El desplazamiento de retroceso y el desplazamiento al próximo punto de penetración se realizan en avance rápido (G00)

El ciclo finalizará siempre en el punto de llamada al ciclo.

Ejemplo

El ejercicio que se va a realizar, es el de la Fig. 8.28.

Se parte de una pieza que tiene en bruto **50 x Ø34**, con pasadas adaptadas al ancho de la herramienta, que será de **2 mm**.

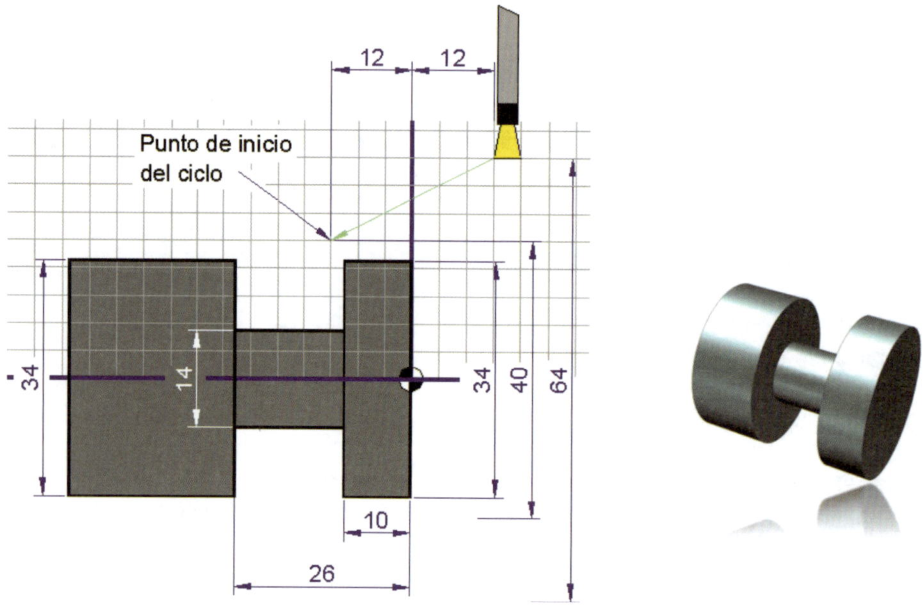

Fig. 8.28 Mecanizado con ciclo de ranurado en eje X.

Programa:

Control 8065 y **Control 8055**

Absolutas

1 - G90 G94 G97 F50 S300 T7 D7
2 - G0 X64 Z12
3 - X40 Z-12 M3
4 - G88 X34 Z-26 Q14 R-10 C2 D1 K05
5 - G0 X64 Z12 M5
6 - M30

Comentario al ejemplo

Línea 1 - Colocación de la cabecera.

Línea 2 - Colocación de la herramienta en el punto **X64 Z12**, cercano al punto de inicio del ciclo, sin peligro de colisionar.

Línea 3 - Posiciona en **G00** a la herramienta en el punto de inicio. Tiene que estar por encima de la suma de la diferencia de diámetros y la distancia de seguridad, en radios, es decir: **((X- Q)/2) + D**. Si esta línea no se programa de forma correcta el ciclo no funcionará.

Línea 4 - Define el ciclo indicando en los parámetros **"X"** y **"Z"** la posición del punto **A** y en el **"Q"** y **"R"** la posición del punto **B**. En el **"C"** se indica el valor de la anchura de la herramienta que, en este ejemplo, es de 2 mm. En el parámetro **"D"** se indica la distancia de seguridad, que es de 1 mm. Por último, en el parámetro **"K"** se indica el tiempo de espera en el fondo, que en este ejemplo es de ½ segundo **(0.5)**.

Línea 5 - Vuelta en **G00** a la posición de partida **X64 Z12**, tras haber mecanizado el ciclo y parada del cabezal con **M5**.

Línea 6 - Fin del programa.

G89 Ranurado en eje Z

Descripción

G89 es un ciclo para mecanizar ranuras en sentido del eje **Z**, es decir profundizando a favor de **Z**, tal como se ve en la Fig. 8.29 distribuyendo las pasadas a lo largo del eje **X**, según el valor que se le haya indicado en el parámetro que define el ancho de cuchilla **"C"**.

No realiza pasada de acabado, por lo que si interesa realizarla, se tiene que prever con anterioridad y dejar un excedente de material.

El ciclo permite dejar un tiempo de espera en el fondo, para evitar que dicha superficie quede mal acabada.

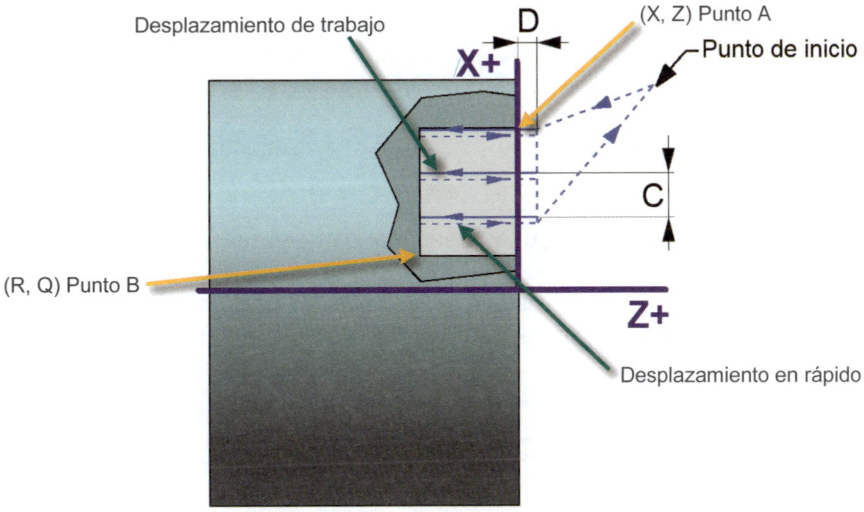

Fig. 8.29 Mecanizado con ciclo de ranurado en Z.

Formato: G89 X Z Q R C D K

Control 8065 y **Control 8055**

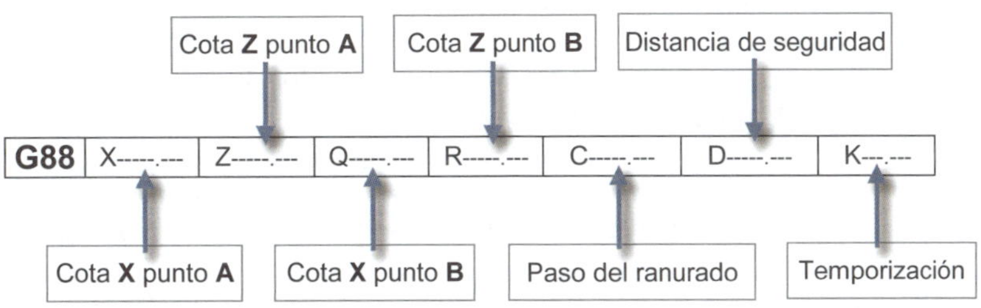

Parámetros

X - Coordenada **X** del punto **A**. Programada en valor absoluto.

Z - Coordenada **Z** del punto **A**. Programada en valor absoluto.

Q - Coordenada **X** del punto **B**. Programada en valor absoluto.

R - Coordenada **Z** del punto **B**. Programada en valor absoluto.

C - Ancho de la cuchilla.

- Si no se programa, se tomará el valor de la anchura de la cuchilla (NOSEW) de la herramienta activa.

- Si se programa con valor 0 el CNC mostrará error.

D - Distancia de seguridad.

K - Tiempo de espera en el fondo. Define el tiempo de espera tras cada profundización, en centésimas de segundo, Una vez transcurrido el tiempo, comienza el movimiento de retroceso.

Si no se programa, se tomará el valor 0.

Condiciones

- Las condiciones de mecanizado (velocidad de avance, velocidad de giro de cabezal, etc.) se deben programar antes de la llamada al ciclo.

  Una vez finalizado el ciclo fijo, el programa continuará con el mismo avance F y las mismas funciones G de que disponía al llamar al ciclo.

  Únicamente se anulará la compensación de radio de herramienta si se encontraba activa, continuando la ejecución del programa con la función G40.

- Todo el ranurado se realiza con el mismo paso, que es igual o inferior a "C".

- Al iniciar el ciclo, la herramienta tiene que estar posicionada en una coordenada **Z,** mayor que la suma del parámetro **"D" (P6)** y la diferencia del punto **A** al punto **B**. En caso contrario marcará error.

- Todas las condiciones tecnológicas de mecanizado han de ser programadas con anterioridad a la llamada del ciclo.

- Si se invierten los puntos **A** y **B** se invierte el mecanizado.

- El ciclo finalizará en el punto donde empezó.

- Los movimientos de aproximación desde la distancia de seguridad hasta el fondo de la ranura los realiza en **G01** y el resto en **G00**.

Operativa

Al iniciar el ciclo, la posición de la herramienta ha de estar situada en el punto de inicio que, a su vez, debe estar por encima de la distancia de seguridad.

Es importante medir el ancho de la cuchilla antes de mecanizar y comprobar que coincida con el valor indicado en el parámetro **"C"**, pues de no ser así la medida del ranurado variará en anchura.

El tiempo de espera en el fondo ha de ser suficiente para acabarlo bien, pero sin ser demasiado pues, si se excede, puede producir vibraciones en el acabado del fondo.

Es conveniente calcular bien la velocidad de corte de la herramienta y ajustar el parámetro de la misma de forma escrupulosa, pues el mecanizado de ranurados acostumbra a ser de los más problemáticos de los que se realizan en torno. Antes de llamar al ciclo, se tienen que haber ajustado dichos parámetros.

Cada paso de ranurado se realiza de la siguiente forma:

- El desplazamiento de profundización se realiza en el avance programado (F). El desplazamiento de retroceso y el desplazamiento al próximo punto de penetración se realizan en avance rápido (G00).

El ciclo finalizará siempre en el punto de llamada al ciclo.

Ejemplo

El ejercicio que se va a realizar, es el de la Fig. 8.30.

Se parte de una pieza que tiene en bruto **25 x Ø34**, con pasadas adaptadas al ancho de la herramienta, que será de **4 mm**.

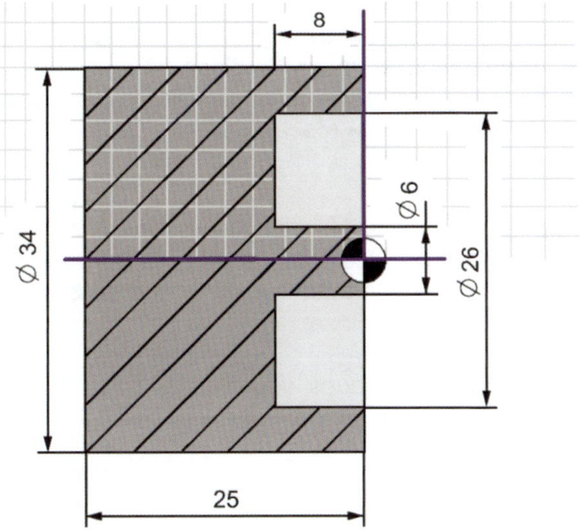

Fig. 8.30 Mecanizado con ciclo de ranurado en eje Z.

Programa:

Control 8065 y Control 8055

Absolutas

1 - G90 G94 G97 F50 S300 T10 D10
2 - G0 X56 Z16 M3
3 - X8 Z4
4 - G89 X26 Z0 Q6 R-8 C5 D1 K0.5
5 - G0 X56 Z16
6 - M30

Comentario al ejemplo

Línea 1 - Colocación de la cabecera.

Línea 2 - Colocación de la herramienta en el punto **X56 Z16**, cercano al punto de inicio del ciclo, sin peligro de colisionar.

Línea 3 - Posiciona en **G00** a la herramienta en el punto de inicio. Tiene que estar a la derecha de la suma de la profundidad en **Z** y la distancia de seguridad. Si esta línea no se programa de forma correcta el ciclo no funcionará.

Línea 4 - Define el ciclo indicando en los parámetros **"X"** y **"Z"** la posición del punto **A** y en el **"Q"** y **"R"** la posición del punto **B**. En el **"C"** se indica el valor de la anchura de la herramienta que, en este ejemplo, es de 4 mm. En el parámetro **"D"** se indica la distancia de seguridad, que es de 1 mm. Por último, en el parámetro **"K"** se indica el tiempo de espera en el fondo, que en este ejemplo es de ½ segundo **(0.5)**.

Línea 5 - Vuelta en **G00** a la posición de partida **X56 Z16**, tras haber mecanizado el ciclo y parada del cabezal con **M5**.

Línea 6 - Fin del programa.

Sistemas de roscado

Descripción

El mecanizado de roscas en sistemas CNC, requiere conocer previamente los siguientes puntos:

- Conocimiento de métodos y sistemas de roscado.
- Conocimiento de los métodos y sistemas de penetración.
- Conocimiento y selección del número de pasadas y la profundidad de rosca adecuada.
- Conocimiento y proceso de selección de las diferentes herramientas de roscado.
- Conocimiento y aplicación del ángulo de la hélice de rosca.

Sistemas de roscado

En el mecanizado de roscas con herramienta de corte, existen diferentes sistemas para conseguir el tipo de rosca adecuado, dependiendo de cómo se coloque y se desplace la herramienta y del sentido de giro del plato del torno. Esto último depende del tipo de máquina de la que se disponga, ya sea con el trabajo de la herramienta por delante o por detrás de la pieza.

En la siguiente tabla se pueden ver todas las posibilidades de construir roscas, según su sentido de giro, que se pueden dar en torno. Es importante tener claro este aspecto para realizar de forma correcta la rosca.

Roscado de exteriores		Roscado de interiores	
Rosca a derecha	**Rosca a izquierda**	**Rosca a derecha**	**Rosca a Izquierda**
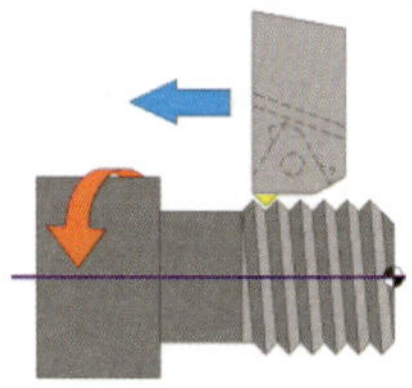 Plaquita a derecha	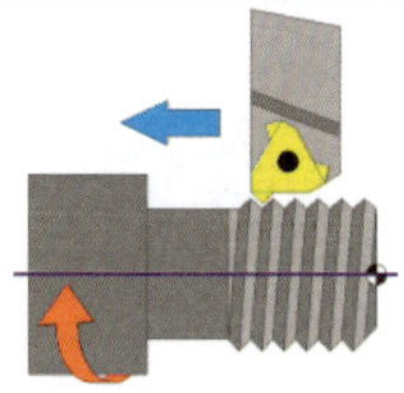 Plaquita a izquierdas	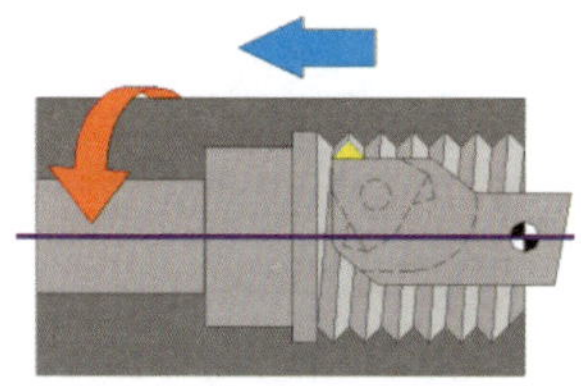 Plaquita a derecha	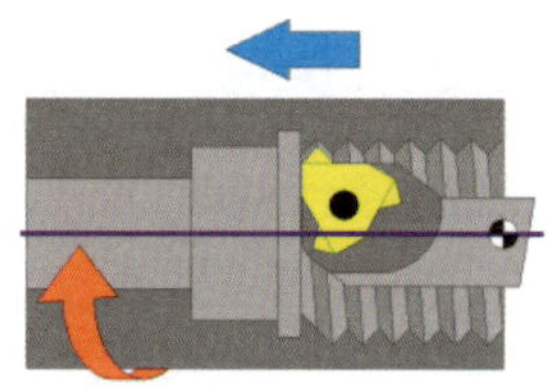 Plaquita a izquierdas
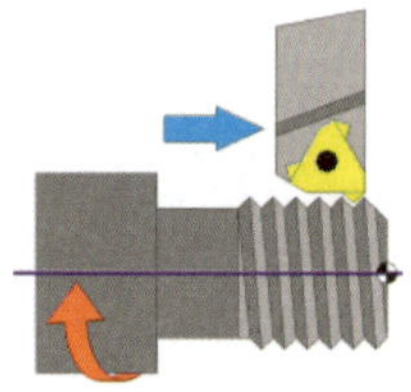 Plaquita a derecha	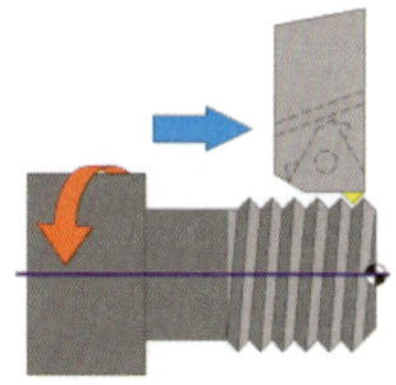 Plaquita a izquierdas	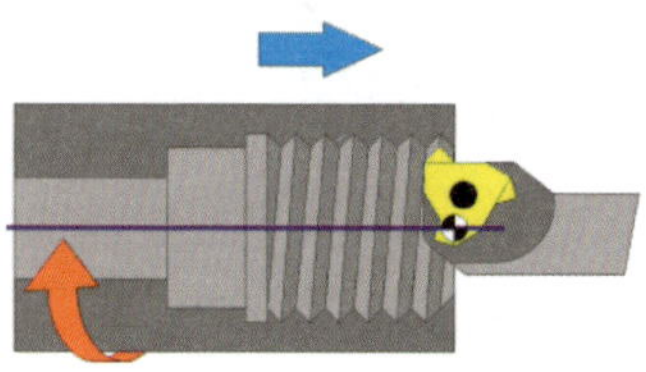 Plaquita a izquierdas	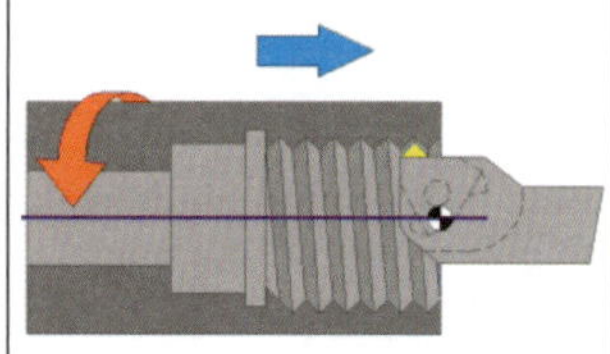 Plaquita a derecha
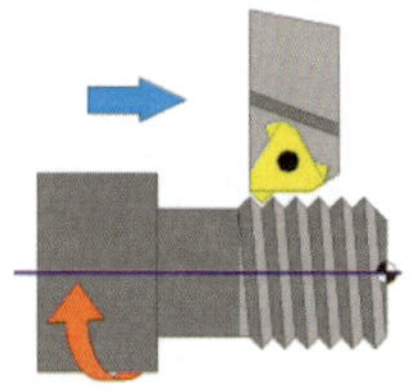 Plaquita a izquierdas	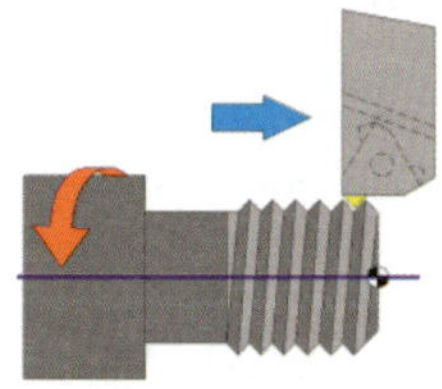 Plaquita a derecha		

Fig. 8.31 Diferentes tipos de roscado según el sentido de giro de la hélice.

Elección de la plaquita de roscado

La selección de la plaquita (Fig. 8.32), tiene que tener en cuenta:

- El tamaño del paso a construir.
- Las propiedades del tipo de material a mecanizar.
- La cantidad de piezas a construir.

Fig. 8.32 Plaquita para roscado.

En el mecanizado de roscas métricas y Whitworth se utilizarán indistintamente plaquitas de perfil parcial o total; la diferencia entre ambas reside en la posibilidad de realizar un único paso o una pequeña gama de pasos.

Plaquita de perfil parcial

Permite la realización de diferentes pasos y es apropiada para fabricaciones de pocas piezas. El radio de punta de la plaquita es equivalente al paso más pequeño que puede realizar; esto requiere incrementar la profundidad del filete que se tiene que mecanizar. La parte exterior de la rosca no se mecaniza y, por tanto, es posible que queden rebabas en las crestas de rosca.

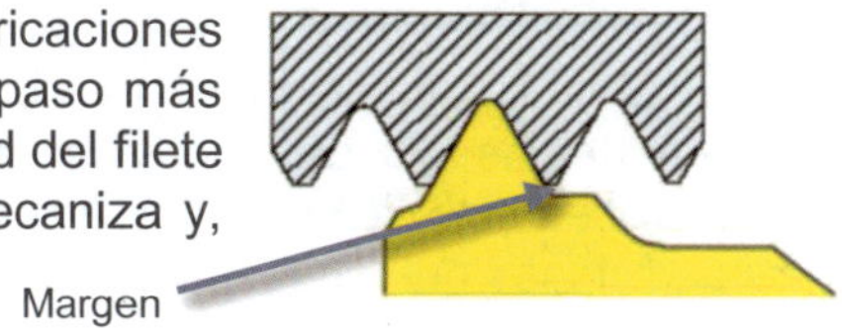

Fig. 8.33 Plaquita de perfil parcial.

Plaquitas de perfil completo

Son las ideales para obtener perfiles de rosca normalizados. La cresta de la rosca queda perfectamente acabada, dado que la propia plaquita puede mecanizar una zona de material que se dejará como sobre medida del diámetro exterior de rosca. La cantidad máxima de material a mecanizar en cresta suele tener aproximadamente 0,15 mm en radio. Disminuyen el tiempo de mecanizado, por tanto, aumentan la vida de la plaquita, pero solo sirven para un paso concreto, lo que exige tener juegos de plaquitas por cada paso a construir. Esto justifica que tenga más sentido utilizarlas en mecanizados de series medias o grandes.

La calidad de la plaquita necesariamente tiene que consultarse en los catálogos que los diferentes fabricantes facilitan. En ellos se especifican las características más idóneas para cada tipo de material a mecanizar y las diferentes condiciones tecnológicas recomendadas.

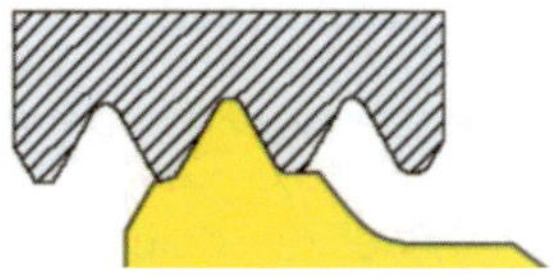

Fig. 8.34 Plaquita de perfil completo.

Sistemas convencionales de penetración en el mecanizado de roscas

En torno convencional, básicamente existen dos sistemas de construcción de roscas normalizadas de perfil triangular: el de penetración perpendicular al eje principal (o radial) que acostumbra a ser el más empleado en este tipo de máquinas, con el inconveniente de que el trabajo de la herramienta es ostensiblemente más duro cuanto más penetra la herramienta, por la mayor sección de corte y el de seguimiento de flanco que se consigue inclinando el carro orientable a la misma inclinación que el flanco de la rosca y se van penetrando las diferentes pasadas desde este mismo carro con lo que se consigue que trabaje solo uno de los flancos de la herramienta, haciendo más ligero el trabajo de penetración. No obstante, este último sistema tiene el inconveniente de no poder controlar de forma correcta la profundidad, dado su sistema de inclinación, lo que obliga a controlar repetidamente con instrumentos de verificación la profundidad real alcanzada.

En tornos de CN se permiten más alternativas en la forma de construcción, dependiendo de las características de la máquina y de las posibilidades del control. Como más importantes, se pueden destacar los siguientes sistemas:

- Penetración radial.
- Penetración en flanco.
- Penetración en flanco con variación del ángulo de flanco.
- Penetración en flanco alternativo.

Penetración radial

Es ideal para materiales de viruta corta, siendo el más fácil de controlar, pero con materiales de viruta larga no desaloja con facilidad la viruta lo que ocasiona un sufrimiento extra para la plaquita y un acabado deficiente para la pieza.

El incremento se debe realizar de mayor a menor profundidad tal como se avanza sobre la pieza, pues la longitud de la sección de corte de la herramienta prácticamente se multiplica por dos en cada pasada de penetración.

Al finalizar es conveniente repasar los flancos de la rosca desplazando de forma controlada la herramienta a derecha e izquierda para cepillar ambas superficies.

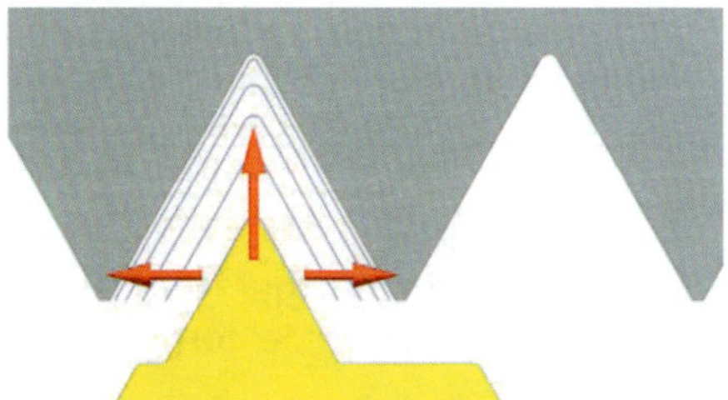

Fig. 8.35 Sistema de penetración radial.

Penetración en flanco

Trabaja bien con materiales de viruta larga por su fácil desalojo, sin afectar al acabado de la superficie y sin producir un trabajo excesivo a la herramienta.

Es probablemente el sistema más utilizado, puesto que no presenta los inconvenientes del sistema anterior y en control numérico es fácil de programar, encargándose el control de todo el proceso de cálculo y distribución de pasadas siguiendo las condiciones que se la hayan introducido por programación.

Fig. 8.36 Sistema de penetración en flanco.

Al finalizar, es conveniente repasar de forma controlada la cara contraria con un ligero cepillado.

Penetración con variación del ángulo de flanco

Este sistema es parecido al anterior pero con la diferencia de que la herramienta en lugar de trabajar paralela al flanco de la hélice lo hace con una pequeña inclinación de entre 2,5° y 5°, con lo que se consigue una mayor descarga de trabajo de la herramienta, pero tiene el inconveniente de que el control de las pasadas es más complicado (a no ser que el control disponga de un ciclo con control automático y eso sólo lo tienen algunos controles de última generación).

Fig. 8.37 Sistema de penetración con variación del ángulo de flanco.

Al finalizar, es conveniente repasar de forma controlada la cara contraria con un ligero cepillado.

Penetración en flanco alternativo

Es el sistema más rentable para utilización de materiales de viruta larga. La herramienta trabaja de forma muy favorable sin elevar la temperatura, lo que le reporta una mayor durabilidad.

El problema está en que no todos los controles disponen de esta capacidad, por lo que se reserva para uso de dichos controles.

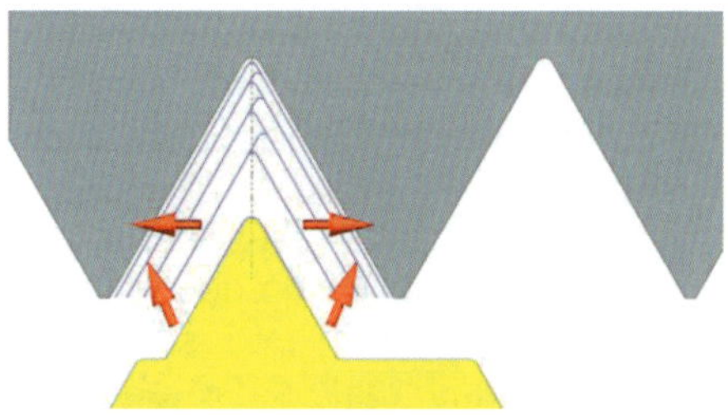

Fig. 8.38 Sistema de penetración en flanco alternativo.

Al finalizar, es conveniente repasar de forma controlada las dos caras de los flancos con un ligero cepillado.

Pasadas de penetración de rosca

El número de pasadas lo determinará el tipo de material a mecanizar, el tamaño del paso y las indicaciones que nos indique el fabricante de la plaquita. No obstante, es conveniente tener en cuenta unas normas básicas.

La profundidad de la pasada no se debe dar sin ningún criterio definido.

Es aconsejable mecanizar en cada pasada con la misma sección de viruta, lo que hace que cada nueva profundidad sea inferior a la anterior para respetar este criterio. Manualmente esto se tiene que conseguir necesariamente realizando cálculos para determinar la nueva profundidad; en cambio, con el control, él se encargará de realizar los cálculos de forma automáticamente para cada pasada.

Valores a tener en cuenta para la mecanización de roscas

Lo ideal es recurrir a la tablas de rosca de cada tipo para averiguar los datos de profundidad de rosca y otros factores necesarios para la realización, pero para roscas métricas sin un gran nivel de precisión se suelen usar unos valores que responden a una gran cantidad de pasos. Los datos son los siguientes:

- Paso (P).
- Profundidad del filete (f) = 0.613 * P.
- Ø del fondo del tornillo (df) = d - (1.226 * P).

G86 Roscado longitudinal

Descripción

G86 es un ciclo para mecanizar roscas en sentido longitudinal sobre el eje **Z** (Fig. 8.39), es decir realizando un roscado clásico, tanto a derechas como a izquierdas, tal como se ve en la Fig. 8.31, distribuyendo las pasadas en sentido del eje **X**.

El ciclo, además, permite la realización de roscas cónicas en sentido **Z** e incluso salidas cónicas controladas sin necesidad de realizar previamente salida de rosca.

En cuanto a su realización, este ciclo es muy potente, pero requiere tener buenos conocimientos tecnológicos del proceso del roscado para sacar buenos rendimientos y evitar desgastes prematuros o roturas de herramienta, así como conseguir buenos acabados en los flancos.

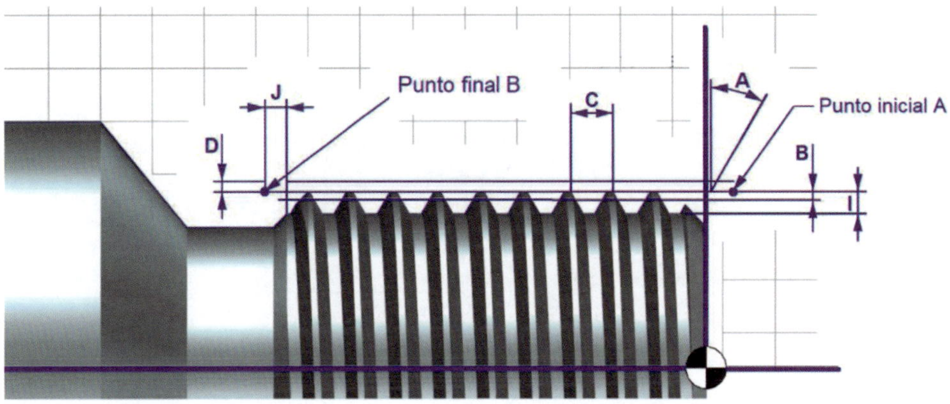

Fig. 8.39 Mecanizado con ciclo de roscado longitudinal.

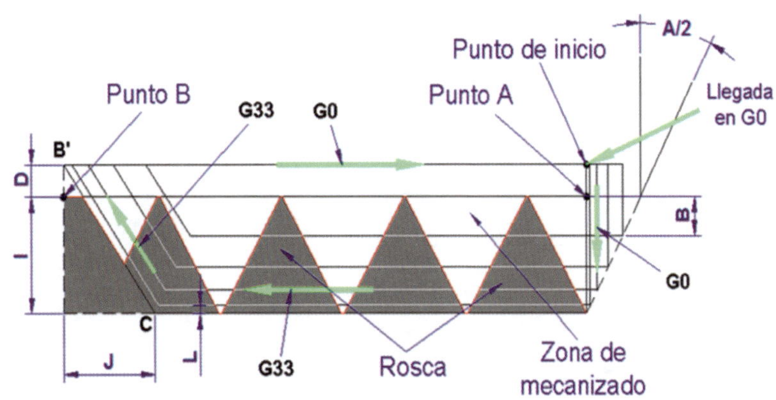

Fig. 8.40 Detalle de zonas del ciclo G86 en mecanizado horizontal.

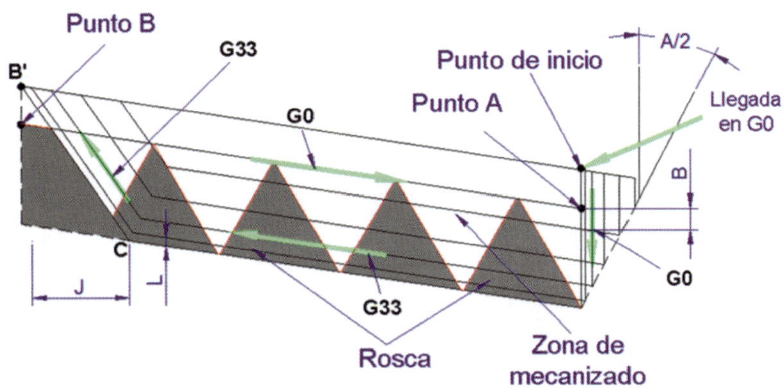

Fig. 8.41 Detalle de zonas del ciclo G86 en mecanizado cónico

Formato: **Control 8065** G86 X Z Q R K I B E D L C J A W V M H U N

Control 8055 G86 X Z Q R K I B E D L C J A W V M H U

Control 8065

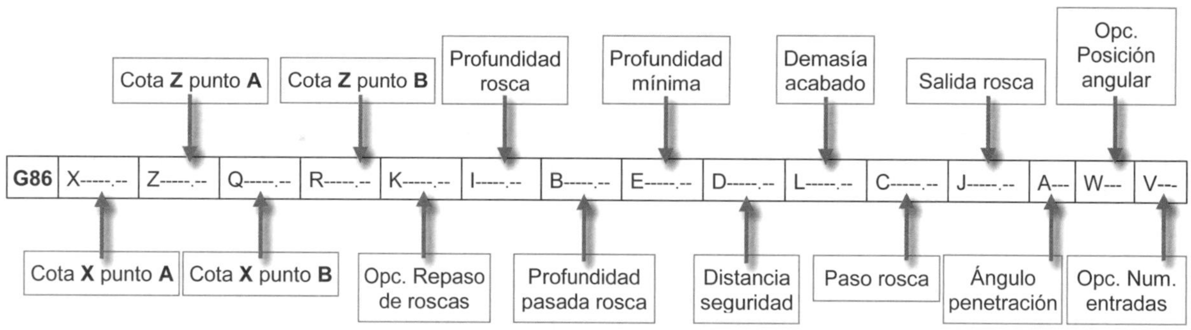

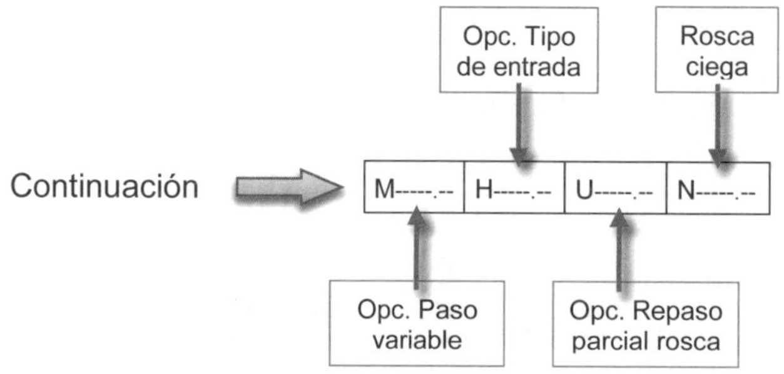

Control 8055

En el control 8055 el ciclo es similar y tan solo cambia en que no dispone del siguiente parámetro:

- Parámetro N: No existe en este control 8055.

Parámetros

X - Coordenada **X** del punto **A**. Programada en valor absoluto.

Z - Coordenada **Z** del punto **A**. Programada en valor absoluto.

Q - Coordenada **X** del punto **B**. Programada en valor absoluto.

R - Coordenada **Z** del punto **B**. Programada en valor absoluto.

K - Opcional. Repaso de roscas. Se utiliza, junto con el parámetro **"W"** (roscas de múltiples entradas), para realizar repaso final a las roscas. Indica la cota en dirección al eje Z del punto en que se tiene en cuenta la medición de la rosca. La mayor parte de las veces será un punto intermedio de la rosca.

I - Profundidad de rosca, siempre indicada en radios. Si la rosca es **exterior** tendrá **valor positivo** y si es **interior** tendrá **valor negativo**.

B - Pasada inicial en radios. En este parámetro se indica la primera pasada del mecanizado de la rosca a realizar. Dependiendo del signo aplicado el comportamiento será el siguiente:

- Signo positivo: La profundidad de la siguiente pasada se obtendrá del multiplicar **"B"** por la raíz cuadrada del número de pasada, es decir, en esta segunda pasada será **B**$\sqrt{2}$, y así hasta la última pasada **B**$\sqrt{n}$**...** hasta llegar a alcanzar la profundidad requerida. De esta manera se consigue que la siguiente pasada sea siempre inferior a la actual.

- Signo negativo: La profundidad de las pasadas se distribuye por igual con el valor indicado en el **"B",** hasta alcanzar la profundidad requerida.

- Valor igual a 0: Devolverá error 3.

E - Esta parámetro está relacionado con el parámetro B. Indica cuál debe ser el valor mínimo con el que se puede mecanizar la pasada de profundización en el caso de haber programado el parámetro **"B"** (pasada inicial en radios) con valor positivo.

Si no se programa tomará como valor 0.

D - Distancia de seguridad indicada en radios. Esta distancia es a elección del programador y tiene que tener en cuenta alejarse lo suficiente de la superficie de la pieza para no colisionar con ella, o con posibles restos de viruta que puedan quedar entre los flancos. La vuelta al punto inicial tras cada pasada de roscado se realiza manteniendo esta misma distancia (D) del tramo programado. Dependiendo del signo aplicado a este parámetro, el comportamiento será el siguiente:

- Signo positivo: El movimiento lo realizará en G05 (Arista matada).

- Signo negativo: El movimiento lo realizará en G07 (Arista viva).

- Valor igual a 0: Lo interpreta como positivo.

L - Pasada de acabado, indicada en radios. Dependiendo del valor o signo aplicado el comportamiento del ciclo será el siguiente:

- Signo positivo: La pasada de acabado se realizará siguiendo como ángulo el valor de **A/2** (A es ángulo de penetración) en sentido del eje **X**.

- Signo negativo: La pasada de acabado la realizará con entrada radial, es decir, perpendicular al eje **Z**.

- Valor igual a 0: Repite la pasada anterior, es decir, realizará una pasada de cepillado Que dejará un mejor acabado en las paredes de los flancos.

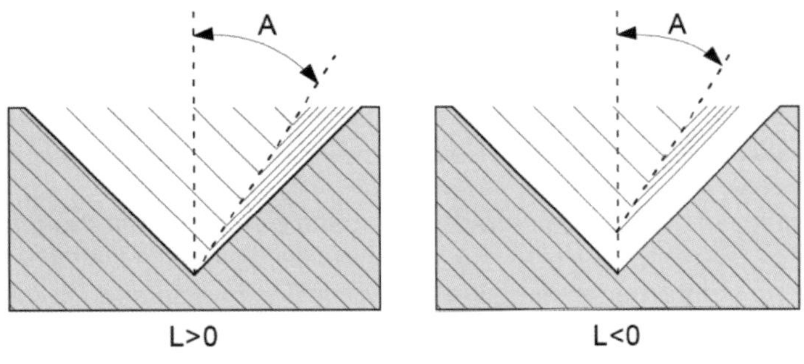

Fig. 8.42 Tipo de pasada de

C - Paso de rosca en sentido al eje **Z**.

En el caso de mecanizar una rosca cónica, actuará de la siguiente manera:

- Con signo positivo la medida del paso la realizará en el sentido alineado a la inclinación de la rosca.
- Con signo negativo la medida del paso la realizará perpendicular al eje.
- En ambos controles, si se programa con valor 0, el CNC visualizará el error correspondiente.

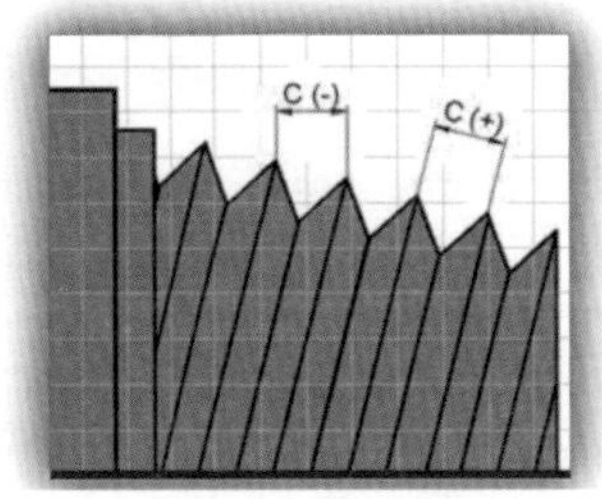

Fig. 8.43 Detalle del paso de rosca

J - Salida de rosca. Indica a qué distancia del punto B empieza la salida

- Signo positivo: El tramo **CB'** es una rosca cónica con el mismo paso que el resto de la rosca.
- Signo negativo: Se produce error 3.
- Valor igual a 0: El tramo **CB'** lo realiza perpendicularmente al eje **Z** y a velocidad de avance rápida, **G00.**

A - Hace referencia al ángulo de penetración de la herramienta. Está referenciado al eje **X** y caso de no programarse, tomará como valor por defecto 30º.

- Si se programa A=0, la rosca se realizará con penetración radial.
- Si el valor asignado al parámetro "A" es la mitad del ángulo de la herramienta, la penetración se realiza rozando el flanco de la rosca.
- Si se programa A con valor negativo, la penetración se realizará en zig-zag, alternando en cada pasada el flanco de la rosca.

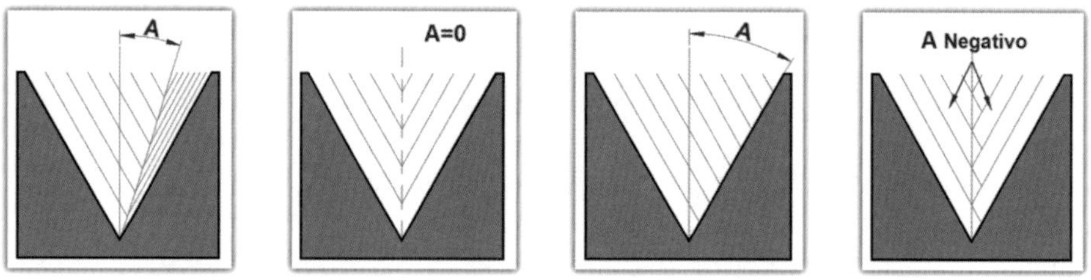

Fig. 8.44 Sistemas de actuación según el parámetro "A"

Se recomienda que el ángulo de penetración sea menor que la mitad del ángulo de la herramienta y nunca superior. Si el ángulo de penetración es mayor que la mitad del ángulo de la herramienta, no es posible mecanizar la rosca. Si el ángulo de penetración es igual que la mitad del ángulo de la herramienta, esta roza el flanco de la rosca en cada pasada.

W - Opcional. Permite efectuar roscas de múltiples entradas. Si no se ha definido el parámetro "K" (repaso de roscas), indica la posición angular del cabezal correspondiente al punto inicial de la rosca.

Para que este parámetro tenga efecto es necesario realizar tantos ciclos de roscado como entradas tenga la rosca a construir. Por ejemplo, para construir una rosca de tres entradas se realizarán tres ciclos indicando en el primero 0 como valor a "W" (rosca de múltiples entradas), en el segundo 120 y en el tercero 240, que corresponden con los grados a los que se iniciaría cada uno de los filetes de las diferentes roscas.

V - Opcional. Indica el número de entradas de rosca que se desea mecanizar.

En caso de no programarse se define con valor 0 y en este caso la rosca solo tendrá una entrada.

Cuando se ha definido el parámetro "W" (roscas de múltiples entradas) se trata del número de entradas a realizar partiendo de la posición angular del cabezal definido por dicho parámetro.

M - Opcional. Sirve para realizar roscas de paso variable y controla el incremento (M positivo) o decremento (M negativo) del paso de la rosca por cada vuelta del cabezal.

Si no se programa o se define con valor 0, la rosca será de paso constante.

Este parámetro es incompatible con el parámetro **"K"** (repaso de roscas), por lo que si se programan ambos parámetros juntos, el CNC visualizará el error correspondiente.

H1- Opcional. Determina el tipo de entrada de rosca que se desea utilizar. En caso de no programarse, la entrada a la rosca se definirá mediante el valor utilizado en el parámetro **"A"** (ángulo de penetración).

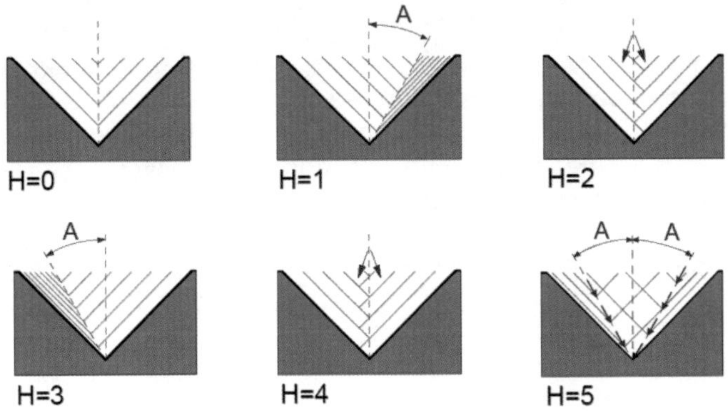

Fig. 8.45 Tipos de entrada de profundidad de rosca.

Los métodos de H son los siguientes:

H=0 - Entrada radial. La entrada a la rosca será radial, incluso si el valor del parámetro A no es 0.

H=1 - Entrada por el flanco inicial. La entrada a la rosca será por el flanco inicial y con el valor absoluto del ángulo dado en el parámetro A.

H=2 - Entrada en zig-zag radial por el centro inicial. La entrada a la rosca será en zig-zag radial, dependiendo del valor absoluto del ángulo dado en el parámetro A, alternando entre entrada radial y entrada ligeramente hacia el flanco inicial.

H=3 - Entrada por el flanco final. La entrada a la rosca será por el flanco final y con el valor absoluto del ángulo dado en el parámetro A.

H=4 - Entrada en zig-zag radial por el centro final. La entrada a la rosca será en zig-zag radial, dependiendo del valor absoluto del ángulo dado en el parámetro A, alternando entre entrada radial y entrada ligeramente hacia el flanco final.

H=5 - Entrada en zig-zag por los flancos. La entrada a la rosca será en zig-zag por los flancos dependiendo del valor absoluto del ángulo dado en el parámetro A, alternando entre el flanco inicial y el flanco final.

Al alternar flanco-flanco, en lugar de centro-flanco, se alarga la vida de la herramienta con respecto a las entradas en zig-zag radial (H=2 y H=4).

Para realizar este tipo de entrada, la herramienta utilizada debe tener la forma de la rosca que se quiere obtener, de modo que encaje perfectamente en el fondo de la rosca. Previamente a la ejecución de este ciclo puede ser necesario hacer un prevaciado de la rosca con una herramienta trapezoidal normal. De esta forma, mediante este ciclo se eliminará únicamente el material que queda en los flancos de la rosca.

U1 - Opcional. Sirve para realizar repasos parciales de rosca utilizando los parámetros **"K"** (repaso de roscas) y **"V"** (número de entradas), o también para realizar un mecanizado de rosca entrando directamente sobre ella, sin hacerlo desde el exterior. Si no se programa se tomará el valor 0.

- Si se ha reparado una sección de un husillo con el método de soldadura, normalmente esta sección debe ser repasada mediante el ciclo de repaso de roscas. En vez de repasar todo el husillo, este parámetro permite repasar solamente la parte del husillo que ha sido reparada, con el ahorro de tiempo que ello implica.

- Para poder mecanizar lo expuesto en el punto anterior, hay que definir un punto de entrada y otro de salida en puntos intermedios entre el comienzo y la salida del husillo, en los que la herramienta entre y salga siguiendo una trayectoria oblicua respecto a la pieza, de forma que la rosca no sea dañada durante la operación.

  Los métodos usados son los siguientes:

  U=0 - Roscado o repaso entero. El ciclo realiza una rosca estándar, comenzando en la misma dirección que su geometría y finalizando en la misma dirección, o en la dirección definida por la salida de rosca programada.

U=1- Roscado o repaso parcial. El ciclo realiza el comienzo de cada pasada con un tramo en ángulo, necesario para que durante el primer paso de la última pasada, alcance la profundidad de la rosca. Asimismo, el ciclo realiza el final de cada pasada con un tramo en ángulo, necesario para que durante el último paso de la última pasada, alcance la superficie de la rosca.

Si se programa la salida de rosca esta se respetará, en caso contrario, el ciclo calculará la trayectoria de salida de modo similar a la de entrada.

N1 - Rosca ciega. Determina el final de rosca los dos métodos posibles son los siguientes:

N=0 Rosca normal. El parámetro **"J"** (salida de rosca) indica a qué distancia del final de la rosca comienza la herramienta a abandonar la misma.

N=1 Rosca ciega. El ciclo finaliza la rosca intentando mantener el paso hasta alcanzar el punto final, y a continuación, abandona la rosca. Esta opción no hace caso del parámetro **"J"** (salida de rosca).

Condiciones

- Al iniciar el ciclo, la herramienta tiene que estar posicionada en una coordenada **Z** mayor que la suma del parámetro **"D"** y la diferencia del punto **A** al punto **B**. En caso contrario marcará error.
- Todas las condiciones tecnológicas de mecanizado han de ser programadas con anterioridad a la llamada del ciclo.
- Los parámetros pueden estar programados parcial o totalmente con anterioridad a la llamada del ciclo.
- Las condiciones de salida del ciclo son las siguientes: **G00**, **G07**, **G40**, **G90** y **G97**. La programación puede realizarse indistintamente en absoluto o incremental.
- El ciclo se inicia acercándose en **G00** al punto de inicio y acabará en el mismo punto.
- Durante el proceso de mecanización queda anulado el botón **FEED-RATE**, no pudiéndose variar la velocidad de avance **"F"**, que se mantendrá fija en el 100%.

Operativa

La posición de la herramienta al iniciar el ciclo ha de estar alejada del punto de inicio, para poder alcanzar dicha posición en **G00**.

La posición del punto **A** ha de colocarse fuera del material, pues la bajada desde ese punto hasta la siguiente profundidad de pasada la puede realizar a **G00** con lo que chocaría con el material.

El funcionamiento básico lo realiza haciendo un desplazamiento en G00 hasta el punto de aproximación, situado a la distancia de seguridad indicada en "D" y coincidente con el punto inicial A.

A partir de ahí, realiza un bucle de roscado con G33, G00. Nuevamente, G00 hasta volver a la altura del punto A. Los pasos siguientes se repetirán hasta alcanzar la cota de acabado, profundidad programada en "I" menos la demasía de acabado "L".

Acabado de la rosca. Desplazamiento en rápido (G00) hasta la cota de profundidad programada en "I".

Este desplazamiento se realizará en forma radial o según el ángulo de penetración de herramienta (A), dependiendo del signo aplicado al parámetro "L".

El valor **"J"** es el usado para realizar la salida de rosca en caso de no disponer de la misma. El control realiza la salida siempre desde el mismo punto controlando las sucesivas pasadas, con lo que obtiene una rosca cónica desde esa posición.

Si se dispone de salida de rosca, es mejor indicar el punto **B** fuera del material y **"J"** a valor **0** para que realice la salida de forma perpendicular.

Con el parámetro **"A"** se indica la forma de inclinación con la que se desea que penetre la herramienta en el material. La selección de dicha forma de penetración dependerá en gran medida del tipo de material a mecanizar y del tipo de herramienta a utilizar. El fabricante de la misma suele aconsejar el modo de penetración, pero la experiencia y la práctica determinarán la forma más correcta de utilizar.

En muchos casos se suele dar la última pasada con el mismo valor de profundidad que la pasada anterior, con lo que se obtiene un pequeño cepillado que apenas variará la medida y que suele producir buenos resultados en el acabado de la rosca. Esta es la finalidad del parámetro **"L"** con valor a **0**.

Es conveniente calcular bien la velocidad de giro del cabezal, pues dicha velocidad, además de una buena refrigeración, influirán de forma decisiva en el acabado de la rosca. Por lo tanto, antes de llamar al ciclo, se tienen que haber ajustado dichos parámetros de forma correcta.

Ejemplo 1

El ejercicio que se va a realizar, es el de la Fig. 8.46.

Se parte de una pieza pre-mecanizada donde solo resta realizar la rosca. La primera pasada será de 0,5 y el paso a realizar de 2 mm la profundidad de rosca será de 1,22.

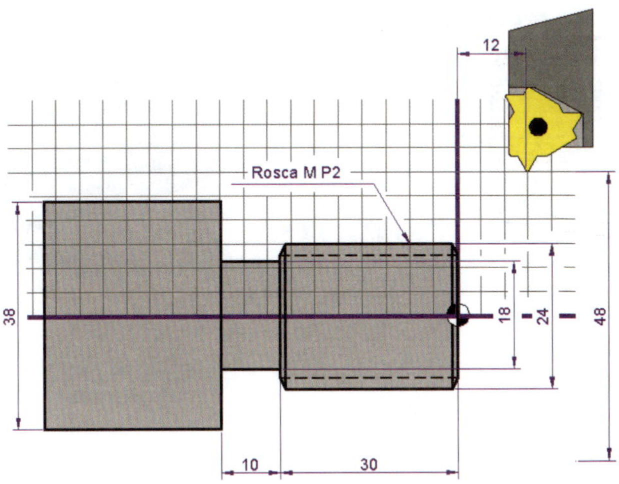

Fig. 8.46 Mecanizado con ciclo de roscado cilíndrico en eje Z.

Programa:

Control 8065 y **Control 8055**

Absolutas

```
1 - G90 G94 G97 F50 S300 T6 D6
2 - G0 X28 Z2 M3
3 - G86 X24 Z2 Q24 R-32 K0 I1.22 B0.5 E0.05 D2 L0.05 C2 J0 A60
4 - X40 Z15 M5
5 - M30
```

Comentario al ejemplo 1

Línea 1 - Colocación de la cabecera.

Línea 2 - Colocación de la herramienta en el punto **X28 Z2**, cercano al punto de inicio del ciclo, sin peligro de colisionar.

Línea 3 - Ejecución del ciclo con los parámetros adecuados. Es importante remarcar el **"I"** (profundidad de filete) que se ha obtenido al aplicar la fórmula expuesta anteriormente: **"f = 0.613 x P"**; como la rosca es exterior se realiza con signo positivo. El **"B" (P5)** está indicado con valor positivo, lo que hará que el control realice las pasadas aplicando la formula **B** $\sqrt{n}$ **...** Es decir: la primera pasada será el valor indicado **0,5** y a partir de esa aplicará **0,5 x** $\sqrt{2}$ **, 0,5 x** $\sqrt{3}$ **...**

y así sucesivamente hasta llegar a la última pasada **B**$\sqrt{n}$ **...** El parámetro **"D"**, al estar en positivo, realizará las entradas en **G05** (Arista matada). El parámetro **"L"** está en positivo, lo que indicará al control que la pasada de acabado se realizará siguiendo como ángulo el valor de **A/2** en sentido del eje **X**, es decir **60/2= 30º**.

Línea 4 - Desplazamiento a la posición **X40 Z15** donde se puede retirar la pieza del plato sin peligro de colisionar.

Línea 5 - Final de programa con M30.

Ejemplo 2

El ejercicio que se va a realizar, es el de la Fig. 8.47.

Se parte de una pieza pre-mecanizada donde solo resta realizar la rosca. La primera pasada será de 0,5 y el paso a realizar de 2 mm, la profundidad de rosca será 1,22 (aplicando la formula f = 0,613 x P).

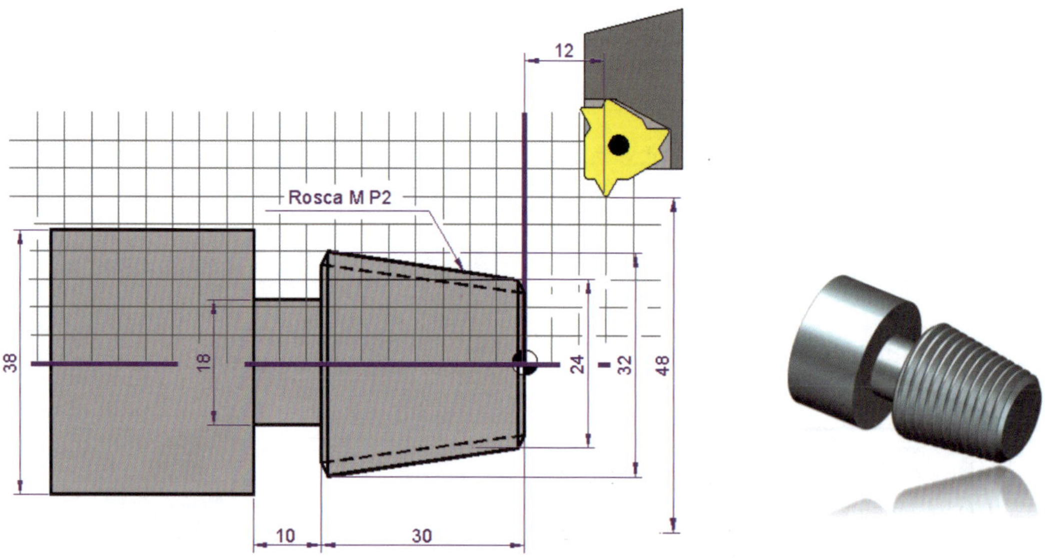

Fig. 8.47 Mecanizado con ciclo de roscado cónico en eje Z.

Programa:

Control 8065 y **Control 8055**

Absolutas

1 - G90 G94 G97 F50 S300 T6 D6
2 - G0 X28 Z2 M3
3 - G86 X24 Z2 Q32 R-32 K0 I1.22 B0.5 E0.05 D2 L0.05 C2 J0 A60
4 - X40 Z15 M5
5 - M30

Comentario al ejemplo 2

Este ejercicio es igual al anterior salvo con la diferencia del parámetro **"Q"** que tiene como valor 32, que es el diámetro mayor del tronco de cono por lo demás todo es igual.

G87 Roscado frontal

Descripción

G87 es un ciclo para mecanizar roscas en sentido frontal sobre el eje **X**, es decir, realizando una espiral sobre la cara plana de la pieza, tanto a derechas como a izquierdas y distribuyendo las pasadas en sentido del eje **Z**, según el valor que se haya indicado en el parámetro **"B" (P5)**.

El ciclo, además, permite la realización de roscas (espirales) inclinadas sobre la superficie del eje **X**, e incluso salidas inclinadas controladas, sin necesidad de realizar previamente salida de rosca.

En cuanto a su realización, este ciclo es tan potente como el **G86**, pero igualmente requiere tener buenos conocimientos tecnológicos del proceso del roscado para sacar buenos rendimientos y evitar desgastes prematuros o roturas de herramienta, así como conseguir buenos acabados en los flancos.

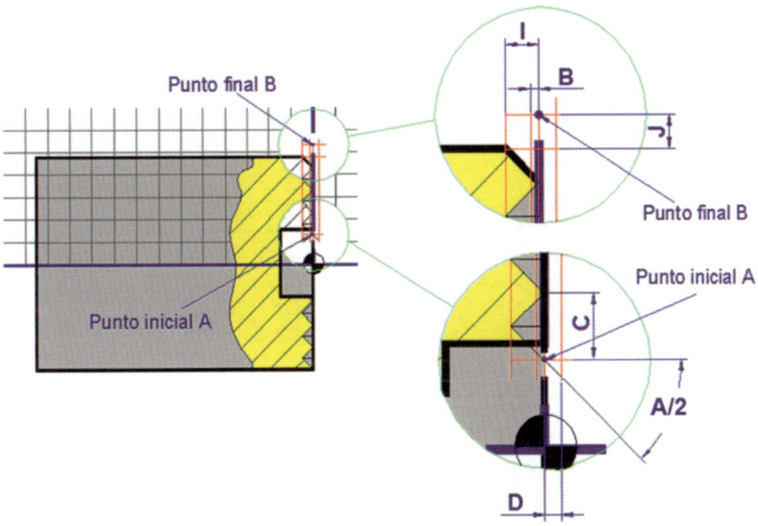

Fig. 8.48 Mecanizado con ciclo de roscado frontal.

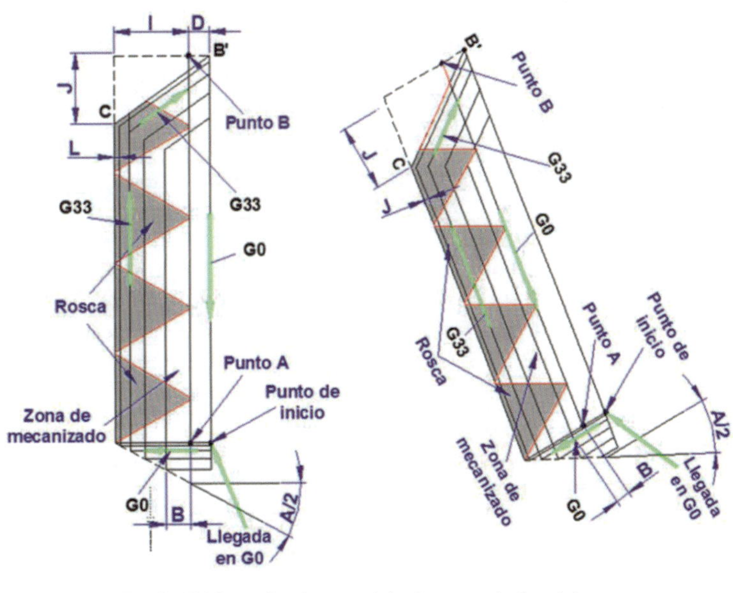

Fig. 8.49 Mecanizado con ciclo de roscado frontal.

Formato: Control 8065 G87 X Z Q R K I B E D L C J A W V M H U N

Control 8055 G87 X Z Q R K I B E D L C J A W V M H U

Control 8065

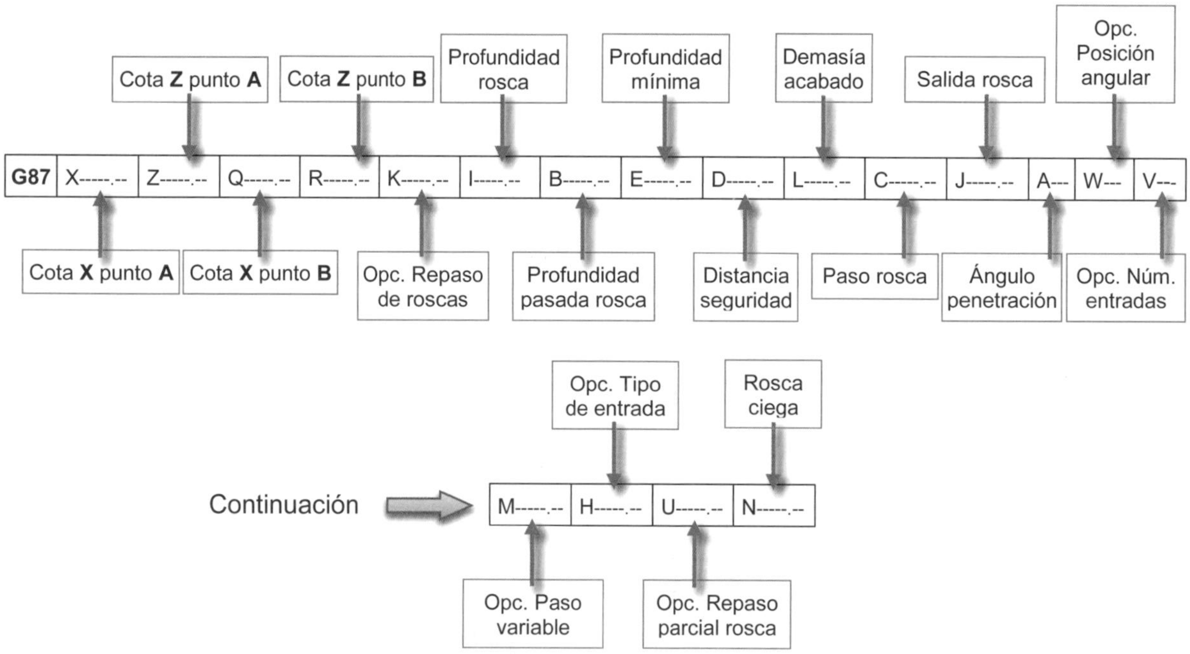

Control 8055

En el control 8055 el ciclo es similar y tan solo cambia que no dispone del siguiente parámetro:

- Parámetro N: No existe en este control.

Parámetros

X - Coordenada **X** del punto **A**. Programada en valor absoluto.

Z - Coordenada **Z** del punto **A**. Programada en valor absoluto.

Q - Coordenada **X** del punto **B**. Programada en valor absoluto.

R - Coordenada **Z** del punto **B**. Programada en valor absoluto.

K - Opcional. Repaso de roscas. Se utiliza, junto con el parámetro **"W"** (roscas de múltiples entradas), para realizar el repaso final a las roscas. Indica la cota en dirección al eje Z del punto en que se tiene en cuenta la medición de la rosca. La mayor parte de las veces será un punto intermedio de la rosca.

I - Profundidad de rosca, siempre indicado en radios. Si la rosca es **exterior** tendrá **valor positivo** y si es **interior** tendrá **valor negativo**.

B - Pasada inicial en radios. En este parámetro se indica la primera pasada del mecanizado de la rosca. Dependiendo del signo aplicado a este, el comportamiento será el siguiente:

- Signo positivo: La profundidad de la siguiente pasada se obtendrá del multiplicar **"B"** por la raíz cuadrada del número de pasada. Es decir en esta segunda pasada será **B**$\sqrt{2}$, y así hasta la última pasada **B**$\sqrt{n}$**...** hasta llegar a alcanzar la profundidad requerida. De esta manera se consigue que la siguiente pasada sea siempre inferior a la actual.

- Signo negativo: La profundidad de las pasadas se distribuye por igual con el valor indicado en **"B"**, hasta alcanzar la profundidad requerida.

- Valor igual a 0: Devolverá error 3.

E - Este parámetro está relacionado con el parámetro B. Indica cuál debe ser el valor mínimo con el que se puede mecanizar la pasada de profundización en el caso de haber programado el parámetro **"B"** (pasada inicial en radios) con valor positivo.

Si no se programa, tomará como valor 0.

D - Distancia de seguridad indicada en el eje Z. Esta distancia es a elección del programador; tiene que tener cuenta en el hecho de alejarse lo suficiente de la superficie de la pieza para no colisionar con la misma, o con posibles restos de viruta que puedan quedar entre los flancos. La vuelta al punto inicial tras cada pasada de roscado se realiza manteniendo esta misma distancia (D) del tramo programado. Dependiendo del signo aplicado a este parámetro, el comportamiento será:

- Signo positivo: El movimiento lo realizará en G05 (Arista matada).

- Signo negativo: El movimiento lo realizará en G07 (Arista viva).

- Valor igual a 0: Lo interpreta como positivo.

L - Pasada de acabado. Dependiendo del valor o signo aplicado el comportamiento del ciclo será:

- Signo positivo: La pasada de acabado se realizará siguiendo como ángulo el valor de **A/2** (A es ángulo de penetración) en sentido del eje **X**.

- Signo negativo: La pasada de acabado la realizará con entrada frontal, es decir perpendicular al eje **X**.

- Valor igual a 0: Repite la pasada anterior, es decir, realizará una pasada de cepillado ayudando a dejar un mejor acabado en las paredes de los flancos.

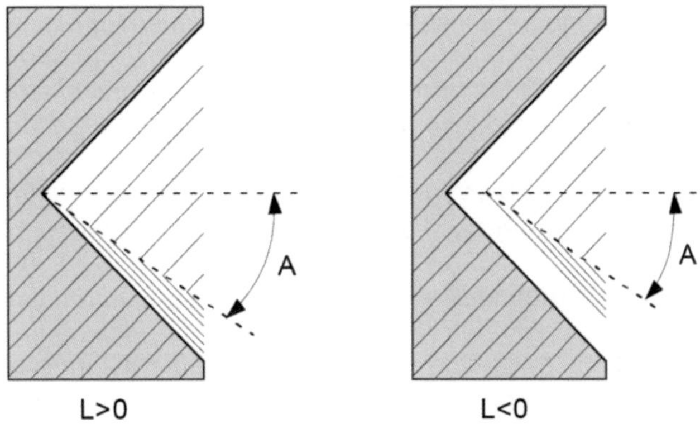

Fig. 8.50 Tipo de pasada de acabado.

C - Paso de rosca en sentido al eje **X**.

En el caso de mecanizar una rosca cónica, actuará de la siguiente manera:

- Con signo positivo la medida del paso la realizará en el sentido alineado a la inclinación de la rosca.

- Con signo negativo, la medida del paso la realizará perpendicular al eje.

- En ambos controles, si se programa con valor 0, el CNC visualizará el error correspondiente.

J - Salida de rosca. Indica a qué distancia del punto B empieza la salida:

- Signo positivo: El tramo **CB'** es una rosca cónica con el mismo paso que el resto de la rosca.
- Signo negativo: Se produce error 3.
- Valor igual a 0: El tramo **CB'** lo realiza perpendicularmente al eje **Z** y a velocidad de avance rápida, **G00.**

A - Hace referencia al ángulo de penetración de la herramienta. Está referenciado al eje **Z** y caso de no programarse, tomará como valor por defecto 30º sobre dicho eje.

- Si se programa A=0, la rosca se realizará con penetración frontal.
- Si el valor asignado al parámetro "A" es la mitad del ángulo de la herramienta, la penetración se realizará rozando el flanco de la rosca.
- Si se programa A con valor negativo, la penetración se realizará en zig-zag, alternando en cada pasada el flanco de la rosca.

Se recomienda que el ángulo de penetración sea menor que la mitad del ángulo de la herramienta y nunca superior. Si el ángulo de penetración es mayor que la mitad del ángulo de la herramienta, no es posible mecanizar la rosca. Si el ángulo de penetración es igual que la mitad del ángulo de la herramienta, esta roza el flanco de la rosca en cada pasada.

W - Opcional. Permite efectuar roscas de múltiples entradas. Si no se ha definido el parámetro "K" (repaso de roscas), indica la posición angular del cabezal correspondiente al punto inicial de la rosca.

Para que este parámetro tenga efecto, es necesario realizar tantos ciclos de roscado como entradas tenga la rosca a construir. Por ejemplo, para construir una rosca de tres entradas se realizarán tres ciclos indicando en el primero 0 como valor a "W" (rosca de múltiples entradas), en el segundo 120 y en el tercero 240, que se corresponden con los grados a los que se iniciaría cada uno de los filetes de las diferentes roscas.

V - Opcional. Indica el número de entradas de rosca que se desea mecanizar.

En caso de no programarse, se define con valor 0; en este caso la rosca solo tendrá una entrada.

Cuando se ha definido el parámetro "W" (roscas de múltiples entradas), se trata el número de entradas a realizar partiendo de la posición angular del cabezal definido por dicho parámetro.

M - Opcional. Sirve para realizar roscas de paso variable; controla el incremento (M positivo) o decremento (M negativo) del paso de la rosca por cada vuelta del cabezal.

Si no se programa o se define con valor 0, la rosca será de paso constante.

Este parámetro es incompatible con el parámetro **"K"** (repaso de roscas), por lo que si se programan ambos parámetros juntos, el CNC visualizará el error correspondiente.

H1- Opcional. Determina el tipo de entrada de rosca que se desea utilizar. Caso de no programarse, la entrada a la rosca se definirá mediante el valor utilizado en el parámetro **"A"** (ángulo de penetración).

Los métodos de H son los siguientes:

H=0 - Entrada radial. La entrada a la rosca será radial, incluso si el valor del parámetro A no es 0.

H=1 - Entrada por el flanco inicial. La entrada a la rosca será por el flanco inicial y con el valor absoluto del ángulo dado en el parámetro A.

H=2 - Entrada en zig-zag radial por el centro inicial. La entrada a la rosca será en zig-zag radial, dependiendo del valor absoluto del ángulo dado en el parámetro A, alternando entre entrada radial y entrada ligeramente hacia el flanco inicial.

H=3 - Entrada por el flanco final. La entrada a la rosca será por el flanco final y con el valor absoluto del ángulo dado en el parámetro A.

H=4 - Entrada en zig-zag radial por el centro final. La entrada a la rosca será en zig-zag radial, dependiendo del valor absoluto del ángulo dado en el parámetro A, alternando entre entrada radial y entrada ligeramente hacia el flanco final.

H=5 - Entrada en zig-zag por los flancos. La entrada a la rosca será en zig-zag por los flancos dependiendo del valor absoluto del ángulo dado en el parámetro A, alternando entre el flanco inicial y el flanco final.

Al alternar flanco-flanco, en lugar de centro-flanco, se alarga la vida de la herramienta con respecto a las entradas en zig-zag radial (H=2 y H=4).

Para realizar este tipo de entrada, la herramienta utilizada debe tener la forma de la rosca que se quiere obtener, de modo que encaje perfectamente en el fondo de la rosca. Previamente a la ejecución de este ciclo puede ser necesario hacer un prevaciado de la rosca con una herramienta trapezoidal normal. De esta forma, mediante este ciclo se eliminará únicamente el material que queda en los flancos de la rosca.

U1 - Opcional. Sirve para realizar repasos parciales de rosca utilizando los parámetros **"K"** (repaso de roscas) y **"V"** (número de entradas), o también para realizar un mecanizado de rosca entrando directamente sobre ella, sin hacerlo desde el exterior. Si no se programa se tomará el valor 0.

- Si se ha reparado una sección de un husillo con el método de soldadura, normalmente esta sección debe ser repasada mediante el ciclo de repaso de roscas. En vez de repasar todo el husillo, este parámetro permite repasar solamente la parte del husillo que ha sido reparada, con el ahorro de tiempo que ello implica.

- Para poder mecanizar lo expuesto en el punto anterior, hay que definir un punto de entrada y otro de salida, en puntos intermedios entre el comienzo y la salida del husillo, en los que la herramienta entre y salga siguiendo una trayectoria oblicua respecto a la pieza, de forma que la rosca no sea dañada durante la operación.

Los métodos usados son los siguientes:

U=0 - Roscado o repaso entero. El ciclo realiza una rosca estándar, comenzando en la misma dirección que su geometría y finalizando en la misma dirección, o en la dirección definida por la salida de rosca programada.

U=1- Roscado o repaso parcial. El ciclo realiza el comienzo de cada pasada con un tramo en ángulo, necesario para que durante el primer paso de la última pasada, alcance la profundidad de la rosca. Asimismo, el ciclo realiza el final de cada pasada con un tramo en ángulo, necesario para que durante el último paso de la última pasada, alcance la superficie de la rosca.

Si se programa la salida de rosca, esta se respetará, en caso contrario, el ciclo calculará la trayectoria de salida de modo similar a la de entrada.

N1 - Rosca ciega. Determina el final de rosca los dos métodos posibles son los siguientes:

N=0 Rosca normal. El parámetro **"J"** (salida de rosca) indica a qué distancia del final de la rosca comienza la herramienta a abandonarla.

N=1 Rosca ciega. El ciclo finaliza la rosca intentando mantener el paso hasta alcanzar el punto final y a continuación, abandona la rosca. Esta opción no hace caso del parámetro **"J"** (salida de rosca).

Condiciones

- Al iniciar el ciclo, la herramienta tiene que estar posicionada en una coordenada **X** mayor que la suma del parámetro **"D"** y la diferencia del punto **A** al punto **B**. En caso contrario marcará error.

- Todas las condiciones tecnológicas de mecanizado han de ser programadas con anterioridad a la llamada del ciclo.
- Los parámetros pueden estar programados parcial o totalmente con anterioridad a la llamada del ciclo.
- Las condiciones de salida del ciclo son las siguientes: **G00**, **G07**, **G40**, **G90** y **G97**. La programación puede realizarse indistintamente en absoluto o incremental.
- El ciclo se inicia acercándose en **G00** al punto de inicio y acabará en el mismo punto.
- Durante el proceso de mecanización queda anulado el botón **FEED-RATE**, no pudiéndose variar la velocidad de avance **"F"**, que se mantendrá fija en el 100%.

Operativa

La posición de la herramienta al iniciar el ciclo, ha de estar alejada del punto de inicio para poder alcanzar dicha posición en **G00**.

La posición del punto **A** ha de colocarse fuera del material, pues la bajada desde ese punto hasta la siguiente profundidad de pasada la puede realizar a **G00** con lo que chocaría con el material.

El funcionamiento básico lo realiza haciendo un desplazamiento en G00 hasta el punto de aproximación, situado a la distancia de seguridad indicada en "D" y coincidente con el punto inicial A.

A partir de ahí, realiza un bucle de roscado con G33, G00 y nuevamente G00 hasta volver a la altura del punto A. Los pasos siguientes se repetirán hasta alcanzar la cota de acabado, profundidad programada en "I" menos la demasía de acabado "L".

Acabado de la rosca. Desplazamiento en rápido (G00) hasta la cota de profundidad programada en "I".

Este desplazamiento se realizará en forma radial o según el ángulo de penetración de herramienta (A), dependiendo del signo aplicado al parámetro "L".

El valor **"J"** es el usado para realizar la salida de rosca en caso de no disponer de la misma. El control realiza la salida siempre desde el mismo punto controlando las sucesivas pasadas, con lo que obtiene una rosca cónica desde esa posición.

Si se dispone de salida de rosca, es mejor indicar el punto **B** fuera del material y **"J"** a valor **0** para que realice la salida de forma perpendicular.

Con el parámetro **"A"** se indica la forma de inclinación con la que se desea que penetre la herramienta en el material. La selección de dicha forma de penetración dependerá en gran medida del tipo de material a mecanizar y del tipo de herramienta a utilizar. El fabricante suele aconsejar el modo de penetración, pero la experiencia y la práctica determinarán la forma más correcta de utilizar.

En muchos casos se suele dar la última pasada con el mismo valor de profundidad que la pasada anterior, con lo que se obtiene un pequeño cepillado que apenas variará la medida y que suele producir buenos resultados en el acabado de la rosca. Esta es la finalidad del parámetro **"L"** con valor a **0.**

Es conveniente calcular bien la velocidad de giro del cabezal, pues dicha velocidad, además de una buena refrigeración, influirán de forma decisiva en el acabado de la rosca. Por lo tanto, antes de llamar al ciclo, se tienen que haber ajustado dichos parámetros de forma correcta.

Ejemplo

El ejercicio que se va a realizar, es el de la Fig. 8.51

Se parte de una pieza con un taladro previo realizado y con la pieza ya refrentada, donde solo resta realizar la rosca. La primera pasada será de 0,5 y el paso a realizar de 2 mm, profundidad de rosca será de 1,22 en sentido Z (aplicando la formula f = 0,613 x P).

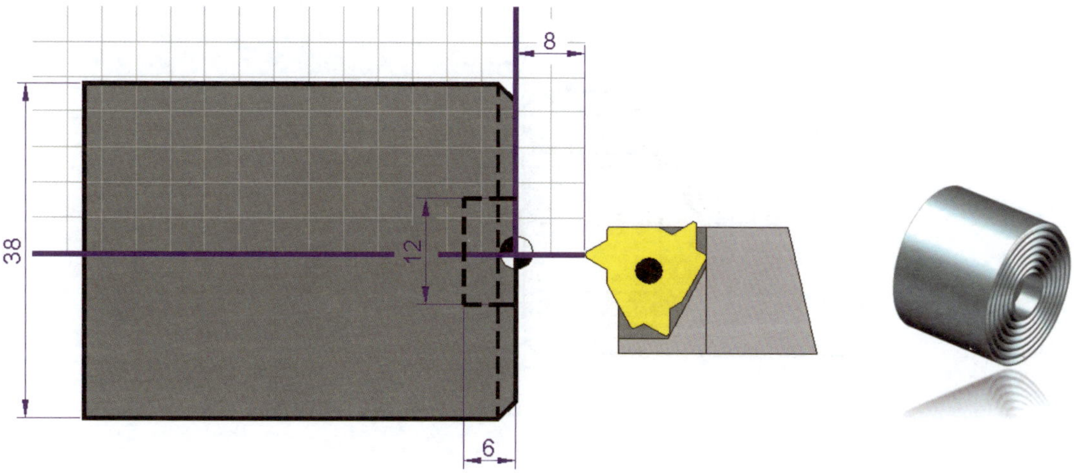

Fig. 8.51 Mecanizado con ciclo de roscado frontal.

Programa:

Control 8065 y **Control 8055**

Absolutas

1 - G90 G94 G97 F50 S300 T9 D9
2 - G0 X0 Z8 M3
3 - G87 X8 Z0 Q42 R0 K0 I1.22 B0.5 E0.05 D2 L0.05 C2 J0 A60
4 - X50 Z25 M5
5 - M30

Comentario al ejemplo

Línea 1 - Colocación de la cabecera.

Línea 2 - Colocación de la herramienta en el punto **X0 Z8**, cercano al punto **A** del ciclo, sin peligro de colisionar.

Línea 3 - Ejecución del ciclo con los parámetros adecuados. Es importante remarcar el parámetro **"I"** (profundidad de filete) que se ha obtenido de aplicar la fórmula expuesta anteriormente **"f = 0.613 x P"**, se realiza con signo positivo. El parámetro **"B"** está indicado con valor positivo, lo que hará que el control realice las pasadas aplicando la fórmula **B** $\sqrt{n}$ **...** Es decir: la primera pasada será el valor indicado **0,5** y a partir de esa aplicará **0,5 x** $\sqrt{2}$ **, 0,5 x** $\sqrt{3}$ y así sucesivamente hasta llegar a la última pasada **B** $\sqrt{n}$ **....** El parámetro **"B" (P6)**, al estar en positivo, realizará las entradas en **G05** (arista matada). El parámetro **"L"** está en positivo, lo que indicará al control que la pasada de acabado se realizará siguiendo como ángulo el valor de **A/2** en sentido del eje **Z**, es decir **60º/2= 30º**.

Línea 4 - Desplazamiento a la posición **X50 Z25**, donde se puede retirar la pieza del plato sin peligro de colisionar.

Línea 5 - Fin del programa.

G83 Ciclo fijo de taladrado / Roscado con macho

Descripción

Tiene doble función dependiendo del formato de programación empleado.

Si se define el parámetro "B=0", efectúa un roscado con macho axial; si se define "B>0", efectúa un taladrado axial.

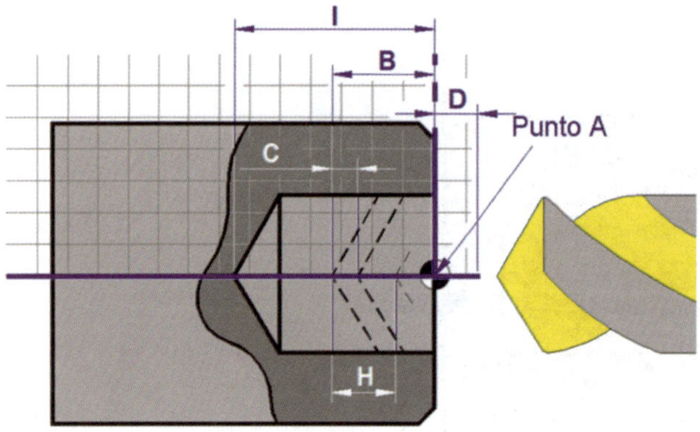

Fig. 8.52 Taladrado con ciclo G83.

Formato: Control 8065

Taladrado axial - G83 X Z I B D K H C R
Roscado con macho - G83 X Z I B0 D K R

Control 8055

Taladrado axial - G83 X Z I B D K H C L R
Roscado con macho - G83 X Z I B0 D K R

Control 8065

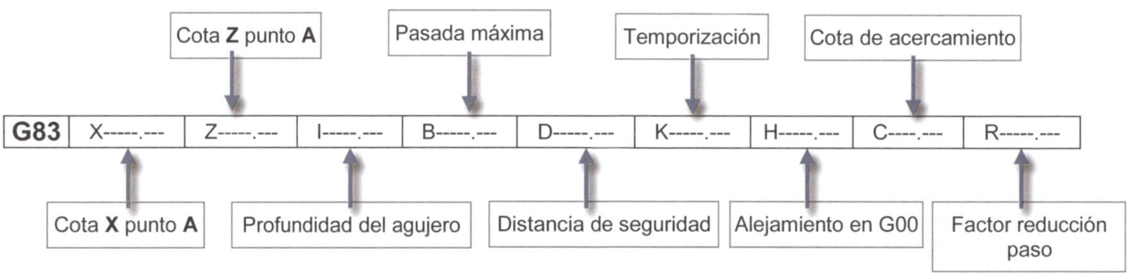

Control 8055

En el control 8055 el ciclo es similar y tan solo cambia en que dispone de un parámetro más, que es el siguiente:

- Parámetro L: No existe en este control.
  Este parámetro es opcional. En el ciclo de taladrado se define el paso mínimo que puede adquirir el paso de taladrado.

  Se utiliza con valores de "R" distintos de 1.

  Si no se programa, se tomará el valor 0.

Parámetros Control 8065 y Control 8065

X - Coordenada **X** del punto **A**. Programada en valor absoluto.

Z - Coordenada **Z** del punto **A**. Programada en valor absoluto.

I - Profundidad total del agujero.

- Estará referida al punto A, por lo que tendrá valor positivo si se taladra o rosca en sentido negativo según el eje Z y valor negativo si se taladra o rosca en sentido contrario.

B - Este parámetro es el diferencial entre el ciclo de taladrar o roscar. Si se programa con valor diferente a 0 entenderá que es el ciclo de taladrar y hará referencia a la pasada de profundidad máxima, programada siempre en valor incremental. En este parámetro se indica la profundidad que realizará la broca antes de volver hacia atrás para descargar material y refrigerarse.

D - Distancia de seguridad, programada siempre en valor incremental. Esta distancia es a elección del programador y corresponde a la distancia que debe existir entre el punto A y el punto al que llegará la broca en **G00**. Si no se programa, asumirá como valor por defecto 0.

K - Se refiere al tiempo que estará la broca en el fondo sin subir, para poder acabar de mecanizar bien el fondo. Se expresa directamente en segundos. No conviene indicar un tiempo excesivo para evitar en cimbreo de la superficie frontal. Si no se programa, asumirá como valor por defecto 0.

H - Indica el valor de la subida que debe realizar la broca una vez haya alcanzado la pasada máxima **"B"**, programada siempre en valor incremental. Si se indica valor **0**, la broca volverá siempre al punto indicado en **"D"**; de lo contrario, subirá justo el valor indicado en **"H"**.

C - Este parámetro indica la distancia que debe existir entre el material y la broca al volver a profundizar para la siguiente pasada, programada siempre en valor incremental. Si el valor es diferente a **0**, la broca volverá en **G00** hasta dicha distancia; de lo contrario volverá a realizar todo el recorrido en velocidad de trabajo.

R - Indica el factor a que reduce el paso de taladrado el parámetro **"B"**.

- Si no se programa o se programa, con valor 0, tomará como valor predeterminado 1.
- Con valor **"R1"**, todos los pasos de taladrado los realizará iguales y utilizando el valor programado en el parámetro **"B"**.
- Si el parámetro **"R"** es diferente al valor 1, realizará el primer paso de taladrado al valor indicado en el parámetro **"B"**, el segundo a **"R.B"**, el tercero a **"R(R.B)"**, y así sucesivamente. Es decir, a partir del segundo paso el nuevo paso será el producto del factor **"R"** por el paso anterior.
- En el ciclo de roscado con macho define el tipo de roscado que se desea efectuar; con "R0" se efectuará un roscado con compensador y con "R1" se efectuará un roscado rígido. Si no se programa se toma el valor 0, roscado con compensador.
- Para poder efectuar un roscado rígido es necesario que el cabezal se encuentre preparado para trabajar en lazo cerrado; es decir, que disponga de un sistema motor-regulador y de encóder de cabezal.

Condiciones

- Al iniciar el ciclo la broca tiene que estar posicionada en una coordenada **Z** mayor que **"D"**. En caso contrario marcará error.

- Todas las condiciones tecnológicas de mecanizado tienen que estar programadas con anterioridad a la llamada del ciclo.

- Los parámetros pueden estar programados parcial o totalmente con anterioridad a la llamada del ciclo.

- El ciclo se inicia acercándose en **G00** hasta **"D"** y acaba en el punto desde el que partió.

- Una vez finalizado el ciclo fijo, el programa continuará con el mismo avance F y las mismas funciones G de que disponía al llamar al ciclo.

Operativa

La posición de la herramienta al iniciar el ciclo tiene que estar alejada del punto de la distancia de seguridad, para poder alcanzar dicha posición en **G00**.

La utilización de los diferentes parámetros se debe realizar ajustándose al tipo de material, al tipo de herramienta y a la profundidad del taladro. Dependiendo del tipo de herramienta se puede realizar el taladro de una sola pasada o realizando diferentes escalados para poder refrigerar y aliviar el material del agujero. Normalmente, si la broca es de plaquitas se puede realizar todo de una sola pasada, puesto que la salida del material es correcta y el sistema de refrigeración suele ser fluido en cambio, con brocas integrales es recomendable ir realizando salidas.

Con brocas integrales y en el caso de agujeros grandes, el proceso de mecanizado debe ser el mismo que el utilizado en cualquier otro tipo de máquina: realizar diferentes escalados de broca hasta alcanzar el diámetro deseado.

Es conveniente calcular bien la velocidad de giro del cabezal, pues dicha velocidad, además de una buena refrigeración, influirán de forma decisiva en el acabado del taladro. Por lo tanto, antes de llamar al ciclo, se tienen que haber ajustado dichos parámetros de forma correcta.

En caso de tener que realizar el taladro a medida exacta en la parte cilíndrica, se tendrá que calcular la punta de la broca y sumarla a la longitud del taladro **"I"**, o colocar el cero referencia de la broca en el inicio de la parte cilíndrica de la misma.

Funcionamiento básico - Taladrado

1 - Se desplaza en rápido hasta el punto de aproximación, situado a una la distancia de seguridad indicada en el parámetro "D".

2 - Se realiza la primera profundización de taladrado. Realizará el desplazamiento en avance de trabajo hasta alcanzar la profundidad incremental que se haya programado en los parámetros "D+B".

3 - A partir de ahora, repetirá los pasos que vienen a continuación formando un bucle hasta que alcance la profundidad total introducida en el parámetro "I".

- Retroceso en rápido (G00) hasta la distancia programada en "H" o hasta el punto de aproximación.
- Realizará una aproximación en rápido (G00) a la distancia que se haya programado en el parámetro "C".
- Ahora empezará a mecanizar en G01 hasta alcanzar la siguiente profundidad incremental según "B y R".

4 - Si se ha programado un valor en "K", realizará una espera en el fondo del taladrado.

5 - Ahora retrocederá en rápido (G00) hasta alcanzar el punto de aproximación.

En la figura 8.53 se ve una secuencia de trabajo del ciclo con el parámetro **"D"** a valor **0**.

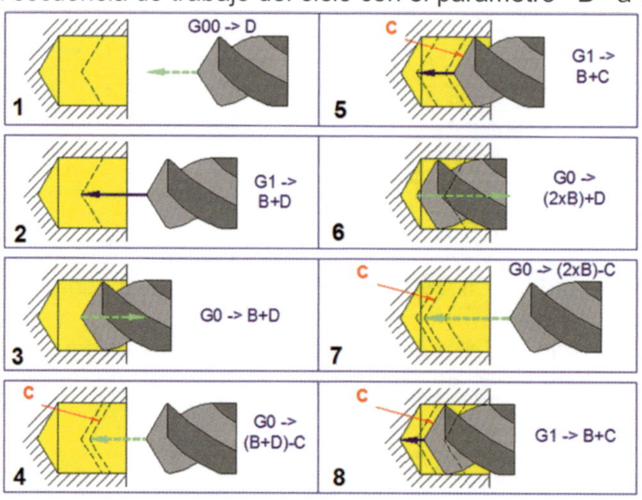

Fig. 8.53 Una secuencia de trabajo del ciclo G83.

Funcionamiento básico - Roscado con compensador.

1 - Se desplazará en rápido hasta alcanzar el punto de aproximación que está situado a la distancia de seguridad que se ha indicado en "D".

2 - Empezará a realizar el roscado con macho en desplazamiento de avance de trabajo siguiendo el eje longitudinal hasta alcanzar la profundidad programada en modo incremental con los parámetros "D+B".

3 - Ahora, invertirá el sentido de giro del cabezal para poder realizar la subida.

- Si se ha programado "K", se parará el cabezal hasta que trascurra el tiempo programado, a partir de ahí arrancará el cabezal en sentido contrario.

4 - A partir de aquí retrocederá en avance de trabajo hasta alcanzar el punto de aproximación.

Funcionamiento básico - Roscado rígido.

1 - El roscado se efectúa en el centro de la pieza (X0). Realizará el desplazamiento en rápido hasta que alcance el punto de aproximación que está situado a la distancia de seguridad indicada en "D".

2 - Roscado con macho. Desplazamiento hasta la profundidad incremental programada en "D+B".
Se realiza interpolando el cabezal principal (que está girando) con el eje Z.
Durante el proceso no se puede detener el roscado rígido ni modificar las condiciones de mecanizado que haya programadas. Lo realizará al 100 % de los valores programados en "S" y en "F".

3 - Invertirá el sentido de giro del cabezal.
Si se ha programado "K", parará el cabezal hasta que transcurra el tiempo indicado, a partir de ahí, arrancará el cabezal en sentido contrario.

4 - Ahora, retrocederá en avance de trabajo hasta el punto de aproximación.

Al finalizar el ciclo se para el cabezal (M5).

Ejemplo - Taladrado

El ejercicio que se va a realizar, es el de la Fig. 8.54

Se parte de la pieza de la figura, y se va a taladrar con broca integral de forma directa. La profundidad de pasada será de 5 mm, la distancia de seguridad será de 2 mm y la profundidad del taladro, el indicado en la figura 8. 54.

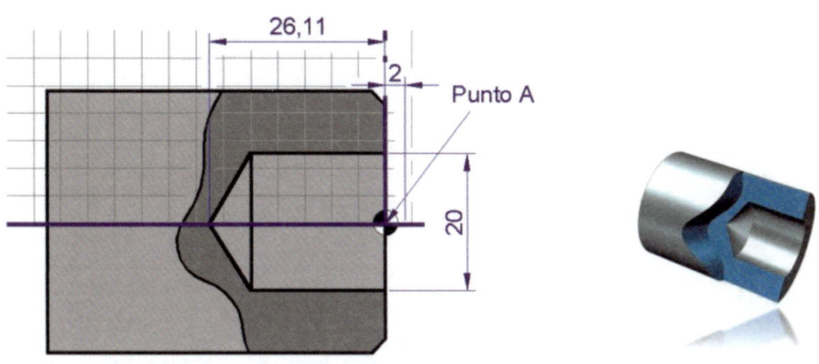

Fig. 8.54 Mecanizado con ciclo de taladrado en eje Z.

Programa:

Control 8065 y Control 8055

Absolutas

1 - G90 G94 G97 F100 S800 T15 D15
2 - G0 X0 Z10 M3
3 - G83 X0 Z0 I26.11 B5 D2 K05 H2 C1
4 - G0 X40 Z50 M5
5 - M30

Comentario al ejemplo

Línea 1 - Colocación de la cabecera.

Línea 2 - Colocación de la herramienta en el punto **X0 Z10**, cercano al punto de inicio del ciclo, sin peligro de colisionar.

Línea 3 - Ejecución del ciclo. El parámetro **"B"** (profundidad de pasada) tiene valor **5**, lo que indica al ciclo que cada vez que haya profundizado 5 mm vuelva hacia atrás para descargar material y refrigerarse.

El parámetro **"D"** está en valor **2**, lo que indica al ciclo que al acercarse hacia la pieza a velocidad G00, se parará en el punto **A** menos el valor contenido en **"D"**.

El parámetro **"H"** está en valor **0**, lo que indicará al control que cada vez que vuelva hacia atrás, lo haga hasta la posición del punto **A + D**. En caso de contener algún valor, la broca subiría justo dicho valor.

El parámetro **"C"** contiene un valor de **2,** que le indica al control que cada vez que vuelva a realizar la siguiente pasada, se acerque al material en **G00** hasta alcanzar la última profundidad obtenida menos el valor de dicho parámetro.

Línea 4 - Desplazamiento a la posición **X40 Z50** donde se puede retirar la pieza del plato sin peligro de colisionar.

Línea 5 - Fin de programa.

Capítulo 9 – Cambios de herramienta - Torno

Introducción

En tornos CNC es muy habitual trabajar con más de una herramienta; esto implica tener que utilizar los sistemas de cambio de herramientas, que habitualmente serán los tambores. En algunos casos nos podemos encontrar con tornos con dos platos enfrentados que permiten la sujeción de la pieza en las dos estacadas habituales de las piezas de torno; en tal caso, nos podemos encontrar con dos tambores de herramientas. Esto último es aconsejable controlarlo con programas de CAM, dado que normalmente también se tienen que sincronizar ambos platos entre ellos y con las diferentes herramientas de trabajo. Es por eso que en este tratado nos vamos a centrar tan solo en la estructura más habitual, que es la de tornos de un solo plato. La característica de funcionamiento de los cambiadores de herramientas es común a todos los fabricantes en cuanto a su operativa y tan solo existen dos posibilidades de funcionamiento del sistema.

Se tiene que tener en cuenta la posibilidad de que un torno no disponga de cambiador, con lo que el proceso del mismo puede cambiar (poco probable en este tipo de máquinas).

Utilización del cambio de herramienta

De forma más habitual, existen dos formas diferentes de realizar el cambio de herramienta:

- **Cambio retardado** - Mediante la utilización conjunta de la palabra **"T"** y la función auxiliar **M06**. Esto suele utilizarse en máquinas con un cambiador de herramientas de gran tamaño donde las herramientas pueden tardar un cierto tiempo en llegar a su posición de trabajo o cambio. Con este sistema se gana tiempo, dado que mientras el programa progresa el cambiador va realizando su trabajo simultáneamente.

  En este caso, al leer la palabra "T" no realiza el cambio físico sino prepara en el sistema de cambio la herramienta a sustituir, pero el cambio físico no lo realizará hasta que haya leído la función auxiliar M06. La aplicación de M06 se tiene que y utilizar con la precaución de realizarlo en una zona donde no exista peligro de colisión al girar el tambor, teniendo en cuenta las herramientas que tendrá colocadas el tambor ya que, por ejemplo, las herramientas de mandrinar y las brocas suelen sobresalir bastante.

  Por ello se aconseja tener controlada, siempre que sea posible, una posición de cambio donde no exista dicho peligro, con lo que en nuestra programación situaremos los carros en dicha posición antes de llamar al cambio de herramienta, para a continuación volver a la cota de programa siguiente (ver programa inferior).

```
G90 F100 S1200 T01 D01 ◄──────── Prepara el cambio
G00 X60 Z80 M06 ◄─────────────── Realiza el cambio
T02D02 ◄──────────────────────── Prepara el cambio
X26 Z2
G01 Z-12 M03
X36 M05
G00 X60 Z80  M06 ◄────────────── Realiza el cambio
----------------
----------------
```

- **Cambio inmediato** - Al leer en el programa **T-- D--** actuará de forma directa e inmediata sin necesidad de programar **"M06"** (ver programa inferior).

```
G90 F100 S1200
G00 X60 Z80 M06 T01 D01 ◄──────── Realiza el cambio
X26 Z2
G01 Z-12 M03
X36 M05
G00 X60 Z80  T02 D02 ◄─────────── Realiza el cambio
----------------
----------------
```

En adelante, en este tratado se aplicará el segundo caso, es decir, cambiar la herramienta sin necesidad de aplicar **M06** para realizar el cambio físico.

Tal como se vio en el capítulo 6, la estructura de la palabra **"T"** es la siguiente:

T01 D01

Herramienta física ↑ ↑ **Corrector a utilizar**

El valor colocado en la T (herramienta a cambiar) indica cuál es la posición física del tambor que se desea situar en la posición de trabajo.

Ejemplo: **T05 D--**, situará la herramienta ubicada en la posición nº 5 del tambor en la posición de trabajo.

El valor colocado a la derecha de la **"D"** (corrector a utilizar), indica cuál es la posición de la tabla de la que se adquieren los datos de corrección de dicha herramienta.

Ejemplo: **T05 D06** utilizará los datos de la posición **6** de la tabla, de donde tomara valores tales como el radio de punta de la herramienta o las dimensiones a utilizar de la herramienta situada en dicha posición de tabla.

Más adelante en este capítulo se explicarán las características que tiene dicha tabla.

Formatos de llamada a la herramienta "T"

Los formatos que se pueden utilizar para la llamada de herramienta son los siguientes:

T01 D01 - Se cambia la herramienta físicamente y se cambian los valores de tabla.
T00 D01 - Se cambian los valores de tabla y no se cambia la herramienta físicamente.
T D01 - Se cambian los valores de tabla y no se cambia la herramienta físicamente.
T01 - Se cambia la herramienta físicamente y no cambian los valores de la tabla.

Tabla de correctores

La tabla de herramientas es la encargada de almacenar los datos de las diferentes herramientas. La tabla se manipula fuera del programa. Desde la programación tan solo se accede a leer sus datos. Para analizar su estructura ver página 98.

Longitudes de herramienta

Las longitudes se introducen de forma automática. Ver el manual de operación de la máquina para conocer el proceso, pues de una máquina a otra puede variar según la configuración que haya dado el fabricante de la misma.

Radio de punta

Este dato hay que introducirlo manualmente y la referencia al mismo suele venir indicada en la caja de la plaqueta donde el fabricante lo suele colocar.

No obstante, hay que tener en cuenta que según la herramienta no siempre se ha de indicar. En la siguiente imagen (Fig. 9.01) se puede apreciar.

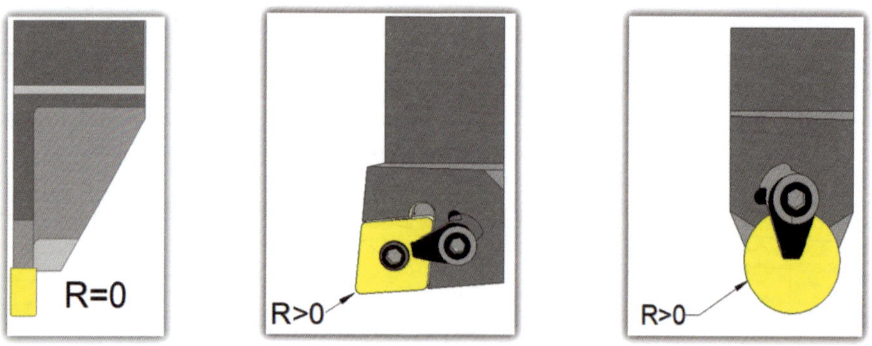

Fig. 9.01 Aplicaciones de radio según el tipo de herramienta.

Este valor es el que utilizará el control para realizar los cálculos adecuados en la compensación de radio. Igual que en el código de forma, solo actuará en caso de utilizar corrección de herramienta ver fig. 9.02.

Tipo

Código de forma. Vienen indicados por el fabricante del control y el usuario ha de especificar cuál de ellos es el que le corresponde siguiendo el criterio de la **Fig. 9.02**. Este valor tan solo actuará cuando se trabaje con la corrección de radio **G41**, **G42**; de no usarse, el control no tendrá en cuenta dicho dato.

Los factores de forma F0 y F9 se deben utilizar únicamente cuando se ha calibrado el centro de la punta de la herramienta, no las caras de la cuchilla (Fig. 9.03 derecha).

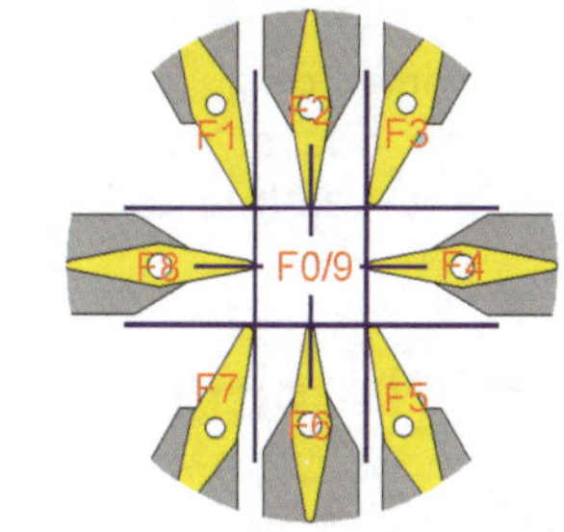

Fig. 9.02 Códigos de forma.

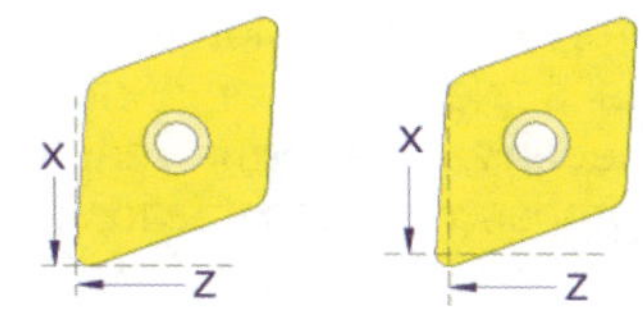

Fig. 9.03 Diferentes formas de referenciar la punta de la herramienta.

CORREC X

Desgaste de herramienta según el eje **X**. Este valor va siempre indicado en diámetros y se asigna por el operario tras detectar algún desfase en la pieza en sentido eje **X,** tanto por error en el posicionado inicial del punto cero máquina, posible desviación de medida tras cambiar una herramienta, o por posible desgaste de la misma.

Estos valores se pueden introducir durante la mecanización y tienen efecto a partir de la siguiente línea de programa a mecanizar.

CORREC Z

Desgaste de herramienta según el eje **Z**. Sigue los mismos criterios que **"X"**.

Introducción de correctores del tambor en la tabla

Las herramientas tienen que estar perfectamente referenciadas unas con otras para poder realizar las correcciones correctamente.

Es necesario referirse en cada caso al manual del fabricante de la máquina, que facilita la forma y operativa a la hora de indicar las diferencias de medida que puedan existir entre las diferentes herramientas del tambor o almacén. Esto último se realiza fuera del programa a mecanizar.

Normalmente se tiene que partir de una pieza patrón de medidas conocidas, colocada en el plato. Un ejemplo de situación del punto de referencia es el de la Fig. 9.04, aunque el fabricante de la máquina puede optar por otra situación, por lo que se debe consultar el manual de operación que suministra el mismo.

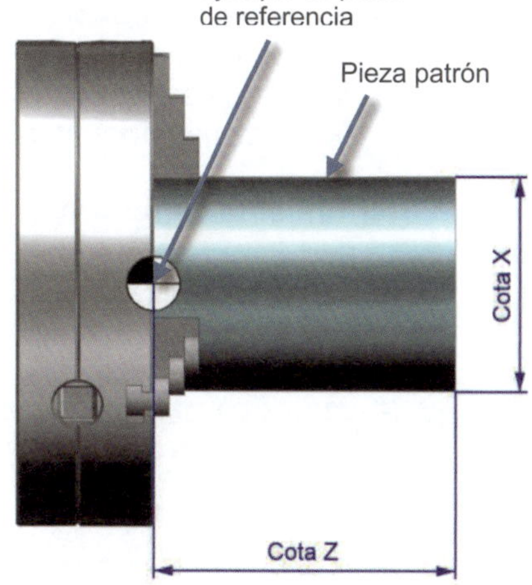

Fig. 9.04. Posición del cero referencia.

Proceso del cambio de herramientas

Una vez controlado todo lo anterior, se puede realizar el cambio físico de las herramientas, para lo que se utilizará la palabra **"T-- D--"** (la opción de cambio con **M6** es lo mismo, pero el cambio físico de la herramienta no se ejecuta hasta que el programa lea la función auxiliar **M6**), que realizará el cambio inmediatamente después de ser leído por el control.

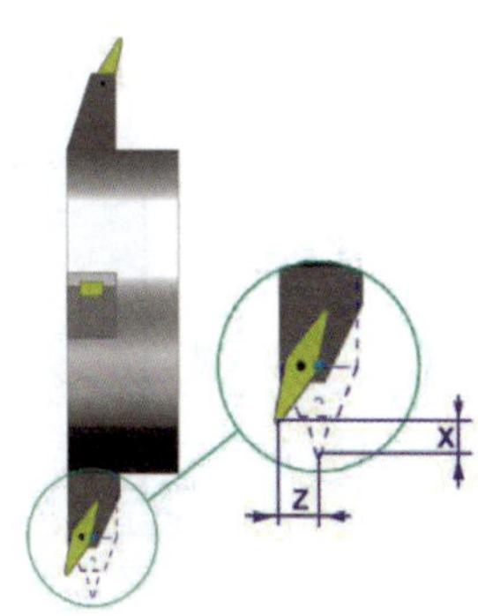

Fig. 9.05 Diferencia entre herramientas.

La posición de cambio se tiene que tener presente para evitar colisiones con las herramientas del tambor al girar para buscar la posición, por lo que es aconsejable, retirarse lo suficiente para no tener ninguna duda al respecto. Es conveniente tener una posición fija de cambio conocida, donde se tenga la seguridad y garantía de no colisionar involuntariamente. Por lo tanto, antes de colocar la **"T"** (que ordena realizar el cambio inmediatamente), se tiene que haber realizado el desplazamiento a dicha posición.

Una vez realizado el cambio de herramienta y de corrector, el control compensará la diferencia de dimensiones de la punta de la nueva herramienta con la punta de la herramienta anterior. Por ello es necesario que el recorrido que realice a continuación, sea mayor que la diferencia de dimensiones que existe entre ambas herramientas ver Fig. 9.05.

Mecanización Global

☞ Ejemplo - Mecanización global

Hasta ahora se han visto ejemplos donde solo intervenía la función estudiada para conseguir una mejor comprensión de la misma, pero el mecanizado real suele necesitar la intervención de más de una de las funciones, por lo que en este ejercicio se va a mecanizar de forma real, utilizando todos los medios de programación posibles al alcance y siguiendo un proceso de mecanizado lógico.

Es importante tener presente que el proceso que se va a seguir no es el único posible pero va a servir de ejemplo de cualquiera de ellos.

Se parte de un bruto de material de Ø 30 x 70, para mecanizar la pieza de la figura 9.06, Se utilizan diversos ciclos de mecanizado y cumpliendo las siguientes condiciones:

- **Herramienta de cilindrar y de copiar**

  Pasada máxima desbaste: 1 mm
  Pasada máxima acabado: 0,2 en X (Radio) 0,1 en Z
  Velocidad de avance en desbaste: 120 mm/min.
  Velocidad de avance en acabado: 80 mm/min.
  Revoluciones por minuto en desbaste: 1000 RPM
  Revoluciones por minuto en acabado: 1200 RPM

- **Herramienta de roscar**
  Pasada máxima: 0,2
  Pasada de acabado: 0,01
  Revoluciones por minuto: 600 RPM

- **Herramienta de ranurar**

  Velocidad de avance: 60 mm/min.
  Revoluciones por minuto: 350 RPM

- Se tiene que realizar el acabado de todo el perfil con la herramienta de cilindrar, de una sola pasada y de forma continua, excepto en las zonas de ranurado, que se realizará con la herramienta de ranurar.

- Dejar 0,1 mm de material en ambas paredes de las ranuras, para realizar una pasada de acabado con la herramienta de ranurar.

- Las pasadas de desbaste y acabado se realizarán con la misma herramienta.

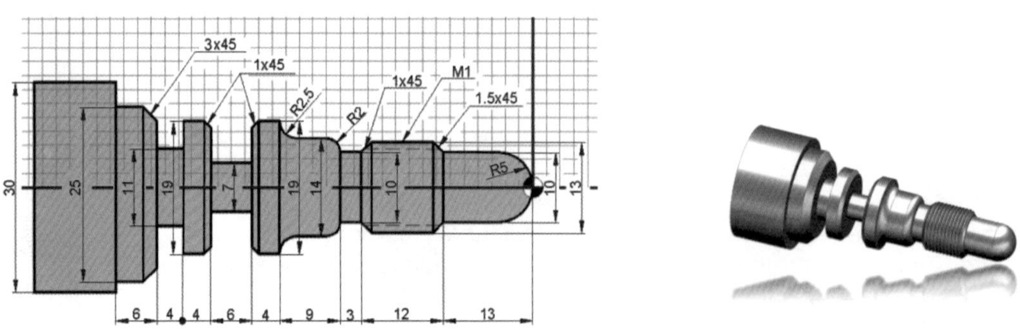

Fig. 9.06 Mecanizado global.

Programa:

Control 8065 y Control 8055

Absolutas

```
G90 G94 G97 G40 X40 Z50 F120 S1000 T1 D1
G0 X31 Z1 M3
G81 X25 Z-61 Q25 R-61 C1 L0.2 M0.1 F120 H0
G0 X26 Z1
G81 X19 Z-55 Q25 R-57 C1 L0.2 M0.1 F120 H0
G0 M5
X60 Z50 T3 D3
X28 Z3 M3
G66 X0 Z0 I4.5 C1 A0 L0.2 M0.1 H0 S10 E20
G0 X0
G1 Z0 F80 S1200
(RPT N10, N15)N1; En control 8065 es #RPT [N10, N15]
G1 Z-55
X25 Z-57
Z-61
X32 M5
G0 X60 Z50 S600 T6 D6
X15 Z-10 M3
G86 X13 Z-12 Q13 R-26 I0.613 B0.2 E0.01 D1 L0.02 C1 J0 A30
G0 X60 Z50 T5 D5
X25 Z-53 F60 M3
G88 X19 Z-54.9 Q11 R-51.1 C2 D1 K05
G0 Z-55
G1 X11
X22
G0 Z-53
G1 X11
X22
G0 X25 Z-44
G88 X19 Z-46.9 Q7 R-41.1 C2 D1 K05
G0 X21 Z-48
G1 X17 Z-47
X7
X23
G0 X21 Z-42
G1 X17 Z-43
X7
X23 M5
X40 Z50
M30
N10 G03 X10 Z-5 I0 K-5
G1 X10 Z-13
X13 Z-14.5
X13 Z-24
X10 Z-25
X10 Z-28
G3 X14 Z-30 I0 K-2
G1 X14 Z-34.5
N15 G2 X19 Z-37 I2.5 K0
N20 G1 X21 Z-37
```

Comentario al ejemplo

Línea 1 - Se coloca la cabecera, seleccionando la primera herramienta a utilizar, que es la de cilindrar. Se coloca la herramienta en una posición de inicio conocida **"X40 Z50"**.

Línea 2 - Colocación de la herramienta en la coordenada punto **X31 Z1**, que es el punto adecuado para realizar el primer ciclo **(Fig. 9.07)**. Hay que recordar que este punto ya forma parte del propio ciclo; se pone en marcha el giro del plato con **M3**.

Línea 3 - Se procede a mecanizar el primer ciclo tal como está indicado en la **Fig. 9.07**. En dicha figura se aprecia que, para poder obtener la geometría rectangular se tienen que situar los puntos **A** y **B** en la misma posición. La pasada indicada en el parámetro **"C"** es de **1** mm, que es lo máximo que supuestamente, nos permiten las condiciones de mecanizado. Los parámetros **"L"** y **"M"** están a valor **0,2** para la **X** y **0,1** para la **Z**, que es otra de las condiciones propuestas. Asimismo, el parámetro **"H"** está en valor **0**, para que el ciclo no realice la pasada de acabado y deje el exceso de material, para realizar posteriormente la pasada de acabado en toda la pieza de forma continua, tal como indican las condiciones de mecanizado.

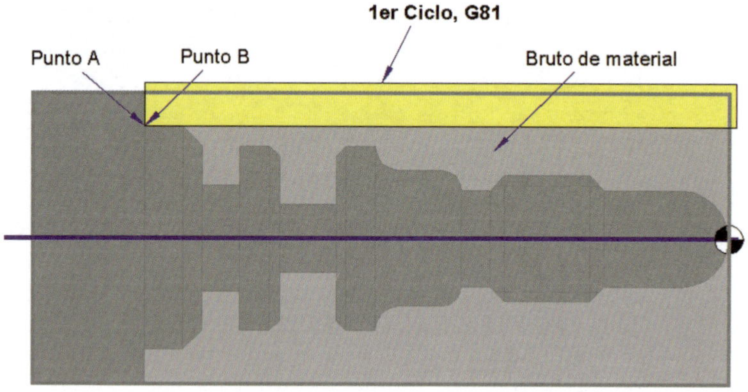

Fig. 9.07 Zona de mecanizado del primer ciclo.

Línea 4 - Tras la línea anterior, la herramienta ha terminado en el punto donde empezaría a mecanizar el acabado (al estar el parámetro **"H"** a valor **0** no realiza pasada de acabado), por lo que en esta línea lo que se realiza es un movimiento en **G00** para colocarse en el punto de inicio del siguiente ciclo.

Línea 5 - Se procede a mecanizar el segundo ciclo tal como está indicado en la **Fig. 9.08**. La pasada indicada en el parámetro **"C"** es de **1** mm, que es lo máximo que nos permiten las condiciones de mecanizado. Los parámetros **"L"**, **"M"** y **"H"** cumplen las mismas condiciones que el ciclo anterior programado en la línea **30**.

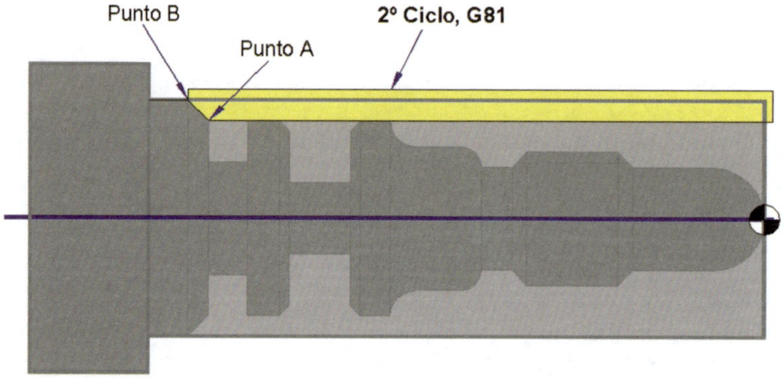

Fig. 9.08 Zona de mecanizado del segundo ciclo, una vez mecanizado el primero.

Línea 6 - Se activa **G00** y se desconecta el giro del plato para poder realizar el cambio.

Línea 7 - Se produce el desplazamiento a una posición adecuada para realizar el cambio de la herramienta **nº3**, herramienta de copiado, con la palabra **T3 D3**.

Línea 8 - Colocación de la herramienta en la coordenada punto **X28 Z3**, que es el punto adecuado para realizar el tercer ciclo, tal como se aprecia en la "**Fig. 9.09**". Asimismo se arranca el giro del plato con **M3**. Se observa que en este ciclo la posición inicial de la herramienta está más alejada que en el resto de ciclos; esto se debe al hecho de que la herramienta tiene que estar a una distancia superior a la diferencia de diámetros.

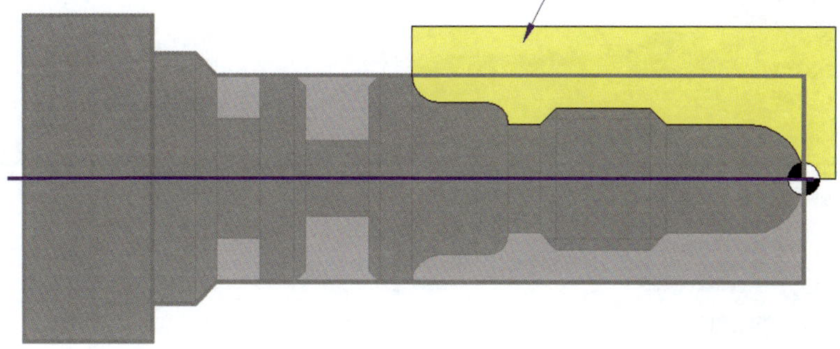

Fig. 9.09 Zona de mecanizado del tercer ciclo, tras mecanizar el segundo.

Línea 9 - Se mecaniza el tercer ciclo **G66**, con la pasada indicada en el parámetro **"C"** de **1** mm el resto de parámetros siguen el criterio de los anteriores ciclos. Los parámetros **"L"**, **"M"** y **"H"** cumplen las mismas condiciones que en los ciclos anteriores.

Línea 10 - Se introduce velocidad de avance rápido **G00** y se desplaza la herramienta al eje de la pieza **"X0"**, para poder empezar a realizar el acabado en perfilado de la zona mecanizada hasta ahora. El acabado se tiene que realizar antes de construir la rosca, pues en caso contrario las crestas quedarían con rebabas.

Línea 11 - Conecta el avance a velocidad controlada **G1**, a una velocidad de avance de **F80**, tal como se pedía en las condiciones previas para realizar el acabado; se prepara el giro del plato a **1200 RPM**, para poder entrar en modo trabajo al primer punto de la pasada de acabado, que es **"Z0"**.

Línea 12 - Dado que la zona de perfilado del tercer ciclo ya está definida entre las líneas **N10** y **N15**, se aprovecha esa circunstancia para repetirlas con la función de llamada **"#RPT (8065)"** o **"RPT (8055)"**. Es necesario destacar que el primer punto del perfil **"X0 Z0"**, no está incluido en esa definición por eso, entre la línea **10** y la línea **11** se alcanza previamente esa posición.

Línea 13 - Desde esta línea y hasta la línea **16**, donde se activa el paro del plato, se acaba de realizar el acabado del perfil. .

Línea 14 - - - - - - -

Línea 15 - - - - - - -

Línea 16 - - - - - - -

Línea 17 - Activación de **G00** y desplazamiento a posición de cambio de herramienta **X60 Z50**. Activación de **RPM** a **600** y llamada a la herramienta de roscar que corresponde con la herramienta **T6 D6**.

Línea 18 - Se coloca la herramienta en la posición cercana al inicio del ciclo de roscado **G86** y se activa el giro del plato **M3**.

Línea 19 - Orden de mecanizado de la rosca con el cuarto ciclo **G86**, tal como se observa en la **Fig. 9.10**. La profundidad de rosca es de **0,613** parámetro **"I"** y el paso **"C"** es de **1** mm, el parámetro **"J"** está en valor **"0"** porque en esta pieza existe salida de rosca y la herramienta puede subir perpendicular sin ningún riesgo de rotura.

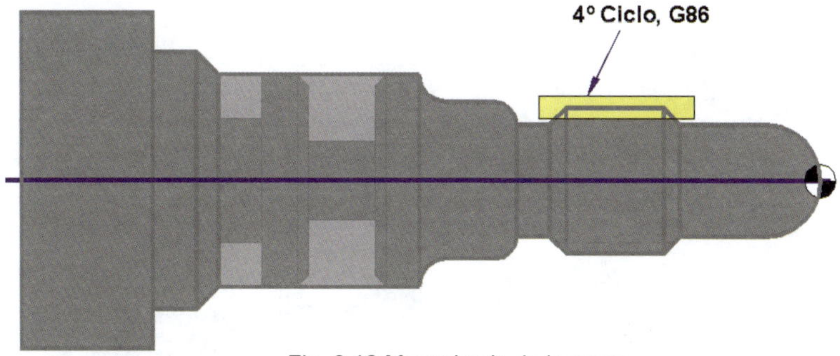

Fig. 9.10 Mecanizado de la rosca.

Línea 20 - Desplazamiento en **G0** a la posición de cambio de herramienta, y cambio por la herramienta de ranurar **T5 D5**.

Línea 21 - Esta línea coloca la herramienta de ranurar en la posición adecuada para realizar el ranurado de la **Fig. 9.11**, activa el avance a **60** mm/min y pone el plato en funcionamiento.

Línea 22 - Realización del ciclo de ranurado **G88** de la **Fig. 9.11**.

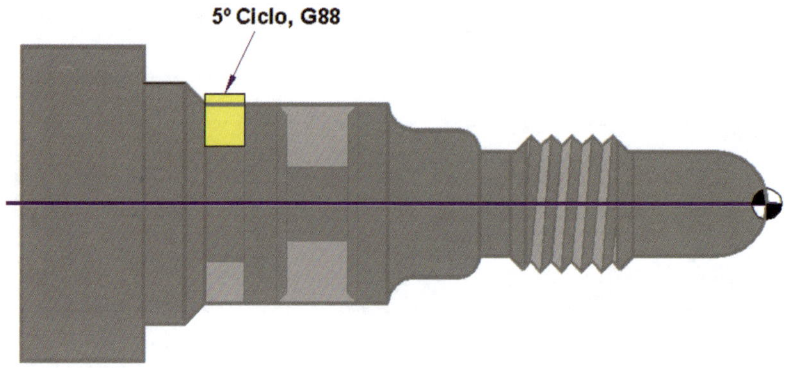

Fig. 9.11 Ranurado con el ciclo nº5.

Línea 23 - Desplazamiento a la posición próxima al ranurado para iniciar el acabado de dicha ranura.
Línea 24 - Inicio del acabado de la ranura entre esta línea y la línea **28**.
Línea 25 - - - - - - -
Línea 26 - - - - - - -
Línea 27 - - - - - - -
Línea 28 - - - - - - -
Línea 29 - Colocación de la herramienta de ranurar en la posición adecuada para realizar el siguiente ranurado, **(Fig.9.12)**.
Línea 30 - Realización del ciclo de ranurado **G88** de la **Fig. 9.12**.

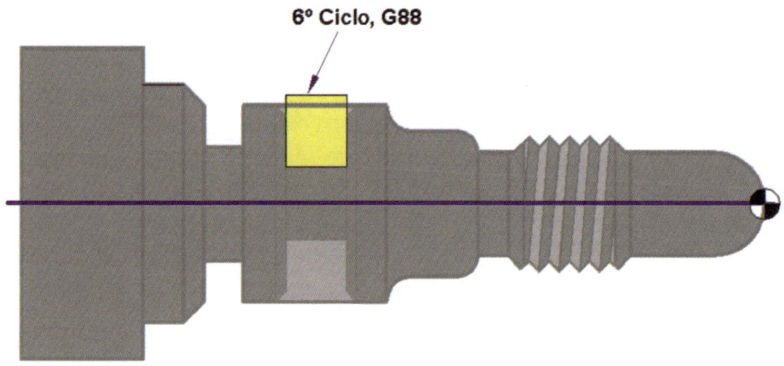

Fig. 9.12 Ranurado con el ciclo nº6.

Línea 31 - Se alcanza la posición de inicio de acabado para la última pasada de acabado.
Línea 32 - Inicio del acabado de la ranura y chaflanes entre esta línea y la línea **37**.
Línea 33 - - - - - - - - - -
Línea 34 - - - - - - - - - -
Línea 35 - - - - - - - - - -
Línea 36 - - - - - - - - - -
Línea 37 - - - - - - - - - -
Línea 38 - Se realiza una retirada a **"X23"** para poder retirar posteriormente la herramienta a la posición de finalización. Se para el giro del plato con **"M5"**.
Línea 39 - Retirada a la posición de la herramienta de final de programa.
Línea 40 - Fin del programa y obtención de la pieza acabada **(Fig. 9.13)**.

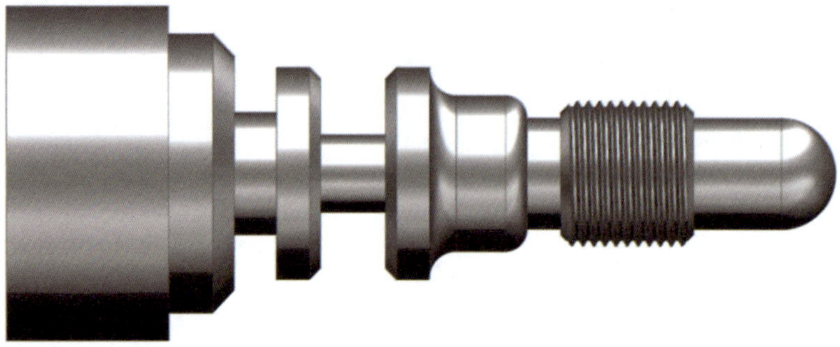

Fig. 9.13 Pieza finalizada.

Capítulo 10 – Funciones preparatorias y funciones auxiliares - Fresa

Debemos recordar que las funciones preparatorias son las encargadas de la realización de la geometría de la pieza y de las condiciones que van asociadas a ella.

A continuación, se detallan las funciones preparatorias y auxiliares que hacen referencia a los Controles FAGOR 8065 y 8055 de fresa. No todas estas funciones actuarán igual en otro control, incluso de la misma marca.

Hay que tener en cuenta que en la columna "Modal S/N" se hace referencia a las funciones que actuaran o no de forma modal: S = SÍ, N = No.

Al poner en marcha un control, este asume unas funciones y unos valores por defecto, aunque estos no se programen, que el fabricante de la máquina habrá configurado. Por tanto, estarán activas estas funciones y condiciones. Algunas de ellas se pueden variar por parámetros internos del control, por eso no se puede afirmar categóricamente. En la columna "Activa S/N" se indican aquellas que acostumbran a estar activas en la puesta en marcha.

En las columnas 8065 8055 se hace referencia a las funciones preparatorias que actúan en cada uno de los dos controles. En algunos casos aparecen funciones que realizan acciones diferentes en los dos controles, en otros casos aparece alguna función añadida sobre la misma, en otras simplemente están asignadas a un solo control y no actuan en el otro.

Lista de funciones preparatorias – 8065M / 8055M

Función G				
8065	8055	Denominación	Modal	Activa
00	00	Interpolación lineal a máxima velocidad	S	S
01	01	Interpolación lineal a velocidad controlada	S	N
02	02	Interpolación circular y helicoidal a derechas	S	N
03	03	Interpolación circular y helicoidal a izquierdas	S	N
04		Temporización	N	N
	04	Temporización / Detención de la preparación de bloques	N	N
05		Trabajo en arista matada controlada	S	S
	05	Trabajo en arista matada	S	S
06	06	Interpolación circular con programación de centros en absoluto	N	N
07	07	Trabajo en arista viva	S	N
08	08	Trayectoria tangente a la trayectoria anterior	N	N
09	09	Trayectoria circular definida per tres puntos	N	N
10	10	Anulación de la imagen de espejo	S	S
11	11	Imagen espejo en eje X	S	N
12	12	Imagen espejo en eje Y	S	N
13	13	Imagen espejo en eje Z	S	N
14	14	Imagen espejo en las direcciones programadas	S	N
	15	Eje C	S	N
	16	Selección del plano principal por dos direcciones	S	N
17	17	Selección del plano XY y longitud Z	S	S
18	18	Selección del plano ZX y longitud Y	S	N
19	19	Selección del plano YZ y longitud X	S	N
20		Plano principal por dos direcciones y eje longitudinal	S	N
	20	Definición límites inferiores zonas de trabajo	N	N
	21	Definición límites superiores zonas de trabajo	N	N
	22	Habilitación / deshabilitación zonas de trabajo	N	N

Función G				
8065	8055	Denominación	Modal	Activa
	28	Selección del segundo cabezal	S	N
	29	Selecciona el cabezal principal o conmutación de ejes	S	S
30		Preselección de origen polar	N	N
	30	Sincronización de cabezales (desfase)	S	N
31		Traslado temporal del origen polar al centro del arco	N	N
	32	Avance F como función inversa del tiempo	S	N
33	33	Roscado electrónico	S	N
34	34	Roscado electrónico de paso variable	S	N
36	36	Redondeo de aristas	N	N
37	37	Entrada tangencial	N	N
38	38	Salida tangencial	N	N
39	39	Achaflanado	N	N
40	40	Anulación de la compensación de radio	S	S
41	41	Compensación de radio a izquierdas	S	N
	41 N	Detección de colisiones	S	N
42	42	Compensación de radio a derechas	S	N
	42 N	Detección de colisiones	S	N
	43	Compensación de longitud de herramienta	S	N
	44	Anulación de compensación de longitud de herramienta	S	N
45	45	Activar y anular el control tangencial	S	N
50	50	Arista matada controlada	S	N
	51	Look - Ahead	N	N
	52	Movimiento contra tope	N	N
53		Cancelación del decalaje de origen	S	N
	53	Programación respecto al cero máquina	N	N
54	54	Traslado de origen 1	N	N
55	55	Traslado de origen 2	N	N
56	56	Traslado de origen 3	N	N
57	57	Traslado de origen 4	N	N
58		Traslado de origen 5	N	N
	58	Traslado de origen aditivo 1	S	N
59		Traslado de origen 6	N	N
	59	Traslado de origen aditivo 2	S	N
60		Arista viva (no modal)	N	N
	60	Mecanizado múltiple en línea recta	N	N
61		Arista matada controlada (no modal)	N	N
	61	Mecanizado múltiple formando un paralelogramo	N	N
	62	Mecanizado múltiple en malla	N	N
63		Roscado rígido	S	N
	63	Mecanizado múltiple formando una circunferencia	N	N
	64	Mecanizado múltiple formando un arco	N	N
	65	Mecanizado programado mediante una cuerda de arco	N	N
	66	Ciclo fijo de cajera con islas	N	N
	67	Operación de desbaste de cajeras con islas	N	N
	68	Operación de acabado de cajeras con islas	N	N
	69	Ciclo fijo de taladrado profundo con paso variable	S	N
70	70	Programación en pulgadas	S	N
71	71	Programación en mm	S	S

Función G				
8065	**8055**	**Denominación**	**Modal**	**Activa**
72	**72**	Factor de escala	**S**	**N**
73	**73**	Giro del sistema de coordenadas	**S**	**N**
74	**74**	Búsqueda automática del cero máquina	**N**	**N**
	75	Movimiento con palpador hasta tocar	**N**	**N**
	76	Movimiento con palpador hasta dejar de tocar	**N**	**N**
	77	Acoplo electrónico de ejes	**S**	**N**
	77 S	Sincronización de cabezales	**S**	**N**
	78	Anulación del acoplo electrónico	**S**	**S**
	78 S	Anulación de la sincronización de cabezales	**S**	**S**
	79	Modificación de parámetros de un ciclo fijo	**N**	**N**
80	**80**	Anulación de ciclo fijo	**S**	**S**
81	**81**	Ciclo fijo de taladrado	**S**	**N**
82		Ciclo fijo de taladrado con paso variable	**S**	**N**
	82	Ciclo fijo de taladrado con temporización	**S**	**N**
83		Ciclo fijo de taladrado / roscado con macho	**S**	**N**
	83	Ciclo fijo de taladrado profundo con paso constante	**S**	**N**
84	**84**	Ciclo fijo de roscado con macho	**S**	**N**
85	**85**	Ciclo fijo escariado	**S**	**N**
86		Ciclo fijo de mandrinado	**S**	**N**
	86	Ciclo fijo de mandrinado con retroceso en G00	**S**	**N**
87	**87**	Ciclo fijo de cajera rectangular	**S**	**N**
88	**88**	Ciclo fijo de cajera circular	**S**	**N**
	89	Ciclo fijo de mandrinado con retroceso en G01	**S**	**N**
90	**90**	Programación de cotas absolutas	**S**	**S**
91	**91**	Programación de cotas incrementales	**S**	**N**
92		Preselección de cotas	**N**	**N**
	92	Preselección de cotas / Limitación velocidad del cabezal	**N**	**N**
93		Especificación del tiempo de mecanizado en segundos	**S**	**N**
	93	Preselección del origen polar	**N**	**N**
94	**94**	Velocidad de avance en mm/min.	**S**	**S**
95	**95**	Velocidad de avance en mm/rev.	**S**	**N**
96	**96**	Velocidad de corte constante	**S**	**N**
97		Velocidad de giro constante	**S**	**S**
	97	Velocidad centro de la herramienta constante	**S**	**S**
98	**98**	Retroceso al plano de partida al final del ciclo fijo	**S**	**S**
99	**99**	Retroceso al plano de referencia al final del ciclo fijo	**S**	**N**
157		Exclusión de ejes en el traslado de origen	**S**	**N**
158		Traslado de origen incremental	**S**	**N**
159		Traslados de origen absolutos adicionales	**S**	**N**
	159	Traslados de origen absolutos	**S**	**N**
160		Mecanizado múltiple en línea recta	**N**	**N**
161		Mecanizado múltiple formando un paralelogramo	**N**	**N**
162		Mecanizado múltiple formando una malla	**N**	**N**
163		Mecanizado múltiple formando una circunferencia	**N**	**N**
164		Mecanizado múltiple formando un arco	**N**	**N**
165		Mecanizado programado mediante una cuerda de arco	**N**	**N**
192		Limitación de velocidad de giro	**S**	**N**
197		Avance del centro de la herramienta constante	**S**	**N**

Función G				
8065	8055	Denominación	Modal	Activa
210	210	Ciclo fijo de fresado de taladro	S	N
211	211	Ciclo de fresado de rosca interior	S	N
212	212	Ciclo de fresado de rosca exterior	S	N
261		Centro del arco en coordenadas absolutas	S	N
262		Centro del arco respecto del punto inicial	S	S
263		Programación del radio del arco	S	N
500 a 599		Subrutinas genéricas de usuario	N	N

En el control 8065 existen unas funciones preparatorias que van numeradas desde 100 hasta 599, en el 8055 desde 100 hasta 212, que sobrepasan este tratado pues están enfocadas a los sistemas de palpación, entre otros.

De estas, en este tratado tan solo se han declarado las siguientes:

Control 8065 – 157, 158, 159, 160, 161, 162, 163, 164, 165, 192, 197, 210, 211, 261, 263 y de 500 a 599.
Control 8055 – 159, 210, 211, 212.

Estas funciones tienen cierta importancia en la programación normal y por eso se tratarán.

Lista de funciones auxiliares - 8065-M / 8055-M

Las funciones auxiliares que se describen más abajo, corresponden a un estándar más o menos unificado. Pero, de las funciones M, hay un grupo importante que el fabricante del control deja a intervención y programación del fabricante de la máquina, por lo que se pueden encontrar diferencias más o menos importantes respecto al listado inferior. Las funciones que están indicadas con un * son las que se mantienen en todos los controles; el resto de las que aparecen puede variar. Es aconsejable consultar siempre con el manual del fabricante de la máquina.

En la columna **"Principio / Fin línea"**, están indicadas aquellas que son de principio o de final de línea. La columna **"Modal S/N"** indica las que son de tipo modal. La columna **"Activa S/N"** las que están activas cuando se inicia el control.

Funciones auxiliares

Función M	Denominación	Principio / Fin línea	Modal S/N	Activa S/N
00*	Parada programa	**Fin**	N	N
01*	Parada condicionada de programa	**Fin**	N	N
02*	Fin de programa	**Fin**	N	N
03*	Giro cabezal a derechas	**Principio**	S	N
04*	Giro cabezal a izquierdas	**Principio**	S	N
05*	Parada del cabezal	**Fin**	S	S
06*	Cambio de herramienta	**Fin**	N	N
08*	Puesta en marcha refrigerante	**Principio**	S	N
09*	Desactivar refrigerante	**Fin**	S	S
19	Posicionamiento del cabezal	**Fin**	-	-
30*	Fin del programa y vuelta al inicio	**Fin**	-	-
41	Gama de velocidad alta	**Principio**	S	S
42	Gama de velocidad baja	**Principio**	S	N

Estructura de frase del control FAGOR 8065 y 8055 de fresa

Existen diferentes tipos de frase de programación; la estándar es la primera que se verá.

En este apartado se analizará la programación para los controles 8065 y 8055. En los casos en los que la programación o la forma de la misma, cambie, se indicará con los correspondientes carteles indicadores.

Control 8065

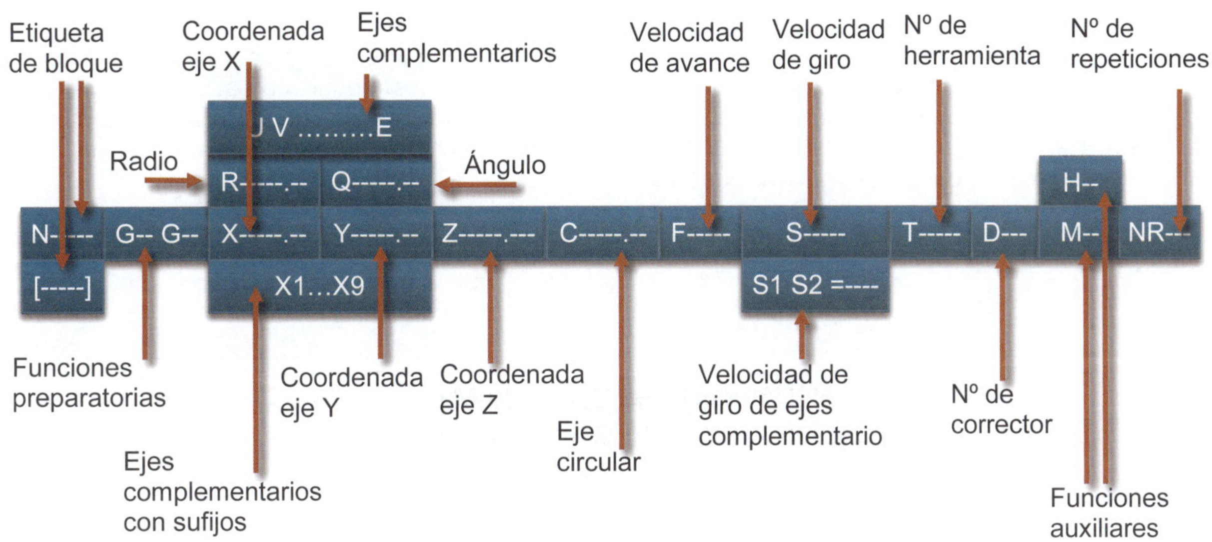

Control 8055

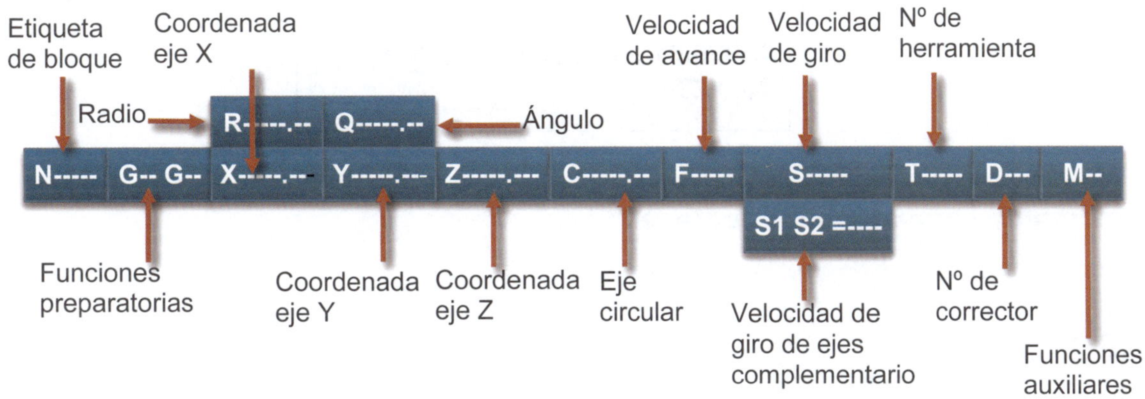

A pesar de que el sistema FAGOR es del tipo de programación abierta, según el control necesita que se respeten unas normas mínimas en la escritura. Son las siguientes:

Cada bloque debe contener todas las funciones o comandos necesarios para ejecutar una operación, que puede ser un mecanizado, preparación de las condiciones de corte, control de elementos de la máquina, etc.

Los bloques que forman las subrutinas y el cuerpo del programa pueden ser definidos mediante comandos en código ISO o en lenguaje de alto nivel. Para la elaboración del programa se usarán bloques escritos en uno u otro lenguaje, aunque también se pueden combinar en un mismo programa bloques escritos en los dos lenguajes.

Control 8065

En este control, el programa CNC podrá estar formado por varias subrutinas locales y por el cuerpo del programa. En caso de usarse, las subrutinas locales irán siempre definidas al principio del programa.

Es posible programar bloques vacíos (líneas vacías).

En este control los datos no tienen por qué tener un orden establecido, se pueden programar en cualquier parte del bloque. Las únicas excepciones serán la condición de salto de bloque y la identificación del bloque, que siempre se deben programar al principio.

Control 8065 y **Control 8055**

No obstante lo anterior y dado que el control 8065 acepta todas las formas de estructura del 8055, a partir de ahora en este tratado y en este aspecto se mostrarán con la forma y estructura del 8055. Tan solo se remarcarán las difedrencias fundamentales.

Entre cada palabra existirá un espacio de separación.

Las letras integrantes de las frases de programación se escribirán en mayúsculas.

Existen datos **modales** que actúan como un interruptor, es decir que una vez se activan no es necesario repetir la orden hasta que sea necesario cambiarla por otra. Los datos modales afectan a gran parte de las palabras, pero no a todas ellas. Por eso, solo se escribirán aquellos datos que tengan que cambiar el sistema modal de algún dato, aunque si se repiten no afecta al control, pues se le está indicando que realice aquello mismo que tiene ya almacenado en la memoria.

En caso de omitir algunos datos, los restantes tienen que seguir siempre el orden lógico de la frase descrita más arriba.

Ejemplo:

```
N50 G01 X14 Z27 F120 M3
N60 G01 X14 Z30 F120 M3
```

Fig. 10.01 Funciones modales repetidas.

Esta estructura está bien y funcionaría, pero no es necesario escribir los datos que son modales (marcados en rojo en la imagen anterior).

En el ejemplo siguiente, se ve el mismo programa pero sin escribir los datos modales.

```
N50 G01 X14 Z27 F120 M3
N60 Z30
```

Fig. 10.02 Funciones modales sin repetir.

Descripción de cada apartado de frase

Etiqueta

Control 8065

N y [Nombre.....]

N - Número de frase o bloque de tipo numérico.

No es obligatorio indicarlo en todos los bloques, pues es el control quien controla el orden del programa en forma de cascada tal como está escrito, pero sí es necesario indicarlo en aquellas líneas que necesitan estar identificadas para realizar una llamada sobre ellas (más adelante se verá en mayor profundidad al estudiar llamadas a bloque o a repeticiones). No obstante, se puede indicar en todas las líneas si así se desea, pero esto obliga a llevar un orden escrupuloso de la numeración de las mismas. Esto último permite que sean compatibles con los programas realizados con el control 8025.

Puede tener hasta 8 dígitos, pero en algunos casos en pantalla esto haría sustituir los primeros por asteriscos, por lo que no es aconsejable utilizar más de 5.

La “N” de bloque se puede colocar en cualquier posición de la frase, salvo en el caso de que sirva para una llamada al bloque en cuyo caso irá siempre la primera del bloque y seguida de los dos puntos “:”.

Ejemplo: N10: G90 G01 X---.--- Y----.---.

[Nombre.....] - Las etiquetas de tipo nombre se programan entre corchetes. El nombre de la etiqueta admite 14 caracteres y puede estar formado por letras mayúsculas, minúsculas y por números (no admite espacios en blanco). Este tipo de etiquetas deberán estar definidas al principio del bloque.

Control 8055

N

Es el único formato que se puede utilizar; no pudiéndose utilizar la etiqueta con nombres.

N - Número de frase o bloque de tipo numérico.
Es todo igual que en el control 8065 salvo la diferencia de la utilización de los dos puntos ":" al final del número de etiqueta, que en este caso no se utilizan.

G - Funciones preparatorias. Son junto con los sistemas de coordenadas, los datos más importantes que se introducen en un bloque. Indican al control todos los datos que utilizará para realizar los movimientos de los carros de todos los sistemas geométricos ordenados.

El formato es de hasta tres caracteres aunque lo más habitual es que sean dos, que se corresponden con el número de función escogida. Si la función tiene colocado un cero como carácter izquierdo, se puede escribir utilizando los dos dígitos u obviando el cero de la izquierda en ambos casos el control actuará de la misma manera.

Ejemplo: **G00 = G0 G01 = G1**

Le indicará a la máquina si el movimiento lo hará en línea recta o curva, o si lo realizará a una velocidad controlada o a la máxima que permita la máquina, o si los datos que siguen en el programa están indicados en valor absoluto o incremental, etc...

En una frase de programación se pueden escribir más de una función preparatoria, pero estarán siempre escritas una tras otra y no deberán ser contradictorias entre sí. Por ejemplo, si se escribe una función de velocidad controlada y a continuación se escribe la de velocidad máxima, el control solo hará caso a la última que lea.

La mayoría de las funciones preparatorias son modales. Por tanto, no es obligado escribir en todas las frases las funciones preparatorias, sino solo en aquellas que tengan que actuar. Más adelante, se puede consultar la tabla con las diferentes funciones y su capacidad de modalidad.

X - Coordenada que define el movimiento longitudinal de la mesa.
El formato a utilizar es de cinco dígitos para la parte entera y cuatro dígitos para la parte decimal, el rango de datos va desde -99999.9999 hasta 99999.9999.

El valor de **X** es modal; por lo tanto no es necesario escribirlo, a no ser que cambie.

Y - Coordenada que define el movimiento transversal de la mesa.
El formato a utilizar es de cinco dígitos para la parte entera y cuatro dígitos para la parte decimal, el rango de datos va desde -99999.9999 hasta 99999.9999.

El valor de **Y** es modal por lo tanto no es necesario escribirlo, a no ser que cambie.

Z - Coordenada que define el movimiento ascendente descendente de la herramienta.
El formato a utilizar es de cinco dígitos para la parte entera y cuatro dígitos para la parte decimal y el rango de datos va desde -99999.9999 hasta 99999.9999.

El valor de **Z** es modal por lo tanto no es necesario escribirlo si no cambia de valor.

En el control 8055 el orden de colocación de las tres coordenadas ha de ser siempre el mismo: **X**, **Y**, **Z**. Si se obvia alguna de las coordenadas, el orden debe ser respetado siempre. Ejemplo:

Bien	Mal
X120 Z-12	Z-12 X120
Y176 Z-20	Z-20 Y176
X162 Y121	Y121 X162

Fig. 10.03 Colocación de ejes.

Esto último no pasa en el control 8065, que permite colocarlos en cualquier orden. No obstante, es recomendable seguir estos mismos criterios para poder realizar una programación ordenada.

Desde este tratado se realizarán todos los ejemplos con ese orden.

F - Indicación de la velocidad de avance.
Se utiliza para indicar al control la velocidad de avance a la que deben desplazarse los carros, en el caso de estar mecanizando a velocidad controlada. El formato será de 5 dígitos para la parte entera y 4 para la parte decimal.

Tal y como se vio al inicio, existen dos formatos de velocidad de avance: en mm/min o mm/rev, dependiendo del sistema que se esté usando el valor que se introduzca en **F** tendrá un formato u otro.

Los formatos son los siguientes:

- Velocidad en mm/min = El valor que se introduce en **F** es en mm/min, Ej.: F120. Es decir, avanzará a 120 mm/min.

- Velocidad en mm/rev = El valor que se introduce en **F** es en mm/rev, Ej.: F0,15. Es decir, avanzará a 0,15 mm/rev.

Es muy importante no confundir estos valores pues, si la máquina es muy rápida y está en formato mm/rev y por error se introduce por ejemplo el valor 10 pensando en mm/min, intentará avanzar 10 mm por cada vuelta, lo que ocasionaría posiblemente una rotura importante de máquina o herramienta.

Si al comenzar el mecanizado no se ha introducido ningún valor a **F**, el control entenderá que tiene que ir a la máxima velocidad; por lo tanto es muy importante controlar este dato.

Si se programa como valor F0 ira a la máxima velocidad.

El valor de **F** es modal y no es necesario reescribirlo si no cambia de valor.

El avance F programado es efectivo cuando se trabaja en interpolación lineal (G01) o circular (G02, G03). Si no se programa la función F, el CNC asumirá el avance F0.

S - Velocidad de giro de la herramienta. Indica a cuántas RPM girará la herramienta cuando reciba la orden de empezar a girar. El valor introducido en **S** puede tener dos formatos, directamente las RPM a que debe girar cuando reciba la orden o a la Vc a la que se desea que trabaje la máquina. En tal caso, el control cambiará directamente las revoluciones para adaptarlas a la Vc, dependiendo del diámetro de la herramienta. El formato será de 5 dígitos para la parte entera y 4 para la decimal.

Los formatos son los siguientes:

- RPM directas = El valor a introducir son RPM. Ej.: S1240. La máquina girará siempre a 1240 RPM.

- Velocidad superficial constante = El valor a introducir es directamente Velocidad superficial. Ej.: S140. La máquina adaptará las RPM para mantener siempre una velocidad superficial de 140 m/min

Si no se introduce ningún valor a **S** al comenzar el mecanizado, el control entenderá que tiene que girar a 0 RPM, por lo que aunque se le dé la orden de girar no lo hará, por estar en valor 0.

El valor de **S** es modal; por lo tanto, no es necesario escribirlo si no cambia de valor.

T D - Indicación de los datos de herramienta. Tanto del número de la misma, como del tipo de corrección que se debe aplicar. Desde este dato se le puede ordenar a la máquina, qué herramienta cambiar desde el cargador. El valor que se introduce es el siguiente:

T01 D01

Herramienta a cambiar (T01) — **Corrector a utilizar** (D01)

Si al comenzar el mecanizado, no se introduce ningún valor a **T** ni a **D**, el control trabajará sin corrección de herramienta; esto puede servir si se trabaja solo con una herramienta.

Los valores de **T** y **D** son modales; por lo tanto no es necesario escribirlos si no cambian de valor.

M - Funciones auxiliares. Son las encargadas de controlar todos los aspectos auxiliares al mecanizado, tales como la puesta en marcha de la herramienta, elección del sentido de giro, puesta en marcha de los sistemas de refrigeración, etc. Son, junto a las funciones preparatorias, las más importantes de la programación.

El formato es de dos caracteres, que corresponden con el número de función escogida. Su rango va desde 00 a 99. Si la función tiene colocado un cero como carácter izquierdo se puede escribir utilizando los dos dígitos u obviando el cero de la izquierda en ambos casos el control actuará de la misma manera.

Ejemplo: M03=M3 M05=M5

En una frase de programación se puede escribir más de una función auxiliar, pero estarán siempre escritas una tras otra y no deberán ser contradictorias entre sí. Por ejemplo, si se escribe una función de arranque de plato y a continuación se escribe paro de plato, el control solo hará caso a la última que lea.

Las funciones auxiliares son modales. Por tanto, no es obligado escribir en todas las frases las funciones preparatorias, sino solo en aquellas que tengan que actuar. Anteriormente se vio la tabla con las diferentes funciones y su capacidad de modalidad.

Igual que en torno, existen funciones auxiliares de principio de línea y de final de línea. Esto quiere decir que aunque las funciones auxiliares se escribirán siempre al final de la frase, dependiendo de su capacidad realizarán su función como si realmente estuvieran escritas al principio o al final.

Ejemplo: M03 es una función auxiliar de principio de línea que indica puesta en marcha del plato; por lo tanto, es como si estuviera realmente escrita al principio del bloque.

G01 X20 Z-12 M03

M05 es una función de final de línea que indica paro de giro del plato; por lo tanto, actuará tal y como está escrita, es decir, al final de la frase y después de haber realizado el resto de órdenes.

G01 X20 Z30 M05

Se pueden programar hasta 7 funciones auxiliares en un mismo bloque y se irán ejecutando en orden correlativo.

Algunas de las funciones auxiliares tienen asignadas un significado interno en el CNC.

Si al ejecutarse la subrutina asociada de una función auxiliar "M" existe un bloque que contenga la misma "M", se ejecutará esta pero no la subrutina asociada.

Todas las funciones auxiliares "M" que tengan subrutina asociada, deberán programarse solas en un bloque.

Un ejemplo de subrutina asociada puede ser la función M06, donde se suele utilizar una que se encargue de posicionar el mandrino para que encaje con los chaveteros de los conos, además de controlar el brazo en cargado de realizar el cambio físico.

En el caso de las funciones de M41 a M44 con subrutina asociada, la S que genera el cambio de gama se debe programar sola en el bloque. En caso contrario el CNC muestra el error 1031.

Comentario

Control 8065

; - (Comentario...) - #COMMENT

; - En este caso la información que se desea considerar como comentario se debe definir a continuación del carácter ";". El comentario se puede programar solo en el bloque o se puede añadir al final de un bloque. Ejemplo:

G01 X20 Z30 M03 ; Esto es un comentario

(Comentario) - El comentario se debe definir entre paréntesis "(" y ")". Los comentarios así programados no tienen por qué ir al final del bloque; pueden ir en medio de un bloques y puede haber más de un comentario en el mismo. Ejemplo:

N30 G90 X25 F100 (Avance de acabado) S200 M3 (Giro a derechas)

#COMMENT - Este modo necesita del uso de dos funciones de alto nivel, las sentencias: #COMMENT BEGIN y #COMMENT END.

Indican el comienzo y el final de un comentario. Los bloques programados entre ambas sentencias son considerados por el CNC como un comentario y no son tenidos en cuenta durante la ejecución del programa.. Ejemplo:

```
#COMMENT BEGIN
    Herramienta 1: Plato de 84
    Herramienta 2: Fresolín de 18
    Herramienta 3: Fresolín de 6
#COMMENT END
```

Control 8055

; - En este control solo existe un método para añadir comentarios, que es el de la utilización de ";". La utilización y condiciones de uso son las mismas que las vistas en el control 8065.

ESTUDIO PREVIO A LA PROGRAMACIÓN

En el apartado de fresadora, las funciones preparatorias serán las que marcarán la pauta de estudio de este tratado. El orden que se seguirá, **no será un orden numérico, sino un orden didáctico**. No obstante, al finalizar este capítulo se habrán visto todas las necesarias, además del resto de componentes de la programación.

Nombre de programa

El nombre del programa se coloca en un bloque que se compone del carácter "%" seguido del nombre del programa. El nombre del programa admite 14 caracteres y puede estar formado por letras mayúsculas, minúsculas y por números (no admite espacios en blanco). FAGOR llama a esta línea "Cabecera del programa". Ejemplo:

```
%0123
%PROGRAMA
%PARTE12R
```

La programación de la cabecera será obligatoria cuando en el programa se incluyan subrutinas locales en caso contrario, la programación de la cabecera será opcional.

El nombre definido en la cabecera no tiene ninguna relación con el nombre con el que se guarda el archivo. Ambos nombres pueden ser distintos.

En el caso de realizar una conexión con un PC, la extensión deberá ser .PIM.

Si al programa se le asigna un nombre erróneo, el control no lo modifica, pero lo muestra con el comentario "****************".

Cabecera de programación

Físicamente no existe dicha cabecera, sino que es una recomendación que se hace basada en la experiencia del autor.

Tal como se ha visto anteriormente, el control, al iniciarse, tiene unas funciones preparatorias y auxiliares activas por defecto. Por lo tanto, desde este enfoque se puede suponer que siempre que se inicie un programa, estarán activas dichas funciones, dado que al leer como final de programa la función auxiliar **"M30"** el control asume dicho estado. Pero en la realidad se puede encontrar que un programa se pare a mitad del mismo con la tecla **"STOP"**, lo que dejará algunas funciones en el estado último activado. Si se inicia un programa de nuevo y al leer las primeras líneas no se indica el estado en que se desea iniciar dichas funciones, se puede encontrar con resultados inesperados.

Por ejemplo: si se desea empezar a mecanizar en cotas absolutas (**G90**), teóricamente no hace falta indicarlo, pues por defecto el control las inicia. Pero basándose en el ejemplo anterior, si al parar el programa a mitad se ha quedado activada la función de cotas incrementales (**G91**), al volverlo a reiniciar no estará activa la programación absoluta sino la incremental. En ese caso, las cotas que interpretará el control las actuará erróneamente, lo cual podrá producir roturas de herramienta, máquina o pieza.

Ejemplo de cabecera

```
;Programa de desbaste con pasada de acabado compensada
G0 G05 G90 G96 G94 G40 S120 T1 D1 M3 M41
G1 X-0.8 F.0.05
 Z2 M3
G1 Z-2
X.... Y.....
.........
```

Fig. 10.04 Ejemplo de cabecera.

Es por eso que es aconsejable indicar siempre al principio del programa un par o tres de líneas, donde se indiquen las preferencias de inicio del programador. A ese par o tres de líneas es lo que desde este tratado se llamará **Cabecera de Programación**.

Nota: No es necesario escribir siempre dichas líneas, pues la programación permite la inserción de un programa dentro de otro, por lo que, si se tiene elaborado un programa con esas líneas, lo único que se tiene que hacer al inicio de un programa nuevo, es insertarlas.

Estudio de las funciones y datos previos a la programación

Si bien el estudio de la programación se basa en aquellas funciones que definen las geometrías y demás datos de mecanizado, existen unas funciones tanto preparatorias como auxiliares y datos que es imprescindible conocer antes, por la influencia que tienen de cara al resto de las que se estudiarán.

Las funciones y datos previos que se verán son:

- **M02** Fin programa – **M30** Fin programa y vuelta al inicio.
- **M03** Giro a derecha – **M04** Giro a izquierda – **M05** Parada del cabezal.
- **M06** Cambio de herramienta.
- **M08** Puesta en marcha del refrigerante – **M09** Paro del refrigerante.
- **M19** Orientación del cabezal para cambio.
- **G70** Programación en pulgadas – **G71** Programación en mm.
- **G94** Velocidad de avance **“F”** en mm/min – **G95** Velocidad de avance “F” en mm/rev.
- **G96** Velocidad de avance superficial constante **“S”** - **G97** Revoluciones de avance del centro de la herramienta constante.
- **G05** Trabajo en arista matada – **G07** Trabajo en arista viva.
- **G90** Programación en cotas absolutas. – **G91** Programación en cotas incrementales.
- **G17** Selección del plano **XY** - **G18** Selección del plano **XZ** - **G19** Selección del plano **YZ**.

M02 Fin programa – M30 Fin programa y vuelta al inicio

Es aconsejable indicar con alguna de estas dos funciones auxiliares cuál es el final del programa. Si no se colocan, al llegar al final del programa se parará y marcará un Warning.

Las dos funciones realizan un reset general después de ser leídas aplicando incluso un M05.

La diferencia entre las dos es muy simple. Si se para el programa actuando con **M02** para iniciar el programa nuevamente, será necesario colocarse manualmente al principio del mismo, después actuar el arranque del programa. En cambio, con **M30** volverá automáticamente al principio del programa, y se podrá actuar directamente el arranque de programa, sin necesidad de realizar ningún movimiento más.

En la programación actual, la función **M02** está prácticamente en desuso y es la función **M30** la que se emplea con más asiduidad. En este tratado se actuará siempre con **M30** como función final de programa.

A pesar de ser la función que indica final de programa, no necesariamente será la última función en estar escrita en el programa. Más adelante se verá esto último.

La función **M30** se puede colocar como última palabra de una frase o en frase aparte como único componente de la misma. El efecto de cara a la programación es el mismo, pero visualmente es aconsejable colocarla en frase aparte, pues es más fácil reconocer el final del programa.

A partir de ahora todos los programas que se realicen en este tratado llevarán incorporada la función **M30** como final del programa, salvo en aquellos casos en los que como ejemplo, se muestre solo una parte de programa.

M03 Giro a derecha – M04 Giro a izquierda – M05 Parada del cabezal

Este grupo de funciones auxiliares es el encargado de la puesta en marcha y paro del cabezal. Como es lógico, se debe controlar de manera que, antes de que la herramienta entre en el material en velocidad de trabajo, estén activos o **M03** o **M04**; de lo contrario la rotura de herramienta estaría garantizada.

M03 y **M04** son funciones auxiliares de principio de línea y **M05** de final de línea. Todas ellas son modales entre sí, por lo que siempre estará activa una de ellas.

Notas:

- Si no se ha introducido ningún valor en la palabra **"S"**, la máquina no girará, pues entiende que debe girar a **0 RPM**. Por el contrario, si se ha activado **M03** o **M04**, al introducir un valor en **S**, la máquina se pondrá inmediatamente en marcha.
- Los centros de mecanizado y fresadoras CN acostumbran a tener, al margen del control, un interruptor o conmutador, para controlar el giro del cabezal de forma manual. Si este botón no está en la posición correcta, el cabezal no se pondrá en marcha aunque esté activo **M03** o **M04**.
- Al leer el control "**M30**", se desactivará automáticamente **M03** o **M04** y quedará activo **M05**.

M06 Cambio de herramienta

Es la función que se usará para realizar el cambio físico real en máquina, en combinación con **T-- D--**, actualizará los datos correspondientes de la tabla de herramientas.

La actuación de la función auxiliar **M06**, actúa de forma diferente dependiendo de los valores de algunos parámetros internos del control (parámetro máquina general "TOFFM06").

Es conveniente mirar el libro de instrucciones del fabricante de la máquina, pues dependiendo de configuraciones interiores se puede haber creado alguna rutina que automatice el cambio de forma automática, desplazando los carros a la posición de cambio, girando el cabezal a la posición angular adecuada **(M19)** para coincidir con la posición de herramienta y realizando el cambio físico de la herramienta. En caso contrario, se tendría que realizar todo este proceso paso a paso. Lo más habitual es que se disponga del proceso automático en todas las máquinas actuales.

Las funciones T y M06 pueden programarse en el mismo bloque, independientemente de que tengan asociada una subrutina o no. En un bloque en el que se programan las funciones T y M06, no puede programarse nada más.

M08 Puesta en marcha del refrigerante – M09 Paro del refrigerante

Son unas funciones auxiliares muy simples, actúan como un interruptor; al activar **M08** se pone en marcha la salida del refrigerante y al activar **M09** se para. Estas dos funciones son modales entre sí. **M08** es de principio de línea y **M09** de final.

M19 Parada orientada del cabezal

Esta función es la encargada de colocar el eje del cabezal en la posición de giro adecuada para que al realizar el cambio físico coincidan las entallas con los chaveteros que suelen llevar los conos de herramienta.

La estructura de esta función es: **M19 S-----.----**, donde en "S" se indicará la posición angular del eje del cabezal. Dicha posición de parada de indicará en grados.

En caso de tener que programar **M19 S**, no se podrá incluir más información en el bloque. Para poder disponer de esta aplicación, el cabezal de la máquina deberá disponer de un captador rotativo.

En la mayoría de máquinas actuales no será necesario utilizar esta función, pues suele estar automatizada en una subrutina que activa la función auxiliar M06 y es trasparente para el usuario.

G70 Programación en pulgadas – G71 Programación en mm

Estas dos funciones preparatorias actúan tal y como indica su descripción; son modales entre sí, lo que quiere decir que siempre estará activa una de las dos.

El sistema más habitual es el **G71**, que es el que el control activa por defecto.

A partir de que se active uno de ellos, el formato cambiará entre mm y pulgadas, tanto en la actuación de los carros como en la visión de cotas por el monitor.

Un programa no se podrá realizar usando la combinación de ambas.

G94 Velocidad de avance "F" en mm/min – G95 Velocidad de avance "F" en mm/rev

La elección de una de estas dos funciones preparatorias es fundamental para la realización del programa en máquina (no así en simuladores por ordenador) pues, tal y como se vio en capítulos anteriores, el dato que se introduzca en la palabra **"F"** actuará de forma diferente en la velocidad de avance de los carros, produciendo en algunos casos reacciones inesperadas de la máquina.

Si el desplazamiento corresponde a un eje rotativo, el CNC interpretará que el avance se encuentra programado en grados/minuto.

Estas funciones son solo modales entre sí, lo que quiere decir que siempre estará activa una de las dos.

Es aconsejable que al empezar a programar y conocer la máquina, se empiece utilizando **"G94"**, pues es la opción que permite controlar el **"FREED RATE"** del control (botón que controla el % de avance).

G96 Velocidad de avance superficial constante "S"
G97 Velocidad del centro de la herramienta constante

Al utilizar **G96** el control actuará de forma que mantendrá la velocidad superficial constante, variando el avance real en las interpolaciones circulares para mantener dicho valor.

Con esta función se consigue que el acabado superficial de cualquier contorno sea uniforme, dejando así mejores acabados superficiales (Fig. 10.05).

Esta función no afectará al ataque frontal de la herramienta.

Con la función **G97** la velocidad de avance la controlará siempre el control teniendo en cuenta el centro de la herramienta, por lo que los mecanizados con interpolaciones circulares no serán regulares en sus recorridos de mecanizado.

Estas funciones, son solo modales entre sí, lo que quiere decir que siempre estará activa una de las dos.

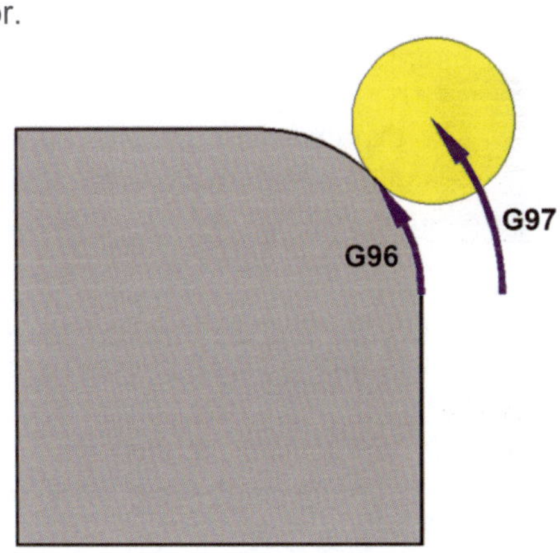

Fig. 10.05 Velocidades de

Control 8065

G05 Trabajo en arista matada controlada
G07 Trabajo en arista viva

Estas funciones no están destinadas a realizar radios entre aristas sino a quitar las rebabas que se pueden producir durante el mecanizado.

Tan solo es necesario indicarlas en un bloque, solas o junto a cualquier otro dato, permanecerán activas hasta que se anulen entre ellas, por lo que siempre habra alguna de ellas activa.

En caso de utilizar G05, el tipo de matado de arista que realizará se tiene que haber especificado con anterioridad especificando los valores y tipo de redondeo mediante la sentencia "#ROUNDPAR"; así esta permanecerá activa hasta que se seleccione otra vez con diferentes valores.

Se puede aplicar a cualquier arista, independientemente de que esté formada por trayectorias rectas y/o curvas.

El mecanizado de la arista se realiza mediante una trayectoria curva, no mediante arcos de circunferencia.

La forma de la curva depende del tipo de matado de arista seleccionado, así como de las condiciones dinámicas (avance y aceleración) de los ejes implicados.

Tipos de matado de aristas

Hay 5 tipos diferentes de contorneo de arista. Tan solo los 4 primeros se ejecutan en fresadora y el quinto se reserva para máquinas especiales, como por ejemplo: láser, chorro de agua, etc.

La selección y definición del matado de arista se realiza mediante los parámetros asociados a la sentencia "#ROUNDPAR". Esta sentencia puede tener asociados hasta 6 parámetros, cuyo significado dependerá del tipo de matado de arista seleccionado.

La estructura de #ROUNDPAR es la siguiente:

#ROUNDPAR [*,*]**

Tipo Datos

Tipo 1 - #ROUNDPAR [1,e]

Se define la desviación máxima permitida entre el punto programado y el perfil resultante del matado de arista.

El matado de arista se ejecuta dando prioridad a las condiciones dinámicas del mecanizado (avance y aceleración). Se ejecuta el mecanizado que más se aproxime al punto programado, sin superar la desviación programada, y que no requiera disminuir el avance "F" programado.

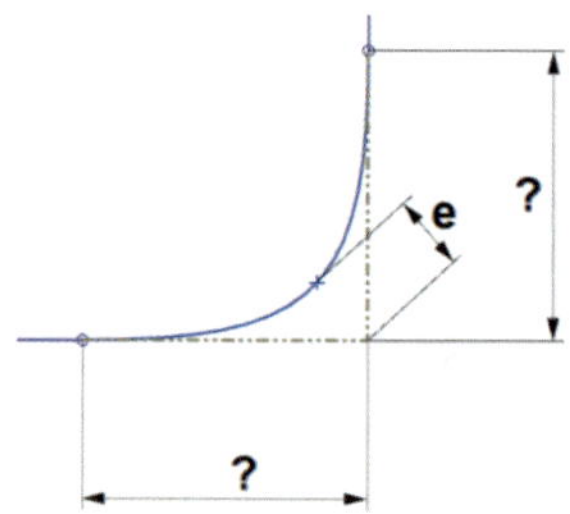

e: Distancia entre el punto programado y el perfil real.

Ejemplo: #ROUNDPAR [1,3]

Las distancias del punto programado a los puntos donde empieza y acaba el matado de arista se calculan automáticamente, y no podrán ser mayores que la mitad de la trayectoria programada en el bloque. Ambas distancias serán iguales, excepto cuando una de ellas quede limitada a la mitad de la trayectoria programada.

Para este tipo de matado de arista solo se utilizan los valores de los dos primeros parámetros de la sentencia "#ROUNDPAR"; por lo tanto, no es necesario incluir todos los parámetros.

Tipo 2 - #ROUNDPAR [2,f]

Se define el porcentaje del avance "F" activo que se va a emplear para mecanizar el matado de arista.

Se ejecuta el matado de arista que más se aproxime al punto programado y que pueda ser mecanizado al porcentaje de avance establecido.

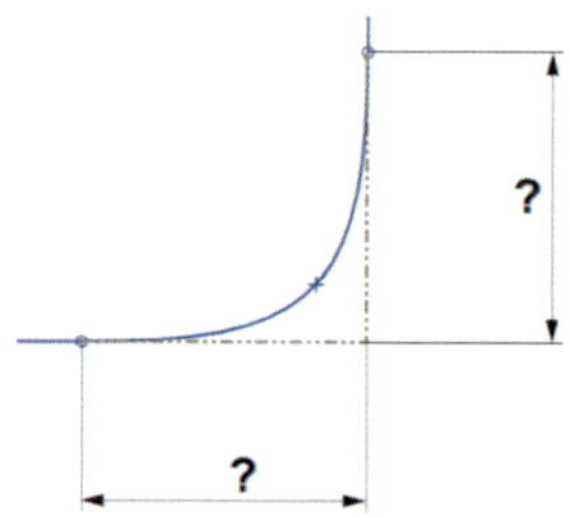

f: Porcentaje de avance “F” para el contorneo de arista.

Ejemplo: #ROUNDPAR [2,40]

Las distancias del punto programado a los puntos donde empieza y acaba el matado de arista se calculan automáticamente, y no podrán ser mayores que la mitad de la trayectoria programada en el bloque. Ambas distancias serán iguales, excepto cuando una de ellas quede limitada a la mitad de la trayectoria programada.

Para este tipo de matado de arista solo se utilizan los valores de los dos primeros parámetros de la sentencia "#ROUNDPAR"; por lo tanto, no es necesario incluir todos los parámetros.

Tipo 3 - #ROUNDPAR [3,a,b]

Se define la distancia del punto programado a los puntos donde comienza y acaba el matado de arista.

a: Distancia al punto donde empieza el contorneado.
b: Distancia al punto donde acaba el contorneado.

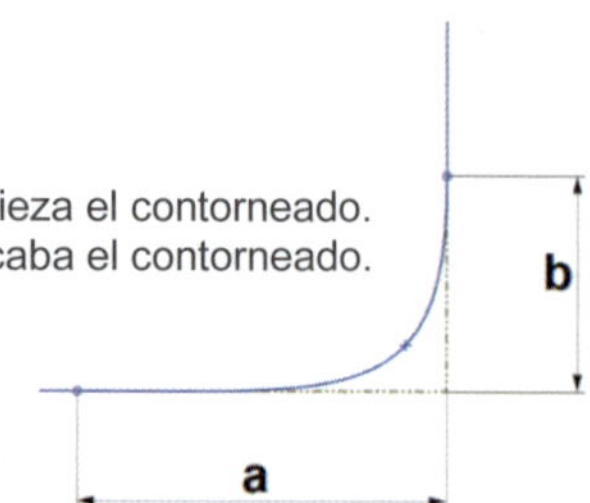

Ejemplo: #ROUNDPAR [3,10,3]

Dependiendo de los parámetros "a" y "b", puede ocurrir que se produzca una desviación en el perfil programado (tal y como se muestra en el ejemplo).

Para este tipo de matado de arista solo se utilizan los valores de los tres primeros parámetros de la sentencia "#ROUNDPAR"; por lo tanto, no es necesario incluir todos los parámetros.

Tipo 4 - #ROUNDPAR [4,e]

Se define la desviación máxima permitida entre el punto programado y el perfil resultante del matado de arista.

El matado de arista se ejecuta dando prioridad a las condiciones geométricas del mecanizado. Se ejecuta el mecanizado programado disminuyendo el avance "F" programado si es necesario.

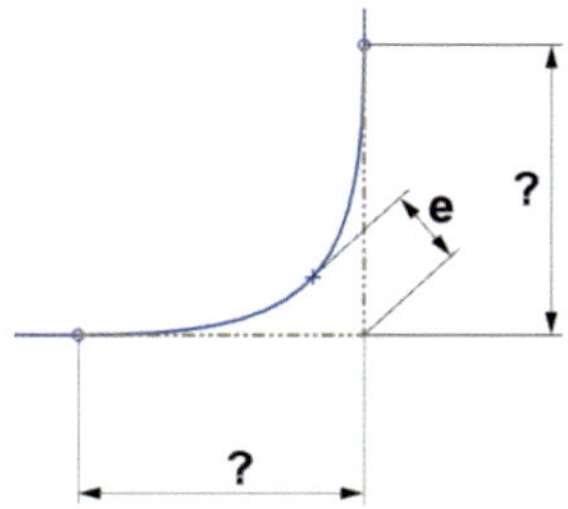

e: Distancia entre el punto programado y el perfil real

Ejemplo: #ROUNDPAR [4,3]

Las distancias del punto programado a los puntos donde empieza y acaba el matado de arista se calculan automáticamente, y no podrán ser mayores que la mitad de la trayectoria programada en el bloque. Ambas distancias serán iguales, excepto cuando una de ellas quede limitada a la mitad de la trayectoria programada.

Para este tipo de matado de arista solo se utilizan los valores de los dos primeros parámetros de la sentencia "#ROUNDPAR"; por lo tanto, no es necesario incluir todos los parámetros.

Control 8055

G05 Trabajo en arista matada

Cuando se trabaja en G05 (arista matada), el CNC comienza la ejecución del siguiente bloque del programa, una vez finalizada la interpolación teórica del bloque actual. No espera a que los ejes se encuentren en posición.

La distancia de la posición programada a la que comienza la ejecución del bloque siguiente depende de la velocidad de avance de los ejes.

Por medio de esta función se obtendrán cantos redondeados, tal y como se observa en la figura 10.06.

La diferencia entre los perfiles teórico y real, está en función del valor del avance F programado.

Cuanto mayor sea el avance, mayor será la diferencia entre ambos perfiles.

La función G05 es modal e incompatible con G07, G50 y G51. La función G05 puede programarse con G5.

En el momento del encendido, después de ejecutarse M02, M30 o después de una EMERGENCIA o RESET, el CNC asumirá el código G05 o el código G07 según se personalice el parámetro máquina general "ICORNER".

G07 Trabajo en arista viva

Igual que en el control anterior, estas funciones no están destinadas a realizar radios entre aristas sino a quitar las rebabas que se pueden producir durante el mecanizado.

En este control, estas dos funciones afectan a la geometría de las aristas de la pieza, pero de forma no controlada. Su forma de actuar se basa en jugar con las inercias de los motores. Con **G05** el control no iniciará la siguiente línea hasta que el captador de posición haya indicado que ya se ha alcanzado dicha posición, con lo que se consigue arista viva. En cambio, con **G07** (Fig. 10.06) el control empieza la siguiente línea inmediatamente después de haber enviado la última información, con lo que, antes de alcanzar la posición real, empieza el otro eje a trabajar, lo que produce un pequeño redondeo en la arista, que raramente supera 0.1mm de radio, El tamaño del chaflán realizado dependerá, pues, de la velocidad de avance que tengan los carros en aquel momento.

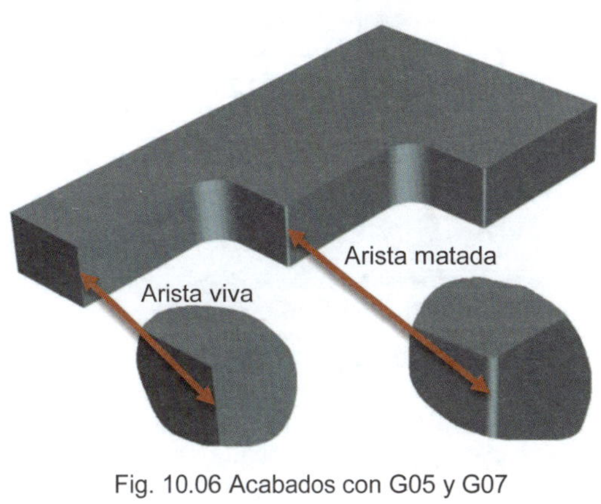

Fig. 10.06 Acabados con G05 y G07

Si se tiene que recurrir a mecanizar de forma controlada las aristas que indica el plano de la pieza, se programará con **G05** y una función adaptada a esta tarea (eso se verá más adelante).

Estas funciones, son solo modales entre sí, lo que quiere decir que siempre estará activa una de las dos.

Cuando se trabaja en arista viva, el CNC no comienza la ejecución del siguiente desplazamiento hasta que el eje alcance la posición programada. El CNC entiende que se ha alcanzado la posición programada cuando el eje se encuentra a una distancia inferior a la "banda de muerte", definida por el fabricante de la máquina.

G90 Programación en cotas absolutas. – G91 Programación en cotas incrementales

En el capítulo de estudio de coordenadas, se vio con detenimiento, lo que es programar en valor absoluto y en valor incremental, por lo tanto, es importante que cuando se empiece un programa se sepa el sistema que se va a utilizar por lo que es aconsejable colocar en la cabecera el valor deseado.

En un programa se puede cambiar tantas veces como se quiera entre ambos sistemas; el control mantendrá siempre en la memoria la posición del valor absoluto, pero los valores incrementales los tiene que controlar siempre el programador.

Si se desea empezar un programa en incremental, la primera línea que se utilice se debe hacer en valor absoluto, para que los valores incrementales se empiecen desde una coordenada conocida.

En la industria se suele programar siempre en valor absoluto, por las muchas ventajas que comporta este sistema de programación. No obstante, el principiante suele entender de manera más fácil la programación incremental, por lo que al principio es correcto su uso, pero es más que aconsejable que se cambie al sistema absoluto en cuanto se domine el tema.

Desde el análisis del párrafo anterior, da la sensación de que los valores incrementales sobrarían en el uso de la programación, pero no es así, dado que existen unas fases de la programación que solo se pueden realizar en valor incremental.

La opción por defecto normalmente la determina el fabricante de la máquina por lo que no se puede decir categóricamente en cuál de los dos estará por defecto. Partiendo de este último dato, es importante que cuando acceda a una máquina por primera vez compruebe esto último.

G17 Selección del plano XY - G18 Selección del plano XZ - G19 Selección del plano YZ

La diferencia más grande que existe entre torno y fresa a la hora de programar es el hecho de que el torno trabaja en un solo plano y la fresa en tres, lo que obliga a indicar al control siempre en qué plano de los tres posibles se realizará la mecanización. Esto último se consigue con las funciones **G17**, **G18** y **G19**, que son modales las tres entre sí, por lo que solo estará una de ellas activa.

En la Fig. 10.08 se pueden apreciar los distintos planos que se aplican en fresadora siguiendo el formato adecuado a la colocación de los ejes según la aplicación de la normalización adecuada. Consultar Fig. 10.07.

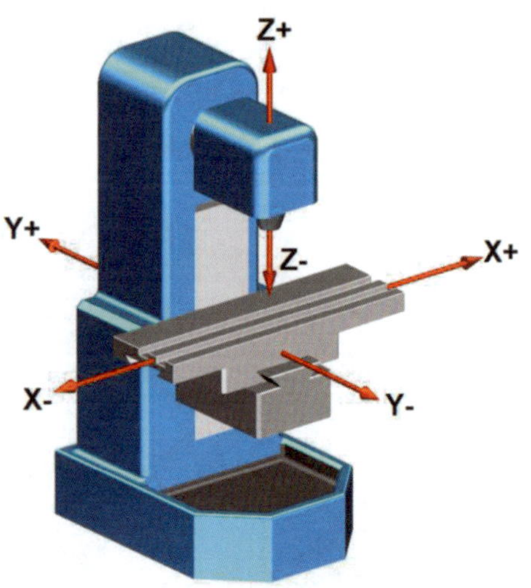

Fig. 10.07 Sistemas de ejes en fresadora.

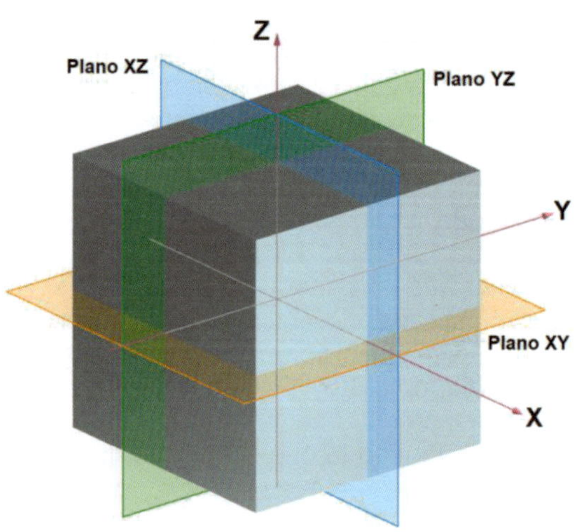

Fig. 10.08 Aplicación de planos.

El criterio a seguir para seleccionar un plano es seleccionar el que esté enfrente de la herramienta. Por ejemplo, si se analiza la Fig.10.09 la herramienta estaría colocada en el eje **Z**, por tanto, el plano al que está atacando es el plano **XY (G17).**

La selección de plano influye directamente cuando se van a realizar mecanizados donde intervengan:

- Interpolaciones circulares.
- Redondeo controlado de aristas.
- Entrada y salida tangencial.
- Achaflanado.
- Ciclos fijos de mecanizado.
- Giro del sistema de coordenadas.
- Utilización de la compensación de radio.
- Utilización de la compensación de longitud de la herramienta.

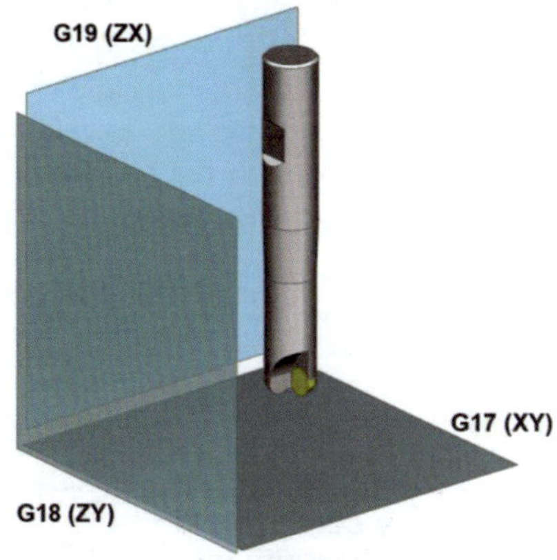

Fig. 10.09 Herramienta trabajando sobre el plano G17.

Al poner en marcha o reiniciar la máquina, o después de una **EMERGENCIA,** el CNC asume la función **G17** como la establecida por defecto, por ser la más habitual.

Nota:
Igual que en el torno, a partir de este punto se usarán los mismos iconos para encabezar cada uno de los apartados de desarrollo de cada función de las que se analizarán.

Los iconos son los siguientes:

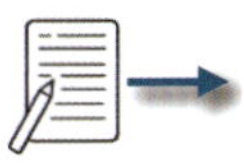

Descripción:
En este apartado se desarrollará una descripción de cada una de las funciones preparatorias.

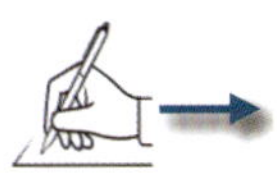

Formato:
Apartado dedicado al estudio del formato que se puede utilizar con las diferentes funciones preparatorias.

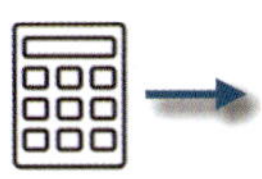

Parámetros:
En caso de que tengan parámetros asociados, se explicará la función de cada uno de ellos.

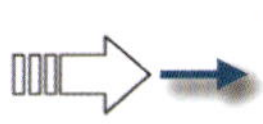

Condiciones:
Apartado dedicado a la explicación de cada una de las condiciones que hay que cumplir en cada función.

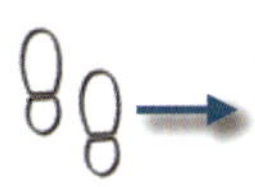

Operativa:
Sección donde se hará una descripción de la forma de actuar y comportarse de cada función preparatoria.

Ejemplo:
En cada función que lo permita, se expondrá un ejemplo lo más detallado posible para ver de forma práctica cómo se utilizan.

Comentario:
Cada vez que se aplique algún ejemplo, en esta sección se realizará una explicación muy detallada de lo que realizan las diferentes líneas del programa expuesto.

ESTUDIO Y APLICACIÓN DE LA PROGRAMACIÓN EN FRESADORA

Punto de referencia para la programación de la herramienta

A diferencia del torno, donde las herramientas tienen siempre una única punta para referenciar toda la programación (excepto las de ranurar), en la fresadora, la herramienta tiene un volumen circular y es desde el centro del diámetro del mismo desde el que se tiene que referenciar para realizar la programación. Esto produce unas variaciones en las longitudes de los desplazamientos programados, ver Fig. 10.10.

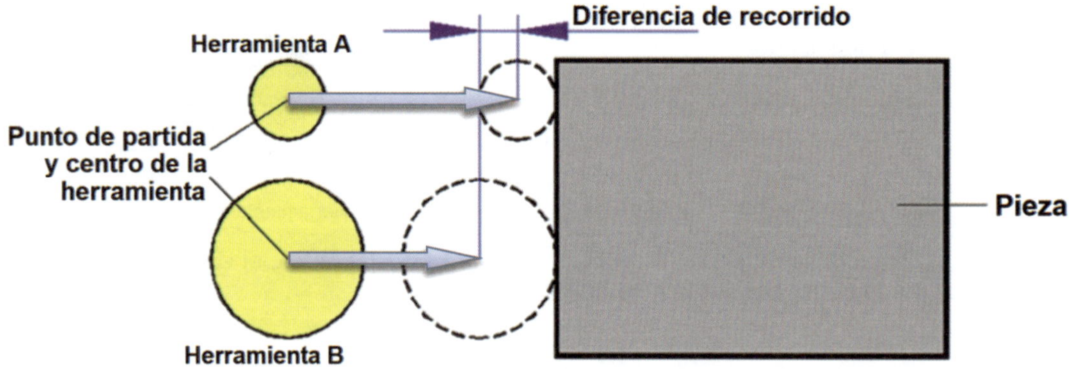

Fig. 10.10 Diferencias de recorrido con distintas herramientas.

Tal y como se puede observar en la figura, dependiendo del diámetro de la herramienta para desplazarlas hacia la pieza tocando con la pared de la misma, la longitud a programar es mayor en el caso de la herramienta A, siendo imprescindible que el programador tenga en cuenta esto último.

Nota : En fresadora se suele trabajar con corrección de radio, lo que facilita la programación. No obstante, ahora al inicio del conocimiento de la programación en fresadora, no se verá la corrección de radio de herramienta hasta haber visto previamente funciones preparatorias elementales; de lo contrario se podría dificultar la comprensión del lector.

G00 Interpolación lineal a velocidad rápida

Descripción

Con la función **G00** se programan todos los movimientos rápidos que se tengan que realizar en el programa, es decir, todos aquellos movimientos donde no exista contacto entre la pieza y la herramienta.

Es conveniente utilizar esta función siempre que sea posible, para emplear el menor tiempo en la mecanización de la pieza. No obstante, es importante asegurarse de que realmente no existirá dicho contacto, en caso de duda, es mejor utilizar un movimiento a velocidad controlada.

La velocidad que desarrollará **G00** dependerá directamente de la velocidad máxima que permita la máquina, por lo que, en las diferentes máquinas que no tengan las mismas prestaciones, dicha velocidad variará.

Formato: G00, G0, G

Control 8065 y Control 8055

Dos ejes están basados en plano G17

Rectangulares (Interpolación dos ejes)	Polares
G17 G00 G-- X-----.--- Y-----.--- G17 G0 G-- X-----.--- Y-----.--- G17 G G-- X-----.--- Y-----.--- **Rectangular (Interpolación de tres ejes)** G17 G00 G-- X-----.--- Y-----.--- Z -----.---- G17 G0 G-- X-----.--- Y-----.--- Z -----.---- G17 G G-- X-----.--- Y-----.--- Z -----.----	G-- G00 G-- R-----.--- Q-----.--- G-- G0 G-- R-----.--- Q-----.--- G-- G G-- R-----.--- Q-----.---

De ahora en adelante, siempre que se utilice como ejemplo un plano, se tratará del G17. Si se tratará de otro plano, se mencionaría específicamente.

La función **G00** se puede programar como **G00**, **G0** y **G** y se puede incluir sola o con más funciones preparatorias, siempre que no sean contradictorias.

Realizará siempre una línea recta.

Si en el bloque de interpolación lineal hay programados ejes auxiliares o rotativos, el CNC calculará el avance de estos ejes de manera que el comienzo y el final de su movimiento coincida con el de los ejes principales.

Control 8065
En este control, la función G00 podrá ser modal o no modal, dependiendo de cómo se haya configurado el parámetro G0MODAL. Es importante revisar la documentación que suministra el fabricante de la máquina con esta información.

- Si la función G00 es modal, una vez programada permanece activa hasta que se programe una función que sea modal con ella, como son: G01, G02, G03, G33 o G63.
- Si la función G00 no es modal, hay que programarla en cada bloque de avance rápido; si no se programa, el control aplicará por defecto G01 con el avance programado en ese momento.

Condiciones

La función **G00** es modal y se anula con las funciones **G01**, **G02**, **G03**, **G33** o **G63**.

Se puede colocar sola en una línea o junto a otras funciones preparatorias en la misma línea.

Al emplear la función **G00** no se anula la **"F"** que esté programada, que se mantiene en memoria hasta que se active o cambie por otro valor **"F"**.

Ejemplo

Control 8065 y Control 8055

```
1 - G90 G17 G94 G05 G40 F100 S1200 T01 D01
2 - G00 X40 Y35 Z30
3 - ..........
4 - ........
5 - ........
```

Esta columna no forma parte del programa, es únicamente indicativa para poder realizar referencia a las líneas.

En adelante se incluirá pero únicamente con ese fin.

Apunte

Hay que recordar que no es necesario colocar la etiqueta "N" salvo que se tenga que utilizar para direccionar o llamar a dicha línea. No obstante, en este tratado se colocarán unos números de línea a la izquierda, que no formarán parte del programa y que servirán para poder realizar una indicación de esa línea en el comentario al ejemplo.

Un dato a tener en cuenta es que el control 8065 permite alterar el orden de las palabras dentro de la frase, pero en este tratado los ejemplos se realizarán en el orden normal estudiado anteriormente en estructura de la frase.

Otro dato que hay que recordar es que el control 8065 permite indicar hasta dos coordenadas en incremental, indicándole la palabra "I" al final del valor numérico. En este tratado este hecho no se tendrá en cuenta en los diferentes ejemplos.

Comentario al ejemplo

Línea 1	Se coloca la cabecera reducida solo a modo de ejemplo.
Línea 2	Se activa el movimiento en rápido **G00** y se desplaza la herramienta hasta la cota **X40 Y35 Z30**.
Líneas 3, 4 y 5	Representan la continuación del programa.

G01 Interpolación lineal controlada

Descripción

Con la función **G01** se programan todos los movimientos en línea recta que se tengan que realizar en el programa a velocidad controlada por medio de la palabra **"F"**. Es importante asignar un valor de **"F"** adecuado, pues la función G01, teniendo en cuenta dicho dato, se utilizará para movimientos de mecanizado.

Si en el bloque de interpolación lineal hay programados ejes auxiliares o rotativos, el CNC calculará el avance de estos ejes de manera que el comienzo y el final de su movimiento coincida con el de los ejes principales.

Formato: G01, G1

Control 8065 y Control 8055

Rectangulares:

Tres ejes
G-- G01 G-- X-----.--- Y-----.---- Z-----.---
G-- G1 G-- X-----.--- Y-----.---- Z-----.---

Dos ejes – Plano G17
G-- G01 G-- X-----.---- Y-----.----
G-- G1 G-- X-----.---- Y-----.----

Dos ejes – Plano G18
G-- G01 G-- X-----.---- Z-----.----
G-- G1 G-- X-----.---- Z-----.----

Dos ejes – Plano G19
G-- G01 G-- Y-----.---- Z-----.----
G-- G1 G-- Y-----.---- Z-----.----

Polares:
G-- G01 G-- R-----.---- Q-----.----
G-- G1 G-- R-----.---- Q-----.----

La función **G01** se puede escribir como **G01** y **G1**, se puede programar sola o con más funciones preparatorias, que no sean contradictorias.

En polares solo existe una única versión, pues solo actuará en el plano seleccionado utilizando dicha referencia para calcular los datos.

Condiciones

La función **G01** es modal y se anula con las funciones **G00**, **G02**, **G03**, **G33** o **G63**.

Al emplear la función **G01**, la velocidad de avance que se usará, será la programada con anterioridad en **"F"**, hasta que se programe un nuevo valor.

Cuando en el desplazamiento intervienen dos o más ejes, el CNC calcula el avance correspondiente a cada eje para que la trayectoria resultante se ejecute al avance "F" programado.

Operativa

La forma de utilizar **G00** y **G01** es simple; se pueden utilizar en todo momento, con la única precaución de no confundirse entre ambas funciones, pues el intercambio por error entre ellas puede acarrear consecuencias imprevisibles.

Los ejemplos que se verán, utilizarán las dos funciones estudiadas hasta el momento: G0 y G1

Ejemplo 1 - Coordenadas rectangulares

Con los datos conocidos hasta ahora, ya se puede iniciar un mecanizado, por lo que el ejemplo que se verá a continuación, será la pieza de la Fig. 10.11.

Se parte de un bruto de material de 50 x 50 x 20, para mecanizar el escalón perfilado de 40 x 40 x 4 de una sola pasada. El 0 pieza está situado en la esquina inferior izquierda y en la cara superior de Z, se mecanizará con un fresolín de Ø 12 mm a una velocidad de avance de 120 mm/min y a 900 RPM.

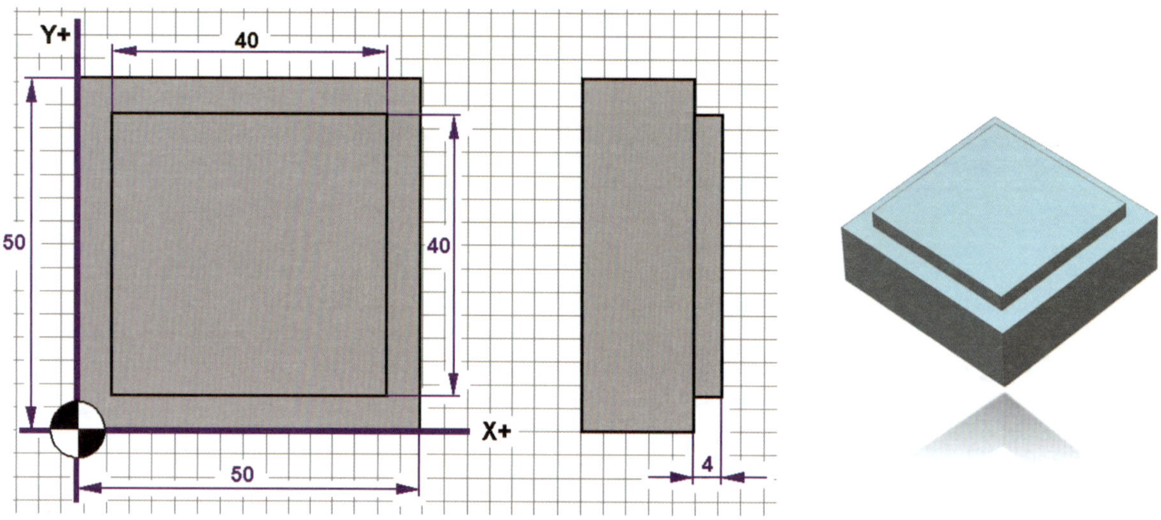

Fig. 10.11 Mecanizado de pieza con G01.

Programas:

Control 8065 y Control 8055

Absolutas

1 - F120 S900 T1 D1
2 - M6
3 - **G0** G17 G05 G90 G94 G40; G43 en 8055
4 - X-50 Y50 Z100
5 - X-8 Y1 Z30
6 - Z-4 M3
7 - **G1** X51
8 - Y51
9 - X-1
10 - Y-8
11 - Z30 M5
12 - G0 X-50 Y50 Z50
13 - M30

Incrementales

1 - F120 S900 T1 D1
2 - M6
3 - **G0** G17G5 G90 G94 G40; G43 en 8055
4 - X-50 Y50 Z100
5 - G91 X42 Y-51 Z-70
6 - Z-34 M3
7 - **G1** X59
8 - Y52
9 - X-52
10 - Y-59
11 - G90 Z30 M5
12 - G0 X-50 Y50 Z50
13 - M30

Comentario al ejemplo 1

Programación en absolutas

Línea 1 Se indican las condiciones tecnológicas solicitadas que tendrá que cumplir la herramienta y se aprovecha la línea para solicitar la herramienta que va a trabajar **"T1 D1"**. (La máquina de este ejemplo tiene cambiador automático de herramientas, por eso se coloca la palabra **"T-- D--"** en una línea y la función **"M6"** en otra, para que el lector pueda distinguirlo). (De ahora en adelante, en este tratado se trabajará siempre con este supuesto).

Línea 2 Se ordena el cambio físico de la herramienta con **M6**.

Línea 3 Colocación de la cabecera donde se indican las principales funciones preparatorias que se desea que estén activas. A destacar la función **G17**, indicación del plano de trabajo **XY**. En el control 8055 se utiliza **G43** que ordena que se aplique la corrección de longitud a la herramienta (esto se verá con más detalle en el estudio de la corrección de herramienta; mientras tanto se pondrá en todos los programas de ejemplo). El resto de funciones son ya, sobradamente conocidas. En el control 8055 es necesarios colocar G43 para que realice la compensación de longitud.

Línea 4 Esta es una posición de acercamiento a la pieza tras haber realizado el cambio en la posición que tiene predeterminada la máquina ver Fig. 10.14. (En cada máquina puede cambiar dicha posición).

Línea 5 La posición **X-8 Y1 Z30** se corresponde con la colocación de la herramienta en el punto de entrada a trabajo, que queda a 2 mm en **X** de la pieza como distancia de seguridad y con la pasada de 5 mm de **Y**, ver Fig. 10.13, 10.14 y 10.15 pero con la herramienta subida 30 mm por encima del material.

Línea 6 Esta línea baja el eje en **Z** hasta la profundidad de pasada de 4mm. Esto último se podía haber realizado en la línea anterior, interpolando los tres ejes simultáneamente **X-8 Y1 Z-4**, pero se considera más seguro realizarlo de esta otra manera, pues se reduce el riesgo de colisión con algún obstáculo al bajar el eje **Z** perpendicularmente a la pieza, como por ejemplo un sistema de anclaje de bridas, ver Fig. 10.12 y 10.14. Al mismo tiempo, se pone la herramienta en marcha con **M3**.

Línea 7 Aquí se activa la función de trabajo **G1** y se entra en el material de forma controlada hasta alcanzar la siguiente posición de trabajo para **Y** con la pasada lateral ganada, ver Fig.10.15.

Línea 8 Se realiza la regata lateral derecha y se queda en posición de pasada lateral para la siguiente regata, ver Fig. 10.15.

Línea 9 Igual que la anterior, ver Fig. 10.15.

Línea 10 Esta línea realiza el efecto de la anterior, pero como es la última en mecanizar, al finalizar debe quedar fuera del material, para evitar marcas y rebabas en la pieza. Por eso alcanza la posición de **Y-8** respetando una distancia de seguridad de 2 mm, ver Fig. 10.15.

Línea 11 Se sube la herramienta en Z para evitar posibles colisiones y se desconecta el giro de la herramienta con **M5**.

Línea 12 Retirada a una posición de descanso donde no estorbe la herramienta al quitar la pieza.

Línea 13 Fin de programa con **M30**.

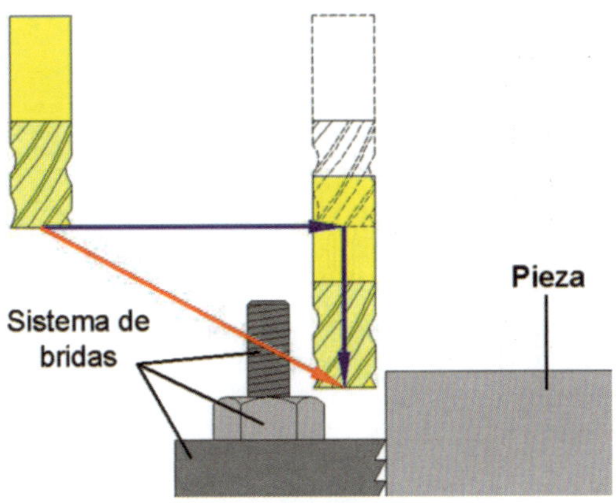

Fig. 10.12 Problemas de aproximación.

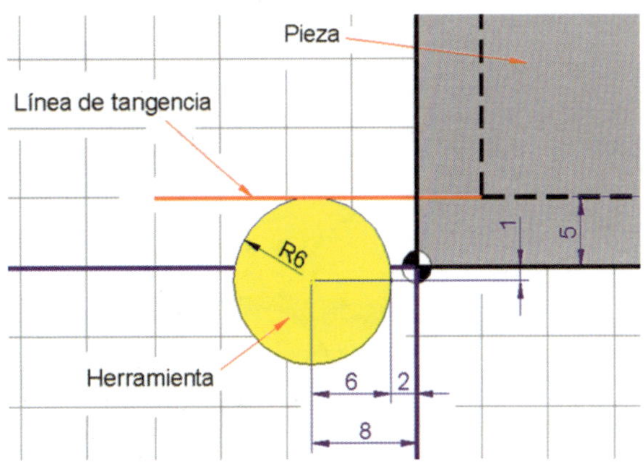

Fig. 10.13 Técnica de aproximación.

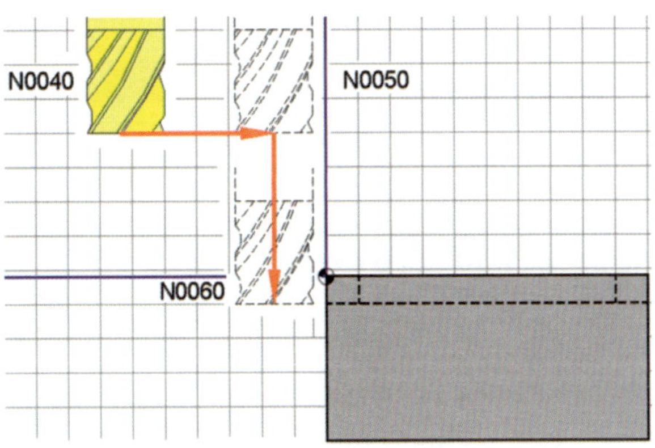

Fig. 10.14 Posición de inicio.

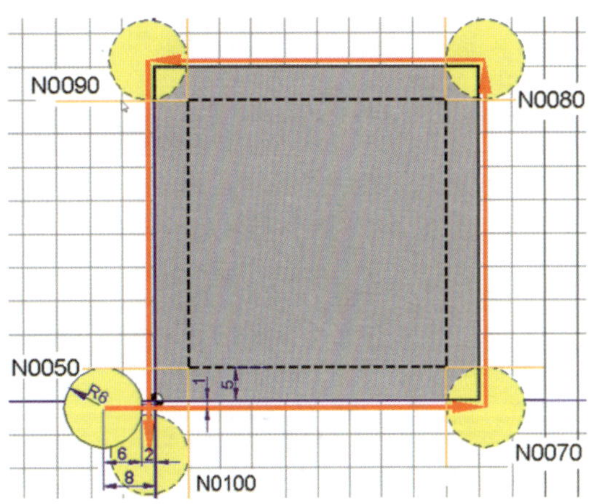

Fig. 10.15 Sentido de trabajo.

Programación en incrementales

Línea 1 Igual que en el programa en absolutas.
Línea 2 Igual que en el programa en absolutas.
Línea 3 Igual que en el programa en absolutas.
Línea 4 Igual que en el programa en absolutas. Hay que recordar que aunque se programe en incrementales, la primera posición a alcanzar, debe programarse en valor absoluto.
Línea 5 En esta línea se indica la programación en incrementales con **G91** y se aprovecha para alcanzar la posición de trabajo igual que en el programa en absolutas.
Línea 6 Igual que en el programa en absolutas pero con las coordenadas indicadas en valor incremental.
Línea 7 Igual que en el programa en absolutas pero con las coordenadas indicadas en valor incremental.
Línea 8 Igual que en el programa en absolutas pero con las coordenadas indicadas en valor incremental.
Línea 9 Igual que en el programa en absolutas pero con las coordenadas indicadas en valor incremental.
Línea 10 Igual que en el programa en absolutas pero con las coordenadas indicadas en valor incremental.
Línea 11 Se activa la programación en absolutas y el resto ya es todo igual al programa en absolutas.

Ejemplo 2 - Coordenadas polares

Basándose en el ejercicio anterior (Fig. 10.11), se va a realizar el mismo mecanizado, pero utilizando en este caso coordenadas polares, cumpliendo las mismas condiciones tecnológicas.

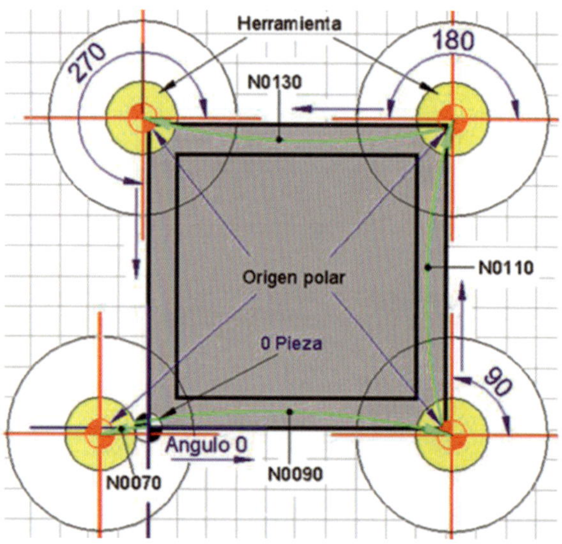

Fig. 10.16 Mecanizado de pieza con G01 en polares.

Programa:

Control 8065 y Control 8055

Absolutas y polares

1 - F120 S900 T1 D1
2 - M6
3 - **G0** G5 G90 G94 G40 G17; + G43 8055
4 - X-50 Y50 Z100
5 - X-8 Y1 Z30
6 - Z-4 M3
7 - G93
8 - **G1** R59 Q0
9 - G93
10 - R52 Q90
11 - G93
12 - R52 Q180
13 - G93
14 - R59 Q270
15 - Z30 M5
16 - G00 X-50 Y50 Z50
17 - M30

En adelante, los programas en que los dos controles comparten la función G43. No aparecerá en la cabecera pero será necesario colocarlo en el control 8055

Comentario al ejemplo 2

Programación en absolutas y polares

Este ejemplo se aplica para poder probar la programación en polares con una pieza que no le resulte difícil al lector a la hora de interpretar dicho sistema de coordenadas, pero de forma práctica, está claro que no resulta más fácil que la programación en cartesianas, pues se incrementa el número de líneas y la comprensión puede resultar algo más difícil.

En este ejemplo, hasta la línea **6** se programa todo igual que en el programa en cartesianas, pero a partir de esta línea varía considerablemente.

Línea 7 En esta línea se aplica exclusivamente la función **G93** (todavía no se ha visto en fresa, pero es imprescindible para el ejemplo). Dicha función, aplicándola sola sin ningún otro dato en una línea, traslada el **"Origen Polar"** a la posición que ocupa la herramienta en ese momento. Es por eso que se aplica en cada posición nueva de la herramienta si se pretende seguir programando en este sistema, ver Fig. 10.16. En ella se puede apreciar cómo las flechas verdes indican las diferentes posiciones que tiene en el programa el **"Origen Polar"** y las líneas que lo desplazan; justo después de que la herramienta haya alcanzado su nueva posición, se aplica **G93**.

Es importante no confundir el **"Cero pieza"** y el **"Origen Polar"**, pues aunque al inicio del programa están situados en el mismo origen, posteriormente se pueden separar, tal como se aprecia en la Fig. 10.16, donde el **"Cero Pieza"** está representado en color negro y el **"Origen Polar"** en rojo.

Línea 8 Es el momento de entrar a mecanizar; por eso se aplica **G01** y a continuación **R59 Q0**. Si se observa con detalle desde la posición actual del **"Origen Polar"** y la siguiente posición del centro de la herramienta en sentido del eje **X** existen **59 mm**, que coincide con el radio de una circunferencia que pasará por ese mismo punto y la posición **0º** de la referida circunferencia. La posición de grados de la circunferencia en **CNC** suele coincidir con el sistema trigonométrico, es decir, a las **3** del reloj corresponde la posición **0º** y a partir de ahí y en sentido contrario a las agujas del reloj crecen los grados, ver Fig. 10.16.

Línea 9 Igual que la línea **7**.

Línea 10 Igual que la línea **8.** Pero teniendo en cuenta la nueva posición de la herramienta se puede observar que el radio de la teórica circunferencia es de **52 mm** y no **59 mm** como en la línea **8**, puesto que se parte de posición diferente. También el ángulo cambia, pasando ahora a ser de **90º**, que coincide con la posición de las **12** en un reloj y es justamente la dirección de mecanizado que se desea realizar.

Línea 11 Igual que la línea **7** y **9**.

Línea 12 Es equivalente a la línea **10**. Nótese que aunque el mecanizado va desde la derecha hacia la izquierda, la longitud de **R** se da en valor positivo, pues la dirección la determina el ángulo **"Q180"** y no el signo.

Línea 13 Igual que la línea **7**, **9** y **11**.

Línea 14 Igual que la línea **12** pero con el valor de **R59**; esto se produce por ser la salida de la herramienta del mecanizado y conviene salir del material para no dejar marcas.

El resto de líneas son idénticas a las del programa anterior, pues se realizan en cartesianas y desde la misma posición.

G30 Origen de coordenadas polares – FAGOR 8065
G93 Origen de coordenadas polares – FAGOR 8055

Descripción

En ambos casos se declara el nuevo origen de coordenadas polares, es decir, se sitúa en el punto indicado en **G30** o **G93** el origen de la circunferencia donde estarán comprendidos los radios a programar.

Esta función es imprescindible si se tiene que programar en polares. Al iniciar un programa, el origen de coordenadas se sitúa en el origen pieza. En el control 8065, si no se selecciona G30 se asume como origen polar el origen del sistema de referencia activo (cero pieza).

Las funciones **G30** o **G93** no producen ningún movimiento real en máquina, sino que preparan la máquina para que a partir de los datos introducidos las demás funciones realicen los movimientos requeridos.

Formato: G30 – G93

Control 8065	Control 8055
Línea única **G30** I-----.---- J-----.---- **Sola en una línea** **G30**	**Línea única** **G93** I-----.---- J-----.---- **Sola en una línea** **G93**

La función **G30** y **G93** se puede programar:

- En línea única con su propio formato **"G30 I-----.---- J-----.----"** - **"G93 I-----.---- J-----.----"**
- En solitario sin ningún dato propio.

En línea única con su propio formato "G30 I-----.---- J-----.----" - "G93 I-----.---- J-----.----"
Los parámetros I y J definen la abscisa (I) y la ordenada (J) respecto al cero pieza, en que se desea situar el nuevo origen de coordenadas polares.

En solitario sin ningún dato propio
Se puede programar **G93** en una línea en solitario sin ningún otro dato, con lo que se le asigna como valor de **"Origen Polar"** la situación actual de la herramienta.

Condiciones

La función **G93** es modal.

Se cambia de origen polar con las funciones **G02** y **G03**, que resitúan el origen en el centro de la circunferencia donde está inscrito el arco construido.

Se definen en cotas absolutas y están referidas al cero pieza.

Si se programan, deben programarse ambos parámetros.

Si no se programan, se tomará como origen polar el punto en el que en ese momento se encuentra la herramienta.

Al iniciar el programa, el origen polar se sitúa por defecto en el origen pieza.

Si se utiliza el formato propio **G93 I... J...**, no se puede colocar ningún otro dato en la línea.

Operativa

Permiten preseleccionar cualquier punto del plano de trabajo como nuevo origen de coordenadas polares.

Siempre que sea necesario trabajar con coordenadas polares, es imprescindible la utilización de **G30** o **G93**. Solo se debe utilizar cuando sea necesario cambiar el origen polar a otra posición diferente a la actual. Si por error se cambia y no se utilizan con posterioridad las coordenadas polares, no tendrá consecuencia alguna. Se tiene que tener presente que, al iniciar el programa, el origen de coordenadas polares está situado en el mismo punto que el origen pieza.

G02 Interpolación circular a derechas
G03 Interpolación circular a izquierdas

Descripción

Con la función **G02** y **G03** se programan movimientos circulares a velocidad controlada, por medio de la palabra **"F"**. Es importante calcular el valor de **"F"**, pues la función **G02** y **G03** se utilizará básicamente para movimientos de mecanizado.

El sentido de trabajo de **G02** y **G03** está basado en el ataque frontal de la herramienta hacia cada uno de los planos de trabajo, excepto en el plano **ZX** donde, por medio de un parámetro interno máquina, se puede cambiar el sentido de giro. Obsérvese en la Fig. 10.17 cómo es el único plano donde el operario y la herramienta están enfrontados uno con otro, es decir, se observa el plano de manera opuesta, como si fuera un espejo. Es por eso que el control facilita la posibilidad de cambiar dicha orientación.

La mayoría de ejercicios y ejemplos que se traten se realizarán desde la observación de la herramienta y no del operario Fig. 10.17.

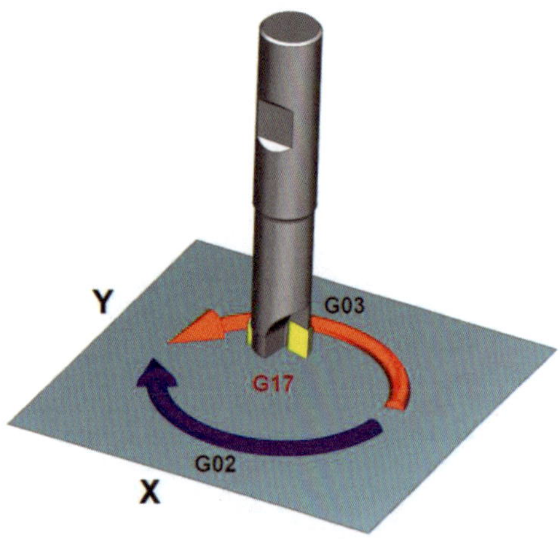

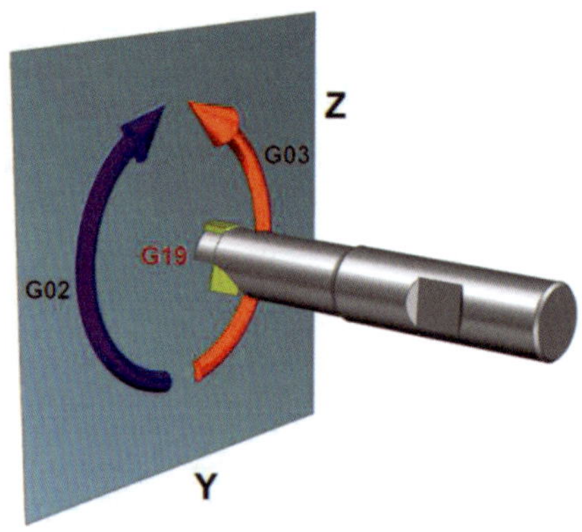

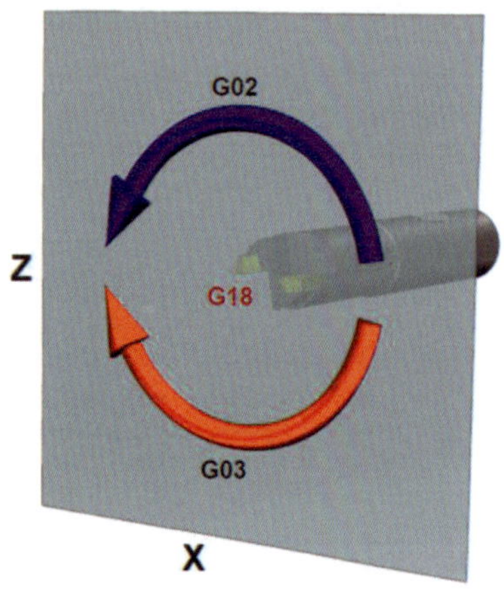

Nótese que en el plano G18 la visión desde la posición del operario es contraria a los otros dos planos; esto se debe a que es siempre desde la posición de la herramienta desde donde se debe mirar.

Existe un parámetro interno de máquina que puede hacer que esto cambie en el sentido contrario.

Figura 10.17 Sentido de las funciones G02 y G03 según los planos de trabajo.

Formato: G02, G2 – G03, G3

Se puede n escribir como G02 o G2 y G03 o G3.

Las funciones circulares G02 y G03 se pueden programar además de, en coordenadas cartesianas y polares, en programación con coordenadas cartesianas y el radio. La interpolación circular solo se puede ejecutar en el plano de trabajo activo.

Control 8065 y **Control 8055**

Rectangulares (ejes y centro arco)

Plano G17 XY
G-- **G02/G2** G-- X----.--- Y----.--- I----.--- J----.---
G-- **G03/G3** G-- X----.--- Y----.--- I----.--- J----.---

Plano G18 XZ
G-- **G02/G2** G-- X----.--- Z----.--- I----.--- K----
G-- **G03/G3** G-- X----.--- Z----.--- I----.--- K----

Plano G19 YZ
G-- **G02/G2** G-- Y----.--- Z----.--- J----.--- K----
G-- **G03/G3** G-- Y----.--- Z----.--- J----.--- K----

Polares (ángulo y centro de arco)

Plano G17 XY
G-- **G02/G2** G-- Q-----.---- I-----.---- J-----.----
G-- **G03/G3** G-- Q-----.---- I-----.---- J-----.----

Plano G18 XZ
G-- **G02/G2** G-- Q-----.---- I-----.---- K-----.----
G-- **G03/G3** G-- Q-----.---- I-----.---- K----.----

Plano G19 YZ
G-- **G02/G2** G-- Q-----.---- J-----.---- K-----.----
G-- **G03/G3** G-- Q-----.---- J-----.---- K-----.----

Rectangulares (ejes y radio)

Plano G17 XY
G-- **G02/G2** G-- X-----.---- Y-----.---- R-----.----
G.. **G03/G3** G-- X-----.---- Y-----.---- R-----.----

Plano G18 XZ
G.. **G02/G2** G-- X-----.---- Z-----.---- R-----.----
G.. **G03/G3** G-- X-----.---- Z-----.---- R-----.----

Plano G19 YZ
G-- **G02/G2** G-- Y-----.---- Z-----.---- R-----.----
G.. **G03/G3** G-- Y-----.---- Z-----.---- R-----.----

Polares (radio y ángulo)

Todos los planos
G-- **G02/G2** G-- R------.--- Q-----.----
G-- **G03/G3** G-- R-----.---- Q-----.----

En este formato, es imprescindible tener colocada la función **G93** en el punto adecuado antes de programar la trayectoria.

Las funciones **G02** y **G03** se puede escribir como **G02** o **G2** y **G03** o **G3**, se pueden programar solas o con más funciones preparatorias siempre que no sean contradictorias.

En algunos sistemas rectangulares y polares aparecen tres palabras nuevas **"I"** **"J"** y **"K"**, que se asocian con las normales **X**, **Y**, **Z** de las rectangulares o **A** (ángulo) de las polares. Estas tres palabras (coordenadas) sirven para indicar la posición del centro del arco que se va a construir.

En la Fig. 10.18 se aprecia cómo se asocian los ejes según el plano en que se esté trabajando. La forma de hacerlo es contando desde el punto de partida de la herramienta en el inicio del arco hasta el centro de la circunferencia en la que esté inscrito dicho arco utilizando las palabras **I**, **J**, **K** dependiendo del plano de trabajo. Este dato se tiene que escribir siempre en incrementales.

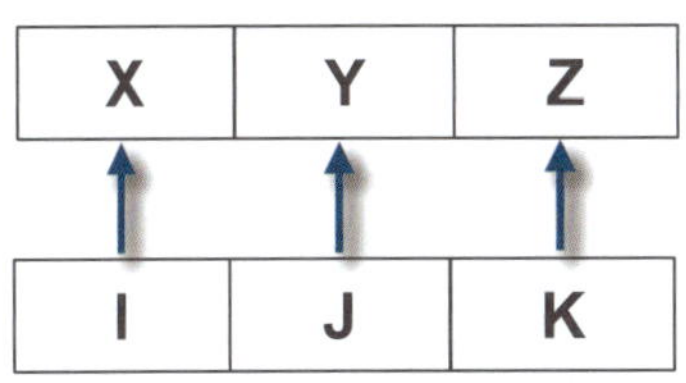

Fig. 10.18 Asociación de ejes.

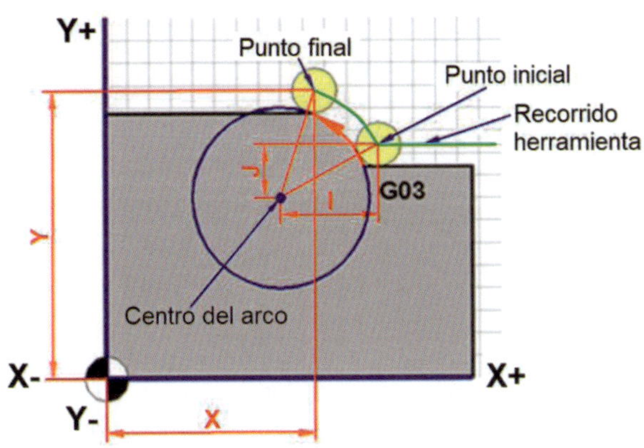

Fig. 10.19 Programación de G03 Plano G17.

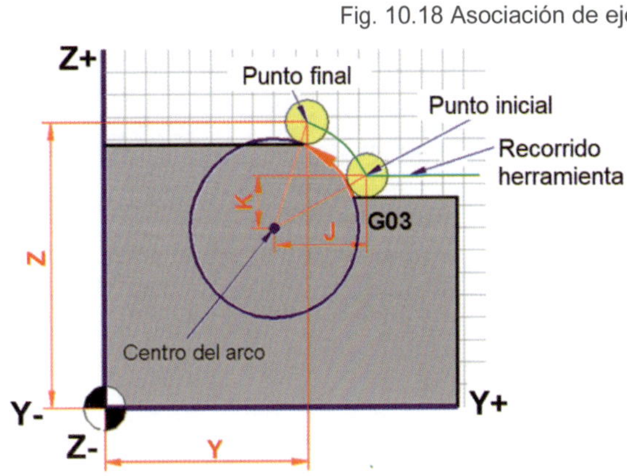

Fig. 10.20 Programación de G03 Plano G19.

Indicación en formato – Ejes y centro de arco:

Rectangulares		
G02/G03	X...Y... Z...	I... J... K...

Coordenada del punto final (según el plano de trabajo), en el formato en el que se esté programando, absoluto o incremental.

Distancia desde el punto de partida, al centro de la circunferencia donde esté inscrito el arco. Siempre en valor incremental.

Ver figuras 10.19 y 10.20.

Indicación en formato – Ejes y radio:

Rectangulares		
G02/G03	X...Y... Z...	R...

Coordenada del punto final (según el plano de trabajo), en el formato en el que se esté programando, absoluto o incremental.

Radio del arco, siempre en valor incremental, desde el punto de partida, o desde nuevo origen polar.

Ver figuras 10.21 y 10.22.

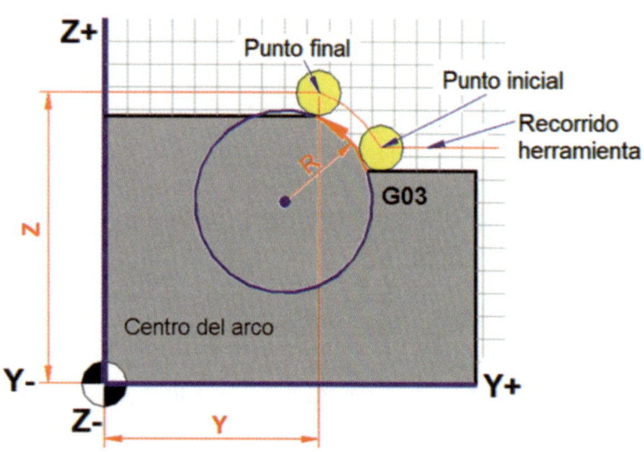

Fig. 10.21 Rectangulares (ejes y radio).

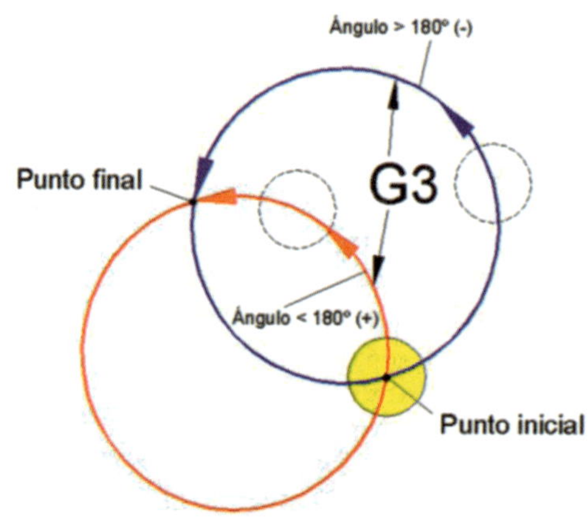

Fig. 10.22 Arcos con programación con radio.

Al programar la función **G02** o **G03** con programación del radio, se da la circunstancia que al no indicar el centro de la circunferencia existen dos posibles soluciones: un arco que estará comprendido en un ángulo menor de 180º y otro que estará comprendido en un ángulo mayor de 180º (ver Fig. 10.22). Para que el control entienda cuál de los dos caminos debe escoger se recurre a los caracteres + y –. Al introducir el valor del radio con dichos signos, se tiene que tener en cuenta la siguiente relación:

- Ángulo > 180º Signo "–"
- Ángulo < 180º Signo "+"

Indicación en formato – Ángulo y centro de arco:

Polares		
G02/G03	Q...	I... J... K...

Q...: Ángulo del arco, siempre en valor absoluto o incremental, desde el punto de partida, o desde nuevo origen polar.

I... J... K...: Distancia desde el punto de partida al centro de la circunferencia donde esté inscrito el arco, siempre en valor incremental.

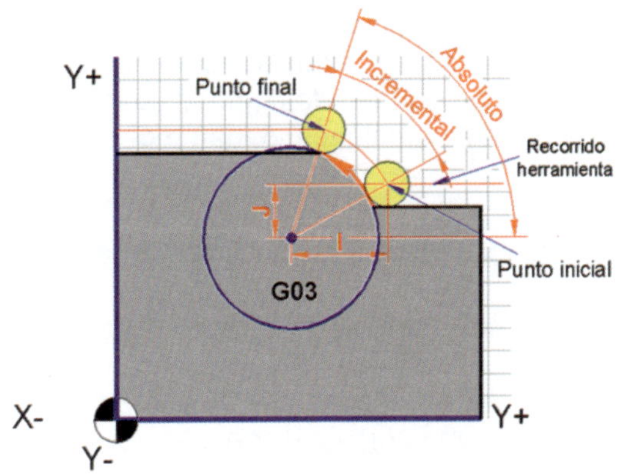

Fig. 10.23 Polares (ángulo y centro).

Indicación en formato – Radio y ángulo:

Polar		
G02/G03	R...	Q...

R...: Radio del arco siempre contado desde el origen polar.

Q...: Ángulo del arco siempre contado desde el origen polar. El ángulo puede tener valor positivo o negativo, ver figura.

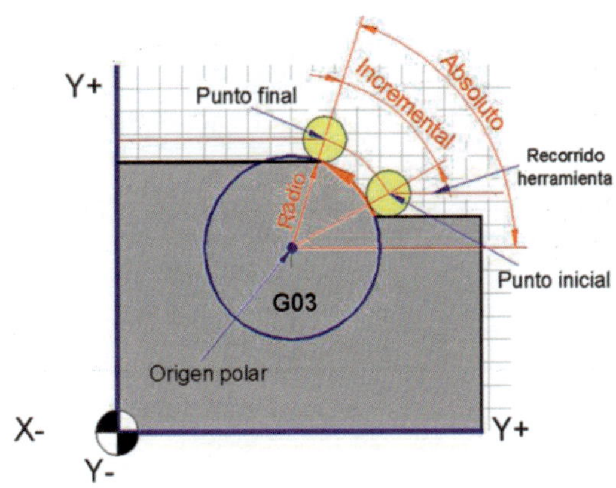

Fig. 10.24 Polares (radio y ángulo).

Al programar en este formato, es imprescindible que el origen de coordenadas polares **(G93)** esté situado en el centro de la circunferencia en que esté inscrito dicho arco.

Condiciones

Las funciones **G02 – G03** son modales y se anulan entre sí o con las funciones **G00**, **G01** y **G33**.

Al emplear las funciones **G02 – G03**, la velocidad de avance que se usará, será la programada con anterioridad en **"F"**, hasta que se programe un nuevo valor.

Las funciones **G02** y **G03** cambian el origen polar actual al centro de la circunferencia donde esté inscrito el arco construido.

Operativa

La utilización no tiene ninguna operativa diferente a la que tienen las funciones **G00** y **G01**; se utilizarán en aquellas operaciones donde se tenga que realizar algún mecanizado circular, ya sea a derechas o a izquierdas. No obstante, más adelante se verán otras funciones que sirven para realizar mecanizados circulares de manera más simple pero exigiendo algunas condiciones para su utilización. La elección por parte del programador de unas u otras funciones, deben regirse por la simplicidad de la programación.

Ejemplo 1 - G02/G03 - Coordenadas rectangulares (ejes y centro arco).

El ejemplo que se verá a continuación, será el de la pieza de la Fig. 10.25:

Se parte de una pieza perfectamente escuadrada y a medidas exteriores correctas, donde solo es necesario realizar un ranurado, con una única pasada.

La herramienta a utilizar es de diámetro 12. Las revoluciones serán de 850 RPM y el avance de trabajo será de 80 mm/min para los trabajos frontales y de 120 mm/min para los trabajos de costado.

El recorrido de la herramienta se realizará sobre la línea de ejes, que es con la que esté acotada.

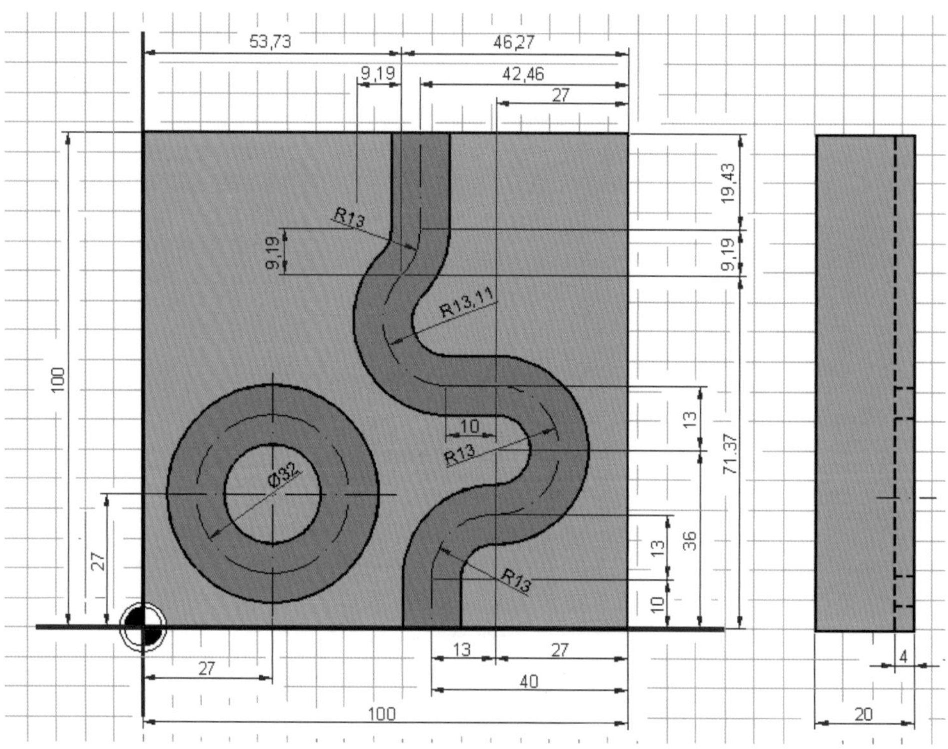

Fig. 10.25 Mecanizado con G02 y G03 en rectangulares.

Programa 1: Absolutas.

Control 8065 y Control 8055

Rectangulares - Absolutas - Ejes y centro de arco

```
 1 - F80 S850 T1 D1
 2 - M6
 3 - G90 G0 G5 G94 G40 G17 X-30 Y0 Z100; + G43 8055
 4 - X11 Y27
 5 - Z2 M3
 6 - G1 Z-4
 7 - G03 X11 Y 27 I16 J0 F120
 8 - G1 Z2
 9 - G0 X60 Y-8
10 - Z-4
11 - G1 Y10
12 - G2 X73 Y23 I13 J0
13 - G3 X73 Y49 I0 J13
14 - G1 X63
15 - G2 X53.73 Y71.37 I0 J13.11
16 - G3 X57.53 Y80.57 I-9.19 J9.19
17 - G1 Y108
18 - G0 Z100 M5
19 - X-30 Y0
20 - M30
```

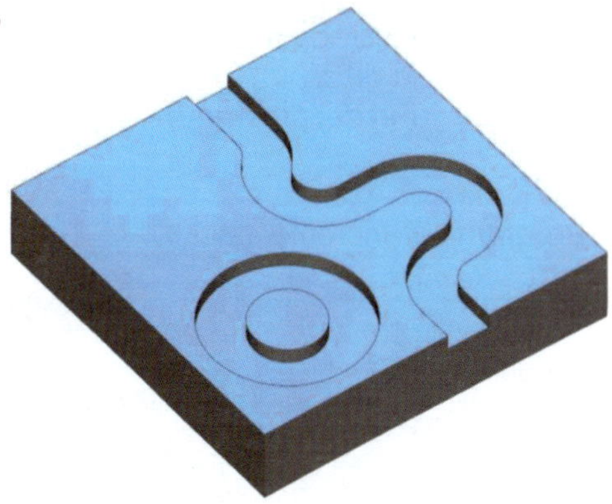

Comentario al ejemplo 1 - Absolutas

Programación en coordenadas rectangulares (ejes y centro arco). Absolutas.

Línea 1 Se indican las condiciones tecnológicas solicitadas que tendrá que cumplir la herramienta y se aprovecha la línea para solicitar la herramienta que va a trabajar **"T1 D1"**.

Línea 2 Se ordena el cambio físico de la herramienta con **M6**.

Línea 3 Colocación de la cabecera donde se indican las principales funciones preparatorias que se desea que estén activas. A destacar la función **G17**, indicación del plano de trabajo **XY**, el resto de funciones son ya, sobradamente conocidas.

Línea 4 Esta es una posición de inicio de la mecanización de la regata circular "**X11 Y27**", que se corresponde con la posición de las 9 en el reloj. La altura se mantiene todavía a **Z100**.

Línea 5 Acercamiento de la herramienta a la máxima velocidad, a la cara superior de la pieza, que queda a 2 mm de la misma como distancia de seguridad.

Línea 6 Se activa la velocidad de trabajo **G1** y se profundiza a la velocidad **F80**, acordada en las condiciones tecnológicas para los trabajos frontales de la herramienta, y se avanza hasta la profundidad de 4 mm.

Línea 7 Se procede al mecanizado de la regata circular en sentido **G03** contrario a las agujas del reloj. Esta línea se puede escribir de esta otra manera, **G03 I16 J0 F120**, pues la posición que se indica de punto final es justamente la que ya se esté ocupando. El hecho de realizarlo de la primera manera está motivado por una mejor comprensión por parte del lector.

Línea 8 En **G1**, se sube la herramienta hasta la posición de seguridad. Este desplazamiento se puede realizar en **G0**, pero considero más seguro para la herramienta una velocidad controlada, para evitar posibles roturas con la viruta del material. Es importante tener en cuenta que **G02** y **G03** son modales, lo que quiere decir que si no se indica aquí G01, el control entenderá que sigue activo **G03** y marcaría error.

Línea 9 Se realiza el desplazamiento al inicio del mecanizado de la regata transversal. Nótese cómo se busca una posición que al bajar la **Z** mantenga una distancia de seguridad de 2 mm de costado, para poder entrar en el material sin correr riesgos.

Línea 10 Se desciende la herramienta hasta la pasada de profundidad en G0, pues la herramienta está todavía fuera del material.

Línea 11 En avance de trabajo con **G1** se realiza el primer desplazamiento, que es en línea recta hasta la posición de **Y10**.

Línea 12 Realización del primer arco en **G2**, indicado con **I13 J0**. El arco es cuadrante completo.

Línea 13 Realización del segundo arco en **G3**, indicado con **I0 J13**. El arco ocupa dos cuadrantes completos.

Línea 14 Realización de la línea recta que existe entre el último arco mecanizado y el siguiente.

Línea 15 Realización del tercer arco en **G2**. Este arco no acaba en cuadrante, pero como la partida de la herramienta está situada en posición de cuadrante, la indicación de **I** y **J** resulta fácil.

Línea 16 Realización del cuarto arco en **G3**. Este arco no acaba en cuadrante completo, por lo que se tienen que tener referencias de la **I** y la **J**.

Línea 17 Realización de la última línea recta con **G1**, saliendo 2 mm más allá del material para poder retirar la herramienta sin ningún peligro.

Línea 18 Subida a la máxima velocidad a la posición de Z100, para poder desplazarse después sin ningún peligro de colisión. Se desactiva el giro del mandrino.

Línea 19 Retirada a una posición de descanso donde no moleste la herramienta a la hora de manipular la pieza.

Línea 20 Fin del programa.

Programa 1: Incrementales.

Control 8065 y Control 8055

Rectangulares - Incrementales - Ejes y centro de arco

```
1 - F80 S850 T1 D1
2 - M6
3 - G90 G0 G5 G94 G40 G17 X-30 Y0 Z100; +G43 8055
4 - G91 X41 Y27
5 - Z-98 M3
6 - G1 Z-6
7 - G03 X0 Y0 I16 J0 F120
8 - G1 Z6
9 - G0 X50 Y-34
10 - Z-6
11 - G1 Y17
12 - G2 X13 Y13 I13 J0
13 - G3 Y26 I0 J13
14 - G1 X-10
15 - G2 X-9.273 Y22.378 I0 J13.11
16 - G3 X3.81 Y9.19 I-9.19 J9.19
17 - G1 Y26.43
18 - G90 G0 Z100 M5
19 - X-30 Y0
20 - M30
```

Comentario al ejemplo 1 - Incrementales

Programación en coordenadas rectangulares (ejes y centro arco) Incrementales.

Línea 1 Se indican las condiciones tecnológicas solicitadas que tendrá que cumplir la herramienta y se aprovecha la línea para solicitar la herramienta que va a trabajar **"T1 D1"**.

Línea 2 Se ordena el cambio físico de la herramienta con **M6.**

Línea 3 Colocación de la cabecera donde se indican las principales funciones preparatorias que se desea que estén activas. A destacar la función **G17,** indicación del plano de trabajo **XY.** El resto de funciones son ya, sobradamente conocidas.

Línea 4 Se activa la programación en incrementales con **G91**. Esta es una posición de inicio de la mecanización de la regata circular **"X41 Y27"**, que se corresponde con la posición de las 9 en el reloj. La altura se mantiene todavía a **Z100**.

Línea 5 El resto de las líneas son iguales al programa anterior hasta la línea 18, con la diferencia de las cotas que están indicadas en valor incremental.

Línea 6 Igual a la anterior pero con las cotas en valor incremental.

Línea 7 ....

Línea 8 ....

Línea 9 ....

Línea 10 ....

Línea 11 ....

Línea 12 ....

Línea 13 ....

Línea 14 ....

Línea 15 ....
Línea 16 ....
Línea 17 ....
Línea 18 Se activa la programación en valor absoluto y el resto ya es idéntico al programa anterior.
Línea 19 ....
Línea 20 Fin del programa.

Ejemplo 2 - G02/G03 - Coordenadas rectangulares (ejes y radio).

El ejemplo seguirá siendo el de la pieza de la Fig. 10.25:

Programa: Absolutas.

Control 8065 y Control 8055

Rectangulares - Absolutas - Ejes y radio

```
1 - F80 S850 T1 D1
2 - M6
3 - G90 G0 G5 G94 G40 G17 X-30 Y0 Z100; + G43 8055
4 - X11 Y27
5 - Z2 M3
6 - G1 Z-4
7 - G03 X11 Y27 I16 J0 F120
8 - G1 Z2
9 - G0 X60 Y-8
10 - Z-4
11 - G1 Y10
12 - G2 X73 Y23 R13
13 - G3 X73 Y49 R13
14 - G1 X63
15 - G2 X53.73 Y71.37 R13.11
16 - G3 X57.53 Y80.57 R13
17 - G1 Y108
18 - G0 Z100
19 - X-30 Y0
20 - M30
```

Comentario al ejemplo 2 – Ejes y radio

Programación en coordenadas rectangulares (ejes y radio). Absolutas.

Línea 1 Se indican las condiciones tecnológicas solicitadas que tendrá que cumplir la herramienta y se aprovecha la línea para solicitar la herramienta que va a trabajar **"T1.1"**.
Línea 2 Se ordena el cambio físico de la herramienta con **M6**
Línea 3 Idéntica a la del ejemplo anterior.
Línea 4 Idéntica a la del ejemplo anterior.
Línea 5 Idéntica a la del ejemplo anterior.
Línea 6 Idéntica a la del ejemplo anterior.
Línea 7 Realización de la ranura circular. En este caso es obligatorio poner las coordenadas, que son las mismas que las de partida.
Línea 8 Idéntica a la del ejemplo anterior.
Línea 9 Idéntica a la del ejemplo anterior.
Línea 10 Idéntica a la del ejemplo anterior.
Línea 11 Idéntica a la del ejemplo anterior.
Línea 12 Inicio del primer arco; todo es idéntico al ejemplo anterior salvo **I13 J0** que se sustituyen por **R13**.
Línea 13 Realización del segundo arco; todo es idéntico al ejemplo anterior salvo **I0 J13**, que se sustituyen por **R13**.
Línea 14 Idéntica a la del ejemplo anterior.
Línea 15 Realización del tercer arco; todo es idéntico al ejemplo anterior salvo **I0 J13.11**, que se sustituyen por **R13.11**.

Línea 16 Realización del cuarto arco; todo es idéntico al ejemplo anterior salvo **I-9.19 J9.19**, que se sustituyen por **R13**.

Línea 17 El resto del programa es idéntico al ejemplo anterior.

Línea 18 ....

Comparativa entre Ejes y centro – Ejes y radio

	Ejes y centro de arco	Ejes y radio	Fase
Línea 7	**G03** X11 Y 27 **I16 J0** F120	**Igual**	Círculo
Línea 12	**G2** X73 Y23 **I13 J0**	**G2** X73 Y23 **R13**	1er Arco
Línea 13	**G3** X73 Y49 **I0 J13**	**G3** X73 Y49 **R13**	2º Arco
Línea 15	**G2** X53.73 Y71.37 **I0 J13.11**	**G2** X53.73 Y71.37 **R13.11**	3er Arco
Línea 16	**G3** X57.53 Y80.57 **I-9.19 J9.19**	**G3** X57.53 Y80.57 **R13**	4º Arco

En esta comparativa se puede apreciar claramente la diferencia de programación entre los dos sistemas de coordenadas rectangulares. Es claramente más fácil realizarlo con **Radio**, por lo que será casi con toda seguridad el más usado de los dos sistemas. No obstante y en algunos casos, la programación con **Ejes y centro de arco** será la única posible por la falta de datos en algunos planos, lo que justifica el aprendizaje de esta forma de programar.

Ejemplo 3 - G02/G03 - Coordenadas polares – Absolutas (ángulo y centro de arco).

El ejemplo seguirá siendo el de la pieza de la Fig. 10.25:

Programa: Absolutas.

Control 8055

Polares - Absolutas - Ángulo y centro de arco

```
 1 - F80 S850 T1 D1
 2 - M6
 3 - G90 G0 G5 G94 G40 G17 X-30 Y0 Z100; +G43 8055
 4 - X11 Y27
 5 - Z2 M3
 6 - G1 Z-4
 7 - G3 X11 Y27 I16 J0
 8 - G1 Z2
 9 - G0 X60 Y-8
10 - Z-4 F120
11 - G1 Y10
12 - G2 Q90 I13 J0
13 - G3 Q90 I0 J13
14 - G1 X60
15 - G2 Q135 I0 J13.11
16 - G3 Q0 I-9.19 J9.19
17 - G1 Y108
18 - G0 Z100 M5
19 - X-30 Y0
20 - M30
```

Comentario al ejemplo 3 – Polares – Absolutas (ángulo y centro de arco).

Programación en coordenadas polares (ángulo y centro de arco). Absolutas.

Línea 1 Se indican las condiciones tecnológicas solicitadas que tendrá que cumplir la herramienta y se aprovecha la línea para solicitar la herramienta que va a trabajar **"T1 D1"**.
Línea 2 Se ordena el cambio físico de la herramienta con **M6.**
Línea 3 Idéntica a la del ejemplo anterior.
Línea 4 Idéntica a la del ejemplo anterior.
Línea 5 Idéntica a la del ejemplo anterior.
Línea 6 Idéntica a la del ejemplo anterior.
Línea 7 Realización de la ranura circular. Se indica **"Q180"** (las 9 del reloj), que coincide con la posición actual de la herramienta y se colocan las coordenadas suplementarias **"I16 J0"**.
Línea 8 Idéntica a la del ejemplo anterior.
Línea 9 Idéntica a la del ejemplo anterior.
Línea 10 Idéntica a la del ejemplo anterior.
Línea 11 Idéntica a la del ejemplo anterior.
Línea 12 Inicio del primer arco, se coloca **"Q90"** (indica la posición de las nueve del reloj) que es el ángulo en donde acabará esta pasada, y se indica como centro de la circunferencia **I13 J0**.
Línea 13 Realización del segundo arco; el ángulo de finalización de dicho arco es también en **"Q90"** y el centro de dicho arco está en **I0 J13**.
Línea 14 Idéntica a la del ejemplo anterior.
Línea 15 Realización del tercer arco; el ángulo en este caso se tiene que calcular y el resultado es de **"Q135"**. El centro del arco es **I0 J13.11**.
Línea 16 Realización del cuarto arco, en este caso el final del arco coincide con Q0 y el centro de dicho arco esté en **I-9.19 J9.19**.
Línea 17 El resto del programa es idéntico al ejemplo anterior.
Línea 18 ....

Comparativa entre Rectangulares (ejes y centro) – Polares (ángulo y centro)

	Ejes y centro de arco	Angulo y centro	Fase
Línea 7	**G03 X11 Y 27** I16 J0 F120	**G3 Q180** I16 J0	Circulo
Línea 12	**G2 X73 Y23** I13 J0	**G2 Q90** I13 J0	1er Arco
Línea 13	**G3 X73 Y49** I0 J13	**G3 Q90** I0 J13	2º Arco
Línea 15	**G2 X53.73 Y71.37** I0 J13.11	**G2 Q135** I0 J13.11	3er Arco
Línea 16	**G3 X57.53 Y80.57** I-9.19 J9.19	**G3 Q0** I-9.19 J9.19	4º Arco

En esta comparativa se puede apreciar claramente la diferencia de programación entre los dos sistemas de coordenadas. Es más fácil realizarlo con **ángulo.** No obstante, eso dependerá del tipo de información que contenga el plano a programar.

Ejemplo 4 - G02/G03 - Coordenadas polares – Incrementales (ángulo y centro de arco).

El ejemplo seguirá siendo el de la pieza de la Fig. 10.25:

Programa: Incrementales.

Control 8055

Polares - Incrementales - Ángulo y centro de arco

```
1 - F80 S850 T1 D1
2 - M6
3 - G90 G0 G5 G94 G40 G17 X-30 Y0 Z100; +G43 8055
4 - X11 Y27
5 - Z2 M3
6 - G1 Z-4
7 - G91 G3 Q0 I16 J0
8 - G90 G1 Z2
9 - G0 X60 Y-8
10 - Z-4 F120
11 - G1 Y10
12 - G91 G2 Q-90 I13 J0
13 - G3 Q180 I0 J13
14 - G90 G1 X60
15 - G91 G2 Q215 I0 J13.11
16 - G3 Q35 I-9.19 J9.19
17 - G90 G1 Y108
18 - G0 Z100 M5
19 - X-30 Y0
20 - M30
```

Comentario al ejemplo 4 – Coordenadas polares – Incrementales (ángulo y centro de arco)

Programación en coordenadas polares (ángulo y centro de arco). Incrementales.

Línea 1 Se indican las condiciones tecnológicas solicitadas que tendrá que cumplir la herramienta y se aprovecha la línea para solicitar la herramienta que va a trabajar **"T1 D1"**.

Línea 2 Se ordena el cambio físico de la herramienta con **M6**

Línea 3 Idéntica a la del ejemplo anterior.

Línea 4 Idéntica a la del ejemplo anterior.

Línea 5 Idéntica a la del ejemplo anterior.

Línea 6 Idéntica a la del ejemplo anterior.

Línea 7 Se activa la programación incremental con **G91**. Realización de la ranura circular. Se programa **Q0**, que en valor incremental indica que nos mantenemos en ángulo 0. Es decir, no se cambia de posición de ángulo al finalizar la línea, que coincide con la posición actual de la herramienta y se colocan las coordenadas suplementarias **"I16 J0"**.

Línea 8 Se activa la programación incremental G90; el resto es Idéntica a la del ejemplo anterior.

Línea 9 Idéntica a la del ejemplo anterior.

Línea 10 Idéntica a la del ejemplo anterior.

Línea 11 Idéntica a la del ejemplo anterior.

Línea 12 Se activa la programación incremental, se procede al inicio del primer arco, coloca **Q-90**, que es en forma incremental lo que crece el arco (obsérvese que está contado en sentido anti-trigonométrico y por eso se coloca el signo "-"; también se puede expresar **Q270**, que es lo que crece en sentido trigonométrico) y se indica como centro de la circunferencia **I13 J0**.

Línea 13 Realización del segundo arco; el ángulo de finalización de dicho arco es incrementalmente **Q180** y el centro de dicho arco está en **I0 J13**.

Línea 14 Se activa la programación incremental G90: el resto es idéntica a la del ejemplo anterior.

Línea 15 Se activa la programación incremental. Realización del tercer arco, el ángulo en este caso se tiene que calcular y el resultado incremental es de **Q215** El centro del arco es **I0 J13.11**.

Línea 16 Realización del cuarto arco; en este caso el final del arco en forma incremental coincide con **Q35** y el centro de dicho arco está en **I-9.19 J9.19**.

Línea 17 El resto del programa es idéntico al ejemplo anterior.

Línea 18 ....

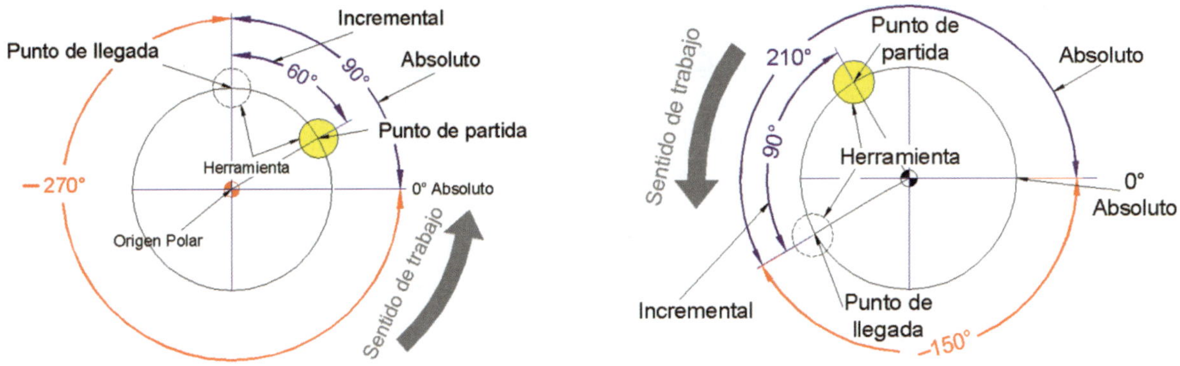

Fig. 10.26 Ejemplos de ángulos incrementales y absolutos.

En la Fig. 10.26 se pueden apreciar diferentes ejemplos de aplicación de los ángulos en programación incremental y absoluta. Es importante recordar que el cero absoluto esté en la posición de las tres en el reloj y que los ángulos crecen en sentido **"+"** al contrario que las agujas del reloj (sentido trigonométrico) y crecen en sentido **"–"** en el mismo sentido que las agujas del reloj (sentido anti-trigonométrico).

Ejemplo 5 - G02/G03 - Coordenadas polares – Absolutas (radio y ángulo).

El ejemplo será el de la pieza de la Fig. 10.27.

Se parte de una pieza perfectamente escuadrada y a medidas exteriores correctas, donde solo es necesario realizar un ranurado, con una única pasada.

La herramienta a utilizar es de diámetro 10. Las revoluciones serán de 850 RPM y el avance de trabajo será de 80 mm/min para los trabajos frontales y de 120 mm/min para los trabajos de costado. El recorrido de la herramienta se realizará sobre la línea de ejes, que es con la que esté acotada.

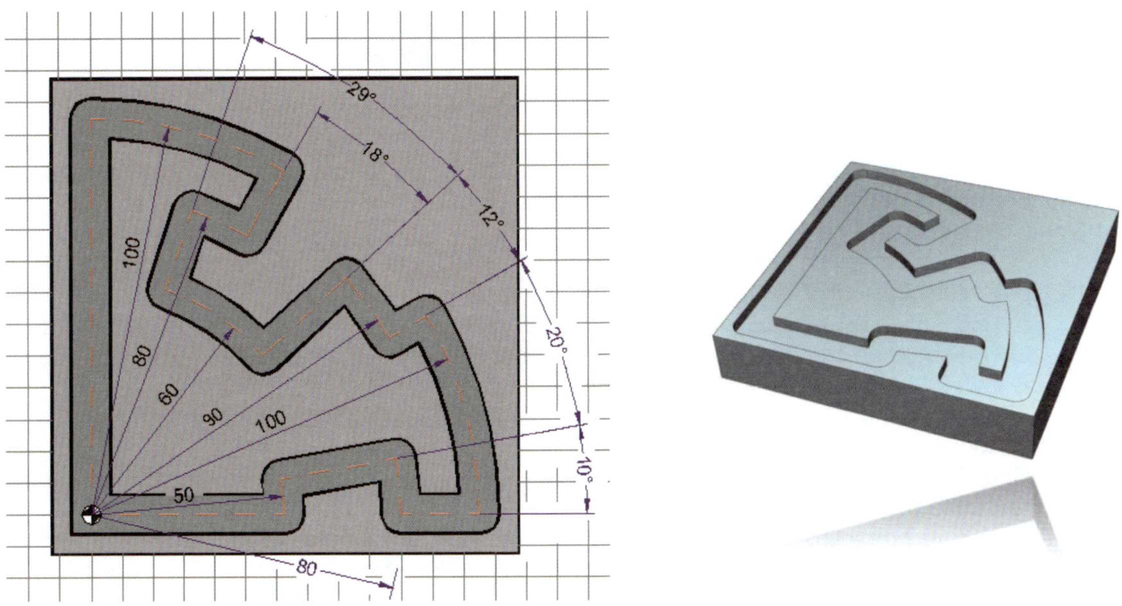

Fig. 10.27 Mecanizado con G02 y G03 en polares con radio y ángulo.

Programa: Absolutas.

Control 8065 y Control 8055

Polares - Absolutas – Radio y ángulo

```
 1 - F80 S850 T1 D1
 2 - M6
 3 - G90 G0 G5 G94 G40 G17 X-30 Y0 Z100; + G43 8055
 4 - X10 Y10
 5 - Z2 M3
 6 - G01 Z-4
 7 - G93
 8 - R50 Q0 F120
 9 - G03 Q10
10 - G01 R80
11 - G02 Q0
12 - G01 R100
13 - G03 Q30
14 - G01 R90
15 - G03 Q42
16 - G01 R60
17 - G03 Q71
18 - G01 R80
19 - G02 Q60
20 - G01 R100
21 - G03 Q90
22 - G01 X10 Y10
23 - Z2 M5
24 - G0 Z100
25 - X-30 Y0
26 - M30
```

Comentario al ejemplo 5 – Absoluto (radio y ángulo)

Programación en coordenadas polares (radio y ángulo). Absolutas.

Línea 1	Se indican las condiciones tecnológicas solicitadas que tendrá que cumplir la herramienta.
Línea 2	Se ordena el cambio físico de la herramienta con **M6**.
Línea 3	Colocación de la cabecera.
Línea 4	Se coloca la herramienta en la posición **X10 Y10**, que es donde se empezará a mecanizar, pero a la altura de **Z100** para poder bajar sin problemas.
Línea 5	Aproximación en rápido de **Z** a 2 mm de la cara superior como distancia de seguridad.
Línea 6	Con avance de trabajo de herramienta frontal se desciende hasta la profundidad de pasada **Z-4**.
Línea 7	Situación del origen de coordenadas polares en la posición actual que coincide con el centro de todos los arcos a mecanizar.
Línea 8	Con **R50** y **Q0** (coincidente con las 3 del reloj), y a un avance de trabajo de costado, se realiza la primera pasada horizontal al eje **X**.
Línea 9	En **G3** se indica **Q10**. No se indica **"R"** porque es modal y está definido en la línea anterior.
Línea 10	En **G1** se desplaza a **R80**. No se indica **"Q"** porque es modal y está indicado en la línea anterior.
Línea....	El resto de líneas siguen el mismo proceso hasta la línea **22.**
Línea....	
Línea....	
Línea 23	Se desplaza en velocidad de trabajo hasta **Z2** y se para el mandrino.
Línea 24	En **G0** se sube hasta la altura de **Z100**.
Línea 25	Desplazamiento en rápido hasta la posición de seguridad **X-30 Y0**.
Línea 26	Fin del programa.

Ejemplo 6 - G02/G03 - Coordenadas polares – Incrementales (radio y ángulo).

El ejemplo será el de la pieza de la Fig. 10.27, se seguirán los mismos criterios tecnológicos.

Se parte de una pieza perfectamente escuadrada y a medidas exteriores correctas, donde solo es necesario realizar un ranurado, con una única pasada.

Programa: Incrementales.

Control 8065 y Control 8055

Polares - Incrementales – Radio y ángulo

```
 1 - F80 S850 T1 D1
 2 - M6
 3 - G90 G0 G5 G94 G40 G17 X-30 Y0 Z100; +G43 8055
 4 - X10 Y10
 5 - Z2 M3
 6 - G01 Z-4
 7 - G93
 8 - G91 R50 Q0 F120
 9 - G03 Q10
10 - G01 R30
11 - G02 Q-10
12 - G01 R20
13 - G03 Q30
14 - G01 R-10
15 - G03 Q12
16 - G01 R-30
17 - G03 Q29
18 - G01 R20
19 - G02 Q-11
20 - G01 R20
21 - G03 Q30
22 - G90 G01 X10 Y10
23 - Z2 M5
24 - G0 Z100
25 - X-30 Y0
26 - M30
```

Comentario al ejemplo 6 – Incrementales (radio y ángulo)

Programación en coordenadas polares (radio y ángulo). Incrementales.

Línea 1 Idéntica a la del ejemplo anterior.

Línea... El resto de líneas siguen el mismo proceso hasta la línea **8**.

Línea 8 Se activa la programación incremental con **G91** y se aplican las mismas coordenadas que en el programa en valor absoluto, pues en esta ocasión el origen polar es coincidente con el punto de partida de la herramienta **R50** y **Q0**, se realiza la primera pasada horizontal al eje **X**.

Línea 9 Se aplican las mismas coordenadas que en el programa en valor absoluto, pues en esta ocasión es coincidente el origen polar en grados, con el punto de partida de la herramienta **Q0** anterior.

Línea 10 En **G1** se desplaza a **R30**. En este caso se incrementa desde la última posición de radio **R50** a la nueva **R30** (50+30=80), que es coincidente con la cota de R80. No se indica **"Q"** porque es modal y está indicado en la línea anterior.

Línea.... El resto de líneas siguen el mismo proceso hasta la línea **23**.

Línea 23 Idéntica a la del ejemplo anterior.

Línea 24 Idéntica a la del ejemplo anterior.

Línea 25 Idéntica a la del ejemplo anterior.

Línea 26 Fin del programa.

G08 Trayectoria circular tangente a la trayectoria anterior

Descripción

Con la función **G08** se programan movimientos circulares a velocidad controlada, con la condición de que sean tangentes a la trayectoria anterior, ya sea lineal o circular y sin tener que indicar el centro del arco I, J, K ni R ni Q.

En la Fig. 10.28 se observa cómo la trayectoria desde la que se parte que precede al arco a mecanizar es tangente con el mismo, por lo que el mecanizado es posible usando **G08**, en cambio en la Fig. 10.29, aun siendo la misma pieza, al cambiar el sentido de mecanizado no permite el uso de **G08**, pues las trayectorias ahora no son tangentes.

G08 permite enlazar más de una trayectoria, siempre que sean tangentes entre sí, ver Fig. 10.30. Además, se aprecia en dicha figura que en este ejemplo, se puede mecanizar con **G08** en los dos sentidos posibles, pues en ambos se cumple la condición de tangencia.

Esta función es la más cómoda y practica de utilizar, siempre que sea posible, pues tan solo se tiene que indicar el punto final al que se pretende llegar. El resto lo calcula el control automáticamente, dado que solo existe una solución geométrica que cumpla la condición exigida, dando error en el caso de que no exista posibilidad real de unir las líneas con tangencia. Pero si el control puede calcular una línea curva que quepa, la realizará aunque esta no sea la deseada por el programador; por esto último es muy importante realizar bien los cálculos necesarios e introducir de manera escrupulosa la información en el programa.

El sentido de giro de **G08** lo determina la misma función, que calcula en qué sentido **ha de realizar el arco**, basándose en el ataque frontal de la herramienta, por lo que ha de quedar claro que tan solo puede mecanizarse en un plano con dicha función (el plano de trabajo activo), no permitiendo interpolaciones tridimensionales.

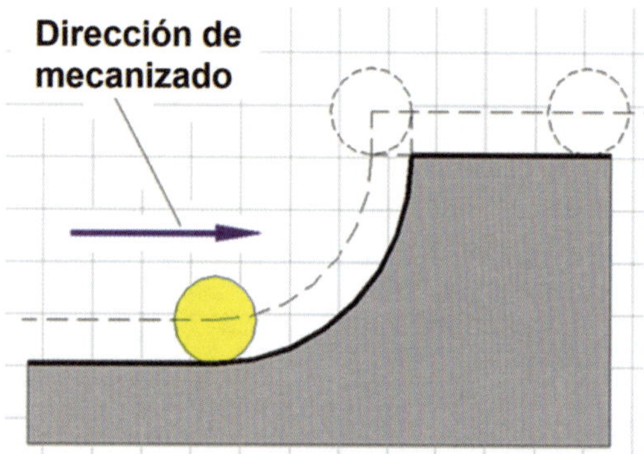

Fig. 10.28 Mecanizado con G08 correcto.

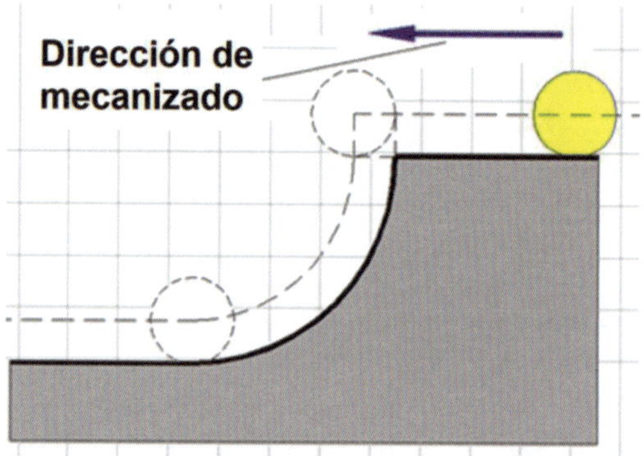

Fig. 10.29 Mecanizado con G08 incorrecto.

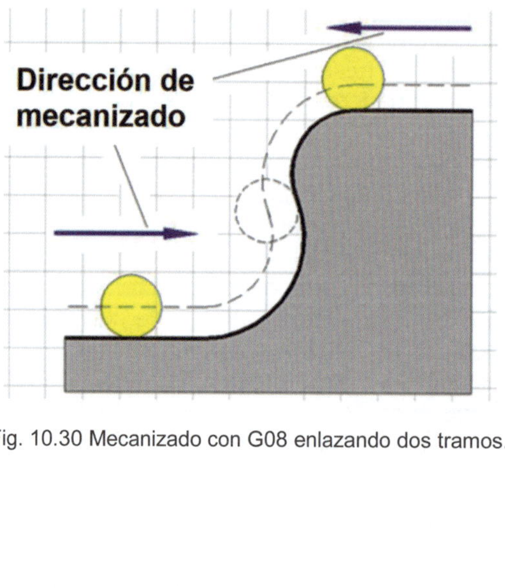

Fig. 10.30 Mecanizado con G08 enlazando dos tramos.

Formato: G08, G8

Se puede n escribir como G08 o G8.

La función **G08** se puede programar en coordenadas cartesianas y polares.

Control 8065 y **Control 8055**

Rectangulares	Polares
Plano G17 XY G-- G-- **G08/G8** X-----.---- Y-----.---- **Plano G18 XZ** G-- G-- **G08/G8** X-----.---- Z-----.---- **Plano G19 YZ** G-- G-- **G08/G8** Y-----.---- Z-----.----	G-- G-- **G08/G8** R-----.---- Q-----.---- En todos los planos se programa con el mismo formato. Tiene que estar previamente situado el origen polar **G93.**

Se pueden programar solas o con más funciones preparatorias, siempre que no sean contradictorias.

Los datos a indicar son los siguientes:

Indicación en formato:

Rectangulares	
G08/G8	X-----.---- Y-----.----

↑ Coordenada del punto final (según el plano de trabajo), en el formato en que se esté programando, absoluto o incremental.

Indicación en formato:

Rectangulares	
G08/G8	R-----.---- Q-----.----

↑ Coordenada del punto final (según el plano de trabajo), en el formato en que se esté programando, absoluto o incremental.

Al programar en este último formato, es imprescindible que el origen de coordenadas polares (**G93**) esté situado en el centro de la circunferencia en que está inscrito dicho arco.

Condiciones

La función G08 no es modal, por lo que se tendrá que programar en cada línea donde sea necesaria.

Al emplear la función **G08**, la velocidad de avance que se usará, será la programada con anterioridad en **"F"**, hasta que se programe un nuevo valor.

Con **G08** no se puede programar un círculo completo, pues existen infinitas soluciones para el mismo.

La función G08 permite que la trayectoria anterior sea una recta o un arco, tras finalizar el bloque, continuando activa la misma función G01, G02 o G03 que estuviera activa.

Operativa

La utilización de **G08** es tan simple como programar un **G00** o **G01.** Tan sólo se tiene que indicar el punto final del arco. El punto final debe ser un punto lógico, pues en caso de indicar un punto que no tenga resolución geométrica correcta, el control alertará con un código de error o realizará un arco incorrecto.

Siempre que sea posible es bueno utilizar **G08** pues facilita la programación y evita el posible error que se puede cometer al indicar el centro del arco. No obstante, no es modal, por lo que se tendrá que escribir en cada línea donde se utilice.

Ejemplo 1 - Absolutas.

El ejemplo que se verá a continuación, será el de la pieza de la Fig. 10.31.

Se parte de una pieza perfectamente escuadrada y a medidas exteriores correctas, donde solo es necesario realizar un ranurado de 10 mm de ancho, en una única pasada.

La herramienta a utilizar es de diámetro 10. Las revoluciones serán de 1000 RPM y el avance de trabajo será de 120 mm/min para los trabajos de costado.

El recorrido de la herramienta se realizará sobre la línea de ejes, que es donde están referenciadas las cotas.

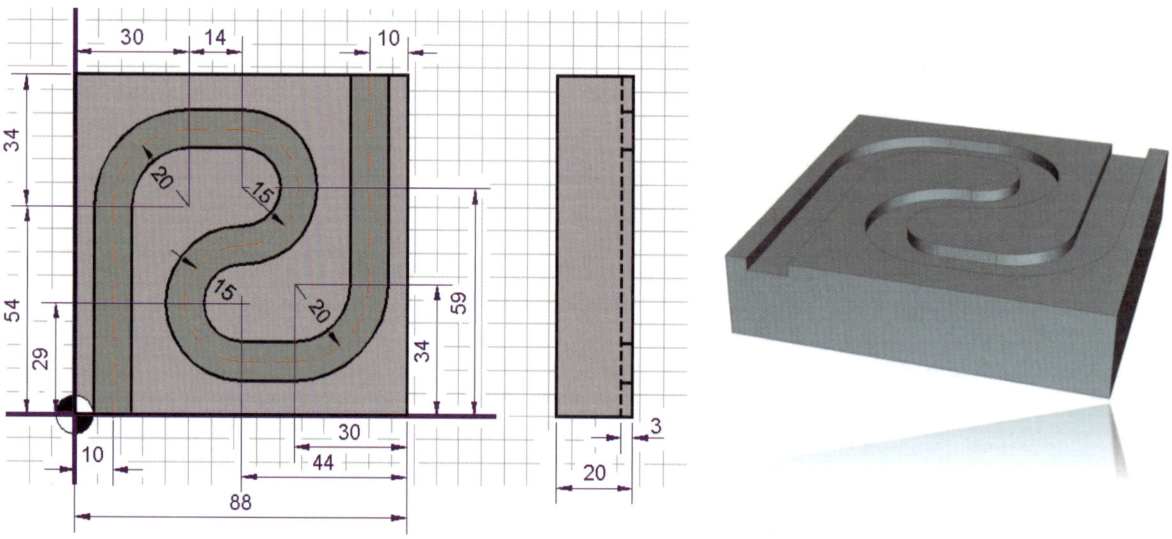

Fig. 10.31 Mecanizado con G08 con cartesianas.

Programa 1: Absolutas.

Control 8065 y Control 8055

Rectangulares

```
 1 - F120 S1000 T1 D1
 2 - M6
 3 - G90 G0 G5 G94 G40 G17 X-30 Y0 Z100; + G43 8055
 4 - X10 Y-7
 5 - Z-3 M3
 6 - G1 Y54
 7 - G8 X30 Y74
 8 - X44
 9 - G8 Y44
10 - G8 Y14
11 - X58
12 - G08 X79 Y34
13 - Y95
14 - G0 Z100 M5
15 - X-30 Y0
16 - M30
```

Comentario al ejemplo 1

Programación en coordenadas rectangulares - Absolutas

Línea 1 Se indican las condiciones tecnológicas solicitadas que tendrá que cumplir la herramienta y se aprovecha la línea para solicitar la herramienta que va a trabajar.
Línea 2 Se ordena el cambio físico de la herramienta con **M6.**
Línea 3 Colocación de la cabecera donde se indican las principales funciones preparatorias que se desea estén activas. La posición de **X-30 Y0 Z100** es una posición de punto de partida, por lo tanto se puede colocar en cualquier otra diferente a esta, dependiendo del programador.
Línea 4 Esta es una posición de inicio de la mecanización de la regata "**X10 Y-7**" respetando los 2mm de distancia de seguridad y la altura se mantiene todavía a **Z100**.
Línea 5 Acercamiento de la herramienta a la máxima velocidad, dejando ya la profundidad de pasada **(Z-3)** colocada y arranque del mandrino.
Línea 6 Se activa la velocidad de trabajo **G1** y se avanza de forma lineal, a la velocidad **F120**, acordada en las condiciones tecnológicas para los trabajos laterales de la herramienta, hasta la posición **Y54**.
Línea 7 Se procede al primer mecanizado con la función **G08**, donde solo se indica la cota del punto final del arco.
Línea 8 Mecanizado del tramo lineal entre los dos arcos. Nótese cómo no se indica la función **G01**, pues está activa al ser modal, por tanto **G08** no la reemplaza.
Línea 9 Siguiente arco con **G08**.
Línea 10 Siguiente arco con **G08** enlazado con el arco anterior.
Línea 11 En **G01**, se realiza el siguiente desplazamiento lineal.
Línea 12 Realización del último arco con **G08**.
Línea 13 Mecanizado del último tramo recto en **G01**. Se saca la herramienta 7mm más allá de la pieza para dejarla totalmente fuera y con 2 mm de más como distancia de seguridad.
Línea 14 Subida de la herramienta hasta la cota **Z100** en **G00**. Se apaga el mandrino.
Línea 15 Retirada a una posición de descanso donde no moleste la herramienta a la hora de manipular la pieza.
Línea 16 Fin del programa.

Ejemplo 2 - Incrementales

El ejemplo que se verá a continuación, será el de la pieza de la Fig. 10.31, y cumple las mismas condiciones tecnológicas que el ejemplo anterior.

La herramienta a utilizar es de diámetro 10. Las revoluciones serán de 1000 RPM y el avance de trabajo será de 120 mm/min para los trabajos de costado.

El recorrido de la herramienta se realizará sobre la línea de ejes, que es donde están referenciadas las cotas.

Programa 2: Incrementales

Control 8065 y Control 8055

Rectangulares

1 - F120 S1000 T1 D1
2 - M6
3 - G90 G0 G5 G94 G40 G17 X-30 Y0 Z100; + G43 8055
4 - X10 Y-7
5 - Z-3 M3
6 - G91 G1 Y61
7 - **G8** X20 Y20
8 - X14
9 - **G8** Y-30
10 - **G8** Y-30
11 - X14
12 - **G08** X20 Y20
13 - Y61
14 - G90 G0 Z100 M5
15 - X-30 Y0
16 - M30

Comentario al ejemplo 2

Programación en coordenadas rectangulares - Incrementales

Línea 1	Idéntica a la del ejemplo anterior.
Línea...	El resto de líneas siguen el mismo proceso hasta la línea **6**.
Línea 6	Se activa la programación en incrementales con **G91.** Se activa la velocidad de trabajo **G1** y se avanza de forma lineal, a la velocidad **F120**, acordada en las condiciones tecnológicas para los trabajos laterales de la herramienta, hasta la posición incremental **Y61** (54 + 7 mm que está el centro de la herramienta fuera del material).
Línea 7	Se procede al primer mecanizado con la función **G08**, donde solo se indica la cota del punto final del arco en valor incremental desde donde está la herramienta actualmente **X20 Y20**.
Línea 8	Mecanizado del tramo lineal en modo incremental desde donde está actualmente la herramienta hasta el principio del siguiente arco. Nótese cómo no se indica la función **G01**, pues está activa al ser modal, por tanto, **G08** no la reemplaza.
Línea 9	El resto de líneas siguen el mismo criterio que el programa anterior hasta la línea 14, excepto las coordenadas que se indican en valor incremental.
Línea...	El resto de líneas siguen el mismo proceso hasta la línea **14**.
Línea 14	Se activa la programación absoluta con G90; el resto es idéntico al programa anterior.
Línea 15	Idéntica a la del ejemplo anterior.
Línea 16	Idéntica a la del ejemplo anterior.

Ejemplo 3 - Coordenadas polares.

El ejemplo que se verá a continuación, será el de la pieza de la Fig. 10.31, y cumple las mismas condiciones tecnológicas que el ejemplo anterior.

Programa 3: Absolutas

Polares

Control 8065	Control 8055
1 - F120 S1000 T1 D1	1 - F120 S1000 T1 D1
2 - M6	2 - M6
3 - G90 G0 G5 G94 G40 G17 X-30 Y0 Z100	3 - G90 G0 G5 G94 G40 G43 G17 X-30 Y0 Z100
4 - X10 Y-7	4 - X10 Y-7
5 - Z-3 M3	5 - Z-3 M3
6 - G1 Y54	6 - G1 Y54
7 - **G8** X30 Y74	7 - **G8** X30 Y74
8 - X44	8 - X44
9 - **G8** Y44	9 - **G8** Y44
10 - G30 I44 J28	10 - G93 I44 J28
11 - **G8** R15 Q270	11 - **G8** R15 Q270
12 - X58	12 - X58
13 - **G08** X79 Y34	13 - **G08** X79 Y34
14 - Y95	14 - Y95
15 - G0 Z100 M5	15 - G0 Z100 M5
16 - X-30 Y0	16 - X-30 Y0
17 - M30	17 - M30

Comentario al ejemplo 3

Programación en coordenadas polares - Absolutas

Línea 1	Idéntico al anterior hasta la línea 9.
Línea...	El resto de líneas siguen el mismo proceso hasta la línea **10**.
Línea 10	Se sitúa el origen polar del siguiente arco a mecanizar, en 8065 G30 y en 8055 G93.
Línea 11	Siguiente arco con **G08** en coordenadas polares, enlazado con el arco anterior.
Línea 12	En **G01**, se realiza el siguiente desplazamiento lineal..
Línea 13	Idéntico al ejemplo anterior.
Línea...	El resto de líneas siguen el mismo proceso hasta la línea **17**.
Línea 17	Fin del programa.

G09 Trayectoria circular definida por tres puntos

Descripción

Con la función **G09** se programa una trayectoria circular de la que se conozcan tres puntos que formen parte de la misma: el punto de inicio, un punto intermedio cualquiera y el punto final de dicha trayectoria circular.

No es necesario programar el centro del arco ni las funciones **G02** o **G03**, pues los puntos definidos indican al control cuál es la dirección de mecanizado del arco.

Formato: G09, G9

Se puede n escribir como G09 o G9.

La función **G09** se puede programar en coordenadas cartesianas y polares.

Control 8065 y Control 8055

Rectangulares

Plano G17 XY
G01 X-----.---- Y-----.----
G09/G9 X-----.---- Y-----.---- I-----.---- J-----.----

Plano G18 XZ
G01 X-----.---- Z-----.----
G09/G9 X-----.---- Z-----.---- I-----.---- K-----.----

Plano G19 YZ
G01 Y-----.---- Z-----.----
G09/G9 Y-----.---- Z-----.---- J-----.---- K-----.----

Polares

Plano G17 XY
G01 X-----.---- Y-----.----
G09/G9 R-----.---- Q-----.---- I-----.---- J-----.----

Plano G18 XZ
G01 X-----.---- Z-----.----
G09/G9 R-----.---- Q-----.---- I-----.---- K-----.----

Plano G19 YZ
G01 Y-----.---- Z-----.----
G09/G9 R-----.---- Q-----.---- J-----.---- K-----.----

La distribución de los diferentes datos a introducir, son los siguientes:

Solo se verá el plano **G17**, pues el resto es idéntico aunque cambiando los ejes correspondientes a cada plano.

Los datos a indicar son los siguientes:

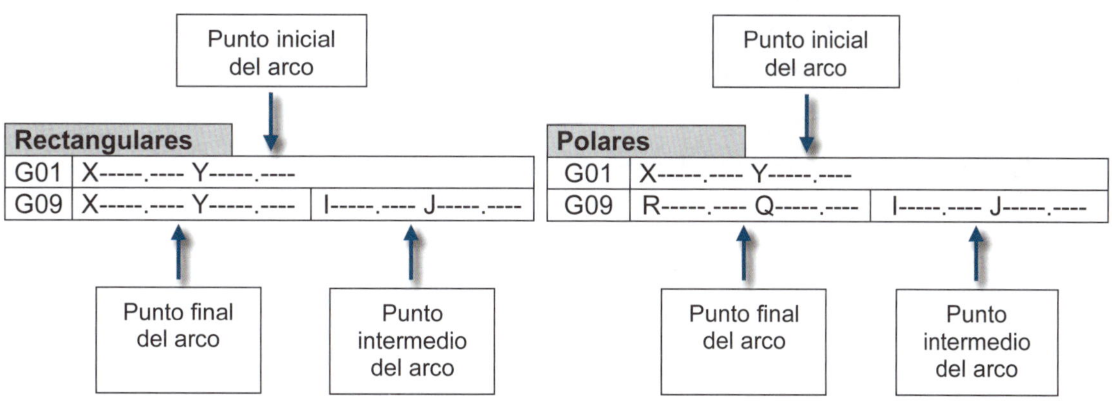

Nótese como el primer punto del arco, no se especifica en la línea donde se sitúa la función **G09**, sino en la línea superior, pues dicha posición es la que alcanza la herramienta antes de realizar el arco y el control tiene perfectamente referenciada dicha posición.

En ambas modalidades, el punto intermedio **I.... J....** se programa en rectangulares (incluso en las polares), marcando las coordenadas como si fueran **X** e **Y**.

Condiciones

La función **G09** no es modal y no anula a las funciones **G02** y **G03** salvo en la línea donde está escrita dicha función.

Se tiene que programar sin ninguna otra función preparatoria en la línea.

Con la función **G09** no se puede programar un círculo completo, ya que para definir un arco con dicha función es necesario que se programen tres puntos distintos. El control visualizará código de error.

Al emplear la función **G09**, la velocidad de avance que se usará, será la programada con anterioridad en **"F"**, hasta que se programe un nuevo valor.

Operativa

La función **G09** no tiene ninguna utilización especial y se debe usar cuando la información del plano de trabajo no tenga la información suficiente para realizar el mecanizado y con la función **G09** se pueda resolver de manera más fácil. De otra manera no resulta útil su utilización dado que se tendrá que incluir en cada línea al no ser modal.

Ejemplo

El ejemplo que se verá a continuación, será la pieza de la Fig. 10.32.

Se parte de una pieza perfectamente escuadrada y a medidas exteriores correctas, donde solo es necesario realizar un ranurado de 10 mm de ancho, en una única pasada.

La herramienta a utilizar es de diámetro 10. Las revoluciones serán de 1000 RPM y el avance de trabajo será de 120 mm/min para los trabajos de costado.

El recorrido de la herramienta se realizará sobre la línea de ejes, que es donde están referenciadas las cotas.

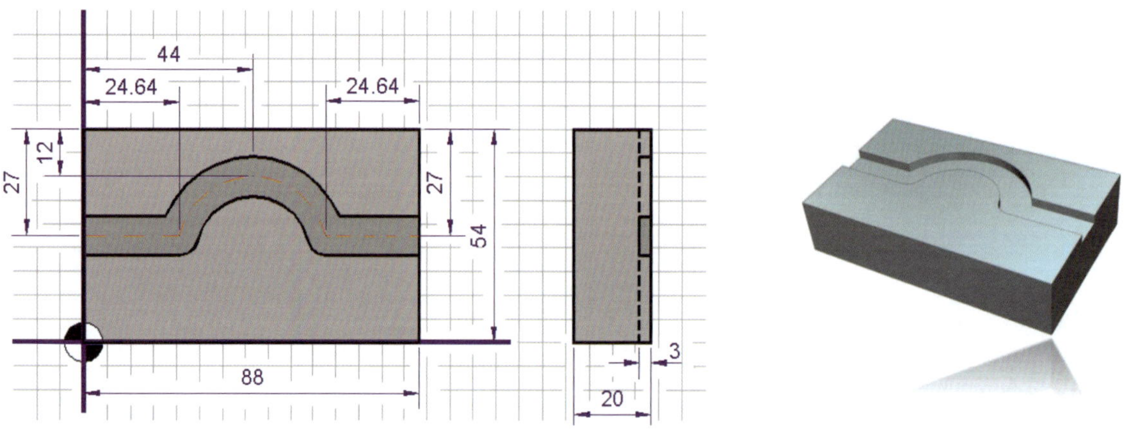

Fig. 10.32 Mecanizado de pieza con G09.

Programas: Absolutas e incrementales

Control 8065 y Control 8055

Rectangulares - Absolutas

1 - F120 S1000 T1 D1
2 - M6
3 - G90 G0 G5 G94 G17 X-30 Y0 Z100
4 - X-7 Y27
5 - Z-3 M3
6 - G1 X24.64
7 - **G9** X63.36 Y27 I44 J42
8 - X95
9 - G0 Z100 M5
10 - X-30 Y0
11 - M30

Rectangulares - Incrementales

1 - F120 S1000 T1 D1
2 - M6
3 - G90 G0 G5 G94 G17 G43 X-30 Y0 Z100
4 - X-7 Y27
5 - Z-3 M3
6 - G91 G1 X31.64
7 - **G9** X38.72 Y0 I19.36 J15
8 - X31.64
9 - G90 G0 Z100 M5
10 - X-30 Y0
11 - M30

Comentarios al ejemplo

Programación en coordenadas rectangulares – Absolutas

La función **G09** se tiene que programar en línea única, sin estar acompañada de ninguna otra función ni dato auxiliar.

Línea 1 Se indican las condiciones tecnológicas solicitadas que tendrá que cumplir la herramienta y se aprovecha la línea para solicitar la herramienta que va a trabajar.
Línea 2 Se ordena el cambio físico de la herramienta con **M6**.
Línea 3 Colocación de la cabecera donde se indican las principales funciones preparatorias que se desea que estén activas. La posición de **X-30 Y0 Z100** es una posición de punto de partida; por lo tanto, dependiendo del programador, se puede colocar en cualquier otra diferente a esta.
Línea 4 Esta es una posición de inicio de la mecanización de la regata "**X-7 Y27**"; respetando así los 2 mm de distancia de seguridad y la altura se mantiene todavía a **Z100**.
Línea 5 Se profundiza con **Z** hasta la pasada de **-3** y se activa el giro del mandrino.
Línea 6 Activación de **G01** y mecanizado lineal hasta el inicio del arco. La posición alcanzada con esta línea forma parte de la definición de **G09**.
Línea 7 Realización de **G09** con las medidas que indica el plano.
Línea 8 Realización de la última línea recta y salida del material respetando la distancia de seguridad de 2 mm.
Línea 9 Subida a **Z100** y parada del mandrino.
Línea 10 Desplazamiento hasta la posición de descanso de la herramienta.
Línea 11 Final de programa con **M30**.

Programación en coordenadas rectangulares - Incrementales

Línea 1 Idéntico al anterior hasta la línea 6.
Línea 6 Se activa la programación en valor incremental con **G91** y se realiza en **G01** el primer mecanizado lineal indicando en este caso las coordenadas en valor incremental.
Línea 7 Realización de **G09** con las medidas que indica el plano, indicadas en valor incremental.
Línea 8 Realización de la última línea recta y salida del material respetando la distancia de seguridad de 2 mm, programando con valores incrementales.
Línea 9 Activación del modo de programación absoluto y subida a **Z100**; parada del mandrino.
Línea 10 Idéntico al anterior hasta la línea 110.
Línea 11 Final de programa con **M30**.

Nota:
Hasta ahora en fresadora se han ido viendo los diferentes ejemplos en valor absoluto y en valor incremental. Pero a partir de este último ejemplo solo se verán en valor absoluto (salvo algún caso puntual que será indicado), pues se da por conocida la programación incremental.

G36 Redondeo controlado de aristas

Descripción

Esta función mantiene la misma operatividad que en el torno y tan solo permite realizarse en un plano determinado, no permite la realización entre dos planos. Con esta función se pueden redondear aristas con un radio determinado, sin necesidad de calcular el centro ni los puntos "inicial y final" del arco, pues el control determina automáticamente dicha información.

Esta función, aunque es parecida a **G08**, se diferencia de esta en el hecho de no tener que calcular ningún punto de inicio de tangencia.

Formato: G36

Control 8065	Control 8055
Plano G17 XY G90 G-- G-- **G36 I**-----.---- X-----.---- Y-----.---- X-----.---- Y-----.----	**Plano G17 XY** G90 G-- G-- **G36 R**-----.---- X-----.---- Y-----.---- X-----.---- Y-----.----
Plano G18 XZ G90 G-- G-- **G36 I**-----.---- X-----.---- Z-----.---- X-----.---- Z-----.----	**Plano G18 XZ** G90 G-- G-- **G36 R**-----.---- X-----.---- Z-----.---- X-----.---- Z-----.----
Plano G19 YZ G90 G-- G-- **G36 I-----.----** X-----.---- Z-----.---- X-----.---- Z-----.----	**Plano G19 YZ** G90 G-- G-- **G36 R-----.----** X-----.---- Z-----.---- X-----.---- Z-----.----

Los datos a indicar son los siguientes (control 8065):

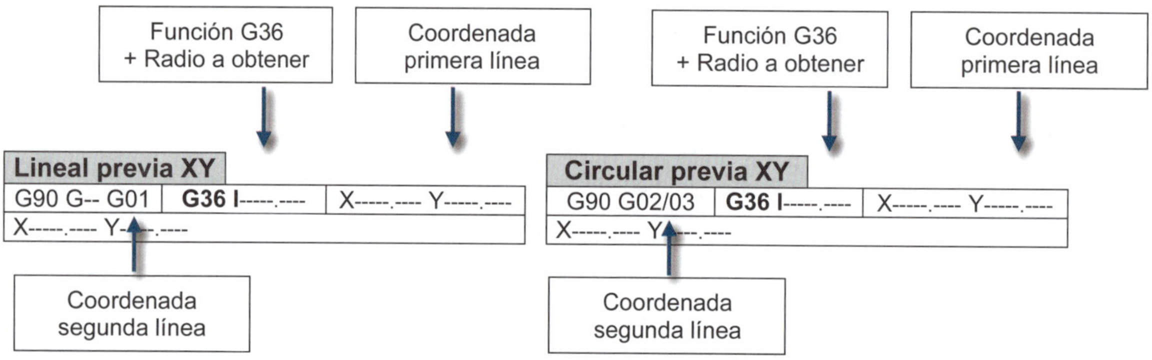

Esta función necesita la programación de dos líneas pues de no escribir la segunda, el control no tiene datos suficientes para calcular el arco.
En la primera línea se programa la función **G36** con **I** (8065) o **R** (8055) radio a obtener, en la segunda, la coordenada de la línea que sigue en la geometría (ver Fig. 10.33). En la figura de la izquierda se procede de una línea recta y en la de la derecha de una línea curva.

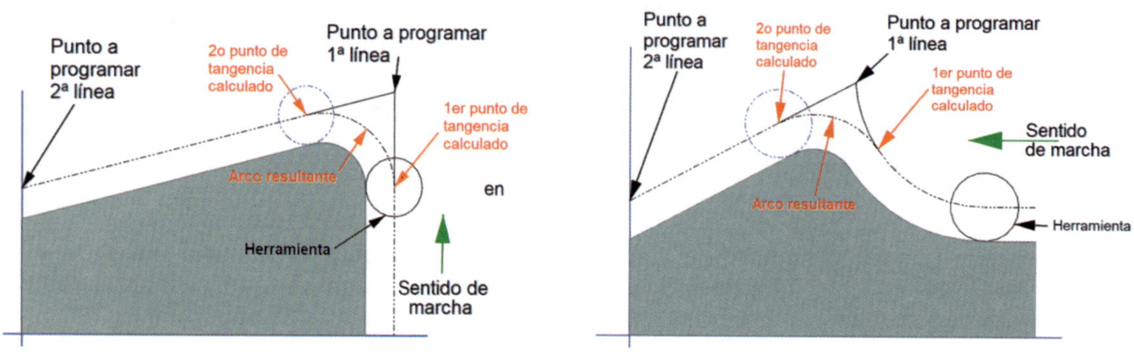

Fig. 10.33 Esquema de la función G36 con entrada en línea recta y en línea curva.

Tal como se observa en la Fig. 10.33, tan solo se le ha de indicar al control el punto a programar en la 1ª línea, el punto a programar en la 2ª línea y el radio del arco a obtener. Los puntos de tangencia los calcula el control de forma automática, lo que ahorra al programador el tener que calcular dichos puntos.

Condiciones

La función **G36** no es modal y no anula a las funciones **G02** y **G03**, salvo en la línea donde está escrita dicha función.

En la línea donde se programe **G36**, se pueden colocar tantas funciones preparatorias como se desee, siempre que no sean contradictorias entre sí y que la **G36** sea la última de esas funciones, justo antes de la palabra **R**. Detrás de las coordenadas se pueden colocar tantas funciones auxiliares como se desee.

El radio de redondeo se indicará siempre en positivo; de lo contrario, el control marcará error.

La función debe programarse obligatoriamente en el mismo bloque cuyo desplazamiento final se desee redondear.

Al emplear la función **G36**, la velocidad de avance que se usará, será la programada con anterioridad en **"F"**, hasta que se programe un nuevo valor.

Control 8065

En el control 8065 el valor "I" del tamaño del chaflán permanecerá activo hasta que se programe otro valor; por lo tanto, no será necesario programarlo en redondeos sucesivos que tengan el mismo tamaño. El valor "I" del tamaño del chaflán, también es utilizado por las funciones:

- G39 (Redondeo de aristas) como radio de redondeo.
- G37 (Entrada tangencial) como radio de entrada.
- G38 (Salida tangencial) como radio de salida.

Esto significa que el tamaño del radio definido con G36 será el nuevo valor del radio de entrada, radio de salida o radio de redondeo cuando se programe una de estas funciones, y viceversa.

Operativa

Siempre que sea posible, es aconsejable utilizar **G36** para realizar mecanizados circulares, teniendo en cuenta la limitación de que, tiene que ser tangente a la línea anterior y posterior de la geometría de mecanizado, no pudiendo utilizarse si el último punto del mecanizado es el final del arco. Por lo demás, su uso es más fácil que el de las funciones **G02** y **G03**, pues en este caso no se le ha de indicar la dirección ni el centro de la circunferencia donde está inscrito el arco, ni los puntos de tangencia anterior y posterior.

Es muy útil su utilización cuando las líneas rectas en que está comprendido el arco formen un ángulo diferente a 90º, por no tener que calcular los puntos de tangencia. Tiene el inconveniente de no ser modal, pero por lo demás todo son ventajas.

Ejemplo

El ejemplo que se verá a continuación será el de la pieza de la Fig. 10.34. Se tiene que realizar una regata de 10 mm de ancho empezando en la cota X42 Y15 y mecanizando de izquierda a derecha.

Se parte de una pieza premecanizada y perfectamente escuadrada donde solo falta por mecanizar la regata. La regata tiene una profundidad de 2 mm.

Las condiciones tecnológicas para el mecanizado son: velocidad de avance para profundizar 80 mm/min, para el trabajo de costado 120 mm/min, pasada maxima 2 mm y 1000 RPM.

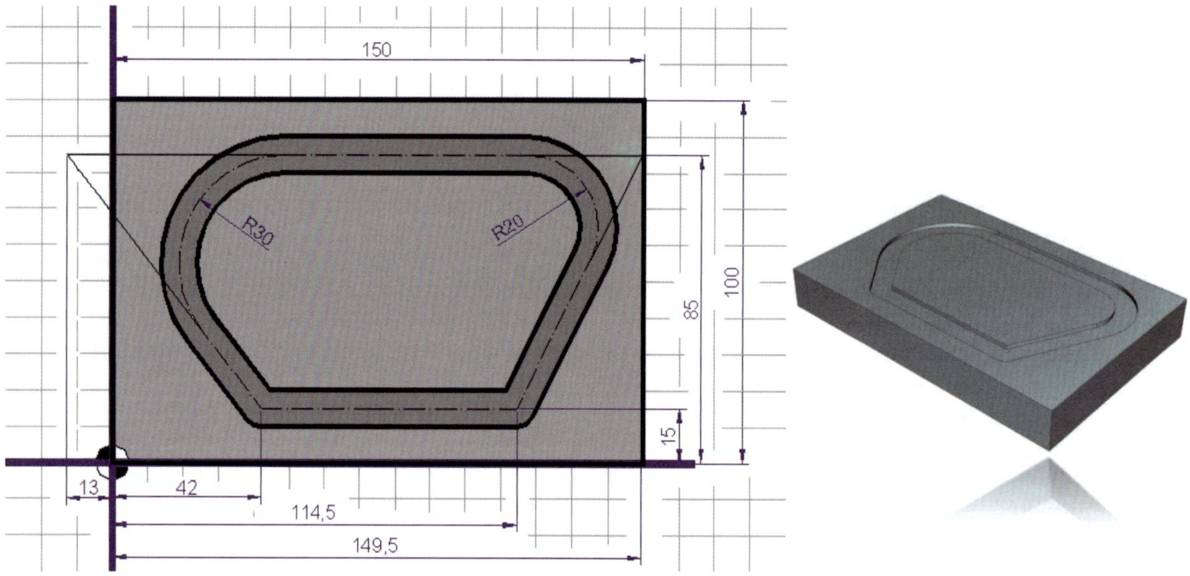

Fig. 10.34 Mecanizado de pieza con G36.

Programa:

Control 8065

Absolutas

1 - F80 S1000 T1 D1
2 - M6
3 - G90 G0 G5 G94 G40 G17 X-30 Y0 Z100
4 - X42 Y15
5 - Z2
6 - G1 Z-2 M3
7 - X114.4 F120
8 - X149.5 Y85
9 - **G36 I20**
10 - X-13
11 - **G36 I30**
12 - X42 Y 15
13 - Z2 M5
14 - G0 Z100
15 - X-30 Y0
16 - M30

Control 8055

Absolutas

1 - F80 S1000 T1 D1
2 - M6
3 - G90 G0 G5 G94 G40 G43 G17 X-30 Y0 Z100
4 - X42 Y15
5 - Z2
6 - G1 Z-2 M3
7 - X114.4 F120
8 - **G36 R20** X149.5 Y85
9 - **G36 R30** X-13
10 - X42 Y 15
11 - Z2 M5
12 - G0 Z100
13 - X-30 Y0
14 - M30

Comentarios al ejemplo - 8065

Línea 1 Se indican las condiciones tecnológicas solicitadas que tendrá que cumplir la herramienta y se aprovecha la línea para solicitar la herramienta que va a trabajar.

Línea 2 Se ordena el cambio físico de la herramienta con **M6**.

Línea 3 Colocación de la cabecera donde se indican las principales funciones preparatorias que se desea que estén activas. La posición de **X-30 Y0 Z100** es una posición de punto de partida, por lo tanto se puede colocar en cualquier otra posición diferente a esta, dependiendo del criterio del programador.

Línea 4 Esta es la posición de inicio de la mecanización de la regata "**X42 Y15",** la altura se mantiene todavía a **Z100**.

Línea 5 Acercamiento de la herramienta a la máxima velocidad hasta una distancia de 2 mm del material como distancia de seguridad.

Línea 6 Profundizar 2 mm sobre el material a la velocidad de avance de 80 mm/min que nos piden en las condiciones tecnológicas. Arranque del mandrino.

Línea 7 En **G1** se mecaniza la primera regata horizontal hasta la longitud de **X114.4**.

Línea 8 Inicio de la línea que realizará junto con la siguiente el redondeo.

Línea 9 En esta línea se indica el **"I20"** a construir.

Línea 10 En este ejercicio existen dos **G36** seguidos que se pueden programar sin problemas; por esto aquí se indica la posición de la siguiente línea del redondeo.

Línea 11 En esta línea se indica **I30** a construir.
Línea 12 Esta línea es importante porque, junto a la anterior, le sirve al control para calcular el redondeo; de no escribir esta línea el control daría error. La cota final coincide con la del inicio, pues en este punto se finaliza la regata.
Línea 13 Subida a 2 mm por encima del material a velocidad controlada y paro del mandrino.
Línea 14 Subida de la herramienta hasta la cota **Z100** en **G00**.
Línea 15 Retirada hasta la posición de descanso **X-30 Y0**.
Línea 16 Fin del programa.

En el control **8055** todo es igual excepto la "I", que se sustituye por "R" y los G36, que se colocan en la misma línea de construcción del redondeo.

G39 Achaflanado controlado de aristas

Descripción

Esta función sirve para achaflanar aristas con una medida determinada. Sin necesidad de calcular los puntos inicial y final del chaflán, el control determina automáticamente dicha información.

El chaflán a realizar tiene que ser simétrico; debe medit lo mismo en cada una de las aristas que lo componen.

La función debe programarse obligatoriamente en el mismo bloque cuyo desplazamiento final se desee achaflanar.

Formato: G39

Control 8065

Plano G17 XY
G90 G-- G-- **G39 I**-----.---- X-----.---- Y-----.----
X-----.---- Y-----.----

Plano G18 XZ
G90 G-- G-- **G39 I**-----.---- X-----.---- Z-----.----
X-----.---- Z-----.----

Plano G19 YZ
G90 G-- G-- **G39 I-----.----** X-----.---- Z-----.----
X-----.---- Z-----.----

Control 8055

Plano G17 XY
G90 G-- G-- **G39 R**-----.---- X-----.---- Y-----.----
X-----.---- Y-----.----

Plano G18 XZ
G90 G-- G-- **G39 R**-----.---- X-----.---- Z-----.----
X-----.---- Z-----.----

Plano G19 YZ
G90 G-- G-- **G39 R-----.----** X-----.---- Z-----.----
X-----.---- Z-----.----

Los datos a indicar son los siguientes (control 8065):

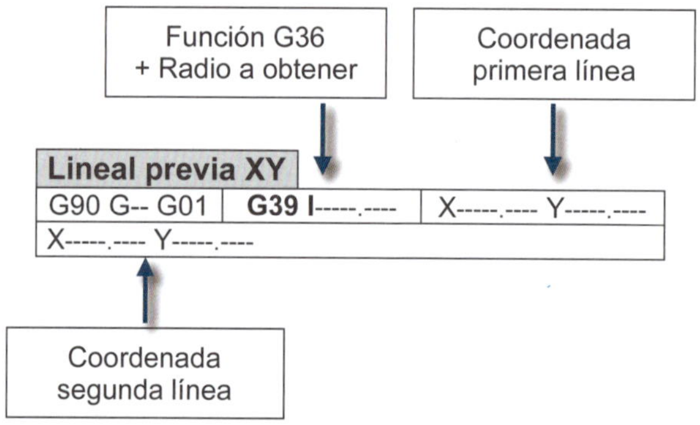

Esta función necesita la programación de dos líneas pues, de no escribir la segunda, el control no tiene datos suficientes para calcular el chaflán.

En la primera línea se programa la función **G39** con el **I** (longitud) (R en el control 8055) a obtener, en la segunda, la coordenada de la línea que sigue en la geometría (ver Fig. 10.35).

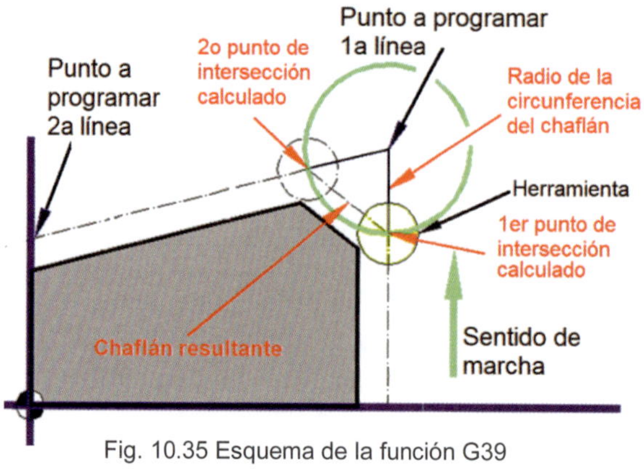

Fig. 10.35 Esquema de la función G39

Tal como se observa en la Fig. 10.35 tan solo se le ha de indicar al control el punto a programar en la 1ª línea, el punto a programar en la 2ª línea y el radio de la circunferencia en la que está inscrito el chaflán. Los puntos de intersección los calcula el control de forma automática, lo que ahorra el cálculo de dichos puntos.

Condiciones

La función **G39** no es modal.

En la línea donde se programe **G39**, se pueden colocar tantas funciones preparatorias como se desee, siempre que no sean contradictorias entre sí y que la **G39** sea la última de esas funciones, justo antes de la palabra **I** (R en el control 8055). Detrás de las coordenadas se pueden colocar tantas funciones auxiliares como se desee.

El radio de achaflanado se indicará siempre en positivo; de lo contrario, el control marcará error.

Al emplear la función **G39**, la velocidad de avance que se usará, será la programada con anterioridad en **"F"**, hasta que se programe un nuevo valor.

Control 8065

En el control 8065, el valor "I" del tamaño del chaflán permanece activo hasta que se programe otro valor; por lo tanto, no será necesario programarlo en chaflanes sucesivos del mismo valor.

El valor "I" del tamaño del chaflán, también es utilizado por las funciones:

- G36 (Redondeo de aristas) como radio de redondeo.
- G37 (Entrada tangencial) como radio de entrada.
- G38 (Salida tangencial) como radio de salida.

Esto significa que el tamaño del chaflán definido en G39 será el nuevo valor del radio de entrada, radio de salida o radio de redondeo cuando se programe una de estas funciones y viceversa.

Operativa

Idéntico a la función **G36**, con la única diferencia de que en lugar de generar un arco, generará un chaflán; por lo demás, vale todo lo expuesto en dicha función **G36**.

Ejemplo

El ejemplo que se verá a continuación será la pieza de la Fig. 10.36.

Todas las condiciones son idénticas al ejercicio anterior.

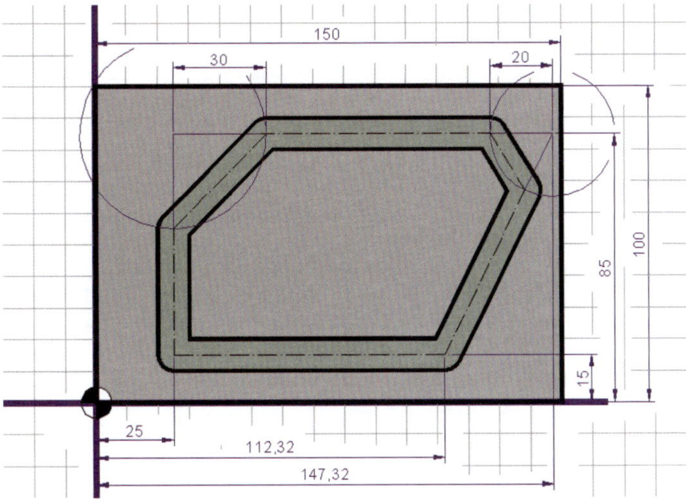

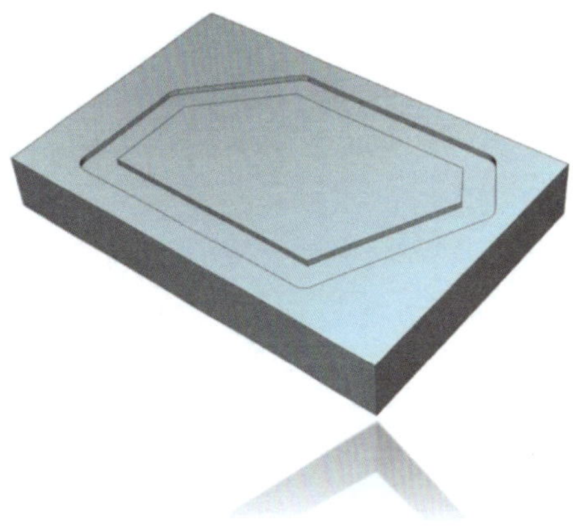

Fig. 7.36 Mecanizado de pieza con G39.

Programa:

Control 8065	Control 8055
Absolutas	**Absolutas**
1 - F80 S1000 T1 D1	1 - F80 S1000 T1 D1
2 - M6	2 - M6
3 - G90 G0 G5 G94 G40 G17 X-30 Y0 Z100	3 - G90 G0 G5 G94 G40 G43 G17 X-30 Y0 Z100
4 - X25 Y15	4 - X25 Y15
5 - Z2	5 - Z2
6 - G1 Z-2 M3	6 - G1 Z-2 M3
7 - X112.32 F120	7 - X112.32 F120
8 - X147.32 Y85	8 - G39 R20 X147.32 Y85
9 - G39 I20	9 - G39 R30 X25
10 - X25	10 - Y15
11 - G39 I30	11 - Z2 M5
12 - Y15	12 - G0 Z100
13 - Z2 M5	13 - X-30 Y0 Z100
14 - G0 Z100	14 - M30
15 - X-30 Y0 Z100	
16 - M30	

Comentarios al ejemplo - 8065

Este programa es idéntico al anterior, con la única diferencia de algunas cotas y el cambio de **G39** por **G36**.

Nota: a partir de ahora, en los programas que se realicen de ejemplo con el control 8065 no harán referencia a la función G43 y no estará colocada en la cabecera. En los de ejemplo del control 8055 si aparecerá.

G37 Entrada tangencial

Descripción

Permite realizar la entrada a la pieza, enlazando dos trayectorias tangenciales sin necesidad de programar los puntos de tangencia.

Esta opción es válida para realizar entradas en la pieza sin dejar marca de aproximación de herramienta. Esto es especialmente útil para trabajos de costado en fresadora, donde la herramienta tenga que atacar directamente sobre una cara del mecanizado, pues esto siempre suele dejar la marca de la herramienta en la zona de contacto. Al programar esta función, la herramienta entrará tangencialmente a la cara sin dejar marca.

Control 8065
La entrada tangencial se debe programar sola en el bloque y después del bloque cuya trayectoria se desea modificar; es necesario que esta trayectoria sea rectilínea (G00 o G01).

Control 8055
La función G37 y el valor R hay que programarlos en el bloque que incorpora la trayectoria que se desea modificar.

Formato: G37

Control 8065

Entrada tangencial

Plano G17 XY
G01 X----.--- Y----.---
G37 I----.---
X----.--- Y----.--- (Esta línea puede ser lineal o circular)

Plano G18 XZ
G01 X----.--- Z----.---
G37 I----.---
X----.--- Z----.--- (Esta línea puede ser lineal o circular)

Plano G19 YZ
G01 Y----.--- Z----.---
G37 I----.---
Y----.--- Z----.--- (Esta línea puede ser lineal o circular)

Control 8055

Entrada tangencial

Plano G17 XY
G-- G01 **G37 R**----.--- X----.--- Y----.---
X... Y... (Esta línea puede ser lineal o circular)

Plano G18 XZ
G.. G01 **G37 R**----.--- X----.--- Z----.---
X----.--- Z----.--- (Esta línea puede ser lineal o circular)

Plano G19 YZ
G01 **G37 R**----.--- Y----.--- Z----.---
Y----.--- Z----.--- (Esta línea puede ser lineal o circular)

Los datos a indicar son los siguientes:

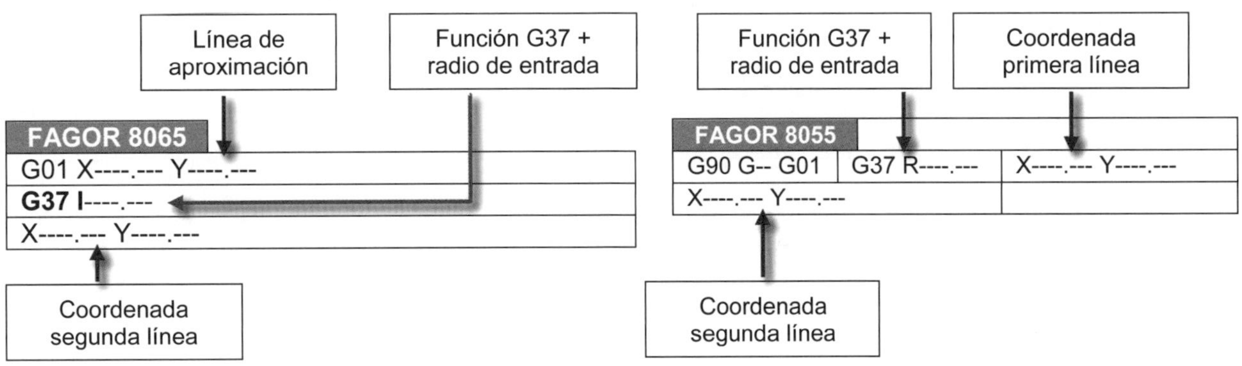

Esta función necesita de la programación de tres líneas en el control 8065 y dos líneas en el 8055, pues de no escribir la segunda o tercera, el control no tiene datos suficientes para calcular la entrada tangencial.

Control 8065

En la primera línea se programa la línea de aproximación. A continuación, se programa en una línea sola la función **G37** con la palabra **I** con el radio que se quiere utilizar en la entrada tangencial, en la tercera línea, la coordenada de la línea que sigue en la geometría. Esta línea puede ser en G01 o en G02/G03 (ver Fig. 10.37).

Control 8055

En la primera línea se programa la función **G37** con el **R** (radio) a utilizar en la entrada tangencial, en la segunda, la coordenada de la línea que sigue en la geometría (ver Fig. 10.37).

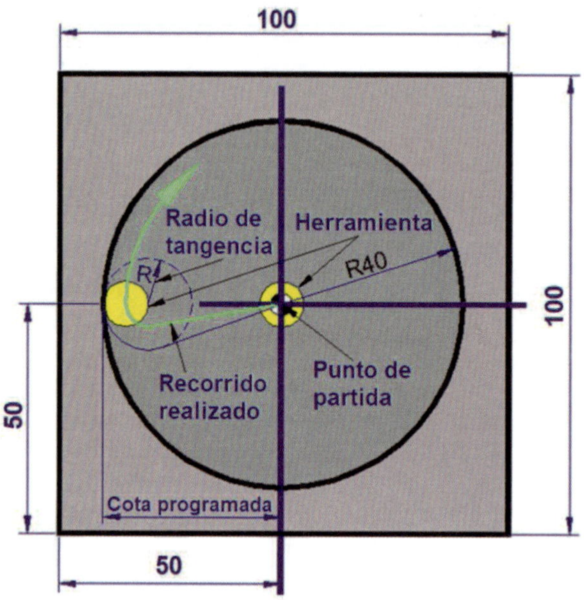

Fig. 10.37 Esquema de la función G37.

Tal como se observa en la Fig. 10.37, se tiene que programar el punto a iniciar el mecanizado en la 1ª línea, como si no se tuviera que realizar la tangencia. En el control 8055, en esa misma línea se le introduce el valor del radio de tangencia (a elección del programador), a continuación, se programa la siguiente línea de forma normal. En el control 8065, después de la primera línea se programa una línea donde tan solo se indicará la función G37 con su valor en I, a continuación, la línea a mecanizar. El control calculará automáticamente los recorridos reales a realizar y su dirección.

Condiciones

La función **G37** no es modal.

Detrás de las coordenadas se pueden colocar tantas funciones auxiliares como se desee.

El radio de tangencia se indicará siempre en positivo; de lo contrario, el control marcará error.

La línea de entrada a la tangencia **debe ser siempre lineal**; en caso contrario, el control dará error.

La longitud de la línea de entrada **debe ser = o > al diámetro de la circunferencia de tangencia**.

Se tiene que seleccionar previamente la herramienta con la función T-- D--, pues; en caso contrario, el control entendería que la herramienta tiene radio 0 y no realizaría ningún tipo de corrección.

El radio de la fresa a utilizar **debe ser = o < que el radio de tangencia**.

Al emplear la función **G37**, la velocidad de avance que se usará será la programada con anterioridad en **"F"**, hasta que se programe un nuevo valor.

Control 8065

En la línea donde se programe **G37** tan solo se debe programar la palabra **I** no admitiendo más datos.

El valor "I" del radio de la entrada tangencial permanece activo hasta que se programe otro valor; por lo tanto, no es necesario programarlo en entradas tangenciales sucesivas del mismo radio.

El valor "I" del radio de la entrada, también es utilizado por las funciones:

- G36 (Redondeo de aristas) como radio de redondeo.
- G38 (Salida tangencial) como radio de salida.
- G39 (Achaflanado de aristas) como tamaño del chaflán.

Esto significa que el radio de entrada definido en G37 será el nuevo valor del radio de salida, radio de redondeo o tamaño del chaflán cuando se programen estas funciones, y viceversa.

Control 8055

En la línea donde se programe **G37**, se pueden colocar tantas funciones preparatorias como se desee, siempre que no sean contradictorias entre sí y que la **G37** sea la última de esas funciones, justo antes de la palabra **R**.

Operativa

La forma de utilización es muy sencilla, pues tan solo se ha que tener en cuenta el radio a utilizar y programarlo en la línea correspondiente. La siguiente línea de programación es fundamental, pues sin ella al control le faltarán datos para calcular la dirección de la entrada.

La entrada tangencial está pensada para su utilización en la fresadora, donde realmente resuelve y mucho, los problemas de entrada en pieza con la herramienta, sin dejar marca en el mecanizado. Se debe utilizar siempre que sea posible, pues ayudará a realizar mecanizados más correctos. No obstante, en algunas zonas de piezas no se podrá aplicar al no quedar espacio suficiente para realizar la tangencia. En tal caso, el programador debe decidir el sistema de programación más adecuado.

La operativa queda clara y su utilización se tiene que aplicar siempre que sea posible.

Ejemplo

El ejemplo que se verá a continuación será el de la pieza de la Fig. 10.38.

El radio que se usará en la entrada tangencial será de 8 mm.

La herramienta a utilizar es de Ø 10 mm.

La velocidad de avance de costado es de 120 mm/min.

Se parte de una pieza premecanizada, donde solo es necesario realizar el perfilado del mecanizado interior en una sola pasada, con profundidad de 4 mm.

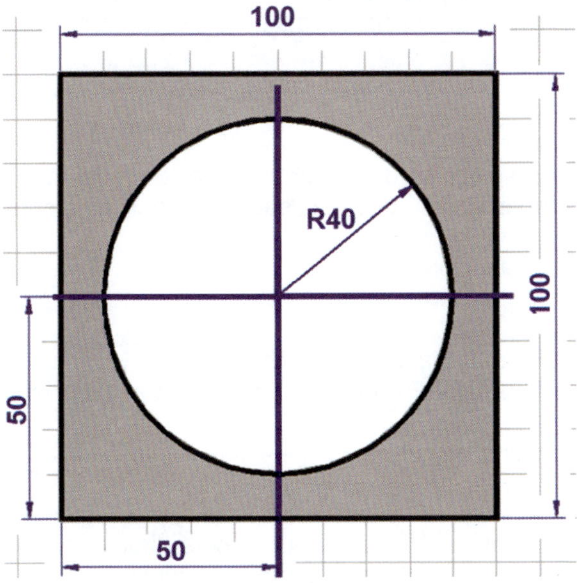

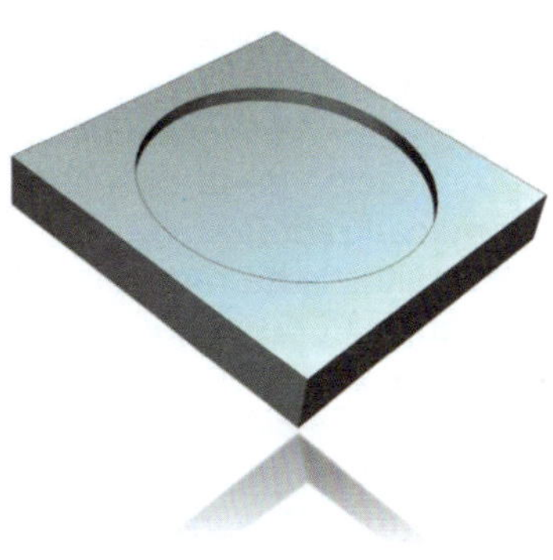

Fig. 10.38 Pieza a mecanizar con G37.

Programa:

Control 8065

Absolutas

```
1 -  F80 S1000 T1 D1
2 -  M6
3 -  G0 G5 G94 G40 G17 X-100 Y0 Z100
4 -  X0 Y0
5 -  Z2
6 -  G1 Z-4 M3
7 -  X-40 Y0 F120
8 -  G37 I8
9 -  G3 X-40 Y0 I40 J0
10 - G1 X0
11 - G0 Z100 M5
12 - X-100 Y0
13 - M30
```

Control 8055

Absolutas

```
1 - F80 S1000 T1 D1
2 - M6
3 - G0 G5 G94 G40 G43 G17 X-100 Y0 Z100X25
4 - X0 Y0
5 - Z2
6 - G1 Z-4 M3
7 - G37 R8 X-40 Y0 F120
8 - G3 X-40 Y0 I40 J0
9 - G1 X0
10 - G0 Z100 M5
11 - X-100 Y0
12 - M30
```

Comentarios al ejemplo - 8065

Control 8065

Línea 1 Se colocan condiciones tecnológicas y selección de la herramienta; es muy importante este último dato, pues de él cogerá la información del radio necesario para aplicar la corrección del mismo.

Línea 2 Cambio y activación de la herramienta seleccionada.

Línea 3 Activación de la cabecera y situación de la herramienta en un punto conocido para iniciar el mecanizado.

Línea 4 Se sitúa la herramienta en la posición de entrada en pieza, **X0 Z0**.

Línea 5 Situación de la herramienta a máxima velocidad a una distancia de 2 mm por encima de la pieza.

Línea 6 Profundización a velocidad de avance controlada hasta la posición de profundidad máxima en la posición central de la pieza.

Línea 7 Se procede a iniciar el mecanizado indicando la posición de entrada como si no se tuviera que realizar la corrección. La programación del punto se realiza sobre la cota directa tal y como si no existiera la herramienta; es la función la que calculará las medidas adecuadas.

Línea 8 En esta línea se coloca la función de entrada tangencial y se le indica el radio que se desea que haga la herramienta para entrar de forma tangencial, **G37 I8**.

Línea 9 Se procede a realizar el mecanizado del perfilado circular con la función **G03**.

Línea 10 Retirada de la herramienta hasta el centro de la pieza, que es el punto donde entró la herramienta.

Línea 11 Desplazamiento en rápido hasta la cota **Z100** y desconexión del giro del mandrino.

Línea 12 Retirada hasta el punto de partida previo con el fin de alejar la herramienta de la pieza y poder retirarla sin ningún tipo de colisiones.

Línea 13 Final del programa **M30**.

Control 8055

Línea 1 Se colocan condiciones tecnológicas y selección de la herramienta; es muy importante este último dato, pues de él cogerá la información del radio necesario para aplicar la corrección del mismo.

Línea 2 Cambio y activación de la herramienta seleccionada.

Línea 3 Activación de la cabecera y situación de la herramienta en un punto conocido para iniciar el mecanizado.

Línea 4 Se sitúa la herramienta en la posición de entrada en pieza, **X0 Z0**.

Línea 5 Situación de la herramienta a máxima velocidad a una distancia de 2 mm por encima de la pieza.

Línea 6 Profundización a velocidad de avance controlada hasta la posición de profundidad máxima en la posición central de la pieza.

Línea 7 Se procede a iniciar el mecanizado entrando en la pieza con una entrada tangencial con la función de **G37**. La programación del punto se realiza sobre la cota directa tal y como si no existiera la herramienta; es la función la que calculará las medidas adecuadas.

Línea 8 Se procede a realizar el mecanizado del perfilado circular con la función **G03**.

Línea 9	Retirada de la herramienta hasta el centro de la pieza que es el punto donde entró la herramienta.
Línea 10	Desplazamiento en rápido hasta la cota **Z100** y desconexión del giro del mandrino.
Línea 11	Retirada hasta el punto de partida previo con el fin de alejar la herramienta de la pieza y poder retirarla sin ningún tipo de colisiones.
Línea 12	Final del programa **M30**.

G38 Salida tangencial

Descripción

Permite realizar la salida de la pieza, enlazando dos trayectorias tangenciales sin necesidad de programar los puntos de tangencia.

Esta opción es válida para realizar salidas en la pieza sin dejar marca de herramienta. Esto se utiliza para trabajos de costado en fresadora, donde la herramienta tenga que salir directamente desde una cara del mecanizado. La salida suele dejar la marca de la herramienta en la zona de contacto. Al programar esta función, la herramienta saldrá tangencialmente de la cara sin dejar marca.

Control 8065

La salida tangencial se debe programar sola en el bloque y justo antes del bloque cuya trayectoria se desea modificar; es necesario que esta trayectoria sea rectilínea (G00 o G01).

Control 8055

La función G38 y el valor R hay que programarlos en el bloque que incorpora la trayectoria que se desea modificar.

Formato: G38

Control 8065

Entrada tangencial

Plano G17 XY
G01 X----.--- Y----.---
G38 I----.---
X----.--- Y----.--- (Esta línea debe ser siempre lineal)

Plano G18 XZ
G01 X----.--- Z----.---
G38 I----.---
X----.--- Z----.--- (Esta línea debe ser siempre lineal)

Plano G19 YZ
G01 Y----.--- Z----.---
G38 I----.---
Y----.--- Z----.--- (Esta línea debe ser siempre lineal)

Control 8055

Entrada tangencial

Plano G17 XY
G-- G01 **G38 R**----.--- X----.--- Y----.---
X... Y... (Esta línea puede ser lineal o circular)

Plano G18 XZ
G.. G01 **G38 R**----.--- X----.--- Z----.---
X----.--- Z----.--- (Esta línea puede ser lineal o circular)

Plano G19 YZ
G01 **G38 R**----.--- Y----.--- Z----.---
Y----.--- Z----.--- (Esta línea puede ser lineal o circular)

Los datos a indicar son los siguientes:

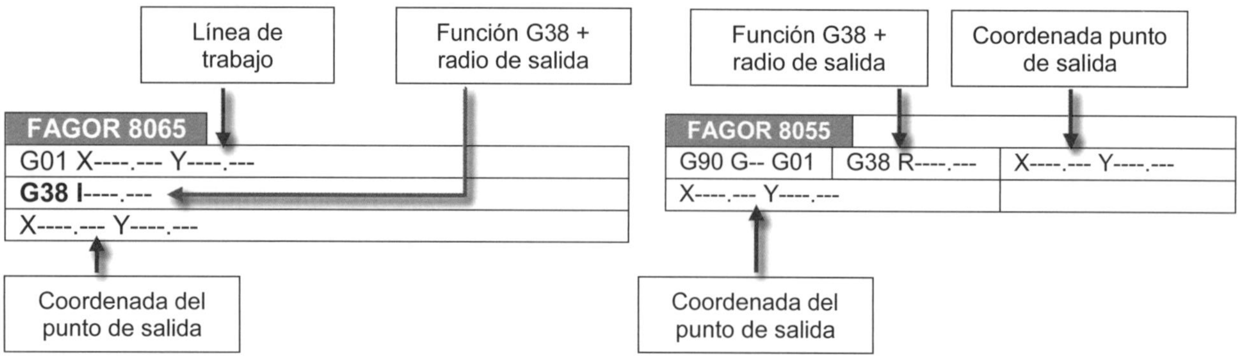

Esta función necesita la programación de tres líneas en el control 8065 y dos líneas en el 8055, pues de no escribir la segunda o tercera, el control no tiene datos suficientes para calcular la salida tangencial.

Control 8065

En la primera línea se programa la línea de trabajo a continuación, se programa en una línea sola la función **G38** con la palabra **I** con el radio que se quiere utilizar en la salida tangencial, en la tercera línea, la coordenada de la línea de salida. Esta línea debe ser siempre lineal (ver Fig. 10.39).

Control 8055

En la última línea de trabajo se programa la función **G38** con el **R** (radio) a utilizar en la salida tangencial, en la segunda, la coordenada del punto de salida (ver Fig. 10.39).

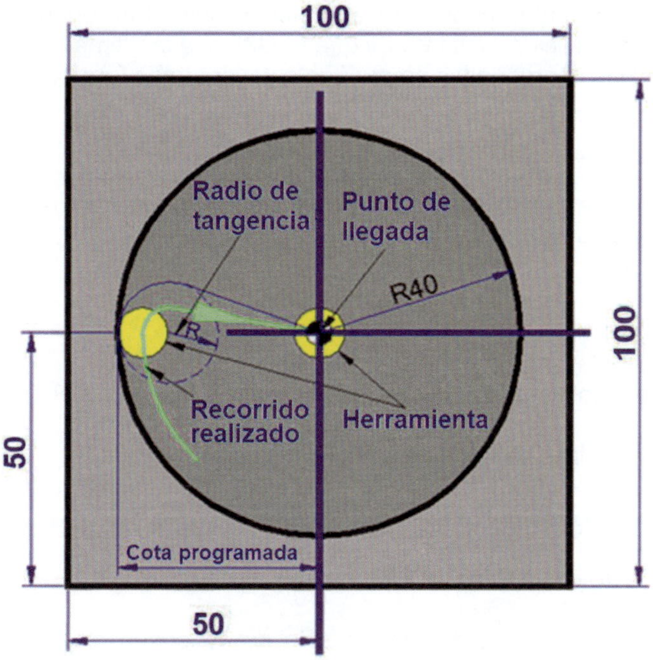

Fig. 10.39 Esquema de la función G38.

Tal como se observa en la Fig. 10.39, se tiene que programar el punto a mecanizar, **G38** y **R** (radio). El control calculará automáticamente los recorridos reales a realizar, en la 3ª línea en el control 8065 y en la 2ª línea en el control 8055. A continuación se programa la siguiente línea de forma normal.

Condiciones

La función **G38** no es modal.

El radio de tangencia, se indicará siempre en positivo; de lo contrario, el control marcará error.

La línea de salida tangencia **debe ser siempre lineal**; en caso contrario, el control dará error

La longitud de la línea de salida **debe ser = o > al diámetro de la circunferencia de tangencia**.

Se tiene que seleccionar previamente la herramienta con la función T-- D--. En caso contrario, el control entenderá que la herramienta tiene radio 0 y no realizará ningún tipo de corrección.

El radio de la fresa a utilizar **debe ser = o < que el radio de tangencia**.

Al emplear la función **G38**, la velocidad de avance que se usará será la programada con anterioridad en **"F"**, hasta que se programe un nuevo valor.

Control 8065

En la línea donde se programe **G38** tan solo se debe programar la palabra **I** no admitiendo más datos.

El valor "I" del radio de la salida tangencial permanece activo hasta que se programe otro valor; por lo tanto, no es necesario programarlo en entradas o salidas tangenciales sucesivas del mismo radio.
El valor "I" del radio de la entrada, también es utilizado por las funciones:

- G36 (Redondeo de aristas) como radio de redondeo.
- G37 (Entrada tangencial) como radio de entrada.
- G39 (Achaflanado de aristas) como tamaño del chaflán.

Esto significa que el radio de salida definido en G38 será el nuevo valor del radio de entrada, radio de redondeo o tamaño del chaflán cuando se programen estas funciones, y viceversa.

Control 8055

En la línea donde se programe **G38**, se pueden colocar tantas funciones preparatorias como se desee, siempre que no sean contradictorias entre sí y que la **G38** sea la última de esas funciones, justo antes de la palabra **R**. Detrás de las coordenadas se pueden colocar tantas funciones auxiliares como se desee.

Operativa

Vale todo lo expuesto en el punto anterior, salvo el hecho de que en lugar de realizar una entrada en pieza en este caso es una salida.

Ejemplo

El ejemplo que se verá a continuación será el de la pieza de la Fig. 10.38.

El radio de salida tangencial es de 8 mm.

La herramienta a utilizar es de Ø 10 mm.

La velocidad de avance de costado es de 120 mm/min.

Se parte de una pieza premecanizada, donde solo es necesario realizar el perfilado del mecanizado interior en una sola pasada, con profundidad de 4 mm.

Programa:

Control 8065

Absolutas

1 - F80 S1000 T1 D1
2 - M6
3 - G0 G5 G94 G40 G17 X-100 Y0 Z100
4 - X0 Y0
5 - Z2
6 - G1 Z-4 M3
7 - X-40 Y0 F120
8 - G37 I8
9 - G3 X-40 Y0 I40 J0
10 - **G38 I8**
11 - G01 X0
12 - G0 Z100 M5
13 - X-100 Y0
14 - M30

Control 8055

Absolutas

1 - F80 S1000 T1 D1
2 - M6
3 - G0 G5 G94 G40 G43 G17 X-100 Y0 Z100X25
4 - X0 Y0
5 - Z2
6 - G1 Z-4 M3
7 - G37 R8 X-40 Y0 F120
8 - G3 **G38 R8** X-40 Y0 I40 J0
9 - G1 X0
10 - G0 Z100 M5
11 - X-100 Y0
12 - M30

Comentarios al ejemplo - 8065

Control 8065

Este programa es idéntico al anterior salvo en la línea **10** donde se indica **G38 R8** para poder realizar la salida tangencial.

Control 8055

Este programa es idéntico al anterior salvo en la línea **8** donde se indica **G38 R8** para poder realizar la salida tangencial.

G02/03/G08/G09 Interpolación helicoidal

Descripción

Permite realizar interpolación entre tres ejes simultáneamente, realizando entre dos de ellos interpolación circular y con el tercero, desplazamiento en el otro eje, lo que desarrolla una hélice (un roscado) parecido a una escalera de caracol.

Para poder realizar dicha interpolación se utilizan las funciones G02, G03, G08 o G09, que son las que determinan el sentido de dicha hélice. El resto lo distingue el control por la estructura de los datos de coordenadas, que son diferentes a la realización normal de interpolaciones circulares.

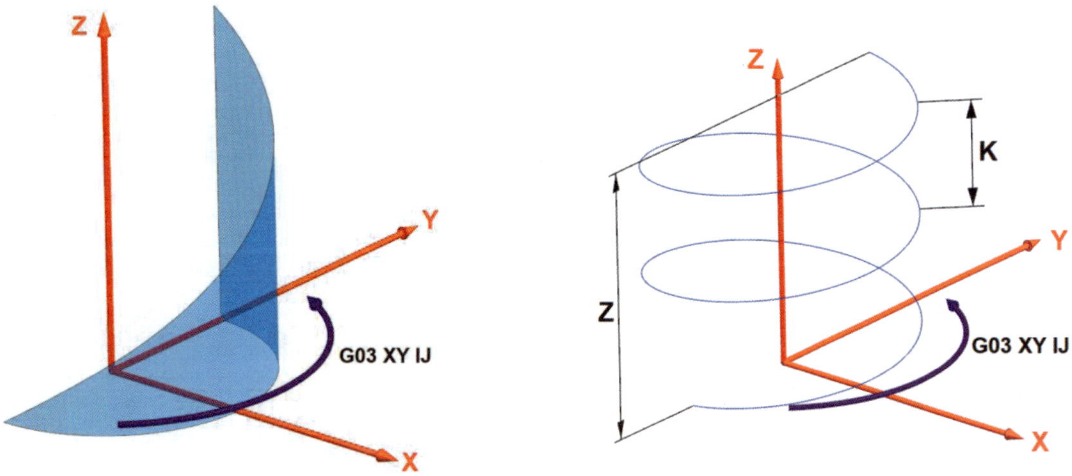

Fig. 10.40 Interpolación helicoidal.

La interpolación helicoidal debe programarse obligatoriamente en el mismo bloque, siguiendo el formato siguiente.

Formato: Interpolación helicoidal

Control 8065 y Control 8055

Trabajo sobre plano XY (G17) con G02 o G03
=< de una vuelta

Rectangulares con centro de arco
G02/G03 X----.--- Y----.--- I----.--- J----.--- Z----.---

Rectangulares con radio
G02/G03 X----.--- Y----.--- R----.--- Z----.---

Polares con centro de arco
G02/G03 R----.--- Q----.--- I----.--- J----.-- Z----.---

Trabajo sobre plano XY (G17) con G02 o G03
> de una vuelta

Rectangulares con centro de arco
G02/G03 X----.-- Y----.-- I----.-- J----.-- Z----.-- K----.--

Rectangulares con radio
G02/G03 X----.--- Y----.--- R----.--- Z----.--- K----.---

Polares con centro de arco
G02/G03 R----.--- Q----.--- I----.--- J----.-- Z----.--- K----.--

Trabajo sobre plano XY (G17) con G08 o G09
=< de una vuelta

Rectangulares
G08 X----.--- Y----.--- Z----.---

Polares
G08 R----.--- Q----.--- Z----.---

Rectangulares
G09 X----.--- Y----.--- I----.--- J----.--- Z----.---

Polares
G09 R----.--- Q----.--- I-----.--- J----.--- Z----.---

Trabajo sobre plano XY (G17) con G08 o G09
> de una vuelta

Rectangulares
G08 X----.--- Y----.--- Z----.--- K----.---

Polares
G08 R----.--- Q----.--- Z----.--- K----.---

Rectangulares
G09 X----.--- Y----.--- I----.--- J----.--- Z----.--- K----.---

Polares
G09 R----.--- Q----.--- I-----.--- J----.--- Z----.--- K----.---

Los datos a indicar son los siguientes:

G02/G03 =< de una vuelta Rectangulares

G02/G03	X----.--- Y----.---	I----.--- J----.---	Z----.---
Función	Final de hélice	Centro de arco	Altura hélice

G02/G03 =< de una vuelta Rectangulares con radio

G02/G03	X----.--- Y----.---	R----.---	Z----.---
Función	Final de hélice	Radio de hélice	Altura hélice

G02/G03 =< de una vuelta Polares con centro de arco

G02/G03	R----.-- Q----.--	I----.--- J----.--	Z----.---
Función	Final de hélice	Centro de arco	Altura hélice

G02/G03 > de una vuelta Rectangulares

G02/G03	X---.-- Y---.--	I---.-- J---.--	Z---.--	K---.--
Función	Final de hélice	Centro de arco	Altura hélice	Paso hélice

G02/G03 > de una vuelta Rectangulares con radio

G02/G03	X----.--- Y----.--	R----.--	Z----.---	K----.--
Función	Final hélice	Radio hélice	Altura hélice	Paso hélice

G02/G03 > de una vuelta Polares centro de arco

G2/G3	R---.-- Q---.--	I---.--- J---.--	Z---.--	K---.--
Función	Final de hélice	Centro de arco	Altura hélice	Paso hélice

G08 =< de una vuelta Rectangulares

G08	X----.--- Y----.---	Z----.---
Función	Final de hélice	Altura hélice

G08 =< de una vuelta Polares

G08	R----.--- Q----.---	Z----.---
Función	Final de hélice	Altura hélice

G09 =< de una vuelta Rectangulares

G09	X----.--- Y----.---	I----.--- J----.---	Z----.---
Función	Final hélice	Punto intermedio	Altura hélice

G09=< de una vuelta Polares

G09	R----.--- Q----.---	I-----.--- J----.---	Z----.---
Función	Final de hélice	Centro de arco	Altura hélice

G08 > de una vuelta Rectangulares

G08	X----.--- Y----.---	Z----.---	K----.---
Función	Final hélice	Altura hélice	Paso hélice

G08 > de una vuelta Polares

G08	R----.--- Q----.---	Z----.---	K----.---
Función	Final de hélice	Altura hélice	Paso hélice

G09 > de una vuelta Rectangulares

G09	X---.-- Y---.--	I---.--- J---.---	Z----.---	K----.---
Función	Final hélice	Punto medio	Altura hélice	Paso hélice

G09 > de una vuelta Polares

G09	R---.-- Q---.--	I----.-- J---.--	Z---.--	K---.---
Función	Final de hélice	Punto medio	Altura hélice	Paso hélice

Estas estructuras es fundamental respetarlas, pues son las que le indican al control que se pretende realizar una interpolación helicoidal.

Con las coordenadas **"X, Y"** o **"R, Q"** se indicará al control cuál es el punto donde se pretende finalizar la interpolación circular mirándolo desde la proyección de la misma.

En G02 y G03, las coordenadas auxiliares **"I"** y **"J"** determinan cuál es el centro de la circunferencia en la que está inscrita dicha interpolación. Los criterios a tener en cuenta son los mismos que al realizar una interpolación circular normal.

En G09 estas mismas coordenadas auxiliares sirven para indicar el punto intermedio de la proyección de la hélice.

Tomando como base el plano de trabajo **G17**, la cota "Z" siempre indicará cuál es la altura hasta la que desea llegar, siguiendo los criterios de **"+"** o **"-"**, en el resto de planos será el eje correspondiente a la alturas de dicho plano.

Siguiendo como base con el plano **G17** y en caso de querer realizar más de una vuelta, la cota auxiliar "**K**" indicará con qué paso de hélice se llegará hasta dicha altura, en el resto de planos será la correspondiente cota asociada a cada eje (X ⟶ I, Y ⟶ J y Z ⟶ K).

Condiciones

La interpolación helicoidal no es modal.

En la línea donde se programe la interpolación helicoidal no se puede colocar ninguna otra función preparatoria al margen de las establecidas en los diferentes formatos.

Detrás de las coordenadas se pueden colocar tantas funciones auxiliares como se desee.

En una interpolación helicoidal, el movimiento circular finalizará cuando se alcance el desplazamiento programado en el eje perpendicular al plano principal (**Z** en el plano **XY**). Desde dicho punto, los ejes del plano principal se desplazarán con trayectoria no controlada y avance equivalente al del eje perpendicular al plano principal, hasta el punto final programado.

Al emplear la interpolación helicoidal, la velocidad de avance que se usará, será la programada con anterioridad en **"F"**, hasta que se programe un nuevo valor.

En la interpolación helicoidal de varias vueltas, si se define el centro de la interpolación circular, no será necesario definir las coordenadas del punto final en el plano de trabajo. Este punto será calculado por el CNC en función de la altura y del paso de la hélice.

En esta interpolación, el control no tiene capacidad para simularla de modo gráfico, por lo que lo único que dibujará en la pantalla será una línea recta.

Operativa

La forma de utilización de la interpolación helicoidal es tan simple como la de la utilización de la interpolación circular normal, con la diferencia de que en este caso se actúa sobre la altura en el eje de trabajo de la herramienta, que es quien determinará la realización de la misma.

Fundamentalmente se utiliza para la realización de roscas en agujeros de gran diámetro o mecanizados similares. El movimiento de la herramienta suele generar un movimiento orbital para poder mecanizar con la herramienta adecuada.

Esta interpolación se mejora bastante con la función de roscado electrónico, siempre que el cabezal de la máquina disponga de un sistema de captador rotativo, (se verá más adelante), por lo que no se suele utilizar con excesiva frecuencia.

G72 / #SCALE. Factor de escala

Descripción

Con **G72** se pueden ampliar o reducir piezas programadas. Esto permite tener familias de piezas que sean semejantes de forma pero de diferentes dimensiones, utilizando un solo programa y simplemente cambiando el factor de escala del eje o ejes adecuados.

A partir de la función **G72** todos los movimientos se multiplican por el factor que acompaña a dicha función; si el factor es **>1** se ampliará la escala, si es **<1** se reducirá la escala.

Fig. 10.41 Factor de escala.

Es importante tener en cuenta desde qué posición de referencia se realizará la escala.

Formato: #SCALE, G72

Control 8065	Control 8055
Factor de escala Con G72 G72 S-----.---- Con #SCALE #SCALE [-----.----] También se anula con G72 sin ningún otro dato	**Factor de escala** Con G72 Todos los ejes G72 S-----.---- Con G72 Elección de ejes G72 XYZ -----.----

Control 8065

En el control 8065 se puede programar indistintamente con las funciones G72 o #SCALE, obteniéndose los mismos resultados.

Si se programa con la orden #SCALE, el factor de escala se tiene que declarar necesariamente entre corchetes.

Control 8055

En el control 8055 se puede programar todos los ejes simultáneamente o eligiendo en que eje se aplicará la escala.

Si se realiza con la palabra **"S"** se entenderá que son todos los ejes los que aplicarán dicha escala, pero si se introduce el nombre de un eje (X o Z) en lugar de la palabra **"S"** la aplicación de la escala se realizará únicamente a dicho eje.

Si se utiliza la opción de ejes no se podrá aplicar la palabra **"S"**.

Los datos a indicar son los siguientes:

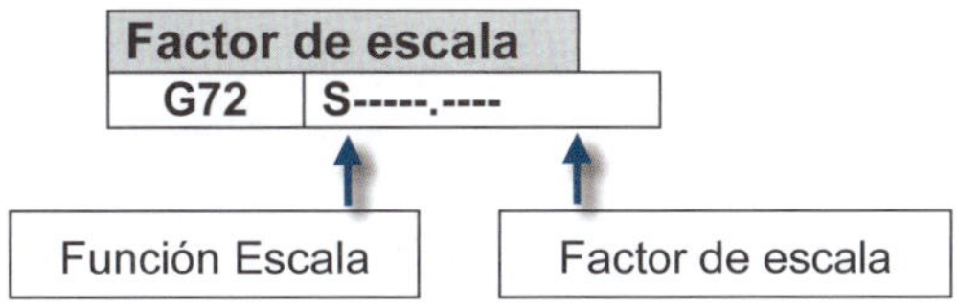

Los valores máximos y mínimos a aplicar son los siguientes:

- Valor mínimo: 0,0001
- Valor máximo: 100

Ejemplo: N100 **G72 S2**

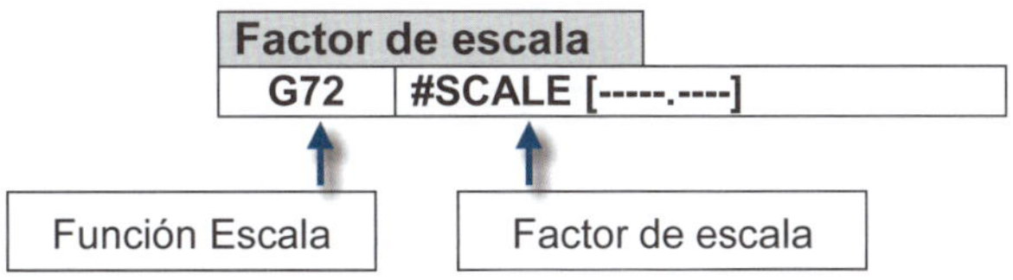

A partir de esta línea se multiplicarán por dos todos los valores de todos los ejes.

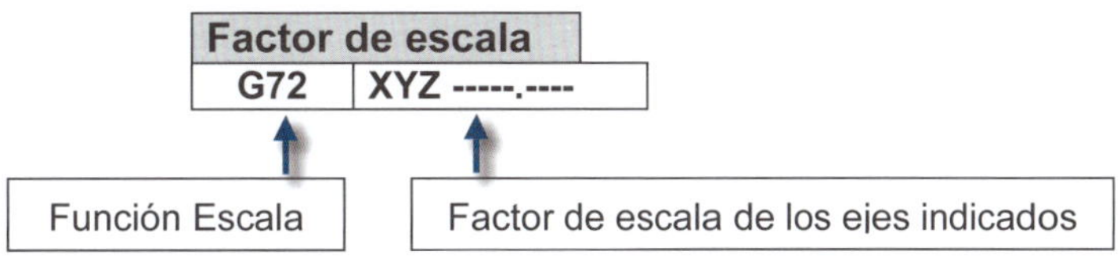

Ejemplo: N100 **G72 X2**

A partir de esta línea se multiplicarán por "2" todos los valores asignados al eje **X**. Ver Fig. 10.42.

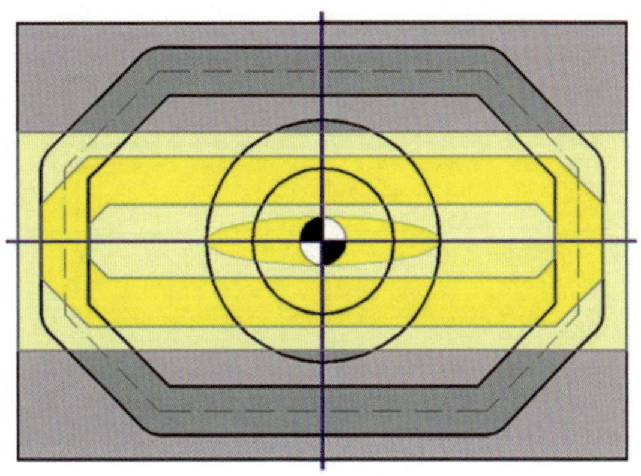

Fig. 10.42 Escala aplicada a un solo eje

Condiciones

La función **G72** debe programarse sola en una línea.

La función **G72** es modal y se anula con la programación de la misma de la siguiente manera dependiendo del formato:

- Primer formato: **8065 - G72 S1** o **G72 S0** o **G72 / 8055 G72 S1**
- Segundo formato: **8065 - G72 X/Y/Z 1** o **G72 X/Y/Z 0** o **G72 / 8055 G72 X/Y/Z 1**

Ambos formatos se anulan con: **M02**, **M30** o **RESET**.

En el segundo formato no se debe programar con compensación de radio de herramienta, pues el control no controla en esta situación dicha función.

Si en el mismo programa se utilizan simultáneamente los dos formatos, el control aplicará al eje indicado en el segundo formato el producto de los dos factores.

Operativa

Esta función aplica el factor de escala a partir de la línea donde se ha programado dependiendo del sistema utilizado. Se anulará al programar otra vez **G72** con el factor de escala a valor **S1** si es el primer formato o **(X/Y/Z)1** si es el segundo formato (también valen en el 8065 los valores "0" o la función sola).

Se pueden programar diferentes factores de escala dentro de un mismo programa; simplemente, al introducir un nuevo valor a **S** si es general o al eje elegido, a partir de ese punto y en adelante cambia la escala al nuevo valor.

Sentencias de control de flujo y salto
8065: $GOTO y #RPT – 8055: GOTO y RPT

Descripción

Sirve todo lo expuesto en el apartado de torno, pues no varía en nada ni su formato ni su forma de utilización.

Imagen espejo
G10 Anulación Imagen espejo
G11 Imagen espejo en el eje X
G12 Imagen espejo en el eje Y
G13 Imagen espejo en el eje Z
G14 Imagen espejo en las direcciones programadas

Descripción

Estas funciones se estudiarán agrupadas, pues su verdadero sentido de actuación se realiza complementando unas con las otras.

Las funciones **G11**, **G12**, **G13** y **G14** permiten realizar simetrías a cada una de ellas sobre su eje. Por ejemplo, si aplicamos **G11 "Imagen espejo en eje X"**, el control a partir de esa instrucción realizará todos los movimientos del eje **X** con el signo cambiado. Es decir, si en la línea que se va a ejecutar existe la coordenada **"X87"**, el control lo interpretará como **"X-87"**; así actúa con cada uno de los demás ejes.

Siempre que se desee anular dicha función se tendrá que recurrir a la función **G10 "Anulación Imagen espejo"**, con lo que el control volverá a actuar como antes de aplicar cualquiera de ellas.

Estas funciones son bastante prácticas cuando se tienen que realizar mecanizados simétricos, como por ejemplo en la mecanización de moldes con varias cavidades iguales pero simétricas entre ellas a la entrada de inyección.

Es importante tener presente el sistema de movimiento de la herramienta para realizar el mecanizado en concordancia o en oposición, pues al aplicar esta función se invertirá dicho sentido de mecanización.

En la figura 10.43 se puede apreciar cómo se realiza la simetría en **G11** (eje **X**) y en la 10.44 simultáneamente en **G11** y **G12** (ejes **X** e **Y**).

Si el perfil se define con compensación de radio, cuando se active la imagen espejo el CNC cambiará el tipo de compensación (G41 o G42) para obtener el perfil programado.

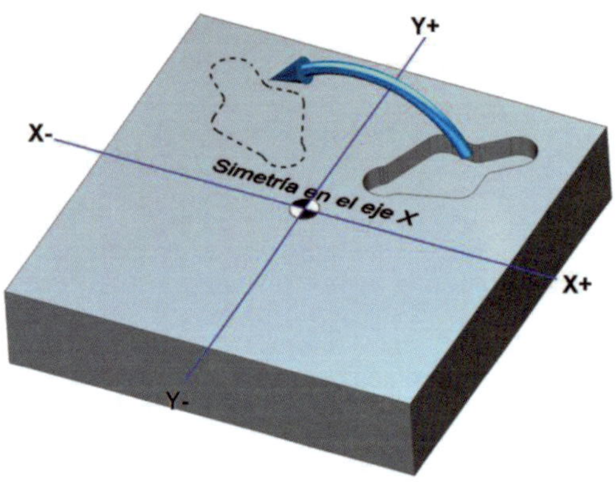

Fig. 10.43 Simetría en el eje X.

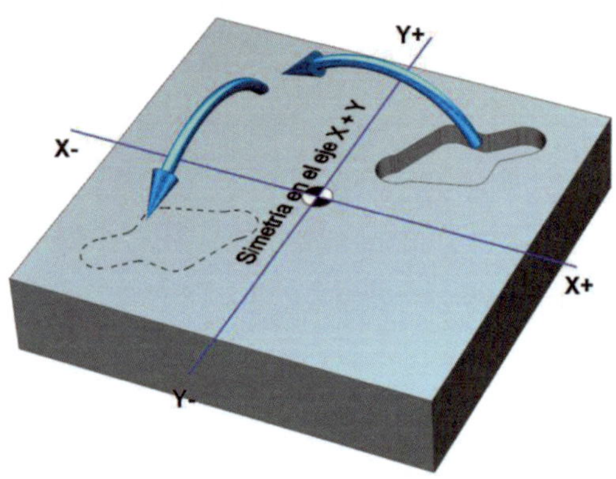

Fig. 10.44 Simetría en el eje X + Y.

Formato: G10, G11, G12, G13, G14

Control 8065 y Control 8055

Imagen espejo con G11, G12 y G13	
G-- G11 G-- X Y	Espejo en X
G-- G11 G12 G--	Espejo en X + Y
G-- G11 G13 G--	Espejo en X + Z
G-- G12 G13 G--	Espejo en Y + Z
G-- G11 G12 G13 G--	Espejo en X, Y + Z

Imagen espejo con G14	
G-- G14 G-- X	Espejo en X, Y + Z
G-- G14 G-- Y	Espejo en X, Y + Z
G-- G14 G-- Z	Espejo en X, Y + Z
G-- G14 G-- XY	Espejo en X, Y + Z
G-- G14 G-- XYZ	Espejo en X, Y + Z

Anulación:

La anulación se realiza siempre con G10.

La anulación de imagen espejo no tiene ningún formato especifico, puede ir incluida en cualquier línea con tantas funciones preparatorias como se desee siempre que no sean incompatibles entre sí. Lógicamente, colocar la función **G10** en la misma línea con cualquiera de las otras de imagen espejo "**G11, G12, G13 o G14**" deberá hacerse de manera que la primera función sea **G10** para, primero, anular las que hubiera hasta ese momento, a partir de ahí realizar la siguiente simetría.

Ejemplo:

- G10 Anula cualquier imagen espejo.
- G10 G12 Anula cualquier imagen espejo, posteriormente, se activa la G12.

Aplicación de imagen espejo

Aplicación de imagen espejo G11 (Eje X)

G90 G.... G.... **G11** G.... X.... Y....

Esta función no tiene ningún formato especial y se puede incluir en cualquier línea sola o acompañada, siguiendo los criterios expuestos anteriormente con **G10**.

Aplicación de imagen espejo G12 (Eje Y)

G90 G.... G.... **G12** G.... X.... Y....

Esta función no tiene ningún formato especial y se puede incluir en cualquier línea sola o acompañada, siguiendo los criterios expuestos anteriormente con **G10**.

Aplicación de imagen espejo G13 (Eje Z)

G90 G.... G.... **G13** G.... X.... Y....

Esta función no tiene ningún formato especial y se puede incluir en cualquier línea sola o acompañada, siguiendo los criterios expuestos anteriormente con **G10**.

Aplicación de imagen espejo G14 Imagen espejo en los ejes programados (solo control 8055)

Aplicación en un solo eje
G14 X
G14 Y
G14 Z

Aplicación en varios ejes combinados
G14 X Y
G14 X Z
G14 Y Z

Esta función deberá programarse sola en un bloque, no pudiendo existir más información en este bloque.

Aplicación combinada
Se puede realizar cualquier combinación entre ellas incrementando los ejes donde se raliza la función espejo.

Aplicación de imagen espejo combinada

N100 G90 G.... G.... **G11 G12** G.... X.... Y....

Este ejemplo realizará un espejo simultáneamente en el eje **X** y el eje **Y**. El orden a seguir para colocar las funciones es indistinto, pudiéndose escribir también como "**G12 G11**".

Aplicación de imagen espejo combinada

N100 G90 G.... G.... **G11 G12 G13** G.... X.... Y....

Igual al formato anterior pero esta vez con tres ejes.

Condiciones

Todas estas funciones son modales y se anulan entre ellas, al aplicar **M30** o al realizar un **RESET**.

Estas funciones se integran en las líneas como si fueran funciones simples, como por ejemplo: **G0 G1**.

En máquinas de más de 3 ejes tan solo se podrá aplicar espejo en combinación a un máximo de 3 de los ejes.

Si estando activa una de las funciones imagen espejo (G11, G12, G13, G14) se ejecuta una preselección de cotas G92, esta no queda afectada por la función imagen espejo.

En caso de actuar la imagen espejo con la función de giro de coordenadas **G73** activa (sé verá más adelante esta función), se realizará primero el giro de coordenadas y después la imagen espejo.

Operativa

La forma de aplicar las funciones de espejo dependerá de las necesidades de mecanizado. Por ejemplo, si sólo se pretende reflejar una sola geometría como se observa en la Fig. 10.43, aplicando exclusivamente la función **G11** reflejará solo en el eje **X.** En cambio, si se aplica más de una función de simetría, se suman entre sí, como se puede observar en la Fig. 10.44.

Dependiendo del tipo de mecanizado, es importante tener en cuenta las condiciones tecnológicas de la herramienta, pues en algunos casos la herramienta invierte su sentido de mecanizado, pasando por ejemplo de mecanizado en oposición a concordancia o al revés.

Ejemplo:

El ejemplo que se verá a continuación, será la pieza de la Fig. 10.45. Se tienen que realizar las regatas de 10 mm de ancho empezando por la figura de la parte superior derecha y mecanizando de izquierda a derecha.

Las líneas en formato de eje representan el recorrido real que ha de realizar la herramienta.

Se parte de una pieza premecanizada y perfectamente escuadrada donde solo falta por mecanizar las regatas. Las regatas tienen una profundidad de 3 mm.

Las condiciones tecnológicas para el mecanizado son: velocidad de avance para profundizar 60 mm/min, para el trabajo de costado 120 mm/min, pasada máxima 3 mm y 1000 RPM.

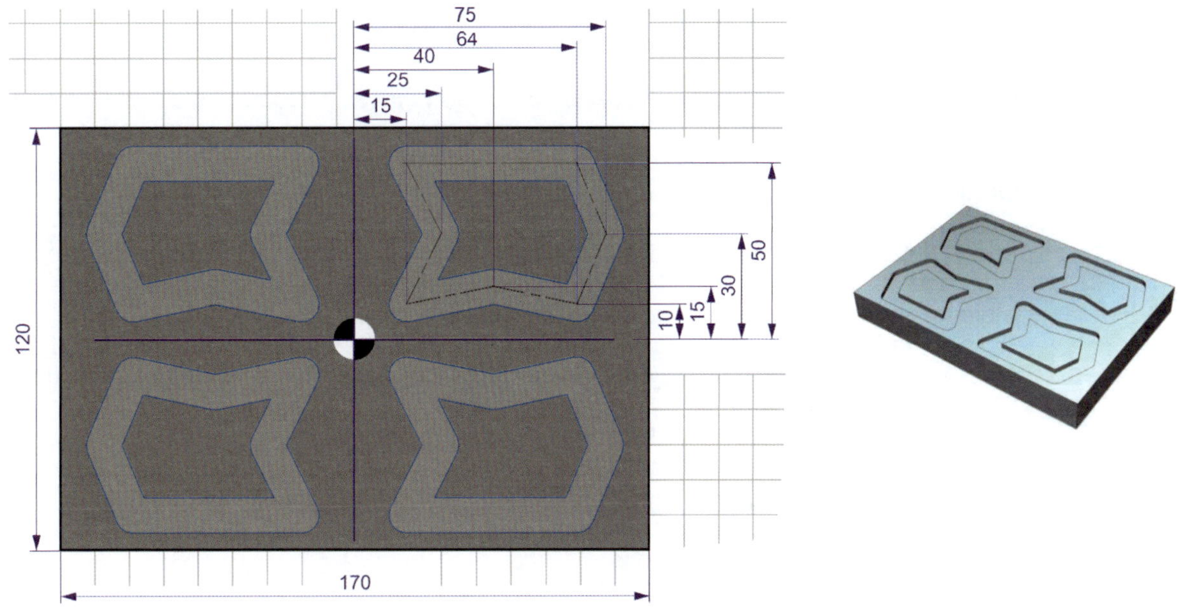

Fig. 10.45 Mecanizado con simetría de espejo.

Programa:

Control 8065

Absolutas

```
1 -  120 S1000 T1 D1
2 -  M6
3 -  G0 G5 G90 G17 X-110 Y0 Z100
4 -  N10: X15 Y10
5 -  Z2
6 -  G1 Z-3 M3
7 -  X40 Y15 F120
8 -  X64 Y10
9 -  X75 Y30
10 - X64 Y50
11 - X15
12 - X23 Y30
13 - X15 Y10
14 - Z2
15 - G0
16 - N20:
17 - G11
18 - #RPT[N10, N20]
19 - G10
20 - G12
21 - #RPT[N10, N20]
22 - G11
23 - #RPT[N10, N20]
24 - G10 G0 Z100 M5
25 - X-110 Y0
26 - M30
```

Control 8055

Absolutas

```
1 -  F120 S1000 T1 D1
2 -  M6
3 -  G0 G5 G90 G43 G17 X-110 Y0 Z100
4 -  N10 X15 Y10
5 -  Z2
6 -  G1 Z-3 M3
7 -  X40 Y15 F120
8 -  X64 Y10
9 -  X75 Y30
10 - X64 Y50
11 - X15
12 - X23 Y30
13 - X15 Y10
14 - Z2
15 - N20 G0
16 - G11
17 - (RPT N10, N20)
18 - G10 G12
19 - (RPT N10, N20)
20 - G11
21 - (RPT N10, N20)
22 - G10 G0 Z100 M5
23 - X-110 Y0
24 - M30
```

Comentarios al ejemplo

Control 8065

Línea 1	Se indican las condiciones tecnológicas solicitadas que tendrá que cumplir la herramienta y se aprovecha la línea para solicitar la herramienta que va a trabajar.
Línea 2	Se ordena el cambio físico de la herramienta con **M6**.
Línea 3	Colocación de la cabecera donde se indican las principales funciones preparatorias que se desea que estén activas. A destacar la función **G17,** indicación del plano de trabajo **XY**. La posición de **X-110 Y0 Z100** es una posición de punto de partida; por lo tanto se puede colocar en cualquier otra diferente a esta, dependiendo del criterio del programador.
Línea 4	Inicio del mecanizado de la primera figura, hasta la línea 14.
Línea 5	......
Línea 14	Final del mecanizado de la primera figura.
Línea 15	Se activa G0.
Línea 16	El número de línea que define el final de la llamada debe estar solo.
Línea 17	Aplicación de simetría sobre el eje X.
Línea 18	Llamada a las líneas N10: hasta N20: con la función **"#RPT"**. Como en la línea anterior se ha aplicado la simetría en eje **X**, todas las cotas del mismo eje se realizarán con el signo cambiado, dando lugar al mecanizado de la figura superior izquierda.
Línea 19	Anulación de la simetría en el eje **X** al aplicar la función **G10**.
Línea 20	Aplicación de la simetría en Y.
Línea 21	Llamada a las líneas N10: hasta N20: con la función **"#RPT"**. Como en la línea anterior se ha aplicado la simetría en eje **Y**, todas las cotas del mismo eje se realizarán con el signo cambiado, dando lugar al mecanizado de la figura inferior derecha.
Línea 22	Aplicación de la simetría en el eje **X (G11)**. Como la función **G12** no se ha desactivado, esta está todavía activa, lo que representa que en esta línea es como si se hubiera escrito **G11 G12**.
Línea 23	Llamada a las líneas N10: hasta N20: con la función **"#RPT"**. Como en la línea anterior se ha aplicado la simetría en los ejes **X** e **Y**, todas las cotas de los ejes **X** e **Y** se realizarán con el signo cambiado, dando lugar al mecanizado de la figura inferior izquierda.
Línea 24	Anulación de cualquier tipo de simetría con la función **G10**. El resto de las líneas sitúan a la herramienta en su posición de reposo.

Control 8055

Este programa es idéntico al anterior salvo en los siguientes detalles:

- Las etiquetas N10 y N20 van sin los dos puntos finales (en control 8065 N10: y N20:).
- Los "RPT" tienen la estructura diferente: (RPT N--, N--) en lugar de #RPT [N--, N--].
- El número de etiqueta N20 puede ir acompañado de órdenes de trabajo.

G92 Traslado de origen de coordenadas

Descripción

Cambia la posición del cero pieza a un nuevo origen. A continuación de la aplicación de **G92**, todas las cotas absolutas del programa se referenciarán a esa nueva posición marcada por **G92** (Fig. 10.46).

Al aplicar **G92**, no se realiza ningún movimiento real, pues lo único que el control cambia es la posición del nuevo origen, en su memoria interna.

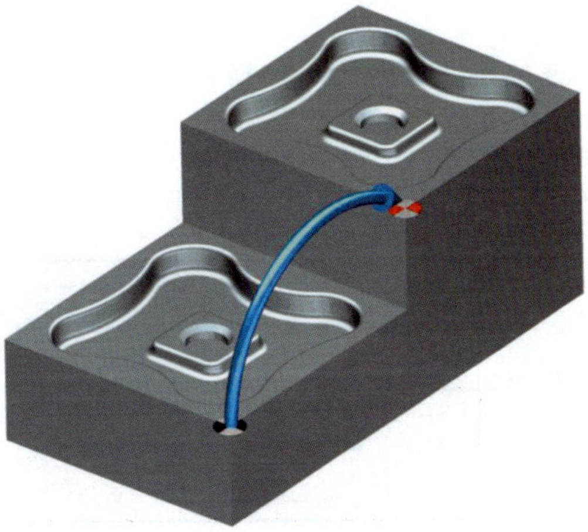

Fig. 10.46 Cambio de origen pieza.

Formato: G92

Control 8065 y Control 8055

Traslado de origen

G92 X-----.---- Y-----.---- Z-----.----

Traslado de origen	
G92	**X.... .... Y.... .... Z.... ....**
↑ Función traslado	↑ Coordenadas del nuevo origen

Condiciones

La función **G92** debe programarse sola en una línea.

La función **G92** es modal y se anula con ella misma.

Los datos a introducir en las coordenadas responden a la siguiente pregunta:

¿Dónde está ahora la herramienta con respecto al nuevo origen?

Operativa

Esta función es muy práctica para no tener que repetir código. La forma de utilización es muy simple, al nivel de escritura de la línea; lo más difícil es decidir cuándo, dónde y cómo aplicarla.

La mejor forma de utilizarla en fresa es a partir de piezas que tienen geometrías idénticas y repetitivas colocadas en diferentes zonas o niveles de la pieza y cuando sea necesario programar código en valor absoluto, ver Fig. 10.46.

Ejemplo:

El ejemplo que, se verá a continuación, será el de la pieza de la Fig. 10.47.

Este mecanizado quizás no justifique la aplicación del cambio de origen, pues su realización es bastante simple de forma normal. No obstante, se ha seleccionado para poder entender de forma más fácil dicho proceso.

Se parte de una pieza premecanizada donde solo es necesario realizar los mecanizados de las caras planas en forma de X.

Las condiciones de mecanizado son: Va en profundización 60 mm/min., en costado 120 mm/min, la profundidad máxima de trabajo es de 5 mm y las RPM 1850.

Se empezará con el cero pieza situado a la izquierda, para después utilizar el de la derecha (líneas discontinuas).

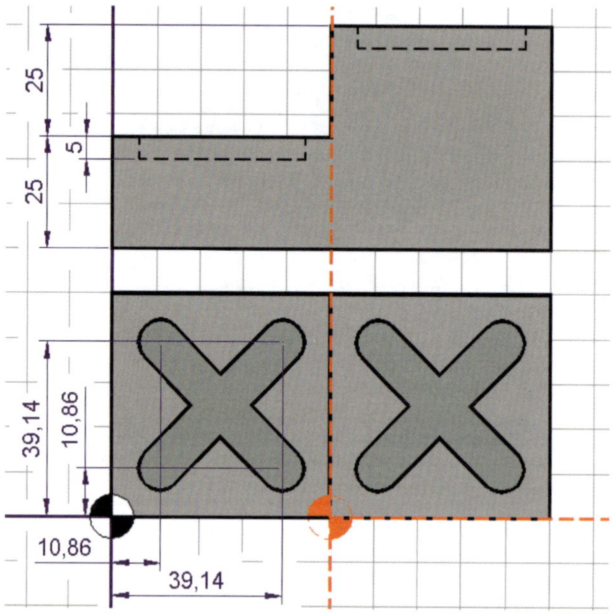

Fig. 10.47 Mecanizado con desplazamiento del cero pieza.

Programa:

Control 8065

Absolutas

```
F60 S1850 T1 D1 M06
G0 G5 G90 G17 X-30 Y0 Z100
N10: X10.86 Y10.86
Z2
G1 Z-5 M3
X39.14 Y39.14 F120
Z2
G0 X10.86 Y39.14
G1 Z-5 F60
X39.14 Y10.86 F120
Z2
G0 X0 Y0 Z50
N20:
G92 X-50 Z25
#RPT [N10, N20]
G92 X50 Z23
G0 Z100
X-30 Y0
M30
```

Control 8055

Absolutas

```
F60 S1850 T1 D1 M06
G0 G5 G90 G43 G17 X-30 Y0 Z100
N10 X10.86 Y10.86
Z2
G1 Z-5 M3
X39.14 Y39.14 F120
Z2
G0 X10.86 Y39.14
G1 Z-5 F60
X39.14 Y10.86 F120
Z2
N20 G0 X0 Y0 Z50
G92 X-50 Z25
(RPT N10, N20)
G92 X50 Z23
G0 Z100
X-30 Y0
M30
```

Comentarios al ejemplo

Control 8065

Línea 1	Se coloca la cabecera.
Línea 2	Se procede a la colocación de la herramienta en el punto **X-30 Y0 Z100**, cercano a la pieza y con facilidad de aproximación, sin peligro de colisionar.
Línea 3	Se procede al desplazamiento del primer punto en **G00,** de la primera parte del aspa a mecanizar.
Línea 4	Aproximación rápida en **Z** hasta la cota **2**.
Línea 5	Se procede a la profundización dentro del material hasta **Z-5** con **G01** y en **F60**, que es el avance recomendado para la mecanización frontal.
Línea 6	Realización del desplazamiento en trabajo a **F120** hasta el extremo contrario de la primera parte del aspa.
Línea 7	Se procede a subir la herramienta 2 mm por encima del material en **G1** para no rozar fuertemente en las paredes del mecanizado.
Línea 8	Posicionamiento del primer punto en **G00** de la segunda parte del aspa a mecanizar.
Línea 9	Se procede a la profundización dentro del material hasta **Z-5** con **G01** y en **F60**, que es el avance recomendado para la mecanización frontal.
Línea 10	Realización del desplazamiento en trabajo a **F120** hasta el extremo contrario de la segunda parte del aspa.
Línea 11	Se procede a subir la herramienta 2 mm por encima del material en **G1** para no rozar fuertemente en las paredes del mecanizado.
Línea 12	Desplazamiento en **G0** a la posición **X0 Y0 Z50**. Este desplazamiento no es necesario en el mecanizado, pero se ha optado por él para que el lector tenga más claro el desplazamiento del punto cero pieza.
Línea 13	Etiqueta del final de llamada.
Línea 14	En esta línea es donde se aplica la función **G92** para desplazar el origen pieza. Tan sólo se indican las coordenadas **X** y **Z**, pues la coordenada Y se mantiene en la misma posición. Los ejes **X** e **Y** se colocan en posición 0, no así el eje **Z**, que se mantiene a una altura de 50 para evitar la colisión con la pared vertical.
Línea 15	Se procede a repetir desde la línea N10: hasta la N20: pues, al haber desplazado el origen pieza, todas las cotas son coincidentes al mecanizado de la primera aspa.
Línea 16	Reposición del origen pieza a la posición primitiva.
Línea 17	Subida del eje **Z**.
Línea 18	Retorno al punto de partida del mecanizado.
Línea 19	Final de programa con **M30**.

Control 8055

Este programa es idéntico al anterior salvo en los siguientes detalles:

- Las etiquetas N10 y N20 van sin los dos puntos finales (en control 8065 N10: y N20:).
- Los “RPT” tienen la estructura diferente: (RPT N--, N--) en lugar de #RPT [N--, N--].
- El número de etiqueta N20 puede ir acompañado de órdenes de trabajo.

G73 Giro del sistema de coordenadas

Descripción

Esta función, permite girar las coordenadas sobre su centro, que es coincidente con el cero pieza. Esto permite realizar mecanizados que sean concéntricos, tal como se ve en la Fig. 10.48.

Lógicamente el giro no se produce físicamente, sino que se realiza internamente en la memoria del control, siendo éste, el que se encarga en todo momento del cálculo necesario para cumplir esta condición.

Observando la figura se puede apreciar que se tienen que calcular trigonométricamente casi todas las coordenadas de los diferentes puntos. Al utilizar la función **G73** todos estos cálculos no son necesarios.

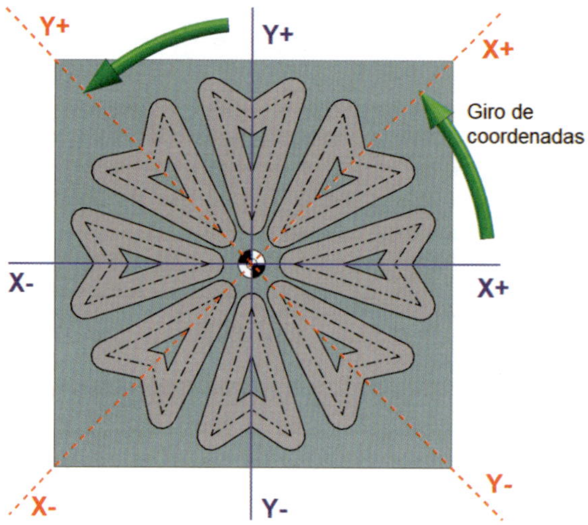

Fig. 10.48 Giro de coordenadas.

Formato: G73

Control 8065 y Control 8055

Giro de coordenadas

G73 Q-----.---- I-----.---- J-----.----
Se programa ángulo y origen de giro.

G73 Q-----.----
Se programa solo ángulo.

G73
Se anula el giro de coordenadas.

Los datos a indicar son los siguientes:

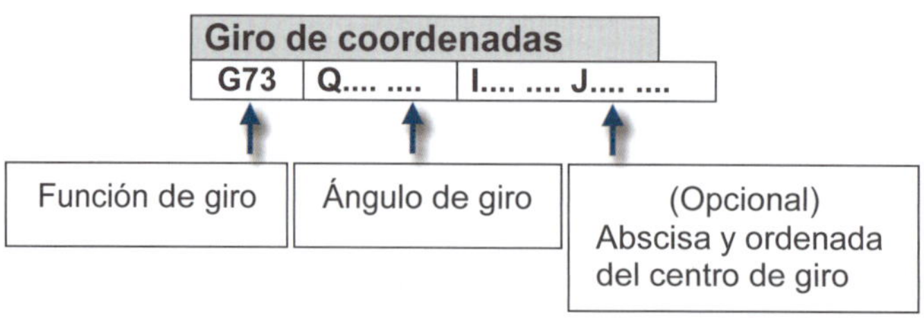

Condiciones

La funcion **G73** es modal.

La función **G73** se tiene que programar sola sin ningún otro dato más en la misma línea.

El ángulo de la función **G73** se debe indicar siempre en valor incremental, es decir, se van sumando los siguientes valores de **Q** que se programen, hasta la anulación de la función.

La anulación del giro de coordenadas se puede realizar aplicando:

- **G73** sin **"Q"** y sin ningún otro dato en la misma línea.
- **G17**, **G18**, **G19**.
- **M02**, **M30**.
- **RESET** o **EMERGENCIA**.

Estando activa la función **G73**, no se pueden programar bloques con formato de ángulo y coordenada cartesiana (**Q... X... Y...**).

En máquinas dotadas de cuatro ejes, también se puede utilizar el plano que esté formado con cualquier eje y el cuarto eje **(W)**, con la condición de que este eje sea lineal.

Al emplear la función **G73**, las condiciones tecnológicas no cambian.

Si se programan I, J deben programarse ambos parámetros.

Si no se definen I, J se tomará el origen de coordenadas como centro de giro.

Operativa

La función **G73** se usará en todos aquellos mecanizados en los que coincida que las figuras a mecanizar estén colocadas de forma concéntrica a un punto o centro de giro (ver Fig.10.48), o incluso en casos de mecanizados donde la geometría tenga una inclinación, lo que ahorrará cálculos a la hora de programar (ver Fig. 10.49).

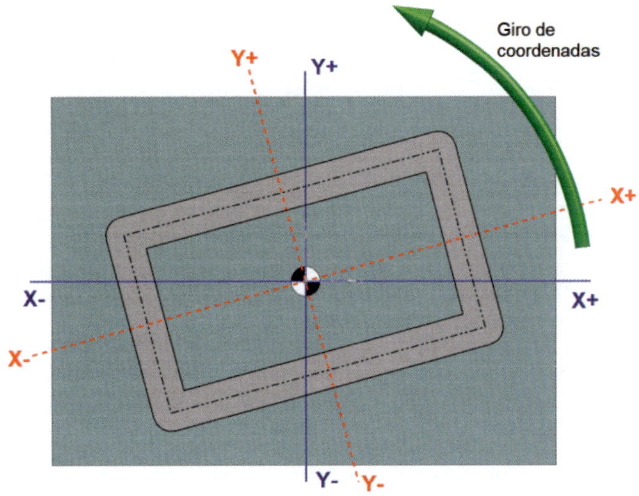

Fig. 10.49 Giro de coordenadas en mecanizado centrado.

La forma de operar es muy simple, pues tan solo se tiene que indicar el giro a realizar por el control, no así con la mesa de la máquina, lo que consigue el desfase necesario entre el sistema de coordenadas y la mesa de la máquina.

Si el centro de giro pretendido no coincide con el cero pieza, se tendrá que recurrir a la recolocación del mismo mediante la utilización **"I"** y **"J"**.

Ejemplo 1:

El ejemplo que se verá a continuación, será, el de la pieza de la Fig. 10.50.

Se parte de una pieza premecanizada donde solo es necesario realizar el mecanizado de la cara plana superior.

Las condiciones de mecanizado son: **Va** en profundización 60 mm/min, en costado 120 mm/min, la profundidad máxima de trabajo es de 5 mm y las RPM 1850.

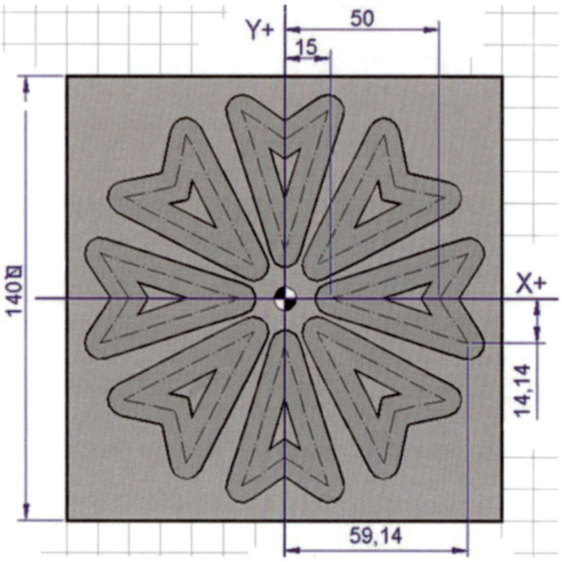

Fig. 10.50 Pieza de giro de coordenadas 1.

Programa 1:

Control 8065

Absolutas

```
1 - F60 S1850 T1 D1 M06
2 - G0 G5 G90 G17 X-30 Y0 Z100
3 - N10: G0 X15 Y0
4 - Z2
5 - G1 Z-2 F60 M3
6 - X59.14 Y-14.14 F120
7 - X50 Y0
8 - X59.14 Y14.14
9 - X15 Y0
10 - Z2
11 - G73 Q45
12 - N20:
13 - #RPT [N10, N20, 7]
14 - G0 Z100 M5
15 - X-30 Y0
16 - M30
```

Control 8055

Absolutas

```
1 - F60 S1850 T1 D1 M06
2 - G0 G5 G90 G43 G17 X-30 Y0 Z100
3 - N10 G0 X15 Y0
4 - Z2
5 - G1 Z-2 F60 M3
6 - X59.14 Y-14.14 F120
7 - X50 Y0
8 - X59.14 Y14.14
9 - X15 Y0
10 - Z2
11 - N20 G73 Q45
12 - (RPT N10, N20) N7
13 - G0 Z100 M5
14 - X-30 Y0
15 - M30
```

Comentarios al ejemplo 1

Control 8065

Línea 1 Se coloca la cabecera.

Línea 2 Se procede a la colocación de la herramienta en el punto **X-30 Y0 Z100**, cercano a la pieza y con facilidad de aproximación, sin peligro de colisionar.

Línea 3 Se procede al desplazamiento del primer punto en **G00** de la primera parte de la figura a mecanizar.

Línea 4 Aproximación rápida en **Z** hasta la cota **2**.

Línea 5 Se procede a la profundización dentro del material hasta **Z-5** con **G01** y en **F60**, que es el avance recomendado para la mecanización frontal.

Línea 6 Realización del desplazamiento en trabajo a **F120** hasta la primera línea del mecanizado.
Línea 7 Realización del desplazamiento en trabajo hasta la segunda línea del mecanizado.
Línea 8 Realización del desplazamiento en trabajo hasta la tercera línea del mecanizado.
Línea 9 Realización del desplazamiento en trabajo hasta la cuarta línea del mecanizado.
Línea 10 Se procede a subir la herramienta 2 mm por encima del material en **G1** para no rozar en las paredes del mecanizado.
Línea 11 Se procede a activar el giro de coordenadas hasta el primer ángulo de 45º.
Línea 12 Se coloca la etiqueta del final de la llamada.
Línea 13 Se procede a repetir desde la línea N10: hasta la N20: que son todas las líneas encargadas del mecanizado, pero en este caso lo harán con una inclinación que se ha realizado en la línea anterior, de 45º sobre los distintos ejes. Como **G73** es incremental y antes de llamar a la línea de repetición ya se ha realizado el mecanizado de la primera figura, solo se repite 7 veces para completar las ocho figuras que componen la pieza.
Línea 14 Subida del eje **Z**.
Línea 15 Retorno al punto de partida del mecanizado.
Línea 16 Final de programa con **M30**.

Control 8055

Este programa es idéntico al anterior salvo en los siguientes detalles:

- Las etiquetas N10 y N20 van sin los dos puntos finales (en control 8065 N10: y N20:).
- Los “RPT” tienen la estructura diferente siendo: (RPT N--, N--) N-- en lugar de #RPT [N--, N--, --].
- El número de etiqueta N20 puede ir acompañado de órdenes de trabajo.

Ejemplo 2:

El ejemplo que se verá a continuación, será, el de la pieza de la Fig. 10.51.

Se parte de una pieza premecanizada donde solo es necesario realizar el mecanizado de la cara plana superior.

Las condiciones de mecanizado son: **Va** en profundización 60 mm/min, en costado 120 mm/min. la profundidad máxima de trabajo es de 5 mm y las RPM 1850.

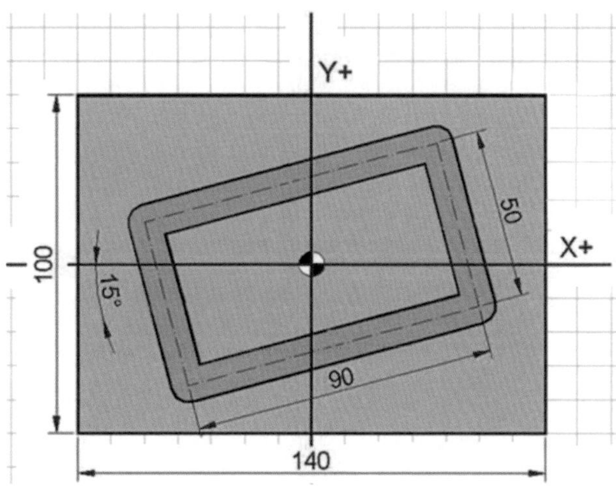

Fig. 10.51 Pieza de giro de coordenadas 2.

Programa 2:

Control 8065 y Control 8055

Absolutas

1 - F60 S1850 T1 D1 M06
2 - G0 G5 G90 G17 X-80 Y0 Z100; + G43 8055
3 - **G73 Q15**
4 - G0 X-45 Y-25
5 - Z2
6 - G1 Z-5 M3
7 - X45 Y-25 F120
8 - X45 Y25
9 - X-45 Y25
10 - X-45 Y-25
11 - Z2
12 - G0 Z100 M5
13 - G73
14 - X-30 Y0
15 - M30

Comentarios al ejemplo 2

Línea 1	Se coloca la cabecera.
Línea 2	Desplazamiento de la herramienta al punto **X-80 Y0 Z100**, cercano a la pieza y con facilidad de aproximación, sin peligro de colisionar.
Línea 3	Se procede a realizar el giro de coordenadas de 15º con **G73**. A partir de ahora todo lo que se programe se realizará con una inclinación de las coordenadas de 15º.
Línea 4	Desplazamiento hasta el primer punto del mecanizado, que se corresponde con la esquina izquierda inferior.
Línea 5	Aproximación rápida en **Z** hasta la cota **2**.
Línea 6	Se procede a la profundización dentro del material hasta **Z-5** con **G01** y en **F60**, que es el avance recomendado para la mecanización frontal.
Línea 7	Realización del desplazamiento en trabajo a **F120** hasta la primera línea del mecanizado.
Línea 8	Realización del desplazamiento en trabajo hasta la segunda línea del mecanizado.
Línea 9	Realización del desplazamiento en trabajo hasta la tercera línea del mecanizado.
Línea 10	Realización del desplazamiento en trabajo hasta la cuarta línea del mecanizado.
Línea 11	Se procede a subir la herramienta 2 mm por encima del material en **G1** para no rozar en las paredes del mecanizado.
Línea 12	Subida del eje **Z**.
Línea 13	Se desactiva el giro de coordenadas para poder acabar de realizar los movimientos de salida con las coordenadas antiguas.
Línea 14	Retorno al punto de partida del mecanizado
Línea 15	Final de programa con **M30**.

Compensación de radio de herramienta

Cuando se trabaja de costado con fresas, se tiene que tener en cuenta el radio de las mismas y controlar dicha medida para indicar las diferentes coordenadas del programa. Esto último tiene bastantes desventajas, como por ejemplo:

- Tener que sumar o restar el radio de la herramienta en los movimientos horizontales y verticales del mecanizado.
- Solo se podrá realizar el mecanizado utilizando herramientas del mismo diámetro y en caso contrario, se tendrían que cambiar las coordenadas programadas en el programa.
- Tener que realizar cálculos complejos cuando la geometría del programa cuente con zonas inclinadas o curvas.
- Etc.

Todos estos inconvenientes se subsanan con la utilización de las funciones de compensación de radio aplicadas correctamente en los diferentes programas.

Es cierto que esto implica más cantidad de programación y un buen conocimiento de la aplicación de las mismas para no acarrear errores, pero su utilización compensa con mucho esos pequeños inconvenientes.

No siempre será necesario aplicar la compensación de la herramienta, como por ejemplo en mecanización de taladros u otros similares donde, obviamente, no tiene sentido dicha corrección.

Antes de ver las funciones preparatorias para mecanizar con compensación automática de radio, es necesario analizar previamente cómo el control obtiene la información necesaria para realizar dicha corrección. La información se le suministra desde la llamada tabla de herramientas, que en este control se utiliza fuera del programa.

Existen controles que necesitan disponer de esa información desde el principio del programa, por lo que el programador tendrá que incluir dicha información al principio, pero no es el caso del que nos ocupa. Esta información se obtiene de la tabla de herramientas, por lo que ahora se procede a su análisis.

Tabla de herramientas

La tabla de herramientas es fundamental para trabajar en la fresadora utilizando la programación de compensación de radio con varias herramientas en un mismo programa.

La tabla de herramientas se utiliza al margen del programa, pero está directamente relacionada con este por las palabras **"T-- D--"** (se vio previamente en el **Capítulo 6 PROGRAMACIÓN CNC** que es la información que se introduce en el programa para dicha relación.

En este apartado se analizará exclusivamente la parte de la compensación de radio; el resto será analizado con toda profundidad cuando se trate el cambio de herramientas.

Recordando la estructura del cambio de herramienta, **"T"** se encarga del cambio físico, pero la palabra **"D"** es la que solicita la información necesaria a la tabla de herramientas. El número escrito en esa posición hace referencia a la posición de la tabla a cargar en memoria.

El control 8065 dispone de dos modos de tabla de herramientas:

- **Modo simple**
  La tabla muestra la lista de herramientas con los datos más habituales. Esta tabla solo permite definir algunos datos de las herramientas.

- **Modo completo**
  La tabla se divide en dos paneles. El panel izquierdo muestra la lista de herramientas disponibles y el panel derecho muestra los datos de la herramienta seleccionada en la lista.
  Esta tabla permite definir todos los datos de las herramientas. También es posible añadir o quitar herramientas y correctores de la tabla.

Fig. 10.52 Modo simple.

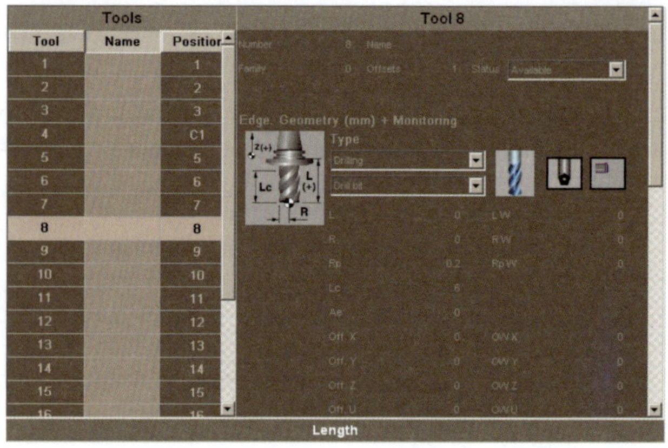

Fig. 10.53 Modo completo.

En este tratado se verá solamente el modo simple, dado la extensión que tiene el modo completo. En caso de que le interese recurrir al modo completo, se recomienda la consulta del manual de operación de dicho control.

Llamada a herramienta: **Control 8065** y **Control 8055**

T01 D01

Herramienta a cambiar (T01) — **Corrector a utilizar** (D01)

Tabla de correctores

La tabla de herramientas es la encargada de almacenar los datos de las diferentes herramientas. La tabla se manipula fuera del programa. Su estructura es la siguiente:

Radio de la herramienta (RADIO) — Corrector del desgaste de radio (COR RADIO)

CORRECTOR	RADIO	LONGITUD	COR RADIO	COR LONGITUD
D0001	R 0.0000	L 0.0000	I 0.0000	K 0.0000
D0002	R 0.0000	L 0.0000	I 0.0000	K 0.0000

Nº de posición en la tabla (CORRECTOR) — Longitud de la herramienta (LONGITUD) — Corrector del desgaste de la longitud (COR LONGITUD)

CORRECTOR - Posición de correctores en la tabla de herramientas. No se pueden manipular, el control los tiene preasignados.

RADIO - Es la casilla destinada a colocar el radio de la herramienta. Este valor es el que utilizará el control para realizar los cálculos adecuados para la compensación solicitada.

LONGITUD - Vale todo lo expuesto para el radio, pero aplicándolo en este caso sobre la longitud de la herramienta. Este dato no afecta a ninguna de las funciones para la corrección de radio, pero sí, para la función de corrección de longitud.

COR RADIO - Esta casilla está prevista para poder corregir posibles desgastes de la herramienta o errores de medida en su sentido radial. En principio no se debería utilizar salvo en casos de control y verificación de medidas. Una vez constatado que no coincide con la medida prevista, se coloca aquí la diferencia sobre la medida real y la prevista y el control corregirá la diferencia a partir de la siguiente línea en que se introduzca la diferencia en dicha casilla y afectará al resto de la pieza a mecanizar. En algunos casos se puede utilizar esta casilla para realizar mecanizados con ahorro de líneas de programación, pero esto se verá más adelante.

COR LONGITUD - Vale todo lo expuesto para el desgaste del radio, pero aplicándolo en este caso sobre la longitud de la herramienta. Este dato no afecta a ninguna de las funciones para la corrección de radio, pero sí, para la función de corrección de longitud.

Utilización de la tabla para compensación de radio

Para proceder a almacenar el radio de herramienta para calcular la compensación tan solo es necesario solicitarla con las palabras **"T-- D--** o **D--"**. El valor se puede introducir en cualquier punto del programa siempre que sea anterior a la solicitud de corrección. Lo aconsejable es llamarlo en la cabecera al iniciar el programa, con posterioridad, en cada momento que se necesite realizar cambio de herramienta.

Existe la posibilidad de darle a una herramienta más de una posición en tabla para poder realizar mecanizados de manera más simplificada (se verá más adelante en sistemas de mecanizado). Por ejemplo, se pueden realizar llamadas a la misma herramienta pero con diferente corrector, con lo que no cambiará la herramienta físicamente pero sí el corrector de radio. Ejemplo:

Llamada al cambio de herramienta con el corrector 01

```
G90 G94 G00 F100 S1200 T01 D01 M03
-----------------
-----------------
-----------------
-----------------
-----------------
G--G-- T01 D12
------
```

Llamada manteniendo la misma herramienta, pero con el corrector 12

Existen 3 funciones relacionadas con la compensación del radio, la función **G40** anulación de la compensación, **G41** corrección a izquierdas y **G42** corrección a derechas. A continuación se verán de forma individualizada cada una de ellas.

G40 Anulación de la compensación de radio

Descripción

Las funciones de compensación de radio son modales entre sí, por lo que es necesario disponer de una que anule cualquier tipo de compensación cuando interese; esta función es la **G40**.

Después de aplicar **G40**, en el siguiente movimiento lineal que realice el control rectificará la trayectoria hasta anular dicha compensación. Si no está activada **G41** o **G42**, el control no realizará ninguna compensación.

Formato: G40

Control 8065 y Control 8055

Anulación de compensación de radio
G-- **G40** G-- X-----.---- Y-----.----

Es aconsejable que la función **G40** esté integrada en la cabecera de nuestros programas, para evitar posibles errores por interrupción parcial y reactivación de nuevo del programa.

Condiciones

La función **G40** es modal con **G41** y **G42**.

La cancelación de la compensación de radio solo puede aplicarse en una línea donde esté programado un movimiento lineal, ya sea **G00** o **G01.**

Esta función se anula al emplear **M02 M30** o **RESET** del programa. En el momento del encendido el CNC asume la función G40.

Operativa

Se debe utilizar siempre que se haya realizado previamente una entrada de corrección, ya sea a izquierdas o a derechas, siempre en una línea donde no esté mecanizando, pues en dicha línea el control irá compensando la corrección previamente introducida, lo que causaría daños en la pieza e incluso en la herramienta.

Es aconsejable introducir esta función en la cabecera del programa, pues si por un azar se hubiera interrumpido el programa a mitad, al reiniciarlo podría pasar que se hubiera quedado activada la corrección y compensada la herramienta.

Su operativa en programación y ejemplos se verán con más claridad más adelante en este mismo capítulo.

G41 Compensación de radio a izquierdas, G42 a derechas

Descripción

Con **G41** se realiza la compensación de radio de herramienta por la parte izquierda del material según su sentido de marcha y con **G42** se realiza por la parte derecha del material también según su sentido de marcha (Fig. 10.48).

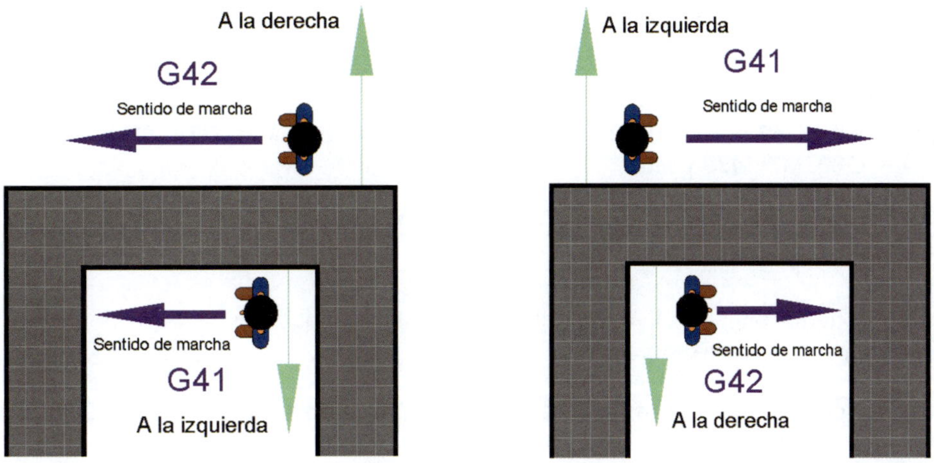

Fig. 10.54 Sentido de la compensación de radio.

Supóngase que en dicha figura hay dos señores paseando a cada lado de la acera de un parterre. En esta figura el sentido de marcha está indicado por una flecha azul.

Para saber en qué lado de la acera está caminando cada señor, se debe realizar la siguiente pregunta:

“¿Hacia qué lado de la acera está situado cada señor, según su sentido de marcha?”

En la figura de la izquierda, puede observarse cómo **G41** es el que queda en la parte interior, pues en esa posición y con el sentido de marcha que lleva el señor está a la izquierda de la acera. En cambio, en la figura de la derecha es el que queda por la parte interior.

Si este mismo supuesto se realiza con una herramienta de fresado, nos tenemos que centrar en la figura 10.55.

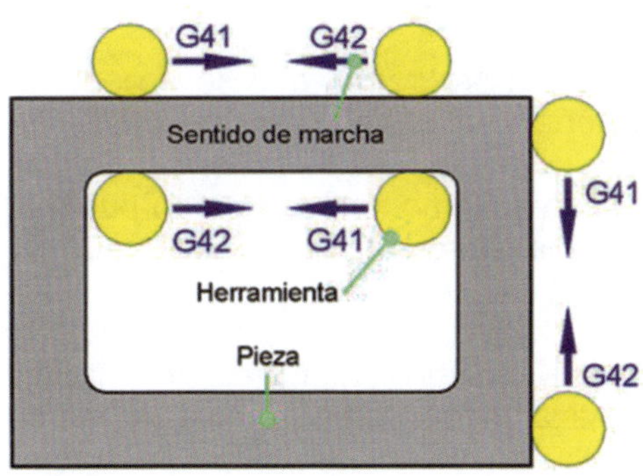

Fig. 10.55 Compensación de radio con herramienta.

Para saber en qué lado de la pieza está avanzando la herramienta, se debe realizar la misma pregunta enfocada a la herramienta (Fig. 10.55):

“¿Hacia qué lado de la pieza está situada la herramienta, según su sentido de marcha?”

En la Fig. 10.55, puede observarse cómo en la parte exterior **G41** es la herramienta que va desde la izquierda hacia la derecha y **G42** la que va desde la derecha hacia la izquierda. En la parte interior de la pieza es **G41** la que va de derecha a izquierda, por lo tanto **G42** va en sentido contrario. En la parte exterior derecha la herramienta que va de abajo hacia arriba es **G42** y la que va de arriba hacia abajo **G41**.

Formato: G41/G42

Control 8065 y Control 8055

Entrada de compensación de radio

G-- **G41/G42** G-- X-----.---- Y-----.----

Condiciones

Las funciones **G41** y **G42** son modales entre sí y se anulan con: **G40**, **G74**, **G81**, **G82**, **G83**, **G84**, **G85**, **G86**, **G87**, **G88**, **G89**, **M2**, **M30** y **M06**.

La entrada de la compensación de radio, solo puede aplicarse en una línea donde esté programado un movimiento lineal, ya sea **G00** o **G01**.

Los valores de la herramienta **R**, **L**, **I**, **K**, deben estar almacenados en la tabla de correctores antes de comenzar el trabajo de mecanizado.

La compensación de radio se realizará sobre el plano activo mediante **G17**, **G18** o **G19**.

El control aplicará la corrección con el valor de la herramienta activa mediante **T D**.

La longitud de la línea de entrada debe ser mayor que el radio de la herramienta.

Operativa

Es aconsejable utilizar la compensación siempre que sea posible para evitar la realización de cálculos y conseguir que los programas puedan funcionar fácilmente con herramientas de diferentes diámetros.

Se debe incluir en una línea donde no haya material, pues al realizar ese recorrido la herramienta compensará la trayectoria hasta corregir la medida, con lo que podría mecanizar la pieza de forma indeseada.

La entrada de corrección se realizará siempre con una entrada lineal y dejando el suficiente espacio para que la herramienta pueda aplicar la corrección. En los ejemplos de este capítulo se podrá analizar con más detalle.

Es importante, una vez finalizado el programa, que se aplique la anulación de compensación con la función **G40**. De otro modo, la herramienta puede quedar con la trayectoria compensada y no con la real.

En la figura 10.56 se puede observar cómo se parte de un punto lo suficientemente alejado de la pieza para poder entrar la corrección en la primera línea.

Las cotas a programar son directamente las del mismo dibujo excepto la línea de entrada, que se mantiene separada de la pieza para entrar en la misma sin dejar marca y la del último punto que por los mismos motivos se aleja de la pieza en la salida para no dejar marca.

El resto de las líneas se programan de forma normal, con las cotas directas del dibujo, pero el movimiento real de la herramienta es el que está indicado con la línea de ejes del dibujo.

En la figura se puede observar cómo en las esquinas, el control realiza una interpolación circular por la parte exterior, pero sin afectar a la esquina de la pieza que sigue quedando en ángulo recto. Esto permite realizar compensaciones en menor espacio de pieza.

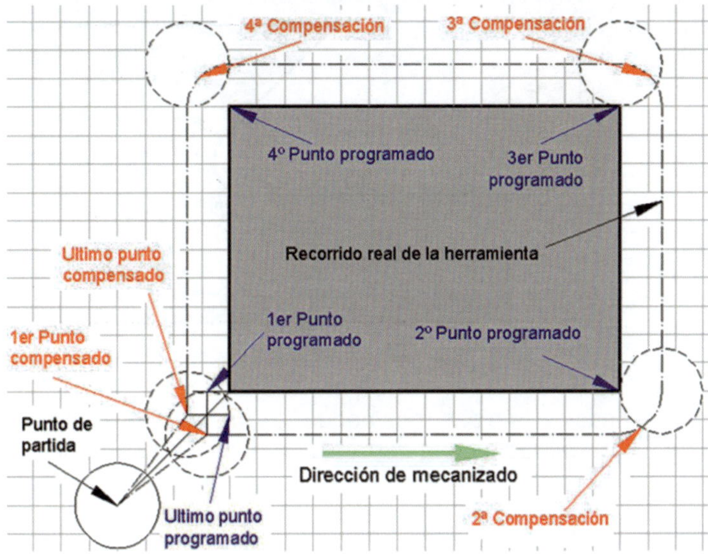

Fig. 10.56 Aplicación de la corrección de radio.

A la hora de aplicar las correcciones, es conveniente tener ciertas precauciones al mecanizar con compensación del radio.

Nunca se debe volver sobre la misma línea para intentar dar un cepillado a la cara, pues al volver en sentido contrario el control entiende que la corrección la tiene que seguir aplicando en la misma dirección, lo que implica que la herramienta entre dentro del material para conseguir dicha corrección (Ver Fig. 10.57).

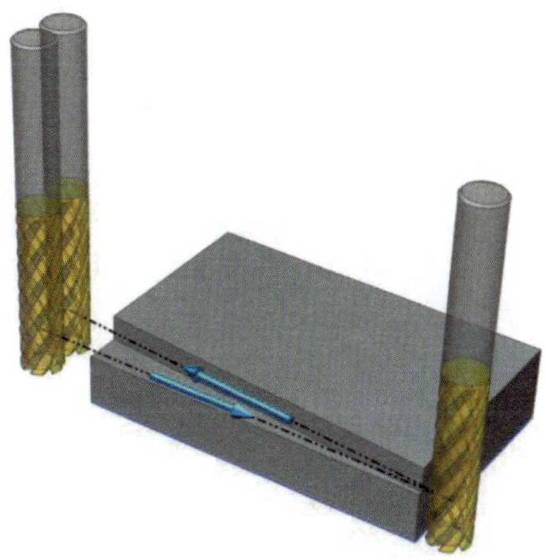

Fig. 10.57 Aplicación incorrecta de la corrección de radio.

En este último caso el control no detecta error, por tanto mecanizará la pieza tal como se ve en la Fig. 10.57. Pero existen otros casos donde el control marcará código de error y no podrá seguir mecanizando hasta subsanar dicho error.

En caso de programar una zona curva de la pieza más pequeña que la herramienta, el control indicará error (valor del radio de la herramienta demasiado grande). Ver Fig. 10.58 y 10.59.

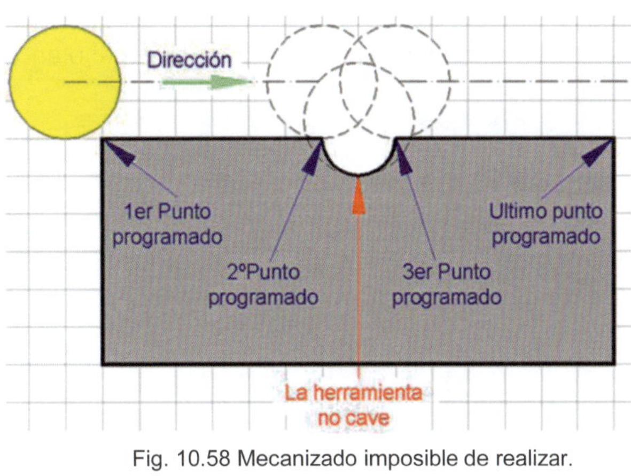

Fig. 10.58 Mecanizado imposible de realizar.

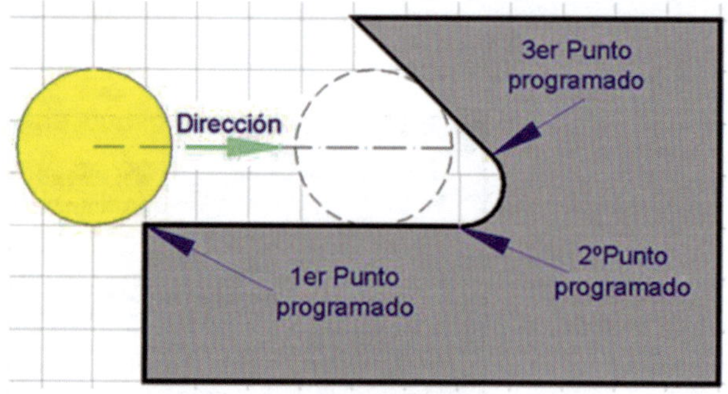

Fig. 10.59 Mecanizado imposible de realizar.

No se podrán programar zonas de la pieza más pequeñas que el radio de la herramienta. De lo contrario, el control marcará error (valor del radio de la herramienta demasiado grande). Ver Fig. 10.59.

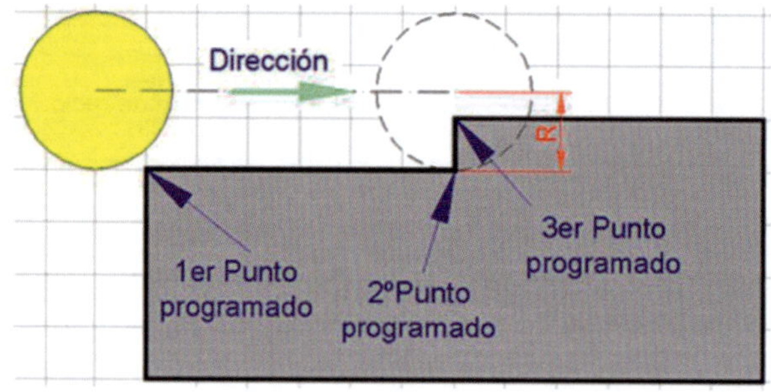

Fig. 10.60 Mecanizado imposible de realizar.

Las entradas de mecanizado en las piezas, tienen unas actuaciones diferentes según la forma de acercarse a las mismas. En la tabla siguiente se muestra cada una de las posibles formas de entrada partiendo de una línea recta y siguiendo con otra línea recta.

El control lee varias líneas por delante de la línea que está realizándose en ese momento, para poder realizar los cálculos adecuados. Por eso, no se pueden programar tres líneas seguidas sin que se trabaje sobre el plano de trabajo, pues el control marcará error al no poder encontrar la siguiente línea de cálculo.

Si se detectan, los bloques que los originan no serán ejecutados y en la pantalla se mostrará un aviso para advertir al usuario que el perfil programado ha sido modificado. Se mostrará un aviso por cada corrección de perfil realizada.

Tal como se puede ver en el programa siguiente, las líneas 6, 7 y 8 no hacen referencia a ningún eje del plano actual, por lo que el control indicará error.

1 -	G0 G17 F120 S1200 T1 D1	
2 -	X0 Y-10	
3 -	G41 X25 Y5 Z-4	Entrada de corrección
4 -	G1 X30 M3	Corrección en el plano
5 -	Y32	Corrección en el plano
6 -	Z10	Programación fuera del plano
7 -	M5	
8 -	Z-2	
9 -	Y-100	Corrección en el plano

Tipos de entrada de la herramienta

Entrada de trayectoria: Recta - Recta

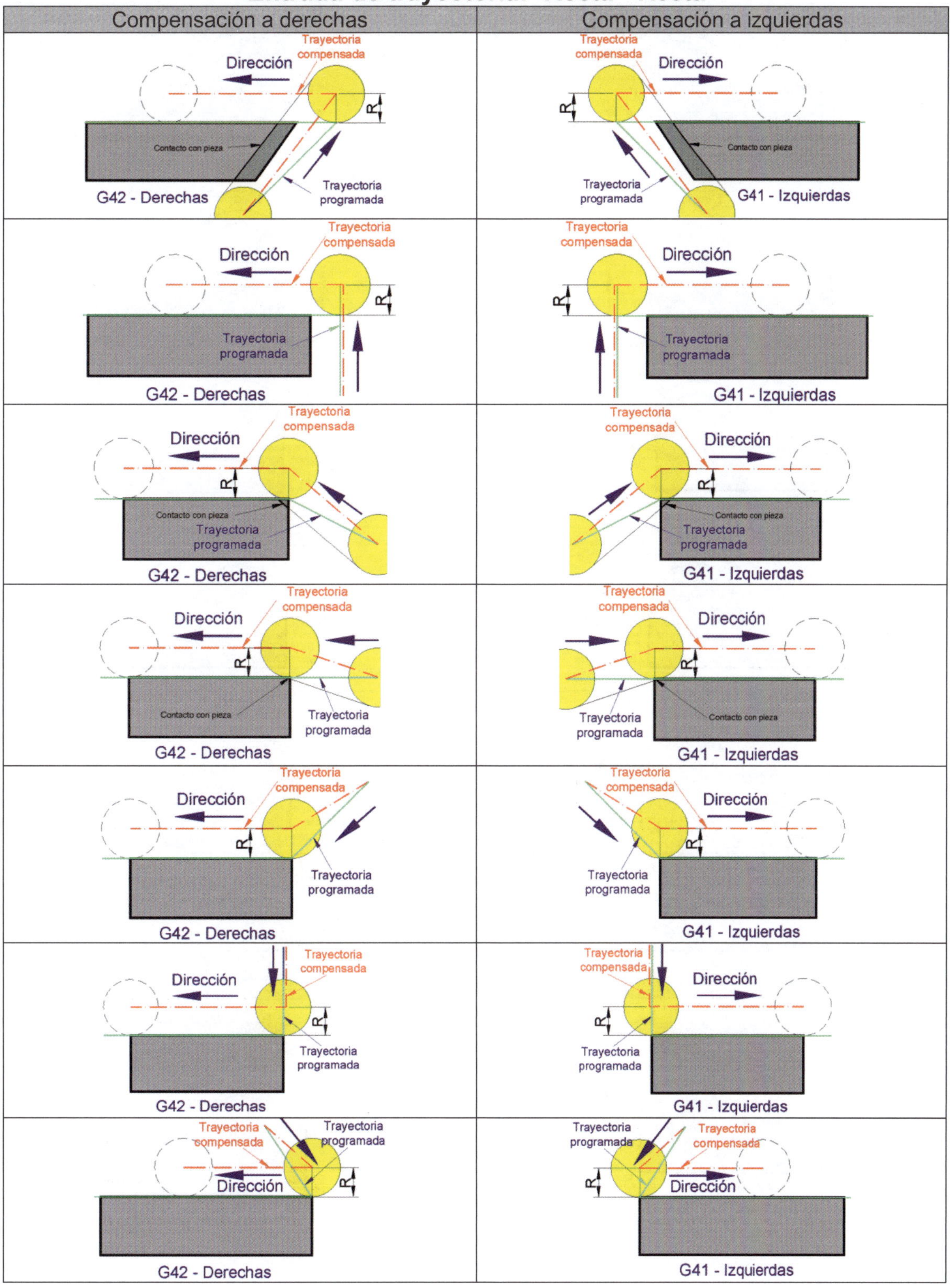

Entrada de trayectoria: Recta - Curva

Compensación a derechas	Compensación a izquierdas

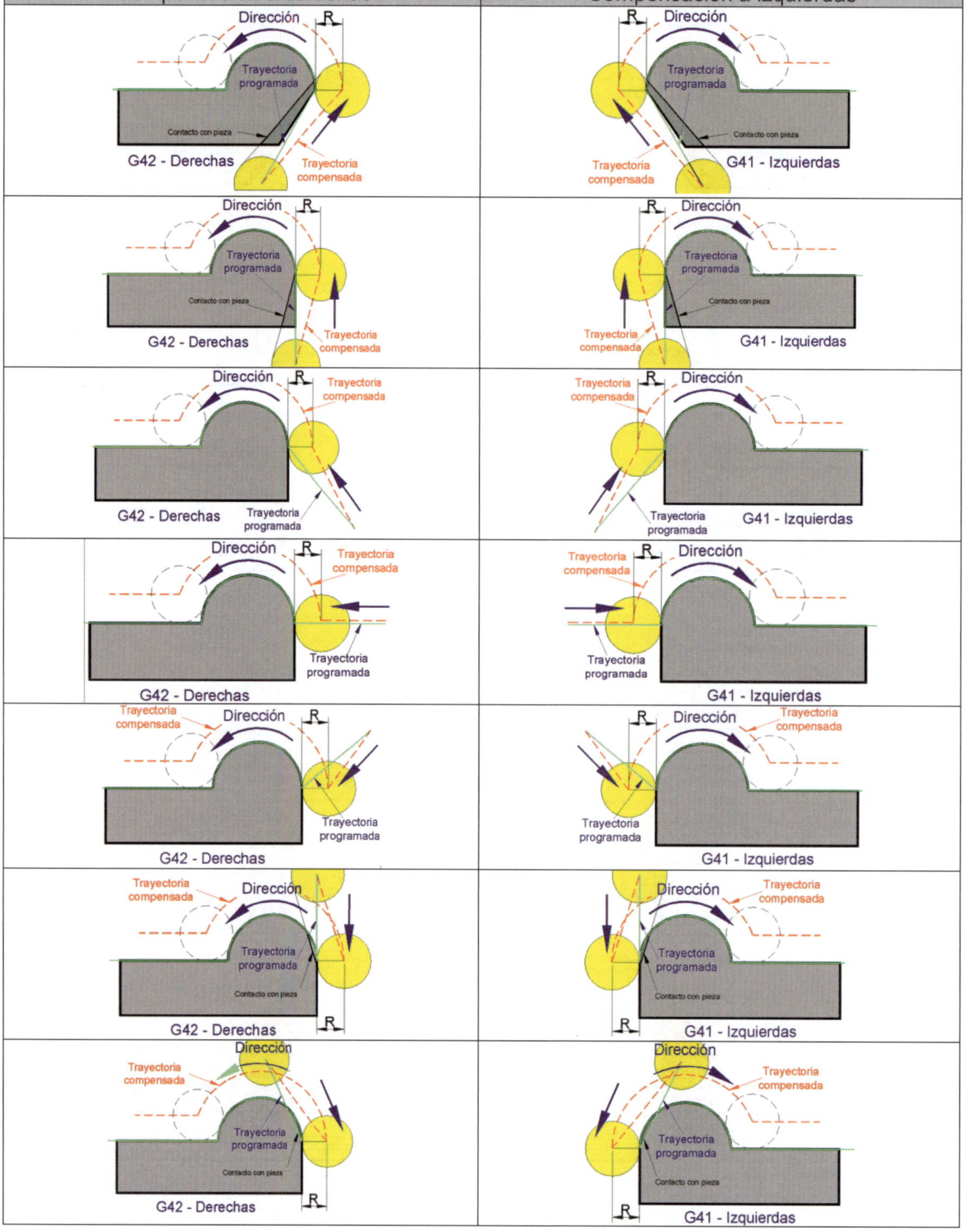

Trayectoria intermedia

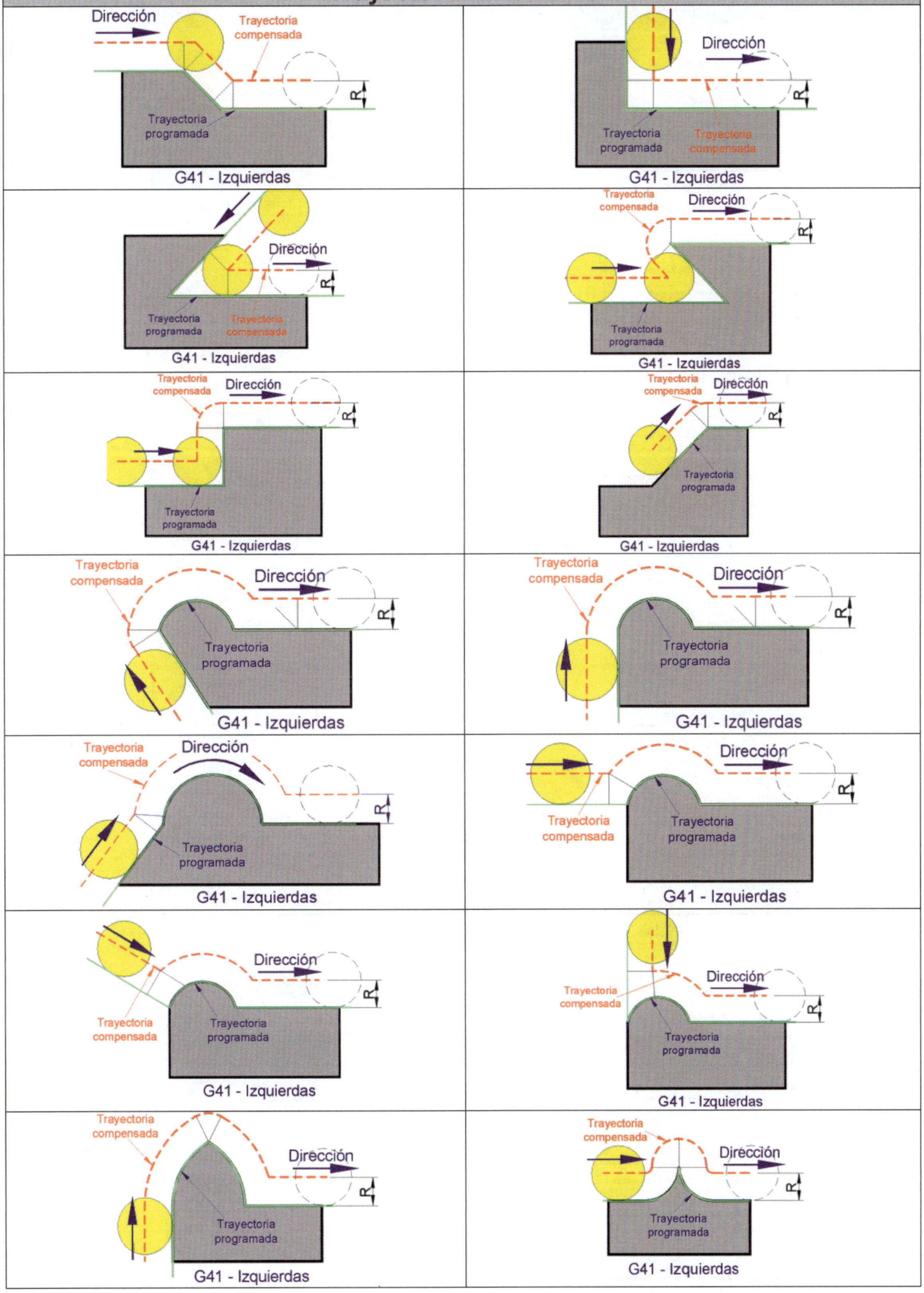

Trayectoria de salida

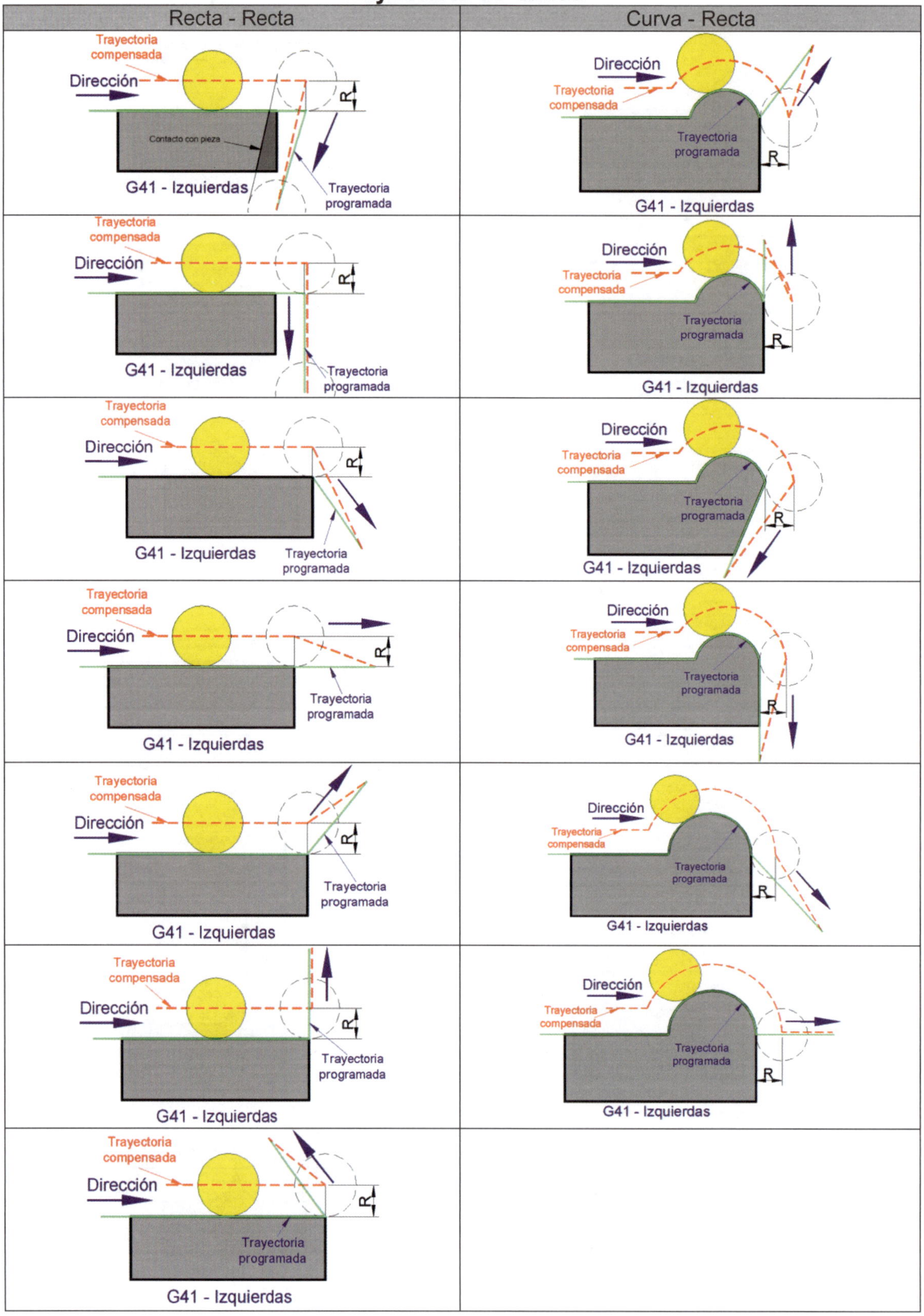

Ejemplo

El ejemplo que se analiza a continuación, será el de la pieza de la Fig. 10.61.

Se tiene que perfilar la pieza hasta dejarla a la medida del dibujo. El exceso de material no supera 1 mm por cara, por lo que se podra realizar de una sola pasada.

Las condiciones tecnológicas son: Va=120 mm/min, RPM=1850, pasada de profundidad 5 mm. La herramienta es de 10 mm de diametro.

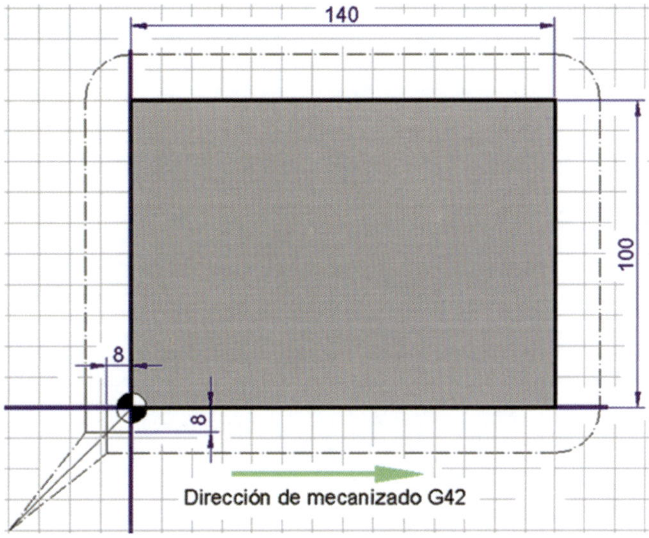

Fig. 10.61 Mecanizado de contorno con compensación de radio.

Programa:

Control 8065 y Control 8055

Absolutas

1 - F120 S1850 T1 D1 M6
2 - G90 G0 G5 G94 G40 G17 X-30 Y0 Z100
3 - X-40 Y-40
4 - G0 **G42** X-8 Y0
5 - Z-5
6 - G1 X140 M3
7 - Y100
8 - X0
9 - Y-8
10 - G0 Z100 M5
11 - **G40** X-40 Y-40
12 - X-30 Y0
13 - M30

Comentario al ejemplo

Línea 1 Se indican las condiciones tecnológicas solicitadas que tendrá que cumplir la herramienta y se aprovecha la línea para solicitar la herramienta que va a trabajar.

Línea 2 Colocación de la cabecera donde se indican las principales funciones preparatorias que se desea que estén activas. Se alcanza **X-30 Y0 Z100**, que es una posición de punto de partida.

Línea 3 Desplazamiento a la posición inicial para el mecanizado.

Línea 4 En esta línea se programa la entrada a la pieza como si no existiera herramienta y se activa **G42** para que el control calcule las medidas a compensar aplicando el radio de la herramienta activa. En esta línea se ha procurado que la distancia hasta la pieza sea lo suficientemente grande en los dos ejes, para que la herramienta entre la corrección sin problemas. Aunque está a una altura de **Z100**, la corrección la realiza correctamente en esa altura en el plano **XY** programado.

Línea 5 Se procede a bajar la herramienta hasta la profundidad de mecanizado.

Línea 6 Esta línea le ha servido al control para saber hacia dónde aplicar la corrección a derechas, pues determina la dirección. Esta y las siguientes líneas hasta la salida del perfil se programan con la medida real del plano.

Línea 7	Programación del perfil.
Línea 8	Programación del perfil.
Línea 9	Esta es la última línea del perfil y tal como en la entrada se acercó la herramienta a una distancia que no rozara con el material, en esta línea se prolonga el recorrido para que la herramienta acabe sin rozar el material.
Línea 10	Se procede a levantar en **G00** la herramienta hasta la altura **Z100**.
Línea 11	Esta es la línea en que regresa la herramienta al mismo punto del que partió antes de empezar a mecanizar el perfilado; en ella se indica la función **G40** para que durante el recorrido anule la corrección utilizada.
Línea 12	Se desplaza la herramienta hasta la posición de descanso.
Línea 13	Fin del programa con **M30**.

Compensación de longitud de la herramienta

Cuando se trabaja con más de una fresa, se tiene que tener en cuenta la diferencia de longitud entre las mismas y controlar dicha medida para tener siempre posicionada la testa de las herramientas en el mismo nivel.

Utilización de la tabla para compensación de longitud

Hasta que no se solicita la información de la tabla mediante la palabra **"T-- D--"**, el control tendrá por defecto en su memoria los valores de longitud de herramienta como valor 0. Por lo tanto aunque se le solicite que realice corrección, lo hará sobre el valor 0 de longitud, lo que es equivalente a no utilizar la corrección.

Para proceder a almacenar la longitud de la herramienta para calcular la compensación, tan solo es necesario solicitarla con la palabra **"T01 D01** o **"T D01"** dependiendo de que la máquina tenga o no tenga cambiador automático. El valor se puede introducir en cualquier punto del programa siempre que sea anterior a la solicitud de corrección. Lo aconsejable es llamarlo en la cabecera al iniciar el programa, con posterioridad, en cada momento que se necesite realizar cambio de herramienta.

Métodos de corrección de longitud de herramienta

Pueden existir diferentes formas de controlar los cambios de herramienta, pero en este tratado nos centraremos en dos de ellos:

- Referencia sobre la primera herramienta.
- Referencia global sobre un punto fijo conocido.

Referencia sobre la primera herramienta

Este suele ser el método más utilizado cuando no se dispone de cambio automático de herramientas, aunque no es excluyente de poder utilizar el otro método, teniendo algunas consideraciones en cuenta.

En este método se trabaja sobre el supuesto de que la primera herramienta que se va a utilizar para el mecanizado tiene longitud 0 y el resto de herramientas la diferencia que existe entre ellas y esta (ver Fig. 10.62).

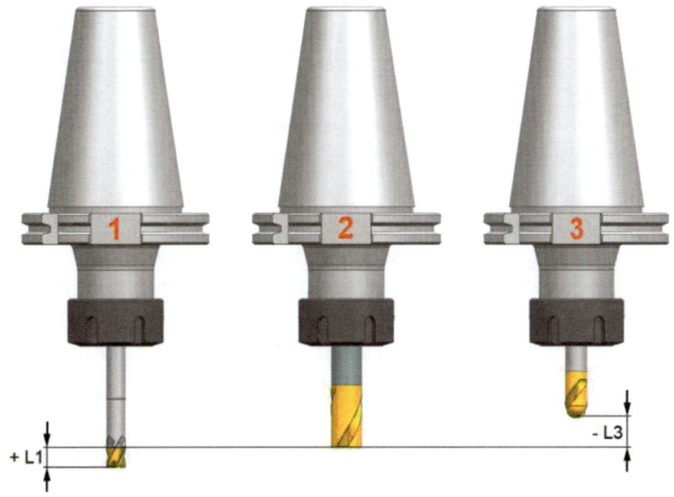

Fig. 10.62 Referencia sobre la primera herramienta.

En este ejemplo se utiliza la herramienta Nº 2 como la inicial, por lo que esta no tiene longitud (0) y las otras dos entrarán en el orden que esté previsto pero indicando como longitud la diferencia entre ellas y la primera.

En la tabla de herramientas se tienen que indicar los valores aquí indicados:

CORRECTOR	RADIO	LONGITUD	COR RADIO	COR LONGITUD
D001	R 0.0000	L **+ L1**	I 0.0000	K 0.0000
D002	R 0.0000	L **0**	I 0.0000	K 0.0000
D003	R 0.0000	L **- L3**	I 0.0000	K 0.0000

Este sistema o método, tiene el aspecto negativo de que siempre que se tengan que mecanizar nuevas piezas, como lo más probable es que no sea la misma herramienta con la que se inicie el mecanizado, se tendrán que calibrar las herramientas cada vez que se realice nueva pieza.

Con este método, la búsqueda del cero pieza, para la referencia de longitud, se tiene que realizar siempre contactando con la primera herramienta que mecanice la pieza, e indicándole a la misma como valor 0 y el resto se calibrarán sobre la diferencia de las demás sobre esta.

Referencia global sobre un punto fijo conocido

Este método es el recomendado, pues ahorra mucho tiempo en las calibraciones de herramientas, dado que solo se tienen que volver a referenciar cuando se sustituyan o modifiquen de sus sistemas de anclaje.

Este sistema de trabajo obliga a que cada herramienta disponga de un sistema de anclaje propio y de un sistema de calibración externo a la máquina, lo que encarece inicialmente la inversión, además de tener que mantener un orden estricto en el almacenaje de las herramientas y conseguir que estas estén perfectamente identificadas. Por lo demás, todo son ventajas.

El sistema se basa en utilizar un punto de referencia común en todas las herramientas, que normalmente suele estar situado en alguna cara del cono de sujeción y medir todas las herramientas sobre el mismo punto, en su propio cono. Esto obliga a tener todos los conos del mismo fabricante y el mismo modelo de la zona de anclaje. (Ver Fig. 10.63).

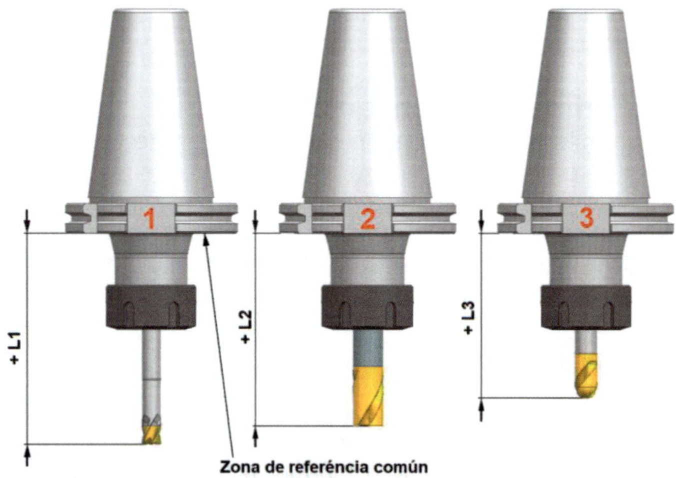

Figura 10.63 Referencia global sobre un punto fijo

En este método, la búsqueda del cero pieza, para lo referente a la longitud, se tiene que realizar contactando con cualquier herramienta, e indicándole como valor de la misma la longitud que se tiene controlada en la tabla de dicha herramienta y el resto ya no hace falta calibrarlas.

G43 Compensación de longitud de la herramienta
G44 Anulación de la compensación de longitud
(Solo control 8055)

Descripción

En el control 8065 se activa automáticamente al seleccionar el corrector de la herramienta.

Con **G43** se realiza la compensación de longitud de herramienta sobre el plano activo en el momento de su aplicación. Y con **G44** se anula.

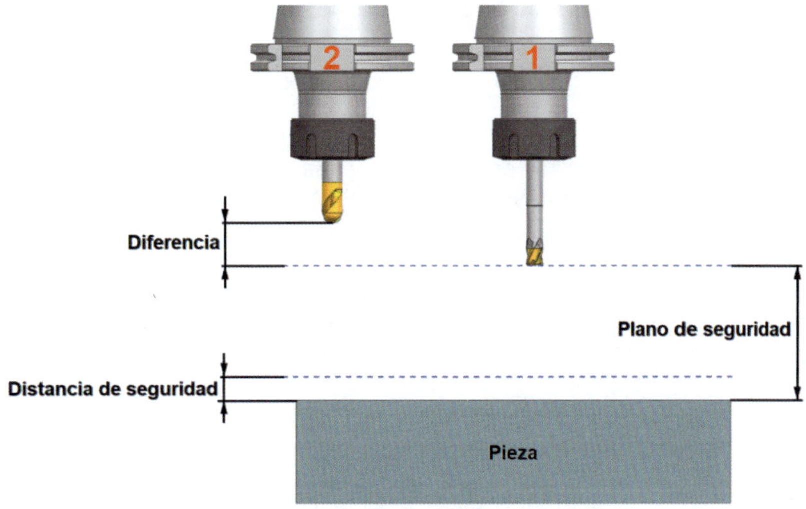

Fig. 10.64 Compensación de longitud.

Formato: G43/G44

Control 8055

Entrada de compensación de radio

G-- **G43** G-- X-----.---- Y-----.---- Z-----.---

G44 Z-----.---- Y-----.---- Z-----.----

El formato de la función es muy simple, pues basta con colocarla en la línea desde la que se pretende que se active la corrección. No obstante, no la realizará físicamente hasta que se mueva el eje donde la tiene que aplicar. Por ejemplo: si se tiene como activo el plano **XY**, la compensación no la realizará hasta que se produzca movimiento en eje **Z**.

La anulación se produce de la misma manera pero en sentido inverso, es decir primero se programa **G44** y en la siguiente línea donde tenga movimiento en eje **Z** eliminará la compensación.

Condiciones

La función **G43** es modal y se anula con: **G44, G74, M2** y **M30**.

La función **G44** es modal y se anula con **G43**.

La entrada de la compensación de longitud, solo puede aplicarse en una línea donde esté programado un movimiento lineal, ya sea **G00** o **G01**.

La compensación de longitud se realizará sobre el eje perpendicular al plano activo, mediante **G17**, **G18** o **G19**.

La anulación de longitud se realizará sobre el eje perpendicular al plano activo mediante **G17**, **G18** o **G19**.

El control aplicará la corrección con el valor de la herramienta activa mediante **T D** y al realizarse un movimiento sobre el eje activo.

El recorrido que tiene que realizar la herramienta para poder compensar la longitud, tiene que ser mayor que la diferencia que exista entre las dos herramientas.

Estas funciones se anulan al emplear **M30** o **RESET** del programa.

Operativa

Es fundamental aplicar la corrección si se utiliza más de una herramienta, pues de lo contrario se producirá colisión o, en el mejor de los casos, sobre medida.

La corrección tiene dos fases: una es la llamada a la corrección mediante la función **G43** y la otra es la que producirá el movimiento real al desplazarse sobre el eje perpendicular al plano activo (en lo sucesivo se utilizará el eje **Z** como eje perpendicular). Es importante tener en cuenta estos factores y aplicar la corrección con la suficiente distancia para evitar problemas.

La entrada de corrección se realizará siempre con una entrada lineal y dejando el suficiente espacio para que la herramienta pueda aplicar la corrección.

Es importante que, una vez finalizado el programa, se aplique la anulación de la compensación con la función **G44**. De otro modo la herramienta puede quedar con la trayectoria compensada y no con la real.

El resto de las líneas se programan de forma normal, con las cotas directas del dibujo, pero, el movimiento real de la herramienta es el que está indicado con la línea de ejes del dibujo.

Capítulo 11 – Estudio y aplicación de los ciclos fijos de mecanizado en fresadora

Ciclos fijos

Los ciclos fijos son las funciones preparatorias que dan mayor potencia a los controles. Al permitir realizar la programación de manera sencilla y con gran potencia, permiten arrancar material en un gran número de pasadas, con muy poco código de programación y respetando el perfil programado en todo momento.

En los ciclos fijos es donde más diferencias existen entre los diferentes controles del mercado; cada fabricante los ha desarrollado de manera distinta y con operativas diferentes. No obstante, gracias a la competencia del mercado, los fabricantes se esfuerzan en simplificar el uso de los mismos ganando además en potencia de trabajo, lo que los hace relativamente fáciles de aprender.

En los controles FAGOR, que son los que nos ocupan ahora en este tratado, existen diferencias de un modelo a otro, pero son relativamente pocas. En este capítulo analizaremos los ciclos de fresadora.

Ciclos fijos de mecanizado de fresadora

No se contemplan los ciclos fijos de herramienta motorizada ni del editor de cajeras, dada su extensión. En todo caso serían motivo de un tratado en sí mismo.

Estructura de los ciclos fijos de mecanizado en fresadora (Coordenadas cartesianas)

La estructura que comparten todos los ciclos es la siguiente:

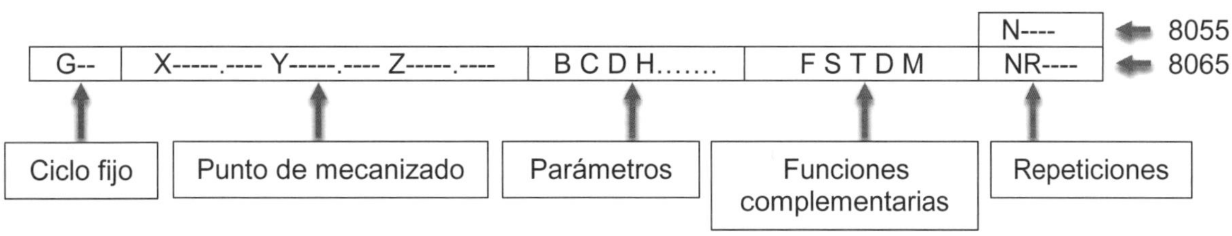

Ciclo fijo
Aquí se intruce el ciclo que se quiere realizar indicándolo con su función G.

Punto de mecanizado
Esta es la indicación de la posición del ciclo que se quiere realizar. Depende del plano que se tenga activo en ese momento.

Parámetros
La forma de introducir los datos a los ciclos no es mediante los sistemas normales de coordenadas, sino con los llamados "**Parámetros**", que tienen su equivalencia con cada uno de los anteriores.

En este caso se recurre a palabras (letras), que cada una de ellas tienen asignadas. Cada una de las cuales tiene una misión diferente. La función de cada una de ellas se comentará con más detalle en cada uno de los ciclos.

Las palabras asignadas a las coordenadas (X, Y, Z) pueden formar parte del mismo ciclo, dependiendo del tipo.

Funciones complementarias
Son todos los datos que hacen referencia a las condiciones tecnológicas, herramienta a utilizar y funciones auxiliares.

Repeticiones
Hace referencia a la cantidad de repeticiones que se desea que realice el ciclo. Las más usuales casi siempre hacen referencia a los ciclos de taladrado y roscado, aunque se pueden realizar con cualquiera de ellos.

Los ciclos fijos con los que cuentan los controles 8055M y 8065M son los siguientes:

Ciclo		
8055	**8065**	**Descripción**
G69		Ciclo fijo de taladrado profundo con paso variable
G80	G80	Anulación de ciclos fijos
G81	G81	Ciclo fijo de taladrado
G82		Ciclo fijo de taladrado con temporización
	G82	Ciclo fijo de taladrado con paso variable
G83	G83	Ciclo fijo de taladrado profundo paso constante
G84	G84	Ciclo fijo de roscado con macho
G85	G85	Ciclo fijo de escariado
G86		Ciclo fijo de mandrinado retroceso en avance G00
	G86	Ciclo fijo de mandrinado
G87	G87	Ciclo cajera rectangular
G88	G88	Ciclo cajera circular
G89		Ciclo fijo de mandrinado con retroceso en G01
G210	G210	Ciclo fijo de fresado de taladro
G211	G211	Ciclo fijo de fresado de rosca interior
G212	G212	Ciclo fijo de fresado de rosca exterior

Generación ISO en control 8065

La generación ISO convierte los ciclos fijos, llamadas a subrutinas, bucles, etc. en su código ISO equivalente (funciones G, F, S, etc.), de manera que el usuario los pueda modificar y adaptar a sus necesidades (eliminar desplazamientos no deseados, etc.).

Modalidad de los ciclos

Todos los ciclos son **modales**, por lo que estarán activos hasta que se anulen con la función "**G80 Anulación de ciclo fijo**". Esto es particularmente práctico, por ejemplo, en el caso de tener que realizar varios taladros iguales pero en distinta posición, pues con desplazar simplemente los ejes a una nueva posición, al ser alcanzada, el control realizará en esa nueva posición el taladro sin ninguna otra orden. Esto último es importante tenerlo presente, pues si no se pretende volver a realizar otro taladro es necesario indicar **G80** antes de realizar el nuevo traslado de coordenadas. En caso contrario, el control intentará realizar el ciclo en la nueva posición alcanzada, aunque esta esté fuera o dentro de la pieza, lo que puede ocasionar mecanizados indeseados.

Zona de influencia de los ciclos

Los ciclos se realizarán siempre sobre el plano de trabajo activo mediante **G17**, **G18** o **G19** y lo mecanizarán sobre el eje perpendicular al plano asignado o activo.

Los ciclos volverán a una u otra posición de reposo sobre el eje de trabajo tras finalizar el mecanizado del mismo y estas posiciones se controlan por el programador mediante dos funciones preparatorias que definen la zona o plano a la que volver tras el mecanizado. Estas funciones son **G98** y **G99**.

Si en un bloque de movimiento que se halla dentro de la zona de influencia de ciclo fijo se programa al final del bloque el "número de veces que se ejecuta el bloque" (N), el CNC efectúa el desplazamiento programado y el mecanizado correspondiente al ciclo fijo activo el número de veces que se indica.

Si se programa un "número de veces" N0, no se ejecutará el mecanizado correspondiente al ciclo fijo activo. El CNC ejecutará únicamente el desplazamiento programado.

Mientras en el ciclo fijo está activo, todos los bloques que se programen quedan bajo la influencia de dicho ciclo fijo.

Dentro de la zona de influencia de un ciclo fijo, si existe un bloque que no contenga movimiento, no se efectuará el mecanizado correspondiente al ciclo fijo definido, salvo en el bloque de llamada.

G98 Vuelta al plano de partida / G99 Vuelta al plano de referencia

Existen dos funciones encargadas de controlar la posición de retorno tras el mecanizado; estas son las funciones tratadas en este punto. El detalle de los planos queda reflejado en la figura 11.01.

Tal como puede observarse, dependiendo de la función activa la herramienta retornara a uno u otro de los planos y con los movimientos en **G00** o **G01**.

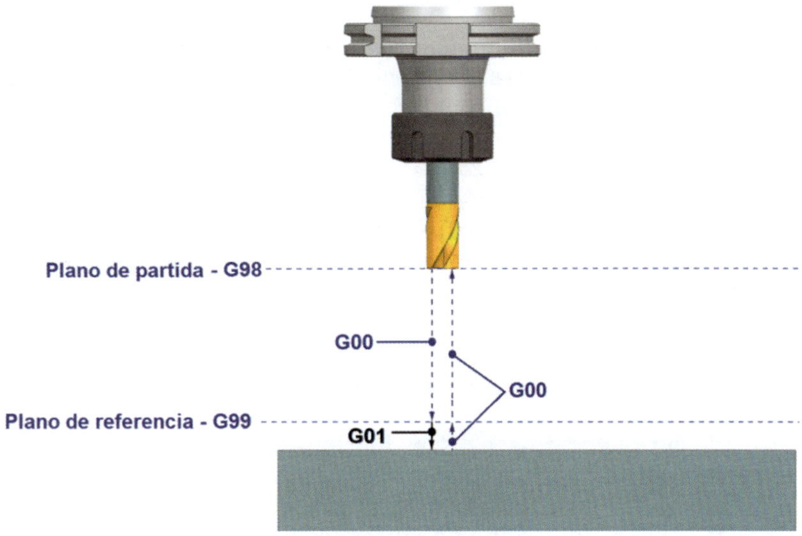

Fig. 11.01 Retorno de la herramienta después del mecanizado de ciclo.

Si se vuelve con **G98**, la herramienta bajará en **G00** hasta la posición del plano de referencia, a continuación, bajará desde el plano de referencia hasta la pieza en **G01**; la subida la realizará en **G00**. Si por el contrario se vuelve con **G99**, la herramienta bajará desde el plano de referencia en **G01** y subirá al mismo plano en **G00** (ver Fig. 11.02).

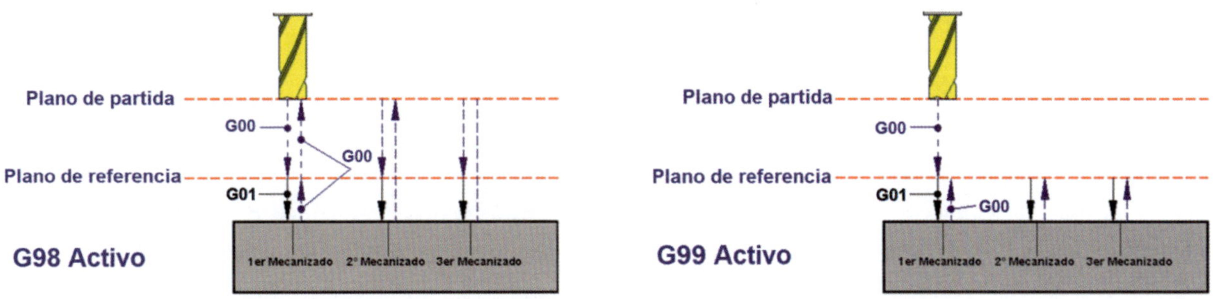

Fig. 11.02 Tipos de desplazamiento de las herramientas según la función activa.

Son modales entre sí, por lo que siempre estará activa una de ellas.

Estas funciones solo afectan al mecanizado mediante ciclos y nunca a la programación normal, por lo que si está activa **G80** ninguna de las dos estará activa en ese momento.

Condiciones en los ciclos

Todos los ciclos cuentan con unas condiciones mínimas, que se tienen que respetar de manera escrupulosa para evitar errores o mecanizados no previstos.

La realización de los ciclos tiene un comportamiento común en cuanto a su operativa; esta se describe en este punto, y son los siguientes:

Según el plano de trabajo activo el control interpretará las coordenadas de manera diferente, pues no interpolará los tres ejes a la vez, sino que se desplazará primero a alcanzar la coordenada paralela al plano activo, después bajara sobre el eje perpendicular a dicho plano.

No se podrá definir un ciclo fijo en un bloque que contenga movimientos no lineales (G02, G03, G08, G09, G33 o G34).

Asimismo, no se permite ejecutar un ciclo fijo estando activas las funciones G02, G03, G33 o G34.

Sin embargo, una vez definido un ciclo fijo, en los bloques que siguen, podrán programarse las funciones G02, G03, G08 o G09.

Al programar un ciclo se puede actuar de dos maneras diferentes dependiendo de la colocación de las coordenadas. Las dos posibles maneras de actuar son las siguientes:

- Si en la línea donde se programa la función de ciclo se programan las coordenadas del mismo, el control desplazará los ejes hasta la posición indicada en dichas coordenadas, después de alcanzarla mecanizará el ciclo. Al realizar el siguiente desplazamiento volverá a mecanizar el ciclo, así hasta programar **G80**.

- Si en la línea donde se programa el ciclo no se indica ninguna coordenada, el control mecanizará el ciclo en la posición actual. Pero a partir de aquí actúa igual que en el otro caso, es decir, al desplazarse a otra coordenada mecanizará el ciclo al alcanzar la misma, hasta que se programe **G80**.

El desplazamiento del eje **Z** (Plano activo G17) determina la colocación del **plano de referencia**, mientras que la situación actual de la herramienta al programar el ciclo sitúa **el plano de partida**.

Al finalizar cualquier ciclo fijo, quedarán activas las funciones preparatorias anteriores al mismo.

Si al iniciar el ciclo no se ha programado ningún giro de mandrino, el control iniciará de forma automática la función **M3** para evitar roturas de herramienta y piezas; dicha función quedará activa con posterioridad a la salida del mismo ciclo. En caso de estar programada previamente alguna de ellas, quedará activa.

La ejecución de un ciclo fijo anula la compensación de radio que esté activa en ese momento.

Sistemas de anulación de ciclos fijos

Los ciclos fijos se anulan con las siguientes funciones preparatorias: **G80**, **G32**, **G53-G59**, **G74**, **G92**, los cambios de plano **G17**, **G18**, **G19** y las funciones auxiliares **M02**, **M30** o **paro de emergencia** y **RESET,** o cualquier otro ciclo fijo programado.

G80 Anulación de ciclos fijos

Con esta función se anulará cualquier ciclo fijo que esté programado en ese momento.

Los ciclos son modales, es decir quedan activos hasta que no se desactivan mediante la función **G80**. Esto quiere decir que, después de programar un ciclo fijo, al realizar cualquier movimiento en el plano de trabajo activo se volverá a mecanizar dicho ciclo y así sucesivamente hasta su anulación.

Esto último es muy importante tenerlo presente, pues es muy habitual en el programador poco experto que se realice un mecanizado del ciclo en una zona no deseada. Por ejemplo, al enviar a la herramienta a una zona de descanso y alcanzar dicha posición, la herramienta bajará a mecanizar y podría incluso mecanizar en partes estructurales de la máquina.

G81 Ciclo fijo de taladrado simple

Descripción

Realiza taladros sencillos.

Este es el ciclo ideal para realizar taladros de poca profundidad que se puedan realizar de una sola pasada, como por ejemplo la realización de un taladro con la broca de punto, o taladros en placas de anchura pequeña.

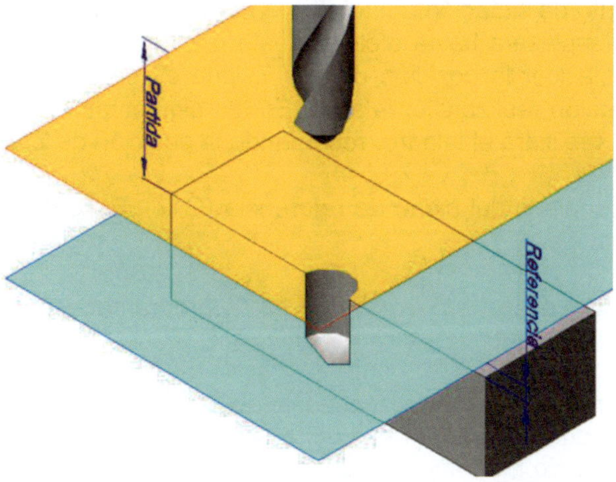

Fig. 11.03 Taladrado simple y planos de trabajo.

Formato: G81 (Coordenadas cartesianas)

Control 8065

Taladrado simple
G81 G98/G99 G-- G... X-----.---- Y-----.---- Z-----.--- I-----.---- K-----.---- A-

Control 8055

Taladrado simple
G81 G98/G99 G-- G... X-----.---- Y-----.---- Z-----.--- I-----.---- K-----.----

Control 8065

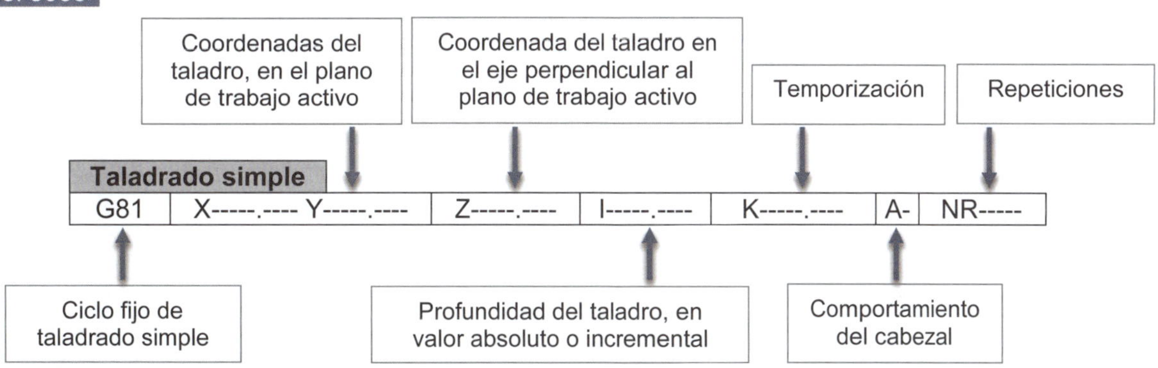

Control 8065

Es el mismo que el del control 8065 pero sin el control del comportamiento del cabezal (A).

Este es el formato de taladros simples. En la mayoría de los casos, suele ser suficiente, pero es conveniente tener claro el estado del resto de las funciones preparatorias, auxiliares o datos tecnológicos programados previamente. Por ejemplo es imprescindible saber si, se está programando en valor absoluto o incremental. En caso de tener dudas es mejor recurrir al formato de línea compuesta.

Es necesario tener presente que la función de ciclo estará activa después de realizar el taladro, por lo que, si no se ha de realizar ningún otro taladro, es necesario programar **G80**. En caso contrario, al llegar a la nueva posición en **XY** realizará en esa coordenada otro taladro idéntico al anterior.

Parámetros

X Y - Coordenada del punto de situación del taladro en el plano de trabajo activo (G17). La primera vez, la herramienta se desplazará hasta alcanzar esta posición, pero se mantendrá en el eje **Z** en la posición actual, hasta leer la posición del eje **Z,** que es el que le llevará en rápido hasta dicha posición; a continuación realizará el taladro. En los siguientes movimientos, tan sólo alcanzar el siguiente punto **XY**, realizará el taladro, recordando la posición de **Z** anterior.

Z - Indica la posición del plano del plano de referencia (G17). El control accederá en **G00** hasta este plano, con relación al eje **Z**.

I - Profundidad del taladro expresado en el sistema de programación actual, (absoluto o incremental) ver Fig. 11.04.

K - Tiempo de espera en el fondo. Indica el espacio de tiempo que estará la herramienta en el fondo al alcanzar la profundidad máxima. Esto es útil en la mayoria de taladros ciegos, pues de no usarlo, quedará la cara del fondo mal mecanizada, al no darle tiempo a la herramienta a comer por igual dado que la subida del eje **Z** se produce muy rápidamente nada más alcanzar la cota, con lo que no le da tiempo a la herramienta a completar el mecanizado. El tiempo se expresa en segundos, siendo en la mayoria de casos el valor de 0,5 el más recomendado, pues un valor más largo suele cimbrear la superficie.

A - **(Solo control 8065)** Comportamiento del cabezal en la entrada y salida del agujero.

A0: La herramienta entra y sale del agujero girando.

A1: La herramienta entra en el agujero girando y sale parada.

Si no se programa, se toma el valor A0.

NR - Número de repeticiones del ciclo (en control 8055 es **"N"**).

Condiciones

La función **G81** es modal y se anula con las funciones **G80**, **G82** a **G212** o **RESET**.

En caso de no indicar ningún valor en **NR** o **N**, el control entenderá 1 por defecto.

Los valores serán incrementales o absolutos según se esté programando en **G90** o **G91**.

La coordenada se puede programar en rectangulares o en polares indistintamente.

Es obligatorio programar la cota **Z**.

Operativa

El ciclo de taladrado, tal como se ve en la Fig. 11.04 empieza bajando desde el plano de partida hasta el plano de referencia en velocidad **G00** (raya discontinua roja), a partir de ese punto trabajará en **G01** (raya continua azul) hasta alcanzar la longitud total. Si se ha programado algún valor en **K** se detendrá hasta que pase el tiempo solicitado, a continuación subirá en **G00** hasta el plano de referencia o de partida, según se tenga

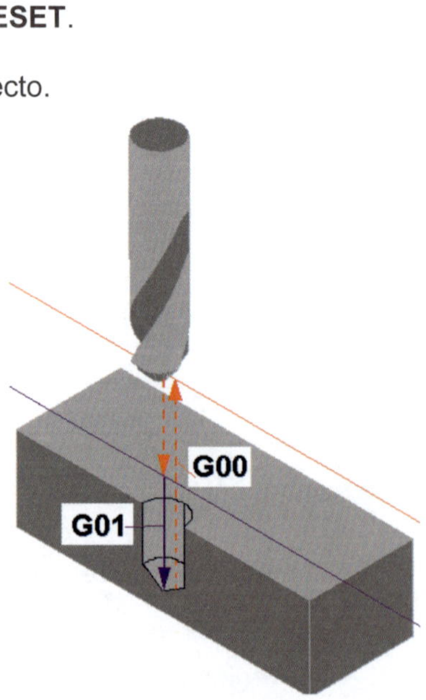

Fig. 11.04 Operativa del ciclo G81..

programado **G98** o **G99** (en el dibujo sube hasta plano de partida).

Si se desean realizar más agujeros idénticos, no es necesario programar de nuevo el ciclo, pues desplazándose tan solo por el plano activo, al alcanzar la posición solicitada realizará de nuevo un taladro, así sucesivamente hasta que se programe un **G80** o cualquier otro ciclo.

En el ejemplo siguiente se podrá observar con más claridad todo lo anteriormente expuesto.

Ejemplo 1

El ejemplo que se va a realizar es el de la Fig. 11.05. Se tienen que mecanizar exclusivamente los taladros. Los taladros son todos de ⌀10 y la broca a usar es del mismo diámetro. La longitud de la broca se controla desde la misma punta. El orden en realizar los taladros será el indicado en los números de color rojo.

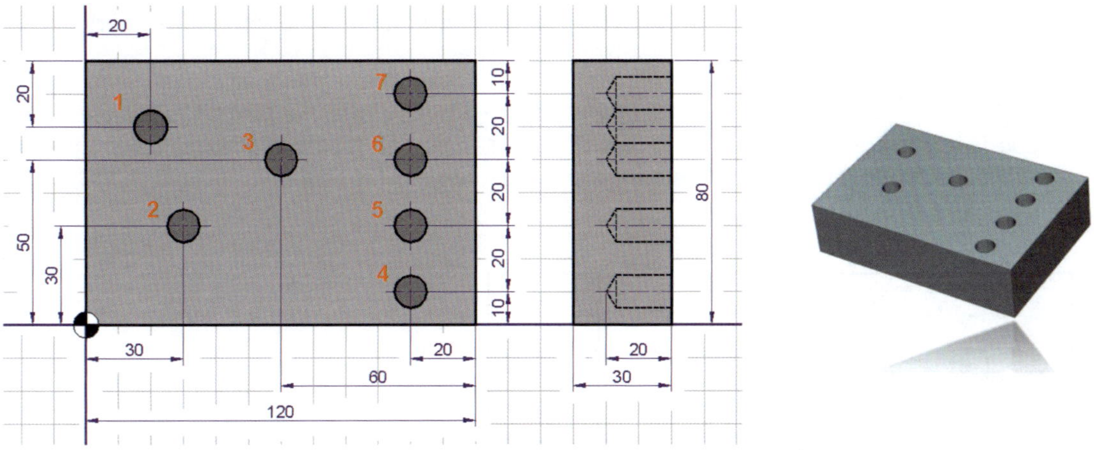

Fig. 11.05 Mecanizado de taladros simples.

Programa 1:

Control 8065 y Control 8055

Absolutas

1 - F100 S650 T1 D1
2 - M6
3 - G0 G90 G17 G5 G94 G40 X-30 Y0 Z50; + G43 8055
4 - **G81** G99 X20 Y60 Z2 I-20 K0.5 A0 M3
5 - X30 Y30
6 - X60 Y50
7 - X100 Y10
8 - G91 Y20 NR3 ; En control 8055 es N3
9 - G90 **G80** X-30 Y0 Z50
10 - M30

Comentario al ejemplo 1

Línea 1 - Situación de condiciones tecnológicas iniciales y preparación de herramienta a utilizar.

Línea 2 - Orden de cambio de herramienta nº 1.

Línea 3 - Cabecera y situación de herramienta en un punto conocido y accesible al inicio del mecanizado. Esta situación en **Z** define el plano de partida, pues en la línea siguiente se define el ciclo.

Línea 4 - Definición del ciclo de taladrado con **G81**, orden de regreso a plano de referencia con **G99**, definición de la situación del taladro nº 1 con la coordenada **X20 Y60**, definición del plano de referencia con **Z2** y se indica la profundidad total del taladro con **I-20**. Se programa una temporización de 0,5 segundos de reposo en el fondo. La herramienta sale del agujero girando, tal como se ha indicado en **"A"**. La subida posterior al taladrado la realizará al plano de referencia, pues es lo indicado con la función **G99**.

Línea 5 - Desplazamiento a la coordenada del taladro nº 2 y realización del taladro en la misma. Como el ciclo de taladrado es modal, es decir, está activo, por el mero hecho de desplazar la herramienta a una nueva coordenada realizará el taladro en dicha coordenada.

Línea 6 - Realización del taladro nº 3.

Línea 7 - Realización del taladro nº 4.

Línea 8 - En esta línea se activa la programación incremental, para poder incrementar los siguientes taladros 5, 6 y 7 en unidades de 20 mm mediante la palabra **"NR"** (en control 8055 **"N"**), que repetirá 3 veces el taladro con el incremento previsto en el eje **Y**.

Línea 9 - En primer lugar se recupera la programación absoluta mediante **G90,** posteriormente se anula el ciclo de taladrado con la función **G80**. Por último, se regresa a la posición de inicio.

Línea 10 - Fin del programa.

Ejemplo 2

La programación de ciclos, es programable indistintamente en coordenadas cartesianas o coordenadas polares. En este ejemplo se realizará en polares.

El ejemplo que se va a realizar es el de la Fig. 11.06. Se tienen que mecanizar exclusivamente los taladros. Los taladros son todos de ⌀10 y la broca a usar es del mismo diámetro. La longitud de la broca se controla desde la misma punta. El orden en realizar los taladros será el indicado en los números de color rojo.

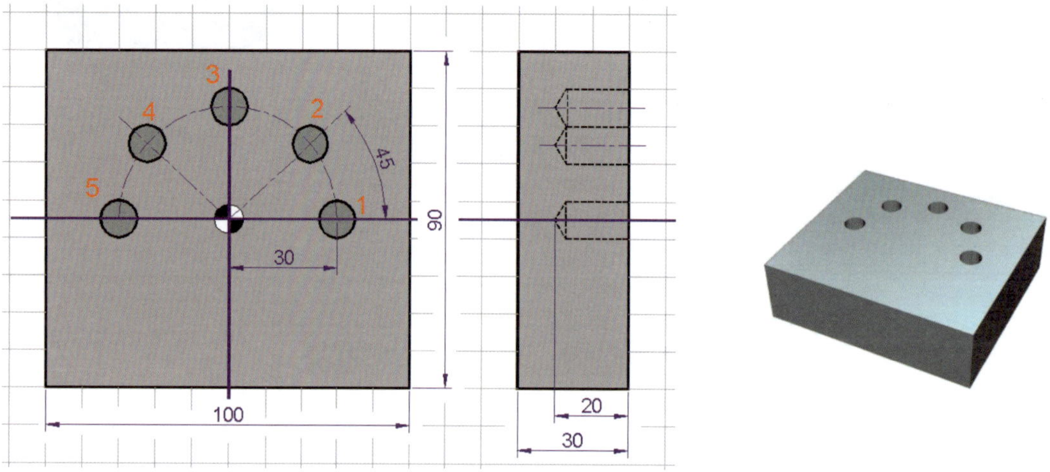

Fig. 11.06 Mecanizado de taladros simples con sistema polar.

Programa 2:

Control 8065 y Control 8055

Absolutas

1 - F80 S650 T1 D1
2 - M6
3 - G0 G90 G17 G5 G94 G40 X-30 Y0 Z50; + G43 8055
4 - **G81** G99 X30 Z2 I-20 M3
5 - G91 Q45 NR4 ; En control 8055 es N4
6 - G90 **G80** X-30 Y0 Z50
7 - M30

Comentario al ejemplo 2

Línea 1 - Situación de condiciones tecnológicas iniciales y preparación de herramienta a utilizar.

Línea 2 - Orden de cambio de herramienta.

Línea 3 - Cabecera y situación de herramienta en un punto conocido y accesible al inicio del mecanizado. Esta situación en **Z** define el plano de partida, pues en la línea siguiente se define el ciclo.

Línea 4 - Definición del ciclo de taladrado con **G81**, orden de regreso a plano de referencia con **G99**, definición de la situación del taladro nº 1 con la coordenada **X30 Y0**, definición del plano de referencia con **Z2,** se indica la profundidad total del taladro con **I-20**. Se programa una temporización de 0,5 segundos de reposo en el fondo. La herramienta sale del agujero girando tal como se ha indicado en **"A"**. La subida posterior al taladrado la realizará al plano de referencia, pues es lo indicado con la función **G99**.

Línea 5 - En esta línea se activa la programación incremental para poder incrementar los siguientes taladros 2, 3, 4, y 5 en unidades de 45º mediante la palabra **"NR" (en control 8055 "N")**, que repetirá 4 veces el taladro con el incremento previsto. El origen polar no hace falta resituarlo, pues coincide con el origen pieza.

Línea 6 - En primer lugar, se recupera la programación absoluta mediante **G90,** posteriormente se anula el ciclo de taladrado con la función **G80.** Por último se regresa a la posición de inicio.

Línea 7 - Fin del programa.

G82 Ciclo fijo de taladrado simple con temporización (Control 8055)

Descripción

Se mantiene por compatibilidad con versiones anteriores. Realiza taladros sencillos con temporización.

Este ciclo es idéntico al anterior **G81**, pero con la diferencia de que es obligatorio colocar el tiempo de espera en **"K"**; de lo contrario marcará error. Todos los parámetros y formas de actuación son las mismas, por lo que no se extenderá más este punto, pues todo lo expuesto anteriormente es válido.

G82 Ciclo fijo de taladrado con paso variable (Control 8065)

Descripción

Realiza un taladrado profundo donde es posible controlar las profundidades con pasos variables; pudiendo de esta manera conseguir mejores resultados y así alargar la vida de las brocas.

Formato: G82 (Coordenadas cartesianas)

Control 8065

Taladrado simple

G82 G98/G99 G-- G... X-----.---- Y-----.---- Z-----.--- I-----.---- D-----.---- B-----.---- H-----.---- C-----.---- J------ K-----.---- R-----.---- L-----.---- A-

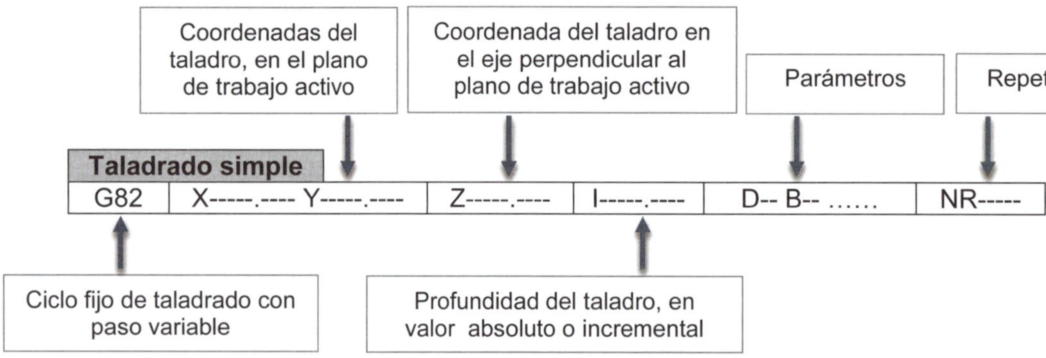

Parámetros

Z - Plano de referencia.

- En G90 cota respecto al cero pieza.
- En G91 cota respecto al plano de partida (Z incremental).

Si no se programa, se toma como plano de referencia la posición que ocupa la herramienta en dicho momento (Z = Z incremental).

I - Profundidad de taladrado.

- En G90 cota respecto al cero pieza.
- En G91 cota respecto al plano de referencia (Z).

D - Distancia entre el plano de referencia y la superficie de la pieza.
Si no se programa, se toma el valor 0.

B - Paso de taladrado.

Realiza todos los pasos con este valor excepto el último, donde ajustará la profundidad total programada.

H - Distancia o cota a la que retrocede, en avance rápido (G0), después de realizare cada paso de taladrado.

Con "J" distinto de 0 indica la distancia, con "J=0" indica la cota de desahogo o cota absoluta a la que retrocede.

Si no se programa, retrocede hasta el plano de referencia.

C - Cota de aproximación.

Define hasta qué distancia del paso de taladrado anterior se aproxima, en avance rápido (G0), el eje longitudinal para realizar un nuevo paso de taladrado.

Si no se programa, se toma 1 mm.

Si se programa "C = 0", dará error.

J - Define cada cuántos pasos de taladrado la herramienta vuelve, en avance rápido (G0), al plano de referencia (Z).

Con "J" mayor que 1, en cada paso retrocede la cantidad indicada en "H" y cada "J" pasos hasta el plano de referencia (Z).

Con "J = 1" en todos los pasos retrocede hasta el plano de referencia (Z).

Si no se programa "J", o si se programa "J = 0" en todos los pasos retrocede hasta la cota de desahogo indicada en "H".

K - Tiempo de espera, en segundos, en el fondo del taladrado.

Si no se define se toma el valor 0.

R - Factor que aumenta o reduce el paso de taladrado "B".

El primer paso será "B", el segundo "RB", el tercero "R(RB)", y así sucesivamente.

Si no se programa o se programa "R = 0", se toma el valor "R = 1". Con "R = 1", todos los pasos de taladrado serán del valor "B".

L - Mínimo valor que puede adquirir el paso de taladrado. Se utiliza con valores de "R" distintos de 1. Si no se programa o se programa con valor 0, no hay distancia mínima de taladrado.

A - Comportamiento del cabezal en la entrada y salida del agujero.

- A0: La herramienta entra y sale del agujero girando.
- A1: La herramienta entra en el agujero girando y sale parada.

Si no se programa, se toma el valor A0.

Comportamiento del ciclo:

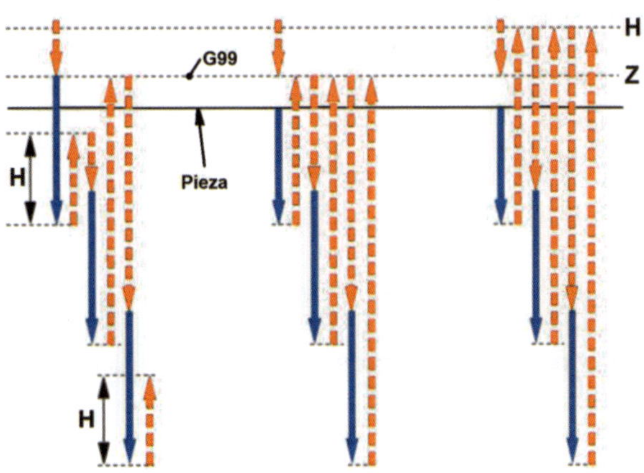

Condiciones

La función **G82** es modal y se anula con las funciones **G80**, **G82** a **G212** o **RESET**.

En caso de no indicar ningún valor en **NR**, el control entenderá 1 por defecto.

Los valores serán incrementales o absolutos según se esté programando en **G90** o **G91**.

La coordenada se puede programar en rectangulares o en polares indistintamente.

Es obligatorio programar la cota **Z**.

Si el cabezal está previamente en marcha, el sentido de giro se mantiene. Si está parado, arranca a derechas (M03).

Operativa

Se desplazará en avance rápido desde el eje longitudinal del plano de partida hasta el plano de referencia (Z).

Realizará la primera profundización de taladrado, en avance de trabajo según lo que se haya indicado en el parámetro "B".

Ahora comenzará a realizar un bucle de taladrado hasta que alcance la cota de profundidad total del mecanizado programada en "I".

- Retrocederá en avance rápido (G0).
    - Con el valor "J=1", retrocederá en todos los pasos hasta el plano de referencia (Z).
    - Si no se programa "J", o se programa con valor "J=0", retrocederá en todos los pasos hasta la cota de desahogo que se haya indicado en el parámetro "H".
    - Con el valor de "J" mayor que 1, retrocederá en cada paso la cantidad que se haya indicado en el parámetro "H" y lo hará las veces indicadas en "J" hasta el plano de referencia (Z).
- Se aproximará, en avance rápido, hasta la distancia "C" o hasta 1 mm del paso de taladrado anterior.
- Realizará un nuevo paso de taladrado, con avance de trabajo y lo hará la cantidad que se haya indicado en "B" y "R".

A continuación, estará en el fondo el tiempo de espera que se haya programado en el en el parámetro K.

Una vez finalizado el taladro retrocederá, en avance rápido (G0), hasta el plano de partida si está activa la función G98, o hasta el plano de referencia si está activa la función G99. El cabezal saldrá girando o parado, en función del parámetro "A".

Ejemplo 1

Los ejemplos usados en el ciclo **G81** son perfectamente válidos para este caso, dado que la programación es exactamente la misma. Lo único que cambia es el proceso de taladrado, que ya está perfectamente definido en la descomposición de movimientos.

G83 Ciclo fijo de taladrado con paso constante

Descripción

Realiza taladros profundos. Este es un ciclo muy completo para taladrar agujeros profundos o realizar taladros con brocas de gran diámetro que necesitan refrigerar cada cierto tiempo o recorrido.

Este ciclo realiza sucesivos pasos de taladrado hasta conseguir la cota final programada. La herramienta retrocede hasta el plano de referencia tras cada paso de taladrado.

Formato: G83 (Coordenadas cartesianas)

Nota: La palabra “NR” al final de la frase a partir de ahora se dará por entendida y no se indicará más en las descripciones.

Control 8065

Taladrado con paso constante

G83 G98/G99 G-- G… X-----.---- Y-----.---- Z-----.--- I-----.---- J----- B-----.---- K-----.---- A-

Detalles del formato:

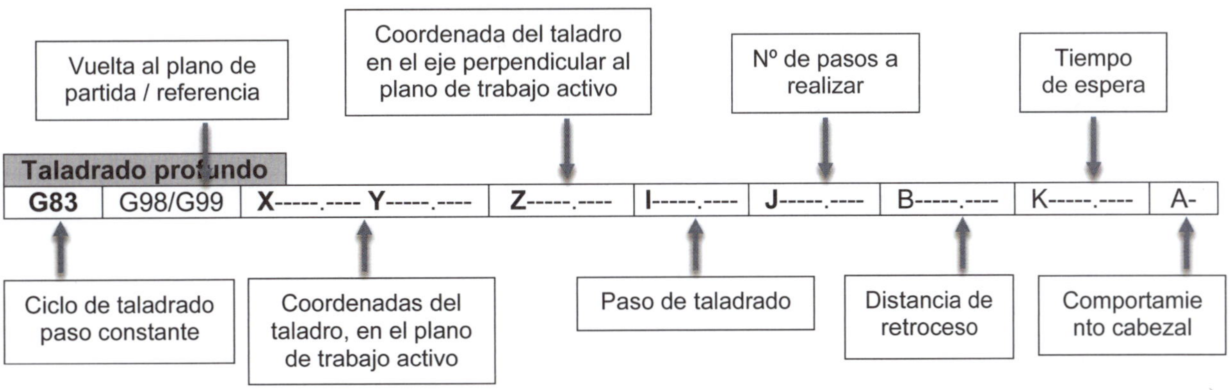

Control 8055

Taladrado con paso constante

G83 G98/G99 G-- G… X-----.---- Y-----.---- Z-----.--- I-----.---- J----

Detalles del formato:

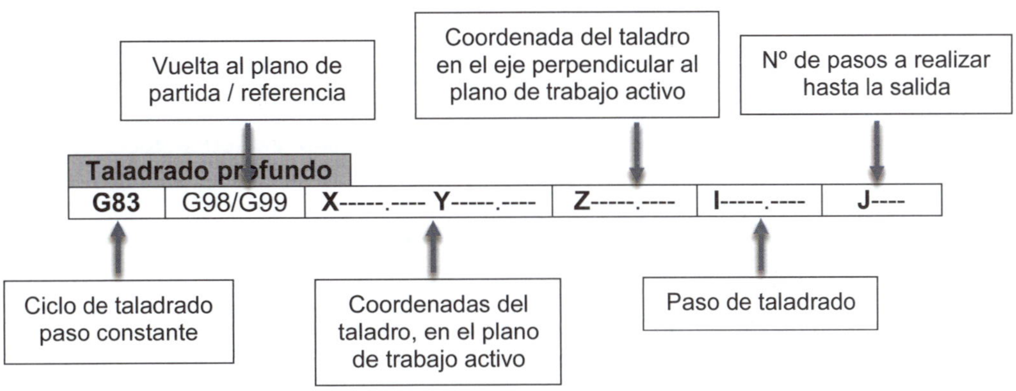

Parámetros Control 8065

Z - Plano de referencia.

- En G90 cota respecto al cero pieza.
- En G91 cota respecto al plano de partida (Zi).

Si no se programa, se toma como plano de referencia la posición que ocupa la herramienta en dicho momento (Z=Zi).

I - Paso de taladrado. Valor del paso en valor incremental. La profundidad del taladro se obtiene de multiplicar este valor por J (Nº de pasos), **I** x **J** = Profundidad total. El taladro se realizará profundizando incrementalmente la distancia indicada en **I** y subiendo a descargar material, repitiendo este ciclo, tantas veces como se haya indicado en el valor **J**.

El signo indica el sentido de mecanizado: positivo hacia cota más y negativo hacia cota menos.

J - Número de pasos en los que se realiza el taladrado. Este valor va asociado al valor I, y junto a este determina la profundidad del taladro. Por ejemplo: si se desea realizar un taladro de profundidad 20 mm y el paso a realizar dependiendo del tipo de herramienta y material es de 5 mm el valor de J debe ser de 4: 5 x 4 = 20.

B - Distancia que retrocede, en avance rápido (G0), tras cada paso de taladrado.

Si no se programa, retrocede hasta el plano de referencia.

K - Tiempo de espera, en segundos, en el fondo del taladrado.

Si no se define, se toma el valor 0.

Parámetros Control 8055

Son los mismos que en el control 8065 con la diferencia de que no dispone de los parámetros B, K, y A.

Condiciones

La función **G83** es modal y se anula con las funciones **G80**, **G82** a **G89** o **RESET**.

En caso de no indicar ningún valor en **NR** (**N** en 8055), el control entenderá 1 por defecto.

Los valores serán incrementales o absolutos según se esté programando en **G90** o **G91**.

La coordenada se puede programar en rectangulares o en polares indistintamente.

Es obligatorio programar la cota **Z**.

Operativa

Se desplazará en avance rápido desde el eje longitudinal del plano de partida hasta el plano de referencia (Z).

Si el cabezal está previamente en marcha, el sentido de giro se mantiene. En el caso de encontrarse parado, arrancará a derechas (M03).

Realiza la primera profundización de taladrado hasta la profundidad en "I" en avance de trabajo. El desplazamiento hasta el plano de seguridad lo realizará en rápido.

A partir de ahí, realizará el bucle de taladrado. Los siguientes pasos se repetirán "J-1" veces, ya que en el paso anterior se ha realizado la primera profundización programada.

- Retroceso del eje longitudinal en rápido (G00) hasta el plano de referencia.
- Aproximación del eje longitudinal, en rápido (G00).
- Nuevo paso de taladrado. Desplazamiento del eje longitudinal, en avance de trabajo (G01), la profundidad incremental programada en "I".

En el siguiente paso retrocederá, en avance rápido, del eje longitudinal hasta el plano de partida o de referencia, según se haya programado G98 o G99.

Si se aplica factor de escala a este ciclo, se realizará un taladrado proporcional al programado, con el mismo paso "I" programado, pero variando el número de pasos "J".

Ejemplo Control 8055 y Control 8065

Los ejemplos usados en el ciclo **G81** son perfectamente válidos para este caso, dado que la programación es exactamente la misma. Lo único que cambia es el proceso de taladrado, que ya está perfectamente definido en la descomposición de movimientos.

G69 Ciclo fijo de taladrado profundo con paso variable (Control 8065)

Descripción

Realiza taladros profundos.

Este ciclo realiza sucesivos pasos de taladrado hasta conseguir la cota final programada.

La herramienta retrocede una cantidad fija tras cada taladrado; puede seleccionarse que cada **"J"** taladrados retroceda hasta el plano de referencia.

Asimismo, permite programar una temporización tras cada profundización.

Formato: G69

Taladrado profundo con paso variable

Coordenadas cartesianas
G69 G98/G99 **X**----.--- **Y**----.--- **Z**----.--- **I**----.--- **B**----.--- **C**----.--- **D**----.--- **H**----.--- **J**--- **K**----.--- **L**----.--- **R**--

Detalles del formato

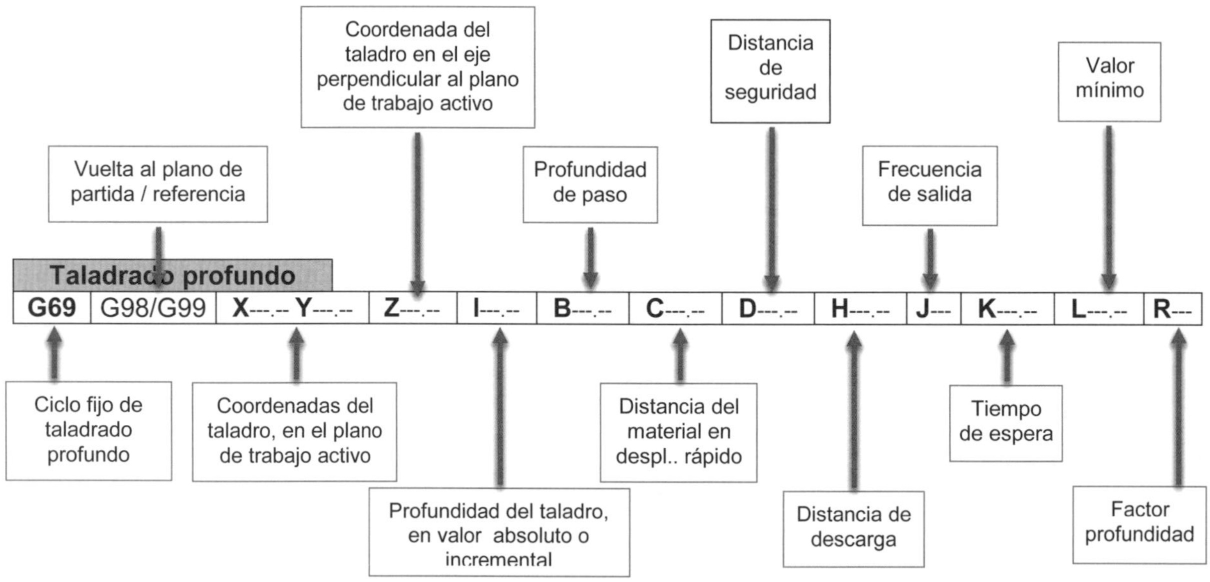

Parámetros

X Y - Es opcional. Coordenada del punto de situación del taladro en el plano de trabajo activo. La primera vez, la herramienta se desplazará hasta alcanzar esta posición, pero se mantendrá en dicho punto hasta leer la posición que indica el eje **Z** que es el que le llevará en rápido hasta dicha posición. A continuación, realizará el taladro. En los siguientes movimientos, tan sólo que alcance el siguiente punto **XY** realizará el taladro, recordando la posición de **Z** anterior.

Dicho punto podrá programarse en coordenadas cartesianas o en coordenadas polares, y las cotas podrán ser absolutas o incrementales, según se esté trabajando en G90 o G91.

Z - Indica la posición del plano de referencia. El control accederá en **G00** hasta este plano, con relación al eje **Z.**

Si no se programa, el CNC tomará como plano de referencia la posición que ocupa la herramienta en dicho momento.

I - Determina el valor total de la profundidad del taladro, en valor incremental o absoluto según el sistema de programación aplicado.

B - Profundidad del paso, es decir indica la profundidad que avanzará la broca en cada fase; es el equivalente al valor introducido en **"I"** en el formato simple. El valor se debe indicar siempre en positivo.

C - Indica a qué distancia del material se debe quedar la broca en su descenso en rápido tras cada paso (en el formato simple, este valor se fija a 1 mm).

D - Distancia de seguridad. Indica la distancia que existe entre el material y el punto al que ascenderá la broca cada vez que suba a descargar (plano de referencia).

H - Distancia de retroceso en **G00** tras cada pasada. Si se activa este parámetro, la broca tras cada paso subirá hasta la distancia indicada en este parámetro en **G00** en lugar de subir al plano de referencia.

J - Frecuencia de salida. Define cada cuantas pasadas subirá la broca al plano de referencia. Este parámetro está unido al parámetro **H**. Es decir, la broca subirá tantas veces como se indique en el parámetro **J** hasta la medida indicada en el parámetro **H,** tras este ciclo, subirá hasta el plano de referencia. Si no se programa, o se indica como valor 1 o 0, la broca subirá hasta el plano de referencia tras cada paso, sin tener en cuenta el valor de **H**.

La utilización de este parámetro **no es imprescindible**. En su defecto su valor será de 1.

K - Tiempo de espera. Es el valor de tiempo que tardará la broca en subir hacia arriba tras haber alcanzado la profundidad total. Este dato es importante en el caso de trabajar agujeros que no sean pasantes. De no indicarlo la superficie final del taladro suele quedar incompleta dada la velocidad con que sube el eje Z. El tiempo se programa en segundos y en fracciones decimales.

L - Sirve para indicar el valor mínimo de profundidad en valor incremental. Este valor asegura que el control no realice profundizaciones por debajo de este valor y ajustará los cálculos teniendo en cuenta dicho valor. En caso de no programar este parámetro, o si se programa con valor cero, el CNC aplicará el valor 1 mm por defecto.

R - Factor que reduce el paso de taladrado "B". Si no se programa o se programa con valor 0, se tomará el valor 1.

- Si R es igual a 1, todos los pasos de taladrado serán iguales y del valor programado "B".
- Si R no es igual a 1, el primer paso de taladrado será "B", el segundo "R B", el tercero "R (RB)", y así sucesivamente. Es decir, a partir del segundo paso el nuevo paso será el producto del factor R por el paso anterior.

Si se selecciona R con valor distinto de 1, el CNC no permitirá pasos menores que el programado en L.

Condiciones

Las mismas que en los casos anteriores.

Operativa

Este formato del ciclo de taladrado **G69**, opera igual que el ciclo G83 para el control 8065.

Ejemplo

Los ejemplos usados en el ciclo **G81** son perfectamente válidos para este caso, dado que la programación es exactamente la misma. Lo único que cambia es el proceso de taladrado, que ya está perfectamente definido en la descomposición de movimientos.

G84 Ciclo fijo de roscado con macho

Descripción

Realiza roscados sobre taladros ya elaborados utilizando un macho de roscar.

Es aconsejable utilizar un sistema de sujeción del macho con embrague; en caso contrario, es bastante probable la rotura del macho ya que es muy difícil controlar las inercias de la máquina. Esto último es más aconsejable cuanto menor sea el macho de roscar.

Formato: G84 Control 8065 y Control 8055

Roscado con macho

Coordenadas cartesianas
G84 G98/G99 **X-----.---- Y-----.---- Z-----.---- I-----.---- K-----.---- R- J-----.---- B-----.---- H-----.----**

Detalles del formato:

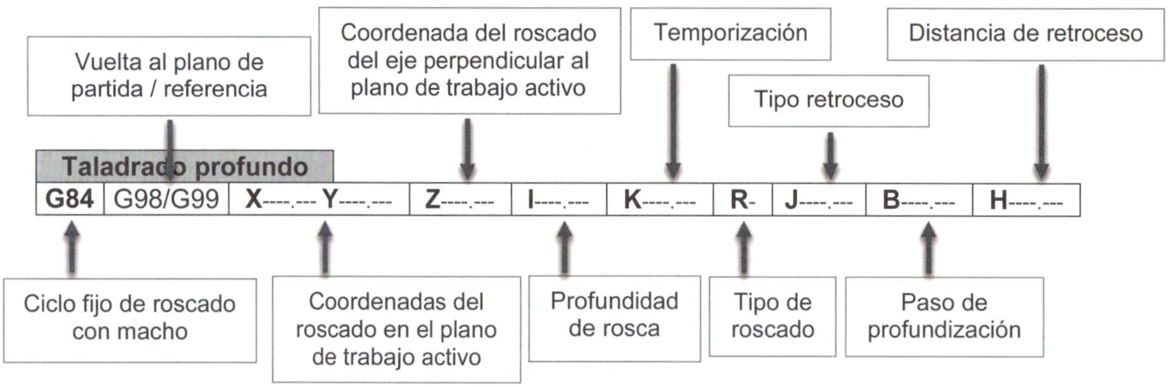

Parámetros

X Y - Coordenada del punto de situación del roscado en el plano de trabajo activo. La primera vez, la herramienta se desplazará hasta alcanzar esta posición, pero se mantendrá en el eje **Z** en la posición actual, hasta leer la posición del eje **Z**, que es el que le llevará en rápido hasta dicha posición. A continuación, realizará el roscado. En los siguientes movimientos, tan sólo alcance el siguiente punto **XY**, realizará el roscado, recordando la posición de **Z** anterior.

Z - Indica la posición del plano del plano de referencia. El control accederá en **G00** hasta este plano, con relación al eje **Z**.

I - Profundidad del roscado expresada en el sistema de programación actual, (absoluto o incremental).

K - Tiempo de espera en el fondo. Indica el espacio de tiempo que estará la herramienta en el fondo, al alcanzar la profundidad máxima. El tiempo se expresa en segundos y es aconsejable colocar el valor que indique por recomendación el fabricante del embrague de roscado.

R - Define el tipo de roscado que se desea efectuar; con "R0" se efectuará un roscado normal y con "R1" se efectuará un roscado rígido.

J - Con roscado rígido, el avance de retroceso será J veces el avance de roscado. Si no se programa o se programa J1, ambos avances coinciden.

B - Paso de profundización en el roscado con desalojo (solo para R1). Si no se programa, el CNC ejecuta el ciclo en una única pasada. Si se programa con valor 0, el CNC mostrará el error correspondiente.

Este parámetro permite ejecutar el ciclo en varias pasadas, retrocediendo una distancia tras cada una de ellas (parámetro H) para evacuar la viruta.

H - Distancia de retroceso tras cada paso de profundización (solo para R1). Si no se programa o se programa con valor 0, la herramienta retrocede hasta el plano de referencia Z.

El ciclo realiza cada retroceso teniendo en cuenta el factor de avance (parámetro J).

Condiciones

La función **G84** es modal y se anula con las funciones **G80, G82 a G89** o **RESET**.

Caso de no indicar ningún valor en **NR** (**N** en el control 8055), el control entenderá 1 por defecto.

Los valores serán incrementales o absolutos según se esté programando en **G90** o **G91**.

La coordenada de posicionamiento se puede programar en rectangulares o en polares indistintamente.

Es obligatorio programar la cota **Z**.

Operativa

El ciclo de roscado empieza bajando desde el plano de partida hasta el plano de referencia en velocidad **G00**, a partir de ese punto trabajará en **G01** hasta alcanzar la longitud total. Si se ha programado algún valor en **"K"**, se detendrá hasta que pase el tiempo solicitado, a continuación cambiará el sentido de giro del cabezal y subirá en **G00** hasta el plano de referencia o de partida, según se tenga programado **G98** o **G99**.

Si se desean realizar más roscados idénticos, no es necesario programar de nuevo el ciclo, pues desplazándose por el plano activo, al alcanzar la posición solicitada realizará de nuevo un roscado y así sucesivamente hasta que se programe un **G80** o cualquier otro ciclo.

Descomposición de movimientos

En la Fig. 11.08 se describe un proceso de roscado en el que, tras finalizar, retorna al plano de partida **(G98)**.

Los movimientos en rápido **(G00) (Rojo)** son en línea de trazos y los movimientos en trabajo **(G01) (Azul)**, en línea continua.

La descripción del proceso es la siguiente:

Fase 1ª - La herramienta desciende en **G00** hasta el plano de referencia, a continuación y a partir de ese punto, se desplaza en **G01** hasta alcanzar la profundidad total.

Fase 2ª - Espera el tiempo programado en **"K"** y cambia el sentido de giro.

Fase 3ª - Se desplaza en **G00** hasta el plano de partida.

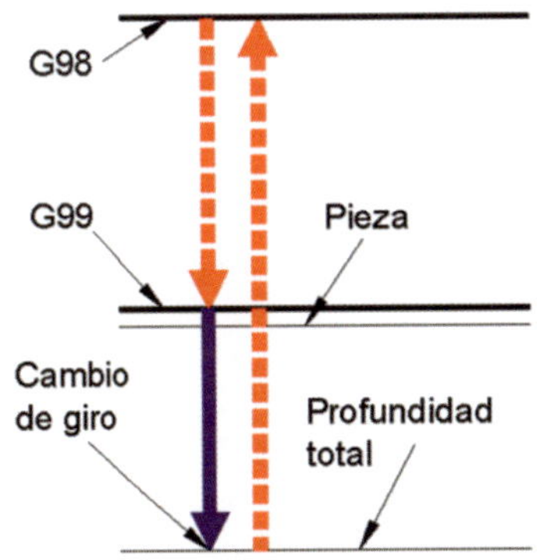

Fig. 11.07 Ciclo de roscado con G84.

Ejemplo

Los ejemplos usados en el ciclo **G81** son perfectamente válidos para este caso, dado que la programación es exactamente la misma. Lo único que cambia es el proceso de taladrado, que ya está perfectamente definido en la descomposición de movimientos.

G85 Ciclo fijo de escariado

Descripción

Es idéntico al ciclo **G81**, con la salvedad de que la subida al plano correspondiente (referencia / partida) la realiza en movimiento de trabajo (**G01**) en lugar de realizarla a velocidad rápida **(G00)**. No se desarrollará más tema, pues es perfectamente válido todo lo expuesto en **G81**.

Lógicamente, en el proceso de escariado, interesa que la salida del escariador se realice de forma controlada para conseguir el acabado adecuado al tipo de operación.

G86 Ciclo fijo de mandrinado con retroceso en avance rápido

Descripción

Es idéntico al ciclo **G81**, con la salvedad de que la subida al plano correspondiente (referencia / partida), una vez alcanzado el fondo del mecanizado y antes de que el eje perpendicular al plano principal retroceda, detiene el cabezal. Al terminar el retroceso, el cabezal arrancará en el mismo sentido en el que estaba girando anteriormente. No se desarrollará más tema, pues es perfectamente válido todo lo expuesto en **G81**.

G89 Ciclo fijo de mandrinado con retroceso en avance de trabajo

Descripción

Idéntico al **G86**, salvo en que una vez alcanzado el fondo del mecanizado, el retroceso hasta el plano correspondiente (referencia / partida) se efectúa en avance de trabajo **(G01)**. No se desarrollará más tema, pues es perfectamente válido todo lo expuesto en **G81** y **G86**.

Descomposición de movimientos de G85, G86 y G89

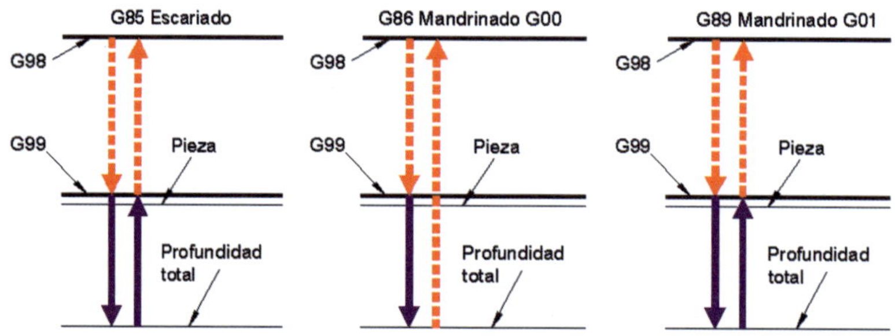

Fig. 11.08 Ciclos G85, G86 y G89.

G87 Ciclo fijo de cajera rectangular

Descripción

Este ciclo realiza cajeras rectangulares de paredes perpendiculares, de cualquier dimensión y profundidad dentro de los límites de mecanizado de la máquina. También se puede utilizar para planear caras, especialmente cuando sean grandes (se verá en los ejemplos).

Naturalmente las esquinas de la cajera tendrán que quedar con un radio como mínimo igual al de la herramienta a utilizar.

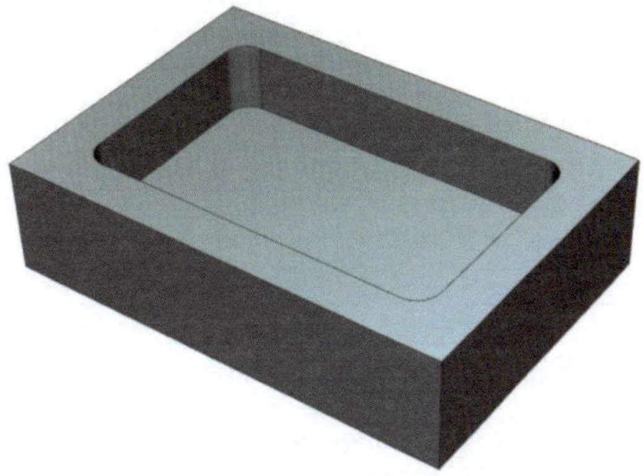

Fig. 11.09 Cajera rectangular.

Formato: G87 (Coordenadas cartesianas)

Control 8065

Cajera rectangular

G87 G98/G99 G-- G… X-----.---- Y-----.---- Z-----.--- I-----.---- D-----.---- A-----.---- J----- K-----.---- M- Q------.---- B-----.---- C-----.---- L-----.---- H----- V-----

Detalles del formato:

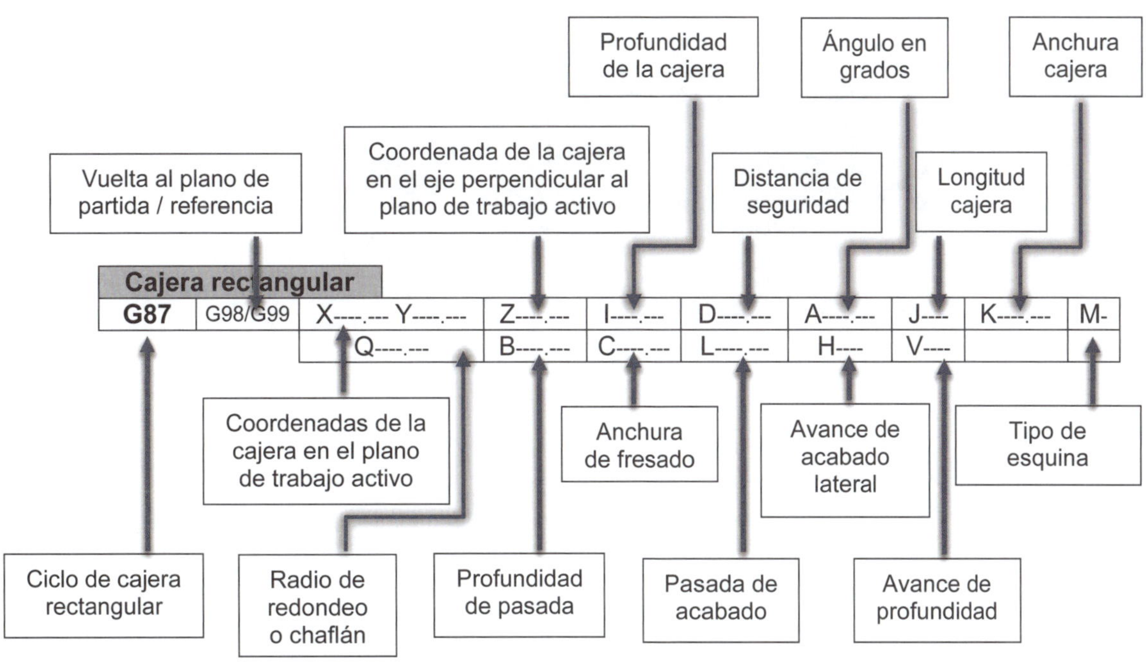

Control 8055

Cajera rectangular

G87 G98/G99 G-- G… X-----.---- Y-----.---- Z-----.--- I-----.---- J---- K-----.---- B-----.---- C-----.--- D-----.---- H-----.---- L-----.---- V-----.----

Detalles del formato:

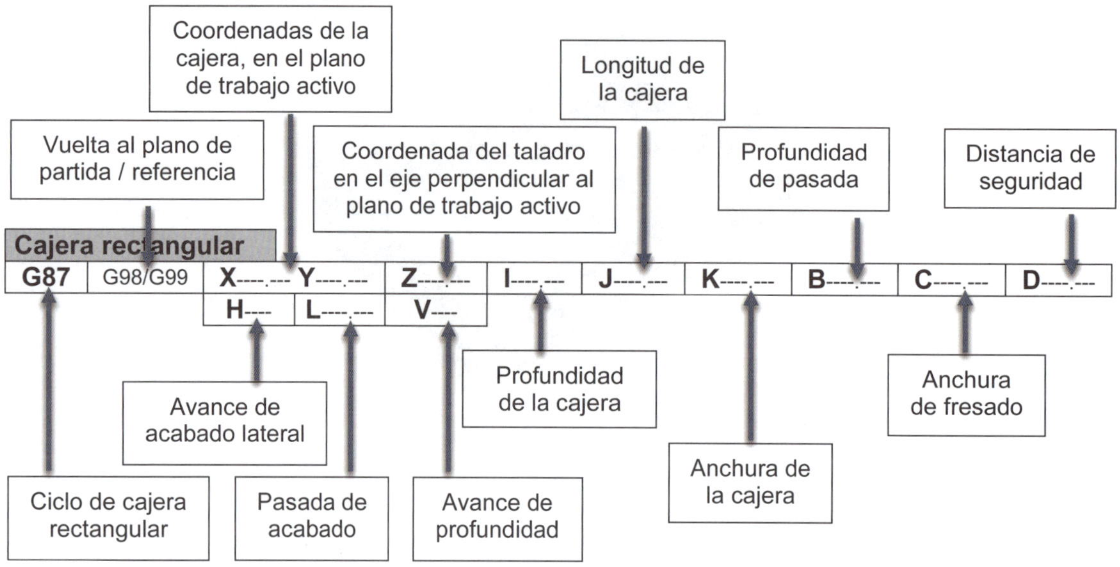

Parámetros Control 8065

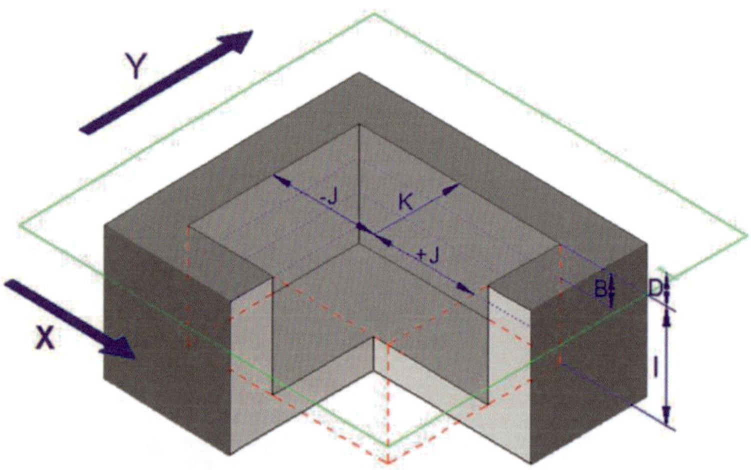

Fig. 11.10 Distribución de parámetros de la cajera rectangular – 1.

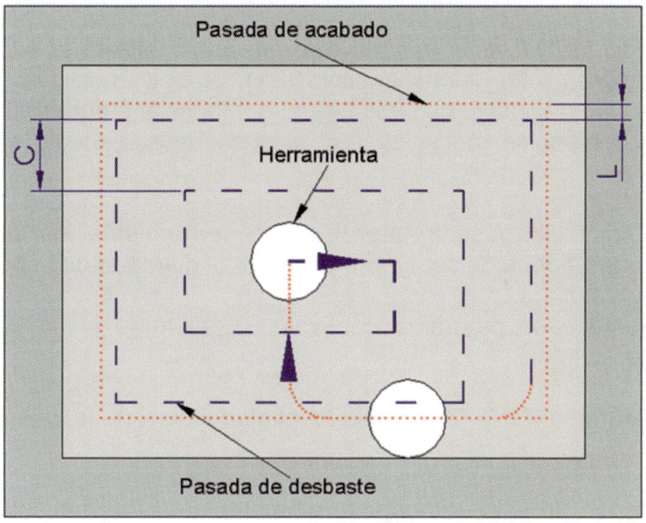

Fig. 11.11 Distribución de parámetros de la cajera rectangular – 2.

X Y - Coordenada de situación del centro de la cajera en el plano de trabajo activo. La primera vez, la herramienta se desplazará hasta alcanzar esta posición, pero se mantendrá en dicho punto hasta leer la posición que indica el eje **Z**, que es el que le llevará en rápido hasta dicha posición. A continuación realizará la cajera. En los siguientes movimientos, tan sólo alcanzar el siguiente punto **XY** realizará la cajera, recordando la posición de **Z** anterior.

Z - Indica la posición del plano de referencia. El control accederá en **G00** hasta este plano, con relación al eje **Z**.
Si no se programa, se toma como plano de referencia la posición que ocupa la herramienta en dicho momento.

I - Determina el valor total de la profundidad de la cajera, en valor incremental o absoluto según el sistema de programación aplicado (Fig. 11.10). Se indica el valor total como si se le indicará al eje **Z**; la división de las diferentes pasadas a realizar las calculará el ciclo de forma automática.

D - Distancia entre el plano de referencia y la pieza. Si no se programa se asumirá el valor de 1 mm.

A - Ángulo en grados que forma la cajera con el eje de abscisas. Si no se programa, se asumirá el valor de 1 mm.

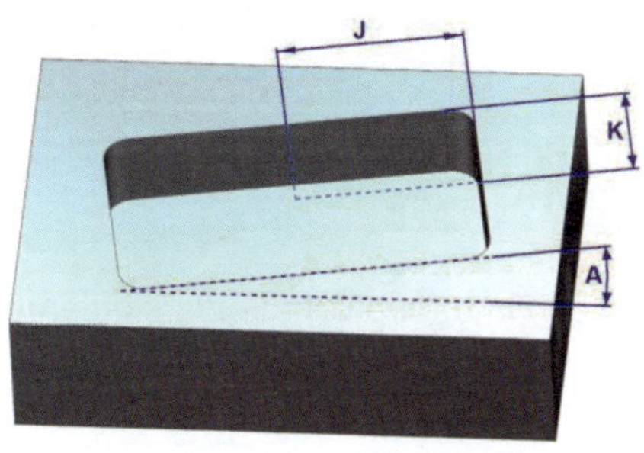

Fig. 11.12 Inclinación de cajera.

J - Define la mitad del tamaño del lado horizontal del rectángulo según el plano activo. Es decir, la distancia desde el centro hasta la pared según el eje **X** (Fig. 11.10 y Fig. 11.12).

El sentido de fresado dependerá de si se ha programado signo positivo o negativo. Si es positivo mecanizará desde el centro hacia la derecha; si es negativo, desde el centro hacia la izquierda.

K - Define la mitad del tamaño del lado vertical del rectángulo según el plano activo. Es decir, la distancia desde el centro hasta la pared de la cajera según el eje **Y** (Fig. 11.10). Siempre en valor positivo; caso contrario marcará error.

M - Tipo de esquina. 0 si es recta, 1 si es redondeada y 2 si es un chaflán.

Q - Radio del redondeo o del chaflán. Solo actúa si en M se ha asignado valor 1 o 2.

B - Paso de profundidad. Define la pasada máxima que realizará la cajera en sentido vertical (Fig. 11.10). Si se programa con signo positivo (B+), el ciclo recalcula el paso para que todas las profundizaciones sean iguales, con valor igual o inferior al programado. Si se programa con signo negativo (B-), la cajera se mecaniza con el paso dado, excepto el último paso en el que se mecaniza el resto.

C - Paso lateral. Define la pasada lateral de la herramienta en el proceso de mecanizado. Normalmente, este valor ha de ser siempre inferior al diámetro de la herramienta (Fig. 11.11).

Si no se programa o se programa con valor 0, se toma como valor 3/4 del diámetro de la herramienta seleccionada.

Si es igual al parámetro "J" o "K" (media longitud/anchura de la cajera), solo se realiza la pasada de acabado.

Si se programa con un valor superior al diámetro de la herramienta, el CNC mostrará el error correspondiente.

L - Pasada de acabado en sentido lateral. Define el material que reservará el ciclo para realizar la pasada de acabado (Fig. 11.11). El control realizará de forma automática los calculos necesarios para dejar dicho material de más para realizar la pasada de acabado.

La velocidad de avance en que realizará la pasada será la indicada en el parametro **"H"**.

La pasada de acabado la realizará iniciando el proceso con una entrada tangencial y finalizando con una salida tangencial para no dejar marcas de mecanizado, por lo que es muy importante haber definido previamente la herramienta **T-- D--**.

Si no se programa o se programa con valor 0, no se realizará la pasada de acabado.

H - Avance de la pasada de acabado.

Si no se programa o se programa con valor 0, se realizará con el avance del desbaste.

V - Avance de profundización de la herramienta. Si no se programa o se programa con valor 0, se efectúa al 50 % del avance en el plano.

Mientras esté activo el ciclo, se podrá utilizar **NR** en cualquier línea, repitiendo los movimientos de dicha línea y realizando el mecanizado al alcanzar cada coordenada. En los ejemplos se verán y comentarán casos claros.

Parámetros Control 8055

Mantiene los mismos parámetros, con la excepción de los siguientes de los que no dispone:

A - Ángulo de cajera
M - Tipo de esquina
Q - Radio de redondeo o chaflán

Condiciones

La función **G87** es modal y se anula con las funciones **G80**, **G82** a **G89** o **RESET**.

En caso de no indicar ningún valor en **NR** (**N** en control 8055), el control entenderá 1 por defecto.

Los valores serán incrementales o absolutos según se esté programando en **G90** o **G91**.

Las coordenadas se pueden programar en rectangulares o en polares indistintamente.

Es obligatorio programar la cota **Z**.

Es necesario empezar la cajera desde el centro de la misma.

Si el cabezal está previamente en marcha, el sentido de giro se mantiene. En el caso de encontrarse parado, arrancará a derechas (M03).

Una vez finalizada la pasada de acabado, la herramienta retrocede en avance rápido (G00) al centro de la cajera, separándose 1 mm en el eje longitudinal de la superficie mecanizada.

Operativa

Este formato del ciclo de cajera rectangular **G87**, opera tal como se ve describe en la figura siguiente.

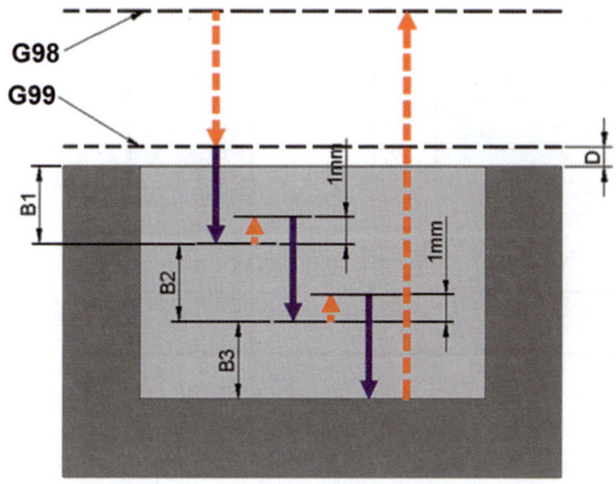

Fig. 11.13 Descomposición de movimientos en G87.

Descomposición de movimientos

En la Fig. 11.13 se describe un proceso de mecanizado de cajera rectangular en el que la cajera tiene una profundidad de 15 mm **(I-15)** y se realiza en 3 pasadas de 5 mm y finaliza retornando al plano de partida **(G98)**.

Los movimientos en rápido **(G00) (Rojo)** son en línea de trazos y los movimientos en trabajo **(G01) (Azul)**, en línea continua.

Si el cabezal está previamente en marcha, el sentido de giro se mantiene. Si está parado, arranca a derechas (M03).

Es necesario tener en cuenta que el proceso de trabajo lateral lo realiza profundizando en el centro, a continuación, se desplaza hacia afuera realizando movimientos tal como se muestra en la Fig. 11.11. Tras cada pasada la herramienta vuelve al centro para realizar la siguiente pasada, así sucesivamente hasta la finalización de la totalidad de pasadas.

Al finalizar la herramienta vuelve al centro y se quedará en la posición XY, justo donde comenzó.

La descripción del proceso de profundización es la siguiente:

Fase 1ª - La herramienta desciende en **G00** hasta el plano de referencia y a continuación y a partir de ese punto, se desplaza en **G01** hasta alcanzar el valor indicado en **"B"** que se corresponde con el paso más la distancia de seguridad **"D"** (pasada B1). A continuación, realizará el mecanizado lateral.

Fase 2ª - Sube en **G00** 1 mm para no rozar el material y se desplaza en rápido hasta el centro de la cajera para realizar la siguiente profundización.

Fase 3ª - La herramienta desciende en **G01** hasta la siguiente profundización B2, a continuación realizará el mecanizado lateral.

Fase 4ª - Repite los pasos anteriores tantas veces como sea necesario hasta alcanzar la profundidad total.

Fase 5ª - Por último, subirá hasta el plano de partida / referencia en **G00**, dependiendo de haber programado **G98/G99**.

Ejemplo 1

El ejemplo que se va a realizar es el de la Fig. 11.14. Se tiene que mecanizar exclusivamente la cajera. La fresa a utilizar será de Ø 12 mm, la velocidad de rotación será de 1000 RPM, el avance de desbaste 140 mm/min y el avance de acabado de 80 mm/min.

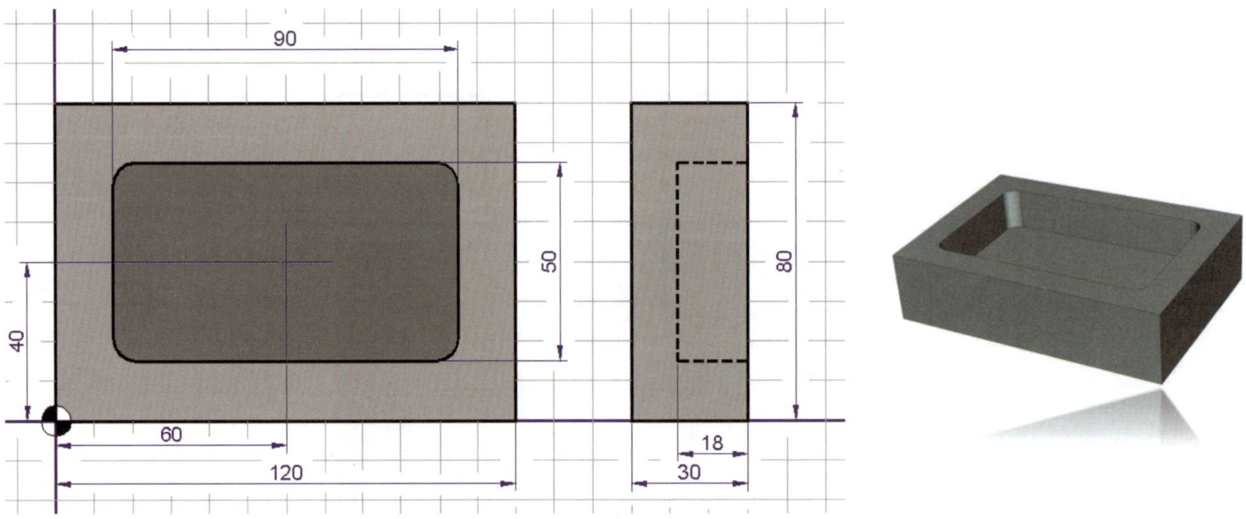

Fig. 11.14 Mecanizado de cajera rectangular.

Programa 1:

Control 8065

Cajera rectangular - Absolutas

1 - F100 S1000 T1 D1
2 - M6
3 - G0 G90 G17 G5 G94 G40 X-40 Y0 Z40 F140 M03
4 - **G87** G98 X60 Y40 Z2 I-18 D2 J45 K25 M0 B4 C8 L0.5 H80 V50
5 - G80 X-40 Y0 Z100
6 - M30

Se realiza el mecanizado de la cajera sin tener en cuenta la angulación **"A"**, el tipo de esquina **"M"** y el radio de redondeo o chaflán **"Q"**.

Comentario al ejemplo 1

Línea 1 - Situación de condiciones tecnológicas iniciales y preparación de herramienta a utilizar.

Línea 2 - Orden de cambio de herramienta nº 1.

Línea 3 - Cabecera y situación de herramienta en un punto conocido y accesible al inicio del mecanizado. Esta situación en **Z** define el plano de partida, pues en la línea siguiente se define el ciclo.

Línea 4 - Definición del ciclo de cajera rectangular con **G87**, orden de regreso a plano de partida con **G98**, definición del centro de la cajera en la coordenada **X60 Y40**, definición del plano de referencia con **Z2** y se indica la profundidad total de la cajera con **I-18**. El ancho se define indicando en **J45** la mitad de la anchura total**,** el otro lado de la cajera se indica con el parámetro **K25**, que es la mitad del mismo. El paso de cada mecanizado es de 4 mm, indicado en el parámetro **B4** y la pasada lateral es de 8 mm indicado en el parámetro **C8.** Esta medida, normalmente ha de ser más pequeña que el diámetro total de la herramienta, según recomiende el fabricante. En caso de no indicarlo, el control aplicará los ¾ del diámetro de la misma. Con el parámetro **D2**, se le indica cuál será la distancia de seguridad, en este caso 2 mm. En este ejemplo se hace coincidir con la situación de **Z** en la llamada al ciclo. Realizará una pasada de acabado lateral de 0,5 mm tal como indica el parámetro **L0,5**, a una velocidad de avance para dicho acabado de 80 mm/min indicado en el parámetro **H80**.

La velocidad de avance del proceso de desbaste la realizará a 140 mm/min, tal como indica **F140** en la línea anterior.

Línea 5 - Se anula el ciclo de taladrado con la función **G80**, por último se regresa a la posición de inicio.

Línea 6 - Fin del programa.

Ejemplo 2

El ejemplo que se verá a continuación sirve para planear caras utilizando el ciclo de cajera rectangular. El proceso consiste en engañar al control indicándole que la cajera es más grande que la pieza, para evitar que el ciclo deje las esquinas sin comer. La profundidad que se indica es la necesaria para dejar la pieza a la medida deseada; en este caso se comerá 1 mm por debajo del cero Z. La pieza a mecanizar es la misma que en el ejemplo anterior, pero solo a nivel de planeado de la cara superior. La fresa a utilizar será de Ø 12 mm, la velocidad de rotación será de 1000 RPM y el avance de desbaste 140 mm/min.

Programa 1:

Control 8065

Cajera rectangular - Absolutas

1 - F100 S1000 T1 D1
2 - M6
3 - G0 G90 G17 G5 G94 G40 X-40 Y0 Z100 F140 M03
4 - **G87** G98 X60 Y40 Z2 I-1 D2 J65 K45 B1 C8 L0 H0 V0
5 - G80 X-40 Y0 Z100
6 - M30

Comentario al ejemplo 2

Línea 1 - Igual que en el ejemplo anterior.

Línea 2 - Igual que en el ejemplo anterior.

Línea 3 - Igual que en el ejemplo anterior.

Línea 4 - Definición del ciclo de cajera rectangular para realizar el planeado de la cara superior con **G87**, orden de regreso a plano de partida con **G98**, definición del centro de la cajera en la coordenada **X60 Y40**, definición del plano de referencia con **Z2** y se indica como profundidad total de la cajera **I-1**. El ancho se define indicando en **J65** la mitad de la anchura total más 10 mm de más para comer el material sobrante de las 4 esquinas; el otro lado de la cajera se indica con el parámetro **K45**, que es la mitad del mismo más los 10 mm de más. El paso del mecanizado es de 1 mm, indicado en el parámetro **B1** y la pasada lateral es de 8 mm indicado en el parámetro **C8**, igual que en el ejemplo anterior. Con el parámetro **D2** se le indica cuál será la distancia de seguridad, en este caso 2 mm. En este ejemplo se hace coincidir con la situación de **Z** en la llamada al ciclo. No realizará pasada de acabado, pues no existen paredes laterales en este caso, por tanto no tiene sentido; se indicará como parámetro **L0**, lo que implica asignar valor **0** en el parámetro **H.** En caso de asignar cualquier otro valor a dicho parámetro no tendrá efecto, pues el control no realizará pasada de acabado. La velocidad de avance del proceso de planeado la realizará a 140 mm/min, tal como indica **F140** en la línea anterior.

Línea 5 - Igual que en el ejemplo anterior.

Línea 6 - Fin del programa.

Control 8055 Sirven los dos ejemplos para este control.

G88 Ciclo fijo de cajera circular

Descripción

Este ciclo realiza cajeras circulares de paredes perpendiculares, de cualquier dimensión y profundidad dentro de los límites de mecanizado de la máquina.

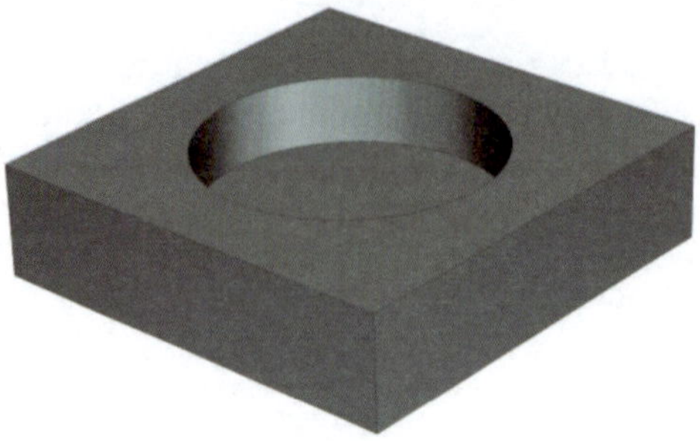

Formato: G88 (Coordenadas cartesianas)

Control 8065 y Control 8055

Cajera circular
G88 G98/G99 G-- G... X-----.---- Y-----.---- Z-----.--- I-----.---- D-----.---- J----- B-----.---- C-----.---- L-----.---- H----- V-----

Detalles del formato:

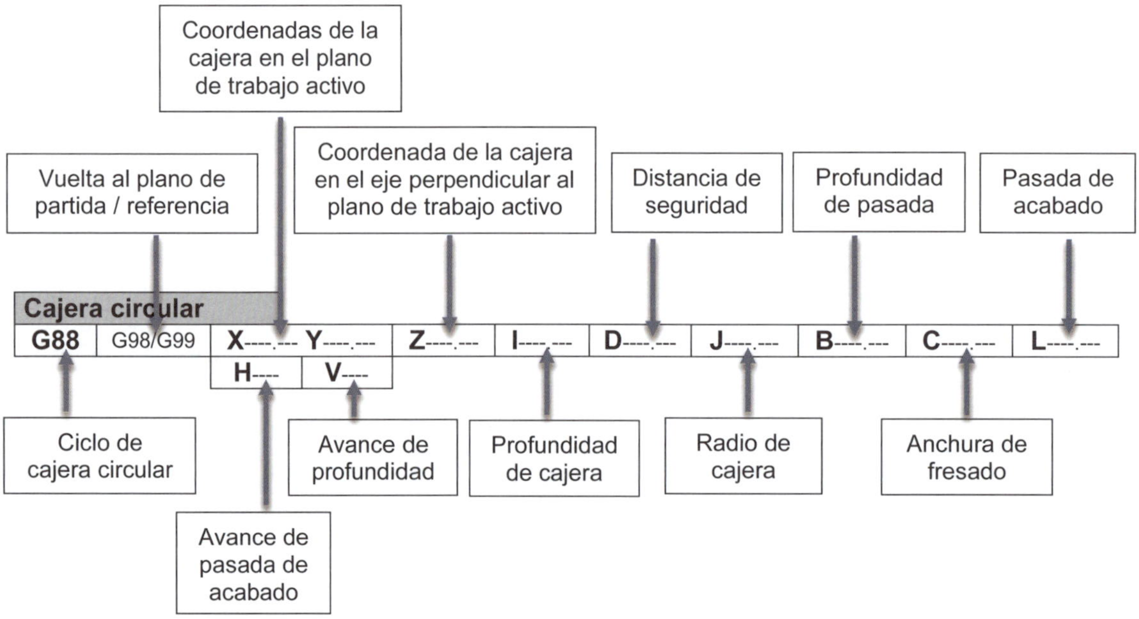

Parámetros Control 8065 y Control 8055

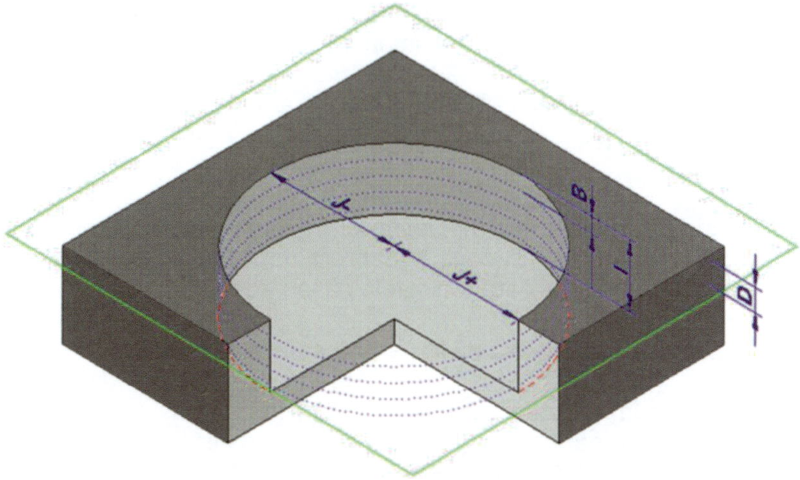

Fig. 11.15 Cajera circular.

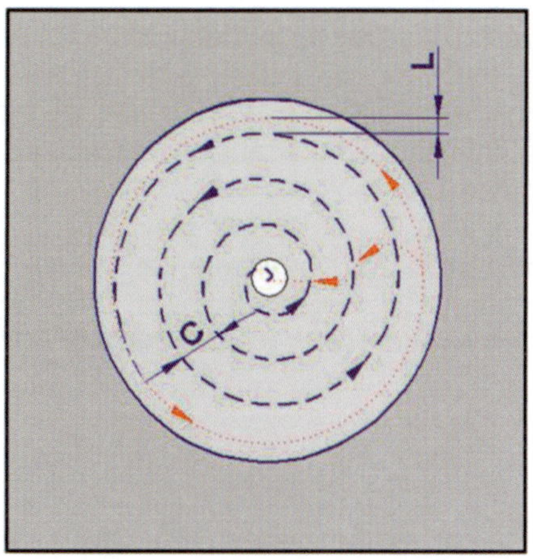

Fig. 11.16 Sentido de mecanizado de cajera circular.

X Y - Coordenada de situación del centro de la cajera en el plano de trabajo activo. La primera vez, la herramienta se desplazará hasta alcanzar esta posición, pero se mantendrá en dicho punto hasta leer la posición que indica el eje **Z**, que es el que le llevará en rápido hasta dicha posición. A continuación realizará la cajera. En los siguientes movimientos, tan sólo alcance el siguiente punto **XY** realizará la cajera, recordando la posición de **Z** anterior.

Z - Indica la posición del plano de referencia. El control accederá en **G00** hasta este plano, con relación al eje **Z**.

I - Determina el valor total de la profundidad del taladro, en valor incremental o absoluto según el sistema de programación aplicado (Fig. 11.10). Se indica el valor total como si se le indicará al eje **Z**; la división de las diferentes pasadas a realizar las calculará el ciclo de forma automática.

D - Distancia de seguridad (Fig. 11.15). Es el punto donde iniciará la herramienta la profundización en valor **G01** (plano de referencia).

J - Define el radio de la cajera, es decir, la distancia desde el centro hasta la pared (Fig. 11.14).

El sentido de fresado dependerá de si se ha programado signo positivo o negativo. Si es positivo mecanizará desde el centro hacia la derecha; si es negativo, desde el centro hacia la izquierda.

B - Paso de profundidad. Define la pasada máxima que realizará la cajera en sentido vertical (Fig. 11.15). El control realizará tantas pasadas como sea necesario hasta alcanzar su profundidad total.
Si se programa con signo positivo (B+), el ciclo recalcula el paso para que todas las profundizaciones sean iguales, con valor igual o inferior al programado.

Si se programa con signo negativo (B-), la cajera se mecaniza con el paso dado, excepto el último paso, que se mecaniza el resto.

C - Paso lateral. Define la pasada lateral de la herramienta en el proceso de mecanizado. Normalmente este valor ha de ser siempre inferior al diámetro de la herramienta (Fig. 11.16).

En caso de no introducir este valor, el control le asignará el valor equivalente a los ¾ del diámetro de la herramienta, por lo que es muy importante haber definido previamente la herramienta a utilizar, **T--.--**.

L - Pasada de acabado en sentido lateral. Define el material que reservará el ciclo para realizar la pasada de acabado (Fig. 11.16). El control realizará de forma automática los calculos necesarios para dejar dicho material de más para realizar la pasada de acabado.

La velocidad de avance en que realizará la pasada será la indicada en el parámetro **"H"**.

La pasada de acabado la realizará iniciando el proceso con una entrada tangencial y finalizando con una salida tangencial para no dejar marcas de mecanizado, por lo que es muy importante haber definido previamente la herramienta **T--.--**.

H - Velocidad de avance de acabado. Define la velocidad de avance que aplicará el control en la pasada de acabado del ciclo en caso de tener definida dicha pasada.

Este parámetro sustituye provisionalmente el valor de avance **"F"** que tenga activado en ese momento para, después de finalizar dicho acabado, restablecer el avance normal.

V - Define el avance de profundización de la herramienta.

Si no se programa o se programa con valor 0, se tomará el 50 % del avance en el plano (F).

Condiciones

La función **G88** es modal y se anula con las funciones **G80**, **G82** a **G89** o **RESET**.

En caso de no indicar ningún valor en **NR** (**N** en el control 8055), el control entenderá 1 por defecto.

Los valores serán incrementales o absolutos según se esté programando en **G90** o **G91**.

Las coordenadas se pueden programar en rectangulares o en polares indistintamente.

Es obligatorio programar la cota **Z**.

Es necesario empezar la cajera desde el centro de la misma.

Operativa

Este formato del ciclo de cajera rectangular **G88 es idéntico al ciclo G87**; opera tal como se describe en la figura 11.12.

Descomposición de movimientos

Ver descomposición de movimientos del ciclo G87.

Ejemplo

El ejemplo que se va a realizar es el de la Fig. 11.17. Se tiene que mecanizar exclusivamente la cajera. La fresa a utilizar será de Ø 12 mm, la velocidad de rotación será de 1000 RPM, el avance de desbaste será de 140 mm/min y el avance de acabado será de 80 mm/min.

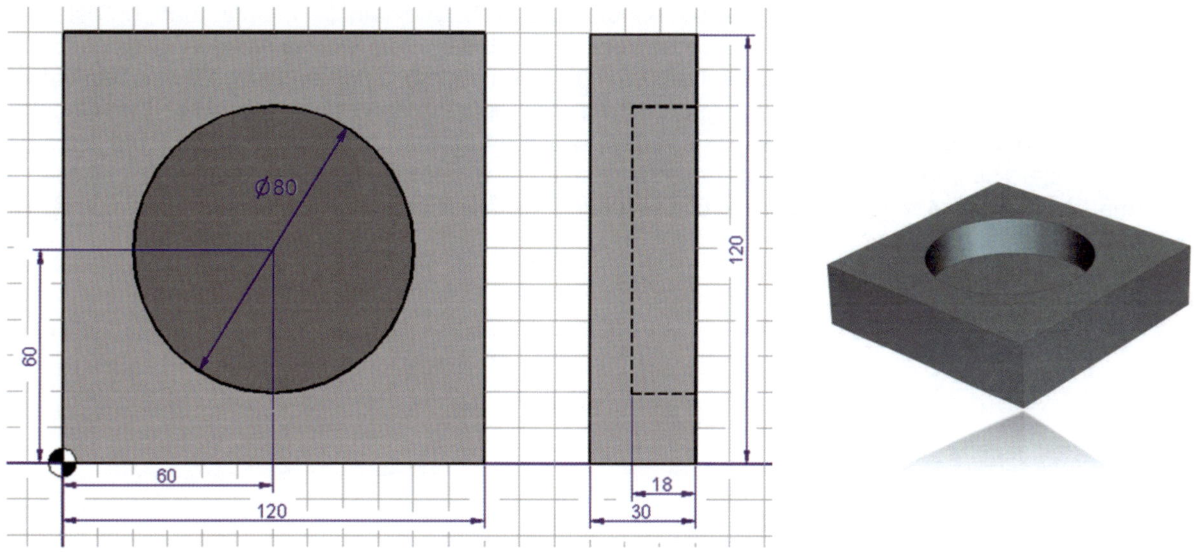

Fig. 11.17 mecanizado de cajera circular.

Programa 1:

Control 8065 y Control 8055

Cajera rectangular - Absolutas

1 - F100 S1000 T1 D1
2 - M6
3 - G0 G90 G17 G5 G94 G40 X-40 Y0 Z100 F140 M03; + G43 en 8055
4 - **G88** G98 X60 Y60 Z2 I-18 D2 J40 B5 C8 L0.5 H80 V50
5 - G80 X-40 Y0 Z100
6 - M30

Comentario al ejemplo

Línea 1 - Situación de condiciones tecnológicas iniciales y preparación de herramienta a utilizar.

Línea 2 - Orden de cambio de herramienta nº 1.

Línea 3 - Cabecera y situación de herramienta en un punto conocido y accesible al inicio del mecanizado. Esta situación en **Z** define el plano de partida, pues en la línea siguiente se define el ciclo.

Línea 4 - Definición del ciclo de cajera rectangular con **G88**, orden de regreso a plano de partida con **G98**, definición del centro de la cajera en la coordenada **X60 Y60**, definición del plano de referencia con **Z2,** y se indica la profundidad total de la cajera con **I-18**. El ancho se define indicando en **J40** el radio de la cajera. El paso de cada mecanizado es de 5 mm, indicado en el parámetro **B5** y la pasada lateral es de 8 mm indicado en el parámetro **C8**. Esta medida, normalmente, ha de ser más pequeña que el diámetro total de la herramienta, según recomiende el fabricante. En caso de no indicarlo, el control aplicará los ¾ del diámetro de la misma. Con el parámetro **D2**, se le indica cuál será la distancia de seguridad, en este caso 2 mm. En este ejemplo se hace coincidir con la situación de **Z** en la llamada al ciclo. Realizará una pasada de acabado lateral de 0,5 mm, tal como indica el parámetro **L0.5**, a una velocidad de avance para dicho acabado de 80 mm/min indicado en el parámetro **H80**. La velocidad de avance del proceso de desbaste la realizará a 140 mm/min, tal como indica **F140**, este último dato se puede indicar al final de la frase o puede estar definido previamente.

Línea 5 - Se anula el ciclo de taladrado con la función **G80**, por último se regresa a la posición de inicio.

Línea 6 - Fin del programa.

Capítulo 12 – Subrutinas y paramétricas

Subrutinas

Descripción

Las subrutinas son partes de programas, identificadas por un número, que realizan las funciones de programas que pueden ser repetitivos. Actúan tal y como si fuera un programa normal, pero que pueden ser llamadas en cualquier momento desde el programa donde están escritas. En este caso actúa de forma parecida a **(RPT)** o desde cualquier otro programa.

Por tanto se puede decir que una subrutina es una parte de programa que, convenientemente identificada, puede ser llamada desde cualquier posición de un programa para su ejecución.

Existen dos tipos de subrutina según la forma de llamarlas:

- **Subrutina estándar.**
- **Subrutina paramétrica.**

La diferencia entre un tipo de subrutina y la otra estriba solo en la forma de ser llamada. Más adelante se explicará con detalle esta diferencia.

Existen dos tipos de subrutina según su ubicación:

- **Local**
- **Global**

La diferencia entre un tipo de subrutina y la otra estriba solo en la ubicación, pues la local se tiene que situar siempre dentro del programa desde donde se desea llamar y la global puede estar en cualquier posición del disco duro o memoria RAM siempre que se identifique dicha ubicación.

Funciones de alto nivel para el control de las subrutinas

Según el tipo de control las funciones más habituales a utilizar son las siguientes:

Control 8065

- **%L** ► Define la subrutina global.
- **%LL** ► Define la subrutina local.
- **#RET** ► Determina el final de la subrutina. También se puede utilizar M17 o M29.
- **L** ► Llama a una subrutina global.
- **LL** ► Llama a una subrutina local.
- **#CALL** ► Llama a una subrutina estándar.
- **#PCALL** ► Llama a una subrutina paramétrica.
- **#MCALL** ► Llama a una subrutina modal.
- **#MDOFF** ► Anula la activación de #MCALL.

Control 8055

- **(SUB)** ► Define la subrutina.
- **(RET)** ► Determina el final de la subrutina.
- **(LL n)** ► Llama a una subrutina estándar.
- **(CALL)** ► Llama a una subrutina estándar.
- **(PCALL)** ► Llama a una subrutina paramétrica.
- **(MCALL)** ► Llama a una subrutina modal.

Condiciones generales

Control 8065

Las subrutinas locales irán definidas al principio del programa.
La subrutina tiene que ir precedida del signo "%".

Cabecera del programa

La programación de la cabecera es obligatoria cuando en el programa se incluyan subrutinas locales; en caso contrario, la programación de la cabecera es opcional.

El nombre definido en la cabecera no tiene ninguna relación con el nombre con el que se guarda el archivo. Ambos nombres pueden ser distintos.

La cabecera del programa es un bloque que se compone del carácter "%" seguido del nombre del programa. El nombre del programa admite 14 caracteres y puede estar formado por letras mayúsculas, minúsculas y por números (no admite espacios en blanco).

Ejemplo:

%123456
%PROG1234

Control 8065 y **Control 8065**

Pueden ser llamadas y repetirse varias veces en una sola llamada.

Las subrutinas pueden estar almacenadas dentro del programa actual en la memoria del control o de cualquier otro que exista en la memoria del mismo. Se puede destinar un programa a contener las subrutinas de uso más habitual y mantenerlo siempre en la memoria del control.

Dentro de la memoria del control **no puede haber simultáneamente dos subrutinas del mismo tipo y con el mismo número o nombre**, aunque estén en diferentes programas.

Formato: Creación de subrutina

En la creación de una subrutina han de intervenir dos órdenes de alto nivel:

Control 8065 ► %L (%LL) y #RET (M17 o M29)

La estructura es la siguiente:

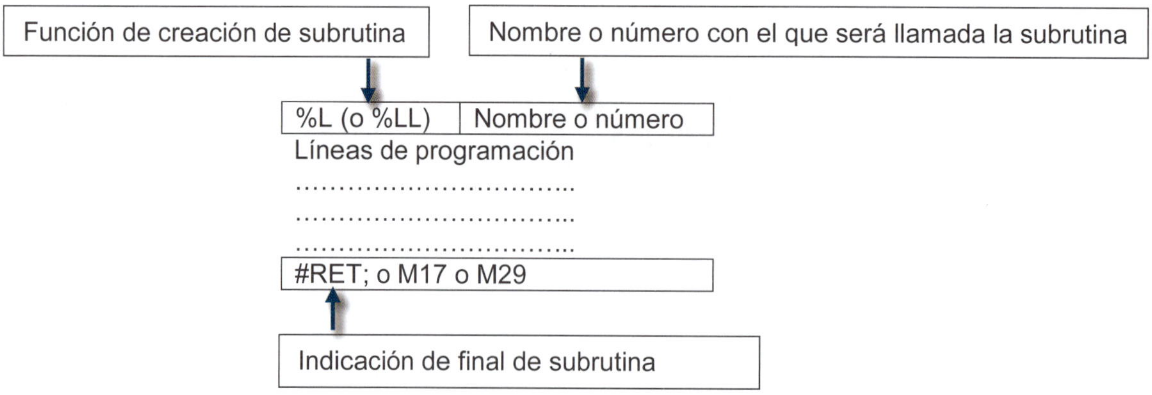

Control 8055 ► (SUB ..) y (RET).

La estructura es la siguiente:

Función de creación de subrutina → Número con el que será llamada la subrutina

```
(SUB Número)
Líneas de programación
................................
................................
................................
................................
(RET)
```

Indicación de final de subrutina

Condiciones

En la línea donde se escriba la orden de creación **"(%L ----) o (%LL----)** para el control 8065, **(SUB ----)"** para el control 8055, no podrá colocarse ningún otro dato de programación.

Dentro de la subrutina, se puede programar cualquier tipo de código incluyendo parámetros y con cualquier longitud, siempre que no se desborde la capacidad del control. De hecho cualquier programa se puede transformar en subrutina con la colocación de creación al inicio del programa y finalización al final del mismo.

En la línea donde se coloque **#RET** o **(RET)** no podrá colocarse ningún otro dato de programación.

Operativa

La creación de subrutinas se inicia colocando en la línea anterior a la programación que se desea contenga la subrutina la orden **%L----** o **%LL----** o **(SUB ----)**, que contendrá el número o nombre identificador de la subrutina que se desea crear.

Seguidamente, se escribe el código que se desea que tenga la subrutina, a continuación y para indicarle al control dónde acabará dicha subrutina, se escribe en una línea sola, la orden **#RET** o **(RET)**.

La subrutina se puede crear dentro del cuerpo del programa (Fig. 12.01), al final del mismo tras el **M30** si es el control 8055 (Fig.12.02) o al inicio del programa si es el control 8065, o incluso en otro programa diferente. En este último caso, para su utilización, dicho programa tendrá que estar accesible en el almacenamiento del control a la hora de ejecutarlo.

Ejemplo para el control 8055

```
F120 S1200 T07 D07
---------
(CALL 12)
---------
M30
```
← Programa

```
(SUB12)
G0 Z2
G1 Z-2 M3
G91 Y-12
X8
Z3
X-8 Y-12
G90
(RET)
```
← Subrutina

Ejemplo para el control 8065

```
%L SUB12
G0 Z2
G1 Z-2 M3
G91 Y-12
X8
Z3
X-8 Y-12
G90
M29
```
← Subrutina

```
%INIPROG
F120 S1200 T07 D07
---------
#CALL SUB12
---------
M30
```
← Programa

Fig. 12.02 Estructuras de las subrutinas.

Introducción previa a variables o paramétricas

En las subrutinas paramétricas se pueden utilizar, tanto en su creación como en su llamada, variables o parámetros.

El control dispone de dos tipos de variables de propósito general: los parámetros locales, de los que se pueden asignar hasta un total de 57 en el control 8065 y 25 en control 8055, ambos inclusive y los parámetros globales que están asignados desde el P100 hasta el P9999 en el control 8065 y hasta el P299 en el 8055.

El programador podrá utilizar en todo momento, variables de propósito general al editar sus propios programas. Más adelante, durante la ejecución del programa, el control, sustituirá estas variables por los valores que en ese momento tengan asignados.

Ejemplo:

Asignación de valores para el siguiente ejemplo

P0=1, P1=-12.5, P100=2, P101=5, P102=12

Control 8055

Programa escrito	Programa con valor real
GP0 XP1 Y100	G1 X-12.5 Y100
(IF (P100 * P101 EQ P102) GOTO N100)	(IF (2 * 5 EQ 12) GOTO N100)

El rango máximo de parámetros comunes es P10000 a P19999, siendo el rango habitual P10000 a P10999.

En los bloques programados en código ISO se permite asociar parámetros a todas las palabras, excepto al número de etiqueta, si se usa, que será numérico.

Cuando se utilizan las tablas de parámetros locales y parámetros globales, el valor asignado a cada parámetro puede estar expresado en notación decimal (4127.423) o en notación científica (0.23476 E-3).

El CNC permite asignar parámetros locales a más de una subrutina. Pueden existir un máximo de 6 niveles de imbricación de parámetros locales, dentro de los 15 niveles de imbricación de subrutinas.

Los parámetros locales utilizados en lenguaje de alto nivel se podrán utilizar en la forma anteriormente vista, o bien utilizando una asociación con todas las letras desde la **A** hasta la **Z**, exceptuando la Ñ, de forma que quede así: A es igual a P0 y Z a P25.

Asociación

A	B	C	D	E	F	G	H	Y	J	K	L	M	N	O	P	Q	R	S	T	U	V	W	X	Y	Z
P0	P1	P2	P3	P4	P5	P6	P7	P8	P9	P10	P11	P12	P13	P14	P15	P16	P17	P18	P19	P20	P21	P22	P23	P24	P25

El hecho de usar la letra del alfabeto permite asignar valores de dos maneras diferentes:

J=7 o J7 ► Las dos formas son correctas y tienen el mismo efecto.

Tiene el mismo sentido usar P3=5 que D=5, dado que P3 y D están asociados e indican la misma variable o parámetro.

Se debe tener cuidado al utilizar paréntesis, ya que no es lo mismo escribir M30 sin paréntesis, que es una orden directa que indica final de programa, que (M30) que tiene el mismo significado que escribir P12=30.

Llamadas a subrutinas

Control 8065

Tal como se vio anteriormente, con este control existen cinco formas de llamar a las subrutinas pero solo se verán las tres formas que suelen ser más habituales:

- #CALL path Nombre_sub ► Llamada a subrutina de forma estándar.
- #PCALL path Nombre_sub P0 P1 Pn ► Llamada a subrutina paramétrica.
- #MCALL path Nombre_sub P0 P1 Pn ► Llamada a subrutina modal.

Estructura de **#CALL**
Realiza una llamada a una subrutina local o global pero no permite inicializar parámetros.

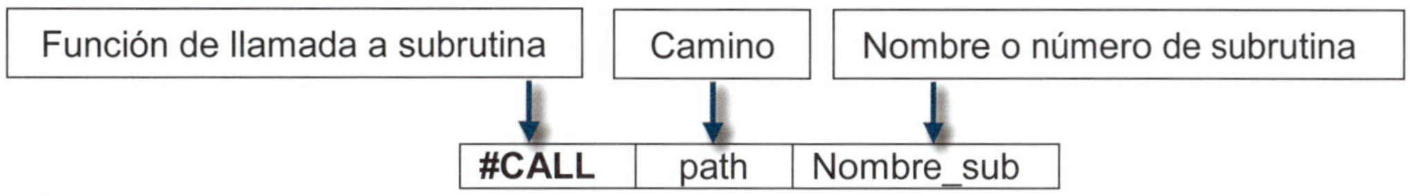

Ejemplos:

#CALL C:\Mecanizados\Fresa\sub1.nc
#CALL Sub1.nc

La llamada a la subrutina podrá ser local o global. Este tipo de llamada no permite inicializar parámetros locales en la subrutina. Cuando se trate de una subrutina global, se podrá definir el path (camino) completo de ésta.

Cuando existen dos subrutinas, una local y otra global, con el mismo nombre se sigue el siguiente criterio. Si se ha definido el path en la llamada se ejecutará la subrutina global; si no, se ejecutará la subrutina local.

La definición del path es opcional. Si se define, el CNC solo buscará la subrutina en esa carpeta; si no se define, el CNC buscará la subrutina en las carpetas por defecto.

Estructura de **#PCALL**
Realiza una llamada a una subrutina local o global pero, en este caso, sí se permite inicializar parámetros.

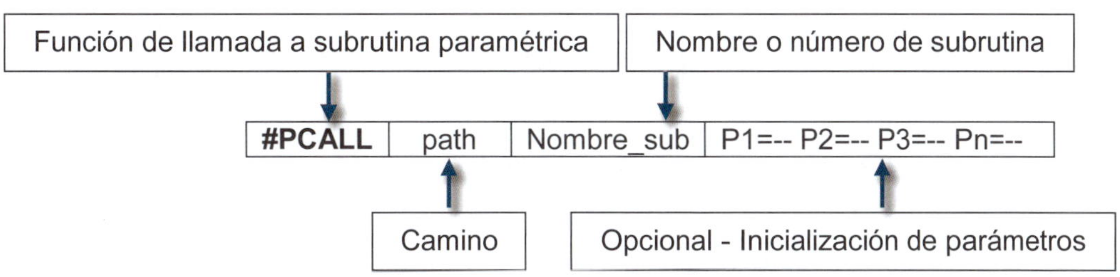

Ejemplos:

#PCALL C:\ Mecanizados\Fresa\sub1.nc
#PCALL C:\ Mecanizados\Fresa\sub1.nc C53.4 P1=17.3
#PCALL Sub1.nc C53.4 P1=17.3

La sentencia #PCALL realiza una llamada a una subrutina que podrá ser local o global. Este tipo de llamada permite que se inicialicen los parámetros locales que se van a usar en la subrutina. Si se trata de una subrutina de tipo global, se podrá recurrir a definir el path completo.

Cuando existen dos subrutinas, una local y otra global, con el mismo nombre se sigue el siguiente criterio. Si se ha definido el path en la llamada se ejecutará la subrutina global; si no, se ejecutará la subrutina local.

Cómo definir los parámetros locales

La llamada a la subrutina permite inicializar hasta 58 parámetros locales (P0 a P57). Los valores de los parámetros se deben definir a continuación de la sentencia de llamada y se podrán definir de dos formas.

Ambas formas de definir los parámetros locales son equivalentes y se pueden combinar dentro de un mismo bloque.

- Los parámetros P0 a P25 también se podrán definir mediante las letras A-Z, de forma que "A" es igual a P0, "B" es igual a P1 y así sucesivamente hasta "Z" que es igual a P25.
- Los parámetros P26 a P52 también se podrán definir de la forma "D0= " a "D31=", de tal manera que "D0=" es equivalente a P26, "D1=" es equivalente a P27 y así sucesivamente hasta "D31=", que es igual a P57.

Definición del path
La definición del path es opcional. Si se define, el CNC solo buscará la subrutina en esa carpeta; si no se define, el CNC buscará la subrutina en las carpetas por defecto.

Niveles de anidamiento de los parámetros locales
Si en la sentencia #PCALL se inicializan parámetros locales, esta sentencia genera un nuevo nivel de anidamiento para los estos. Recuerde que solo puede haber un máximo de 7 niveles de anidamiento de parámetros dentro de los 20 niveles de anidamiento de subrutinas.

Estructura de **#MCALL**
Realiza una llamada a una subrutina local o global con carácter modal, lo que representa que estará activa hasta que no sea anulada. En este caso, se permite inicializar parámetros.

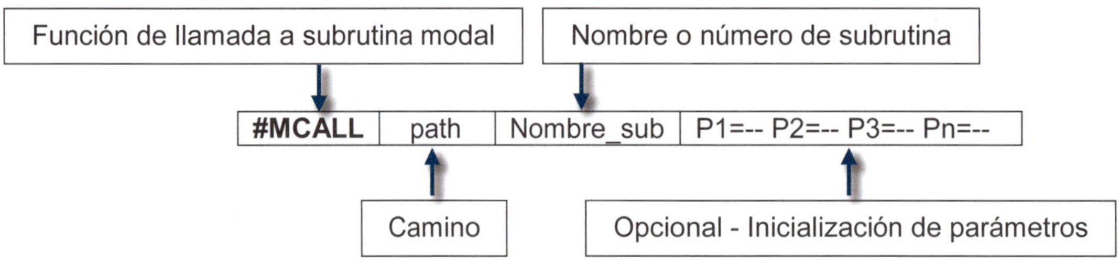

Ejemplos:

#MCALL C:\ Mecanizados\Fresa\sub1.nc
#MCALL C:\ Mecanizados\Fresa\sub1.nc C53.4 P1=17.3
#MCALL Sub1.nc C53.4 P1=17.3

Con este tipo de llamada, la subrutina adquiere la categoría de modal; es decir, la subrutina actuará como un ciclo y se mantendrá activa en los sucesivos desplazamientos hasta que se desactive.

La sentencia #MCALL realiza una llamada a una subrutina que podrá ser local o global. Este tipo de llamada permite inicializar los parámetros locales de la subrutina. Cuando se trate de una subrutina global, se podrá definir el path completo de ésta.

Cuando existen dos subrutinas, una local y otra global, con el mismo nombre se sigue el siguiente criterio. Si se ha definido el path en la llamada se ejecutará la subrutina global; si no, se ejecutará la subrutina local.

Si en un bloque de desplazamiento se programa un número de repeticiones NR distinto de 0 (cero) estando una subrutina modal activa, tanto el movimiento como la subrutina se repetirán NR veces.

Si estando seleccionada una subrutina como modal se ejecuta un bloque que contenga la sentencia #MCALL, la subrutina actual perderá su modalidad y la nueva subrutina seleccionada se convertirá en modal.

Control 8055
Tal como se vio anteriormente, con este control existen cuatro formas de llamar a subrutinas pero solo se verán las tres más habituales:

- (CALL -----) ► Llamada a subrutina de forma estándar.
- (PCALL -----) ► Llamada a subrutina paramétrica.
- (MCALL -----) ► Llamada a subrutina modal.

Estructura de (**CALL n)**
La sentencia CALL realiza una llamada a la subrutina indicada mediante un número o mediante cualquier expresión que tenga como resultado un número. Con este comando no se permite iniciar parámetros.

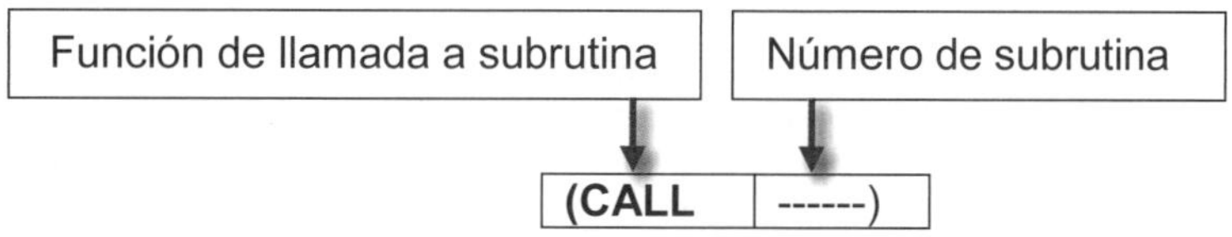

Ejemplo:

(CALL 123456)

Estructura de **(PCALL ------)**

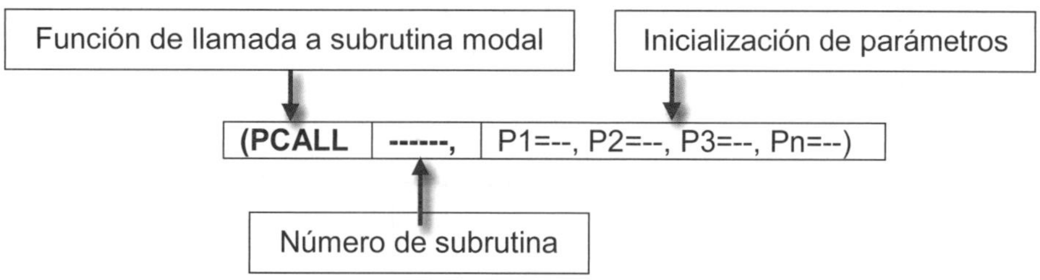

Ejemplos:

(PCALL 10) ► Llama a subrutina 10 sin iniciar parámetros.
(PCALL 10, P2=31, P5=12.3, E4.1) ► Llama a subrutina 10 he inicia diferentes parámetros.

Estructura de **(MCALL ------)**
Realiza una llamada a una subrutina local o global pero en este caso sí se permite inicializar parámetros.

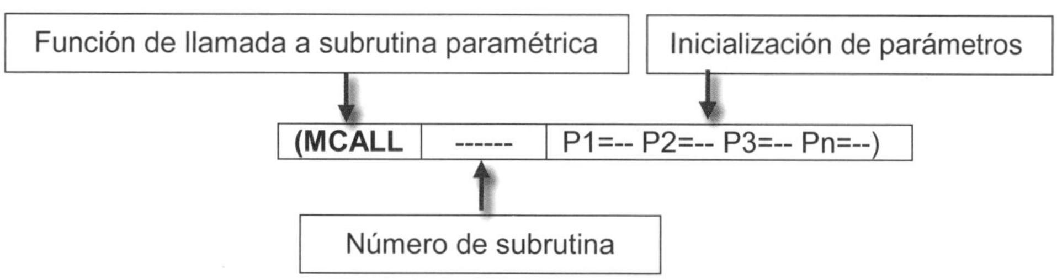

Ejemplos:

(MCALL 10) ► Llama a subrutina 10 sin iniciar parámetros.
(MCALL 10, P2=31, P5=12.3, E4.1) ► Llama a subrutina 10 he inicia diferentes parámetros.

Con este tipo de llamada, la subrutina adquiere la categoría de modal; es decir, la subrutina actuará como un ciclo y se mantendrá activa en los sucesivos desplazamientos hasta que se desactive.

Si estando seleccionada una subrutina como modal se ejecuta un bloque que contenga la sentencia (MCALL ---), la subrutina actual perderá su modalidad y la nueva subrutina seleccionada se convertirá en modal.

Condiciones

En la línea donde se escriba se llama a una subrutina; no podrá colocarse ningún otro dato de programación.

El número máximo de parámetros que se pueden colocar en una línea de llamada es de 27.

A los parámetros se les puede asignar un valor numérico constante (P9=6.25), o el valor de otro parámetro (P9=P16).

El número máximo de imbricación entre subrutinas es de 15.

Operativa

Estándar

La operativa para llamar a subrutinas normales o estándar consiste en llamarla en aquella parte de programa donde se las necesite utilizando la orden necesaria, ver figura 12.03, tal y como si se utilizara la orden **(RPT)**.

Nótese más abajo que la estructura de las subrutinas cambia según el control. Mientras que en el 8055 se puede crear la subrutina dentro o debajo del programa, en el 8065 se tienen que crear antes del programa, en tal caso, el programa tendrá que tener una cabecera de inicio con el signo "%" seguido de un nombre aleatorio de hasta 14 caracteres.

Cuando se crea una subrutina se pueden utilizar todas las órdenes de programación conocidas hasta ahora, incluso variables y parámetros, aunque con posterioridad se realice una llamada simple a la misma, donde no se tiene ningún control directo.

Control 8065

Subrutina:

```
%L 12          <- Creación de subrutina
G0 Z2
G1 Z-2 M3
G91 Y-12
X8
Z3
X-8 Y-12
G90
#RET           <- Retorno de subrutina
```

Programa:

```
%PROG
F120 S1000 T7 D7
M6
G0 G90 X-40 YO Z100 M3
X56 Y60
#CALL 12       <- Llamada a subrutina
X-40 Y0 Z100
M30
```

Control 8055

Programa:

```
F120 S1000 T7 D7
M6
G0 G90 G43 X-40 YO Z100 M3
X56 Y60
(CALL 12)      <- Llamada a subrutina
X-40 Y0 Z100
M30
```

Subrutina:

```
(SUB 12)       <- Creación de subrutina
G0 Z2
G1 Z-2 M3
G91 Y-12
X8
Z3
X-8 Y-12
G90
(RET)          <- Retorno de subrutina
```

Figura 12.03 Llamada a subrutina con la orden (CALL)

Como puede observarse en la Fig.12.03 la llamada se realiza dentro del programa en el momento en que se desea realizar el mecanizado de la subrutina. El programa realizará hasta la línea **X56 Y60,** a continuación desde la línea cabecera de la subrutina "%L 12" en el 8065 o "(SUB 12)" en el 8055 hasta la línea "#RET (8065) o (RET) (8055), para después continuar con la X-40 Y0 Z100 y finalizar en la siguiente (Fig. 12.04). Para los efectos es como si la subrutina estuviera escrita dentro del programa, pero la ventaja de hacerlo así es que se puede llamar desde cualquier otro programa.

En dicha figura se puede observar el orden de realización del programa siguiendo los números azules.

Control 8065

```
%L 12
G0 Z2
G1 Z-2 M3
G91 Y-12
X8
Z3
X-8 Y-12
G90
#RET
%PROG
F120 S1000 T7 D7
M6
G0 G90 X-40 YO Z100 M3
X56 Y60
#CALL 12
G80 X-40 Y0 Z100
M30
```

Control 8055

```
F120 S1000 T7 D7
M6
G0 G90 G43 X-40 YO Z100 M3
X56 Y60
(CALL 12)
G80 X-40 Y0 Z100
M30
(SUB 12)
G0 Z2
G1 Z-2 M3
G91 Y-12
X8
Z3
X-8 Y-12
G90
(RET)
```

Fig. 12.04 Secuencia del programa con subrutina.

Ejemplo subrutina estándar

El ejemplo que se verá a continuación será el de la Fig. 12.05.

Este ejemplo se basa en la necesidad de mecanizar el logotipo de una empresa, en todas las piezas que producen, con el mismo tamaño y la misma forma, por lo que en este ejemplo sólo se verá el mecanizado de una de las piezas, pero el sistema se aplicaría igualmente en todas las demás.

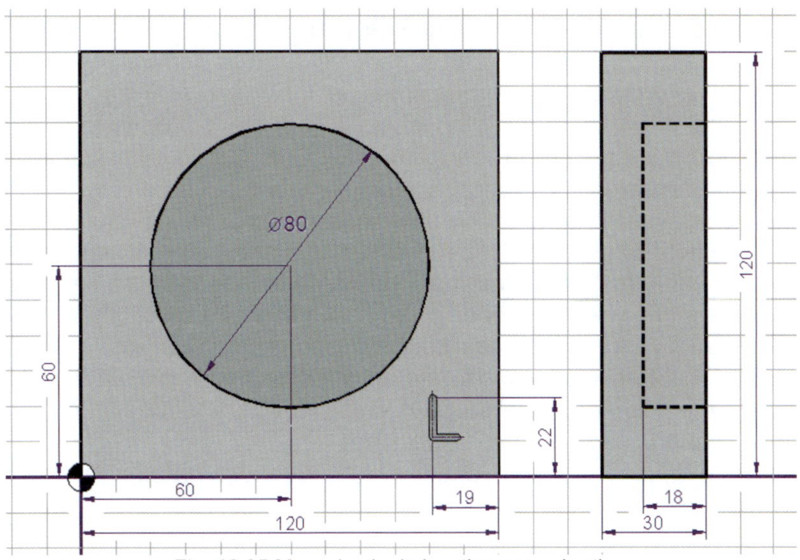

Fig. 12.05 Mecanizado de logotipo con subrutina.

Se parte de la pieza ya mecanizada y tan solo se tiene que mecanizar el logotipo, que es la **"L"** que está situada en la esquina inferior derecha. Se ha buscado un mecanizado sencillo del logotipo, para que se vea con más facilidad el proceso; lógicamente, cuanto más complicado sea el mecanizado más ventajoso resulta su aplicación.

Programa:

Control 8065	Control 8055
Subrutina estándar	**Subrutina estándar**
1 - **%L 12**	1 - F120 S1000 T7 D7
2 - G0 Z2	2 - - - - - - - - - - - - - -
3 - G1 Z-1 M3	3 - - - - - - - - - - - - - -
4 - G91 Y-12	4 - - - - - - - - - - - - - -
5 - X8	5 - - - - - - - - - - - - - -
6 - Z3	6 - X101 Y22
7 - X-8 Y-12	7 - **(CALL 12)**
8 - G90	8 - X-40 Y0 Z100
9 - **#RET**	9 - M30
10 - %PROG01	10 - **(SUB 12)**
11 - F120 S1000 T7 D7	11 - G0 Z2
12 - - - - - - - - - - - - - -	12 - G1 Z-1 M3
13 - - - - - - - - - - - - - -	13 - G91 Y-12
14 - - - - - - - - - - - - - -	14 - X8
15 - X101 Y22	15 - Z3
16 - **#CALL 12**	16 - X-8 Y-12
17 - X-40 Y0 Z100	17 - G90
18 - M30	18 - **(RET)**

Comentario al ejemplo 8065

Línea 1 - Cabecera de inicio de la subrutina 12.
Línea 2 - En **G00**, se realiza una aproximación hasta 2 mm de la cota de **Z**.
Línea 3 - En **G01**, se profundiza hasta -1, que es la profundidad que tendrá el logotipo, se asegura que la herramienta esté girando con **M3**.
Línea 4 - Se activa la programación en valor incremental, que es la forma en que está programado el perfil del logotipo. De otra manera no se podría mecanizar nada más que en una única posición en todas las piezas. Se desplaza hacia abajo 12 mm, para mecanizar la parte vertical de la **"L"**.
Línea 5 - Con **X8**, se mecaniza la parte horizontal de la **"L"**.
Línea 6 - Tras haber finalizado de mecanizar el perfil se sube la herramienta 3 mm en Z, para quedar en ese eje, en la misma posición que antes de iniciar el mecanizado.
Línea 7 - Se vuelve a la posición de inicio en el eje **X** y el eje **Y**, con esto la herramienta está en el punto de inicio del logotipo en todos los ejes. Esto último es importante para tener siempre controlada la herramienta y saber la posición real que ocupa en todo momento.
Línea 8 - Se activa de nuevo la programación en valor absoluto.
Línea 9 - Indicación de final de subrutina.
Línea 10 - Se coloca la cabecera del programa, que es necesaria cuando se realiza una subrutina. El nombre es aleatorio y no tiene nada que ver con el nombre del programa.
Línea 11 - Desde esta línea y hasta la 14, realización del programa normal.
Línea 15 - En esta línea se coloca la herramienta en la posición de inicio del mecanizado del logotipo, justo en la parte superior izquierda del mismo (ver figura 12.05).
Línea 16 - Llamada a la subrutina nº 12, sin repeticiones.
Línea 17 - Colocación de la herramienta en una posición de reposo para poder finalizar el programa.
Línea 18 - Fin del programa.

Comentario al ejemplo 8055

Línea 1 - Desde esta línea y hasta la 5, realización del programa normal.
Línea 2 - - - - - - - - - -
Línea 3 - - - - - - - - - -
Línea 4 - - - - - - - - - -
Línea 5 - - - - - - - - - -
Línea 6 - En esta línea se coloca la herramienta en la posición de inicio del mecanizado del logotipo, justo en la parte superior izquierda del mismo (ver figura 12.05)

Línea 7 - Llamada a la subrutina nº 12, sin repeticiones. La subrutina en este caso está colocada en el mismo programa justo a continuación del **M30**, pero podría estar en otro programa que estuviera en la memoria del control en el momento de llamarla.

Línea 8 - Colocación de la herramienta en una posición de reposo para poder finalizar el programa.

Línea 9 - Fin del programa.

Línea 10 - Cabecera de inicio de la subrutina 12.

Línea 11 - En **G00**, se realiza una aproximación hasta 2 mm de la cota de **Z**.

Línea 12 - En **G01**, se profundiza hasta -1, que es la profundidad que tendrá el logotipo, se asegura que la herramienta esté girando con **M3**.

Línea 13 - Se activa la programación en valor incremental, que es la forma en que está programado el perfil del logotipo. De otra manera no se podría mecanizar nada más que en una única posición en todas las piezas. Se desplaza hacia abajo 12 mm, para mecanizar la parte vertical de la **"L"**.

Línea 14 - Con **X8**, se mecaniza la parte horizontal de la **"L"**.

Línea 15 - Tras haber finalizado de mecanizar el perfil se sube la herramienta 3 mm en Z, para quedar en ese eje, en la misma posición que antes de iniciar el mecanizado.

Línea 16 - Se vuelve a la posición de inicio en el eje **X** y el eje **Y**, con esto la herramienta está en el punto de inicio del logotipo en todos los ejes. Esto último es importante para tener siempre controlada la herramienta y saber la posición real que ocupa en todo momento.

Línea 17 - Se activa de nuevo la programación en valor absoluto.

Línea 18 - Indicación de final de subrutina.

Subrutina paramétrica

Operativa para llamar a subrutina paramétrica

Donde se consigue un gran aumento de potencia es en el uso de las llamadas a **subrutinas paramétricas**, donde se tiene un control bastante completo de las variables y los parámetros. Cuando se las llama, simultáneamente se las envía el valor deseado a las diferentes variables o parámetros utilizados, lo que ofrece gran variedad de mecanizado con muy poca programación.

Al colocar parámetros en la línea de llamada, se le envía a la subrutina el valor de dichos parámetros (esta es la única diferencia que existe entre este tipo de subrutina y la estándar).

En la figura 12.06 se puede observar, en la parte de la derecha de la imagen, con qué valores queda la subrutina tras ser llamada con la orden **PCALL**.

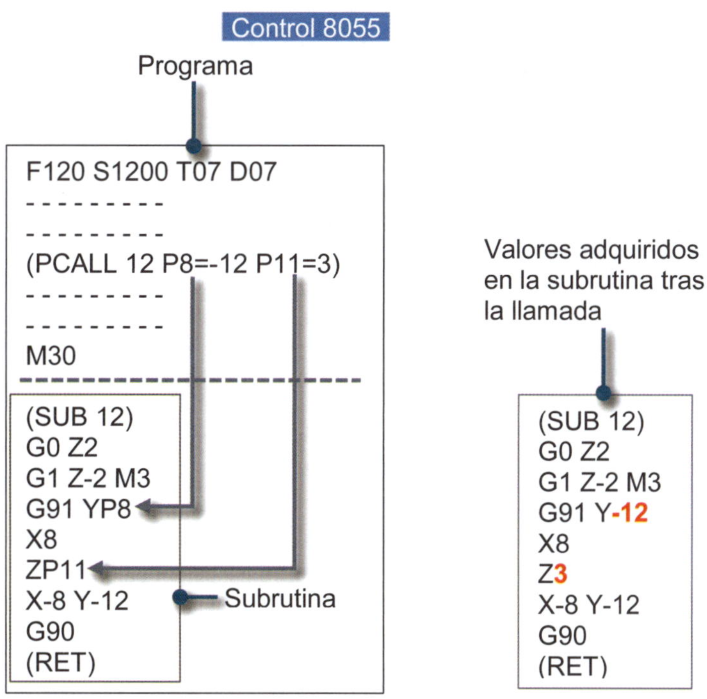

Fig. 12.06 Llamada a subrutina con la orden (PCALL).

Control 8065

En el control 8065 la estructura cambia, teniéndose que programar primero la subrutina y posteriormente el programa. La llamada se realiza con:

#PCALL 12, P8=-12, P11=3

La cabecera de la subrutina se realiza con: %L 12 y el final con: #RET o M17 o M29.

Este sistema permite llamar a la misma subrutina varias veces dentro del mismo programa y conseguir que cada vez sea de diferente tamaño el mecanizado realizado, dependiendo del valor indicado en los parámetros en cada llamada (ver ejemplos).

Ejemplo: Subrutina paramétrica

El ejemplo que se verá a continuación será el de la Fig. 12.07.

En este ejemplo se mecanizarán diferentes regatas rectangulares. Se usará una subrutina paramétrica que podrá mecanizar cualquier regata rectangular, enviándole como información, primero la longitud del lado horizontal y después la longitud del lado vertical. Las regatas se mecanizarán siempre desde la esquina inferior izquierda, por lo que será necesario situarse en ese punto antes de llamar a la subrutina.

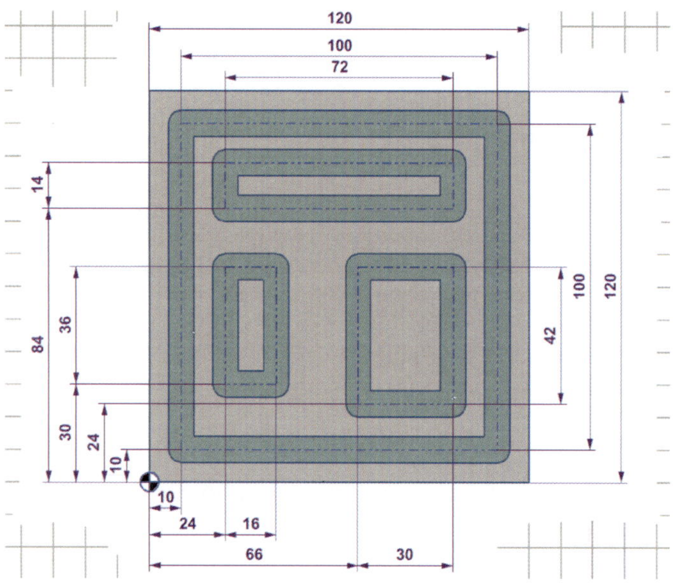

Fig. 12.07 Mecanizado con subrutina paramétrica.

Se parte de la pieza ya escuadrada y a medidas exteriores y tan solo se tienen que mecanizar las regatas rectangulares. La profundidad de las regatas será de forma fija de 2 mm. La herramienta que se utilizará es de ø8 y se mecanizará a una única pasada.

Programa:

Control 8055

Subrutina paramétrica

```
1 - F120 S1000 T1 D1
2 - M6
3 - G0 G90 G43X-40 Y0 Z40 M3
4 - X10 Y10
5 - (PCALL 15, P3=100, P4=100)
6 - X24 Y30
7 - (PCALL 15, P3= 16, P4=36)
8 - X66 Y24
9 - (PCALL 15, P3=30, P4=42)
10 - X24 Y84
11 - (PCALL 15, P3=72, P4=12)
12 - X-40 Y0 Z40
13 - M30
14 - (SUB 15)
15 - G0 Z2
16 - G1 Z-2 M3
17 - G91 X P3
18 - Y P4
19 - X- P3
20 - Y- P4
21 - Z3
22 - G0 G90
23 - (RET)
```

Comentario al ejemplo

Línea 1 - Situación de condiciones tecnológicas iniciales y preparación de herramienta a utilizar.

Línea 2 - Orden de cambio de herramienta nº 1.

Línea 3 - Cabecera y situación de herramienta en un punto conocido y accesible al inicio del mecanizado.

Línea 4 - Situación del primer punto para el mecanizado de la regata grande.

Línea 5 - Se llama a la subrutina paramétrica nº 15 y se le envían a los parámetros los valores 100 y 100. El hecho de utilizar los parámetros **P3** y **P4** es aleatorio. Siempre que no se estén utilizando se puede escoger el parámetro que se desee; en este caso se ha decidido escoger el 3 y el 4. Esta línea remite al programa a la línea 14, que es la que tiene el inicio de la subrutina. El mecanizado de la misma es muy simple por lo que no se profundizará en ese aspecto, pero sí que es destacable observar cómo en la subrutina los ejes **X** e **Y** tienen como valor asignado los parámetros que están indicados en la línea de llamada.

Por ejemplo, la línea 17 es como si tuviera escrito G91 Y100 en vez de G91 Y P4.

La primera vez el valor de los ejes es positivo y después es negativo, dado que en ese momento se está programando en incremental y es la manera de acabar de realizar la regata y quedar en el punto de inicio.

Línea 6 - Situación del punto de inicio de la segunda regata.

Línea 7 - Igual que la línea 5 pero esta vez se le indican los valores 16 y 36.

Línea 8 - Situación del punto de inicio de la tercera regata.

Línea 9 - Igual que la línea 5 y 7 pero esta vez se le indican los valores 30 y 42.

Línea 10 - Situación del punto de inicio de la cuarta regata.

Línea 11 - Igual que la línea 5, 7 y 9 pero esta vez se le indican los valores 72 y 12.

Línea 12 - Situación en un punto idéntico al de la línea 3.

Línea 13 - Fin del programa.

Línea 14 - Inicio de la subrutina 15.

Línea 15 - - - - - - -

\- - - - - - - - - - - - - -

\- - - - - - - - - - - - - -

Línea 23 - Final de la subrutina 15.

Control 8065

En el control 8065 la lógica de trabajo es la misma pero con la estructura vista en los puntos anteriores y con la utilización de los comandos adecuados.

#PCALL 12, P8=-12, P11=3

La cabecera de la subrutina se realiza con: %L 12 y el final con: #RET o M17 o M49.

Anidación de subrutinas

Descripción

Desde una subrutina se puede llamar a una o varias subrutinas. Desde cada una de estas subrutinas llamadas se puede llamar a otras y desde estas a otras, así hasta un máximo de 15. A esta forma de programar las subrutinas se la llama anidación o imbricación de subrutinas.

Condiciones

El número máximo de llamadas será de 20 para el control 8065 y 15 para el 8055.

Se puede llamar indiferentemente a subrutinas estándar o paramétricas.

Las subrutinas llamadas pueden formar parte del mismo programa o de cualquier otro, pero siempre que estén ubicados en una localización accesible para el sistema.

Desde un bloque de la zona de influencia de un ciclo fijo podrán realizarse llamadas a subrutinas sin que implique anulación de ciclo fijo.

Operativa

La operativa es muy simple, tan solo es necesario escribir en la subrutina que llama, la línea de llamada con el formato adecuado.

La forma de actuar es la que se muestra en la Fig. 12.08 (adaptado a la estructura del control 8055).

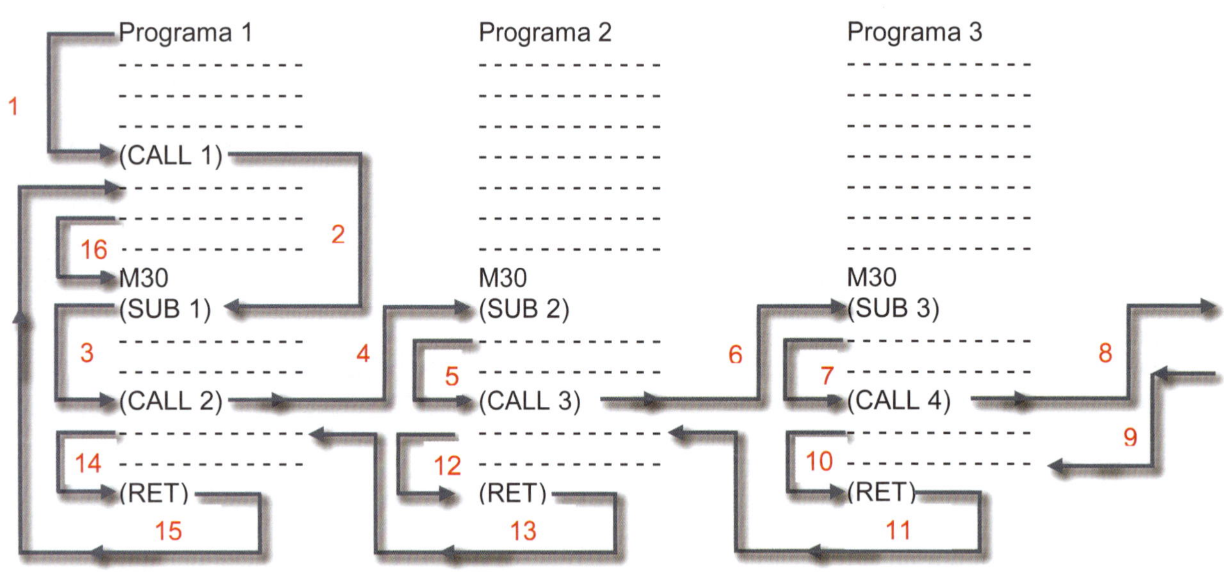

Fig. 12.08 Anidación de subrutinas.

Si se sigue el orden marcado por los números rojos, puede observarse cuál es el recorrido de programación que se realiza en esta anidación de subrutinas.

Paramétricas y variables

Este tema es de una gran extensión; es incluso tema para un tratado en sí mismo, lo que obliga a que desde este tratado se estudie una aplicación básica, analizando aquellos temas de uso más habitual y necesarios en los mecanizados más corrientes.

Concepto de paramétrica

Descripción

El sistema de paramétricas permite realizar, utilizando técnicas de cálculo matemático, mecanizados complejos que de una forma normal no serían factibles o bien serían muy dificultosos. Además permite poder utilizar los parámetros en otros usos de ayuda a la programación.

El control dispone de una serie de funciones y operadores matemáticos que, conjuntamente con los parámetros, dan la capacidad y la potencia de programación.

Concepto de parámetro o variable

Antes de seguir adelante en el estudio de las reglas de formato de los parámetros, se analizará el concepto de parámetro o variable.

En líneas generales, se puede decir que un parámetro es una variable matemática. Podemos decir que es un contenedor donde se podrá introducir cualquier valor, posteriormente, utilizar la variable con ese valor. El valor que incorpora la variable puede ser sustituido cada vez que sea necesario.

Veamos un ejemplo: la fórmula para calcular el área del triángulo puede servir de ejemplo.

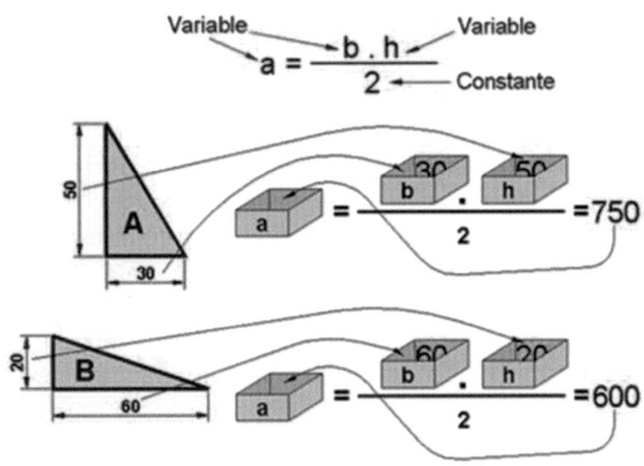

Fig. 12.09 Variables o paramétricas.

En este caso, analizando la fórmula se puede detectar que existen 3 variables y una constante (Ver figura 12.09): a → Variable. b → Variable. h → Variable. 2 → Constante.

Una variable o parámetro es como una caja contenedora (Ver figura 12.09), pero con lo que se puede llamar etiqueta o identificador. Efectivamente, de no identificar cada una de las cajas no se podría indicar cuál de ellas tiene que contener el valor propuesto.

En el ejemplo de la figura anterior se observa cómo se calculan dos triángulos diferentes **"A"** y **"B"** pero utilizando la misma fórmula; lo único que varía entre uno y otro es el valor que se introduce en cada una de las cajas (variables), que en cada caso corresponde con la base y la altura de cada uno de los dos triángulos.

El resultado de cada una de las fórmulas se introduce en el contenedor **"a"**, siendo el contenido del mismo 750 para el triángulo **"A"** y 600 para el triángulo **"B"**.

El contenedor **"a"** solo puede contener un valor a la vez, por lo que después de calcular el triángulo **"A"** y al calcular el triángulo **"B"** el valor del mismo se sustituye por el nuevo valor. Es decir, si seguimos el orden descendente del dibujo el último valor del contenedor **"a"** será de 600. Lo mismo sucede con los otros dos contenedores **"b"** y **"h"** cuyo último valor asignado será de 60 para el contenedor **"b"** y de 20 para el contendor **"h"**.

Por tanto, cada vez que se asigna un nuevo valor a una variable o parámetro, primero se vacía el contenido actual y después adquiere el nuevo valor.

Las etiquetas o identificadores son fundamentales para poder utilizar los parámetros, el control ya dispone de estos contenedores ya etiquetados:

Asociación

A	B	C	D	E	F	....	U	V	W	X	Y	Z
P0	P1	P2	P3	P4	P5	....	P20	P21	P22	P23	P24	P25

Por tanto, con estos tipos de variables o parámetros no se puede utilizar ningún otro nombre de etiqueta de los ya propuestos.

El parámetro a utilizar es aleatorio y es el programador quien elige cuál de ellos utilizar en cada momento.

Los parámetros se pueden utilizar de forma aislada o combinándolos con las funciones u operadores que proporciona el control.

El CNC dispone de tres tipos de variables de propósito general:

- Parámetros locales Control 8065 ► P0-P57 - Control 8055 ► P0-P25.
- Parámetros globales P100-P299.
- Solo Control 8065 - Parámetros comunes ► P10000 a P19999 .

Este capítulo se centrará fundamentalmente en los parámetros locales.

Parámetros locales

Los parámetros locales definidos en una subrutina serán desconocidos para el programa y el resto de las subrutinas; pueden ser utilizados solamente en la subrutina en la que están definidos.

Es posible asignar parámetros locales a más de una subrutina; puede existir un máximo de 7 niveles de anidamiento de parámetros dentro de los 20 niveles de anidamiento de subrutinas. No todos los tipos de llamada a subrutina cambian el nivel de anidamiento; solo lo hacen las llamadas #PCALL, #MCALL y las funciones G180 a G189 y G380 a G399.

En el control 8065, los parámetros P26 a P52 también se podrán definir de la forma "D0= " a "D31=", de forma que "D0=" es equivalente a P26, "D1=" a P27, así sucesivamente, hasta "D31=" que es igual a P57.

Parámetros globales

Los parámetros globales son accesibles desde cualquier programa y subrutina llamada desde programa.

El valor de estos parámetros es compartido por el programa y las subrutinas. Existe un grupo de parámetros globales en cada canal.

El rango máximo de parámetros globales es P100 a P9999, siendo el rango habitual P100 a P299.

Los parámetros globales serán compartidos por el programa y las subrutinas del canal.

Podrán ser utilizados en cualquier bloque del programa y de las subrutinas, independientemente del nivel de anidamiento en el que se encuentren.

Parámetros comunes

Los parámetros comunes serán compartidos por el programa y las subrutinas de cualquier canal. Podrán ser utilizados en cualquier bloque del programa y de las subrutinas, independientemente del nivel de anidamiento en el que se encuentren.

Los parámetros comunes son accesibles desde cualquier canal. El valor de estos parámetros es compartido por todos los canales. La lectura y escritura de estos parámetros detiene la preparación de bloques.

El rango máximo de parámetros comunes es P10000 a P19999, siendo el rango habitual P10000 a P10999.

Operadores y funciones:

Un operador es un símbolo que indica las operaciones matemáticas o lógicas que se deben llevar a cabo. El CNC dispone de los siguientes tipos de operadores.

Operadores						
Aritméticos	Relacionales	Lógicos	Binarios	Trigonométricos	Matemáticos	Especiales

Además cuenta con constantes booleanas.

La distribución de los operadores es la siguiente:

Operadores aritméticos

8065	8055	Signo	Descripción	Ejemplo		Resultado
X	X	+	Suma	P12=6 **+** 4	→	P12=10
X	X	-	Resta, y menos unario	P12=17 **-** 2	→	P12=15
X	X			P12= **-**(2 * 3)	→	P12=-6
X	X	*	Multiplicación	P12=4 * 3	→	P12=12
X	X	/	División	P12=9 **/** 2	→	P12=4.5
X	X	**MOD**	Módulo o resto de la división	P12=7 **MOD** 4	→	P12=3
X		**	Exponencial	P12 = 2**3	→	P12=8
	X	**EXP**	Exponencial	P12=2 **EXP** 3	→	P12=8

Operadores relacionales

8065	8055	Signo	Descripción	Ejemplo		Resultado
X		**==**	Igualdad	P12==4	→	
	X	**EQ**	Igual	(P12 EQ 4)	→	
X		**!=**	Distinto	P12!=4	→	
	X	**NE**	Distinto	(P12 NE 4 * 3)	→	
X		**>=**	Mayor o igual que	P12>=4	→	Verdadero o falso
	X	**GE**	Mayor o igual que	(P12 GT 4)	→	
X		**>**	Mayor que	P12>4	→	
	X	**GT**	Mayor que	(P12 GT 4)	→	
X		**<**	Menor que	P12<4	→	
	X	**LT**	Menor que	(P12 LT 4)	→	
	X	**LE**	Menor o igual que	(P12 LE 4)	→	

Operadores lógicos y binarios

8065	8055	Signo	Descripción	Ejemplo		Resultado
X		**&**	AND Binario (y)	1010 & 1100	→	1000
	X	**AND**	AND (y)	IF (A EQ 4 AND H EQ 1) GOTO N100	→	Falso
X		**|**	Or (o)	1010 | 1100	→	1110
	X	**OR**	Or (o)	IF (A EQ 4 OR H EQ 1) GOTO N100	→	Verdadero si A=4 o H=1
X		**^**	Or Exclusivo (XOR)	1010 ^ 1100	→	0110
	X	**XOR**	Or (o)	IF (A EQ 4 XOR H EQ 1) GOTO N100	→	Verdadero si A=4 o H=1
X		**INV[...]**	Complementario	INV[0] INV[1]	→	1 0

Funciones trigonométricas

8065	8055	Signo	Descripción	Ejemplo		Resultado
X		SIN[...]	Seno	P9 = SIN[30]	→	P9=0.5
	X	SIN	Seno	P9=SIN 30	→	P9=0.5
X		COS[...]	Coseno	P9 = COS[30]	→	P9=0.866
	X	COS	Coseno	P9=COS 30	→	P9=0.866
X		TAN[...]	Tangente	P9 = TAN[30]	→	P9 = 0.5773
	X	TAN	Tangente	P9=TAN 30	→	P9 = 0.5773
X		ASIN[...]	Arcoseno	P9 = ASIN[1]	→	P9=90
	X	ASIN	Arcoseno	P9=ASIN 1	→	P9=90
X		ATAN[...]	Arcotangente	P9 = ATAN[1]	→	P9=45
	X	ATAN	Arcotangente	P9=ATAN 1	→	P9=45
X		ARG[..., ...]	Arcotangente x/y	P9=ARG[-1,1]	→	P9=315
	X	ARG(x,y)	Arcotangente x/y	P9=ARG(-1,-2)	→	P9=243.4349

Funciones matemáticas

8065	8055	Signo	Descripción	Ejemplo		Resultado
X		ABS[...]	Valor absoluto	P9 = ABS[-10]	→	P9=10
	X	ABS	Valor absoluto	P9=ABS -8	→	P9=8
X		SQR[...]	Cuadrado	P9 = SQR[4]	→	P9=16
X		SQRT[...]	Raíz cuadrada	P9 = SQRT[16]	→	P9=4
	X	SQRT	Raíz cuadrada	P9 = SQRT 16	→	P9=4
X		LOG[...]	Logaritmo decimal	P9 = LOG[100]	→	P9=2
	X	LOG	Logaritmo decimal	P9 = LOG 100	→	P9=2
X		LN[...]	Logaritmo neperiano	P9 = LN[100]	→	P9 = 4.6051
X		EXP[...]	Función "e"	P9 = EXP[1]	→	P9 = 2.7182
	X	EXP	Exponencial	P9 =2 EXP 3	→	P9=8
X		DEXP[...]	Exponente decimal	P9 = DEXP[2]	→	P9=100

Otras funciones

8065	8055	Signo	Descripción	Ejemplo		Result.
X		ROUND[...]	Redondeo a entero más cercano	P3 = ROUND[3.12]	→	P3=3
				P4 = ROUND[4.89]		P4=5
	X	ROUND	Redondeo a entero	P9=ROUND 5.83	→	P9=6
	X	FIX	Parte entera	P9=FIX 5.423	→	P9=5
	X	FUP	Si número entero parte entera.	P9=FUP 7	→	P7=7
			Si no, toma parte entera más uno.	P9=FUP 5.423		P7=6

Formato: Paramétricas

Los parámetros tienen unas reglas de utilización que es imprescindible seguir para no incurrir en error.

A continuación se verán dichas reglas.

Al iniciarse un programa, todas las variables contendrán por defecto el valor 0.

Asignación

Siguiendo el ejemplo de la figura 12.09, asignar es introducir un valor en una variable o parámetro.

Para asignar valor a un parámetro, se puede utilizar el signo **"="** o incluso de forma directa escribiendo el valor asignado junto a la variable si utilizamos el formato abreviado. Ejemplo:

P0=12.5 A=12.5 A12.5

En cualquiera de los tres casos se está asignando el valor 12.5 al parámetro **"P0"**.

Si se usa el método de variables locales con la utilización de las letras asignadas a los diferentes parámetros se puede obviar el signo igual.

En cualquier caso, si se usa el signo igual como método de asignación se debe tener en cuenta que este signo no será el de una igualdad matemática. Por ejemplo, matemáticamente no sería correcto que se escribiera P1=P1+1, dado que esa igualdad no se podría realizar nunca. Sin embargo, si se mira como método de asignación lo que indica es que el parámetro P1 adquirirá a partir de ahora su propio valor actual + 1. Es decir si en el momento de leer dicha expresión P1 vale 4, a partir de ahora su valor pasará a ser de 5.

A un parámetro o variable se le pueden asignar diferentes tipos de datos; se van a estudiar solo algunos de los más importantes.

- Asignación de constante ....P0=12.5.
- Asignación de otro parámetro o variable ......P0=P5.
- Asignación de una expresión aritmética ....P0=P5+12.
- Entre otros.

En un único bloque se pueden realizar diferentes asignaciones hasta un máximo de 26, interpretándose como una única asignación el conjunto de asignaciones realizadas a un mismo destino.

Ejemplo 8055: (P1=P1+P2, P1=P1+P3, P1=P1*P4, P1=P1/P5) es lo mismo que P1=(P1+P2+P3)*P4/P5).

En el control 8055 es importante tener presente que todas las variables diferentes que se incluyan en el mismo bloque se separarán obligatoriamente con comas **","** no así en el control 8065.

El usuario podrá utilizar los parámetros aritméticos al editar sus propios programas. Durante la ejecución, el CNC sustituirá estos parámetros por los valores que en ese momento tenga asignado.

```
Asignación de valores (Control 8065)
P10=0 P11=1 P12=20 P13=50 P14=3
P100=1500 P1000=800 P1010=30

Valores adquiridos
GP10 XP10 YP10 SP100 MP14       ==> G0 X0 Y0 S1500 M3
GP11 XP12 YP13 FP1000           ==> G1 X20 Y50 F800
MP1010                          ==> M30
```

Operativa de asignación

La asignación de parámetros tiene su aplicación más importante en las operaciones matemáticas y operaciones combinadas, pero también tiene utilidad en el uso de parámetros en los programas en aquellas funciones que lo admitan, por ejemplo: N0100 X12 Y 15 F P5. En este caso, a la palabra **"F"** en lugar de indicársele un valor constante se le indica el valor contenido en un parámetro. Ver ejemplo inferior.

Control 8065

```
1 - - - - - - - - -
2 - - - - - - - - -
3 - P5=100 P6=200
4 - - - - - - - - - FP5
5 - - - - - - - - - FP6
6 - - - - - - - - -
7 - - - - - - - - -
8 - - - - - - - - - FP5
9 - - - - - - - - - FP6
10 - - - - - - - - -
11 - - - - - - - - -
```

En este programa se utilizan dos parámetros **P5** y **P6**. Estos parámetros se asocian a la velocidad de avance **"F"**, siendo supuestamente **P5** la velocidad de penetración y **P6** la velocidad de avance de costado. Si es necesario cambiar dichas velocidades, bien por cálculo erróneo o bien porque un mismo programa se utiliza para mecanizar diferentes materiales, basta con cambiar los valores indicados en la línea **3**. En caso contrario, se tendría que recorrer todo el programa y cambiar todas las **"F"** que existan en el mismo.

Este último ejemplo es solo una pequeña muestra de lo que se puede hacer utilizando solo la asignación de parámetros. La posibilidad de aplicación depende de la capacidad de aplicación que sea capaz de detectar y aplicar el programador.

Cuando se utilizan parámetros es muy importante documentar la utilidad de cada uno de ellos, pues con el tiempo es fácil olvidarla.

Una manera de hacerlo es documentarla en el dossier de mecanizado de la pieza; otra es documentarla en el mismo programa. Ejemplo:

P5 = K100 P6 = K200 ; P5 Velocidad de profundización, P6 Velocidad de costado

Operaciones matemáticas

Con las funciones paramétricas, los operadores y los parámetros se pueden utilizar para realizar una serie de operaciones matemáticas.

Algunas de las más importantes operaciones y su forma de utilización son los siguientes:

En el control 8055 todas las expresiones deberán obligatoriamente ir entre paréntesis, pero si la expresión se reduce a un número entero se pueden eliminar los paréntesis.

Es conveniente utilizar paréntesis para clarificar el orden en que se produce la evaluación de la expresión.

Por ejemplo:

(P3=P4/P5-P6*P7-P8/P9)
(P3=(P4/P5)-(P6*P7)-(P8/P9))

Estas dos estructuras tienen la misma funcionalidad, pero en la línea inferior se ve y se entiende con más facilidad la composición. Teniendo en cuenta que el uso de paréntesis redundantes o adicionales no producirá errores ni disminuirá la velocidad de ejecución, es aconsejable recurrir a este tipo de estructura.

En el control 8055 en las funciones es obligatorio utilizar paréntesis, excepto cuando se aplican a una constante numérica, en cuyo caso es opcional.

(SIN 45) (SIN (45)) ambas son válidas y equivalentes.
(SIN 10+5) es lo mismo que ((SIN 10)+5).

Operaciones matemáticas básicas

Suma

Control 8065	Control 8055
P1 = 2+3 P1 = P2+P3 P1 = P2+4	(P1=2 + 3) (P1=P2 + P3) (P1=P2 + 4)

Ejemplos 8065:

P1 = 2+3 → P1 adquiere como valor 5 "(2 + 3)"

P2 = 7 → P2 adquiere como valor 7
P3 = 2 → P3 adquiere como valor 2
P1 = P2+P3 → P1 adquiere como valor 9 "(7 + 2)"

P2 = 6 → P2 adquiere como valor 6
P1 = P2+4 → P1 adquiere como valor 10 "(6 + 4)"

Resta

Control 8065	Control 8055
P1 = 5-2 P1 = P2-P3 P1 = P2-4	(P1=5 - 2) (P1=P2 - P3) (P1=P2 - 4)

Ejemplos 8065: P1 = 5-2 → P1 adquiere como valor 3 “5 - 2”

P2 = 8 → P2 adquiere como valor 8
P3 = 3 → P3 adquiere como valor 3
P1 = P2-P3 → P1 adquiere como valor 5 “(8 - 3)”

P2 = 6 → P2 adquiere como valor 6
P1 = P2-5 → P1 adquiere como valor 1 “(6 - 5)”

Multiplicación

Control 8065	Control 8055
P1 = 3*4 P1 = P2*P3 P1 = P2*2	(P1 = 3 * 4) (P1 = P2 * P3) (P1 = P2 * 2)

Ejemplos 8065: P1 = 3*4 → P1 adquiere como valor 12 “(3 x 4)”

P2 = 3 → P2 adquiere como valor 3
P3 = 5 → P3 adquiere como valor 5
P1 = P2*P3 → P1 adquiere como valor 15 “(3 x 5)”

P2 = 4 → P2 adquiere como valor 4
P1 = P2*K2 → P1 adquiere como valor 8 “(4 x 2)”

División

Control 8065	Control 8055
P1 = 12/4 P1 = P2/P3 P1 = P2/3	(P1 = 12 / 4) (P1 = P2 / P3) (P1 = P2 / 3)

Ejemplos 8065: P1 = 12/4 → P1 adquiere como valor 3 “(12 / 4)”

P2 = 16 → P2 adquiere como valor 16
P3 = 2 → P3 adquiere como valor 2
P1 = P2/P3) → P1 adquiere como valor 8 “(16 / 2)”

P2 = 4 → P2 adquiere como valor 4
P1 = P2/2 → P1 adquiere como valor 2 “(4/2)”

Raíz cuadrada

Control 8065	Control 8055
P1 = **SQRT**[4] P1 = **SQRT**[P2]	(P1 = **SQRT** 4) (P1 = **SQRT** P2)

Ejemplos 8065: P1 = **SQRT**[4] → P1 adquiere como valor 2 “(√4)”

P2 = 16 → P2 adquiere como valor 16
P1 = **SQRT**[P2] → P1 adquiere como valor 4 “(√16)”

Función trigonométrica: Seno

Control 8065	Control 8055
P1 = **SIN**[4] P1 = **SIN**[P2]	(P1 = **SIN** 4) (P1 = **SIN** P2)

Ejemplos 8055: P1 = **SIN**[4] → P2 adquiere como valor 0,069 "(Seno de 4)"

P2 = 16 → P1 adquiere como valor 16
P1 = **SIN**[P2] → P1 adquiere como valor 0,27 "(Seno de 16)"

El resto de funciones trigonométricas tienen el mismo principio de aplicación, por lo que valen los ejemplos anteriores.

Operativa de funciones matemáticas básicas

La operativa y aplicación de las funciones matemáticas básicas se verá más adelante en este mismo capítulo, junto con otras funciones que ayudan a entenderlas y aplicarlas. No obstante, un ejemplo sencillo de la función suma puede ser el siguiente:

```
1 - - - - - - - - -
2 - P7=2 P8=5 ; P7 Distancia de seguridad, P8 Profundidad
3 - X25 Y15
4 - Z2
5 - P1 = P7+P8
6 - G91 Z-P1
7 - - - - - - -
```

En este programa se observa como en la línea **2** se asigna valor a los parámetros **P7** y **P8**, que corresponden a los valores de la distancia de seguridad y la profundidad de un teórico taladro. En la línea **3** se coloca la herramienta en la posición **X**, **Y** del taladro, en la línea **4** se aproxima la herramienta hasta la distancia de seguridad, que es de 2. En la línea **5** se suman los parámetros **P7** y **P8** y se asigna el resultado de la misma al parámetro **P1**. En la línea **6** se activa la programación incremental y se desciende 7 mm que es el valor que ha adquirido el parámetro **P1** y que corresponde con la suma de los 2 mm de distancia de seguridad y los 5 mm de la profundidad del taladro.

La operativa y aplicación de las funciones trigonométricas se verá más adelante en este mismo capítulo, junto con otras funciones que ayudan a entender con más facilidad su aplicación.

Sentencias de control de flujo

Descripción

Son sentencias encargadas de controlar el flujo entre diferentes partes de un programa. Es decir, a través de ellas se puede dar orden de que se ejecute una u otra parte del programa dependiendo de si se cumplen o no algunas condiciones propuestas.

Las sentencias más básicas son:

Control 8065 ► **"$GOTO", "#RPT", "$IF" - $ENDIF.** Control 8055 ► **"GOTO", "RPT", "IF".**

Hemos de recordar que **"GOTO"** es equivalente a decir "saltar a la línea N... " y que "RPT" " es equivalente a decir "salta a la línea N... hasta la línea N...".

$IF. Esta sentencia analiza la condición dada, que deberá ser una expresión relacional. Si la condición es cierta (resultado igual a 1), se ejecutará la **<acción1>**; en caso contrario (resultado igual a 0), se ejecutará la **<acción2>**. $IF se complementa con $ELSE para poder completar en algunos casos la estructura de la misma.

Formato:

El formato es el siguiente:

Control 8065

Expresión	Ejemplo
$GOTO N(expresión)	**$GOTO N12**
	Salta a la línea 12.

#RPT [N(expresión), N(expresión)]	**#RPT [N10, N40]**
	Salta a la línea 10 y hasta la 40. A partir de aquí seguirá en la línea siguiente a la 40.

$IF condición <acción1> ELSE <acción2>) $ENDIF	$IF P8=3 - - - - - - - - - - - - - - $ENDIF
	Si P8 =3 realizará las líneas que existan hasta el $ENDIF en caso contrario continuará después del $ENDIF

Control 8055

Expresión	Ejemplo
(GOTO N(expresión))	**(GOTO N12)**
	Salta a la línea 12.

(RPT N(expresión) , N(expresión))	**(RPT N10, N40)**
	Salta a la línea 10 y hasta la 40. A partir de aquí seguirá en la línea siguiente a la 40.

(IF condición <acción1> ELSE <acción2>)	(IF (P8 EQ 12.8) CALL 3 ELSE PCALL 5, A2, B5, D8)
	Si P8 =12.8 ejecuta la sentencia (CALL3). Si no ejecuta la sentencia (PCALL 5, A2, B5, D8).

La sentencia **"IF"** puede carecer de la parte **"ELSE"**, es decir, bastará con programar:
(IF condición <acción1>).

Ejemplo:

(IF (P8 EQ 12) CALL 3). En este ejemplo, solo se ejecutará "CALL3" si se cumple la condición; en caso contrario, no se realizará ninguna otra acción. Esto último se puede ver gráficamente a continuación.

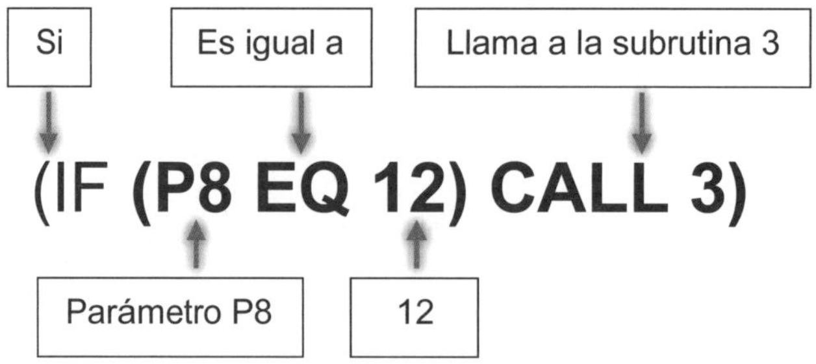

Se pueden unir condiciones utilizando operadores lógicos. Por ejemplo:

(IF (P8 EQ 12) OR (P5 EQ 18) CALL3 ELSE CALL8)

(IF (P8 EQ 12) AND (P5 EQ 18) CALL3 ELSE CALL8)

Creación de un contador

Un contador con parámetros o variables consiste en un sistema que pueda incrementar o drecrementar el valor de uno o más parámetros, con el fin de poder realizar comparaciones entre varios de ellos y controlar así de forma exacta un proceso.

Lo primero que conviene analizar es el proceso de asignación de valor a los parámetros pues, tal y como se indicó en este mismo capítulo, no tienen un sentido matemático. Si se expresa matemáticamente 3=3+1, se estaría escribiendo una igualdad que no es cierta, por lo que no tiene sentido. En cambio, en la asignación paramétrica sí es correcto escribir, por ejemplo, P1=P1+1. Basándose en esta última estructura se analizará dicha asignación.

P1 = P1 + 1

Efectivamente, en el dibujo de la derecha se puede observar cómo al iniciar un parámetro está siempre en valor cero. Se debe leer el proceso de derecha a izquierda y visto desde este punto se observa que se puede decir que P1=0+1, lo que quiere decir que P1 recogerá el valor de 0+1 y a partir de ahora valdrá 1.

En el segundo paso se puede decir que P1=1+1, lo que quiere decir que P1 recogerá el valor de 1+1 y a partir de ahora, valdrá 2.

En el tercer paso se puede decir que P1=2+1, lo que quiere decir que P1 recogerá el valor de 2+1 y a partir de ahora, valdrá 3. Y así sucesivamente.

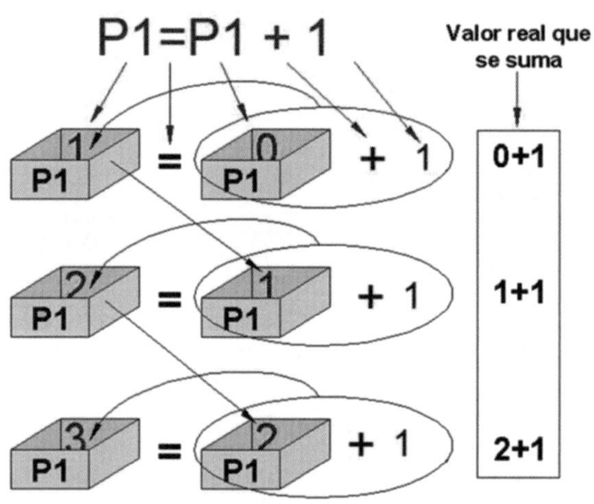

Fig. 12.10 Incremento de valor.

Ahora ya está visto cómo se incrementa un parámetro en sucesivos valores; lo que falta ahora es crear una estructura de programación donde el incremento se realice de forma automática. Esta estructura se llama bucle y lo que hace es repetir un trozo de programa de forma automática hasta que reciba la orden contraria.

El bucle se puede realizar de diferentes formas; una de ellas es la siguiente:

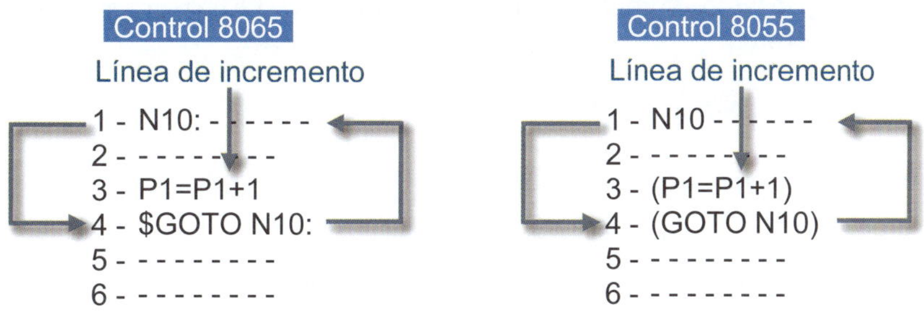

Efectivamente aquí se realiza un bucle que va desde la línea **1** hasta la línea **4**, que vuelve a derivar hacia la línea **1** y cada vez que pasa por la línea **4** incrementa en una unidad el parámetro **P1**. Pero tal como está estructurado se ha creado un bucle infinito, es decir, nunca se puede salir del mismo, llegando a desbordar la memoria por el incremento infinito del parámetro **P1**.

Esto demuestra que esta estructura no es correcta y que se ha escrito únicamente con fines didácticos. Lógicamente, se tiene que buscar un mecanismo que controle la salida del mismo, cuando se cumpla cierta condición.

El ejemplo que viene a continuación describe cómo utilizando la sentencia **"IF"** y **"ELSE"** se puede montar una estructura lógica para la utilización de una programación de contador.

Ejemplo con control 8055.

Control 8055

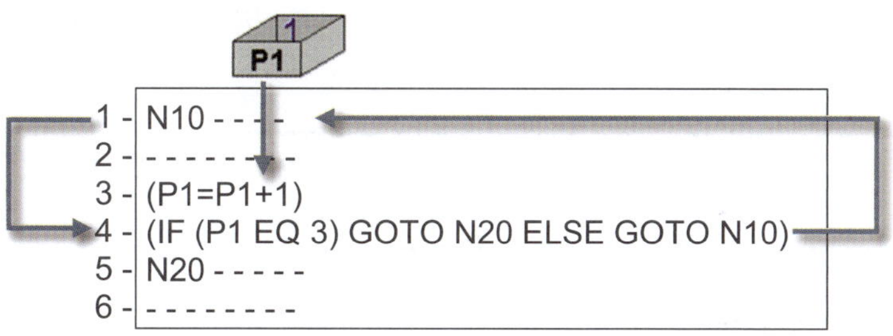

1er Paso - P1 vale 1 y al no cumplir la igualdad cumple la segunda condición y salta a la línea 1.

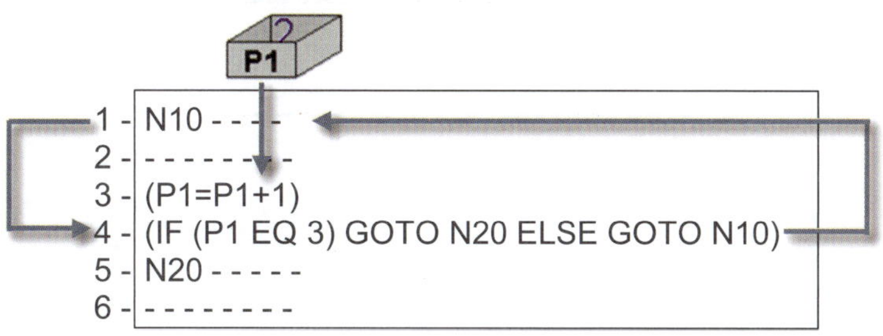

2º Paso - P1 vale ahora 2 y sigue sin cumplir la igualdad; por tanto vuelve a saltar de nuevo a la línea 1.

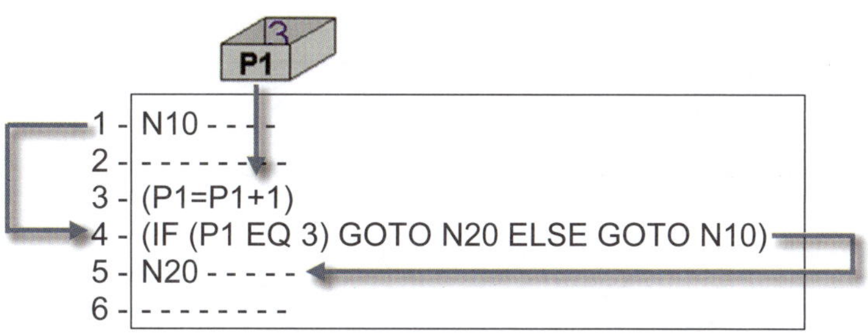

3er Paso - P1 adquiere el valor de 3 y ahora al cumplirse la igualdad salta a la línea 5-

La primera vez que baja el programa (Primer paso), el parámetro **P1** tiene valor **"1"**, al compararse en la línea **4** con la constante **"3"**, no da como valor cierto y da un resultado que no cumple la igualdad, por lo que la condición que se cumple es la segunda "GOTO N10". Eso hace que el programa vuelva hacia la línea **1**, procediendo a repetir las mismas líneas y realizar el segundo paso.

En el segundo paso, el parámetro **P1** tiene ahora como valor **"2"** lo que hace que actúe igual que en el paso anterior, por tanto se inicia el tercer paso.

En el tercer paso, el parámetro **P1** adquiere como valor **"3"**. Esto permite que al realizar la comparación, sea cierta la igualdad y por tanto, cumple la primera orden "GOTO N20" lo que hace salir del bucle y seguir con el resto del programa.

Se puede plantear la misma cuestión de diferentes modos:

(IF (P1 EQ 3) CALL 3 ELSE CALL5)
(IF (P1 NE 3) CALL 5 ELSE CALL3)

Estas dos estructuras cumplirían el mismo objetivo; la primera plantea:

Si el parámetro 1 es igual a 3, llamar a la subrutina 3; en caso contrario, llamar a la 5.

La segunda plantea:

Si el parámetro 8 es distinto a 3, llamar a la subrutina 5; en caso contrario, es decir, si es igual a 3, llamar a la 3.

Partes enteras y decimales

Una vez se opera matemáticamente con los parámetros, puede ser necesario actuar con las partes decimales de los resultados de las diferentes operaciones.

Con las siguientes funciones se puede conseguir este propósito.

Parte entera

Control 8065	Control 8055	Valor real
P2=INT[3.23]	(P2 = **FIX** 3.23)	3
P1=INT[P2]	(P1 = **FIX** P2)	La parte entera de P2

Ejemplos: 8065 P1 = INT[3.23] → P1 adquiere como valor 3

P2 = 5,25 → P2 adquiere como valor 5,25
P1 = INT[P2] → P1 adquiere como valor 5

Ejemplos: 8055 (P1 = FIX 3,23) → P1 adquiere como valor 3

(P2 = 5,25) → P2 adquiere como valor 5,25
(P1 = FIX P2) → P1 adquiere como valor 5

Redondeo por exceso a número entero

Control 8065	Control 8055	Valor real
P2 = FUP[3.23]	(P2 = **ROUND** 3.23)	4
P1 = FUP[P2]	(P1 = **ROUND** P2)	El valor entero de P2 + 1

Ejemplos: 8065 P1 = FUP[3,23] → P1 adquiere como valor 4 "(3 + 1)"

P2 = 5,25 → P2 adquiere como valor 5,25
P1 = FUP[P2] → P1 adquiere como valor 6 "(5+1)"

Ejemplos: 8055 (P1 = ROUND 2.23) → P1 adquiere como valor 4 "(3 + 1)"

(P2 = 5,25) → P2 adquiere como valor 5,25
(P1 = ROUND P2) → P1 adquiere como valor 6 "(5+1)"

Operativa con partes enteras y decimales

La operativa y utilización dependen de cada una de las posibles aplicaciones que se pueden realizar. A continuación, se verán algunas posibles aplicaciones.

Dividir un mecanizado en varias pasadas

Se pretende crear una subrutina que tenga la capacidad de mecanizar regatas rectangulares de cualquier medida de lados y de cualquier profundidad.

La herramienta se programará pensando que su centro siempre irá por el centro de la regata y se podrá escoger también la profundidad máxima de pasada.

El mecanizado empezará siempre en la esquina inferior izquierda de la regata rectangular y a la altura en "Z" de la distancia de seguridad.

La herramienta acabará en el mismo punto donde empezó el mecanizado.

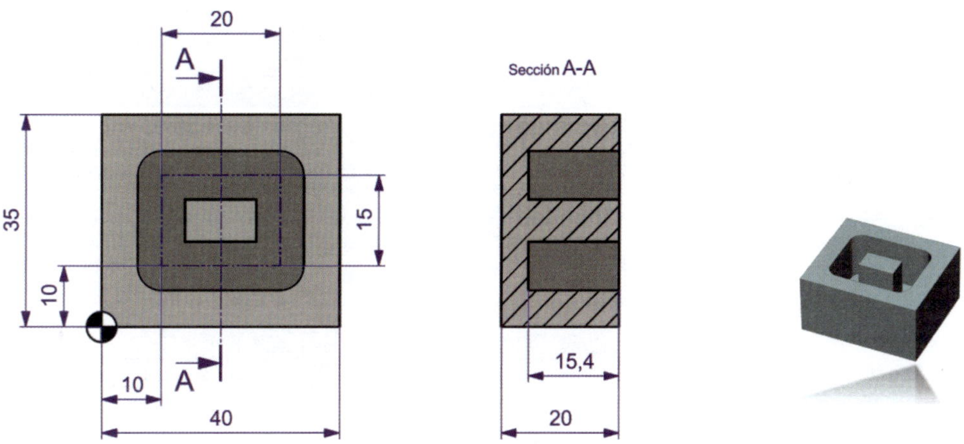

Fig. 12.11 Mecanizado de regata.

En el ejemplo que se va a realizar, la pieza que se mecanizará es la de la Fig. 12.11 y la profundidad de pasada escogida, será de 4 mm. La distancia de seguridad de 2 mm.

Por lo tanto, se pretende realizar la regata rectangular en diferentes pasadas.

Lo que es necesario para que el programa realice las diferentes pasadas es conocer la cantidad de las mismas, pues el usuario tan solo introducirá la profundidad total del mecanizado y la profundidad de pasada.

Si se analiza el ejemplo de la Fig. 12.11 se puede observar que la profundidad propuesta es de 15,4 mm. La pasada máxima será de 4 mm. Al dividir la profundidad entre el paso, el resultado no será exacto: 15,4 / 4 = 3,85. Lo que se necesita en este caso es conocer la cantidad de pasadas que tiene que realizar el mecanizado, que será de 4 pasadas: 3 de 4 mm y 1 de 0,85 (también se podría dividir de forma que todas las pasadas fueran iguales). Además, también se hace necesario separar la parte entera de la parte decimal, para conocer este último dato y poderlo mecanizar en la última pasada.

El ejemplo de aplicación con paramétricas es el siguiente:

Control 8055

; Asignación de parámetros. ; Los parámetros que se asignarán son: ; P1 - Lado horizontal de la regata ; P2 - Lado vertical de la regata ; P3 - Profundidad del mecanizado ; P4 - Pasada máxima ; P5 - Distancia de seguridad	Los parámetros se escogen al inicio y se tienen que documentar claramente para que los usuarios conozcan su aplicación. Otros parámetros que se usarán son los que van desde el P10 en adelante. Estos son escogidos de forma aleatoria y serán usados internamente sin necesidad de que el usuario conozca de su existencia. Se los denominará parámetros puente.
F100 S1000 T1 D1	Inicio de programa
M6	
G0 G90 G43 X-30 Y0 Z100 M3	

X10 Y10	
Z2 M3	
(PCALL 44, P1=20, P2=15, P3=15.4, P4=4, P5=2)	Llamada a la subrutina paramétrica nº 44.
G0 Z100	
X-30 Y0	
M30	Final de programa
(SUB 44)	Creación de la subrutina paramétrica nº 44
(P10 = P3 / P4)	El parámetro P10 adquiere el valor del resultado de dividir "15,4 / 4" lo que da "3,85"
(P12 = FIX P10)	El parámetro P12 adquiere el valor 3, que es la parte entera del parámetro P10 "3.85".
(P13 = P10 - P12)	En esta línea se le asigna al parámetro P13 el valor decimal 0,85 que sale de realizar la resta entre P10 y P12 (3.85 - 3). Valor última pasada
G91 G1 Z- P5	Se activa la programación incremental y en velocidad de avance controlada, se acerca la herramienta hasta el material, que es el valor del parámetro P5.
N10 (P20 = P20 + 1)	Inicio del contador con el parámetro P20.
Z -P4	Se profundiza la herramienta la pasada máxima que corresponde con el parámetro P4.
N15 XP1	Desplazamiento de la línea horizontal inferior desde la izquierda y hasta la derecha.
Y P2	Desplazamiento de la línea vertical derecha desde abajo y hasta arriba.
X -P1	Mecanización de la otra línea horizontal.
Y -P2	Mecanización de la otra línea vertical.
(IF (P20 EQ P12) GOTO N20)	Se compara el parámetro P20, que es el que se usa como contador, con el parámetro P12, que es el que contiene la cantidad de pasadas en forma entera.
(GOTO N10)	Si P20 no es igual a p12 salta a línea 10.
N20 (IF (P13 GT 0) GOTO N30 ELSE GOTO N40)	Se comprueba si P13, que es el que tiene depositado el valor decimal del resto de mecanizado, es mayor que 0 (GT), para evitar que realice una pasada en vacío caso de valer 0.
N30 Z -P13	Si en la línea anterior se cumple la condición de que P13 sea mayor que 0, el programa seguirá en esta línea y entonces profundizará la parte restante que corresponde con la parte decimal y que está contenida en el parámetro P13.
(RPT N15, N20)	Una vez profundizado, la totalidad se envía desde la línea N15 (si se envía a N10 volvería a profundizar en Z el parámetro P4) hasta la línea N20, que corresponde con el mecanizado de la regata.
N40 (P21 = P3 + P5)	En el parámetro P21 se deposita la suma del total de profundidad que es donde está ahora la herramienta y que está contenido en el parámetro P3 y la distancia de seguridad contenida en el parámetro P5.
Z P21	Con esta línea se sube la herramienta hasta la distancia de seguridad y en el mismo punto donde se empezó el mecanizado de la regata.
G90	Reactivación de la programación en absoluto.
(RET)	Final de la subrutina.

La estructura en el control 8065 ha de ser la suya y con las órdenes estudiadas anteriormente para dicho control.

Operativa con partes enteras, decimales y trigonometría

La operativa y utilización dependen de cada una de las posibles aplicaciones que se pueden realizar. A continuación, se verá un ejemplo.

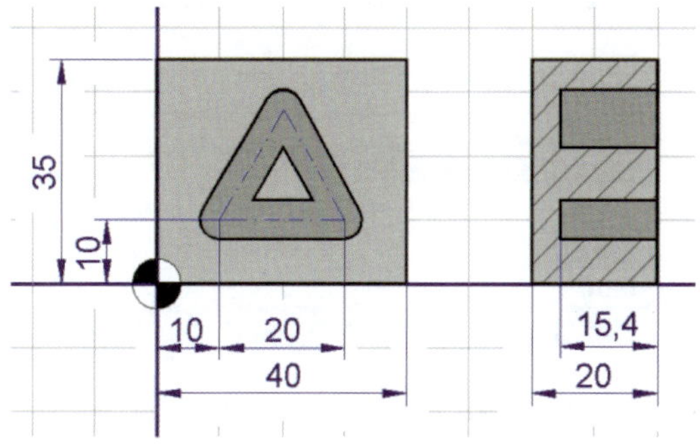

Figura 12.12 Mecanizado de regata triangular

Dividir un mecanizado en varias pasadas con trigonometría

La parte del mecanizado en varias pasadas ya está vista en el punto anterior; en este se ampliará la inclusión de cálculos trigonométricos en el mecanizado.

Es necesario conocer el lado del triángulo, la profundidad total del mecanizado, el paso máximo por pasada y la distancia de seguridad.

El mecanizado empezará siempre en la esquina inferior izquierda de la regata triangular y a la altura en "Z" de la distancia de seguridad.

La herramienta acabará en el mismo punto donde empezó el mecanizado.

El ejemplo de aplicación con paramétricas es el siguiente:

Control 8055

Asignación de parámetros: P1 - Lado del triángulo equilátero P3 - Profundidad del mecanizado P4 - Pasada máxima P5 - Distancia de seguridad	Los parámetros se escogen al inicio y se tienen que documentar claramente para que los usuarios conozcan su aplicación. Otros parámetros que se usarán son los que van desde el P10 en adelante. Estos son escogidos de forma aleatoria y serán usados internamente sin necesidad de que el usuario conozca de su existencia. Se los denominará parámetros puente.
F100 S1000 T1 D1	Programa normal
M6	
G0 G90 G43 X-30 Y0 Z100	
X10 Y10	
Z2 M3	
(PCALL 50, P1 = 20, P5 = 2, P3 = 15.4, P4 = 3)	
G0 Z100 M5	
X-30 Y0	
M30	
(SUB 50)	Inicio de subrutina
G91	Se activa la programación incremental
(P10 = P3 / P4)	El parámetro P10 adquiere el valor del resultado de dividir "15,4 / 4" lo que da "3,85"
(P12 = FIX P10)	El parámetro P12 adquiere el valor 3, que es la parte entera del parámetro P10 "3,85".
(P13 = P10 - P12)	En esta línea se le asigna al parámetro P13 el valor decimal 0,85 que sale de realizar la resta entre P10 y P12 (3,85 - 3). Valor última pasada
G1 Z-P5	Se activa la programación incremental y en velocidad de avance controlada, se acerca la herramienta hasta el material, que es el valor del parámetro P5.
(P31 = P1 / 2)	Cálculo de la mitad del lado
(P32 = SIN 60)	Cálculo del seno de 60º
(P32 = P32 * P1)	Altura del triángulo (Sen 60º x P1)
N10 (P20 = P20 + 1)	Inicio del contador con el parámetro P20.
G1 Z- P4	Se profundiza la herramienta la pasada máxima que corresponde con el parámetro P4.
N20 X P1	Mecanizado del triángulo.
X- P31 Y P32	Mecanizado del triángulo.
X- P31 Y- P32	Mecanizado del triángulo.
(IF (P20 EQ P12) GOTO N30)	Comparación del contador.

(GOTO N10)	Vuelta a mecanizar siguiente pasada.
N30 (IF (P13 GT 0) GOTO N40 ELSE GOTO N50)	Se comprueba si P13, que es el que tiene depositado el valor decimal del resto de mecanizado, es mayor que 0 (GT), para evitar que realice una pasada en vacío en caso de valer 0.
N40 Z-P13	Si el valor es mayor que 0, profundiza lo que falta.
(RPT N020, N30)	Si P13 es mayor que 0, mecaniza la última pasada.
N50 (P30 = P3 + P5)	Cuenta lo que tiene que subir para quedar a distancia de seguridad.
Z P30	Sube hasta la distancia de seguridad.
G90	Vuelve la programación a valor absoluto.
(RET)	Final de subrutina.

La estructura en el control 8065 ha de ser la suya y con las órdenes estudiadas anteriormente para dicho control.

Valor absoluto y complementación

Estas dos funciones sirven para trabajar siempre que sea necesario con valores absolutos, es decir sin valores negativos en el caso de valor absoluto y para trabajar con el complementario de cualquier operación.

Con las siguientes funciones se puede conseguir este propósito.

Valor absoluto

Control 8065	Control 8055	Valor real
P2 = ABS[-7]	(P2 = ABS -7)	7
P1 = ABS[P2]	(P1 = ABS P2)	El valor absoluto de P2

Ejemplos: 8065

P1 = ABS[-9] → P1 adquiere como valor 9

P2 = -9 → P2 adquiere como valor -9
P1 = ABS[P2] → P1 adquiere como valor 9

Ejemplos: 8055

(P1 = ABS -7) → P1 adquiere como valor 7

(P2 = -9) → P2 adquiere como valor -9
(P1 = ABS P2) → P1 adquiere como valor 9

Torno

Página

Funciones G

Sentencias de flujo y salto

Funciones M

Fresa

Funciones G

Sentencias de flujo y salto

Funciones M